Wilfrid Bach

Klimaschutz für das 21. Jahrhundert

Weltenergierat

CO_2 (Kohlendioxid)

Methan

troposphärische Ozon

CO (Kohlenmonoxid)

atmosphärische Aerosole

Thermische Ausdehnung des Meerspiegel

"WAIS"

"NADW" (North Atlantic Deep Water

Thermohaline

Worte – Werke – Utopien

Thesen und Texte Münsterscher Gelehrter

Band 14

LIT

Wilfrid Bach

Klimaschutz für das 21. Jahrhundert

Forschung, Lösungswege, Umsetzung

LIT

Gedruckt auf alterungsbeständigem Werkdruckpapier entsprechend
ANSI Z3948   DIN ISO 9706

Die Deutsche Bibliothek – CIP-Einheitsaufnahme

Bach, Wilfrid
Klimaschutz für das 21. Jahrhundert : Forschung, Lösungswege, Umsetzung /
Wilfrid Bach. – Münster : LIT, 2000
   (Worte – Werke – Utopien ; 14.)
   ISBN 3-8258-4503-6

NE: GT

© LIT VERLAG Münster – Hamburg – London
   Grevener Str. 179   48159 Münster   Tel. 0251–23 50 91   Fax 0251–23 19 72

Herzlichen Dank
an

Anneliese, Alexander,
Christine und Lizzy

Ihr habt mir mehr
geholfen, als Euch
bewußt ist

sowie
an die Mitarbeiter der
Abt. für Klima und Energie

Markus, Michael,
Volker und Wolfgang

Geleitwort an die Leser

Es ist nicht genug zu wissen,
man muß auch anwenden;
es ist nicht genug zu wollen,
man muß auch tun.

Johann Wolfgang von Goethe

Dieses Buch beschäftigt sich mit einer Auswahl von lebenswichtigen Problemen, mit denen die Menschheit weltweit konfrontiert ist. Alle diese Problembereiche sind in vielfältiger Art und Weise miteinander gekoppelt. Umwelt und Klima dienen dabei als zentrale Verknüpfungspunkte. Der Mensch verändert Umwelt und Klima; und die Veränderungen wirken wieder auf die Menschheit zurück. Viele dieser Auswirkungen sind schon seit einiger Zeit weltweit spürbar, und sie werden in Zukunft weiter zunehmen. Wenn wir so weiter wirtschaften wie bisher, ist zu befürchten, daß die ausgelösten Änderungen sogar irreversibel werden. Auf ein so komplexes System wie das Umwelt- und Klimasystem weiter so massiv wie bisher einzuwirken, ist ein äußerst leichtfertiges Vabanquespiel. Unsere Verantwortung der Nachwelt gegenüber gebietet es, umzusteuern, d.h. in globaler Kooperation die erforderlichen Vorsorgemaßnahmen zu beschließen und sie zur Erhaltung unserer Umwelt lokal umzusetzen.

In den vergangenen 30 Jahren war ich auf lokaler, nationaler und globaler Ebene an der Grundlagenforschung, der Entwicklung von Lösungswegen und der Umsetzung von Maßnahmen aktiv beteiligt. Anfangs beschäftigte ich mich vorwiegend mit der Luftreinhaltung, aber schon nach ein paar Jahren konzentrierte ich mich auf den Klimaschutz. In diesem Buch werden die unterschiedlichen Forschungsaktivitäten im Wandel der Zeit beschrieben, wobei der Klimaschutz sozusagen als zentrales Bindeglied fungiert. Den Leserinnen und Lesern wird sehr schnell auffallen, daß wir uns weiterhin – und zwar verstärkt – mit den meisten in diesem Buch behandelten Problemen auseinandersetzen müssen, weil wir mit der Einleitung und Umsetzung von Lösungen nur zäh bzw. noch gar nicht vorangekommen sind.

Aus unseren Fehlern in der Vergangenheit müssen wir lernen, wenn uns die kostbare Zeit bis zum Nachweis der Wirkungen von schon eingeleiteten Gegenmaßnahmen nicht noch weiter davonlaufen soll. Die gewählte Struktur des Buches soll dies unterstützen. Die zwölf vorgelagerten Vorspänne sollen Hintergründe, Zusammenhänge und Entwicklungen aufzeigen, um die nachfolgenden 28 Kapitel in den jeweiligen historischen, wissenschaftlichen und gesellschaftspolitischen Zeitgeist einordnen zu können.

Die Kapitel enthalten die eigentlichen Fachbeiträge. Einige wurden in Fachzeitschriften oder als Buchkapitel veröffentlicht. Andere sind unveröffentlichte Expertisen und Diskussionspapiere, die für den Bundestagsausschuß für Forschung und Technologie sowie für die Klima-Enquete-Kommissionen des Bundestages angefertigt worden sind. Zu lange Originalbeiträge wurden gestrafft, und neue Übergänge wurden geschrieben, ohne am Inhalt etwas zu verändern. Nur in einem Fall, nämlich Kapitel 17, wurden zwei Beiträge zu einem Kapitel umgeschrieben, damit sich die

Leser ein vollständigeres Bild nicht nur von den wissenschaftlichen, sondern auch den politischen Aspekten der Ozonschichtzerstörung durch FCKW machen können (siehe das Verzeichnis der Originalbeiträge).

Das Ergebnis der Zusammenführung der Fachbeiträge und ihrer Kommentierung in den Vorspännen ist das vorliegende Textbuch. Der Zweck dieses Unternehmens ist es, eine Reihe von Sachthemen mit den beunruhigendsten Entwicklungen, wie z. B. in den Bereichen Energie, Verkehr und Bevölkerung; Umwelt, Ökologie und Klima; sowie Ozonschutzschicht, Atomenergie und Atomkrieg in einem Werk zur Verfügung zu haben. Alle diese Themen waren schon in der Vergangenheit hochaktuell, und sie werden mit Sicherheit in Zukunft noch weiter an Wichtigkeit für das Überleben der Menschheit zunehmen.

Dieses Buch erklärt die angewandten Methoden und ist damit vor allem auch ein Buch für die Praxis. An vielen Beispielen, von der lokalen bis zur globalen Ebene, wird die praktische Umsetzung an konkreten Lösungswegen demonstriert. Kurzum, das Buch zeigt, wie jeder mithelfen kann, unsere Erde dauerhaft funktionsfähig zu erhalten.

Abschließend noch ein Wort über die Hauptakteure. In unserer globalisierten Welt ist niemand eine isolierte Insel, und es gibt weltweit auch keine Nische mehr, in die man sich verkriechen kann. Wir haben nur diese eine Erde, und die müssen wir für uns und unsere Nachwelt erhalten.

Dies ist die größte moralische Herausforderung, mit der die Menschheit jemals konfrontiert worden ist. Wir können ihr nur dann gerecht werden, wenn wir uns in globaler Kooperation auf die gleichen Werte und die gleichen Notwendigkeiten einigen. Wie schwer das ist, sehen wir z. B. an den jährlichen Weltklimakonferenzen, die wegen nationaler Eigensucht und interner politischer Eifersüchteleien nur schleppend vorankommen. Maßnahmen, auf die sich die Delegationen einigen konnten, hatten bisher bei den größten Klimafreflern leider keine Chance, in den nationalen Parlamenten ratifiziert zu werden. Die Bemühungen sollten in jedem Fall fortgesetzt werden; aber sie allein reichen noch nicht aus.

Heute geht nichts mehr ohne den Willen der globalisierten Konzerne. Sie sind supranational, d. h. sie sind von keiner Regierung der Welt mehr abhängig. Im Gegenteil, sie diktieren den meisten Ländern, in denen sie operieren, ihre Bedingungen. Etwa 500 der Welt größten Konzerne kontrollieren mehr als 25 % der globalen Wirtschaftserträge. Bei diesen Größenverhältnissen ist klar, daß Zukunftsfähigkeit nur in Kooperation mit den großen Konzernen erreicht werden kann.

Wie läßt sich das Konzept der Zukunftsfähigkeit den Spitzen der Konzerne schmackhaft machen? Indem man nachweist, wie sich durch die Reduktion des Durchsatzes nicht nur die Produktivitäten und damit die Profite erhöhen, sondern gleichzeitig auch noch viele neue Arbeitsplätze schaffen lassen, wobei ganz nebenbei noch die Umwelt geschont und das Klimarisiko verringert werden. Diese gute Nachricht wird von den Konzernführungen zunehmend mit Wohlwollen aufgenommen.

Seit die Londoner Delphi Gruppe, eine Art Orakel für große Investoren, ihren Großkunden nahelegte, in alternative Energieerzeugung zu investieren, weil sie nicht nur größere Wachstumsaussichten als Brennstoffe auf Kohlenstoffbasis haben, sondern auch noch die Klimarisiken herabsetzen, sind die Investitionen von Shell, British Petroleum und Exxon in erneuerbare Energieträger kräftig gestiegen. Der beträchtliche Imagegewinn wird dabei von den Konzernen nicht unterschätzt.

Wichtig, aber weniger einflußreich, sind die einzelnen Menschen. Zukunftsfähigkeit läßt sich nicht erreichen, ohne Wandel in unseren Köpfen. Und umgekehrt, Änderungen lassen sich nicht von außen durchdrücken, ohne das gründliche Verständnis des kulturellen Umfelds. Soziale und kulturelle Faktoren sind größere Hemmschwellen für das Erreichen der Zukunftsfähigkeit als Geld und Technologie.

Werden diese Grundvoraussetzungen beherzigt, sind die wichtigsten Barrieren gegen die Zukunftsfähigkeit unseres Planeten beseitigt. Das vorliegende Buch unterstützt mit seinen konkreten Umsetzungsprogrammen dieses Ziel. Es besteht Anlaß zu gedämpftem Optimismus.

Elende Sterbliche, öffnet Eure Augen!

Leonardo da Vinci

Münster, im November 1999   Wilfrid Bach

Inhaltsübersicht

Inhaltsverzeichnis

VII Abkommen zum Schutz der Erdatmosphäre 281

17 Die FCKW gefährden Ozonschutzschicht und Klima: Was bringen Vereinbarungen und Maßnahmen ?

VIII Tropenwaldzerstörung 309

Verzeichnis der Originalbeiträge

1. Bach, W. u. A. Daniels, Zum Begriff der Grenzwerte und ihre Bedeutung in der Luftreinhaltung, Chem. Rdschau, 26, 1 - 3, 5, 1973.

2. Bach, W., Zur Strategie der Luftreinhaltung - Konzept eines neuen Überwachungssystems, Angew. Systemanalyse, 3, 109 - 136, 1980.

3. Bach, W., Wenn die Erde zum Treibhaus wird, Die Zeit, Nr. 40, S. 68, 28.9.1979.

4. Bach, W. u. G. Breuer, Wie dringend ist das CO_2-Problem ? Umschau 80, 520 - 525, 1980.

5. Bach, W., Lösungswege zur Vermeidung von Klimaänderungen, Umschau 3, 158 - 159, 1985.

6. Bach, W., Der anthropogen gestörte Kohlenstoffkreislauf: Methoden zur Abschätzung der CO_2-Entwicklung in der Vergangenheit und in der Zukunft, Düsseld. Geobot. Kolloqu. 2, 3 - 23, 1985.

7. Jung, H.-J. u. W. Bach, Klimasystem und Klimamodellierung, in: KFA Jülich u. Univ. Münster, Teil II, 21 - 32, 1984.

8. Jung, H.-J. u. W. Bach, Erkennbarkeit einer durch den Menschen verursachten Klimaänderung im natürlichen Schwankungsbereich, in: KFA Jülich u. Univ. Münster, Teil II, 73 - 79, 1984.

9. Bach, W. u. H.-J. Jung, Kombinierter Treibhauseffekt und kritische Schwellenwerte, in: KFA Jülich u. Univ. Münster, Teil II, 69 - 72, 1984.

10. Bach, W., Anthropogene Klimaänderungen, Geogr. u. Schule 32(6), 1 - 14, 1984.

11. Bach, W., Klimabeeinflussung durch Spurengase, Geogr. Rdsch. 38(2), 58 - 70, 1986.

12. Bach, W., Die Rolle der Klimaszenarienanalyse in der Wirkungsforschung, Erdkunde 39(3), 165-174, 1985.

13. Bach, W. u. H.-J. Jung, Mögliche anthropogene Klimaänderungen und ihre Auswirkungen in: KFA Jülich u. Univ. Münster, Teil II, 33 - 55, 1984.

14. Bach, W., Globale Energiestudien: Kritischer Vergleich von Effizienz- und IIASA-Szenarien, in: T. Ginsburg et al. (Hrg.), Energie - für oder gegen den Menschen, 179 - 205, Buch 2000, Zürich, 1984.

15. Bach, W., Ausstiegs-Dossier. Argumente zur Auseinandersetzung mit der Atomwirtschaft und Perspektiven einer verantwortbaren Energiepolitik, Blätter für deutsche und internationale Politik 12(31), 1464 - 88, 1986.

16. Bach, W., Die Auswirkungen eines Atomkriegs auf Wetter und Klima, in: Forum Wissenschaftler für Frieden und Abrüstung (Hrg.), Verantwortung für den Frieden, 5. Vorlesungsreihe an der RWTH Aachen, S. 11 - 44, 1986.

17a Bach, W., Die Doppelwirkung der FCKW: Sie gefährden das Klima und sie zerstören die Ozonschutzschicht, Forum Städtehygiene 2, 62 - 70, 1988.

17b Bach, W., Ozonzerstörung und Klimaänderung erfordern eine Verschärfung des Montrealer Protokolls, Arbeitspapier für die Klima-Enquete-Kommission des Deutschen Bundestages, 17 S., 1988.

18. Bach, W., Wenn Bäume nicht mehr in den Himmel wachsen. Ein deutscher Beitrag zur Erhaltung der Tropenwälder, in: Begleitbuch zur EXPO `92 in Sevilla, 88 - 93, 1992.

19. Bach, W., Verkehrspolitische Maßnahmen für den Klimaschutz, in: T. Koenigs u. R. Schaeffer (Hrg.), Fortschritt vom Auto ? Umwelt und Verkehr in den 90er Jahren, 17 - 40, Raben Verlag, München.

20. Bach, W. u. S. Lechtenböhmer, Welche Kohlepolitik ist mit dem CO_2-Reduktionsziel der Bundesregierung vereinbar ? Diskussionspapier für die Klima-Enquete-Kommission des Deutschen Bundestages, 11 S., 1994.

21. Bach, W., Umsetzungsstrategien für die Klimakonvention, Diskussionspapier für die Klima-Enquete-Kommission des Deutschen Bundestages, 23 S., 1994.

22. Bach, W., Konkrete kommunale Klimaschutzpolitik am Beispiel Münsters, in: Enquete-Kommission „Schutz der Erdatmosphäre" des Deutschen Bundestages (Hrg.), Mehr Zukunft für die Erde, 1354 - 85, Economica Verlag, Bonn, 1995.

23. Sachse, M. u. W. Bach, Nutzen-Kosten-Analyse für den Stromeinsatz im Kleinverbrauch, Least-Cost-Planning als Beitrag zum Klimaschutz, Brennstoff-Wärme-Kraft 48(10), 36 - 42, 1996.

24. Sachse, M. u. W. Bach, CO_2-Vermeidung durch Solarenergie: Potentiale und Kosten am Beispiel Münsters, Ztschr. f. Energiewirtsch. 4, 227 - 38, 1994.

25. Bach, W. u. S. Gößling, Klimaökologische Auswirkungen des Flugverkehrs, Geogr. Rdsch. 48(1), 54 - 59, 1996.

26. Bach, W., Klimaschutz: Sackgasse und Auswege, GAIA 6(2), 95 - 104, 1997.

27. Fiebig, S. u. W. Bach, Sozio-ökonomische Entwicklung Chinas - Bedeutung für den globalen Klimaschutz, Nord-Süd aktuell, XII (1), 153 - 73, 1998.

28. Bach, W., Energie- und Bevölkerungswachstum - gerechte Begrenzung unerläßlich für Klimaschutz, Spektrum der Wissensch., Forum Energie u. Klima 7, 30 - 40, 1996.

I Luftreinhaltung

Eine der schlimmsten Luftverunreinigungskatastrophen forderte im Dezember 1952 in London 4000 zusätzliche Tote. 1956 studierte ich an der Universität von Sheffield, das damals mit seiner Stahlindustrie und Kohlekaminheizung zu den Städten mit den höchsten Schadstoffwerten in Großbritannien gehörte. Die tägliche Aufmunterung unter uns Kommilitonen bei der Morgentoilette „drei mal kräftig husten bringt drei Pfund Kohle" half immerhin mit, etwas von dem krebserzeugenden Ballast aus der Lunge wieder loszuwerden. Da ich an der hessisch-thüringischen Grenze in einer idyllischen Landschaft ohne Luftverunreinigungsprobleme aufgewachsen war, drängte sich mir diese Problematik geradezu auf. 1965 promovierte ich bei Professor A. Garnett mit einer Arbeit über das Klima und die lufthygienische Situation Sheffields zum Ph.D.

Meine Aktivitäten im Bereich der Luftreinhaltung führten mich in den folgenden 10 Jahren nach Kanada, die USA und die Schweiz. In Cincinnati arbeitete ich u. a. mit den Kollegen J. Clarke und R. McCormick vom Taft Sanitary Engineering Center, dem Vorläufer der US Umweltbehörde EPA, an der Entwicklung von Schadstoffausbreitungsmodellen und an der Vorbereitung des US Luftreinhaltegesetzes. An der medizinischen Fakultät der Universität Cincinnati bildete ich Umweltingenieure aus. Zusammen mit meinem Kollegen J. Mahoney von der Harvard Universität arbeitete ich an der Entwicklung eines Studienplans für die damals noch junge Wissenschaft der Luftverunreinigungs-Meteorologie.

An der Universität Hawaii arbeitete ich mit meinem Kollegen A. Daniels an der Vervollkommnung der Schadstoffausbreitungsmodelle für die Lehre und die praktische Anwendung. Während die große Insel Hawaii von Zeit zu Zeit vom natürlichen Vog (vulcano-smog) heimgesucht wurde, litt Honolulu mehr unter dem vom starken motorisierten Individualverkehr ausgelösten Dauersmog. Die von uns erfaßten verkehrsbedingten Schadstoffkonzentrationen waren beunruhigend genug, daß Gouverneur Ariyoshi unter meinem Vorsitz eine 25-köpfige Luftreinhaltekommission einsetzte, deren Hauptaufgabe es war, alle neuen Projekte auf ihre Umweltverträglichkeit hin zu begutachten. Die meisten Vorhaben wurden nachgebessert, und einige sogar abgelehnt. Auch der Bau einer dritten Autobahn quer durch die nur noch wenigen unberührten Gebiete Oahus wurde in mehreren Instanzen Anfang der 70er Jahre als ökologisch untragbar abgewiesen. Um so größer war meine Überraschung, als ich kürzlich beim Internet-Surfen durch die Inseln Hawaiis feststellen mußte, daß nun auch die dritte Autobahn zwischen Pearl Harbor und Kaneohe existiert. Die dadurch begünstigte weitere Zersiedelung schränkt den schon viel zu geringen offenen Lebensraum für Pflanzen, Tiere und Menschen noch weiter ein.

Die Forschungsergebnisse aus den USA, und insbesondere Hawaii, sind in eine Studie eingeflossen (W. Bach und A. Daniels, Vorschläge für ein System zur Überwachung der Luftverunreinigung, Eidg. Amt für Umweltschutz, Bern, Schweiz,

1974), die im Rahmen einer Gastprofessur an der ETH Zürich und in Abstimmung mit dem Eidgenössischen Amt für Umweltschutz in Bern angefertigt wurde. Sie diente als Grundlage für meine Vorlesungsreihe sowie für die praktische schweizerische Luftreinhaltepolitik. Die folgenden **Kapitel 1 und 2** fassen die o.a. Forschungsarbeiten zusammen und geben einen guten Einblick in die entwickelten Methoden und Begriffsbestimmungen, als auch einige exemplarische Ergebnisse aus unseren Untersuchungen zur Luftreinhaltestrategie.

Mit meiner Rückkehr nach Deutschland Mitte der 70er Jahre verlegte ich unter dem Einfluß des Kollegen H. Flohn, dem Doyen der deutschen Klimatologie, meinen Arbeitsschwerpunkt von der Luftreinhaltung auf den Klimaschutz (siehe Bereich II). Dennoch verfolgte ich aufmerksam die weitere Entwicklung im Bereich der Luftreinhaltung, die ich im folgenden, wenn nicht anders angegeben, anhand der UBA-Jahresberichte skizziere.

1979 wurde das Genfer Luftreinhalteabkommen über weiträumige grenzüberschreitende Luftverunreinigungen verabschiedet, das in den folgenden 20 Jahren durch Protokolle über Schwefeldioxid (Helsinki 1985 und Oslo 1994), Stickstoffoxide (Sofia 1988) und VOC oder flüchtige organische Verbindungen (Genf 1991) ergänzt wurde. Dabei wurden die europäischen Länder verpflichtet, ihre jährlichen Emissionen um festgelegte Beträge zu reduzieren. In den folgenden Jahren konzentrierten sich die Maßnahmen auf besonders gefährliche Substanzen. 1996 wurden Protokolle zur kombinierten Reduzierung von Stickstoff- und VOC-Verbindungen, Schwermetallen und persistenten organischen Produkten (POP) erarbeitet. Zu letzteren gehören schwer abbaubare und hochtoxische Substanzen, wie z. B. polychlorierte Dibenzodioxine und -furane, polyzyklische aromatische Kohlenwasserstoffe sowie polychlorierte Biphenyle und Pentachlorphenol.

Der Rat der EU legte am 27.9.1996 mit der Richtlinie über die Beurteilung und die Kontrolle der Luftqualität (96/62/EG) für SO_2, NO_2, NO, Partikel PM_{10} (d. h. Feinstaub mit einem lungengängigen Durchmesser <10 μm) und Blei Immissionsgrenzwerte fest, die entweder bis zum 1. 1. 2005 oder 1. 1. 2010 erreicht werden müssen.

Die EU-Kommission legte 1997 ein Strategiepapier zur Bekämpfung des sauren Niederschlags und der Eutrophierung empfindlicher Ökosysteme vor. Die dafür notwendige Einhaltung von nationalen Emissionsobergrenzen für SO_2-, NO_x- und NH_3-Emissionen sollen mit den am IIASA (Internationales Institut für Angewandte Systemanalyse in Laxenburg bei Wien) entwickelten RAINS-(Regional Air Pollution Information aNd Simulation) Modell berechnet werden (Transboundary Pollution, 6 - 16, IIASA-Options, Summer '98).

Nach dem von der EU im Oktober 1999 veröffentlichten Jahresbericht über den Waldzustand in Europa geht es den Wäldern Europas, insbesondere in Mittel- und Osteuropa, immer schlechter. In den 15 EU-Ländern ist noch jeder zweite Nadelbaum und jeder dritte Laubbaum gesund. Als gesund werden Bäume eingestuft, wenn sie maximal 10 % ihrer Nadeln und Blätter eingebüßt haben. Mittelstark geschädigt sind ca. 14 % der Nadel- und ca. 21 % der Laubbäume. Bei einem Nadelverlust von mehr als 25 % gelten Bäume als geschädigt, bei mehr als 60 % als stark geschädigt. Photooxidantien (Smog), andere Luftverunreinigungen und Dürreperioden etc. sind die Hauptschadensverursacher.

Seit 1984 wurden in Deutschland die Waldschäden nach einem einheitlichen Verfahren erhoben. Nach der Waldschadenserhebung 1997 waren 20 % der Waldfläche deutlich geschädigt (mit über 25 % Nadel-/Laubverlust), 39 % schwach geschädigt (mit 11 - 25 % Nadel-/Laubverlust), und 41 % waren ohne erkennbare Schadmerkmale. Die Fichte ist die häufigste Nadelbaumart, und die Buche ist die häufigste Laubbaumart. Die Eiche ist mit einem Anteil von 9 % an der Waldfläche mit Abstand die geschädigste Baumart.

Bei der Waldschadens- und CO_2/Klimaproblematik habe ich in meinen Forschungen nach Strategien gesucht, die beide Problembereiche gleichzeitig entschärfen können - um sozusagen zwei Fliegen mit einer Klappe zu schlagen. Die folgenden Publikationen sind Beispiele dafür: W. Bach, The Acid Rain / Carbon Dioxide Threat-Control Strategies, GeoJournal 10.4, 339 - 52, 1985 und Forest Dieback: Extent of Damages and Control Strategies, Experientia 41, 1095 - 1104, 1985.

Ein Problem von ganz besonderer Tragweite ist der alljährlich wiederkehrende Sommersmog. Die Schwellenwerte für die Ozonkonzentration sind in der 22. Verordnung zum Bundes-Immissionsschutzgesetz in Umsetzung der „EG-Richtlinie über die Luftverschmutzung durch Ozon" (92/72/EWG) festgelegt. Danach soll es bei 1h-Mittelwerten von 180 $\mu g/m^3$ zu gesundheitlichen Auswirkungen kommen, bei 240 $\mu g/m^3$ sollen die Ozonvorläufersubstanzen reduziert werden und bei 360 $\mu g/m^3$ bestehe Gefahr für die Gesundheit. Greenpeace hält diese Werte für viel zu hoch, denn schon bei 90 $\mu g/m^3$ sei die Lungenfunktion bei Kindern eingeschränkt, bei 120 $\mu g/m^3$ bestehe erhöhte Asthmagefahr, bei 150 $\mu g/m^3$ käme es zur Schwächung der Immunabwehr und bei 160 $\mu g/m^3$ würden sich die Atemwege entzünden. Bei der Auswertung von sieben neuen internationalen Studien konnten D. Teufel und Mitarbeiter vom Umwelt- und Prognose-Institut (UPI) in Heidelberg den Zusammenhang zwischen 1,8 Mill. Todesfällen und der Konzentration von Luftschadstoffen zum Todeszeitpunkt dokumentieren. Allein in Deutschland sterben nach Teufels Untersuchungen jedes Jahr rd. 4000 Menschen an den Folgen des Sommersmogs.

Die Hauptzutaten für die Bildung von Sommersmog sind Sonnenenergie und chemische Substanzen wie Kohlenwasserstoffe, Kohlenmonoxid und Stickoxide, die vor allem aus dem Verkehr, der massentierhaltenden Landwirtschaft sowie den kommerziellen Bratereien und privaten Grillaktivitäten herrühren. Nicht zu unterschätzen bei der Smogbildung sind auch die Schadstoffemissionen aus kleinen Benzinmotoren, die als Rasenmäher, Blasegeräte, Kettensägen, Häcksler, Generatoren und Vibrationsverdichter Anwendung finden. Im Vergleich zu den Emissionen für Straßenfahrzeuge haben die kleinen Benzinmotoren beim Kohlenmonoxid bis zu 90fach und bei den Kohlenwasserstoffen sogar bis zu 200fach höhere Meßwerte. Nur die Stickoxidemissionen sind relativ gering (UBA, Jahresbericht, 212, 1997).

Nach den Untersuchungen der Akademie für Technikfolgenabschätzung in Stuttgart hat der Sommersmog nach Sonnenuntergang zusätzliche schädliche Auswirkungen, wenn das Ozon und die Stickoxide den an sich harmlosen Kohlenwasserstoff Isopren in mehrere schädliche Substanzen aufspalten. Im Herbst 1999 will die Akademie ihre Untersuchungsergebnisse vorlegen.

Ein immer noch vernachlässigtes Problem ist die Qualität der Innenraumluft, auf das schon mit Recht in **Kapitel 1** hingewiesen wird. Die Auswertung der Literatur im Sommer 1998 über die Qualität der Innenraumluft in kalifornischen Schulen hat gezeigt, daß die am häufigsten gemessenen Schadstoffe wie Formaldehyd, VOCs, CO, CO_2 und mikrobiologische Aerosole für das „sick building syndrome", Asthma und andere Erkrankungen der Atemwege verantwortlich sind. Auch in Deutschland befaßt man sich mit diesem Thema. Das Umweltbundesamt hat herausgefunden, daß sich Erwachsene zwischen 25 und 69 Jahren im Mittel 20 Std. pro Tag in Innenräumen und nur 4 Std. in der Außenluft aufhalten. Die Kommission „Innenraumlufthygiene" des Umweltbundesamtes und der Ausschuß „Innenraumluftverunreinigungen" der Kommission Reinhaltung der Luft im VDI beschäftigen sich derzeit mit dieser Problematik.

Die Luftreinhaltung ist also ein vielschichtiges Problem, bei dem es nicht nur um die Außen- sondern insbesondere auch um die Innenluft geht. Man wird sich in Zukunft zur Erhaltung der Gesundheit vermehrt um die Ausgasungen aus der Wohnhülle und der Innenraumausstattung sowie um die Schadstoffe durch Rauchen kümmern müssen.

1 Zum Begriff der Grenzwerte und ihre Bedeutung in der Luftreinhaltung

Die Reinhaltung der Luft erfordert die Festlegung von überprüfbaren nume-
rischen Grenzwerten. In diesem Beitrag werden die Wichtigsten beschrieben:
u.a. die Emissionsgrenzwerte für Industrie, Hausbrand und Automobile, wel-
che die Schadstoffe an der Quelle überwachen; die Immisionsgrenzwerte,
welche die Schadstoffe in der Außenluft kontrollieren; und solche, die insbe-
sondere der Kontrolle gefährlicher Substanzen und der Verhinderung von
Katastrophen dienen. Grenzwerte für den Arbeitsplatz (MAK-Werte), für In-
nenräume und synergistische Grenzwerte, welche die Potenzwirkung der
Schadstoffe berücksichtigen, sind besonders wichtig. Weltweit festgelegte
Grenzwerte werden miteinander verglichen.

1.1 Einleitung

In den verschiedenen Expertenkommissionen wird gegenwärtig die Vorlage zu
einem Bundesgesetz über den Umweltschutz in der Schweiz diskutiert. Kernstück
eines funktionierenden Luftreinhaltegesetzes - so zeigt die amerikanische Erfahrung
- sind Immissions- und Emissionsgrenzwerte. Es ist deshalb wichtig, sich nicht nur
über Sinn und Zweck, sondern auch über die Begriffe und Anwendungsbereiche der
verschiedenen Grenzwerte im klaren zu sein.

In der amerikanischen Literatur ist lange Zeit die Frage diskutiert worden, ob es
überhaupt Grenzwerte geben kann, die die Menschen vor gesundheitlichen Schäden
bewahren (T. Hatch, 1971). Denn, so argumentiert man, das Misslingen des Nach-
weises von gesundheitlichen Schädigungen mag mehr an den ungenügenden Dia-
gnosemethoden und zu kurzen Beobachtungszeiten liegen als an der relativen Unge-
fährlichkeit eines Stoffes.

Diese Art der Argumentation führt in ihrer Konsequenz zu dem einen Extrem,
dass nur ein Nullgrenzwert absolute Sicherheit gewährleisten könne, und zu dem
andern Extrem, dass man wegen des Fehlens von „gesicherten" Ergebnissen noch
keine oder überhaupt keine Grenzwerte setzen solle. Beide Auffassungen sind in
dieser Ausschliesslichkeit für die Luftreinhaltung unbrauchbar, denn in der Praxis
geht es darum, nach dem neuesten Stand der Erkenntnis Kontrollmassnahmen einzuleiten, die sich an Grenzwerten ausrichten müssen und die ihrerseits von Zeit zu
Zeit zu revidieren sind. Es wird sich also beim Festlegen von Grenzwerten immer
nur um einen vernünftigen Kompromiss handeln können, der unter besonderer Berücksichtigung der gesundheitlichen Schäden die berechtigten Interessen aller in
Betracht zieht.

Die Notwendigkeit der Festlegung von Grenzwerten wird auch in der Schweiz
anerkannt. Nur über die Art der Grenzwerte und ihre Grössenordnungen wird es

noch intensive Diskussionen geben. Von medizinischer Seite werden Richt-, Ziel-
und Sicherheitsgrenzwerte vorgeschlagen (D. Högger, 1973). Die juristische Seite
sieht den Vorteil der Festlegung von präzisen Grenzwerten darin, dass gesetzlich
festgelegte Vorschriften und Verbote eine sichere Grundlage für die Rechtsanwen-
dung bilden (R. Rigoleth, 1973).

Nach dem amerikanischen Luftreinhaltegesetz von 1970 liegen Sinn und Zweck
des Setzens von Grenzwerten darin, mit ihrer Hilfe die Gesundheit zu schützen, das
Wohlergehen aller Bürger zu gewährleisten und die Qualität der Luft systematisch
zu überwachen und zu verbessern. Da die Schadstoffkontrolle an der Quelle nie
ganz vollständig sein kann, hat man in den USA folgerichtig zwei Hauptarten von
Grenzwerten festgelegt: Immissions- und Emissionsgrenzwerte, die die Schadstoffkonzentrationen am Rezeptor und an der Quelle überwachen. Diese Grenzwert-
diskussion bezieht sich hauptsächlich auf die USA und die Schweiz, aber auch Kon-
zeptionen anderer Länder, wie zum Beispiel der BRD und Kanadas, werden mitbe-
handelt.

1.2 Immissionsgrenzwerte

1.2.1 Definitionen

In den USA wurden Immissionsgrenzwerte zunächst für die folgenden sechs Luftverunreinigungstypen festgelegt: Schwebestaub (SS), Schwefeldioxid (SO_2), Kohlenmonoxid (CO), Kohlenwasserstoffe (HC), Oxidantien (O_x) und Stickstoffdioxid
(NO_2). Dabei werden immer ein oder mehrere Kurz- und ein Langzeitwert unterschieden (Tab. 1.1). Diese sollen die Bevölkerung vor akuten beziehungsweise
chronischen gesundheitlichen Schädigungen bewahren. Weiterhin wird nach Pri-
mär- und Sekundärgrenzwerten unterteilt. Mittelungszeit, sowie Primär- und Sekundärwerte ergeben für die sechs Luftverunreinigungstypen 14 Immissionsgrenzwerte.
Die Primärwerte treten am 1. Juni 1975 in Kraft, die Sekundärwerte innerhalb einer
„vernünftigen" Zeitspanne. Der zweite Teil ist eine Ziehharmonika-Verordnung, die
in einer Gesetzgebung unbedingt vermieden werden muss. Die Schweiz hat nach
dem deutschen Muster für SO_2 zwei Kurzzeitwerte, einen für 30 min. und einen für
24 h. Die in Tab. 1.1 angegebenen Werte für Sommer und Winter sind die von der
Eidg. Kommission für Lufthygiene vorgeschlagenen Werte. Daneben will man noch
Grenzwerte getrennt nach Industrie, Wohn- und Erholungsgebieten aufstellen.

1.2.2 Kriterien

Bei der Festlegung von Immissionsgrenzwerten wird von zwei Hauptkriterien ausgegangen: den schädlichen Wirkungen einer Substanz bezogen auf Konzentration
und Mittelungszeit und der lokal festgestellten Luftqualität. Für die schädlichen
Wirkungen sollte man die wissenschaftlichen Untersuchungen der gesamten Welt-

Tabelle 1.1 Vergleich von Immissionsgrenzwerten verschiedener Länder

Immissionsgrenzwerte — Kurzzeitwerte (20min bis 12 h); Langzeitwerte = Jahresmittel (geom. / arith.)

Luftverunreinigungstyp	Land	20min	30min	1 h	2 h	3 h	8 h	12 h	24 h	Jahresmittel geom.	Jahresmittel arith.
Schwebestaub (µg/m³)	USA Primärwert								260	75	
	USA Sekundärwert								150	60	
	Ontario		100						90	60	
	UdSSR	500							150		
	Polen	600							200		
	CSSR		500						150		
Schwefeldioxid (ppm)	USA Primärwert					0,5			0,14	0,03	
	USA Sekundärwert					0,5			0,1	0,02	
	Ontario		0,3	0,25					0,1	0,02	
	UdSSR	0,19							0,058		
	Polen	0,25							0,075		
	CSSR		0,19						0,06		
	BRD		0,3								
	Schweiz Sommer		0,3						0,2		
	Schweiz Winter		0,4						0,3		
	Japan				0,3	0,2					
Stickstoffdioxid (ppm)	USA			0,2							0,05
	Ontario		0,25						0,1		
	UdSSR								0,045		
Kohlenmonoxid (ppm)	USA			35			9				
	Ontario			40			15				
	UdSSR		40						8		
	Polen	2,7							0,9		
	BRD	2,7						8	0,45		
Kohlenwasserstoff (ppm)	USA	2,3				0,24					
	UdSSR								2,3		
Oxidantien (ppm)	USA			0,08					0,03		
	Ontario			0,10							

Quellen: für die USA (Fed. Reg., 1971), für Ontario (Bach et al., 1973), für die UdSSR, Polen CSSR und Japan (Crone et al., 1972), für die Schweiz (Högger, 1973), für die BRD (VDI, 1973)

literatur heranziehen. Das US-Umweltschutzamt (EPA) hat diese Arbeit geleistet und die Ergebnisse veröffentlicht (USDHEW, 1970). Die örtliche Luftqualität kann zum Teil gemessen werden, sollte aber in jedem Fall mit Hilfe eines verifizierten meteorologischen Diffusionsmodells erfasst werden. Denn es hat sich gezeigt, dass sich eine adäquate und ökonomische Erfassung vorhandener und zukünftiger Schadstoffkonzentrationen eines Gebietes nur mit Hilfe von Modellrechnungen durchführen läßt (W. Bach und A. Daniels, 1972, 1974). Daneben haben wir für die Aufstellung unserer Immissionsgrenzwerte in Hawaii noch die vorgeschlagenen Werte anderer US-Staaten herangezogen. Denn es ist schwer einzusehen, warum zum Beispiel die Fremdenverkehrsattraktion Hawaii mit 100 $\mu g/m^3$ für Oxidantien einen mehr als doppelt so hohen Grenzwert als die Stahlstadt Birmingham in Alabama aufstellen sollte.

1.2.3 Zuständigkeiten

Der Bund ist zuständig für das Aufstellen und die Einhaltung der Primär- und Sekundärimmissionsgrenzwerte. Diese Grenzwerte stellen das obere Limit dar, das in keinem Staat überschritten werden darf. Jedem Staat steht es allerdings frei, striktere als die vom Bund vorgeschriebenen Grenzwerte zu setzen. Wir haben von dieser Möglichkeit in Hawaii Gebrauch gemacht. Die Überwachung der Einhaltung von Immissionsgrenzwerten obliegt meist den staatlichen Gesundheitsämtern, aber auch anderen staatlichen Kontrollbehörden. Das EPA muss eingreifen, wenn den staatlichen Kontrollbehörden Vernachlässigung ihrer Überwachungspflicht vorgeworfen wird.

1.2.4 Geltungsbereiche

Es ist wichtig, sich schon beim Festlegen der Immissionsgrenzwerte über die Geltungsbereiche im klaren zu sein. Aus unseren eigenen Erfahrungen in Ohio, Michigan und Hawaii geben wir jetzt einige Grenzsituationen wieder. Die Geltungsbereiche sind im Gesetz nicht genau definiert, und erst durch langwierige Diskussionen auf staatlicher und Bundesebene haben sich allmählich die logischen Anschauungen durchgesetzt, die dann zum Teil schon Eingang in die Umsetzungspläne (implementation plans) gefunden haben.

Eine Antwort auf die häufige Frage, ob Immissionsgrenzwerte auch auf dem Mittelstreifen von Autobahnen gelten, lässt sich leicht anhand der Definition der Immissionsgrenzwerte geben. Immissionsgrenzwerte werden zum Schutze der Gesundheit der Bevölkerung in der Außenluft aufgestellt. Da niemand auf einem Mittelstreifen lebt, wird die Frage von selbst irrelevant. Komplizierter ist die Situation auf und in der Nähe von Strassen. Bei geschlossenen Fenstern handelt es sich um eine Privatsphäre, die nicht kontrolliert wird. Bei geöffneten Fenstern und für Motorrad- und Radfahrer sowie Fußgänger gelten die Immissionsgrenzwerte.

Es wird oft angenommen, dass die Immissionsgrenzwerte nur nahe dem Erdboden gelten. Im Einklang mit dem Anspruch, dem Schutze der Gesundheit zu dienen, gilt jeder Immissionsgrenzwert in Atemhöhe - wo immer sich dieser befindet. Jemand, der im 20. Stock eines Hochhauses auf einem Berg wohnt, unterliegt, wenn er sich auf seinem Balkon aufhält, dem Schutz durch Immissionsgrenzwerte. Fühlt sich jemand durch den Schwefelgeruch aus seiner oder anderer Leute Ölheizung belästigt, wenn er aus seinem Fenster schaut, kann er als Sofortmassnahme das Fenster schliessen und sich in seine Privatsphäre zurückziehen, oder er hilft mit an einer mittelfristigen Lösung, Individualheizungen durch Zentral- und Fernheizungen zu ersetzen.

Einkaufszentren, Verwaltungs- und Wohnhäuser mit abgeschlossenen Einfahrgaragen unterliegen in der Schweiz Entlüftungsgrenzwerten, die in den SNV-Richtlinien für Lüftungsanlagen festgelegt sind. Da aber trotz dieser Vorschriften mit sehr hohen Spitzenkonzentrationen zu rechnen ist, sollte man trotzdem daraufhin arbeiten, mit gesetzlichen Verordnungen diese gesundheitsschädigende Bequemlichkeitsarchitektur zu verhindern. Einkaufszentren mit an den Seiten offenen Unterstellgaragen unterliegen der Kontrolle durch Immissionsgrenzwerte.

Auf industrieeigenem Gelände gelten die sehr viel höheren MAK-Werte (maximale Arbeitsplatz-Konzentration). Aber unmittelbar ausserhalb des Werksgeländes gelten die Immissionsgrenzwerte. Für Flughäfen mit Direktverbindungen von der Wartehalle zum Flugzeug gelten keine Immissionsgrenzwerte. Müssen die Passagiere den Weg ausserhalb der Gebäude zu Fuss bis zum Flugzeug zurücklegen, haben sie Anspruch auf Schutz durch Immissionsgrenzwerte.

1.2.5 Überwachung

Die Art der Überwachung der Immissionsgrenzwerte hängt ganz vom Luftverunreinigungstyp ab. Es ist falsch, zum Beispiel alle sechs Schadstoffe an ein und derselben Stelle zu messen, da sie ja von ganz verschiedenen Quellen stammen. Da die Immissionsgrenzwerte Maximalkonzentrationen sind, misst man logischerweise CO und HC, die vorwiegend von den Automobilen stammen, auf dem Trottoir an verkehrsreichen Strassen. Die abseits des Verkehrs in einigen US-Städten angelegten Camp-Stationen (Continuous Air Monitoring Program) vermitteln für CO und HC ein völlig unrealistisches Bild, was bei unkritischen Vergleichen mit europäischen Messungen die amerikanischen Städte in einem ungerechtfertigt günstigen Licht erscheinen lässt. Schwefeldioxid, das in Europa vorwiegend vom Hausbrand und der Industrie stammt, misst man an strassenabgelegenen Stellen, die repräsentativ für diese Quellen sind. Die Frage der Repräsentativität und wo im einzelnen für die verschiedenen Luftverunreinigungstypen gemessen werden soll, klärt man am objektivsten und kostensparendsten mit Hilfe von Diffusionsmodellberechnungen (W. Bach und A. Daniels, 1974; W. Bach et al., 1973; J. Crone et al., 1972); siehe auch Kapitel 2.

1.3 Immissionsgrenzwerte für gefährliche Substanzen

1.3.1 Definition und Grenzwerte

Aus der langen Liste gefährlicher Substanzen hat das EPA zunächst drei ausgewählt: Asbest, Beryllium und Quecksilber (USEPA, 1971a). Da es sich hier um Substanzen handelt, die in kleinsten Konzentrationen meist zu irreversiblen Krankheiten mit teilweiser oder vollständiger Arbeitsunfähigkeit und langsamem Siechtum führen, hat das EPA für die Grenzwerte eine weite Sicherheitsmarge vorgesehen. Für Asbest hat das EPA noch keine numerischen Werte vorgeschlagen, da standardisierte Methoden zum Messen und Analysieren fehlen. Für Beryllium wird ein Immissionsgrenzwert von 0,01 $\mu g/m^3$ pro Monat vorgeschlagen. Der Emissionsgrenzwert ist auf 10 g pro Tag und Industriezweig festgelegt. Der vorgeschlagene Immissionsgrenzwert für Quecksilber beträgt 1 μg Hg pro Tag. Industrien dürfen 5 Pfund Hg pro Tag emittieren (W. Bach, 1972). Kürzlich wurden von der VDI-Kommission Reinhaltung der Luft für die BRD folgende maximale Immissionskonzentrationen für Schwermetalle vorgeschlagen: für Cadmium 0,05 $\mu g/m^3$, für Blei 2 $\mu g/m^3$ und für Zink 100 $\mu g/m^3$ (VDI, 1973).

1.3.2 Konzentrationen und Schädigungen

Einen Ueberblick über die typischen Konzentrationen geben die folgenden zwischen 1964 und 1965 an durchschnittlich 100 Stationen in den USA gemessenen Maximalwerte ($\mu g/m^3$): Beryllium 0,01; Chrom 0,33; Cadmium 0,42; Vanadium 2,2; Blei 8,6 und Zink 58 (Morgan et al., 1970). Die Einwirkung dieser Substanzen kann akuter und chronischer Art sein. Akute Einwirkungen äussern sich in typischen Vergiftungserscheinungen mit Übelkeit, Brechreiz, Kopfschmerzen, Zittern und Schlafstörungen usw. Chronische Erkrankungen äussern sich je nach Substanz und Einwirkungsgebiet für Beryllium und Asbest als Berylliose und Asbestose im Bereich der Atmungsorgane, um nur einige zu nennen. Im Körper gibt es keinen Mechanismus, der Beryllium wieder abbauen könnte (Anon., 1971). Bevorzugte Organe für die Ablagerung sind Gehirn, Drüsen und Knochenmark.

1.3.3 Messmöglichkeiten

Asbest wird allgemein mit einem Membran-Filtergerät gemessen und unter dem Elektronenmikroskop analysiert (W. Bach und A. Daniels, 1972). Beryllium kann mit einem normalen Staubmessgerät (hi-volume sampler) aufgefangen werden, um dann entweder mit Atom-Absorption oder mit Emissions-Spektroskopie analysiert zu werden. Quecksilber kann mit Hilfe von chemischen Lösungen oder durch Quecksilber-Amalgamierung gemessen werden. Die Analyse erfolgt entweder durch Ultraviolett-Absorption oder durch flammenlose Atom-Absorption.

1.4 Immissionsgrenzwerte zur Verhinderung von Katastrophensituationen

1.4.1 Definitionen

Zur Verhinderung von Katastrophensituationen werden am 1.6.1975 gleichzeitig mit den Immissionsgrenzwerten Alarmstufen mit speziellen Grenzwerten in Kraft treten (Federal Register, 1971). Die erste oder „alert" Stufe wird ausgelöst, wenn die Immissionskonzentrationen die in Tab. 1.2 angegebenen Werte erreichen. Gleichzeitig werden erste Präventivmassnahmen eingeleitet. Die zweite oder „warning" Stufe wird erreicht, wenn sich die Situation ständig verschlechtert und die in Tab. 1.2 angegebenen Konzentrationen erreicht werden. Die dritte oder „emergency" Stufe wird beim Erreichen der in Tab. 1.2 angegebenen Werte ausgelöst. Bei dieser höchsten Alarmstufe ist mit schweren gesundheitlichen Schädigungen zu rechnen. Ehe Alarm ausgelöst wird, müssen bei allen drei Warnstufen meteorologische Bedingungen vorherrschen, die es als wahrscheinlich erscheinen lassen, dass die Konzentrationen mindestens 12 Stunden über diesen Werten bleiben.

Tabelle 1.2 Immisionsgrenzwerte zur Verhinderung von Katastrophensituationen

Luftverun-reinigungstyp	Durch-schnitts-zeit (h)	Alert			Warning			Emergency		
		$\mu g/m^3$	ppm	COH[1]	$\mu g/m^3$	ppm	COH[1]	$\mu g/m^3$	ppm	COH[1]
Schwefeldioxid	24	800	0,3		1000	0,6		2100	0,8	
Staub	24	375		3,0	750		6	1000		8,0
Schwefeldioxid- u. Staub	24	65			327			650		
Kohlenmonoxid	8	17	15		34	30		46	40	
Oxidantien	1	200	0,1		800	0,4		1200	0,6	
Stickstoffdioxid	1	1130	0,6		2260	1,4		3000	1,6	
	24	282	0,2		565	0,3		750	0,4	

(Für Schwefeldioxid- u. Staub und Kohlenmonoxid: $\mu g/m^3$-Werte mit Klammer [2])

Quelle: Federal Register (Aug. 1971); [1] COH= coefficient of haze; [2] $\times 10^3$

1.4.2 Diagnosen und Prognosen

Ein Vergleich der „normalen" Immissionsgrenzwerte in Tab. 1.1 mit jenen zur Verhinderung von Katastrophen in Tab. 1.2 zeigt, dass letztere um ein Mehrfaches höher liegen. Katastrophensituationen sind keinesfalls selten; kein Land ist dagegen immun, und oft treten sie in kontinentalen Grössenordnungen auf. Das EPA hat aus 20 Katastrophensituationen aus aller Welt folgende Konzentrationsmargen zusammengestellt (USEPA, 1971b): für SO_2 0,1 - 9,8 ppm; für Schwebestaub 200 - 4500 µg/m³; für den AISI-Index 1,0 - 8,4 COH und für CO 1,0 - 25 ppm. Ein Vergleich dieser Werte mit denen in Tab. 2 zeigt, dass einige dieser Werte weit über jenen der „emergency" Stufe liegen. Es kommt bei der Bekämpfung solcher Katastrophensituationen vor allem darauf an, diese Konzentrationsanstiege rechtzeitig zu erkennen und zu verhindern. Keinesfalls darf es genügen, erst auf die Katastrophe zu reagieren, wenn sie schon eingetreten ist. Katastrophenkontrollpläne in den USA müssen alle stationären Quellen aufführen, die eine jährliche Emissionsrate von mehr als 100 t haben. Mit Hilfe von Wetterprognosen wird eine potentielle Katastrophensituation rechtzeitig erkannt, und mit Hilfe von meteorologischen Diffusionsmodellen werden für die einzelnen Quellen die notwendigen Reduktionen berechnet, um unter den festgelegten Höchstwerten zu bleiben.

1.4.3 Kontrollmassnahmen

Neben diesen oben genannten prognostischen und präventiven Methoden, die eine Katastrophensituation erst gar nicht aufkommen lassen sollen, gibt es ein ganzes Arsenal von Kontrollmassnahmen, die in Kraft treten, wenn die Katastrophe trotz aller Vorkehrungen eingetreten ist. Dazu gehören: Benutzung von Brennstoffen mit geringerem Schwefelgehalt; Verminderung der Produktion oder sogar Verschiebung der Produktionsprozesse bis zum Ende der Katastrophensituation; Herabsetzung oder Stillegung des Privatverkehrs; Einschränkung der Müllverbrennung; Verbot aller offenen Feuer usw. Darüber hinaus ist die Öffentlichkeit ständig über die Situation zu informieren und ausreichend medizinisch zu versorgen. Dann können Smog-Katastrophen wie die von 1952 in London mit 4000 zusätzlichen Todesfällen verhindert werden.

1.5 Emissionsgrenzwerte für Automobile

1.5.1 Definition und Grenzwerte

Im Gegensatz zu den Immissionsgrenzwerten, die sich auf die Schadstoffe in der Aussenluft beziehen, kontrolliert man mit den Emissionsgrenzwerten die Schadstoffmengen direkt an der Quelle. Im Falle der Automobile misst man die Auspuffgase, bevor sie sich in der Aussenluft verdünnen. Nach den „Clean Air Amendments" von 1970 dürfen in den USA die CO- und HC-Werte von 1975 nur noch 10 % der Emission von 1970er Modellen betragen; und für NO₂ bezieht sich der Vergleich auf 1971er beziehungsweise 1976er Modelle (Federal Register, 1970; W. Bruns, 1970). Auf Einspruch und massiven Druck der Automobilindustrie wurden die Endzeiten auf 1976 beziehungsweise 1977 verschoben. Die Grenzwerte sind für jedes neue Modell über einen Zeitraum von 5 Jahren oder über 50000 Meilen einzuhalten. Die Emissionsreduktion ist also keine Gewaltaktion von heute auf morgen, sondern ein allmählicher Prozess über eine ganze Reihe von Jahren.

Neben den Emissionsreduktionen der Auspuffgase sind ferner Bleireduktionen und Grenzwerte für Benzinzusätze wie folgt festgelegt (Federal Register, 1972): Ölraffinerien, Verteiler und Tankstellen dürfen nur Benzin verkaufen, das ab 1974 nicht mehr als 2 g Pb pro Gallone (gpg Pb); 1975 1,7 gpg Pb; 1976 1,5 gpg Pb und 1977 1,25 gpg Pb aufweist. Nach dem 1. Juli 1974 dürfen Pb-Zusätze nicht mehr als 0,05 gpg Pb und Phosphorzusätze nicht mehr als 0,01 gpg P betragen. Der einzige bisher in der Schweiz festgelegte Emissionsgrenzwert für CO beträgt 4,5 Vol. %. Der Bleigehalt darf ab 1. Januar 1974 höchstens noch 0,4 g pro Liter Benzin betragen.

1.5.2 Zuständigkeiten

Für das Festlegen von Grenzwerten für Emissionen und Benzinzusätze für neue Automobile über die Lebensdauer von 5 Jahren oder 50.000 Meilen ist der Bund durch EPA zuständig. Um die Kontrolle alter Automobile haben sich die einzelnen Staaten zu kümmern und können dazu ihre eigenen Verordnungen erlassen. Die Schweizerische Gesetzgebung, die sich auf die Kontrolle der Auspuffgase bezieht, ist in (W. Bach und A. Daniels, 1973) beschrieben.

1.5.3 Kontrolltechnologien

Auf Grund der „Clean Air Amendments" von 1970 hat das EPA den Auftrag, Fortschritte in der Kontrolle von Automobilemissionen mitzuteilen. Der jüngste Bericht von 1973 lässt sich wie folgt zusammenfassen (USEPA, 1973):
- Für die Kontrolle der Emissionen werden zwei Hauptsysteme verwandt: das nicht-katalytische und das katalytische System.
- Honda, Toyo Kogyo und Daimler Benz (Diesel), Vertreter des nicht-katalytischen Systems, unterschreiten schon jetzt die US-Grenzwerte von 1975.
- Chrysler, Ford und General Motors, Vertreter des katalytischen Systems, werden die 1975er Grenzwerte wahrscheinlich erreichen.
- American Motor Co., BMW, Daimler Benz (Benzin), Fuji, Mitsubishi, Nissan, Peugeot, Toyota, Saab, Volvo und VW werden nach den jetzigen Aussichten wahrscheinlich kein Zertifikat für die USA für 1975 bekommen.

1.5.4 Brennstoffökonomie

Eine sehr wichtige Frage in Bezug auf Grenzwerte und Luftreinhaltung ist die des Brennstoffverbrauchs. Anhand von umfangreichen Tests in ihren eigenen Laboratorien hat das USEPA (1972) folgendes festgestellt:
- Der Brennstoffverbrauch eines 5000 Pfund schweren Wagens liegt im Durchschnitt um 50 % höher als der eines 2500 Pfund schweren Autos.
- Der Brennstoffverbrauch erhöht sich durch die Emissionskontrollgeräte durchschnittlich um 7,7 %.
- Durch automatische Gangschaltung und Klimaanlage erhöht sich der Brennstoffverbrauch um rund 8 %.

Zukünftige Trends sind nur schwer vorauszusagen. Werden die Autos noch schwerer, kann mit einem Anstieg des Brennstoffverbrauchs von 20 bis 35 % gerechnet werden. Wird mehr mit Diesel und „stratified charge engines" (der Motor läuft mit vorkomprimiertem Gemisch und zusätzlicher Nachverbrennung) gefahren, kann der Brennstoffverbrauch um mehr als 70 % sinken. Es lohnt sich also in jedem Fall - für die Schonung des Geldbeutels, der Umwelt und unserer Ressourcen - einen Kleinwagen zu fahren. Besser wäre noch, auf ein öffentliches Verkehrsmittel umzusteigen, bzw. mehr Fahrrad zu fahren und mehr zu Fuß zu gehen, bis die Automobilindustrie die gleichen Energien auf die Entwicklung von schadstoffarmen wie auf herkömmliche Fahrzeuge verwendet.

1.5.5 Überwachung

Alle oben genannten Strategien wie das Festlegen von Emissionsgrenzwerten und das Entwickeln von besseren Kontrollgeräten usw. sind notwendig und wichtig. Aber man hüte sich vor der Illusion, dass Emissionsreduktionen automatisch zur Unterschreitung der Immissionsgrenzwerte führen. Ob, wann und wo Immissionsgrenzwerte überschritten werden, hängt neben meteorologischen und topographischen Besonderheiten in starkem Masse vom Verkehrsvolumen, dem Verkehrsfluss, der Strassenbreite und ihrer Randbegrenzungen, Vorhandensein, Art und Zustand von Kontrollgeräten und vielem anderen ab.

Ein rationales System zur Ueberwachung der Luft muss deshalb beide, Emissions- und Immissionsgrenzwerte, berücksichtigen. Mit Hilfe eines verifizierten Diffusionsmodells kann man vorhersagen ob, wann und wo Immissionsgrenzwerte in der Nähe von Strassen überschritten werden. Diese präventive Methode ermöglicht es, Emissionsgrenzwerte und andere Massnahmen wie zeitlich gestaffelte Arbeitszeiten, Einführung eines Verkehrsdichteindexes für Strassen, Regulierung des Ein-Personenverkehrs usw. festzulegen und gerecht anzuwenden.

1.6 Emissionsgrenzwerte für Industrien und Hausbrand

1.6.1 Definitionen und Zuständigkeiten

Ähnlich wie bei den Automobilen kontrolliert man mit den Emissionsgrenzwerten für Industrien und Hausbrand den Gasstrom, bevor er in die Aussenluft abgegeben wird. In den USA wurden Emissionsgrenzwerte für neue und modifizierte Quellen vom Bund festgelegt (Environmental Reporter, 1971). Dazu gehört jeder Betrieb, der nach dem 17. August 1971 gebaut oder modifiziert worden ist. Emissionsgrenzwerte für schon bestehende Quellen fallen unter die Zuständigkeit der einzelnen Staaten, die ihre eigenen Verordnungen erlassen können. Die vom Bund festgelegten Emissionsgrenzwerte umfassen bisher Schwebestaub, SO_2, H_2SO_4 und NO_X für folgende Anwendungsbereiche: Dampfgeneratoren, die mit fossilem Brennstoff arbeiten; Müllverbrennungsanlagen; Salpeter- und Schwefelsäurefabriken sowie Portlandzementfabriken. Die Grenzwertangaben sind sehr detailliert. So darf z. B. der Schwebestaubgehalt nicht mehr als 0,15 kg pro Tonne Brennmaterial und 0,05 kg pro Tonne beim Klinker- und Kühlungsprozess betragen. Sichtbare Emissionen von Brennöfen dürfen Ringelmann Nr. 0,5 nicht überschreiten.

1.6.2 Emissionsgrenzwerte für Müllverbrennungsanlagen

In der Schweiz darf der Staubgehalt bei Anlagen mit einem Gesamtdurchsatz von weniger als 1 t Müll/h, 1-5 t Müll/h und mehr als 5 t Müll/h resp. 0,20, 0,15 und 0,10 g/Nm³ feuchtes Reingas bezogen auf einen Kohlendioxidgehalt des Reingases von 7 Vol. % betragen. Anlagen, die vor Inkrafttreten dieser Emissionsgrenzwerte in Betrieb waren, unterliegen diesen ebenfalls nach einer Übergangszeit von 3 Jahren. Müll darf weder offen noch in häuslichen oder industriellen Feuerungen verbrannt werden, wenn eine organisierte Müllbeseitigung vorhanden ist (Eidg. Dept. des Innern, 1972).

1.6.3 Emissionsgrenzwerte für Haus- und Industriefeuerungen

Flüssige Brennstoffe werden im Kanton Zürich auf Grund ihres Schwefel- und Aschegehaltes beurteilt. Bis 1974 darf der Schwefelgehalt von Heizöl „extra leicht" 0,5 Gewichtsprozent, „mittel" und „schwer" je 2,0 Gewichtsprozent nicht überschreiten. Ab 1. Januar 1974 gelten für Heizöl „extra leicht" 0,3 Gewichtsprozent und für „mittel" und „schwer" je 1,5 Gewichtsprozent. Der Aschegehalt wurde für Heizöl „extra leicht" auf 0,01 Gewichtsprozent und für „mittel" und „schwer" auf je 0,1 Gewichtsprozent festgelegt (Kanton Zürich, 1972).

Zu den festen Brennstoffen gehören Anthrazit, Stein- und Braunkohle, Steinkohlen-, Braunkohlen- und Torfkoks, Steinkohlen-, Braunkohlen- und Torfbriketts sowie Torf und Holz. Der Schwefelgehalt von Kohle und Koks darf ein Gewichtsprozent nicht überschreiten. Zu den gasförmigen Brennstoffen zählen Spalt-, Natur- und Kokereigas und ähnliche Brenngase. Der Gesamtschwefelgehalt darf höchstens 150 mg/Nm³ gasförmiger Brennstoffe betragen. Holz und Holzkohle dürfen verbrannt werden. Das Verbrennen von Papier und Abfallstoffen ist verboten. Für den Kanton Zürich wurde am 12. April 1972 eine Verordnung über Feuerungsabgase erlassen. Sie enthält keine eigenen spezifischen Grenzwerte, da sie den Richtlinien des Eidg. Dept. des Innern folgt.

1.7 Spezielle Grenzwerte

1.7.1 Immissionskenngrössen

In der BRD werden zur Beurteilung der SO_2-Immissionen nicht Einzelwerte, sondern Häufigkeitsverteilungen aller in einem bestimmten Zeitraum gemessenen Einzelwerte benutzt (H. Stratmann und D. Rosin, 1964; BMI, 1964). Daraus werden Immissionskenngrössen abgeleitet, die zur Überprüfung einer Überschreitung der Immissionsgrenzwerte herangezogen werden. Die Auswertung von 3000 zwischen 7 und 15 Uhr im Stadtgebiet von Duisburg gemachten SO_2-Einzelmessungen zeigte keine ausreichende Annäherung an eine logarithmisch-normale Verteilung. Deshalb wurden die Immissionskenngrössen I_1 und I_2 entwickelt.

Danach ist $I_1 = \bar{x} + ts_0/(2z)^{1/2}$ die obere Grenze des 97,5 % Vertrauensbereiches für den Mittelwert $\bar{x}$ für alle Einzelwerte x_i. Die Begrenzung der Spitzenkonzentration ergibt sich aus $I_2 = \bar{x} + ts_0$, wobei die empirische Grösse s_0 die Häufigkeitsverteilung aller oberhalb des Mittelwertes auftretenden Einzelwerte $x_i > \bar{x}$ beschreibt und zu berechnen ist aus $s_0 = \{ [\sum (x_i - \bar{x})^2]/(z - 1) \}^{1/2}$.

Die Anzahl der Einzelwerte $x_i > x$ wird durch z wiedergegeben, und der Faktor t der Studentverteilung gibt die obere Grenze des 97,5 % Vertrauensbereiches an. Bei dieser Argumentation wird angenommen, dass die Verteilung der Einzelwerte oberhalb des Mittelwertes ungefähr der Hälfte einer Normalverteilung entspricht. Bei lang andauernden Inversionslagen lassen sich allerdings nach dieser Methode keine repräsentativen Immissionskenngrössen aus den Messwerten berechnen.

In der BRD gelten als Immissionsgrenzwerte die Kenngrössen $I_1 \leq 0,4$ mg SO_2/m^3 und $I_2 \leq 0,75$ mg SO_2/m^3 (BMI, 1964), wobei I_1 der Jahresmittelwert und I_2 die 30 min Maximalkonzentration sind. Danach liegt z. B. eine Überschreitung für I_2 erst dann vor, wenn die obere Grenze des 97,5 % Streubereiches aller Einzelwerte > 0,75 mg SO_2/m^3 ist. Das bedeutet, dass die Immissionsgrenze von 0,75 mit einer Häufigkeit bis zu 2,5 % überschritten werden darf.

1.7.2 Richtwerte

Man könnte entscheiden, dass der Grad der Luftverschmutzung im Jahre 1973 weit genug fortgeschritten ist, und dass man eine weitere Verschlechterung nicht mehr zulassen will. Der Grad der Verschmutzung einer bestimmten Gegend wäre dann ihr spezifischer Richtwert, der nicht mehr überschritten werden darf. Diese Konzeption setzt jedoch die Kenntnis der zeitlichen und räumlichen Verteilung der Schadstoffkonzentrationen für die verschiedenen Luftverunreinigungstypen voraus. Keinesfalls darf man dabei der Illusion erliegen, dass die wenigen Messungen, die bisher vorliegen, auch nur ein ungefähres Gesamtbild, das die Richtwertkonzeption braucht, vermittelten. Allerdings stehen uns aus der Meteorologie die Methoden der Diffusionsmodellbildung zur Verfügung, mit deren Hilfe, und mittels eines kleinen – und deshalb erschwinglichen – Messstellennetzes, Richtwerte festgelegt werden können.

Kritiker werfen aus Unkenntnis der Richtwertekonzeption oft vor, sie verhindere jede weitere Siedlungs- und Verkehrs- Expansion. Richtig ist vielmehr, dass durch sie jegliches Wachstum kontrolliert und damit eine Verschlechterung der Luft verhindert wird. Das bedeutet, dass neue Quellen nur dann zugelassen werden können, wenn schon bestehende Quellen um den gleichen Anteil an der Gesamtverschmutzung saniert werden. Um diese schwierigen Entscheidungen rational und gerecht fällen zu können, muss man sich der Methoden der meteorologischen Diffusions- und Kosten-Nutzen-Analyse bedienen (siehe auch Kapitel 2).

Richtwerte können nie grösser sein als Immissionsgrenzwerte. In vielen Fällen, wie z.B. Wohnvierteln und Erholungsräumen, werden sie heute noch beträchtlich unter den vorgeschlagenen Immissionsgrenzwerten liegen. Ein Kontrollprogramm, das nicht nur Nationen von gleich stark Verunreinigten schafft, sondern in der Tat der Luftreinhaltung dient, wird sich deshalb der Konzeption der Immissions-, Emissions- und Richtwerte bedienen.

1.7.3 Impingement-Grenzwerte

Diese Grenzwertkonzeption wurde mit dem 'Air Pollution Control Act' von 1967 ein wesentlicher Teil der Luftreinhaltung in der kanadischen Provinz Ontario (W. Bach et al., 1973). Die Stelle, an der die Zentrallinie der Rauchfahne, d.h. die Maximalkonzentration, auftrifft, ist die „impingement" Stelle. Das kann nun z.B. das Auftreffen einer Rauchfahne von einer Müllverbrennungsanlage auf einen bewohnten Hang, oder auf die oberen Stockwerke eines in der Nähe stehenden Hochhauses sein. Diese Konzeption bezieht sich deshalb nur auf stationäre Quellen und wird in Verbindung mit Diffusionsmodellen bei der Beurteilung von kurzzeitigen Belästigungen und Langzeitprogrammen in der Luftreinhaltung angewandt. Seit 1968 werden halbstündige „impingement" Grenzwerte für 20 Schadstoffe überwacht.

1.7.4 MAK-Grenzwerte

Maximale Arbeitsplatz-Konzentrationen, oder MAK-Werte, sind die ältesten Grenzwerte. Sie gelten am Arbeitsplatz innerhalb der Eigentumsgrenze eines Betriebes. Sie wurden auf Grund von Untersuchungen an jungen und gesunden männlichen Arbeitern aufgestellt. Einige MAK-Werte, die in der US-Industrie gelten, betragen, bezogen auf einen 8 h Arbeitstag, für CO 50 ppm, NO_2 5 ppm, O_3 0,1 ppm und SO_2 5 ppm (ACGIH, 1967). Ein Vergleich dieser Werte mit denen in Tabelle 1.1 zeigt, dass sie um ein Vielfaches über den Immissionsgrenzwerten liegen. MAK-Werte sollten auch deshalb bei der Festsetzung von Immissionsgrenzwerten nicht in Betracht gezogen werden, da letztere ja den gesundheitlichen Schutz besonders von Kranken, alten und jungen Menschen über einen 24 h Tag gewährleisten sollen.

1.7.5 Innenraum-Grenzwerte

Für die Privatsphäre kann es natürlich keine kontrollierbaren Regelungen geben. Aber ausserhalb der Privatsphäre wird es zum Schutze der Gesundheit der Nichtraucher, der Kranken und der Kinder früher oder später zur Kontrolle der Innenraumatemluft kommen müssen. Rauchverbot sollte in allen abgeschlossenen Innenräumen gelten, die auch von Nichtrauchern mitbenutzt werden müssen. Man könnte z.B. für Raucher getrennte Raucherräume vorsehen. Die Tatsache, dass im Kino, in Theatern, Opern und Krankenhäusern in einigen Ländern Raucherlaubnis herrscht, ruft oft Unglauben hervor. Bis vor kurzem konnte noch in Zürich in einem Teil der Trams geraucht werden. Flugzeuge sind notorische Stätten der Intoxikation. Verräucherte Restaurants verderben jedem Nichtraucher den Geschmack und kulinarischen Genuss. Vollklimatisierte und heissluftbeheizte Räume sind das Resultat einer gedankenlosen Bauweise, wenn gleichzeitig durch das Ventilationssystem auf dem Dach Schwefelgase von in der Nähe gelegenen Kaminen als sog. Frischluft angesaugt und gleichmässig auf die Räume verteilt werden. In ähnlicher Weise werden die Auspuffgase aus der Kellergarage und die Luft von rauchenden Mitbewohnern gleichmässig auf alle Räume verteilt. Von der EPA in Washington und New York durchgeführte Innenraumuntersuchungen haben gezeigt, dass sich die Schadstoffkonzentrationen in der Grössenordnung nicht von denen unterscheiden, die in der Aussenluft gemessen werden (Anon., 1973).

1.7.6 Synergistische und komplexe Grenzwerte

Bisher betrachtete man in der Luftreinhaltung jeden Schadstoff so, als wirke er isoliert auf die Gesundheit ein. Spätestens seit der Londoner Smog-Katastrophe von 1952, die mindestens 4000 Todesopfer forderte, weiss man aber, dass Schadstoffe in einer bestimmten Kombination eine potenzierte Wirkung haben. Das heisst, zusammen haben die Stoffe eine viel grössere schädliche Wirkung, als nach einer einfachen Summierung der Wirkungen zu erwarten wäre - man spricht in diesem Fall von einer synergistischen Wirkung. Es wäre folgerichtig, auch synergistische Immissionsgrenzwerte zu setzen. In Ontario hat man damit schon begonnen und für jeden Ort empirische Grenzwerte, die sog. „Air Pollution Indices" ausgearbeitet (W. Bach et al., 1973).

Neuerdings spricht man auch von komplexen Grenzwerten. Im Grunde genommen ist das nichts Neues; denn bei der Ausarbeitung unseres Umsetzungsplanes (implementation plan) für Hawaii, haben wir schon Anfang der 70er Jahre komplexe Grenzwertüberlegungen mit einbezogen. Das bedeutet, dass man bei einer siedlungspolitischen Beurteilung alle oben besprochenen Grenzwerte wie Emissions-, Immissions-, synergistische und Richtgrenzwerte usw. neben wirtschaftlichen, sozialen und langzeitplanerischen Aspekten mit heranzieht. Damit wäre man dann bei der Anfertigung von Umweltgutachten angelangt, ohne die Luftreinhaltung nicht betrieben werden kann. Die Forderung, dass für jedes neue oder zu modifizierende Projekt ein Umweltgutachten anzufertigen ist, das alle tatsächlichen und potentiellen Auswirkungen aufzeigt und in Beziehung zu den Grenzwerten setzt, gehört folgerichtig als Kernpunkt in eine Gesetzgebung für den Umweltschutz.

Literaturauswahl

ACGIH (American Conf. Governmental Ind. Hygienists): Threshold Limit Values for 1967, Cincinnati, Ohio (1967).

Anon., Beryllium - hazardous air pollutant. Env. Science & Technol. 5 (7), 584-586 (1971).

Anon., Study Shows High Indoor Pollution Levels. J. Air Pollution Control Assoc. 23 (4), S. 319 und S. 324 (1973).

Bach, W., Atmospheric Pollution, McGraw-Hill Book Co., Düsseldorf, S. 75ff. 108 ff. (1972).

Bach, W. und Daniels, A., Basic Concept of Air Quality Control. A Guide to Air Resources Management for Use by Governmental and Private Agencies, Report prepared for the UN Conference on Human Environment Stockholm 1972. Hawaii TB & Resp. Diseases Assoc. (1972).

Bach, W. und Daniels, A., Methoden zur Begutachtung der Lufthygiene an Strassen, Ztsch. für Präventivmedizin, vol. 118, 115-129 (1973).

Bach, W., Brazel, A. und Daniels, A., International Air Quality Control in the Detroit-Windsor Area. Prcdgs. Assoc. Am. Geographers 5, 25-30 (1973).

Bach, W. und Daniels, A., Vorschläge für ein System zur Überwachung der Luftverunreinigung, Eidgen. Amt für Umweltschutz, Bern (1974).

BMI, Allgemeine Verwaltungsvorschriften über genehmigungsbedürftige Anlagen nach § 16 der Gewerbeordnung. Gemeinsames Ministerialblatt, Z 31 91 A, Jg. 15, Nr. 26 (1964).

Bruns, W., Die Massnahmen zur Verminderung der Verunreinigung der Luft durch Kraftfahrzeugabgase. Bundesgesundheitsblatt (Originalien), S. 255 (1970).

Crone, J., Schumacher, R. und Lüscher, E., Anforderungen an ein Messsystem zur Überwachung der Luftverunreinigung am Beispiel der Stadt München. Gesundheits-Ingenieur H 3, 93. Jg. 71-76 (1972).

Eidg. Dept. des Innern, Richtlinien über die Auswurfbegrenzung für Anlagen zum Verbrennen von Müll; bei Haus- und Industriefeuerungen, 7. Februar 1972.

Environmental Reporter 2 (16), The Bureau of National Affairs, Inc. (1971).

Federal Register, vol. 35 (28), pt. II, 10. Februar 1970, Washington DC.

Federal Register, vol. 36 (21), pt. II, 30. Januar 1971; vol. 36 (67) pt. II, 7.April 1971; vol.36 (84) pt. II, 30. April 1971; vol. 36 (158) pt. II, 14. August 1971, Washington, D.C.

Federal Register, vol. 37 (36) pt. III 23. Februar 1972, Washington DC.

Hatch, T. F., Thresholds: Do They Exist? Arch. Environ, Health 22, 687-689 (1971).

Högger, D., Grenzwerte zur Reinhaltung der Luft. „NZZ" 161, 6. April 1973.

Kanton Zürich, Verordnung über die Feuerungsabgase, 12. April 1972.

Morgan, G. B., Ozolins, G., and Tabor, E. C., Air Pollution Surveillance Systems, Science 170, 289-296 (1970).

Rigoleth, R., Das Recht im Kampf gegen die Luftverschmutzung. Schulthess Polygraph. Verlag Zürich (1973).

Stratmann, H. und Rosin, D., Untersuchungen über die Bedeutung einer empirischen Kenngrösse zur Beschreibung der Häufigkeitsverteilung von SO_2-Konzentrationen in der Atmosphäre. Staub 24 (12), 520-525 (1964).

US Dept. Health Education and Welfare, Control Techniques for Particulate Air Pollutants and Sulphur Oxide Air Pollutants (1969); Control Techniques for Carbon Monoxide, Nitrogen Oxide, and Hydrocarbon and Organic Solvent Emissions from Stationary Sources;

Control Techniques for Carbon Monoxide, Nitrogen Oxide, and Hydrocarbon Emissions from Mobile Sources, Nat. Air Pollution Control Administr. Washington DC (1970).

USEPA, Background Information – Proposed National Emission Standards for Hazardous Air Pollutants: Asbestos, Beryllium, Mercury, Res. Triangle Park, N. C. (1971a).

USEPA, Guide for Air Pollution Episode Avoidance. EPA, Office of Air Programs, Publ. No. AP-76, Res. Triangle Park, N. C. (1971b).

USEPA, Fuel Economy and Emission Control, Mobile Source Pollution Control Program, Washington DC (1972).

USEPA, releases status study on auto emissions control technology. J. Air Pollution Control Assoc. 23 (4), 298- 299 (1973).

VDI, Grenzwerte für den Gehalt der Luft an Schwermetallen und Kohlenmonoxid – Vorschläge der Kommission „Reinhaltung der Luft". Gesundheitstechnik Nr. 5, 7. Jg. S. 107 (1973).

2 Zur Strategie der Luftreinhaltung -
Konzept eines neuen Überwachungssystems

Für die Luftreinhaltung genügt es nicht, nur Grenzwerte festzulegen, sondern man muß sie auch überwachen. Ein solches Überwachungssystem besteht aus einem meteorologischen- und einem Emissionskataster, einem verifizierten meteorologischen Diffusionsmodell sowie einem adäquaten Meßstellennetz, wobei Umfang und Standortwahl des Meßstellennetzes durch das Diffusionsmodell am kostensparendsten bestimmt werden. Das Überwachungssystem ermöglicht: Die Erfassung des bestehenden Verschmutzungsgrads, die Überwachung der Immissionsgrenzwerte, die Erfassung der Hintergrundkonzentration, die Ermittlung einzelner Emittenten an der Gesamtemission, die Bestimmung des Schadensausmaßes, die Überprüfung der Wirksamkeit von Kontrollmaßnahmen, die Erstellung von Umweltgutachten, die Aufstellung eines Smog-Warndienstes, Trendüberwachung sowie die Beurteilung von Verkehrs-, Stadt- und Regionalplanung. Das Überwachungssystem wird an Beispielen aus dem In- und Ausland erläutert.

2.1 Einleitung

„Good monitoring is not enough, if in fact it is a slow death watch for human life."
S. Udall, 1972, früherer amerikanischer Innenminister

In diesem Satz von Udall liegt die ganze Problematik der Überwachung von Umweltschäden. In vielen Ländern erschöpft sich auch heute noch die Schadstoffüberwachung in sporadischem Sammeln von Daten. Das bloße Registrieren von Daten an einigen wenigen Meßstellen hat jedoch wenig mit Überwachung und noch weniger mit Luftreinhaltung zu tun. Sinnvolle Überwachung im Rahmen der Luftreinhaltung impliziert die Festlegung von Grenzwerten, deren Einhaltung es zu kontrollieren gilt. Dazu bedarf es eines Systems, das sich nicht nur in der Registrierung von etwaigen Grenzwertüberschreitungen erschöpft, sondern das darüber hinaus durch das rechtzeitige Einleiten von Gegenmaßnahmen die Bevölkerung vor Schaden bewahrt.

Damit ist sicher ein reines Meßstellennetz überfordert. Was man in der Luftreinhaltung vielmehr braucht, ist ein Überwachungssystem, das die mit den kostensparendsten Mitteln erworbene Information über den Verschmutzungsgrad eines zu kontrollierenden Gebietes feststellt und gleichzeitig die Methoden zu den Gegenmaßnahmen liefert, mit deren Hilfe man geltende Immissionsgrenzwerte nicht überschreitet. Ein solches Überwachungssystem besteht aus einem meteorologischen- und einem Emissionskataster mit einem verifizierten meteorologischen Diffusionsmodell sowie einem kleinen, aber adäquaten Meßstellennetz.

22

Das ursprünglich von W. Bach und A. Daniels (1974) entwickelte und später von W. Bach für diesen Bericht verbesserte Überwachungssystem bildet das Kernstück unserer Luftreinhaltekonzeption. Damit soll ein Beitrag zur Strategie der Luftreinhaltung geleistet werden (Abb. 2.1).

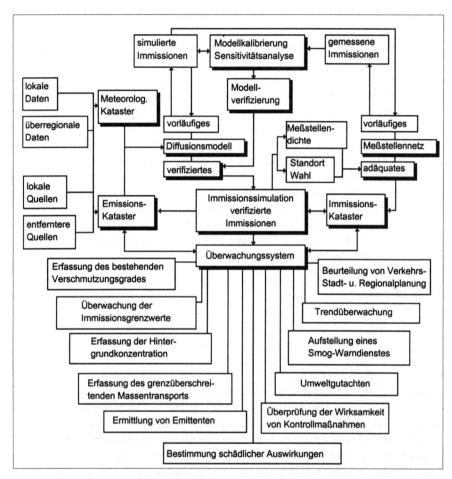

Abb. 2.1: Strategie zur Luftreinhaltung

2.2 Überwachung durch Diffusionsmodell und Meßstellennetz

Ausgangspunkt eines jeden Überwachungssystems für Luftverunreinigung ist die sorgfältige Erstellung eines Emissions- und eines meteorologischen Katasters. Beide dienen als Input für ein vorläufiges meteorologisches Diffusionsmodell, das die vorläufige Anordnung eines Meßstellennetzes bestimmt und dessen gemessene Werte über Modellkalibrierung und Modellverifizierung zu einem verifizierten Diffusionsmodell führen. Das verifizierte Diffusionsmodell bestimmt jetzt objektiv und kostensparend die richtige Standortwahl und die geringste Anzahl der Meßgeräte, die für ein adäquates Überwachungssystem notwendig sind. Das so erhaltene System aus Emissions- und Immissionskataster sowie Simulationsmodell dient in einem Überwachungssystem (Abb. 2.1)

- der Erfassung des bestehenden Verschmutzungsgrades,
- der Überwachung der Immissionsgrenzwerte,
- der Erfassung der Hintergrundkonzentration,
- der Erfassung des grenzüberschreitenden Massentransports,
- der Ermittlung von Emittenten,
- der Bestimmung schädlicher Auswirkungen,
- der Überprüfung der Wirksamkeit von Kontrollmaßnahmen,
- der Erstellung von Umweltgutachten,
- der Aufstellung eines Smog-Warndienstes,
- der Trendüberwachung und
- der Beurteilung von Verkehrs-, Stadt- und Regionalplanung.

2.2.1 Emissionskataster

Ein Emissionskataster erfaßt nicht nur die Emissionen aller lokalen Quellen, sondern auch alle überregionalen Quellen, die an den lokalen Immissionskonzentrationen beteiligt sind. Der Zweck des Emissionskatasters ist die systematische Erfassung aller anthropogenen Quellen luftverunreinigender Stoffe. Man ordnet sie auf der einen Seite nach dem geographischen Standort jeder Quelle (im Gauß-Krüger'schen Koordinatensystem), wobei man Punkt-, Linien- und Flächenquellen unterscheidet; und man gruppiert sie auf der anderen Seite nach den Emissionsbedingungen, wie z. B. Quellenabmessungen, Abgasmenge und -temperatur, Schadstoffart und -menge, sowie Häufigkeit und Dauer der Emission.

Bei der Katalogisierung unterscheidet man 3 Hauptgruppen von Emittenten aus:
- Industrie,
- Hausbrand und Kleingewerbe,
- Kraftfahrzeugverkehr.

Tabelle 2.1 gibt für das Belastungsgebiet Rheinschiene Süd (Raum Köln) eine Übersicht über die nach Emittentengruppen zusammengefaßten Emissionen (MAGS 1977). Man sieht, daß in diesem Raum, der durch mineralölverarbeitende und chemische Industrie geprägt ist, die industriellen Emissionsquellen dominieren. Die hier in drei Stoffgruppen zusammengefaßten Substanzen setzen sich zusammen aus mehr als 1000 verschiedenen Stoffen. Die Datenermittlung für das Emissionskataster erstreckte sich über einen Zeitraum von 1969 bis 1976, was bei der Interpretation der Daten zu berücksichtigen ist.

Die Emissionsdaten für die Industrie müssen wegen der Vielzahl der Substanzen und der Differenziertheit der Quellen für jede einzelne industrielle Anlage erhoben werden. Abbildung 2.2 zeigt in einem 1-km²-Raster für das Belastungsgebiet Rhein-

24

Tabelle 2.1: Emissionen nach Stoff- und Emittentengruppe im Belastungsgebiet Rheinschiene Süd.

Stoffgruppe	Industrie	Hausbrand und Kleingewerbe	Kraftfahrzeugverkehr
Anorganische Gase	297 627 t/a 55,2 %	107 012 t/a 19,9 %	134 407 t/a 24,9 %
Organische Gase und Dämpfe	84 117 t/a 88,4 %	6 323 t/a 6,6 %	4 751 t/a 5,0 %
Staub	25 201 82,3 %	4 967 t/a 16,2 %	470 t/a 1,5 %

Quelle: MAGS (1977)

schiene Süd die Summe der SO_2-Jahresauswürfe aller Emissionsquellen. Nach der Emissionserklärungsverordnung vom 20.12.1978 müssen alle Betreiber genehmigungspflichtiger Anlagen in einem Belastungsgebiet erstmals zum 31.5.1980 Emissionserklärungen abgeben.

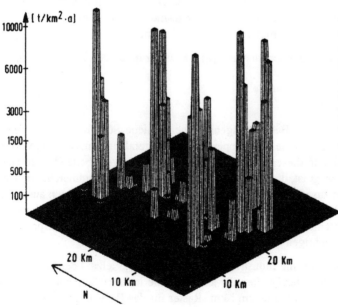

Abb. 2.2: Jahresemission von SO_2 (t/a) im Belastungsraum Rheinschiene Süd für die Emittentengruppe Industrie. Quelle: MAGS (1977)

2.2.2 Meteorologisches Kataster

Wie Abb. 2.1 zeigt, bildet das meteorologische Kataster neben dem Emissionskataster die andere Hauptinputquelle für das meteorologische Diffusionsmodell. Da für die Transmission der Schadstoffe meteorologische Parameter verantwortlich sind, wird klar, daß ohne eine hinreichend genaue Erfassung der meteorologischen Elemente eine Überwachung der Schadstoffkonzentrationen nicht möglich ist. Es hängt vom jeweiligen Problem ab, ob die meteorologischen Parameter auf dem Mikro-, Meso- oder Makroscale zu erfassen sind. Die lufthygienische Erfassung eines einzelnen Straßenzuges würde zum Beispiel die kleinräumige und kurzzeitige Erfassung des dreidimensionalen Windfeldes und der vertikalen Temperaturschichtung erfordern. Dazu braucht man sehr teure, auf kleinste Schwankungen reagierende Meßgeräte, die automatisch die Daten aufschreiben. Für die Untersuchung eines Stadtgebietes oder einer ganzen Industrielandschaft bzw. Erfassung des großräumigen, grenzüberschreitenden Massentransports wird man die Daten auf dem Meso- bzw. Makroscale auswerten. Die Transmission ist das Bindeglied zwischen den Emittenten und den Rezeptoren (H. Fortak, 1972). Abbildung 2.3 zeigt die wichtigsten durch komplizierte Rückkopplungsmechanismen untereinander verbundenen Einflußgrößen, die auf die Transmission wirken.

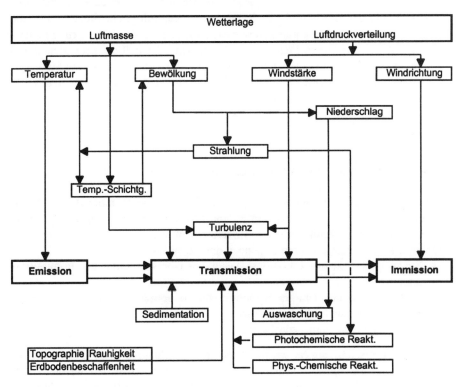

Abb. 2.3: Einflußgrößen auf die Transmission
Quelle: Fortak (1972)

2.2.3 Vorläufiges Diffusionsmodell

Nachdem Emissions- und meteorologisches Kataster erstellt sind, erfolgt als nächster logischer Schritt nach Abb. 2.1 die Entwicklung eines vorläufigen Diffusionsmodells. Seine Hauptfunktion besteht darin, ein für einen bestimmten Luftverunreinigungstyp spezifisches Meßstellennetz aufzustellen, dessen Daten wiederum der Verifizierung des vorläufigen Diffusionsmodells dienen. Es ist üblich, Schadstoffberechnungen getrennt nach stationären erhöhten Punktquellen (z. B. Fabrikschornsteine, Müllverbrennungsanlagen usw. mit einer Emissionsrate von größer als 100 t/Jahr) und Flächenquellen (z. B. Hausbrand und Verkehr), durchzuführen.

2.2.4 Vorläufige gemessene Immissionen

Vergleicht man nun die aus dem vorläufigen Meßstellennetz gewonnenen gemessenen Immissionen mit den aus dem vorläufigen Diffusionsmodell erhaltenen simulierten Immissionen, so ergeben sich manchmal schon beim ersten Vergleich gute Übereinstimmungen, aber oft auch ziemliche Diskrepanzen. Das ist verständlich, wenn man sich vergegenwärtigt, daß die simulierten Immissionen die typische Situation während eines Jahres widerspiegeln, während die gemessenen Immissionen zunächst immer nur eine typische Emissions- und meteorologische Situation für eine bestimmte kurzfristige Mittelungszeit wiedergeben. Würde also lange genug gemessen, würden sich bei gutem Messen und für ein gutes Modell die gemessenen und die simulierten Werte immer mehr angleichen. Häufiges Messen an vielen Stellen ist jedoch teuer. Deshalb wird man für die Überwachung der Immissionsgrenzwerte vorwiegend die simulierten Immissionen heranziehen und dabei die statistischen Eigenschaften der Häufigkeitsverteilungen und deren Vertrauensbereiche miteinander vergleichen.

2.2.5 Verifizierung von Modell und Immissionen

Abbildung 2.1 zeigt die weiteren logischen Schritte dieses rationalen Überwachungssystems. Mit Hilfe der simulierten und gemessenen Immissionen erhält man über die Modellkalibrierung und -verifizierung ein verifiziertes Diffusionsmodell und verifizierte Immissionen mit folgenden drei Hauptfunktionen:
- Sie modifizieren das Emissionskataster bei Überschreitung der Immissionsgrenzwerte,
- sie bestimmen die richtigen Standorte und die geringste Anzahl von Meßstellen für ein adäquates Meßstellennetz,
- sie ergänzen das Immissionskataster.

Mit dem Emissionskataster wird ein Regelreis durchlaufen in der Form, daß bei Überschreitung der Immissionsgrenzwerte die Emissionen reduziert werden (Abb. 2.1). Die Simulationen mit reduzierten Emissionen werden so lange fortgeführt, bis Überschreitungen der Immissionsgrenzwerte nicht mehr auftreten. Das Durchlaufen eines weiteren Regelkreises führt zu einem adäquaten Meßstellennetz und zur Ergänzung des Immissionskatasters. Emissions- und Immissionskataster bilden zusammen mit der Immissionssimulation das Überwachungssystem.

2.3 Überwachungssystem für Luftreinhaltung

Anhand einiger ausgewählter Beispiele sei nun demonstriert, was das hier vorgeschlagene rationale Überwachungssystem für die Luftreinhaltung zu leisten vermag (Abb. 2.1).

2.3.1 Erfassung des bestehenden Verschmutzungsgrades

Der erste Schritt in der Überwachung der Luftqualität beginnt mit einigen wenigen Messungen an einigen ausgewählten Stellen, um einen ersten Eindruck über die Art der Schadstoffe, und einen ungefähren Einblick in die Höhe der auftretenden Konzentrationen zu gewinnen. Das läßt sich noch mit Messen allein bewerkstelligen. Will man jedoch den Gesamtverschmutzungsgrad für viele Luftverunreinigungstypen und für eine Reihe von Mittelungszeiten z. B. für ein ganzes Stadtgebiet feststellen, läßt sich das nur noch unter Zuhilfenahme eines verifizierten Diffusionsmodells erreichen.

2.3.2 Überwachung der Immissionsgrenzwerte

Die Feststellung eines bestehenden Verschmutzungsgrades bedeutet natürlich noch keine Überwachung im Sinne der Luftreinhaltung. Erst wenn man gesetzlich festgelegte numerische Immissionsgrenzwerte mit den verifizierten Immissionen vergleichen kann, erhält man ein Überwachungssystem, das von einem reinen Registrier-, zu einem wirksamen Kontrollorgan wird.

Eine Überwachung der Immissionsgrenzwerte ist nur dann sinnvoll, wenn diese für Behörden und Gerichte gleichermaßen verbindlich festgelegt sind. Ausgelöst durch ein Urteil des Bundesverwaltungsgerichts zum Bau des Steinkohlekraftwerks Voerde wurde mit der Novellierung von BImSchG und TA Luft am 6.9.1978 die geforderte Rechtssicherheit geschaffen (BMI, 1979). Nach einem Hearing über die Wirkung von Luftschadstoffen wurden einige Werte der TA Luft 1974 leicht abgeändert bzw. ergänzt. Tabelle 2.2 zeigt die festgelegten Immissionsgrenzwerte für Langzeit- und Kurzzeiteinwirkung. Man sieht, daß die Werte für Schwebestaub, anorganische gasförmige Fluorverbindungen und Stickstoffoxid herabgesetzt, während zusätzlich die Schadstoffe Blei und Cadmium in den Grenzwertkatalog aufgenommen worden sind. Einer weiteren von der Bundesregierung zum Schutz von Tieren, Pflanzen und Sachgütern als verbindlich eingebrachten Immissionsgrenzwertliste hat der Bundesrat bisher seine Zustimmung versagt.

Tabelle 2.2: Immissionsgrenzwerte für die Bundesrepublik Deutschland

Stoff ($\mu g/m^3$)	TA Luft 1974 Langzeit- einwirkung	Kurzzeit-	Übergangswerte bis 1978 Langzeit- einwirkung	Kurzzeit-	TA Luft 1978 Langzeit- einwirkung	Kurzzeit-
Staub-niederschlag	350	650	500	1000	350	650
Schwebstaub	200	400	200	400	150	300
Chlor	100	300	100	300	100	300
Chlor-wasserstoff	100	200	100	200	100	200
Fluor-wasserstoff	2	4	3	6	1	3
Kohlen-monoxid	10	30	10	30	10	30
Schwefel-dioxid	140	400	140	500	140	400
Schwefel-wasserstoff	5	10	10	20	10	20
Stickstoff-dioxid	100	300	100	300	80	300
Stickstoff-monoxid	200	600	200	600	200	—
Blei im Staub-niederschlag	—	—	—	—	500	—
Blei im Schwebstaub	—	—	—	—	2	—
Cadmium im Staub-niederschlag	—	—	—	—	7,5	—
Cadmium im Schwebstaub	—	—	—	—	0,04	—

Quelle: BMI (1979)

2.3.3 Erfassung der Hintergrundkonzentration

Normalerweise werden die Schadstoffe in den Belastungsgebieten erfaßt, weil dort auch die Immissionen am höchsten sind. Die Kenntnis der Hintergrundkonzentration ist jedoch ebenfalls wichtig, weil sie erst durch den Vergleich

- die Schwere der Schadstoffbelastung in den Ballungsgebieten zu beurteilen erlaubt,
- das Ausmaß an regionaler bzw. globaler Luftverunreinigung erkennen läßt und
- den Schwellenwert angibt, bis zu dem in besonders zu schützenden Zonen (z.B. Naturschutzgebiete) die bestehende Immission zu reduzieren ist.

2.3.4 Erfassung des grenzüberschreitenden Massentransports

Der Import bzw. Export von Schadstoffen über Orts- und Ländergrenzen hinaus ist zu einem ernst zu nehmenden Problem geworden, das mit Hilfe des vorgeschlagenen Überwachungssystems erfaßt und unter Kontrolle gebracht werden kann. Mit Hilfe eines regionalen Diffusionsmodells, das die Schadstoffausbreitung als diskrete Rauchwolken auffaßt, wurden für große Teile West- und Mitteleuropas die SO_2-Anteile nach Empfänger- und Verursacherländern getrennt erfaßt. Tabelle 2.3 zeigt z.B. für die Bundesrepublik Deutschland (BRD) die folgenden interessanten Tatbestände auf:

- 47% der SO_2-Konzentrationen stammen aus eigenen Quellen;
- an den SO_2-Belastungen der BRD sind die westlichen Nachbarn Frankreich, Belgien und Holland mit je 7% beteiligt, während umgekehrt der Anteil der BRD am SO_2-Ausstoß Frankreichs rd. 10%, am Ausstoß Belgiens und Hollands rd. 20% beträgt;
- der östliche Nachbar DDR hat mit 22,5% den größten Anteil an der SO_2-Belastung in der BRD, erhält aber nur einen Anteil von 6,5% seines SO_2-Ausstoßes aus der BRD.

2.3.5 Ermittlung von Emittenten

Nachdem der Vergleich des bestehenden Verschmutzungsgrades mit den Immissionsgrenzwerten ergeben hat, ob ein Problem besteht, folgt nach Abb. 2.1 als nächster logischer Schritt die Ermittlung des oder der Urheber des Problems, damit Gegenmaßnahmen eingeleitet werden können. Keinesfalls darf es so sein, daß man pauschal für alle Emittenten die gleiche Reduktion des Schadstoffauswurfs vorschreibt. Das garantiert erstens nicht, daß man auch unter den geltenden Immissionsgrenzwerten bleibt, und zweitens ist es ungerecht den Emittenten gegenüber, die vielleicht gar nicht an der Überschreitung der Immissionsgrenzwerte beteiligt sind, und durch die unnötigen Mehrausgaben in finanzielle Bedrängnis geraten.

Vielmehr geht man so vor, daß man mit Hilfe von Emissions- und meteorologischem Kataster und einem verifizierten Diffusionsmodell die Immissionsbeiträge eines jeden Emittenten an der Gesamtimmission berechnet. Aus dieser Information läßt sich dann ablesen, um welche Beträge bezogen auf die verschiedenen Luftverunreinigungstypen ein bestimmter Emittent seinen Auswurf reduzieren muß, damit die Gesamtimmission eines Gebietes unter den geltenden Immissionsgrenzwerten bleibt. Das läßt sich natürlich nicht mit einem Meßstellennetz feststellen, sondern nur mit einem verifizierten Diffusionsmodell, was einmal mehr die Bedeutung der Modellrechnung in der Luftreinhaltung unterstreicht.

Tabelle 2.3: Anteile (%) der SO_2-Konzentration in europäischen Empfänger- und Verursacherländern, für Juli 1973

Emittent	Anteile (%) der SO_2-Konzentrationen												
	BRD	DDR	Frankr.	Pol.	CSSR	Däne-mark	Nied.	Belg	GB	Norw	Schwe-den	Öst.	CH
BRD	47.1	6.5	10.0	3.2	2.2	17.2	18.9	19.8	.2	0	3.2	14.4	6.6
DDR	22.5	84.2	.2	6.9	21.8	1.7	.6	1.5	0	.1	1.6	2.0	0
Frankr.	7.0	.2	74.4	.2	.1	0	10.1	21.8	1.3	0	0	3.6	49.1
Polen	.6	2.0	0	4.4	18.8	.2	0	0	0	0	.3	13.2	0
CSSR	5.3	5.2	0	2.8	54.0	0	0	.1	0	0	0	24.1	0
Dänem.	.6	.3	0	.8	0	53.8	.8	.1	0	1.3	19.6	0	0
Niederl.	6.6	.9	1.1	.9	.1	6.9	48.1	6.2	.9	0	1.5	.3	0
Belgien	7.6	.6	9.4	.5	.3	.1	17.5	49.2	1.1	0	0	1.7	.2
GB	.5	.1	2.9	.1	0	11.9	3.9	1.2	6.4	13.5	8.5	0	0
Norw.	0	0	0	0	0	.1	0	0	0	73.0	4.5	0	0
Schwed.	.1	0	0	.2	0	7.9	.1	0	0	12.2	60.8	0	0
Österr.	1.0	0	.4	.1	2.6	0	0	.1	0	0	0	39.7	.4
CH	.1	0	1.5	0	0	0	0	0	0	0	0	.9	43.1
Gesamt	100	100	100	100	100	100	100	100	100	100	100	100	100

Quelle: Johnson et al. (1977)

2.3.6 Bestimmung schädlicher Auswirkungen

Eine andere wesentliche Funktion des Überwachungssystems ist die Erfassung der durch Schadstoffe verursachten oder zu erwartenden schädlichen Umwelteinwirkungen. Dazu gehören alle Immissionen, die nach Art, Umfang und Dauer erhebliche Gefahren, Belästigungen oder Nachteile für die Bevölkerung und die Umwelt im allgemeinen verursachen. Durch Zusammenstellung der schädlichen Einwirkungen erhält man ein Wirkungskataster. Die Landesanstalt für Immissions- und Bodennutzungsschutz des Landes NRW hat im Ruhrgebiet systematische Erhebungen an ausgewählten biologischen Objekten, Materialien und am Menschen durchgeführt (B. Prinz und G. Scholl, 1975). Zu den häufig angewandten Untersuchungsmethoden gehören epidemiologische Studien an ausgesuchten Bevölkerungsteilen, Auswertung von Beschwerden (meist Geruchsbelästigung), Erfassung der Flechtenabsterberate und Erhebung über die Korrosionsrate von Metallen sowie über die

Verschleißrate von Textilien, Gummi, Baumaterialien und vieles mehr (C. Gruber und G. Jutze, 1976; H. Stahl, 1979).

2.3.7 Überprüfung der Wirksamkeit von Kontrollstrategien

Zu den am häufigsten angewandten Kontrollstrategien für Industriebetriebe gehören die Benutzung von Brennstoffen mit einem geringen Schwefel- und Aschegehalt, die Erhöhung der effektiven Emissionshöhe, die Verbesserung des Verbrennungsprozesses, der Einbau von Kontrollgeräten, die Einhaltung des Standes der Technik bei der Emissionsminderung, der Verzicht auf die Ansiedlung neuer emissionsintensiver Anlagen und die Stillegung oder Verlagerung emissionsintensiver Anlagen. Emissionen durch Hausbrand lassen sich besonders durch die Herabsetzung des Schwefelgehaltes und Kontrollpraktiken wie gutes Instandhalten der Feuerungsanlagen und Übergang zur Fernheizung reduzieren. Bei den Kraftfahrzeugen beziehen sich die Kontrollstrategien auf den Einbau und die regelmäßige Wartung von Kontrollgeräten, die Einführung zeitlich gestaffelter Arbeitszeiten, die Reduzierung des motorisierten Individualverkehrs und der Übergang zu Massentransportsystemen und vieles andere mehr.

K. Herrmann (1979) hat die Wirkung einiger Maßnahmen zur Verminderung von SO_2-Immissionen in Ludwigshafen untersucht. Seine in Tabelle 2.4 zusammengefaßten Ergebnisse legen den Schluß nahe, daß eine wesentliche Reduzierung der Immissionen durch eine der getesteten Maßnahmen allein nicht erreicht werden kann. Obwohl alle drei Maßnahmen die Immissionen in Bodennähe um ungefähr die gleiche Größenordnung reduzieren, sind doch Fernwärme und Rauchgasentschwefelung vorzuziehen, da sie eine echte Reduktion von Emissionen bedeuten, während die Schornsteinerhöhung nur zu einer weiträumigeren Verteilung der Schadstoffe und damit zu einer Zunahme der regionalen und globalen Luftverunreinigung beiträgt.

Tabelle 2.4: Maßnahmen zur Verminderung von SO_2-Immissionen für das Industriegebiet der Stadt Ludwigshafen.

	Konzentration $\mu g/m^3$	Reduzierung %
Schornsteinerhöhung[1]	60	21
Rauchgasentschwefelung[2]	58	24
Fernwärme[3]	56	26

[1] bei Erhöhung aller Industrieschornsteine auf 200 m; [2] bei Annahme einer 80%igen Entschwefelung aller Rauchgase der Industrieemissionen und einer Reduzierung der Rauchgastemperatur auf 50 °C; [3] bei Umstellung von ungef. 50 % der Einzelheizungen auf Fernwärme.
Extrahiert aus: Hermann (1979).

Um die Kontrollstrategien in der kostensparendsten Kombination anwenden und gleichzeitig noch garantieren zu können, daß man auch unter den geltenden Immissionsgrenzwerten bleibt, bedarf es der kombinierten Anwendung von Kosten-Nutzen-Analyse und meteorologischem Diffusionsmodell. Dabei ist der Nachweis der Wirkung von Kontrollstrategien ebenso wichtig wie die Vorherbestimmung der Wirksamkeit von Kontrollstrategien. Auch dieser wesentliche Aspekt eines funktionierenden Überwachungssystems kann mit der Diffusionsmodellrechnung auf der Grundlage von Emissions- und Immissionskataster gelöst werden.

2.3.8 Umweltgutachten

Die Erstellung von lufthygienischen Prognosen bzw. Umweltgutachten gehört ebenfalls zu den Aufgaben eines funktionierenden Überwachungssystems. Da sich die Emissionsverhältnisse in einem Belastungsgebiet ständig ändern, müssen auch die Emissions- und Immissionskataster ständig den neuen Gegebenheiten angepaßt werden. Zum Beispiel können einerseits neue Industrieanlagen und neue Siedlungen zusätzliche Emissionen verursachen, während andererseits Gebietssanierungen oder Stillegungen und Verlagerungen von Industrieanlagen bzw. deren Ausstattung mit Kontrollgeräten die Schadstoffemissionen herabsetzen können. Das BImSchG schreibt für alle Luftreinhaltepläne in den festgelegten Belastungsgebieten die Anfertigung von Emissions- und Immissionsprognosen vor.

Ist eine Überwachung von Schadstoffkonzentrationen von schon bestehenden Quellen durch Messen z. T. noch möglich, so lassen sich die potentiellen Schadstoffbelastungen von geplanten neuen Quellen nur durch das in Abb. 2.1 dargestellte Überwachungssystem aus Emissionsprognose und geeigneter Diffusionsmodellrechnung erfassen. Das sei an dem in Abb. 2.4 wiedergegebenen Beispiel demonstriert, das die Prognose für einstündige CO-Konzentrationen durch ein enges Tal in verschiedenen Entfernungen von einer projektierten Schnellstraße zeigt. Die Ergebnisse deuten an, daß bei der Existenz dieser Schnellstraße der einstündige CO-Immissionsgrenzwert von 10 mg/m^3 über alle betrachteten Entfernungen zum Teil um das 10- bis 15fache überschritten würde (W. Bach und A. Daniels, 1973, A. Daniels und W. Bach, 1973). Diese Art von lufthygienischen Prognosen, die nur auf der Grundlage von Emissions- und Immissionsprognosen und gekoppelt mit meteorologischen Diffusionsmodellrechnungen abgegeben werden können, werden eine zentrale Stellung im zukünftigen Umweltschutz einnehmen.

2.3.9 Smog-Warndienst

Neben den schon beschriebenen Funktionen übernimmt das Überwachungssystem auch die Aufgaben eines Warndienstes. Wenn trotz aller Präventivmaßnahmen eine Episoden- oder Katastrophensituation eintritt, laufen nach der Smog-Verordnung vom 29. 10. 1974 (geändert am 18. 10. 1978) in NRW eine Reihe in ihrer Wirksamkeit gestaffelte Kontrollmaßnahmen an, die entweder eine Katastrophe verhindern oder doch wenigstens in ihrem Ausmaß eindämmen sollen (MAGS, 1979). Die Smog-Verordnung sieht kontinuierliche Messungen der Schadstoffe Schwefeldioxid

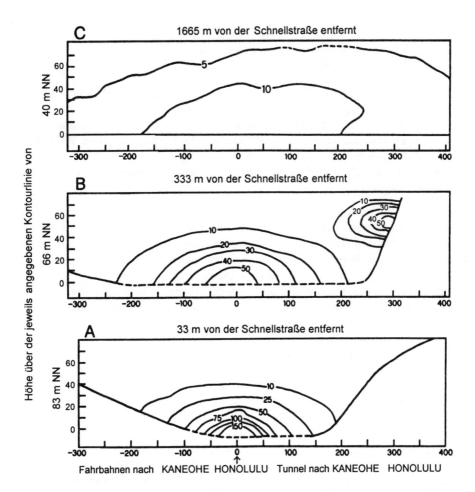

Abb. 2.4: Vorhersagen von CO-Stundenmitteln (mg/m³) für eine projektierte Schnellstraße in Hawaii für eine Windgeschwindigkeit von 1 m/s und für 1975/76 angenommene CO-Emissionsraten und Verkehrsvolumina.
Quelle: Bach und Daniels (1973)

(SO₂), Kohlenmonoxid (CO), Stickstoffdioxid (NO₂) und Kohlenwasserstoffe (KW) in 11 Städten des Ruhrgebiets vor. Die Meßwerte werden über Fernleitungen in 1minütigen Abständen an die Smog-Warndienstzentrale in der Landesanstalt für Immissionsschutz in Essen geleitet.

Nach dem Grad der Luftverunreinigung sind 3 Alarmstufen vorgesehen:
- Bei Alarmstufe 1 müssen an mehr als der Hälfte der Meßstellen über einen Zeitraum von 3 Stunden die SO₂-Werte über 0,8 mg/m³ oder die CO-Werte über 30 mg/m³ oder die NO₂-Werte über 0,6 mg/m³ oder die KW-Werte über 5 mg/m³ liegen, bzw. die Meßwerte müssen folgender Bedingung genügen:

$$\frac{SO_2\text{-Wert}}{0,4} + \frac{CO\text{-Wert}}{15} + \frac{NO_2\text{-Wert}}{0,3} + \frac{KW\text{-Wert}}{2,4} \geq 4$$

Darüber hinaus soll nach den Erkenntnissen des Deutschen Wetterdienstes die Inversions-Wetterlage länger als 24 Stunden anhalten;

- bei Alarmstufe 2 muß eine Verdopplung der Meßwerte von Alarmstufe 1 vorliegen bzw. die Summe der Meßwerte aus der Formel muß einen Wert größer als 8 ergeben;
- bei Alarmstufe 3 wird die Verdreifachung und ein Summenwert von > 12 zugrundegelegt.

Alarmstufe 1 dient als Vorwarnung, bei der aufschiebbare Aktivitäten, die Luftverunreinigung verursachen, einzustellen sind. Bei Alarmstufe 2 dürfen Kraftfahrzeuge zu den üblichen Hauptverkehrszeiten und größere Feuerungsanlagen mit schwefelreichen Brennstoffen nicht benutzt werden. Im Katastrophenfall, der Alarmstufe 3, ist der individuelle Kraftverkehr generell verboten und die industrielle Produktion auf ein Mindestmaß herabgesetzt. Ausgenommen vom Betriebsverbot sind Notarzt, Polizei und Feuerwehr sowie Anlagen zum Beheizen von Wohn- und Verwaltungsgebäuden sowie von Kranken- und Geschäftshäusern.

2.3.10 Trendüberwachung

Der Erfolg eines Überwachungssystems, der sich in der Unterschreitung der festgelegten Immissionsgrenzwerte manifestiert, muß nicht nur kurzfristig, sondern auch über eine Reihe von Jahren überprüft werden. Zur Illustration dient ein Beispiel aus dem Ruhrgebiet. Die Entwicklung der SO_2-Immissionen von 1965 - 75 zeigt in den 4 Ruhrgebietskreisen Bottrop, Gelsenkirchen, Gladbeck und Recklinghausen einen abfallenden Trend. Von besonderer Bedeutung für die Gesundheit sind die lungengängigen Feinstäube. Wie Abb. 2.5 zeigt, wird der Langzeitwert von 100 µg/m³ ab 1972 an allen Meßstellen unterschritten.

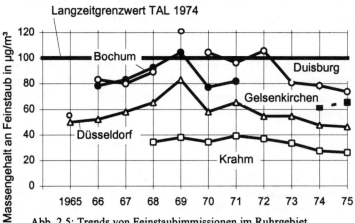

Abb. 2.5: Trends von Feinstaubimmissionen im Ruhrgebiet.
Quelle: Schlipköter, von Bogdandy, Henkel und Vettebrodt (1977)

2.3.11 Beurteilung von Verkehrs-, Stadt- und Regionalplanung

Ein Überwachungssystem findet die Krönung seiner Anwendung in der Verkehrs-, Stadt- und Regional- bzw. Landesplanung (Abb. 2.1). Eine ganze Reihe von Beispielen sind zu diesen Problemkomplexen schon gegeben worden. Wegen der ständig steigenden Zunahme des Verkehrs auf der Straße und in der Luft kommt diesen Quellen eine wachsende Bedeutung zu. Die Erfassung der Immissionen von beweglichen Quellen ist sehr kompliziert und stellt hohe Anforderungen an ein Überwachungssystem. Ein letztes Beispiel soll die hier angeschnittene Problematik verdeutlichen.

Der Honolulu International Airport soll zur Bewältigung des zunehmenden zivilen und militärischen Flugverkehrs zu den drei bestehenden noch eine zusätzliche Hauptlandebahn bekommen. Da sich Flughäfen gewöhnlich am Rande von sich rapide ausbreitenden Siedlungen befinden, handelt es sich hier um ein klassisches verkehrs-, stadt- und regionalplanerisches Problem. Im Gegensatz zu dem sich am Boden bewegenden Kraftfahrzeugverkehr handelt es sich beim Flugverkehr um einen dreidimensional akzelerierenden Vorgang mit entsprechend komplizierter Schadstoffausbreitung. Wir haben für diese neue Situation ein Diffusionsmodell entwickelt (A. Daniels und W. Bach, 1976), das unter Einschluß aller Quellen rund um den Honolulu Airport die Gesamtkonzentration für die unter Kontrolle stehenden sechs Luftverunreinigungstypen und deren 11 Mittelungszeiten berechnet.

Abb. 2.6 und 2.7 zeigen die für die Luftreinhaltung wichtigsten Informationen, nämlich die auf einen bestimmten Immissionsgrenzwert bezogenen 3stündigen Kohlenwasserstoffwerte und die Anzahl der Tage im Jahr, an denen der Immissionsgrenzwert überschritten wird. Man sieht deutlich, daß auch ohne die neue Landebahn die Konzentrationen von den schon bestehenden Landebahnen den Immissionswert von 100μg/m^3 für Hawaii ganz beträchtlich überschreiten. Wollte man trotz allem die neue Landebahn bauen, bestünde die Aufgabe darin, Modifikationen an den schon bestehenden und neu zuzulassenden Quellen so lange mit dem Diffusionsmodell durchzuspielen, bis man die Kombinationen gefunden hat, mit denen man für alle Luftverunreinigungstypen und Mittelungszeiten, die zu überwachen sind, unter den gesetzlichen Immissionsgrenzwerten bleibt. Dieses Beispiel zeigt einmal mehr, daß es bei allen planerischen Aufgaben nicht ohne die Erstellung von Emissions- und Immissionsprognosen auf der Basis eines Simulationssystems geht.

2.4 Abschließende Bemerkungen

Es gibt keine wirtschaftliche und technische Entwicklung ohne Risiken für Mensch und Umwelt. Bei einer vernünftigen Umweltplanung lassen sich die Risiken jedoch herabsetzen. Grundpfeiler einer wirksamen Umweltplanung ist eine national und international kompatible Gesetzgebung zum Schutze der Umwelt. Ein wesentlicher Bestandteil des Umweltschutzes ist eine Luftreinhaltegesetzgebung. Diese braucht zu ihrer Durchsetzung ein funktionierendes Überwachungssystem. Wie dieser Beitrag gezeigt hat, besteht ein solches Überwachungssystem aus einem Emissions- und

36

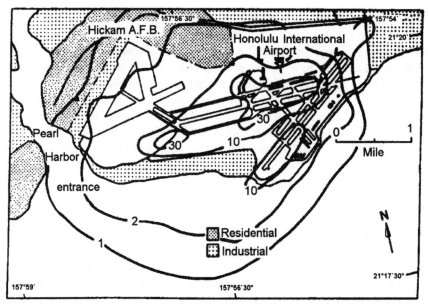

Abb. 2.6: Berechnete 3 h-Immissionen (10^2 µg/m³) für Kohlenwasserstoffe, Honolulu Internationaler Flughafen, 1971/72 (Der 3 h Immissionsgrenzwert für KW in Hawaii ist 100 µg/m³).
Quelle: Daniels und Bach (1976)

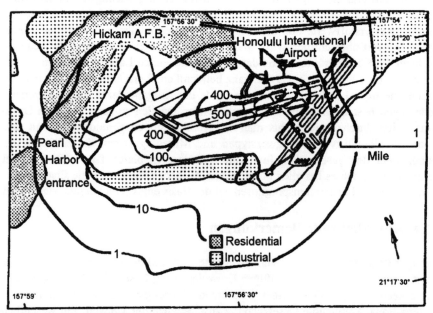

Abb. 2.7: Berechnete Anzahl der Tage im Jahr, an denen der 3-h-KW-Immissionsgrenzwert für Hawaii von 100 µg/m³ überschritten wird.
Quelle: Daniels und Bach (1976)

meteorologischen Kataster für die Erstellung eines Simulationsmodells und aus einem mit seiner Hilfe bestimmten kostensparenden, aber adäquaten Meßstellennetz. Wird ein solches Überwachungssystem mit Vernunft angewendet, ist ein kontrolliertes Energie- und Wirtschaftswachstum möglich, das nicht die Umwelt- und Lebensqualität zerstört, sondern, im Gegenteil, sie verbessert.

38

Literaturauswahl

Bach, W. und Daniels, A.: Methoden zur Begutachtung der Lufthygiene an Straßen. Ztschr. f. Präventivmed. 18, 115-129, 1973.

Bach, W. und Daniels, A.: Vorschläge für ein System zur Überwachung der Luftverunreinigung, Eidg. Amt für Umweltschutz, Bern, Schweiz, 100 S, 1974.

Daniels, A. and Bach, W.: Modeling of Carbon Monoxide Concentrations from Moving Highway Traffic. Staub, 33 (9) 342-344, 1973.

Daniels, A. and Bach, W.: Simulation of the Environmental Impact of an Airport on the Surrounding Air Quality. J. Air Poll. Contr. Assoc., 26 (4) 339-344, 1976.

Fortak, H.: Anwendungsmöglichkeiten von Mathematisch-Meteorologischen Diffusionsmodellen zur Lösung von Fragen der Luftreinhaltung. Hrgs. Minist. f. Arbeit, Gesundheit, Soziales des Landes NRW, 52p, Düsseldorf, 1972.

Gruber, C. W. and Jutze, G.: Air Pollution Effects Surveillance. In: Air Pollution (ed. Stern, A.C.) Vol. III, 393-412, Academic Press, Inc., London, 1976.

Herrmann, K.: Immissionsminderungsmaßnahmen und ihre Effektivität. Umwelt (VDI) 2, 118-121, 1979.

Johnson, W. B., Wolf, D.E. and Mancuso, R.L.: The European Regional Model of Air Pollution (EURMAP) and its Application to Transfrontier Air Pollution. In: Prcdgs, 4th Int. Clean Air Congress, 292-298, Tokyo, 1977.

Ministerium für Arbeit, Gesundheit und Soziales des Landes Nordrhein-Westfalen, (Hrsg. MAGS): Luftreinhalteplan Rheinschiene Süd (Köln) 1977-1981, Düsseldorf, 1977.

Ministerium für Arbeit, Gesundheit und Soziales des Landes Nordrhein-Westfalen (Hrsg. MAGS): Luftreinhalteplan Ruhrgebiet Ost (Dortmund) 1979-1983, Düsseldorf, 1979.

Prinz, B. und Scholl, G.: Erhebung über die Aufnahme und Wirkung gas- und partikelförmiger Luftverunreinigungen im Rahmen eines Wirkungskatasters. Mitteilung der Ergebnisse für die Erhebungsjahre (1972-1974). Schriftenreihe der Landesanstalt für Immissions- und Bodennutzungsschutz des Landes NRW, Heft 36, 62-86, Essen, 1975.

Schlipköter, H.-W., von Bogdandy, L., Henkel, S. und Vettebrodt, K.-H.: Umweltbelastung in den Ländern der Bundesrepublik Deutschland und ihre gesundheitliche Bedeutung. Stahl und Eisen, 97 (2) 61-69, 1977.

Stahl, H.: Untersuchungen zur kontinuierlichen Emissionsüberwachung genehmigungsbedürftiger Anlagen. Staub, 39 (3), 83-86, 1979.

BMI Umwelt Nr. 69, 13-16, 1979.

II Anthropogene Klimagefahr

Die 70er Jahre waren geprägt von der Sorge um den zunehmenden Einfluß des Menschen auf das Klima der Erde. Getragen von dieser Aufbruchstimmung trafen sich Wissenschaftler aus den unterschiedlichen Disziplinen, um ihre Erkenntnisse auszutauschen und sich über weitere gemeinsame Forschungsprojekte abzustimmen.

Wie die folgende Auflistung der wichtigsten Klimakonferenzen zeigt, begann ernsthafte Klimaforschung nicht erst Ende der 80er Jahre - wie gemeinhin angenommen wird - sondern schon zu Beginn der 70er Jahre. Dazu gehören: Das „Symposium on the Study of Critical Environment Problems" (SCEP) in Williamstown, USA; 1970; das „Symposium on the Study of Man's Impact on Climate" (SMIC) in der Nähe von Stockholm 1971; die „United Nations Conference on the Human Environment" in Stockholm, 1972 (es sollten weitere 20 Jahre vergehen, bis sich die Staaten der Welt zu einem zweiten UN Weltgipfel, der „UN Conference on Environment and Development" (UNCED) in Rio de Janeiro, aufraffen konnten); das „Symposium on Carbon and the Biosphere" in Upton, USA, 1972; die „Survey Conference on a Climatic Impact Assessment Program" in Cambridge, USA, 1972; die „Study Conference on the Physical Basis of Climate and Climate Modeling" in Stockholm, 1974; das „Symposium on Atmospheric Quality and Climatic Change" in Chapel Hill, USA, 1975; das „Symposium on Long-Term Climatic Fluctuations" in Norwich, 1975; sowie die „Australian Conference on Climate and Climatic Change" in Melbourne, 1975. Diese Aktivitäten kulminierten in der von der Weltorganisation für Meteorologie (WMO) organisierten Weltklimakonferenz in Genf, 1979, und dem 1979 von der Kommission der EG auf 5 Jahre angelegten Europäischen Klimaprogramm.

Es fällt auf, daß sich bis dahin Deutschland bei der Förderung der internationalen Klimaforschung eher zurückgehalten hat. Etwas mehr Bewegung in die deutschen Klimaschutzaktivitäten auf internationaler Ebene kam erst 1979 anläßlich des Besuchs von Bundeskanzler Schmidt in Washington, als er sich mit Senator Ribicoff, dem Vorsitzenden des Senats-Komitees über Regierungsangelegenheiten, über das von ihm vorbereitete Symposion zu „Carbon Dioxide Accumulation in the Atmosphere, Synthetic Fuels and Energy Policy" unterhielt. In der Einleitung des Symposium-Transkripts, das unter 50-410 O des US GPO, Washington, 1979, der Öffentlichkeit zugänglich ist, heißt es:

„Das CO_2-Problem respektiert keine nationalen Grenzen und stellt ein internationales Umweltproblem von außergewöhnlichen Dimensionen und Konsequenzen dar. Mit zu den ersten Warnsignalen, die das Komitee erhielt, gehörten die Hinweise von Bundeskanzler Helmut Schmidt. Während seines Junibesuchs in Washington sagte Bundeskanzler Schmidt zum Vorsitzenden Ribicoff, daß nach seiner Meinung die CO_2-Anreicherung in der Atmosphäre eine ernsthafte Bedrohung für die Zukunft der Menschheit darstelle. Zur Be-

kräftigung ihrer Sorge veranlaßte die deutsche Bundesregierung ohne Um-
schweife, daß Dr. Wilfrid Bach vom Zentrum für Angewandte Klimatologie
und Umweltstudien der Universität Münster, ein führender Experte auf dem
Gebiet der Klimaauswirkungen durch eine Zunahme der CO_2-Akkumulation
in der Atmosphäre, am Symposium in Washington teilnahm. "

Zu dem am 30. Juli 1979 stattgefundenen Symposium waren acht hochkarätige US Wissenschaftler und ich als einziger Ausländer eingeladen. Das aus 16 Senatoren bestehende Komitee war nur zur Hälfte anwesend, was aber durch die Teilnahme von 11 Gastsenatoren kompensiert wurde. Der Vorsitzende erklärte kurz die Vorgehensweise und kam dann gleich mit einem einleitenden Statement zur Sache. Danach hatte jeder Wissenschaftler Gelegenheit, sich zur Thematik zu äußern. Einige der Senatoren ließen es sich nicht nehmen, eigene Statements abzugeben. Am ergiebigsten und spannendsten waren die Fragen und Antworten, die den größten Teil des Symposiums einnahmen. Am Schluß des Treffens war Gelegenheit, sich nicht nur mit den Kollegen auszutauschen, sondern vor allem auch zu einem Gespräch mit den Senatoren. Gern erinnere ich mich an die Senatoren Eagleton, Jackson und Glenn aus Ohio, der mich gleich als Landsmann begrüßte, als er erfuhr, daß ich drei Jahre an der Universität Cincinnati gelehrt hatte. Senator Muskie, der später Vizepräsident wurde, beeindruckte durch seine Ernsthaftigkeit bezüglich der Umweltprobleme.

Wieder zu Hause, schrieb ich über die Ergebnisse des Symposiums einen Bericht, der am 28.9.1979 in der Zeit erschien und hier in **Kapitel 3** wiedergegeben ist.

Natürlich gab es auch in Deutschland schon seit einigen Jahren hinter den Kulissen eine Reihe von klimapolitischen Aktivitäten. Im Auftrag des federführenden Innenministeriums trat das Umweltbundesamt (UBA) mit der Bitte an meine Abteilung heran, detaillierte Vorschläge für ein deutsches Klimaforschungsprogramm mit Hilfe internationaler Klimakonferenzen und einer Reihe von Forschungsaufträgen zu erarbeiten. Für diesen anspruchsvollen Auftrag kamen mir meine guten Kontakte zu Kollegen und Forschungseinrichtungen zugute, die ich während meiner langjährigen Forschungs- und Lehrtätigkeit im Ausland und danach in Deutschland aufgebaut hatte.

Das von mir entwickelte Programm bestand aus drei Teilen, wobei im 1. Teil der neueste Sachstand über die theoretischen Grundlagen, die Mechanismen der anthropogenen Klimabeeinflussung und die möglichen Folgen einer globalen Erwärmung eruiert werden sollten. Die beiden anderen Teile sollten sich detailliert mit den Interaktionen von Energie und Klima bzw. Ernährungssicherung und Klima auseinandersetzen. Die Konferenzteilnehmer wurden gezielt nach ihrer Expertise ausgewählt. Die Kapitelbeiträge wurden erst nach der Konferenz auf der Basis der Konferenzergebnisse nach einer abgesprochenen Vorgehensweise vereinheitlicht angefertigt, so daß als Endprodukt nicht der übliche zusammengestellte Konferenzband, sondern vielmehr ein in sich geschlossenes und aufeinander abgestimmtes Lehrbuch bzw. Nachschlagewerk entstand. Die drei Konferenzen mit den gleichlautenden Buchtiteln waren:

- Man's Impact on Climate, UBA, Berlin, Juni 1978
- Interactions of Energy and Climate, Münster, März 1980
  (anläßlich der 200-Jahrfeier der Universität Münster);
- Food-Climate Interactions, Aspen Institut, Berlin Dezember 1980.

Die den Büchern vorgeschalteten Arbeitsgruppenberichte und Empfehlungen gingen in die deutschen Klimaforschungsprogramme mit ein. **Kapitel 4** ist ein Beispiel für die üblichen kurzen Konferenzberichte in wissenschaftlichen Zeitschriften zur Unterrichtung eines größeren Interessentenkreises.

Ergänzend zu den Klimakonferenzen übernahmen meine Mitarbeiter und ich im Auftrag des UBA für folgende Forschungsaufträge die wissenschaftliche Betreuung:

- Energy conversions and climate (IIASA, Österreich, 1979);
- Die Rolle terrestrischer Ökosysteme im globalen Kohlenstoffkreislauf (Uni Essen, 1980);
- Food-climate interactions (NCAR, USA, 1980);
- Analysis of a model-simulated climate change as a scenario for impact studies (OSU, USA, 1981).

Darüber hinaus fertigten das Battelle-Institut in Frankfurt sowie die Universitäten Hamburg und Münster im Auftrag des UBA einen gemeinsamen Forschungsbericht über „Die Auswirkungen von CO_2-Emissionen auf das Klima" an.

Die Kommission der Europäischen Gemeinschaft beauftragte mich, am Ettore Majorana Konferenzzentrum in Erice auf Sizilien eine internationale Konferenz mit dem Titel „Carbon Dioxide. Current Views and Developments in Energy/Climate Research" zu organisieren. Die Konferenz, die im Juli 1982 stattfand, war ein voller Erfolg, und die Konferenzbeiträge wurden als Buch mit dem gleichen Titel von der Reidel Publ. Co., Dordrecht, veröffentlicht.

In Kapitel 5 sind in einem kurzen Kommentar in der Zeitschrift Umschau die wesentlichen Ergebnisse der oben beschriebenen Klimaaktivitäten zusammengefaßt.

3 Wenn die Erde zum Treibhaus wird

Die zweite Ölkrise im Sommer 1979 veranlaßte US Präsident Carter, dem Kongreß ein Energieprogramm zur Herstellung flüssigen Brennstoffs aus Kohle und Ölschiefer vorzulegen. Damit sollte die Abhängigkeit von Importöl verringert werden. Der Haken: Die veredelten Brennstoffe emittieren pro Energieeinheit zwei- bis dreimal soviel CO_2 in die Atmosphäre. Klima- und Energieexperten informierten Mitglieder eines Senatsausschusses anhand von Szenarien, daß dies den Treibhauseffekt beschleunige und folglich vom Standpunkt des Klimaschutzes inakzeptabel sei.

Die Autoschlangen an den Tankstellen und die Unzufriedenheit der US-Bürger mit der nationalen Energiepolitik haben in diesem Sommer den Kongreß und den Präsidenten zur Aktivität gezwungen. Das Hauptziel: die tägliche Einfuhrrate von ungefähr 8,5 Millionen Barrel Erdöl - das ist die Hälfte des amerikanischen Gesamtverbrauchs - soll gedrosselt werden, damit die Außenhandelsbilanz nicht noch weiter in die roten Zahlen abgleitet.

Präsident Carter hat ein Energieprogramm vorgelegt, das für die Zeit von 1980 bis 1990 Investitionen in Höhe von 141 Milliarden Dollar vorsieht. In das Kernstück dieses Programms, den Ausbau einer Brennstoffindustrie zur Veredelung kohlenstoffhaltiger Substanzen, sollen allein 88 Milliarden Dollar gepumpt werden. Hingegen sind für den Ausbau der Sonnenenergie nur 3,5 Milliarden Dollar vorgesehen. Bis 1985 sollen 50 Millionen Tonnen flüssigen Brennstoffs pro Jahr aus Kohle und Ölschiefer gewonnen werden, 100 Millionen Tonnen bis 1990, 175 Millionen Tonnen bis 1995 und 250 Millionen Tonnen bis zum Jahr Zweitausend. Zum Vergleich: Die deutsche Produktion flüssigen Brennstoffs erreichte während des Zweiten Weltkrieges eine Jahresproduktion von vier Millionen Tonnen; die gegenwärtig größte Hydrieranlage in Südafrika produziert eine Million Tonnen pro Jahr, und ein für die Bundesrepublik geplantes Kohleverflüssigungswerk soll aus sechs Millionen Tonnen Kohle jährlich zwei Millionen Tonnen Benzin destillieren.

Kaum hatte der Präsident sein Energieprogramm bekanntgegeben, da meldeten sich die Kritiker zu Wort. Wird es wirtschaftlich vertretbar sein, in so großem Umfang synthetische Brennstoffe zu produzieren? Wird nicht vor allem die Umwelt dadurch zu stark belastet? In einem Bericht an die Regierung und in Zeitungsartikeln wies eine Gruppe von Wissenschaftlern darauf hin, daß sowohl bei der Herstellung als auch beim Verbrauch dieser Brennstoffe pro Energieeinheit zwei- bis dreimal mehr Kohlendioxid (CO_2) in die Atmosphäre abgegeben wird als wenn die Kohle unverwandelt verbrannt wird. Zuviel CO_2 in der Atmosphäre kann den gefürchteten Treibhauseffekt zur Folge haben - die Luft wird aufgeheizt. Dies aber würde zu einer Veränderung des Klimas führen.

Auf einer eilig einberufenen Expertenkonferenz, an der auch jene Warner teilnahmen, wurde die mögliche CO_2-Zunahme für drei Energieszenarien untersucht (Abb. 3.1): Im ersten Szenario nahmen die teilnehmenden Experten an, das zweite amerikanische nationale Energieprogramm würde fortgesetzt. Es sieht jährliche Wachstumsraten von 2,1 Prozent bis zum Jahr 1985, dann 1,8 Prozent bis zur Jahrtausendwende und dann wieder 2,1 Prozent bis 2020 vor. Danach soll bis 2050 die Energieproduktion pro Jahr um zwei Prozent steigen. Dementsprechend müßte bis zum Jahr Zweitausend die Herstellung synthetischer Brennstoffe etwa im gleichen Maße, dann aber jährlich um fünf Prozent zunehmen.

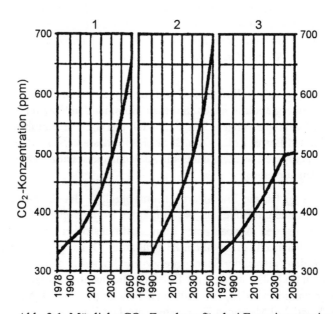

Abb. 3.1: Mögliche CO_2-Zunahme für drei Energieszenarien

Weiterhin wurde angenommen, daß nur die USA mit der Kohleveredelung ernst machen und darum die übrige, weiterhin fossile Brennstoffe verbrauchende Welt pro Jahr vier Prozent mehr Kohlendioxid in die Atmosphäre pusten, daß zusätzlich 2,5 Milliarden Tonnen CO_2 in die Luft gelangen, weil Wälder abgeholzt werden und daß 40 Prozent der Kohlendioxid-Emissionen in der Atmosphäre verbleiben. Dieses Szenario 1 läßt einen steilen Anstieg der Kohlendioxid-Konzentration in der Luft erwarten, von 335 ppm (parts per million = Raumteile CO_2 auf eine Million Raumteile Luft) im Jahr 1978 auf fast das Doppelte, nämlich 661 ppm im Jahr 2050.

Nicht viel anders sähe das Wachstum der Kohlendioxid-Belastung der Atmosphäre aus, wenn auch andere Länder proportional zu ihren fossilen Brennstoffreserven synthetische Brennstoffe herstellten und dies im gleichen Tempo geschähe wie in den USA. Für das Jahr 2050 würden hier nach den Computerberechnungen 676 ppm herauskommen, also nur etwas mehr.

Erst das dritte Szenario, bei dem angenommen wird, daß mit einem Zuwachs von neun Prozent nicht fossile Energiequellen erschlossen werden, weist in der Berechnung einen deutlichen Unterschied zu den Szenarien 1 und 2 aus. Bemerkbar würde er freilich erst um die Mitte des nächsten Jahrhunderts, weil bis dahin die CO_2-Zunahme in der Luft in allen drei Fällen ähnlich verlaufen müßte. Dann aber würde die Wachstumskurve hier gegenüber denen der beiden anderen Szenarien spürbar flacher. Um 2050 betrüge der Kohlendioxid-Anteil an der Luft dann nur noch 500 ppm.

Offenbar macht es also keinen großen Unterschied auf welchen fossilen Energieträger das Hauptgewicht fällt. Entscheidend verlangsamen läßt sich die CO_2-Zunahme und damit die - freilich noch nicht geklärte - Klimaveränderung nur, wenn Energiesysteme, bei denen kein Kohlenstoff verbrannt wird, rasch ausgebaut werden und die Energie effizienter genutzt wird.

Was bedeutet es, wenn die CO_2-Konzentration in der Atmosphäre auf 600 bis 700 ppm, die nach den Szenarien 1 und 2 etwa um die Mitte des nächsten Jahrhunderts zu erwarten wäre, zunimmt? Derzeit geht das durch den menschlichen Eingriff ausgelöste „Signal" - die CO_2-Zunahme - noch im „Rauschen" der natürlichen Klimaveränderungen unter, weil es vergleichsweise unerheblich ist. Erst um die Jahrtausendwende wird es sich bemerkbar machen.

Nach dem gegenwärtigen Stand der Klima-Modellrechnungen ergibt sich bei einer Verdoppelung des CO_2-Gehaltes der Atmosphäre von 300 auf 600 ppm eine mittlere globale Erwärmung der bodennahen Luftschicht von zwei bis drei Grad Celsius; in den Polargebieten ist sie drei- bis viermal so hoch. Geographische und jahreszeitliche Unterschiede machen sich besonders in den Niederschlägen bemerkbar, was vor allem für die Wasserversorgung und die Ernährungssicherheit - auch in den mittleren und niederen Breiten - von Bedeutung ist.

Eine Erwärmung der Atmosphäre wird vorwiegend die mit Schnee und Eis bedeckten Flächen, die Höhe des Meeresspiegels und die landwirtschaftlichen Anbauzonen beeinflussen. Es wird häufig vermutet, die drei großen Eisschilde auf Grönland und in der West- und Ostantarktis würden den Meeresspiegel um etwa 80 Meter anheben. Das ist jedoch innerhalb der nächsten Jahrhunderte unwahrscheinlich, weil die geologische Erfahrung ausweist, daß große Eisschilde mit einer Verzögerung von Jahrtausenden auf Warmzeiten reagiert haben.

Wahrscheinlicher ist es, daß bei einer möglichen Temperaturerhöhung von vier bis fünf Grad im Sommer das westantarktische Schelfeis zu schmelzen beginnt. Damit würde für den dahinterliegenden massiven Eisschild der Weg frei; er könnte ins Meer abrutschen. Das Abschmelzen dieser Eismassen würde den Meeresspiegel weltweit um fünf bis sechs Meter anheben, was tiefliegende Küstenländer der Dritten Welt, der Nordwestküste Europas und der Ostküste Nordamerikas, gefährden würde. Die möglichen Schäden würden davon abhängen, wie schnell der Meeresspiegel steigt. Das mag sich innerhalb von Dekaden vollziehen oder, wie einige Forscher glauben, ein bis zwei Jahrhunderte in Anspruch nehmen.

Die von den Klimaänderungen verursachten Mißernten müßten sich vor allem in der Dritten Welt katastrophal auswirken. Unsere Erfahrungen haben gezeigt, daß gerade die produktionsstärksten und für die Welternährung wichtigsten Nutzpflanzen gegenüber kurzfristigen Klimaschwankungen empfindlich sind.

Falls unsere Kenntnisse von den Verlagerungen globaler Klimazonen durch menschliche Einflüsse zutreffen, ist zu befürchten, daß das vielzitierte Nord-Süd-Gefälle des Klimas verstärkt werden könnte. Es wird gelegentlich behauptet, unter dem Strich könnten sich die Vor- und Nachteile der von Menschen hervorgerufenen Klimabeeinflussung ausgleichen. Angesichts der weiter steigenden Weltbevölkerung ist jedoch kaum zu erwarten, daß die in den nördlichen Breiten lebenden Habenden ihre Überschüsse kostenfrei den Habenichtsen der niederen Breiten zur Verfügung stellen werden.

Der gegenwärtige Wissensstand erlaubt es nicht, solche Klimaveränderungen mit Sicherheit vorherzusagen. Just dies aber bringt uns in ein Dilemma: Auf der einen Seite können wir angesichts der ungenügenden Kenntnisse und des Fehlens geeigneter Ersatzenergien guten Gewissens nicht empfehlen, den Verbrauch fossiler Energieträger zu drosseln. Andererseits laufen wir Gefahr, den Zug zu verpassen. Die Erfahrung lehrt, daß ein halbes Jahrhundert vergeht, ehe ein neuer Energieträger die Hälfte des Marktes erobert hat. So viel Zeit hätten wir aber nicht, wenn die Pessimisten, die eine hausgemachte Klimakatastrophe befürchten, recht behielten.

4 Wie dringend ist das CO_2-Problem ?

Energiepolitische Empfehlungen der Internationalen Energie/Klima-Konferenz vom 3. - 7. März 1980 in Münster

Internationale Klima- und Energieexperten analysierten den neuesten wissenschaftlichen Sachstand und erarbeiteten danach in drei Arbeitsgruppen energiepolitische Empfehlungen. Die erste Gruppe hielt die Einleitung von Maßnahmen für verfrüht. Die zweite Gruppe beschäftigte sich mit der CO_2-Kontrolle an den Quellen, verwarf diese Maßnahmen aber als zu energieaufwendig und zu teuer. Die dritte Gruppe empfahl den fossilen Brennstoffverbrauch und damit den CO_2-Ausstoß auf dem damaligen Niveau zu stabilisieren. Letztere waren 1980 kühne Empfehlungen, die erst 12 Jahre später von den Teilnehmern des Klimagipfels von Rio de Janeiro in die Klimakonvention aufgenommen wurden.

4.1 Einleitung

Bisher läßt sich eine Einwirkung der CO_2-Zunahme auf das globale Klima noch nicht nachweisen. Jedoch besteht bei den Klimaexperten allgemeine Übereinstimmung darüber, daß der Einfluß der klimaverändernden Faktoren wahrscheinlich um das Jahr 2000 in den Klimadaten von den natürlichen Klimaschwankungen unterscheidbar und folglich nachweisbar sein wird. Das Ausmaß des sogenannten "Treibhauseffekts" des CO_2 hängt von der Wechselwirkung vieler Faktoren ab, über die man bis jetzt zum Teil nur unzulängliche und ungenaue Aussagen machen kann. Gerade diese Unsicherheiten lassen es ratsam erscheinen, das CO_2-Problem ernst zu nehmen und sich über die verschiedenen möglichen Vorsorgemaßnahmen schon jetzt Gedanken zu machen.

4.2 Wieviel Erwärmung bei einer CO_2-Verdopplung ?

Will man erfassen, welche Erwärmung bei einer bestimmten CO_2-Vermehrung zu erwarten ist, dann muß man eine große Zahl von Rückkopplungsmechanismen berücksichtigen, deren mathematische Behandlung mit einigen Schwierigkeiten verbunden ist. Abbildung 4.1 zeigt einen Vergleich der verschiedenen Modellrechnungen für eine CO_2-Verdopplung. Das vielzitierte Klimamodell von Manabe und Wetherald, demzufolge bei Verdopplung der atmosphärischen CO_2-Konzentration eine weltweite Erwärmung um knapp 3 °C zu erwarten wäre, behandelt die Ozeane, als ob sie ein Sumpf ohne Wärmekapazität und ohne Wärmetransport durch Meeresströmungen wären. Auf der Tagung in Münster berichtete L. Gates [1] von der Oregon State University über Arbeiten an Modellen mit einer verbesserten, wenn auch noch immer nicht wirklich realistischen Behandlung der Ozeane. Bei Berücksichtigung einer flachen Ozeanmischungsschicht, realistischer Geographie und jahreszeitlicher Sonnenstrahlung ergibt sich ein niedrigerer Temperaturanstieg. Bei einer CO_2-Verdopplung wäre eine weltweite Erwärmung um etwa 2 °C zu erwarten [1, 3]. Dieser Wert gilt gegenwärtig als die beste Abschätzung einer CO_2-induzierten Erwärmung.

L. Gates vermutet, daß eine weitere Verbesserung der Behandlung der Ozeane noch weitere kleine Korrekturen der Prognose bringen könnte. Außerdem sei es unwahrscheinlich, daß eine nennenswerte Erwärmung der Atmosphäre ohne gleichzeitige Erwärmung der Ozeane erfolgen könne. Da diese aber eine viel größere Wärmekapazität haben, üben sie eine bremsende Wirkung aus. Man könne daher mit Verzögerungseffekten in der Größenordnung von Jahrzehnten rechnen.

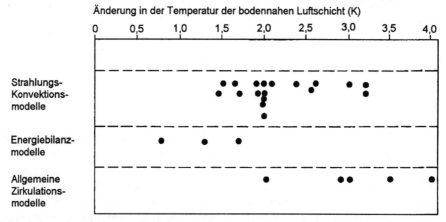

Abb. 4.1: Änderung der globalen Jahresdurchschnittstemperatur bei einer CO_2-Verdopplung für verschiedene Modellrechnungen.
Quelle: Gates (1980) [1]

4.3 Wieviel Erwärmung durch andere Spurengase?

Während die Ausführungen von L. Gates, soweit sie für sich allein betrachtet werden, zu dem Schluß führen könnten, daß die Gefahren durch die CO_2-Vermehrung in eine fernere Zukunft gerückt seien, weist die Berücksichtigung der anderen Spurengase in die entgegengesetzte Richtung. Eine Reihe von Gasen, deren atmosphärische Konzentration durch menschliche Aktivitäten ansteigt, wie Lachgas (N_2O), Methan (CH_4), und Chlorfluormethane, absorbieren infrarote Rückstrahlung der Erde gerade in jenen Wellenlängen, in denen Wasserdampf und CO_2 durchlässig sind, und tragen mithin fühlbar zum Treibhauseffekt bei. Außerdem führt die vom Menschen verursachte Zunahme von CO, CH_4, und NO_X zu vielfältigen photochemischen Reaktionen in der Troposphäre. Diese würden - gäbe es keine anderen Einflüsse - im nächsten Jahrhundert den Ozongehalt der Troposphäre verdoppeln.

Da auch Ozon im infraroten Bereich stark absorbiert, könnte laut V. Ramanathan vom Center for Atmospheric Research in Boulder, Colorado, allein schon eine Ozonverdopplung in der Troposphäre eine Erwärmung um 0,9 °C bringen [1], während nach D. Ehhalt Chlorfluormethane bei gleichbleibendem Verbrauch auf dem Niveau von 1975 weitere 0,4 °C zur weltweiten Erwärmung beitragen könnten [1].

Unter der Annahme, daß der Verbrauch fossiler Brennstoffe im Jahr 2025 viermal so groß sein werde wie heute; daß der CO_2-Gehalt der Atmosphäre bis dahin auf 500 ppm angestiegen sein werde (1975 war er 330 ppm) und nach 2050 einen neuen Gleichgewichtszustand bei rd. 600 ppm erreichen werde; unter der Annahme, daß Chlorfluormethane weiterhin in gleicher Menge wie 1977 in die Atmosphäre gelangen würden; und daß der Lachgasgehalt der Troposphäre durch wachsende Anwendung von Kunstdünger und auch durch Nebeneffekte von Verbrennungsvorgängen weiterhin langsam ansteigen werde, kommt V. Ramanathan zu einem Szenario, demzufolge die durch den Treibhauseffekt hervorgerufene weltweite Erwärmung der Troposphäre zwischen 1975 und 2025 insgesamt 1,9 °C betragen werde, wovon 1,2 °C (60%) auf CO_2, und 0,7 °C (40%) auf andere Spurengase entfallen [1]. Dieser Effekt würde sich natürlichen Klimaschwankungen überlagern.

Die Auswirkungen der Spurengase auf den Ozongehalt der Stratosphäre sind sehr komplex. Jedes der Spurengase für sich allein könnte eine Ozonverminderung herbeiführen, doch gibt es zwischen ihnen in der Stratosphäre auch vielfältige photochemische Wechselwirkungen, durch die sie einander zum Teil inaktivieren. So sprach I. Isaksen von der Universität Oslo die Vermutung aus, daß Lachgasvermehrung in der Stratosphäre durch Wechselwirkung mit den Chlorfluormethanen eine leichte Reduzierung der Ozonzerstörung bringen könnte [1]. Die Folgen einer Ozonverminderung in der Stratosphäre für die Oberflächentemperatur lassen sich nach dem gegenwärtigen Stand des Wissens mit D. Ehhalt [1] wie folgt zusammenfassen:

- Ein geringerer Teil der Sonnenenergie wird in der Stratosphäre absorbiert, was zu einer leichten Abkühlung der Stratosphäre führt.
- Ein größerer Teil der kurzwelligen Sonnenstrahlung erreicht dadurch die Erdoberfläche, was zu ihrer Erwärmung beiträgt.
- Die Ozonabnahme in der Stratosphäre führt zu einer Verringerung von Infrarot-Strahlung in die Troposphäre und damit zu einer Temperaturabnahme.

Die letzten beiden Effekte heben sich fast auf und führen zu einer geringfügigen Abkühlung der bodennahen Luftschicht. Betrachtet man alle gegenwärtig bekannten strahlungswirksamen Spurengase sowohl in der Troposphäre als auch in der Stratosphäre, so erhält man insgesamt, wie oben gezeigt, eine Erwärmung.

4.4 Reduzierte Energieprognosen

Der wichtigste Ausgangspunkt für die Abschätzung der künftigen CO_2-Zunahme sind die Prognosen des Verbrauchs fossiler Brennstoffe. Hier gibt es gegenwärtig noch große Meinungsverschiedenheiten unter den Wissenschaftlern. So vertrat A.

50

Lovins, der bekannte Advokat der „sanften Energie", die Ansicht, daß auch eine Weltbevölkerung von 8 Milliarden Menschen bei westeuropäischem Lebensstandard nicht mehr als 8 TW, also die gegenwärtige Menge des Weltenergieverbrauchs, benötige [1]. Seine Aussagen untermauerte er mit umfangreichem Zahlenmaterial aus mehr als einem Dutzend Detailstudien für die wichtigsten Industrieländer, die alle zeigen, daß der Gesamtenergieverbrauch auch durch eine effizientere Endenergienutzung ohne Einbuße des materiellen Lebensstandards drastisch gesenkt werden kann. Tatsache ist, daß die Energieprognosen im Laufe des letzten Jahrzehnts nicht nur in den USA (Tabelle 4.1), sondern auch in aller Welt kräftig nach unten korrigiert worden sind. Die offiziellen Voraussagen des amerikanischen Energieministeriums bewegen sich heute in den Größenordnungen der Prognosen, die A. Lovins vor zehn Jahren erstellt hatte und die damals von offiziellen Stellen als viel zu niedrig angesehen wurden.

Tabelle 4.1: Entwicklung von Prognosen für den Primärenergiebedarf im Jahre 2000 in den USA (Verbrauch 1978 ~2,60 TW)

Jahr der Vorhersage	Jenseits des Erlaubten	Häresie	Allgemeine Weisheit	Aberglaube
		Größenordnung und Quelle der Vorhersage		
1972	$4,18^1$	$4,68^2$	$5,35^3$	$6,35^4$
1974	$3,34^5$	$4,15^6$	$4,68^7$	$5,35^8$
1976	$2,51^1$	$2,97^9 - 3,17^{10}$	$4,15^7$	$4,68^8$
1978	$1,10^{11}$	$2,11^{12} - 2,57^{12}$	$3,17^{13} - 3,21^{12} - 3,38^{14}$	$4,11^{15} - 4,15^{16}$

1 Lovins in seinen Vorträgen
2 Sierra Club
3 US-Atombehörde
4 Andere Bundesbehörden
5 Ford Foundation (Nullwachstum)
6 Ford Foundation (Techn. Lösungen)
7 US-Energiebehörde (ERDA)
8 Edison Institut
9 von Hippel u. Williams (Princeton Univ.)

10 Lovins, in Foreign Affairs, 1976
11 Steinhart f. 2050 (Univ. v. Wisconsin)
12 CONAES-Studie für 2010
13 US-Energieministerium bei $ 32/bbl (in 1977 $)
14 Weinberg, niedrig. Szenario (Oak Ridge)
15 US-Energieministerium bei $ 18 - 25/bbl
16 Lapp (Annahme von konst. Energie/BSP)

Quelle: Lovins (1980)

Die Ursachen für diesen allgemeinen Trend zu niedrigeren Energiebedarfsprognosen, den man in allen Ländern beobachten kann, sind laut R. Rotty vom Institut für Energieanalyse der Oak Ridge Universities nicht nur die steigenden Energiepreise und der allgemeine Rückgang des Wirtschaftswachstums, sondern es komme darin auch ein „neuer Zeitgeist" zum Ausdruck, dem sich auch die Verfasser von Prognosen nicht entziehen könnten [1]. Nach dem in Regionen unterteilten Szenario von Rottys Institut soll der Weltenergieverbrauch im Jahre 2025 rund 27 TW betragen. Immer noch rd. 79 % fallen dabei auf die fossilen Primärenergieträger mit einer Emission von 13,6 Mrd. t Kohlenstoff, 1977 waren es ungefähr 5,2 Mrd. t (Tabelle 4.2). Das stimmt weitgehend überein mit Szenarien des Internationalen Instituts für Angewandte Systemanalyse (IIASA): H. Rogner und W. Sassin sagen für 2030 einen Energieverbrauch zwischen 22 und 36 TW voraus [1].

Tabelle 4.2: Weltenergieverbrauch und C-Emission im Jahre 2025

	Gesamter Energie- verbrauch (TW)	Fossiler Brennstoff- verbrauch (TW)	C-Emission (10^6 Tonnen)
Nordamerika	4,74	3,56	2 260
Westeuropa	2,47	1,73	1 100
UdSSR und Osteuropa	6,54	5,37	3 415
And. Industrienationen	2,02	1,52	964
China und Asien (Planwirtschaft)	3,43	3,30	2 205
Lateinamerika	2,22	1,67	1 059
Mittlerer Osten	1,72	1,29	820
Afrika	0,94	0,71	450
Südasien	2,80	2,10	1 336
Gesamte Welt	26,88	21,25	13 609

Quelle: Rotty und Marland (1980)

Geht man von diesen vielleicht noch immer überhöhten Energieprognosen aus und nimmt man an, daß nicht-fossile Formen der Energienutzung in fünfzig Jahren einen wesentlichen Anteil des Energiebedarfs decken können, dann folgt daraus, daß der Verbrauch von fossilen Brennstoffen im Jahre 2025 nicht viermal so hoch wie heute sein würde, wie das beispielsweise V. Ramanathan in seinem Szenario angenommen hat, sondern nur zwei- bis dreimal so hoch. Demgemäß wären auch die CO_2-Prognosen nach unten zu korrigieren.

Nach R. Rottys Szenario wäre - je nach den Annahmen über die Landvegetation (siehe unten) - für das Jahr 2025 eine atmosphärische CO_2 Konzentration von 415 bis 435 ppm zu erwarten. Das riefe eine weltweite Erwärmung von etwas mehr als 1 °C hervor. Erst in der zweiten Hälfte des kommenden Jahrhunderts wäre die CO_2-Verdopplungsmarke erreicht.

4.5 Landvegetation - Quelle oder Senke für CO_2?

Die Frage, ob die Landvegetation neben den Ozeanen eine Senke für CO_2 ist, wie das Meteorologen und Geophysiker in ihren Modellen ursprünglich angenommen hatten [z. B. 4], oder eine Quelle, wie die Ökologen vor allem im Hinblick auf die massive Zerstörung tropischer Wälder behaupten [z. B. 5], ist seit einigen Jahren

52

Gegenstand lebhafter Diskussionen. Nach H. Oeschger von der Universität Bern [1], wo sich ein Forscherteam seit vielen Jahren mit der Erstellung von Modellen des Kohlenstoffkreislaufs beschäftigt, kann die Landvegetation auch bei Berücksichtigung aller Unsicherheitsfaktoren in den Modellen nur eine kleine CO_2-Quelle sein, die maximal 10% des gegenwärtigen Volumens der Quelle der fossilen Brennstoffe (5 Mrd. t C pro Jahr) entspricht [1].

Zwischen Biosphäre und Atmosphäre findet ständig ein umfangreicher Gasaustausch statt (Abb. 4.2). Die Pflanzen entziehen der Atmosphäre CO_2 zum Aufbau von organischer Substanz. Beim Abbau dieser Substanz durch Atmung, Verwesung, Verbrennung oder Oxidation von Humus wird sie letzten Endes wieder in CO_2 zurückverwandelt. Für die Fragestellung dieses Artikels ist jedoch nur interessant, ob sich dieser Kreislauf insgesamt im Gleichgewicht befindet oder nicht, das heißt, ob die Weltbiomasse plus Humusmenge insgesamt stabil ist oder ob sie größer bzw. kleiner wird. Je nachdem wird in den Abbauprozessen weniger oder mehr Kohlen-

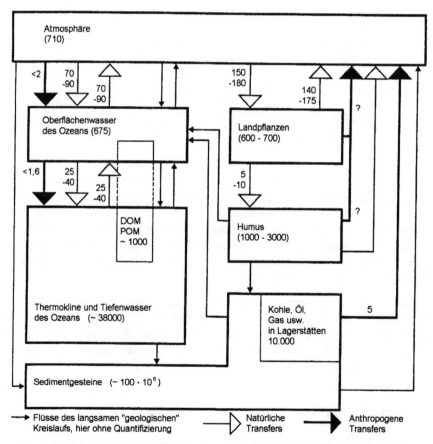

Abb. 4.2: Atmosphärisch-biologischer (schneller) C-Kreislauf der Erde etwa 1978, einschließlich anthropogener Flüsse u. Änderungen der Reservoirinhalte. Quelle: Hampicke und Bach (1979) [6]. DOM bzw. POM = Dissolved bzw. particulate organic matter. Alle Angaben in 10^{15} gC/a.

dioxid freigesetzt, als der Atmosphäre von der Pflanzenwelt zum Aufbau organischer Substanz entzogen wird, oder beide Vorgänge heben sich in der Wirkung auf.

In einer umfangreichen Untersuchung des vorliegenden Datenmaterials kommen U. Hampicke und W. Bach [6, 1] zu dem Ergebnis, daß an der Existenz einer tropischen CO_2-Quelle in der Größenordnung von 1,3 bis 4 Mrd. t Kohlenstoff pro Jahr kaum ein Zweifel bestehen kann. Die Existenz einer solchen Quelle ergibt sich übereinstimmend bei verschiedenen unabhängigen Untersuchungsmethoden; dazu gehören Extrapolationen von Daten der Fernerkundung durch Luftaufnahmen und Satelliten; die Extrapolation aus dem langfristigen historischen Trend; und schließlich auch Überlegungen über das Bevölkerungswachstum in den tropischen Ländern und den sich daraus ergebenden steigenden Bedarf nach Brennholz und zusätzlicher Ackerfläche (Waldrodung) und rascheren Rotationsfristen für die Wanderfeldbauwirtschaft.

Die tropische CO_2-Quelle könnte deshalb erheblich größer sein, als es nach den Modellrechnungen von H. Oeschger und den Überlegungen der Ozeanographen möglich erscheint. Es ist gut vorstellbar, daß ein Teil des durch Zerstörung tropischer Wälder freigesetzten Kohlendioxids von anderen terrestrischen Ökosystemen aufgenommen wird. Hier kommen vor allem die Wälder der gemäßigten Zone in Frage, deren Flächen in vielen hochindustrialisierten Ländern durch Aufforstung früheren Acker- und Weidelands zunimmt und deren Phytomasse zur Zeit wächst; ferner auch europäische Wälder, die sich nach Zerstörungen in zwei Weltkriegen wieder erholen, sowie Aufforstungen unbekannten Ausmaßes in China. Darüber hinaus könnte auch die Bildung von Teerkohle in Zusammenhang mit den ständigen Gras- und Waldbränden eine wichtige Senke für atmosphärisches CO_2 darstellen [7].

Weitere Senken könnten die Akkumulation von Torf in Sümpfen und Mooren, vor allem in Nordwestsibirien sein, die Akkumulation von Humus in der Tundra und vielleicht auch in borealen Wäldern, sowie die in Flüssen abtransportierte organische Substanz (Humusabschwemmung durch Niederschläge, Abfluß von Sumpfgebieten usw.), von der ein großer Teil schließlich in unoxidiertem Zustand in den Sedimenten abgelagert wird. Nach einem Diskussionsbeitrag von H. Lieth, Universität Osnabrück, ist dieser Beitrag wahrscheinlich zehnmal so groß als bisher angenommen wurde. Er könnte eine Senke von beachtlichem Ausmaß darstellen. Bei der Abschätzung aller ökologischen Daten kommt man zu dem Schluß, daß die terrestrischen Ökosysteme insgesamt vermutlich eine CO_2-Quelle in der Größenordnung von ungefähr 2 Mrd. t Kohlenstoff pro Jahr darstellen, wobei jedoch infolge der Unsicherheitsfaktoren in den einzelnen Teilbereichen ein Gleichgewichtszustand zwischen Quellen und Senken nicht ausgeschlossen werden kann.

Solange man von einem weiteren Wachstum des Brennstoffverbrauchs wie in den sechziger Jahren ausgegangen war, fanden solche Überlegungen kaum mehr als theoretisches Interesse. Die CO_2-Freisetzung durch fossilen Brennstoffverbrauch wäre dann bald so groß geworden, daß daneben auch eine relativ große Quelle der Landvegetation kaum mehr ins Gewicht fallen würde. Der CO_2-Gehalt der Atmosphäre wäre jedenfalls bereits in der ersten Hälfte des nächsten Jahrhunderts weit über das von den Klimatologen für zulässig angesehene Maß angestiegen. Macht man jedoch Annahmen über die Energieentwicklung, wie sie nach den neueren Prognosen realistisch erscheinen, dann ist die Frage nach der Rolle der Landvegetation von erheblicher praktischer Bedeutung. Dabei muß auch berücksichtigt werden, daß die gegenwärtig noch große Quelle der tropischen Wälder zwangsläufig schon bald wesentlich kleiner oder ganz versiegen wird, weil beim Andauern der heutigen Abholzraten der größte Teil dieser Wälder in 20 bis 30 Jahren vernichtet wäre.

Sollte sich die Menschheit entschließen, den fossilen Brennstoffverbrauch zu drosseln, dann hätten auch zusätzliche Anstrengungen zur Kontrolle biogener Quellen einen Sinn. Denn biogene Senken, wie z. B. die Wiederaufforstung, können bei der möglichen Größenordnung nach U. Hampickes Analysen [1] nur in einem Energieszenario mit einem niedrigen fossilen Brennstoffverbrauch Bedeutung erlangen. C. Keeling vom Scripps Institution of Oceanography in San Diego, USA, vertrat darüber hinaus die Auffassung, daß die Ersetzung fossiler Primärenergieträger durch rezente biologische Energiequellen in jedem Fall ein wirksames Mittel zur Reduzierung des CO_2-Gehalts der Atmosphäre sein könnte [1].

4.6 Energiepolitische Empfehlungen

Nach R. Rottys Überlegungen [1], die auch durch die Ausführungen von L. Gates [1] Unterstützung finden, ist die Zeit für regulierende Maßnahmen auf dem Energiesektor noch nicht gekommen. Eine mögliche weltweite Erwärmung von 1 bis 1,5 °C (wobei er nur den CO_2-Einfluß berücksichtigt) im Verlauf der nächsten 50 Jahre könne zwar bei Klimatologen einige Besorgnis auslösen, meinte er, reiche aber wahrscheinlich nicht aus, um schon jetzt, am Beginn dieser Fünfzig-Jahr-Periode, eine Beschränkung des Einsatzes fossiler Brennstoffe zu fordern. Er zog den Schluß, daß eine Katastrophe in näherer Zukunft nicht bevorstehe und daß noch genügend Zeit zur Erarbeitung besser fundierter Prognosen bleibe.

Zu einer ganz anderen Beurteilung der Lage kam eine der drei Arbeitsgruppen. Sie analysierte dazu vier mögliche Optionen:
- Auch in Zukunft den fossilen Brennstoffverbrauch, und damit die CO_2-Emission, mit der historischen exponentiellen Rate von 4,3 %/Jahr weiter anwachsen zu lassen,
- eine reduzierte Wachstumsrate einzuführen,
- den fossilen Brennstoffverbrauch auf dem gegenwärtigen Niveau zu halten oder
- den Verbrauch zu reduzieren.

Die Gruppe war sich darüber im klaren, daß es zum gegenwärtigen Zeitpunkt wegen der starken globalen Abhängigkeit der Energiewirtschaft von den fossilen Energieträgern unrealistisch wäre, eine Reduzierung des fossilen Brennstoffverbrauchs zu erwarten.

Ebenso bestand Einigkeit darüber, daß ein Fortschreiben der historischen Wachstumsrate zum einen wegen der möglichen irreversiblen Klimaeinflüsse nicht wünschenswert und zum andern auch unrealistisch wäre. Die meisten Länder werden in Zukunft auf dem Weltenergiemarkt wohl kaum genügend fossile Energieträger zu einem Preis finden, den sie sich leisten können.

Die Arbeitsgruppe empfahl eine Stabilisierung des fossilen Energieverbrauchs auf dem gegenwärtigen Niveau. Sie war der Ansicht, daß dies realisierbar sei, ohne die Wirtschaftsentwicklung und den Lebensstandard zu beeinträchtigen, da vor allem die Industriestaaten - wie rund zwei Dutzend Detailstudien zeigen - durch wohlüberlegten Umgang mit der Endenergie beträchtliche Einsparungen erzielen können und da der zügige Ausbau nicht-fossiler Energiequellen in allen Energieplänen hohe Priorität besitzt. Dabei wurde besonders die Tatsache in Betracht gezogen, daß der Kohlendioxidgehalt der Atmosphäre auch dann noch weiter ansteigt, wenn der Verbrauch fossiler Brennstoffe konstant gehalten wird. Allerdings wäre durch diese Vorsorgemaßnahme das Wachstumstempo so verringert, daß eine CO_2-Verdopplung wohl erst in 200 bis 300 Jahren erreicht wäre. Damit bliebe erheblich mehr Zeit für die Entwicklung alternativer Energiestrategien.

Eine andere Arbeitsgruppe beschäftigte sich mit flankierenden Maßnahmen zur Verminderung der atmosphärischen CO_2-Belastung, die gerade bei einer Perspektive relativ niedrigen Energieverbrauchs große Bedeutung erlangen könnten. Die ursprüngliche Idee, die u. a. C. Marchetti vorgeschlagen hatte [8], CO_2 aus den Abgasen von Kraftwerken und anderen Großanlagen herauszuholen und ins Meer zu pumpen [2, 9], ist nach verschiedenen Studien von C. Baes, M. Steinberg u. a. zu energieaufwendig und zu teuer [1].

Es gibt jedoch eine Reihe anderer Vorgangsweisen, die vielfältigen Nutzen bringen und zugleich auch die CO_2-Entwicklung in der Atmosphäre günstig beeinflussen. Eine großzügige Aufforstung entwaldeter Regionen, etwa im Mittelmeerraum, würde den Wasserhaushalt verbessern, die Bodenerosion vermindern, Überschwemmungen, Erdrutsche, Lawinen verhindern und zugleich der Atmosphäre nennenswerte Mengen von CO_2 entziehen. Eine Verminderung der übermäßigen Stickstoffdüngung, wie sie in vielen Agrargebieten hochindustrialisierter Staaten angewendet wird, würde die Lachgasbelastung der Atmosphäre und die Nitratbelastung des Grundwassers vermindern und zugleich auch die Energie sparen, die für die Kunstdüngerherstellung aufgebracht werden muß. Vorgehensweisen, die sich in mehrfacher Hinsicht ökologisch vorteilhaft auswirken, sind solchen vorzuziehen, die nur kurzfristigen Profit bringen, da diese oft bei der Lösung des einen Problems ein anderes neu schaffen.

In der politischen Realität werden weltweit täglich Entscheidungen gefällt, die das Zusammenleben der Völker bis weit in die Zukunft beeinflussen können. In Anbetracht der vielen bestehenden Ungewißheiten über die möglichen Folgen ist ein flexibles Vorgehen, gekoppelt mit den nötigen Vorsorgemaßnahmen, ratsam. Eine risikoarme Klima- und Energiepolitik ist gekennzeichnet durch eine rationellere Verwendung der Endenergie, einen zügigeren Ausbau von erneuerbaren Energiequellen, die wenig oder kein CO_2 in die Atmosphäre einbringen, ein Gleichgewicht von Abholzung und Wiederaufforstung, sowie eine auf die Erhaltung der Bodengüte bedachte Landnutzung.

Eine solche Vorsorgestrategie kann im günstigsten Fall Klimaeinwirkungen verhindern. Im ungünstigsten Fall bleibt immerhin noch Zeit zur Beschaffung besserer Informationen für ein Überdenken der politischen Entscheidungen. Da eine solche Politik der Vorsorge auch aus vielen anderen als nur klimatischen Erwägungen heraus vernünftig ist, sollte sie zu einem wesentlichen Bestandteil zukünftiger Entscheidungsprozesse werden.

Literaturauswahl

[1] Bach, W; Pankrath, J; Williams, J. (Hrsg.): Interactions of Energy and Climate, Reidel Publ. Co., Boston, Dordrecht, 1980. Dies ist der Konferenzband, in dem alle Beiträge der mit dem Literaturhinweis [1] versehenen Autoren veröffentlicht sind.

[2] Bach, W; Pankrath, J; Kellogg, W. W. (Hrsg.): Man's Impact on Climate, Elsevier Publ. Co., Amsterdam, 1979.

[3] Manabe, S.; Stouffer, R. J.: A CO_2-Climate Sensitivity Study with a Mathematical Model of the Global Climate. Nature 282 (1979) S. 491-493.

[4] Bacastow, R.; Keeling, C. D.: Atmospheric Carbon Dioxide and Radiocarbon in the Natural Carbon Cycle. II. Changes from A.D. 1700 to 2070 as Deduced from a Geochemical Model. In: G. M. Woodwell, E. V. Pecan (Hrsg.): Carbon and the Biosphere, Nat. Techn. Information Service, Springfield, 1973, S. 86-136.

[5] Woodwell, G. M.; et al.: The Biota and the World Carbon Budget. Science 199 (1978) S.141-146.

[6] Hampicke, U.; Bach, W: Die Rolle terrestrischer Ökosysteme im globalen Kohlentoff-Kreislauf. Bericht im Auftrag des Umweltbundesamtes, Nr. 104 02 513. Berlin 1979, 153 S. + XXII.

[7] Seiler, W.; Crutzen, P. J.: Estimates of Gross and Net Fluxes of Carbon between the Biosphere and the Atmosphere from Biomass Burning, Climatic Change 2 (1980) 207-247.

[8] Marchetti, C.: Constructive Solutions to the CO_2 Problem, in [2].

[9] Mustacchi, C.; Armenante, P.; Cena, V.: Carbon Dioxide Disposal in the Ocean. In: J. Williams (Hrsg.): Carbon Dioxide, Climate and Society, Pergamon Press, Oxford, 1978, S. 283 - 289.

5 Lösungswege zur Vermeidung der Klimagefahr: Ein Kommentar

Bei der Klimabeeinflussung überwiegen insgesamt die negativen Auswirkungen. Deshalb ist zügiges Handeln geboten. Grundsätzlich bieten sich drei Lösungswege an: Erstens die Steigerung der Energieproduktivität sowie der zügige Einsatz der erneuerbaren Energieträger; zweitens eine verantwortungsbewußtere Land- und Waldnutzungspolitik, die für die Erhaltung der Bodengüte sorgt und ein Gleichgewicht zwischen Waldzerstörung und Wiederaufforstung herstellt; und drittens die Schadstoffkontrolle vor, während und nach dem Einsatz fossiler Brennstoffe.

5.1 Einleitung

Nur ein im Jahre 2000 durchgesetzter weltweiter Verzicht auf Kohle könnte einen globalen Temperaturanstieg um 2° C bis zum Jahre 2055 hinausschieben. Dies ist das Hauptergebnis einer Studie der US-Umweltbehörde EPA. Diese aus Szenarien-Analysen hergeleitete Aussage wird dann gleich wieder dadurch relativiert, daß man einen solchen Verzicht aus wirtschaftlichen und politischen Erwägungen für nicht durchführbar hält. Es wird betont, daß vor allem die Unsicherheiten über die Wachstumsraten anderer Treibhausgase den Zeitpunkt einer CO_2-Erwärmung von 2° C um 15 Jahre in beide Richtungen verschieben könnten.

Die neueste Studie der US-Akademie der Wissenschaften von 1985 bekräftigt die Aussagen früherer Akademieberichte, daß keine systematischen Fehler bei den Klimamodellrechnungen zu erwarten sind. Danach gilt eine globale Erwärmung zwischen 1,5 und 4,5 °C für eine CO_2-Verdopplung als gegenwärtig beste Abschätzung. Die Einflüsse anderer Gase, wie z. B. N_2O, CH_4, O_3, etc., werden zwar für wichtig angesehen, sind aber in dieser Abschätzung nicht enthalten. Neueste Untersuchungen deuten allerdings an, daß zum klimaverändernden Einfluß durch CO_2 noch einmal ein ebenso großer Beitrag durch die anderen Spurenstoffe addiert werden muß. Ein Manko dieses Berichts ist, daß er im Gegensatz zu früheren Berichten eine abwartende Politik propagiert. Sollte ein solcher Rat von den Entscheidungsträgern befolgt werden, könnte der Zeitpunkt für das rechtzeitige Einleiten von kostengünstigen Vorsorgemaßnahmen zur Abwendung unerwünschter Klimaänderungen verpaßt werden.

Die Tatsache, daß noch große Wissenslücken bestehen, darf uns jedoch nicht zu einer abwartenden Untätigkeit verleiten. Das Gegenteil ist richtig, denn ungesichertes Wissen schließt ja immer die Möglichkeit des Irrens in beide Richtungen ein. Eine solche Situation verlangt eine vernünftige Sicherheitsstrategie, wie sie in der Schlußerklärung der Weltklimakonferenz vom Jahre 1979 in Genf zum Ausdruck kommt. Durch intensives Bemühen sollen die Wissenslücken weiter verringert wer-

den. Gleichzeitig soll das bereits vorhandene Wissen zur Einleitung von Vorsorgemaßnahmen eingesetzt werden, um damit eine CO_2-induzierte Klimagefahr zumindest zu entschärfen oder sogar ganz zu vermeiden. Wichtig ist dabei, schon jetzt zu
handeln, weil bei den langen Umstellungszeiten gesellschaftlicher Systeme Entscheidungen von heute bereits Festlegungen für die fernere Zukunft bedeuten.

5.2 Mögliche Klimabeeinflussung in den nächsten Jahrzehnten

Vor allem mit unserer Energiepolitik stellen wir die Weichen für die zukünftige
Beeinflussung des Klimas. Wenn wir die bisherige kostspielige und ineffiziente
Groß-Technik durch eine der jeweiligen Aufgabe am besten angepaßte energieeffiziente und damit kostengünstige Technologie ersetzen würden, dann wäre der hohe
Verbrauch fossiler Brennstoffe und damit der hohe CO_2-Ausstoß der Vergangenheit
keineswegs unumgänglich und müßte daher auch nicht zwangsläufig in die Zukunft
fortgeschrieben werden. Anzeichen für eine Trendwende sind schon sichtbar, denn
die durchschnittliche Wachstumsrate für die CO_2-Emission in die Atmosphäre ist
seit der Energiekrise von 1973/74 von vorher 3,4 Prozent jährlich auf 1,5 Prozent
geschrumpft.

Die zukünftige Klimabeeinflussung kann mit Hilfe der Szenarien-Analyse, die
sich dabei einer Kombination aus Energie-, Kohlenstoffkreislauf- und Atmosphäre-
Ozean gekoppelter Klima-Modelle bedient, abgeschätzt werden. Dabei zeigt sich,
daß bei Fortschreibung der bisherigen Trends über die nächsten 50 Jahre die CO_2-
Emission um das 3- bis 4fache, der CO_2-Gehalt der Atmosphäre um rund 50 Prozent
und die anthropogen beeinflußte globale Temperaturänderung um das ca. 4fache
zunehmen würde. Damit würde eine Erwärmung erreicht, wie sie seit der Eem-
Warmzeit vor 125 000 Jahren nicht mehr vorgekommen ist. Würde man den Effekt
der anderen Treibhausgase realistischerweise mit einbeziehen, dann könnte es zu
einer Erwärmung von ca. 3 °C gegenüber heute kommen. So warm war es vor 5 bis
3 Millionen Jahren während des mittleren Pliozän.

Würde dagegen über die nächsten 50 Jahre die bisherige Energieverschwendung
reduziert, dann könnten der fossile Brennstoffverbrauch und damit der CO_2-Ausstoß
auf $^1/_9$ des heutigen Werts sinken. Der CO_2-Gehalt der Atmosphäre würde zwar noch
um ca. 10 Prozent zunehmen, aber der dadurch ausgelöste Temperaturanstieg wäre
nur noch halb so groß wie bei der bisherigen Energiepolitik. Voraussetzung für eine
solche Entwicklung wäre der Abbau institutioneller Barrieren, so daß das jetzt schon
vorhandene Potential wirtschaftlicher und energieeffizienter Technologien über die
nächsten Jahrzehnte eingeführt werden könnte.

5.3 Wäre eine Erwärmung überhaupt von Nachteil?

In nördlichen Breiten und im Winter hat der Treibhauseffekt positive Aspekte. In
südlichen Breiten und im Sommer überwiegen aber bei zunehmender Hitze die
negativen Auswirkungen. Viel wichtiger als die eigentlichen Temperaturzunahmen

sind die dadurch ausgelösten ganz unterschiedlichen regionalen und jahreszeitlichen Veränderungen des gesamten Klimageschehens, insbesondere der Niederschläge, die bei der zunehmenden Weltbevölkerung die Ernährungssicherung und die Wasserversorgung ernsthaft gefährden können. Klimamodellrechnungen zeigen, daß es wegen der komplizierten nicht-linearen Rückkopplungsmechanismen bei den zukünftigen Klimaänderungen nicht um simple Verschiebungen der Klimazonen geht, sondern daß wir eher mit einer Zunahme der Klimavariabilität und kleinräumig differenzierten Klimaanomalien zu rechnen haben, die nur schwer vorhersagbar sind.

Es wird häufig behauptet, daß sich mit der Züchtung von neuartigen Getreidesorten und damit höheren Erträgen die Schäden durch Klimaeinflüsse ausgleichen ließen. Die Erfahrungen aus der jüngeren Vergangenheit geben aber keinen Anlaß zu diesem Optimismus. Im Gegenteil, Getreideüberschüsse sind bisher überwiegend in solche Länder exportiert worden, die dafür bezahlen können.

Das Potential für Ertragssteigerungen ist in den Entwicklungsländern aus kapital-, energie-, und sozialpolitischen Erwägungen heraus sehr begrenzt. Der zunehmende Bevölkerungsdruck und die Bodenzerstörung geben besonders in den Sahelländern und anderen Randgebieten wenig Hoffnung auf eine Verbesserung.

Unter optimalen Temperatur- und Feuchtigkeitsverhältnissen in Treibhäusern kann eine höhere CO_2-Konzentration zu einer verstärkten Pflanzenproduktion führen. Unter natürlichen Bedingungen gibt es wenig Anzeichen für eine Änderung der Netto-CO_2-Assimilationsrate, da die Verfügbarkeit von Nährstoffen und Wasser für das Wachstum offenbar entscheidender sind. Darüber hinaus wird in den Entwicklungsländern der Regenwald durch Abholzung und in den Industrieländern der Mischwald durch sauren Regen rapide zerstört. Dadurch wird nicht nur die Fähigkeit der Pflanzen, atmosphärisches CO_2 aufzunehmen, stark reduziert, sondern es wird auch durch die Waldzerstörung der in der Biomasse gebundene Kohlenstoff vermehrt freigesetzt, was wiederum den Treibhauseffekt verstärkt.

Insgesamt gesehen komme ich zu dem Schluß, daß bei dem durch kurzsichtige Verschwendung unserer Ressourcen in Gang gesetzten globalen geophysikalischen Experiment die negativen Auswirkungen überwiegen. Deshalb ist zügiges Handeln geboten.

5.4 Lösungswege

Weder dem CO_2-Treibhaus-Problem noch dem Säureregen-Problem müssen wir uns hilflos ausliefern. Uns steht durch unsere Energie- und Landnutzungspolitik eine ganze Reihe von Steuerungsmöglichkeiten zur Verfügung, die gewünschte zukünftige Richtung mitzubestimmen. Grundsätzlich bieten sich drei Wege an:

Erstens kann man durch effizientere Nutzung der bisher schon verwendeten Energieträger die Produktivität des Energieeinsatzes steigern. Dadurch reduziert sich der Gesamtbedarf, wodurch einerseits die nicht erneuerbaren fossilen Brennstoffe geschont werden und andererseits die zunächst nur in bescheidenem Maße einsetzbaren erneuerbaren schadstofffreien Energiequellen schon einen spürbaren Beitrag leisten können. Diese Doppelstrategie hat gegenüber allen anderen Vorgehensweisen den ausschlaggebenden Vorteil, daß sich die effizientere Energienutzung ohne große Vorlaufzeit in aktive Energiepolitik mit unmittelbar sichtbaren Erfolgen umsetzen läßt, und daß für eine geordnete und wohlüberlegte Einführung der erneuerbaren Energieträger genügend Zeit bleibt.

Zweitens kann durch eine verantwortungsbewußtere Landnutzungspolitik ein Gleichgewicht zwischen Waldzerstörung und Wiederaufforstung hergestellt und für die Erhaltung der Bodengüte gesorgt werden. Eine solche Politik bringt vielfältigen Nutzen, denn sie entschärft nicht nur das CO_2-Klima-Problem, sondern trägt auch durch die Eindämmung der Bodenerosion, die Verhinderung von Überschwemmungen und die Verbesserung des Wasserhaushalts ganz entscheidend zur Ernährungssicherung bei.

Diese beiden Wege müssen drittens durch technische Maßnahmen zur Schadstoffkontrolle an der Quelle vor, während und nach der Verbrennung fossiler Brennstoffe ergänzt werden. Dazu gehören die **Brennstoffbehandlung** (z. B. Entschwefelung von Kohle und Öl, bleifreies Benzin), neue **Brenntechniken** (z. B. Wirbelschichtfeuerung, Brennwertkessel) und **Abgasreinigung** (z. B. Rauchgasentschwefelung und -entstickung, Katalysatoren).

III Wissenschaftliche Grundlagen zum Kohlenstoff-kreislauf und Treibhauseffekt

1992 hielt die UN ihren Weltklimagipfel in Rio de Janeiro ab mit dem Ziel, allgemeine Rahmenbedingungen zum Klimaschutz abzustecken. In den bislang abgehaltenen Folgekonferenzen von Berlin (1995), Genf (1996), Kyoto (1997), Buenos Aires (1998) und Bonn (1999) wurde versucht, die Zielsetzungen von Rio in Form von Protokollen weiter zu konkretisieren. Das Protokoll von Kyoto entfachte eine erneute Diskussion über die schon in **Kapitel 4** angesprochene Frage, inwieweit die Landvegetation als Quelle oder Senke für CO_2 wirkt. Die in **Kapitel 6** beschriebenen Methoden können in ihrer allgemein gültigen Form die Grundlage für die zukünftige Vorgehensweise zur Reduktion der CO_2-Emissionen bilden.

Das Protokoll von Kyoto erlaubt den Annex-I- bzw. Industrieländern, ihre CO_2-Emissionen entweder durch eine Reduktion des fossilen Brennstoffverbrauchs oder durch eine Erhöhung der Kohlenstoffausscheidung in terrestrischen Kohlenstoffsenken zu verringern. Das Intergovernmental Panel on Climate Change (IPCC) führte dazu eine Reihe von Szenarienrechnungen durch, um Entscheidungsträgern zu zeigen, welche CO_2-Emissionsreduktionen für eine Stabilisierung der Konzentrationen auf einem Niveau von 350 bis 1000 ppm in der Atmosphäre erforderlich sind. Bei der CO_2-Aufnahme und Abgabe spielen die Ozeane und die terrestrischen Ökosysteme eine entscheidende Rolle. Die IPCC-Untersuchungen von 1994 berücksichtigten aber nur den Einfluß der Ozeanzirkulationen. Nun zeigen jedoch die Untersuchungen von J. Sarmiento et al. (Nature 393, 245 - 49, 1998) sowie M. Cao und F. Woodward (ibid. 249 - 52, 1998), die beide Einflüsse mit einbeziehen, beträchtliche Unterschiede zu den IPCC-Werten. M. Cao und F. Woodward schlagen vor, daß die terrestrische Biosphäre wegen der starken Stimulierung der Photosynthese durch den CO_2-Anstieg sehr wohl als CO_2-Senke über das nächste Jahrhundert angesehen werden kann, daß aber bei zunehmender Treibhaus-Erwärmung die verstärkten Atmungsverluste des Kohlenstoffs die CO_2-Senke wieder verringern können.

Nach B. Scholes (Global Change Newsletter 37, 2 - 3, März 1999) bedeutet die Aufforstung in Europa und Nordamerika derzeit eine CO_2-Senke. Sobald die physischen Grenzen erreicht sind, wird jedoch eine Sättigung eintreten. Die tropischen Wälder sind wegen ihrer Umwandlung in Agrarland vorwiegend CO_2-Quellen. Die fortschreitende Umwandlung reduziert die integrierte Senkenkapazität bis sie schließlich erlischt. Nach Meinung der IGBP Arbeitsgruppe „Terrestrischer Kohlenstoff" (Science 280, 1393 - 94, 1999) könnten die terrestrischen Ökosysteme bei entsprechendem Management zwar als signifikante Kohlenstoffsenken fungieren, dies könne aber die fossilen Brennstoffemissionen nur für eine gewisse Zeit - etwa einige Jahrzehnte bis zu einem Jahrhundert - kompensieren. Terrestrische Kohlenstoffsenken können uns aber bestenfalls Zeit gewinnen für die unausweichliche CO_2-Reduktion von Emissionen aus fossiler Brennstoffnutzung.

Die folgenden **Kapitel 7 bis 9** sind Teile einer Studie über die Auswirkungen von CO_2-Emissionen auf das Klima, die im Auftrag des Ausschusses für Forschung und Technologie des Deutschen Bundestages in Kooperation mit der Kernforschungsanlage Jülich durchgeführt worden ist. Es werden grundsätzliche Fragen zur anthropogenen Klimaänderung angesprochen.

Das in **Kapitel 7** beschriebene Klimasystem ist eines der komplexesten Systeme, mit denen sich der Mensch beschäftigt. Im Gegensatz zur kurzfristigen Wettervorhersage müssen zur Abschätzung langfristiger Klimaänderungen neben der Atmosphäre auch die trägeren Untersysteme Bio-, Hydro-, Kryo- und Lithosphäre mit in Betracht gezogen werden. Hinzu kommen die unterschiedlichen Stoffkreisläufe zwischen den Untersystemen. Für die kurzfristige Wettervorhersage können diese Untersysteme als konstant angesehen werden. Für die langfristige Klimaentwicklung sind aber ihre dynamischen Wechselwirkungen ausschlaggebend.

Bei einem solch komplexen System verwundert es nicht, daß es noch eine Reihe von wissenschaftlichen Unsicherheiten gibt. Die Ursachen dafür beschreiben J. Houghton et al. (eds.), Climate Change, p. Xii, Cambridge, 1990 wie folgt: „Es bestehen noch viele Unsicherheiten in unseren Vorhersagen, insbesondere was das Timing, die Größenordnung und die regionalen Verteilungsmuster von Klimaänderungen angeht, und zwar wegen unseres unvollständigen Verständnisses:
- Der Quellen und Senken der Treibhausgase, welche die Vorhersagen zukünftiger Konzentrationen beeinflussen;
- der Wolken, welche einen starken Einfluß auf die Größenordnung des Klimawandels haben;
- der Ozeane, welche für die zeitliche und räumliche Dimension der Klimaänderungen von Bedeutung sind; und
- der polaren Eisbedeckung, die für die Vorhersage des Meeresspiegelanstiegs bedeutsam ist.

Diese Prozesse werden schon teilweise verstanden, und wir sind zuversichtlich, daß die Unsicherheiten durch weitere Forschungen reduziert werden können. Wegen der Komplexität des Systems lassen sich jedoch Überraschungen nicht ausschließen."

Nach S. Manabe, dem Doyen der Klimamodellrechner, kann nur eine ständig verbesserte Übereinstimmung von berechneten und beobachteten Klimaänderungen unser Vertrauen in Modellprojektionen erhöhen. Anläßlich der Verleihung des Volvo-Umweltpreises an ihn schlug er zur Verbesserung der Vorhersage des zukünftigen Klimas folgende umfassende Strategie vor: Ein Beobachtungsnetz mit in Situ- und Fernerkundung, die Simulation von Klimaänderungen mit Hilfe von Ozean-Atmosphäre-Landoberfläche-gekoppelten Modellen der neuesten Generation und schließlich umfangreiche diagnostische Analysen der simulierten und beobachteten Klimaänderungen bezüglich der Anpassung an zukünftige Klimaänderungen bzw. die Begrenzung der Treibhausgasemissionen (Ambio, 27 (3), 186, 1998).

In **Kapitel 8** wird der sehr wichtigen und nach wie vor aktuellen Frage der Erkennbarkeit bzw. des Zeitpunkts der Nachweisbarkeit einer anthropogen verursachten Klimaänderung nachgegangen. Dabei geht es darum, das anthropogene

Signal aus dem Rauschen der natürlichen Klimavariabilität herauszufiltern. Man bedient sich dazu sog. Fingerabdruckmethoden, bei denen die verrauschten Anteile des Signals relativ zu den weniger verrauschten Komponenten unterdrückt werden. Daraus ergibt sich dann eine sog. Nachweisvariable, deren zeitliche Entwicklung sich mit dem natürlichen Rauschen der Variablen im signalfreien Fall vergleichen läßt (K. Hasselmann, RWE 19. Hochschultage Energie, S. 16 - 17, 1999). Auch das IPCC zieht aus der im Konsens gebildeten Meinung den vorsichtig formulierten Schluß, „daß die Abwägung aller Erkenntnisse einen erkennbaren Einfluß des Menschen auf das Klima nahelegt" (J. Houghton et al., (eds.), Climate Change 1995, p. 4, Cambridge, 1996).

In **Kapitel 9** wird ein von H. Flohn entwickeltes Verfahren beschrieben, das aus Modellergebnissen kritische Schwellenwerte für bestimmte CO_2-Anstiege in der Atmosphäre und entsprechende Temperaturzunahmen ableitet. Soll das Klima einigermaßen stabil gehalten werden, dann darf nach diesem Konzept der Gehalt an CO_2 und den anderen Treibhausgasen in der Atmosphäre nicht über 400 - 450 ppm hinaus ansteigen.

Um dem Hauptziel der Klimakonvention von Rio gerecht zu werden, nämlich die Treibhausgaskonzentrationen in der Atmosphäre auf einem für das Klimasystem ungefährlichen Niveau zu stabilisieren, hat die Klima-Enquete-Kommission des Deutschen Bundestages Klimarichtwerte abgeleitet, die eine mittlere globale tolerierbare Erwärmungsobergrenze von 2 °C bis 2100 gegenüber dem vorindustriellen Wert von 1765 sowie die Nichtüberschreitung einer mittleren globalen Erwärmungsrate von 0,1 °C pro Dekade über die nächsten 100 Jahre vorsieht. Weitere Grundlagen und die Ergebnisse dieser Strategie sind in den **Kapiteln 21 und 26** näher beschrieben.

Der Wissenschaftliche Beirat der Bundesregierung für Globale Umweltveränderungen hat in seinem Jahresgutachten 1995 ein Verfahren vorgestellt, das die zulässigen globalen Emissionsprofile für eine tolerierbare Klimaentwicklung berechnet. Petschel-Held et al. haben jetzt dieses Verfahren „tolerierbarer Temperaturfenster" für die integrierte Erfassung von Klimaänderungen angewandt (Climatic Change 41, 303 - 331, 1999).

6 Der anthropogen gestörte Kohlenstoffkreislauf: Methoden zur Abschätzung der CO₂-Entwicklung

Alle biologisch wichtigen Elemente, wie Kohlenstoff, Sauerstoff, Stickstoff, Schwefel und Phosphor sowie Wasser durchlaufen in der Natur Kreisläufe, deren natürliche Abläufe durch Eingriffe des Menschen stark verändert werden können. Dieser Beitrag beschäftigt sich mit den Methoden zur Erfassung der Störungen des Kohlenstoffkreislaufs. Man unterscheidet drei langsame geologische und zwei schnelle biologisch-atmosphärisch-ozeanische Kreisläufe. Es sind die schnellen Kreisläufe, die der Mensch bedenklich stören kann. Ändert sich z. B. der Kohlenstoffgehalt der Landökosysteme (ca. 3000 Mrd. t) jährlich nur um 1 ‰, so würde das zu einem Nettoaustausch mit der Atmosphäre von ca. 3 Mrd. t C führen. Dies ist mehr als 50 % der derzeitigen anthropogenen C-Emissionen. Ein Ziel der Kohlenstoffkreislaufforschung ist die Rekonstruktion des atmosphärischen CO₂-Gehalts in der Vergangenheit mit Hilfe von Jahrringanalysen von Bäumen, Eiskernanalysen von Gletschern sowie spektroskopischen und chemischen Messungen. Ein weiteres Ziel ist die Abschätzung der zukünftigen CO₂-Entwicklung mit Kohlenstoffkreislaufmodellen, wie z.B. Box-, Box-Diffusions-, Advektions-Diffusions- und Multi-Boxmodellen. Vor allem gilt es zu bedenken, daß der Ozean und die Biosphäre für zusätzliches anthropogenes CO₂ nur begrenzt aufnahmefähig sind. Eine Störung des Kohlenstoffkreislaufs ist nur sehr langsam rückgängig zu machen.

6.1 Das CO₂-Problem

Kohlendioxid, ein farb-, geschmack- und geruchloses Gas, wird von Mensch und Tier als Stoffwechselendprodukt ausgeatmet und von Pflanzen bei der Photosynthese zum Aufbau von Biomasse absorbiert. Bei der gegenwärtigen globalen Konzentration von ca. 342 ppmv in der Atmosphäre bedeutet CO_2 für die Gesundheit des Menschen zwar keine Gefahr, aber durch seine Eigenschaft, Wärmeenergie zu absorbieren, kann eine Konzentrationserhöhung den natürlichen Treibhauseffekt verstärken und durch zunehmende Aufheizung der unteren Luftschichten Klimaänderungen auslösen.

Die Menschheit hat durch ihre Aktivitäten ein geophysikalisches Experiment globalen Ausmaßes in Gang gesetzt. Experten sind sich darin einig, daß es spätestens bis zur Jahrtausendwende einwandfrei in den Klimadaten wird nachgewiesen werden können. Man befürchtet, daß dann aber schon, gemessen an menschlichen Zeitabläufen, irreversible Klimaänderungen eingeleitet sind.

Der wichtigste anthropogene, klimabeeinflussende Faktor ist der rapide Anstieg der CO_2-Konzentration in der Atmosphäre, der seit 26 Jahren systematisch erfaßt wird. Die Ursache dafür liegt in der Verfeuerung fossiler Brennstoffe (Kohle, Öl, Gas, synthetische Brennstoffe), dem Abfackeln bei der Öl- und Gasförderung, der Zementherstellung, der Abholzung großer Waldareale in den Tropen und Außertropen sowie der Bodenoxidation durch unsachgemäße Behandlung. Das Problem ist, daß das CO_2 schneller in die Atmosphäre eingegeben wird, als es von der Hauptsenke, dem Ozean, absorbiert und in die Tiefseeschichten eingebunden werden kann. Darüber hinaus fällt durch das rapide fortschreitende Waldsterben in mittleren Breiten die Biosphäre immer mehr als Kohlenstoffsenke aus.

Das alles mündet in einen Teufelskreis, denn eine immer größere Menge an CO_2 und auch an anderen Treibhausgasen verbleibt in der Atmosphäre, was über die Verstärkung des Treibhauseffektes ganz unterschiedliche regionale und jahreszeitliche Veränderungen des Klimageschehens auslöst. Das wiederum muß bei der zunehmenden Weltbevölkerung zu verstärkten Engpässen vor allem in der Nahrungsmittel-, Wasser- und Energieversorgung führen. Damit wird das CO_2-Problem, stellvertretend für ähnlich weitreichende Umweltprobleme, zu einer zentralen Frage des Zusammenlebens der Menschen und des Überlebens der Menschheit (W. BACH, 1982/1984).

Durch seine Auswirkungen ist das CO_2-Problem mit einer großen Anzahl nicht weniger strittiger Menschheitsprobleme eng verflochten, wie z. B. mit der zukünftigen Bevölkerungs-, Wirtschafts- und Energieentwicklung, der ungleichen Verteilung von Ressourcen und Reichtum, dem Nord-Süd-Konflikt, dem Umweltschutz und der Erhaltung des Lebensraumes. Diese verschiedenartigen Aspekte unserer komplexen Umwelt zeichnen sich durch große Ungewißheiten aus. Das hat vielen Spekulationen Tür und Tor geöffnet und bei den einen die Furcht vor einer nicht mehr abwendbaren Katastrophe genährt, während es die anderen in ihrem Glauben bestärkt hat, daß es ein CO_2-Problem überhaupt nicht gibt. Beide Ansichten sind falsch und gefährlich, da sie im ersten Fall zu überstürzten Kurzschlußhandlungen verführen und im zweiten Fall dazu beitragen, den rechtzeitigen Zeitpunkt für das Einleiten von Vorsorgemaßnahmen zu verspielen.

Das CO_2-Problem ist aber nicht Schicksal, sondern das Ergebnis von Fehlhandlungen des Menschen. Es gilt deshalb, die Anstrengungen zur Verringerung unserer Wissenslücken zu verstärken und Hand in Hand damit die jeweils erforderlichen Vorsorgemaßnahmen zu treffen. In diesem Beitrag behandele ich den natürlichen Kohlenstoffkreislauf und seine Störung durch den Menschen als Voraussetzung für die Abschätzung der zukünftigen CO_2-Entwicklung. Der Schwerpunkt liegt hier auf einer knappen Beschreibung der wissenschaftlichen Grundlagen und Vorgehensweisen.

6.2 Der natürliche Kohlenstoffkreislauf

Im natürlichen, ungestörten Zustand wird der Kohlenstoff(C)kreislauf als im Gleichgewicht oder Quasi-Gleichgewicht befindlich angenommen. Das Verständnis des natürlichen Zustandes bildet die Voraussetzung für die Abschätzung menschlicher Eingriffe. Im C-Kreislaufsystem (Abb. 6.1) unterscheiden wir drei langsame geologische und zwei schnelle atmosphärisch-biologisch-ozeanische Kreisläufe (U. HAMPICKE & W. BACH, 1979). Zu den langsamen C-Kreisläufen gehören die organische C-Verwitterung, die Karbonatverwitterung und die Verwitterung primärer Silikate sowie der Vulkanismus (Magma). Am schnellen atmosphärisch-biologischen C-Kreislauf nehmen die Atmosphäre sowie die lebende und tote organische Substanz sowohl auf dem Land als auch im Meer teil. Der schnelle C-Kreislauf Atmosphäre-Ozean umfaßt nicht nur den Austausch Atmosphäre-Ozean an der Meeresoberfläche, sondern auch die Mischungsvorgänge im Oberflächenwasser einschließlich der thermischen Sprungschicht oder Thermokline.

Bei den langsamen Kreisläufen wird eine sehr große Menge Kohlenstoff - ungefähr 100 x 10^6 Mrd. t C oder 4% der Masse der Sedimente in der Erde (Abb. 6.1) - mit einer langsamen Rate von rd. 0,5 Mrd. t C/a umgeschlagen. Die Umschlagszeit beträgt 200 Millionen Jahre (100 x 10^6 Mrd. t C/0,5 Mrd. t C/a), so daß im Durchschnitt die C-Atome den geologischen Kreislauf seit Beginn des Paläozoikums erst etwa dreimal durchlaufen haben.

An den schnellen Kreisläufen nimmt eine vergleichsweise geringe Menge C teil, die nur rund 0,04 % der langsamen Kreisläufe ausmacht. Davon befindet sich der größte Teil (90-95%) in der Tiefsee und ist bei einer durchschnittlichen Verweilzeit von ca. 1000 Jahren für menschliche Zeitmaßstäbe langfristig gebunden (Abb. 6.1). Zu den aktivsten Speichern zählen die Atmosphäre (710 Mrd. t), die Mischungsschicht des Ozeans (680 Mrd. t) und die lebenden Pflanzen (650 Mrd. t), die zusammen aber nur ca. 2000 Mrd. t. oder 0,002% des gesamten C der Erdrinde enthalten. Allerdings sind die Flüsse zwischen diesen drei Speichern außerordentlich intensiv. So tritt ein C-Atom durchschnittlich etwa alle 7 Jahre (710/100) aus der Atmosphäre in das Ozeanoberflächenwasser bzw. etwa alle 12 Jahre (710/60) in die Landpflanzen über.

Betrachten wir schließlich noch, wie das natürliche C-Kreislaufsystem auf Störungen seines Gleichgewichts, etwa durch eine intensive CO_2- Emission in die Atmosphäre als Folge menschlicher Aktivitäten, reagiert. Durch den Verbrauch von Kohle, Öl und Gas fließen aus diesem geologischen Speicher, der in Jahrmillionen entstanden ist, gegenwärtig mehr als 5 Mrd. t C/a (Abb. 6.1) zusätzlich zu den natürlichen geologischen Flüssen von 0,5 Mrd. t C in die Atmosphäre, wodurch der geologische Kreislauf um mehr als das zehnfache beschleunigt wird. Hinzu kommen noch die C-Flüsse aus der lebenden Phytomasse durch Abholzung, Waldsterben und aus dem Humus durch Bodenoxidation, deren Größenordnungen und Fließrichtungen aber bislang größtenteils ungeklärt sind. Diese zusätzlichen C-Mengen werden sich, da sie vom tiefen Ozean nur sehr langsam (über die nächsten Jahrtausende) aufgenommen werden können, in der Atmosphäre immer mehr anhäufen. So hat der

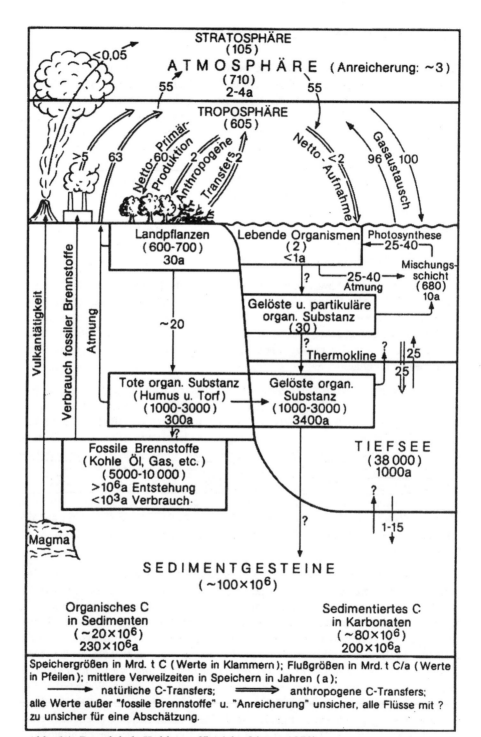

Abb. 6.1: Der globale Kohlenstoffkreislauf (etwa 1978).
Aus: Bach (1982/1984).

geschätzte vorindustrielle C-Gehalt der Atmosphäre von rd. 610 Mrd. t um ca. 100 Mrd. t auf den gegenwärtig nachweisbaren Wert von 710 Mrd. t C zugenommen.

Die Tatsache, daß die natürlichen Regelmechanismen im Vergleich zum menschlichen Zeitmaß sehr langsam arbeiten, führt zu der wichtigen Schlußfolgerung, daß es sehr lange dauern wird, bevor eine vom Menschen verursachte Störung des CO_2-Gehaltes der Atmosphäre wieder den ursprünglichen Gleichgewichtszustand erreicht. Das liegt daran, daß die CO_2-Aufnahme eine Versauerung des Ozean-Oberflächenwassers bedingt und sich dadurch das chemische Gleichgewicht zwischen gelöstem CO_2, HCO_3^- und CO_3^{2-} derart verlagert, daß die Aufnahmekapazität des Ozeans weiter verringert wird.

6.3 Der anthropogen gestörte Kohlenstoffkreislauf

Die Störung des natürlichen C-Gehalts der Atmosphäre läßt sich an Hand des zeitlichen Verlaufs der Emission aus der Verfeuerung fossiler Brennstoffe, der atmosphärischen Konzentration sowie an der Änderung des Beitrags aus der Biosphäre verfolgen.

6.3.1 Beitrag fossiler Brennstoffe

Die jährliche C-Emission hat, wie Abb. 6.2 zeigt, durch die Verfeuerung fossiler Brennstoffe, Abfackeln und die Zementherstellung weltweit von rd. 0,1 Gt C im Jahre 1860 auf rd. 5,3 Gt C im Jahre 1979 zugenommen (C. KEELING, 1973). Die Berechnungen basieren auf UN Statistiken und sind mit einem Unsicherheitsfaktor von 10-13,5% behaftet (G. MARLAND & R. ROTTY, 1984). Die Energiekrise von 1973/74 und die schlagartige Anhebung der Energiepreise hat während der letzten Dekade das rasante Wachstum des Verbrauchs von Erdöl von 7,1%/a auf 0,04%/a und dasjenige von Erdgas von 8,1%/a auf 3,3%/a abbremsen können. Nur die Kohle zeigte während dieser Zeit eine leichte Zunahme von 1,7%/a auf 2,6%/a. Die Wachstumsrate des gesamten C-Ausstoßes ist vom langjährigen Mittelwert von 3,4%/a (1860-1979) auf 1,5%/a (1974-1982) geschrumpft (G. MARLAND & R. ROTTY, 1984). Dieser willkommene Trend wird von den meisten Regierungen zum Vorwand genommen, das CO_2/Klima-Problem wieder zu verdrängen, da jetzt seine Auswirkungen erst in einer ferneren Zukunft akut zu werden scheinen. Dabei lassen sie aber die große Palette der anderen infrarot-absorbierenden Gase außer acht. Bei realistischer Betrachtung der Gesamteffekte, also nicht nur des CO_2, hat sich trotz des begrüßenswerten Rückganges des fossilen Brennstoffverbrauchs das Risiko eher noch erhöht.

Vor der Industriellen Revolution lag die CO_2-Konzentration wahrscheinlich bei 270 ± 20 ppmv, was aus Eiskernbohrungen und Baumringanalysen abgeleitet wird. Gegenwärtig wird von mehr als einem Dutzend über den Globus verteilten Meßstellen der CO_2-Gehalt der Atmosphäre erfaßt. Die ersten systematischen Messungen wurden auf Mauna Loa (Hawaii) mit Hilfe von nichtdispersiven Infrarot-

Techniken durchgeführt. Die CO_2-Konzentration nahm von rd. 315 ppmv im Jahre 1958 auf rd. 342 ppmv im Jahre 1983, also um rd. 8%, zu. Während der vergangenen 10 Jahre schwankte die jährliche Zuwachsrate zwischen 0,6 und 2,2 ppmv, und die mittlere Zuwachsrate betrug ca. 1,6 ppmv/a.

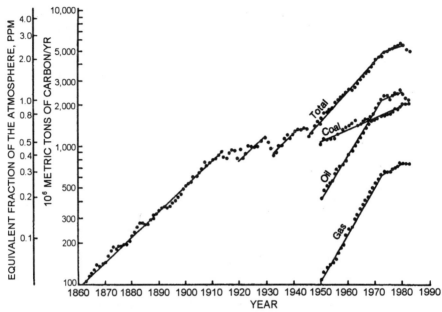

Abb. 6.2: Globale CO_2-Emission von fossilen Brennstoffen, Abfackeln und Zementherstellung, 1860-1982.
Aus: Keeling (1973) für 1860-1949; Marland und Rotty (1984) für 1950-1982.

6.3.2 Beitrag der Biosphäre

Wie wir in Abb. 6.1 gesehen haben, enthalten die Landökosysteme in den Landpflanzen sowie im Humus und Torf zusammen maximal 3000 Gt C, also rd. 4mal so viel wie die Atmosphäre. Eine Änderung dieses Reservoirs um nur 1 ‰/a (was kaum nachweisbar wäre) würde zu einem Netto-Austausch mit der Atmosphäre von rd. 3 Gt C, oder fast 50% der gegenwärtigen C-Emission durch fossile Brennstoffe, führen. Dieses Beispiel zeigt deutlich die kritische Rolle der Landökosysteme im globalen C-Kreislauf.

Die Wichtigkeit der Landökosysteme wird weiter durch die Arbeiten von B. MOORE et al. (1980) unterstrichen, die mit Hilfe historischer Aufzeichnungen den jährlichen C-Fluß in die Atmosphäre von 1860 bis 1970 rekonstruiert haben. Abb. 6.3a zeigt, daß die Netto-C-Tranfers durch landwirtschaftliche Nutzung über den gesamten Zeitraum größer waren als diejenigen durch Abholzung der Wälder. Nach Abb. 6.3b übertraf bis zum Jahre 1960 die jährliche C-Emission der Landökosysteme (einschließlich Pflanzen und Bodenoxidation) den C-Ausstoß durch fossile Brennstoffe. In dieser Darstellung fehlt aber noch der sog. Pionier-Effekt (d.h. Abholzung und Landnahme ohne urkundlichen Beleg), so daß die biogenen C-Transfers in Abb. 6.3a,b als untere Abschätzung gelten müssen.

Eines der kontroversesten Probleme, das dringend der Klärung bedarf, ist die Frage, ob die Landvegetation neben den Ozeanen eine Senke für CO_2 ist, wie die Geophysiker auf Grund ihrer Untersuchungen bisher angenommen haben, oder eine Quelle, wie die Ökologen an Hand der Abholzung tropischer Wälder behaupten (W. BACH & G. BREUER, 1980). Eine einigermaßen sinnvolle Abschätzung des zukünftigen atmosphärischen CO_2-Gehaltes läßt sich aber nur erreichen, wenn auch die biogenen Transfers, die einen wesentlichen Teil des gesamten C-Kreislaufes ausmachen, zunächst erst einmal erkannt und dann noch quantitativ erfaßt werden können.

Abb. 6.4 zeigt den zeitlichen Ablauf der einzelnen biogenen Beiträge zum jährlichen C-Transfer. Die kritische Rolle der tropischen Wälder und Böden als eine in Zukunft stark zunehmende C-Quelle springt besonders ins Auge. Nicht dargestellt, weil vor ein paar Jahren noch nicht erkannt, ist der zu erwartende starke C-Beitrag aus dem Absterben der Wälder in den gemäßigten Breiten. Insgesamt könnten um die Jahrhundertwende die Landökosysteme eine C-Quelle von mehr als 2 Gt/a sein.

6.3.3 Gesamt C-Budget

Tab. 6.1 faßt den gegenwärtigen Wissensstand zahlenmäßig zusammen. Der Vollständigkeit halber ist auch der Kohlenstoff im Ozeankreislauf mit aufgeführt, obwohl er bei der bisher geführten Diskussion etwas im Hintergrund stand. Als relativ gesichert gelten die Angaben über die freigesetzte C-Menge von ungefähr 5 Gt C/a durch die Verbrennung fossiler und anderer Stoffe, die vom Ozean aufgenommenen rd. 2 Gt C/a und die jährlich in der Atmosphäre verbleibende C-Menge von ca. 3 Gt C. Am unsichersten sind die Angaben über den Effekt von Abholzung und Bodenoxidation in den Tropen sowie des Waldsterbens in den mittleren Breiten. Die Abschätzungen des C-Ausstoßes dieser biogenen Quellen schwanken zwischen 2 und 5 Gt C/a. Je nachdem welchen Wert man akzeptiert, muß man für den Budgetausgleich entsprechende C-Senken postulieren. Bisher kam dafür neben dem Ozean vor allem die Wiederaufforstung in gemäßigten Breiten in Betracht. Mit den sich immer deutlicher abzeichnenden Schwierigkeiten bei der Waldverjüngung und dem Absterben des vorhandenen Waldes ist hier aber eher mit einer starken C-Quelle zu rechnen. Die großen Unsicherheitsmargen, die Fragezeichen und die vielen Lücken in Tab. 6.1 spiegeln die Unsicherheiten in unserem gegenwärtigen Wissensstand wider.

Die Beseitigung der Unsicherheiten in unserem Wissen vom C-Kreislauf ist für die Abschätzung des Ausmaßes des CO_2-Anstieges in der Atmosphäre und der möglichen Auswirkungen von ausschlaggebender Bedeutung. Davon hängt insbesondere ab, inwieweit wir aus der zeitlichen Entwicklung der anthropogenen CO_2-Emissionen den in der Atmosphäre verbleibenden CO_2-Anteil, der die wichtigste Einflußgröße zukünftiger Klimaänderungen darstellt, zu erfassen vermögen.

74

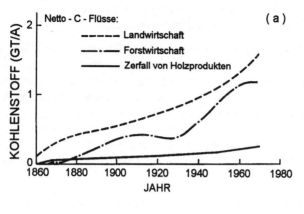

Abb. 6.3a, 3b:
Kohlenstofftransfer,
1860 - 1970, a) durch
Landnahme und Ab-
holzung, b) unterteilt
nach Pflanzen und
Böden sowie fossilen
Brennstoffen.
Aus: Moore et al. (1980).

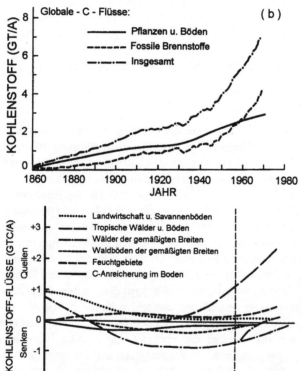

Abb. 6.4: Der Trend
globaler C-Quellen
und C-Senken von
1900 bis 1980 und
Projektionen bis 2000.
Aus: Loucks (1980).

6.4 Abschätzung der CO$_2$-Entwicklung in der Vergangenheit

Ein Blick auf die CO$_2$-Konzentrationen und Klimaverhältnisse vergangener Erdzeit-
alter kann für die Interpretation zukünftiger Wechselwirkungen von CO$_2$ und Klima
wertvolle Hinweise liefern. Hier behandele ich die beiden bekanntesten Methoden

zur Rekonstruktion des früheren CO_2-Gehaltes der Atmosphäre und erwähne einige weitere Vorgehensweisen.

Tab. 6.1: Abschätzungen zum globalen Kohlenstoffkreislauf

Parameter	Wert	Unsicherheitsmarge
Emission		
Gesamte C-Emission durch Verfeuerung fossiler Brennstoffe (von 1860 bis jetzt)	160 Gt C	120 -180 Gt C
Gegenwärtige Emissionsrate (1982)	4,9 Gt/a	4,6-5,9 Gt C/a
Zunahme der CO_2 -Emissionen durch fossilen Brennstoffverbrauch (seit 1973) [1]	1,5 %/a	variabel
Gesamter C-Gehalt der Atmosphäre (1979)	717 Gt C	
Konzentration		
CO_2 - Konz. ca. 18 000 J. v. heute (aus Eiskernbohrg.)	200ppm	
Geschätzte histor. CO_2-Konz. d. Atm. (um 1850)	260 ppm	230 -290 ppm
Gegenwärtige CO_2 - Konz. (um 1980)	340 ppm	336 -344 ppm
In der Atmosphäre verbleibender Anteil	0,58	0,20 -1,10
Jahreszeitliche CO_2 - Unterschiede [2]	7 ppm	0 -14 ppm
Jährlicher CO_2 - Anstieg	1,5 ppm/a	1,2 -1,7 ppm/a
Kohlenstoff im Biosphärenkreislauf		
Landfläche der Erde	$1,47 \times 10^{14}$ m^2	
Historischer C-Gehalt der Land-Biomasse	1200 Gt C	1000-1300 Gt C
Gegenwärtiger C-Gehalt der Land-Biomasse	650 Gt C	600-700 Gt C
Historischer C-Gehalt im Boden	1700 Gt C	?
Gegenwärtiger C-Gehalt im Boden	1500 Gt C	1300-1700 Gt C
Jährl. Brutto C-Aufnahme durch die Biosphäre	140 Gt C/a	?
Ges. C-Verlust durch d. terrestr. Biosphäre (seit 1850)	180 Gt C	60-230 Gt C
Jährliche Netto C-Primärproduktion	60 Gt C/a	?
Jährlicher Waldverlust	1,5 %/a	0-3 %
Jährl. C-Verlust durch Landnutzungsänderung	2 Gt C/a	1-8 Gt C/a
Oxidierbare Torf-Reserven	225 Gt C	150-300 Gt C
Jährl. C-Export durch Flüsse zu den Meeren	0,8 Gt C/a	0,4-1,0 Gt C/a
Kohlenstoff im Ozeankreislauf		
Gesamtvolumen der Ozeane	137×10^{18} m^3	
C im Oberflächenwasser	680 Gt C	
C in der Zwischenschicht und in der Tiefsee	38000 Gt C	
C in den Ozeansedimenten	100×10^6 Gt C	
C in den Ozeanlebewesen	3 Gt C	2-4 Gt C
Jährliche Brutto C-Aufnahme durch Ozeane	110 Gt C/a	?
Jährliche Netto C-Aufnahme durch Ozeane	2 Gt C/a	?

1) Hängt vor allem vom Energieverbrauch und anderen sozio-ökonomischen und politischen Faktoren ab. 2) Der Wert bezieht sich auf die Meßstation Mauna Loa, Hawaii und ist breitenabhängig: Am Südpol ist er z. B. nahe Null und in nördlicheren Breiten der Nord-Hemisphäre ist er beträchtlich höher.

Nach Dahlman (1982), Lorius & Raynaud (1983) und Marland & Rotty (1984).

6.4.1 Analyse von Jahrringen an Baumscheiben

Der natürliche C-Kreislauf der Erde besteht zu rd. 99% aus dem Isotop ^{12}C, zu etwa 1% aus ^{13}C und aus Spuren (10^{-10} %) des radioaktiven Isotops ^{14}C, das in der Atmosphäre aus Stickstoff durch Einwirkung kosmischer Strahlung gebildet wird. Die stabilen Isotope ^{12}C und ^{13}C treten in den verschiedenen Speichern der Erde in einem geringfügig variierenden Mengenverhältnis auf, das man mit Hilfe von δ^{13}C (PDB) angeben kann. Eine Standardsubstanz (PDB) mit einem ^{13}C/^{12}C-Verhältnis von genau 1123,72 x 10^{-5} dient als Referenzfall mit einem δ^{13}C von Null. Die Abweichung aller anderen C-haltigen Substanzen läßt sich dann mit Hilfe der Formel δ^{13}C (PDB) = [^{13}C/^{12}C (Probe) - ^{13}C/^{12}C (PDB)]/^{13}C/^{12}C (PDB) x 1000 ‰ berechnen. Die durchschnittlichen δ^{13}C-Werte (in ‰ für heutige Luft sind -7, für Kohle -24, für Erdöl -27 und für Erdgas -41). Der Wert für die Zementherstellung von 0 ‰ gilt als PDB-Standard. Da sich die C-Werte von rezenter Biomasse bzw. Humus und Kohle in etwa entsprechen, ist die Unterscheidung von fossilem und rezentem organischen Kohlenstoff mit Hilfe des ^{13}C/^{12}C-Verhältnisses nicht möglich.

Beim Übertritt von einem Speicher in einen anderen werden die C-Isotope fraktioniert, wodurch unterschiedliche Isotopenzusammensetzungen entstehen. So werden z.B. beim Aufbau von Phytomasse und Humus der Atmosphäre bevorzugt ^{12}C-Atome entnommen, wodurch sich das schwere Isotop ^{13}C anreichert, d.h. der δ^{13}C-Wert der Atmosphäre steigt. Andererseits wird beim Abbau von Biomasse (durch Abholzen und Zerstören von Wäldern) die Atmosphäre mit leichtem ^{12}C-Gehalt angereichert, wodurch sich der ^{13}C-Gehalt verdünnt und damit der δ^{13}C-Wert sinkt (der sog. Suess-Effekt im ^{13}C).

Mit Hilfe der Isotopenanalyse einzelner Jahresringe von Bäumen kann man den historischen Verlauf des ^{13}C-Gehaltes des atmosphärischen CO_2 rekonstruieren. Wegen der sehr geringen Unterschiede im Isotopenverhältnis können nur einzeln stehende und in sehr reiner Luft wachsende Bäume analysiert werden. Die vorwiegend auf der nördlichen Halbkugel durchgeführten Untersuchungen von H. FREYER (1978) zeigen, daß von 1800-1960, also über einen Zeitraum von 160 Jahren, der ^{13}C-Gehalt in Baumringen um 2 ‰ abgenommen hat (Abb. 6.5). Da die Abnahme beginnt, lange bevor der Verbrauch fossiler Brennstoffe eine nennenswerte Menge erreicht hatte, läßt sich daraus schließen, daß dafür vor allem die zu Beginn des vorigen Jahrhunderts verstärkt einsetzende Waldrodung zur Landnahme in den gemäßigten nördlichen Breiten verantwortlich ist. Diese systematische Abnahme scheint sich allerdings für die südliche Halbkugel (Tasmanien) nicht zu bestätigen.

Das CO_2 der Atmosphäre enthält neben ^{12}C und ^{13}C auch noch das radioaktive ^{14}C. Bei einer Zerfallzeit von rund 5.700 Jahren enthalten die fossilen Brennstoffe kein ^{14}C mehr, was zu einer ^{14}C-Verdünnung in der Atmosphäre führt (Suess-Effekt). Eine Abnahme des ^{14}C-Gehalts im CO_2 der Atmosphäre zeigt deshalb den Verbrauch fossiler Brennstoffe an. Zusammenfassend können wir feststellen, daß · durch die CO_2-Abgabe aus fossilen Verbrennungsprozessen sowohl die ^{13}C/^{12}C- als auch die ^{14}C/^{12}C-Verhältnisse, aber durch die biogene CO_2-Emission nur das ^{13}C/^{12}C-

Verhältnis des atmosphärischen CO_2 reduziert werden. Daraus ergibt sich die Möglichkeit, durch gleichzeitiges Messen dieser Isotopenverhältnisse die relativen Anteile der beiden wichtigsten anthropogenen CO_2-Quellen zu bestimmen. Eine weiterführende Diskussion dieser Probleme geben C. LORIUS & D. RAYNAUD (1983).

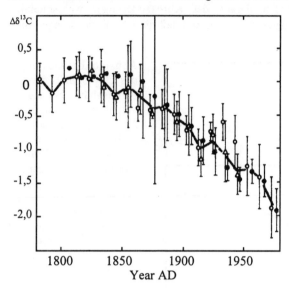

Abb. 6.5: Mittlere $\Delta \delta^{13} C$ (‰) Änderungen in Bäumen auf der Nördlichen Hemisphäre. Die durchgezogene Linie stellt das gewichtete Mittel dar, und die Fehlerbalken geben die Abweichungen der Einzelwerte von den Mittelwerten für eine Irrtumswahrscheinlichkeit von 5% an.

Aus: Freyer und Belacy (1981).

6.4.2 Analyse von Eiskernbohrungen

Die Eisablagerungen auf Grönland und in der Antarktis sind geradezu ideale Indikatoren für die chemische Zusammensetzung und die physikalischen Bedingungen der Atmosphäre zum Zeitpunkt der Bildung. Beim Übergang von Firn zu Eis werden Luftblasen und das darin enthaltene CO_2 eingeschlossen. Eiskernbohrungen aus verschiedenen Tiefen erlauben dann die Rekonstruktion des zeitlichen Verlaufs des CO_2-Gehalts, der häufig mit dem gut übereinstimmenden Verlauf des Sauerstoffisotops $\delta^{18}O$ dargestellt wird. Beim Übergang des Wassers von einer in eine andere Phase ändern sich auch die Anteile der unterschiedlich stabilen Isotope (wie z.B. das $H_2^{18}O/H_2^{16}O$-Verhältnis). Da dieser Vorgang stark temperaturabhängig ist, nimmt z.B. das ^{18}O im Niederschlag bei niedrigen Temperaturen ab, bei hohen aber zu.

Mit einer neuartigen Trocken-Extraktionsmethode zur Vermeidung von Verunreinigungen der Eiskernproben haben R. DELMAS et al. (1980) einen CO_2-Gehalt der antarktischen Atmosphäre gemessen, der vor rd. 15-20.000 Jahren bei etwa 160-200 ppmv lag, also rd. halb so groß wie heute war. Vor allem Schweizer Forscher (A. NEFTEL et al. 1982) haben 50 - 100.000 Jahre altes Eis aus Tiefenbohrungen auf Grönland (Camp Century) und auf der Antarktis (Byrd Station) analysiert. Die CO_2-Konzentrationen für Grönland zeigen ein Minimum von rd. 200 ppmv zum Höhepunkt der letzten Eiszeit vor rd. 12.000 Jahren und ein Maximum von rd. 500 ppmv in der Warmperiode des Holozän vor rd. 6.000 Jahren (Abb. 6.6). Die mit Hilfe von Klimamodellen berechnete globale Oberflächentemperatur zeigt für die-

78

selben Perioden im Vergleich mit dem gegenwärtigen globalen Durchschnittswert eine Schwankungsbreite von -2,0 bis +1,8 °C. Nach dem Kurvenverlauf scheinen CO_2-Änderungen aber nicht die Temperaturänderungen auszulösen, da sie nicht den jeweiligen glazialen bzw. interglazialen Extremen vorausgehen. S. THOMPSON & S. SCHNEIDER (1981) schließen daraus, daß Klimaänderungen wahrscheinlich durch andere Mechanismen ausgelöst werden und daß die CO_2-Einwirkungen diese nur verstärken.

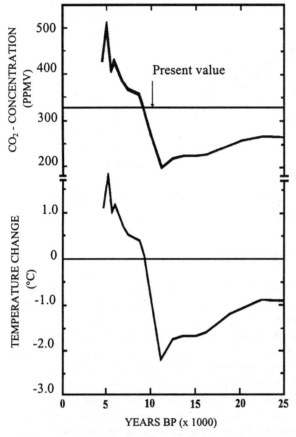

Abb. 6.6: Entwicklung des CO_2-Gehalts der Atmosphäre über die vergangenen 25.000 Jahre (abgeleitet aus Eisbohrkernen vom Camp Century, Grönland) und die korrespondierende Änderung der Oberflächentemperatur (mit Hilfe von Klimamodellen berechnet). Aus: Berner et al. (1980), Thompson u. Schneider (1981).

Eiskernproben eignen sich auch für die Rekonstruktion von CO_2-Konzentrationen der Atmosphäre aus der jüngeren Vergangenheit. Die ersten vorläufigen Ergebnisse deuten einen vorindustriellen atmosphärischen CO_2-Gehalt in der Größenordnung von ca. 260 ppmv an (C. LORIUS & D. RAYNAUD 1983), was gut mit den Ergebnissen aus den Jahrringanalysen übereinstimmt.

Abschließend sei noch erwähnt, daß mit der heutigen Massenspektrometrie auch sehr geringe Zahlen von Atomen eines Isotops nachzuweisen sind. So ist es heute möglich, zusätzlich zum ^{14}C, auch die im Eis befindlichen ^{10}Be- und ^{36}Cl-Atome zu bestimmen, die durch Höhenstrahlung entstehen, sich an Partikel anlagern und schließlich mit den Niederschlägen im Eis ablagern.

6.4.3 Andere Methoden

Die Analyse spektroskopischer Daten beruht auf dem Prinzip, daß die Sonnenenergie beim Durchgang der Atmosphäre entsprechend den Atomen und Molekülen in ganz bestimmten Wellenlängenbereichen absorbiert wird. Der Absorptionsbetrag ist eine Funktion der Anzahl und der Eigenschaften der Moleküle. Die Analyse der Absorptionslinien in den Solarspektren sollte deshalb auch die Bestimmung der atmosphärischen CO_2-Konzentration ermöglichen. Die Analyse der Spektrobologramme aus dem Smithssonian Solarkonstante-Programm ergab z.B. einen atmosphärischen CO_2-Anstieg von 297 bis 308 ± 5 ppmv über die Periode 1935-1948, was durchaus in die Größenordnungen der ein Jahrzehnt später beginnenden systematischen Messungen paßt.

Im Rahmen des Transient Tracer in the Ocean (TTO) Programms wurde erforscht, in welche Tiefseeschichten die durch Atomwaffenversuche in die Atmosphäre und dann in den Ozean gelangten Tracer oder Spurenstoffe wie Kohlenstoff-14 oder Tritium etc. bereits vorgedrungen sind. Da Tiefenwasser durch Absinken von Oberflächenwasser in polaren Breiten entsteht, läßt sich daraus nicht nur das Alter der unterschiedlich tiefen Wasserschichten, sondern auch die CO_2-Transferrate in diese Schichten ableiten. Abschätzungen zeigen, daß 150 Jahre altes Tiefenwasser (d.h. Oberflächenwasser aus dem Jahre 1830) einen Partialdruck von ca. 260 ppmv hatte.

6.4.4 Konsequenzen

Wenn der CO_2-Gehalt der Atmosphäre im 19. Jahrhundert nicht, wie bis vor kurzem noch angenommen, bei ca. 290 ppmv sondern eher bei ca. 260 ppmv lag (siehe Tab. 6.1), dann hat das für die CO_2-Forschung eine Reihe von Konsequenzen. Ein Wert um 260 ppmv würde implizieren, daß zwischen 1860 und 1960 eine in der Größenordnung dem fossilen Brennstoffverbrauch vergleichbare nicht-fossile Quelle im Spiel gewesen sein muß. Dabei kann es sich mit größter Wahrscheinlichkeit nur um die terrestrische Biospähre gehandelt haben (s. Abschn. 6.3.2), was sich auch durch die Isotopenanalyse gut belegen läßt. Eine niedrigere CO_2-Konzentration zwingt auch noch zu einer anderen weitreichenden Schlußfolgerung, nämlich daß der CO_2-Effekt auf das Klima der letzten ca. 100 Jahre stärker gewesen sein muß. Denn bei einer Ausgangskonzentration von 297 ppmv berechnen U. SIEGENTHALER & H. OESCHGER (1984) bis 1980 eine Erwärmung von 0,26 °C, dagegen bei einem Wert von 265 ppmv aber eine solche von 0,62 °C.

6.5 Abschätzung der zukünftigen CO_2-Entwicklung

Ein wichtiges Ziel der C-Kreislauf-Forschung ist es, ein Instrumentarium für die verläßliche Abschätzung der vom Menschen in die Umwelt eingebrachten zukünftigen CO_2-Menge zu erstellen. Zur Berechnung der CO_2-Entwicklung über einen Zeitraum von Jahrzehnten bis Jahrhunderten benötigt man ein rechnerisches Modell der schnellen C-Kreisläufe und als Input die zukünftige anthropogene CO_2-Produktionsrate. Bei den bestehenden Unsicherheiten ist es angebracht, dafür eine aus plausiblen Energieszenarien abgeleitete Spannbreite anzugeben.

Zusätzlich zu der aus Energieszenarien abgeleiteten zeitlichen Änderung der einzelnen Brennstoffanteile benötigen wir noch die zeitliche Änderung biogener Quellen und Senken und die variable CO_2-Aufnahmefähigkeit des Ozeans. Letztere erfassen wir mit Hilfe von Kohlenstoffkreislaufmodellen. Im folgenden gebe ich einen kurzen Überblick über die wichtigsten Modelltypen.

6.6 Kohlenstoffkreislaufmodelle

6.6.1 Boxmodelle

Die ersten C-Kreislaufmodelle stammen aus den fünfziger Jahren. Das einfachste Boxmodell, das physikalisch stichhaltig ist, ist das Zwei-Box (2B) Ozeanmodell (Abb. 6.7). Im 2B-Modell werden der Oberflächenozean (Mischungsschicht) mit einer konstanten Temperaturverteilung und die Tiefsee jeweils als gut durchmischte Boxen angesehen. Für den Austausch zwischen den Boxen wird Massentransfer in Form von Advektion und turbulenter Diffusion angenommen. Das beobachtete durchschnittliche $^{14}C/C$-Verältnis in der Tiefsee relativ zum Oberflächenwasser dient zur Bestimmung der Mischungszeit.

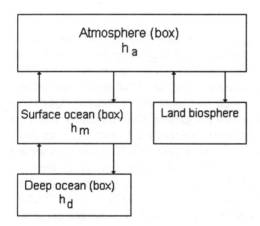

Abb. 6.7: Ein Zwei-Boxmodell; h_a, h_m und h_d sind die Änderungen des gegenwärtigen C-Gehaltes in der Atmosphäre, im Oberflächenwasser und in der Tiefsee gegenüber dem vorindustriellen Wert; die mögliche Kopplung mit einer Landbiosphäre ist angedeutet. Aus: Bacastow u. Björkström (1981)

Die 2B-Modelle wurden dann zu 3, 4 und 6B-Modellen erweitert, in denen die Atmosphäre in die Tropo- und die Stratosphäre, und die Biosphäre in einen kurz- und einen langlebigen Anteil unterteilt wurden. Dabei werden die Austauschflüsse zwischen den einzelnen Reservoiren proportional der Reservoirgröße gesetzt. Die Abweichung vom vorindustriellen Wert in den einzelnen Reservoiren läßt sich durch das folgende System linearer Differentialgleichungen 1. Ordnung beschreiben. Es gilt für die

Atmosphäre:

$$\frac{\partial n^a}{\partial t} = -k^{am} n^a + \xi k^{ma} n^m - \delta n^i / \delta t - \delta n^s / \delta t - \delta n^i / \delta t$$

Ozeanmischungsschicht:

$$\frac{\partial n^m}{\partial t} = k^{am} n^a - \xi k^{ma} n^m + k^{dm} n^d - k^{md} n^m$$

Tiefsee:

$$\frac{\partial n^d}{\partial t} = k^{md} n^m - k^{dm} n^d$$

Biosphäre:

$$\frac{\partial n^m}{\partial t} = - \frac{Q}{\sigma(2\pi)^{1/2}} \exp\left[-\frac{1}{2} \left(\frac{t - t_c}{\sigma} \right)^2 \right]$$

Hier ist n^j der Unterschied zwischen dem gegenwärtigen CO_2-Gehalt und dem vorindustriellen Wert, wobei j = a, b, m, d und i jeweils für Atmosphäre, lang- und kurzlebige Biosphäre, gesamte Biosphäre, Ozeanmischungsschicht, Tiefsee und fossile Brennstoffe stehen; k ist der Transferkoeffizient (als konstant angenommen); ξ ist der Pufferfaktor [$p(\xi) = 1 + \xi n^m/N_0^m$], wobei p die Differenz zwischen dem gegenwärtigen und vorindustriellen Partialdruck für CO_2 im Oberflächenwasser und N_0^m die vorindustrielle CO_2-Menge in der Mischungsschicht ist; Q ist die Quellstärke (Anpassung an die Mauna Loa CO_2-Konzentration ergibt einen Wert von 16 x 10^{15} g C); σ ist die Standardabweichung (hier 70 Jahre); t_c ist das Zentraljahr der Quelle (hier 1860).

Diese Gleichungen werden schrittweise integriert. Der Pufferfaktor wird nach jedem Zeitschritt berechnet. Das zeitabhängige Verhältnis, angegeben als *airborne fraction*, wird jeweils aus der in der Atmosphäre akkumulierten CO_2-Konzentration und dem aus der fossilen Brennstoffnutzung stammenden CO_2-Input bestimmt.

6.6.2 Box-Diffusionsmodelle

Es ist bekannt, daß das Zwischenwasser in der Übergangsregion, oder Thermokline, für die Aufnahme von CO_2 aus der fossilen Brennstoffnutzung besonders wichtig ist. Diese Region wird aber von den Boxmodellen nur ungenügend simuliert. Erst das Box-Diffusionsmodell (Abb. 6.8) brachte hier eine merkliche Verbesserung. Der CO_2-Transport erfolgt durch turbulente Durchmischung vom Ozeanoberflächen- zum Tiefenwasser und wird mit einem aus ^{14}C-Tracerstudien abgeleiteten Diffusionskoeffizienten von 4000 m²/a beschrieben. Neuere Untersuchungen zeigen, daß bei einer vertikalen Diffusivität von ca. 7000 m²/a eine noch bessere Übereinstimmung mit den gemessenen Isotopendaten erzielt wird. Nimmt man den letzten Wert an, dann muß man die Tiefe der Oberflächenschicht größer wählen, um sinnvolle Ergebnisse zu erhalten (B. Bolin, 1981).

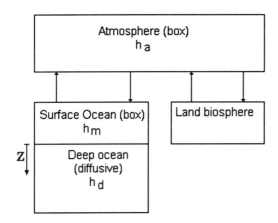

Abb. 6.8: Ein Box-Diffusionsmodell. Die eingezeichnete z-Achse deutet Diffusionsvorgänge in der Tiefsee an.
Aus: Bacastow u. Björkström (1981).

6.6.3 Advektions-Diffusionsmodelle

Die Bildung von Tiefenwasser geschieht vor allem durch konvektive Absinkvorgänge in polaren Regionen und nicht durch turbulente Diffusion von der Oberfläche zur Tiefe. Um das richtig darzustellen, bietet sich folglich als nächster logischer Schritt die Erweiterung des Box-Diffusionsmodells zum Advektions-Diffusionsmodell als Übergang zum noch komplexeren Multi-Boxmodell, das im nächsten Abschnitt betrachtet wird, an. Im Advektions-Diffusionsmodell (Abb. 6.9) sind die Absinkprozesse in der Arktis und Antarktis durch eine Pipeline zwischen den jeweils als Einzelbox dargestellten Oberflächen- und Tiefenzonen dargestellt. Dazwischen liegt der Zwischenozean mit Transportvorgängen durch vertikale Advektion und Diffusion.

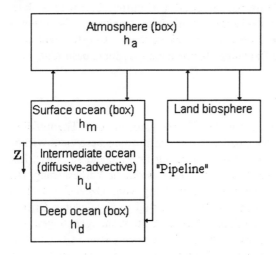

Abb. 6.9: Ein Advektions-Diffusionsmodell. Absinkvorgänge gehen direkt über eine „Pipeline" vom Oberflächenwasser zur Tiefsee.
Aus: Bacastow u. Björkström (1981)

6.6.4 Multi-Boxmodelle

Alle bisher behandelten Modelle sind horizontal homogen. A. BJÖRKSTRÖM (1979) hat deshalb ein Multi-Boxmodell entwickelt, in dem die Ozeanoberflächenschicht in eine Warm- und eine Kaltwasserschicht unterteilt ist. Wie Abb. 6.10 zeigt, finden wir darunter zwei Schichten für das Zwischenwasser und acht Schichten für die Tiefsee. Das kalte Absinkwasser der Oberfläche vermischt sich direkt mit den Schichten des Zwischenwassers und der Tiefsee.

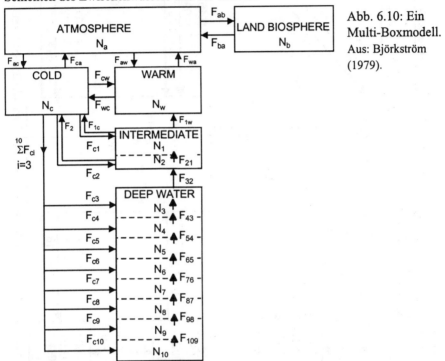

Abb. 6.10: Ein Multi-Boxmodell. Aus: Björkström (1979).

Um die horizontalen und vertikalen großräumigen Zirkulationsmuster noch besser darstellen zu können, haben B. BOLIN et al. (1983) ein aus 12 Boxen bestehendes Ozeanmodell entwickelt. In Abb. 6.11 bedeutet die linke Säule arktisches Oberflächenwasser (oben) und arktisches Bodenwasser (unten); die zweite Säule zeigt den Atlantik mit Mischungsschicht, Thermokline, Tiefsee und Bodenwasser; die dritte Säule stellt das antarktische Oberflächenwasser und das Bodenwasser dar; und die rechte Säule zeigt für Pazifik und Indik die Mischungsschicht, Thermokline, Tiefsee und Bodenwasser. Pfeile in einer Richtung zeigen den Wassertransport an, solche in beide Richtungen bedeuten turbulenten Austausch (alle Werte in 10^{15} m³ Wasser/a).

Die Zahlen in den Boxen geben die biologische Produktion (negativ) oder den Abbau (positiv) des organischen Kohlenstoffs (obere Zahl) und des Kalziumkarbonates (untere Zahl) in 10^{15} Mol C/a an. Die Zahlen für τ zeigen die einzelnen Umschlagzeiten (in Jahren) für die verschiedenen Boxen. Für eine vorgegebene Kombi-

84

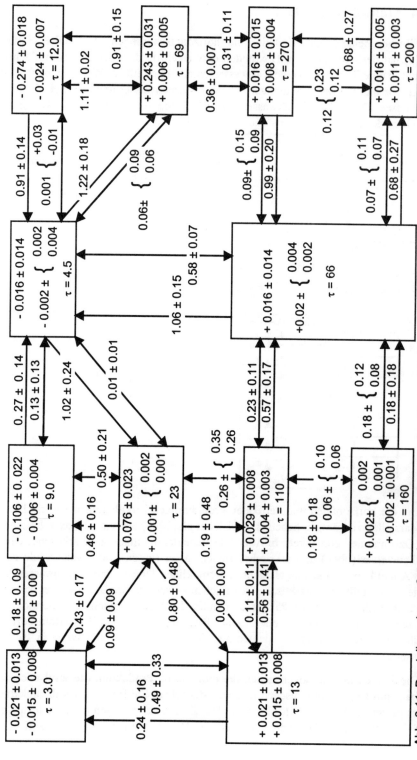

Abb. 6.11: Darstellung der großräumigen horizontalen und vertikalen Zirkulation im Ozean durch ein Box-System.
Aus: Bolin et al. (1983).

nation von Konstanten haben alle diese Modelle gegenwärtig noch große Schwierigkeiten, für verschiedene Parameter, wie z.B. den in der Atmosphäre verbleibenden Anteil, die Mischungsschichttiefe, den ^{14}C-Gehalt im Ozean, oder die Diffusivität in den Ozeanschichten, realistische Werte zu berechnen (A. BJÖRKSTRÖM, 1983). Für eine realistischere Darstellung der Prozesse in der Natur wird man nicht umhinkommen, dreidimensionale Ozean-Zirkulationsmodelle zu entwickeln.

Abschließend sei noch einmal hervorgehoben, daß bei der Entwicklung von C-Kreislaufmodellen den Vorgängen im Ozean größere Beachtung als denjenigen in der Biosphäre geschenkt worden ist. Das liegt vor allem daran, daß die allgemeinen Vorgänge in den terrestrischen Biomen nur in groben Umrissen bekannt sind. Vor allem fehlen Daten darüber, wie sich der anthropogene Einfluß in Form von Deforestation, Wiederaufforstung und landwirtschaftlicher Nutzung bisher ausgewirkt hat, bzw. inwiefern sich der zunehmende CO_2-Gehalt der Atmosphäre in Zukunft stimulierend auf den Pflanzenwuchs auswirken kann, sollte bis dahin die durch Waldsterben dezimierte Biosphäre darauf noch wesentlich reagieren können.

Zur Illustration zeige ich in Abb. 6.12 die Konzeption einer modellmäßigen Darstellung der Interaktionen für ein einzelnes Biom mit 6 Boxen. Die Transfers von A → B → A geben Brutto-Primärproduktion minus Respiration gleich Netto-Primärproduktion an. Ein Teil des Assimilats wird zum Aufbau dauerhafter Strukturen wie z. B. Rinde und Holz (W) verwandt, während ein anderer Teil in die Streu

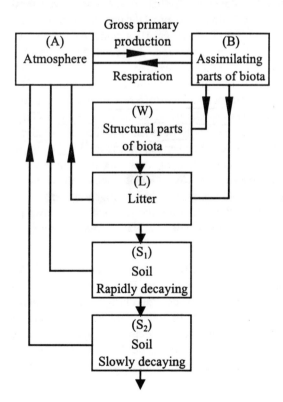

Abb. 6.12: Struktur eines Modells zur Darstellung eines Bioms.

Aus: Bolin et al. (1981).

(L) geht. Die unterschiedlichen Zeitskalen bei den Transfers von Streu in den Boden (S_1, S_2) und von dort in die Atmosphäre sind offensichtlich sehr wichtig, bereiten aber gegenwärtig noch große Schwierigkeiten (B. BOLIN et al., 1981).

Einige dieser methodischen Grundlagen kommen z. B. in den Kapiteln 10 und 26 bei den Klimamodellrechnungen zur Anwendung.

6.7 Zusammenfassung

Alle biologisch bedeutsamen Elemente, wie Kohlenstoff, Sauerstoff, Stickstoff, Schwefel und Phosphor sowie das Wasser durchlaufen in der Natur Kreisläufe, deren natürliche Abläufe durch menschliche Eingriffe mehr oder weniger stark verändert werden können. Die vorliegende Arbeit beschäftigt sich mit den Methoden, die Störungen des Kohlenstoffkreislaufes zu erfassen.

Im System des Kohlenstoffkreislaufes unterscheidet man drei langsame geologische und zwei schnelle biologische Kreisläufe in der Atmosphäre und im Wasser. Gerade diese schnellen Kreisläufe sind es, die der Mensch in bedenklicher Weise stören kann. Ändert sich z.B. der Kohlenstoffgehalt der Land-Ökosysteme (z. Zt. ca. 3.000 Milliarden t) jährlich nur um 1 ‰, so würde dies zu einem Nettoaustausch mit der Atmosphäre von etwa 3 Milliarden t Kohlenstoff führen. Dies ist etwas mehr als 50 % der momentanen C-Emissionen. Die derzeitige globale CO_2-Emission von fossilen Brennstoffen beläuft sich auf ca. 20 Milliarden t pro Jahr und ist damit etwa150 bis 200 mal so groß wie die SO_2- und NO_x-Emissionen. Dies deutet darauf hin, wie schwierig die CO_2-Emissionen zu beherrschen sind. Während SO_2 und NO_x sehr effektiv an den Emissionsquellen reduziert werden können, ist das CO_2-Problem nur durch einen effizienteren Energieeinsatz und die Verwendung CO_2-freier Energiequellen zu lösen. Im Ablauf des Kohlenstoffkreislaufes gibt es immer noch zahlreiche Ungewißheiten. Um diese zu klären, versuchen wir den CO_2-Trend der Vergangenheit durch Jahrring-Analysen von Bäumen und Eiskern-Analysen sowie durch spektroskopische Daten, Ozean-Chemismus und chemische Messungen des atmosphärischen CO_2-Gehaltes zu rekonstruieren. Aus diesen Analysen geht hervor, daß der vorindustrielle atmosphärische CO_2-Gehalt höchstwahrscheinlich bei etwa 260 ppmv lag und nicht bei 290 ppmv, wie bisher angenommen wurde. Hieraus folgt, daß in der Zeit zwischen 1860 und 1960 die Biosphäre eine etwa genau so große Bedeutung als CO_2-Quelle hatte, wie der Verbrauch fossiler Brennstoffe.

Ein weiteres Hauptziel der Untersuchung des Kohlenstoffkreislaufes ist die Abschätzung der zukünftigen potentiellen CO_2-Entwicklung. Dies wird mit Hilfe von Kohlenstoffkreislauf-Modellen und Schätzungen der zukünftigen anthropogenen CO_2-Produktionsraten, die man durch plausible Energieverbrauchs-Scenarien gewinnt, erreicht. Ergebnisse zeigen, daß - verglichen mit dem Bezugsjahr 1980 - bei einem Energieszenario für Business as usual bis zum Jahre 2030 ein 3-facher Anstieg der CO_2-Emission bei einer 55%igen Steigerung der CO_2-Konzentration zu erwarten ist.

In einer Situation, in der Vorhersagefehler in beiden Richtungen möglich sind, ist es klug, eine Sicherheitsstrategie zu verfolgen, also Vorsorgemaßnahmen einzuleiten, ehe Schäden sichtbar werden. Dies ist v.a. deshalb nötig, weil erfahrungsgemäß die Änderung eines etablierten Energiewirtschaftssystems sehr lange dauert (mindestens 50 bis 100 Jahre), die Kapazität der Ozeane zur Aufnahme von zusätzlichem CO_2 begrenzt ist, und eine Störung des CO_2-Kreislaufes nur langsam rückgängig zu machen ist. Der Zwang zum Handeln wird verstärkt, weil man inzwischen weiß, daß auch von anderen Gasen ein Treibhauseffekt ausgeht. Hinzu kommt, daß die Abholzung der Tropenwälder und das Waldsterben in den mittleren und hohen Breiten die Biosphäre von einer CO_2-Senke in eine CO_2-Quelle verwandeln kann. Soll uns eine durch die Zunahme der Treibhausgase ausgelöste Klimaänderung nicht vor ähnliche oder sogar noch größere Probleme stellen, wie derzeit das Waldsterben, so ist sofortiges Handeln geboten.

Literaturauswahl

BACASTOW, R.B. & A. BJÖRKSTRÖM (1981): Comparison of Ocean Models for the Carbon Cycle. In:B. BOLIN (ed.), Carbon Cycle Modelling, SCOPE 16, 29-79, John Wiley & Sons, New York.

BACH, W. (1982/1984): Gefahr für unser Klima: Wege aus der CO_2-Bedrohung durch sinnvollen Energieeinsatz. C.F.Müller Verlag, Karlsruhe, 317 S.; Englische Version: Our Threatened Climate: Ways of Averting the CO_2-Problem through Rational Energy Use. Reidel Publ. Co., Dordrecht, 368 pp.

BACH, W. & G. BREUER (1980): Wie dringend ist das CO_2-Problem? Umschau 80 (17), 520-525.

BERNER, W., OESCHGER, H. & B. STAUFFER (1980): Information on the CO_2 cycle from ice core studies. Radiocarbon 22, 227-235.

BJÖRKSTRÖM, A. (1979): A model for CO_2 interaction between atmosphere, oceans, and land biota. In: BOLIN, B., DEGENS, E.T., KEMPE, S. & P. KETNER (eds.), The Global Carbon Cycle, SCOPE 13, 403-457, John Wiley & Sons, New York.

BOLIN, B. (ed.) (1981): Carbon cycle modelling, SCOPE 16, John Wiley & Sons, New York.

BOLIN, B., BJÖRKSTRÖM, A., HOLMÉN, K. & B. MOORE (1983): The simultaneous use of tracers for ocean circulation studies. Tellus , 35 B, 206-236.

BOLIN, B., KEELING, C.D., BACASTOW, R.B., BJÖRKSTRÖM, A. & U. SIEGENTHALER (1981): Carbon cycle modelling. In: BOLIN, B. (ed.), Carbon Cycle Modelling, SCOPE 16, 1-28, John Wiley & Sons, New York.

DAHLMANN, R.C. (1982): Carbon cycle research plan. US DOE Conf., Berkeley Springs, W.Va., Sept. 19-23, 1982.

DELMAS, R.J., ASCENSIO, J.-M. & M. LEGRAND (1980): Polar ice evidence that atmospheric CO_2 20 000 yr BP was 50 % of present. Nature 284, 155-157.

FREYER, H.D. (1978): Preliminary evolution of past CO_2 increase as derived from C^{13} measurements in tree rings. In: WILLIAMS, J. (ed.), Carbon Dioxide, Climate and Society, 69-87, Pergamon Press, Oxford.

FREYER, H.D. & N. BELACY (1981): $^{13}C/^{12}C$ record in the northern hemispheric trees during the past half millenium. Anthropogenic impact and climate superpositions. World Climate Programme 14, 209-215.

HAMPICKE, U. & W. BACH (1979): Die Rolle terrestrischer Ökosysteme im globalen Kohlenstoff-Kreislauf. Bericht im Auftrag des Umweltbundesamtes, 153 pp. + XXII.

KEELING, C.D. (1973): Industrial production of CO_2 from fossil fuels and limestone. Tellus 5, 174-198.

LORIUS, C. & D. RAYNAUD (1983): Record of past atmospheric CO_2: Tree ring and ice core studies. In: W. BACH et al. (eds.), Carbon Dioxide, 145-176. Reidel Publ. Co., Dordrecht.

LOUCKS, D.L. (1980): Recent results from studies of carbon cycling in the biosphere. In: Proceedings of the CO_2 and Climate Res. Program Conference, 3-42. US DOE O11, Washington, D.C.

MARLAND, G. & R.M. ROTTY (1984): Carbon dioxide emissions from fossil fuels: A procedure for estimation and results for 1950-1982, Tellus 36B, 232-261.

MOORE, B. et al. (1980): A simple model for analysis of the role of terrestrial ecosystems in the global carbon budget. Report Marine Biology Lab., Woods Hole, Mass., USA.

NEFTEL, A., OESCHGER, H., SCHWANDER, J., STAUFFER, B. & R. ZUMBRUNN (1982): Ice core sample measurements give atmospheric CO_2 content during the past 40000 years. Nature 295 , 220-222.

SIEGENTHALER, U. & H. OESCHGER (1984): Transient temperature changes due to increasing CO_2 using simple models, Ann. Glaciol. 5, 153-159.

THOMPSON, S.L. & S.H. SCHNEIDER (1981): Carbon dioxide and climate: Ice and ocean. Nature 290, 9-10.

7 Klimasystem und Klimamodellierung

Das Klimasystem ist eine riesige Wärmekraftmaschine, die durch die aus dem Weltraum einfallende solare Strahlung angetrieben wird. Zu ihrer Berechnung müssen folglich sowohl der Strahlungshaushalt als auch die Zirkulationssysteme in Atmosphäre und Ozean bestimmt werden. Der Strahlungshaushalt hängt von den Treibhausgaskonzentrationen ab, die ihrerseits von den Transporten in Atmosphäre und Ozean abhängen. Ein Überblick über die wichtigsten Energietransport- und Austauschprozesse sowie Rückkopplungsmechanismen wird gegeben. Die Grundprinzipien der verschiedenen Klimamodelltypen werden dargelegt. Klimamodelle dienen als Hilfsmittel zur Erfassung der Wirkungsmechanismen des Klimas und zur Untersuchung der Sensitivität des Klimasystems gegenüber Änderungen in den Randbedingungen. Sensitivitätsexperimente für zeitlich konstante bzw. zeitabhängige CO_2-Anstiege werden beschrieben. Abschließend folgt eine Diskussion zur Vorhersagbarkeit von Klimaänderungen.

7.1 Klimasystem

Unter Klima versteht man den durchschnittlichen Zustand der Atmosphäre und die von diesem zu erwartenden Abweichungen. Er wird durch langfristige Mittelwerte von Temperatur, Luftdruck, Feuchte, Niederschlag, Wind etc. sowie die mittlere Schwankungsbreite dieser Parameter beschrieben.

Das Klimasystem besteht aus den Komponenten: Atmosphäre, Hydrosphäre, Kryosphäre, Lithosphäre und Biosphäre (Abb. 7.1). Die Atmosphäre, der Schauplatz des Wettergeschehens, ist der thermisch am schnellsten reagierende Bestandteil des Systems mit einer Reaktionszeit von Tagen bis zu einem Monat. Dagegen variiert die Reaktionszeit der obersten Ozeanschichten zwischen Monaten und Jahren, und die der Tiefsee in Jahrhunderten. Der Ozean spielt darüber hinaus als Energiereservoir eine große Rolle im Klimageschehen. Die Kryosphäre umfaßt sowohl die saisonalen Schwankungen der Schnee- und Eisbedeckung als auch die langsam reagierenden kontinentalen Eisschilde. Veränderungen in der Lithosphäre, die die längsten Zeitskalen aller Komponenten des Klimasystems haben, sind hier von geringerer Bedeutung. Dagegen steht die Biosphäre mit ihren kurz- und langlebigen Komponenten im direkten Austausch mit den Klimaprozessen.

Das Klimasystem wird durch die vom Weltraum einfallende solare Strahlung angetrieben. Der Weg der Strahlung durch die Erdatmosphäre und die Prozentanteile der einzelnen Energieflüsse sind in Abb. 7.2 dargestellt. Gase wie Wasserdampf, Ozon, Aerosole und Wolken streuen und absorbieren solare Strahlung innerhalb der Atmosphäre, so daß nur 47% der einfallenden Strahlung den Erdboden erreichen und

92

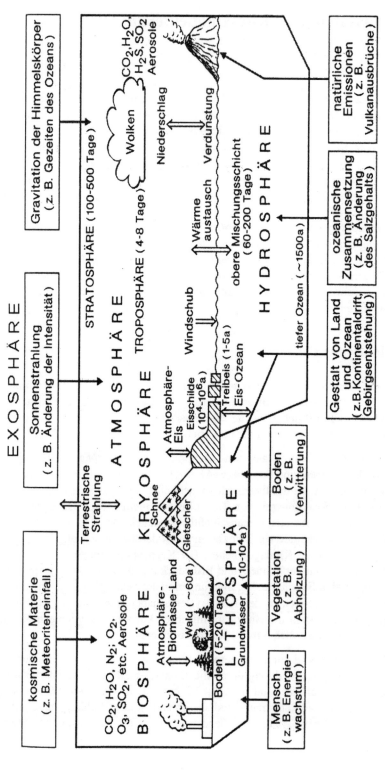

Abb. 7.1: Darstellung des Klimasystems mit seinen Teilsystemen. Die Doppelpfeile stellen interne Wechselwirkungen im Klimasystem dar, während einfache Pfeile den Einfluß externer Parameter auf das Klimasystem beschreiben.
Quelle: Bach (1982)

diesen erwärmen. Die aufgenommene Energie wird vom Erdboden in Form sensibler und latenter Wärme und durch infrarote Strahlung an die Atmosphäre wieder zurückgegeben. Wasserdampf, Kohlendioxid, Ozon und andere Treibhausgase absorbieren die langwellige Strahlung und emittieren sie in Richtung Erdoberfläche und Weltraum, so daß sich ein Gleichgewicht zwischen der ankommenden solaren Strahlung und der langwelligen Ausstrahlung am Oberrand der Atmosphäre einstellt. Die Absorption infraroter Strahlung innerhalb der Atmosphäre und die Rückstrahlung zum Erdboden führt zu einer Erwärmung der unteren Luftschichten und der Erdoberfläche. Allgemein wird dieser Prozeß als „Treibhauseffekt" bezeichnet. Er wird in erster Linie durch H_2O und in zweiter Linie durch CO_2 und andere Treibhausgase verursacht. Weitere wichtige Prozesse, die zu einem Austausch der von der Sonne empfangenen Energie im Klimasystem führen, sind:

- Wärmetransport in Atmosphäre und Ozean zum Ausgleich der Energiebilanz,

- Erwärmung des Bodens → Erwärmung der Luft → Aufsteigen von Luftmassen → Zirkulation,

- Verdunstung von Wasser → Kondensation → Wolkenbildung → Niederschlag,

- Energieaustausch zwischen Atmosphäre und Ozean.

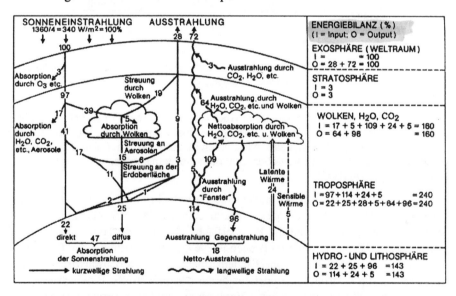

Abb. 7.2: Schematische Darstellung des Strahlungshaushalts des Systems Erde-Atmosphäre in Prozent der einfallenden Sonnenenergie.
Nach: Rotty (1982) und Gates (1979).

Untersuchungen über die Auswirkungen eines CO_2-Anstiegs auf das Klima bedürfen nicht nur einer genauen Kenntnis der Strahlungsprozesse, sondern auch der Berücksichtigung der verschiedenen Rückkopplungsmechanismen, die eine Störung des Klimasystems verstärken oder dämpfen können. Da diese Prozesse nichtlinear sind, ist eine eindeutige Vorhersage potentieller Klimaänderungen extrem schwierig.

Die Wirkung einzelner Rückkopplungsmechanismen auf die durch eine CO_2 Verdopplung hervorgerufene Temperaturerhöhung ist von V. Ramanathan (1981) untersucht worden (Abb. 7.3).

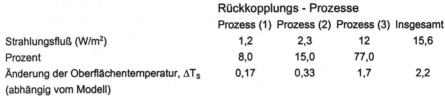

	Rückkopplungs - Prozesse			
	Prozess (1)	Prozess (2)	Prozess (3)	Insgesamt
Strahlungsfluß (W/m²)	1,2	2,3	12	15,6
Prozent	8,0	15,0	77,0	
Änderung der Oberflächentemperatur, ΔT_S (abhängig vom Modell)	0,17	0,33	1,7	2,2

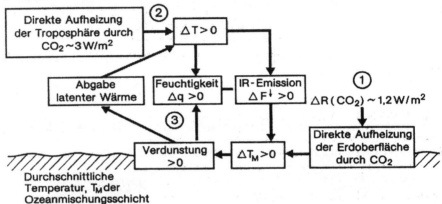

T = Temperatur; q = spezifische Feuchte; F = abwärts gerichtete Komponente der Infrarot - Strahlung; R = Netto - abwärts gerichtete Strahlung; das Symbol Δ gibt die Änderung auf Grund der CO_2 -Verdopplung an.

Abb. 7.3: Schematische Darstellung der Rückkopplungs-Prozesse zwischen Ozean und Atmosphäre durch die ein CO_2- Anstieg die Oberfläche erwärmt. Die Tabelle zeigt die Anteile der einzelnen Prozesse. Alle Zahlen beziehen sich auf eine CO_2-Verdopplung und auf Durchschnittswerte bezogen auf eine Hemisphäre.
Quelle: Ramanathan (1981)

Ein CO_2-Anstieg erwärmt die bodennahe Luftschicht durch die mit (1), (2) und (3) gekennzeichneten Grundprozesse. Darin sind die Prozesse (1) und (2) reine Strahlungseffekte, die sowohl die Erdoberfläche als auch die Troposphäre aufheizen. In äquatorialen und mittleren Breiten ist die direkte Erwärmung der Troposphäre rd. 2-3 mal größer als die Oberflächenaufheizung. Die troposphärische Erwärmung erhöht die Oberflächentemperatur durch den Prozeß (2). Eine wärmere Bodenoberfläche führt zu einer erhöhten Verdunstung, und eine wärmere Troposphäre kann mehr Feuchtigkeit aufnehmen. Der Netto-Effekt (3) führt über die positive Rückkopplung zwischen erhöhter Oberflächentemperatur, Verdunstung und Feuchtigkeit in der Troposphäre zu einer erhöhten infraroten (IR-) Gegenstrahlung, was wiederum zur weiteren Aufheizung der Oberfläche beiträgt. Wie die tabellarische Zusammenstellung in Abb. 7.3 zeigt, sind die Prozesse (2) und (3) mit 92% ganz dominierend am Temperaturanstieg beteiligt. Eine Vernachlässigung dieser wichtigen Rückkopplungsmechanismen muß notwendigerweise zu niedrigeren und unrealistischeren Temperaturänderungen führen.

Weitere Rückkopplungsprozesse sind:

- Erwärmung → Abschmelzen von Eis → geringere Albedo → zusätzliche Erwärmung (Eis-Albedo-Rückkopplung; positive Verstärkung),

- Erwärmung → höhere Verdunstung → höhere Kondensation → größere Wolkenbedeckung → höhere Albedo → Abkühlung (Nettoeffekt unsicher).

Eine Abschätzung der Rolle der Rückkopplungseffekte im Klimasystem kann nur mit Hilfe von Klimamodellen durchgeführt werden.

7.2 Klimamodellierung

Klimamodelle dienen als Hilfsmittel, um die Wirkungsmechanismen für den natürlichen Ablauf des Klimas zu untersuchen und die Sensitivität des Klimasystems gegenüber Änderungen von Randbedingungen (z.B. Sonneneinstrahlung, Erdbodenbeschaffenheit, CO_2-Gehalt der Atmosphäre) zu erfassen. Modellstudien sind notwendig, da eine mögliche Klimabeeinflussung durch einen CO_2-Anstieg in der Atmosphäre erst spät in der natürlichen Klimavariabilität erkennbar sein wird. Wegen der großen Reaktionszeiten des Klimasystems könnte es dann für die Einleitung von Gegenmaßnahmen bereits zu spät sein. Im folgenden wird ein kurzer Überblick über die Grundprinzipien der Klimamodelle, die ein möglichst naturgetreues mathematisch-physikalisches Abbild des Klimasystems sein sollen, gegeben. Zu den wichtigsten Prozessen, die in einem vollständigen Modell berücksichtigt werden müssen, gehören:

- Strahlungsbilanz (Streuung, Absorption und Reflektion von einfallender Sonnen- und Wärmestrahlung der Erde),

- Zirkulation in Atmosphäre und Ozean,

- Hydrologischer Zyklus (Verdunstung, Transport, Kondensation und Niederschlag).

In der Praxis der Klimamodellrechnungen sind jedoch Näherungen und Vereinfachungen notwendig, da wegen mangelnder Beobachtungen und unzureichender Kenntnisse klimatologischer Prozesse sowie wegen zu geringer Computerkapazitäten eine vollständige Erfassung des Klimasystems nicht möglich ist. Es gibt daher unterschiedliche Klassen von Klimamodellen, die sich in ihrer räumlichen und zeitlichen Auflösung sowie in der Berücksichtigung bzw. Nichtberücksichtigung von einzelnen Klimaprozessen unterscheiden.

Zur Untersuchung der Klimasensitivität werden folgende Modelltypen herangezogen:

- *Strahlungsbilanzmodelle* berechnen den Transport solarer und infraroter Strahlung durch die Erdatmosphäre als Funktion der absorbierenden und streuenden Bestandteile der Atmosphäre. Sie berücksichtigen keine zusätzlichen Klimaprozesse und sind daher für eine Untersuchung der potentiellen Klimaänderung durch eine CO_2-Erhöhung nicht geeignet.

- *Strahlungskonvektionsmodelle* stellen ein eindimensionales, vertikal hoch aufgelöstes, Strahlungsbilanzmodell dar, bei dem ein Gleichgewicht zwischen der in der Atmosphäre absorbierten solaren Strahlung und der langwelligen Nettostrahlung am Oberrand der Atmosphäre besteht. Eine Änderung der Strahlungsflüsse durch einen CO_2-Anstieg resultiert in einem Temperaturanstieg, der von der relativen Feuchte, den Wolkeneigenschaften und den einzelnen Rückkopplungsprozessen abhängig ist.

- *Energiebilanzmodelle* betrachten dagegen die Wärmebilanz an der Erdoberfläche in Abhängigkeit von der geographischen Breite. Die Flüsse latenter sowie sensibler Wärme und die Strahlungsflüsse ergeben sich als Funktion der Bodentemperatur und einer angenommenen oder berechneten vertikalen Struktur der Atmosphäre.

- *Allgemeine Zirkulationsmodelle* oder „general circulation models" (GCMs) stellen die umfassendsten Klimamodelle dar, da sie global die dreidimensionale Struktur der Atmosphäre auf der Basis der zeitabhängigen Lösung der dynamischen und thermodynamischen Gleichungen erfassen. Wegen der unzureichenden räumlichen Auflösung müssen viele kleinräumige Prozesse wie Konvektion, Reibung und Wolkenbildung als Funktion der großräumigen Variablen parametrisiert und daher vereinfacht werden.

Die für die Simulation einer CO_2-induzierten Klimaänderung verwendeten Modelle unterscheiden sich nicht nur durch die Behandlung atmosphärischer Prozesse (z.B. Vorhersage von Wolken), sondern auch durch die Berücksichtigung des Ozeans. Da die Behandlung des Ozeans in CO_2-Studien von besonderer Bedeutung ist, sollen die bisher verwendeten Ansätze kurz dargestellt werden:

- *Klimatologischer Ozean* - Die Ozeantemperaturen werden entsprechend den klimatologischen Daten vorgegeben. Es finden keine Rückkopplungsprozesse zwischen Atmosphäre und Ozean statt.

- *Sumpf-Modell des Ozeans* - Der Ozean besitzt keine Wärmekapazität und kann daher sofort auf Änderungen der Atmosphäre reagieren.

- *Mischungsschichtmodell des Ozeans* - Der Ozean besitzt eine endliche Wärmekapazität und kann daher die Wechselwirkung mit der Atmosphäre realistischer simulieren. Modelle dieses Typs unterscheiden sich in der Behandlung horizontaler Wärmetransporte und der Mischungsschichttiefe.

Sensitivitätsexperimente über den Einfluß der steigenden CO_2-Konzentration auf das Klima können auf zweifache Weise durchgeführt werden:

- Vorgabe eines neuen zeitunabhängigen Wertes für den CO_2-Gehalt und damit Berechnung eines neuen Klimagleichgewichtszustandes.

- Untersuchung über das Verhalten des Klimasystems gegenüber einem zeitabhängigen Anstieg von CO_2.

7.3 Sensitivitätsexperimente mit Klimamodellen für einen zeitlich konstanten CO_2-Gehalt

Studien über die Sensitivität des Klimas bei einer Verdopplung der CO_2-Konzentration von 300 (1x CO_2) auf 600 ppmv (2x CO_2) werden mit unterschiedlichen Klimamodellen durchgeführt. Während ein- und zweidimensionale Modelle in erster Linie dazu dienen, die Rolle einzelner physikalischer Prozesse wie z.B. Rückkopplungsmechanismen auf die CO_2-induzierte Erwärmung zu überprüfen, können dreidimensionale Modelle den Effekt einer Störung des Klimasystems für eine Vielzahl von Klimaparametern in hoher zeitlicher und räumlicher Auflösung simulieren.

Abb. 7.4 zeigt die von einfachen und komplexen Klimamodellen berechneten globalen Temperaturänderungen für eine CO_2-Verdopplung. Ein- und zweidimensionale Klimamodelle ergeben einen Temperaturanstieg von 0,7 bis 3,1°C; die entsprechenden Werte für die dreidimensionalen Modelle liegen zwischen 1,5° und 3°C. Ursache für die niedrigen Werte ist entweder die Vernachlässigung wichtiger Rückkopplungsprozesse (Wasserdampf-Strahlung; Eis-Albedo) oder die Annahme unrealistischer Randbedingungen (z.B. Vorgabe der Ozeantemperatur). So beträgt die Temperaturänderung für ein Modell mit einem klimatologischen Ozean ca. 0,2°C, da keine Reaktion des Ozeans auf veränderte Eigenschaften der Atmosphäre erfolgt.

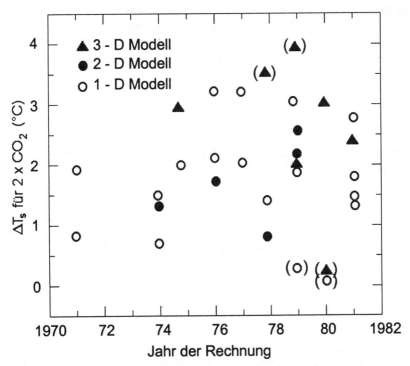

Abb. 7.4: Von Klimamodellen berechneter Temperaturanstieg bei einer CO_2-Verdopplung. Die eingeklammerten Symbole stellen unveröffentlichte oder als unrealistisch erkannte Werte dar.
Quelle: Clark (1982).

Diese Modellergebnisse können daher nicht zur Beurteilung eines CO_2-Klimaeinflusses herangezogen werden. Steht der Ozean jedoch in Wechselwirkung mit der Atmosphäre, so steigt die globale Temperatur um 2-3 °C an. Dieser Temperaturanstieg erhöht wiederum die Verdunstung und damit den Wasserdampfgehalt der Atmosphäre, wodurch der positive Rückkopplungseffekt zwischen Wasserdampf und langwelliger Strahlung verstärkt wird. Eine detaillierte Übersicht über die Ergebnisse von Klimamodellrechnungen für einen CO_2-Anstieg gibt M. Schlesinger (1983).

Die Übereinstimmung in den Ergebnissen der dreidimensionalen Modelle, die zur CO_2-Simulation verwendet werden, ist gut, obwohl diese sich in vielerlei Hinsicht unterscheiden. Einige berechnen lediglich einen Klimagleichgewichtszustand für eine mittlere jährliche Einstrahlung statt für einen saisonalen Zyklus, andere wiederum verwenden unterschiedliche Parametrisierungen für die Bewölkung, den Transport fühlbarer und latenter Wärme, den Ozean, die Eisbedeckung usw. Zur Verbesserung der Modellergebnisse ist daher eine genauere Untersuchung und Analyse der einzelnen physikalischen Prozesse und ihrer Auswirkungen auf das Modellklima notwendig.

Zur Absicherung der Klimamodellergebnisse muß die Signifikanz der simulierten Klimaänderungen für einen CO_2-Anstieg untersucht werden. Die Signifikanz der Änderungen zwischen dem $2xCO_2$ und dem $1xCO_2$ Experiment kann aus dem Signal (durch $2xCO_2$ verursacht) zu Rausch-Verhältnis (Variabilität des Modells) abgeleitet werden. Am verläßlichsten wird gegenwärtig die Temperaturverteilung von den Modellen simuliert, während der Niederschlag noch unzureichend berechnet wird. Die dreidimensionalen Klimamodelle stellen zur Zeit die besten Hilfsmittel zur Untersuchung der Auswirkungen eines CO_2-Anstiegs auf das Klima dar.

7.4 Sensitivitätsexperimente mit Klimamodellen für einen zeitabhängigen CO_2-Anstieg

Der größte Teil der Modelle, die den CO_2-Effekt auf das Klima untersuchen, berechnen den Gleichgewichtszustand des Klimasystems für eine zeitlich konstante CO_2-Konzentration. Modelle, die die zeitabhängige Reaktion des Klimasystems für einen kontinuierlichen CO_2-Anstieg betrachten, ergeben eine zeitliche Verzögerung des Temperaturanstiegs. Ursache hierfür ist die große thermische Trägheit des Ozeans. Die zeitabhängige Reaktion des Klimasystems gegenüber einem CO_2-Anstieg ermittelten B. Hunt und N. Wells (1979) durch Kopplung eines Strahlungskonvektionsmodells mit einem Mischungsschichtmodell des Ozeans. Die thermische Trägheit des Ozeans führt zu einer Verzögerung des globalen Temperaturanstiegs gegenüber den Ergebnissen aus Experimenten für einen zeitunabhängigen CO_2-Anstieg. Bei dieser zeitabhängigen Simulation betrug die Verzögerung durch den Ozean 8 Jahre.

Mit einem erweiterten Ozeanmodell, das Absinkprozesse in hohen Breiten und Aufquellvorgänge in niederen Breiten berücksichtigt, untersuchten P. Michael et al.

(1981) die Rolle des Ozeans im Klimasystem. Dieses einfache Ozeanmodell ist mit einem global gemittelten Klimamodell gekoppelt. Zusätzlich wird der CO_2-Anstieg in der Atmosphäre mit Hilfe eines CO_2-Kreislauf-Modells simuliert. In Abhängigkeit vom Wärmetransport in die Tiefsee ergibt sich für eine angenommene CO_2-Konzentration von 501 ppm im Jahre 2020 eine Temperaturerhöhung zwischen 1,2 °C und 1,5 °C. Der Wert der entsprechenden Simulation ohne Berücksichtigung des Ozeaneffekts beträgt 2,2 °C. Die Erhöhung des Wärmetransportes verringert den Temperaturanstieg und verlängert damit die Verzögerungszeit, die hier in der Größenordnung von 40 Jahren liegt.

Neben diesen global gemittelten Ergebnissen ist die breitenabhängige Reaktion des Klimasystems gegenüber einem CO_2-Anstieg von Interesse. S. Schneider und S. Thompson (1981) zeigen, daß die zonal gemittelte Reaktion des Klimasystems von der Land-Meer-Verteilung und dem polwärts gerichteten Wärmetransport in der Atmosphäre und im Ozean abhängt. Die resultierende Klimaänderung unterscheidet sich wesentlich von den Ergebnissen für die Simulation eines zeitunabhängigen CO_2-Klimaexperiments, da der Ozean eine verzögernde Rolle im Klimageschehen spielt.

K. Bryan et al. (1982) untersuchten diese Frage weiter, indem sie ein dynamisches Ozeanmodell mit einem dreidimensionalen atmosphärischen Zirkulationsmodell koppelten und damit die zeitabhängige Reaktion des Klimasystems auf eine plötzliche Vervierfachung des CO_2-Anstiegs in der Atmosphäre simulierten. Diese Untersuchungen zeigen, daß Sensitivitätsstudien für eine konstante CO_2-Konzentration einen Überblick über den Trend der zonal gemittelten Meeresoberflächentemperatur geben können.

Die hier diskutierten Sensitivitätsexperimente zeigen einen Verzögerungseffekt des Ozeans gegenüber einem CO_2-induzierten Temperaturanstieg. Diese Ergebnisse bedürfen einer weiteren Bestätigung durch Modellrechnungen mit einem vollständigen Atmosphäre-Ozean gekoppelten Zirkulationsmodell.

7.5 Klimaprognose mit Klimamodellen

Die Grenze der Wettervorhersage liegt gegenwärtig bei einigen Tagen, und die absolute Grenze der Vorhersagbarkeit täglicher Wetterfluktuationen wird wahrscheinlich nicht über einige Wochen hinausgehen. Da diese keiner Periodizität unterliegen, wird es auch nicht möglich sein, die tägliche Wetterabfolge für eine Jahreszeit, oder für Jahrzehnte oder gar Jahrhunderte vorherzusagen. Lediglich die mittleren Eigenschaften des Klimasystems sind erfaßbar.

E. Lorenz (1975) hat für die praktische Anwendung der Klimamodelle zwei Arten der Klimavorhersage unterschieden. Bei der Vorhersage der 1. Art wird die interne zeitliche Entwicklung des Klimasystems bei festgehaltenen externen Randbedingungen bestimmt. Diese Stabilitätsbetrachtung des Klimas geht davon aus, daß die Autovariationen des Klimasystems und deren Wechselwirkung ohne äußere Einwirkung Klimaänderungen hervorrufen können. Untersucht werden dabei Phänomene der Transitivität (d.h. bei konstanten externen Einwirkungen gibt es nur einen stabilen Klimazustand, der auch bei Störungen immer wieder in den alten Gleichgewichtszustand zurückfindet); der Intransitivität (d.h. es gibt keinen stabilen Klimazustand, so daß bei Störungen ein Übergang in einen beliebigen anderen Klimazustand möglich ist); oder der Fast-Intransitivität (d.h. die Existenz eines Klimasystems mit mehreren quasistabilen Klimazuständen und sprunghaften Übergängen). Konkret können mit dieser Art der Vorhersage z.B. die klimatischen Bedingungen über Jahrzehnte oder auch Jahrmillionen erfaßt werden, was im ersten Fall z.B. für die Landwirtschaft, und im zweiten Fall z.B. für das Studium der Eiszeiten von Interesse wäre.

Klimavorhersagen der 2. Art simulieren den Gleichgewichtszustand des Klimas für zeitlich konstante Randbedingungen. Mit diesen Sensitivitätsstudien wird die Reaktion des internen Klimamodellsystems auf künstlich herbeigeführte Änderungen im internen System (etwa durch Ausschalten der Rückkopplungsmechanismen) oder auch im externen System (etwa durch eine Erhöhung des CO_2-Gehalts in der Atmosphäre) untersucht.

Literaturauswahl

Bach, W. (1982): Gefahr für unser Klima: Wege aus der CO_2 Bedrohung durch sinnvollen Energieeinsatz, C.F. Müller-Verlag, Karlsruhe.

Bryan, K., F.G. Komro, S. Manabe and M.J. Spelman (1982): Transient climate response to increasing carbon dioxide, Science, 215, 56 - 58.

Clark, W.C. (ed.) (1982): Carbon Dioxide Review: 1982, Oxford Univ. Press, Oxford.

Hunt, B.G. and N.C. Wells (1979): An assessment of the possible future climatic impact of carbon dioxide increases based on a coupled onedimensional atmosphere-oceanic.model, J.Geophys. Res., 84, 787 - 791.

Lorenz, E.N. (1975): Climate predictability, In: The physical basis of climate modeling, GARP No 16, 132 - 136, WMO, Geneva.

Michael, P., M. Hoffert, M. Tobias and J. Tichler (1981): Transient climatic response to changing carbon dioxide concentrations, Climatic Change 3, 137 - 153.

Ramanathan (1981): The role of ocean-atmosphere interactions in the CO_2 climate problem, J. Atmos. Sci. 38, 918 - 930.

Schlesinger, M.E. (1983): Simulating CO_2-induced climatic change with mathematical climate models: Capabilities, limitations and prospects, III 3-III 139, US DOE 021, Washington, D.C.

Schneider, S. and S.L. Thompson (1981): Atmospheric CO_2 and climate: Importance of the transient response, J. Geophys. Res. 86, 3135 - 3147.

8 Erkennbarkeit einer durch den Menschen verursachten Klimaänderung im natürlichen Schwankungsbereich

Rechtzeitige Gegenmaßnahmen sind erforderlich, wenn die Auswirkungen einer vom Menschen verursachten Klimaänderung möglichst gering gehalten werden sollen. Hierzu wäre es wichtig, das durch den Treibhausgasanstieg ausgelöste Signal im Rauschen der natürlichen Klimavariabilität frühzeitig zu erkennen. Die Untersuchungsmethoden werden anhand von Beispielen beschrieben. Mit dem Nachweis des Signals in den Klimadaten wird etwa um das Jahr 2000 gerechnet.

8.1 Einleitung

Um eine vom Menschen verursachte Klimaänderung z.B. durch CO_2 Erhöhung rechtzeitig aus dem Rauschen der natürlichen Klimavariabilität erkennen und um Gegenmaßnahmen einleiten zu können, ist eine genaue Kenntnis der Klimageschichte und der die Klimaschwankungen verursachenden Prozesse notwendig. Die anthropogene Beeinflussung des Klimas setzt sich im wesentlichen aus vier Faktoren zusammen:

- Änderung der gasförmigen Zusammensetzung der Atmosphäre (CO_2 und andere Spurengase),

- Modifikation der Landnutzung (Änderung der Albedo, etc.),

- Anstieg des Aerosolgehalts in der Atmosphäre,

- Wärmeemission in die Atmosphäre.

Die Überlagerung von künstlichen und natürlichen Störungen des Klimasystems kann anhand von Klimamodellrechnungen studiert werden. Daneben müssen aber Beobachtungen und Messungen klimatologischer Variablen in hoher räumlicher und zeitlicher Auflösung durchgeführt werden, um Klimamodelle verifizieren und die Ursachen der Klimavariabilität erkennen zu können.

8.2 Klimageschichte und Klimaänderungen im natürlichen Schwankungsbereich

Direkte Beobachtungen des Klimas über längere Zeiträume sind nur für wenige Größen, wie z.B. Temperatur oder Druck erhältlich. Diese Beobachtungsreihen gibt es zudem nur an wenigen Stationen. Wegen des geringen Datenmaterials und der zum Teil noch heute unzureichenden Beobachtungsmöglichkeiten in der südlichen Hemisphäre und über den Weltmeeren, ist die zeitliche und räumliche Variation des Klimas in Vergangenheit und Gegenwart schwierig zu erfassen.

Über den Zeitraum der Instrumentenbeobachtungen hinaus lassen sich Informationen über Temperatur, Niederschlag usw. aus Gesteins- oder Sedimentproben, Eiskernbohrungen, Baumringen, Untersuchungen von Gletscherablagerungen und der Änderung des Meeresniveaus ermitteln.

Ein Einblick in den Ablauf und die Wirkungsmechanismen einer Klimaänderung läßt sich aus der Rekonstruktion der Klimageschichte gewinnen, die durch eine große Schwankungsbreite mit unterschiedlichen Zeitskalen charakterisiert ist. Das Klima der letzten eine Million Jahre ist durch einen Wechsel zwischen relativ kalten Glazial- und relativ warmen Interglazialzeiten mit einem Abstand von jeweils 100.000 Jahren gekennzeichnet. Die wärmsten Abschnitte der Zwischeneiszeiten haben nur etwa 10.000 Jahre gedauert. Die Übergänge zwischen den einzelnen Perioden können in noch kurzfristigeren Zeiträumen erfolgen.

Eine genauere Betrachtung der letzten 10.000 Jahre ist wichtig, da in diesem Zeitraum kurzfristige Klimafluktuationen auftraten, die für die Untersuchung des gegenwärtigen Klimas nützlich sind. Insbesondere der Wechsel zwischen kalten und warmen Perioden und der Unterschied zwischen einzelnen Jahrhunderten und Jahrzehnten liefern wertvolles Material, um zum einen die Auswirkungen von Klimaänderungen (z.B. Verschiebung von Hoch- und Tiefdruckgürteln und damit Verbesserung bzw. Verschlechterung der allgemeinen Lebensbedingungen in einer bestimmten Breitenzone) und zum andern die natürliche Variabilität studieren zu können (J. Kutzbach, 1978).

8.3 Mögliche Ursachen der Klimavariabilität

Klimaschwankungen können sich aus Änderungen externer oder interner Parameter des Klimasystems ergeben. Eine eindeutige Ursache-Wirkungskette läßt sich aber nicht festlegen, da eine Störung des Klimasystems durch Rückkopplungsprozesse abgeschwächt oder verstärkt werden kann. Darüber hinaus ist für die Erklärung einer Klimaschwankung die genaue Kenntnis der Variabilität der externen und internen Parameter notwendig. Einige Größen wie z.B. die Umlaufbahn der Erde um die Sonne lassen sich eindeutig ableiten, während die Variabilität anderer Größen (z.B. Vulkanausbrüche) über einen längeren Zeitraum weitgehend unbekannt ist. Außerdem hängt die Reaktion des Klimasystems gegenüber äußeren Einwirkungen gerade wegen der langen Zeitkonstanten von Ozean, Biosphäre, Lithosphäre und Kryosphäre ganz besonders vom Klimaanfangszustand ab. Nach E. Lorenz (1970) besteht wegen der Komplexität des Klimas sogar die Möglichkeit, daß für bestimmte Randbedingungen mehrere Klimazustände existieren können.

Klimaschwankungen entstehen auch durch die statistischen Fluktuationen des sich von Tag zu Tag ändernden Wettergeschehens. Diese sind nicht über Zeitskalen, die für klimatologische Untersuchungen von Interesse sind, vorhersagbar. Sie werden daher auch als „Klimarauschen" oder als „inhärente Variabilität des Klimasystems" bezeichnet (J. Williams, 1977). Diese Eigenschaft des Klimasystems kann auch zur Erklärung der Übergänge zwischen glazialen und interglazialen Klimazuständen herangezogen werden (J. Kutzbach, 1978). Daher sind Untersuchungen über den Anteil des nicht vorhersagbaren „Klimarauschens" an der natürlichen Klimavariabilität notwendig, um eine Klimavorhersage über einen längeren Zeitraum zu ermöglichen.

8.4 Erkennbarkeit einer anthropogen verursachten Klimaänderung

Klimamodelle berechnen für den während der letzten hundert Jahre beobachteten CO_2 Anstieg von 260-290 ppmv auf rd. 340 ppmv eine globale Erwärmung von 0,7 ± 0,3 °C (M. MacCracken, 1983). Zum gegenwärtigen Zeitpunkt kann der CO_2-Einfluß auf das Klima aus Beobachtungen zweifelsfrei nicht nachgewiesen werden. Ursache hierfür können natürliche Klimafluktuationen oder störende Einflüsse anderer Faktoren sein, die das CO_2-Signal überlagern.

R. Madden und V. Ramanathan (1980) berechneten die mittlere Bodentemperatur bei 60°N für die Periode 1906-1977. Durch den Vergleich des daraus abgeleiteten natürlichen Klimarauschens mit dem aus Klimamodellrechnungen für einen CO_2-Anstieg abgeleiteten Signal sollte der CO_2-Effekt während der Sommermonate innerhalb der nächsten Dekaden sichtbar werden. In ähnlicher Weise vergleichen T. Wigley und P. Jones (1981) das CO_2-Signal aus Klimamodellrechnungen von S. Manabe und R. Stouffer (1980) mit dem aus Bodentemperaturmessungen für die Periode 1941-1980 abgeleiteten natürlichen Rauschen. Die räumliche Verteilung des Signal- zu Rausch-Verhältnisses zeigt Abb. 8.1. Ebenso wie R. Madden und V.

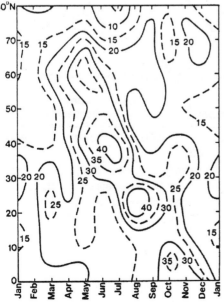

Abb. 8.1: Verteilung des Signal zu Rausch-Verhältnisses für einen CO_2-induzierten Temperaturanstieg.
Quelle: T. Wigley and P. Jones (1981).

Ramanathan (1980) erhalten auch sie die größten Werte für diesen Parameter im Sommer, jedoch nicht bei 60 °N sondern bei rd. 40 °N. Die Ergebnisse zeigen, daß das CO_2-Signal zuerst in mittleren Breiten im Sommer erkennbar sein wird. Dies resultiert aus der geringeren natürlichen Variabilität der Sommertemperaturen.

Eine andere Methode, das CO_2-Signal im Klimageschehen zu erkennen, besteht darin, den beobachteten globalen Temperaturverlauf in der Vergangenheit als Folge von Störungen des Strahlungshaushalts darzustellen. J. Hansen et al. (1981) berechnen mit Hilfe eines Strahlungskonvektionsmodells, das mit einem Ozeanmodell gekoppelt ist, sowohl den Einfluß von Änderungen der solaren Einstrahlung, als auch der optischen Durchlässigkeit der Atmosphäre durch Vulkanausbrüche und der gasförmigen Zusammensetzung der Atmosphäre durch einen CO_2-Anstieg.

Abb. 8.2 zeigt einen Vergleich der gemessenen und berechneten Temperaturverteilung für zwei unterschiedliche Ozeanmodelle. Bei einem Ozean mit nur einer Mischungsschicht ist die Übereinstimmung zwischen Modell und Beobachtungen

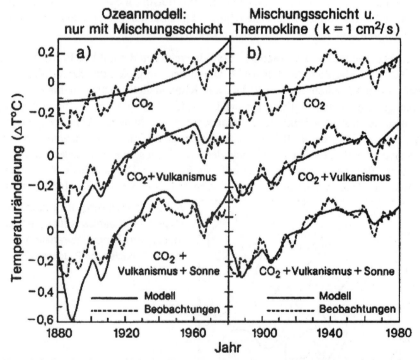

Abb. 8.2: Beobachteter globaler Temperaturtrend von 1880-1980, und berechneter Temperaturverlauf bei einer Störung durch CO_2, Aerosole aus Vulkanausbrüchen und Sonnenvariabilität für a. eine Ozeanmischungschicht (rd. 100 m tief) und b. für Wärmediffussion bis in die Thermokline (rd.1000 m Tiefe).
Quelle: J. Hansen et al. (1981)

unbefriedigend. Wird zusätzlich ein Wärmetransport in die Thermokline berücksichtigt, ergibt sich eine gute Übereinstimmung von Beobachtung und Modellsimulation. Daraus schließen J. Hansen et al. (1981), daß CO_2 und vulkanische Aerosole einen großen Einfluß auf die Temperaturverteilung der letzten 100 Jahre gehabt haben. Dies kann jedoch noch nicht als Beweis für den CO_2-Einfluß angesehen werden, da genaue Daten über die zeitliche Variation der solaren Einstrahlung und die optischen Eigenschaften der Atmosphäre fehlen. Bestätigt wird diese Einschätzung auch durch die Ergebnisse von R. Gilliland (1982), der eine ähnlich gute Übereinstimmung zwischen gemessenen und berechneten Temperaturen erhält, obwohl er unterschiedliche Daten über die Variation der solaren Einstrahlung und den Einfluß von Vulkanausbrüchen benutzt hat.

Um den Zeitpunkt für die Erkennbarkeit des CO_2-Signals in der Zukunft zu bestimmen, verglichen J. Hansen et al. (1981) die CO_2-induzierte Erwärmung mit der natürlichen Variabilität des Klimas (Abb. 8.3). Danach sollte das CO_2-Signal zwischen 1990 und 2000 in den Klimadaten erkennbar sein. Die Ergebnisse dieser Studien zeigen, daß es prinzipiell möglich sein sollte, eine Temperaturerhöhung durch einen CO_2-Anstieg bis zum Jahre 2000 in den Meßdaten nachzuweisen. Eine genaue Festlegung des Zeitpunktes und des Ortes für das Auftreten eines CO_2-Signals ist bisher aber noch nicht möglich, da die hier angeführten Untersuchungen für eine nur unzureichende Basis von Meßdaten durchgeführt wurden und die Ergebnisse der Modellrechnungen für einen CO_2-Anstieg noch nicht als gesichert gelten können. Darüber hinaus ist die gegenwärtige Kenntnis der Ursachen der natürlichen Klimavariabilität und deren Wechselwirkung mit anthropogenen Klimafaktoren noch nicht ausreichend, um den Einfluß eines bestimmten Faktors auf die Klimavariabilität nachweisen zu können.

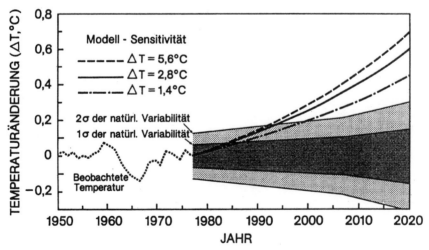

Abb. 8.3: Nachweis einer CO_2 induzierten Erwärmung in den natürlichen Klimadaten.

Quelle: J. Hansen et al. (1981).

Literaturauswahl

Gilliland, R.L. (1982): Solar, volcanic and CO_2 forcing of recent climatic changes, Climatic Change 4, 111 - 131.

Hansen, J., D. Johnson, A. Lacis, S. Lebedeff, P. Lee, D. Rind and G. Russel (1981): Climatic impact of increasing atmospheric carbon dioxide, Science 213, 957 - 966.

Kutzbach, J.E. (1978): The nature of climate and climatic variations. IEEE Transact, Geosci. Electr., GE-16, 23 - 29.

Lorenz, E.N. (1970): Climatic change as a mathematical problem, J. Appl. Meteor., 9, 325 - 329.

MacCracken, M.C. (1983): Is there climatic evidence now for carbon dioxide effects? UCRL-88613, Lawrence Livermore National Laboratory.

Madden, R.A. and V. Ramanathan (1980): Detecting climate change due to increasing CO_2, Science 209, 763 - 768.

Manabe, S. and R.J. Stouffer (1980): Sensitivity of a global climate model to an increase of CO_2 concentration in the atmosphere, J. Geophys. Res. 85 (C10), 5529 - 54.

Wigley, T.M.L. and P.D. Jones (1981): Detecting CO_2 induced climatic change. Narure, 292, 205 - 208.

Williams, J. (1977): Can we predict climatic fluctuations? IIASA Laxenburg, Professional Paper. PP-77-7, 25p.

9 Kombinierter Treibhauseffekt und kritische Schwellenwerte

Es wird ein Verfahren vorgestellt zur Ableitung kritischer Schwellenwerte für einen realen (nur CO_2) und einen virtuellen (alle Treibhausgase) CO_2- und Temperaturanstieg in Abhängigkeit bisheriger Klimamodellergebnisse. Ein erster kritischer Schwellenbereich ergibt sich bei einem virtuellen CO_2-Gehalt von 400 - 450 ppm und einer mittleren globalen Erwärmung von 1 - 2 °C. Katastrophale Klimaänderungen mit Erwärmungen von 4 - 5°C wären bei einer virtuellen CO_2-Konzentration von 600 - 700 ppm zu erwarten.

Bei einer realistischen Gesamtbeurteilung der Klimaauswirkungen müssen alle bisher identifizierten Einflußfaktoren in Betracht gezogen werden, weil eine einseitige Fixierung nur auf das CO_2 die tatsächlichen Wirkungen unterschätzen würde. Zur Berücksichtigung auch der anderen Einflußfaktoren hat H. Flohn (1978) das Konzept des kombinierten Treibhauseffekts eingeführt. Er unterscheidet dabei einen realen CO_2-Gehalt (d.h. ohne die anderen Spurengase) und einen virtuellen CO_2-Gehalt, bei dem die CO_2-Wirkung durch andere Spurengase verstärkt wird. Das Ergebnis ist, daß eine bestimmte CO_2-Konzentration schon an einem früheren Zeitpunkt zu einer entsprechenden Temperaturzunahme führt.

Dieses Vorgehen hat H. Flohn (1981 a, b) nun mit einigen modellabhängigen Parametern aus bisherigen Modellergebnissen kombiniert und daraus kritische Schwellenwerte für einen bestimmten Anstieg der CO_2-Konzentration der Atmosphäre und die entsprechende Temperaturzunahme abgeleitet. Das erscheint gerechtfertigt, denn Untersuchungen haben gezeigt, daß sich die verschiedenen Klimamodellergebnisse mit Hilfe modellabhängiger Parameter vergleichen lassen, und daß zwischen der mittleren Oberflächentemperatur T_S und dem CO_2-Gehalt der Atmosphäre eine einfache logarithmische Relation besteht (V. Ramanathan, 1980; L. Gates, 1980; M. Hoffert et al., 1980).

Wir gehen dabei von der Strahlungsbilanzgleichung an der Obergrenze der Atmosphäre aus:

$$Q = (1 - \alpha_P) (SC/4) = - E \qquad (E \sim 240 \text{ W/m}^2 \pm 1\%) \qquad (1)$$

wobei SC die Solarkonstante (~ 1360 W/m^2), E die terrestrische Ausstrahlung und α_P die planetare Albedo ($\sim 0,29 \pm 0,01$) sind.

Bei Annahme eines Strahlungsgleichgewichts (ΔE konstant) ergibt sich folgendes thermisches Gleichgewicht:

$$\Delta E (T_S, CO_2) = B \Delta T_S - nC \ln A \qquad (2)$$

A ist der normalisierte CO_2-Gehalt ($A = 1 + \Delta CO_2/CO_2^*$ ist die Abweichung von einem „ungestörten" Referenzwert* meist 300 ppm), die Parameter B, C und n sind von den Modellannahmen abhängig und lassen sich näherungsweise abschätzen. Der Parameter B, der häufig als $\lambda = CB^{-1}$ angegeben wird, ist die thermische Sensitivität, d.h. das Verhältnis zwischen der Änderung der Oberflächentemperatur und der Änderung der Strahlungsbilanz:

$$B = \Delta E/\Delta T_S \sim 1,8 \ (\pm 0,4) \ W/m^2 \ K$$

Der Parameter C hängt von B und der durch den CO_2-Anstieg bedingten Temperaturzunahme ab:

$$C = \Delta E/\Delta CO_2 \sim 6,8 \ (\pm 1,2) \ W/m^2 \ K \ (\text{für eine } CO_2\text{-Verdopplung } A = 2)$$

Unter Berücksichtigung der anderen IR-absorbierenden Gase ergibt sich für C ein Korrekturzuschlag von:

$$n = \frac{\Delta E \ (\text{alle IR-absorbierenden Gase})}{\Delta E \ (CO_2 \text{ allein})}$$

Der Wert n wird gegenwärtig auf ca. 1,3 geschätzt, sollte sich aber in den nächsten 50 - 60 Jahren auf ca. 1,7 - 1,8 erhöhen. Eine solche zeitabhängige Zunahme von n erscheint gerechtfertigt, weil insbesondere die Chlorfluormethane (60 - 80 Jahre für F-11 und 135 - 150 Jahre für F-12) und Lachgas mit 150 - 175 Jahren eine relativ lange atmosphärische Verweilzeit haben, und weil die CFM mit 9 - 10 %/a beträchtlich höhere Wachstumsraten haben als CO_2 mit 0,4 %/a. Der Einfluß von Wasserdampf ist in C bereits berücksichtigt. Das Verhältnis zwischen einem virtuellen (alle Spurengase) und dem realen CO_2- Gehalt (nur CO_2) ist dann:

$$\frac{CO_2 \ (\text{virtuell})}{CO_2 \ (\text{real})} = \left(1 + \frac{\Delta CO_2}{\Delta CO_2^*}\right)^n \tag{3}$$

Unter der Annahme, daß $\Delta E = 0$ ergibt sich aus Gleichung (2) eine einfache Abschätzung der bodennahen Erwärmung ΔT_S mit dem kombinierten Parameter $D = nCB^{-1}$:

$$\Delta T_S = D \ln \left(1 + \frac{\Delta CO_2}{\Delta CO_2^*}\right) \tag{4}$$

Bei einem gegenwärtigen Wert von $n \sim 1,3$ ergibt sich für $D \sim 5$, wobei in Zukunft aber eher mit $n \sim 1,7$ und damit $D \sim 6$ zu rechnen ist. Gleichung (4) läßt sich in einem semi-logarithmischen Netz darstellen (Abb. 9.1). Für kritische Temperatur-

Schwellenwerte lassen sich dann die korrespondierenden CO_2-Konzentrationen in der Atmosphäre ablesen.

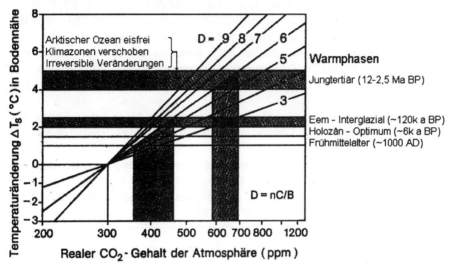

Abb. 9.1: Kritische Schwellenwerte für den CO_2 - und den Temperaturanstieg in Abhängigkeit von den bisherigen Modellergebnissen.
Quelle: Flohn (1981b).

Ein Vergleich mit den Verhältnissen in den verschiedenen Warmphasen der Vergangenheit erlaubt eine sinnvolle Abschätzung kritischer Schwellenwerte. Wenn wir das Klima einigermaßen stabil halten wollen, dann darf der virtuelle CO_2-Gehalt der Atmosphäre nicht über 400 - 450 ppm hinaus ansteigen. Diesem ersten kritischen Schwellenbereich entspricht ein Temperaturanstieg von 1 - 1,5 °C, wie er seit dem Mittelalter um 1000 n. Chr. nicht mehr vorgekommen ist. Katastrophale Klimaänderungen wären erst bei einer virtuellen CO_2-Konzentration von 600 - 700 ppm zu erwarten (H. Flohn, 1981 c). Das würde zu einer mittleren globalen Temperaturzunahme um 4 - 5 °C und damit zu Klimaverhältnissen führen, wie sie im Jungtertiär (vor rd. 5 - 3 Mill. Jahren) vorgeherrscht haben. Paläoklimatologische Funde deuten daraufhin, daß wir dann nicht nur mit einem eisfreien arktischen Ozean, sondern auch mit einer Verschiebung der agroklimatischen Zonen und schwerwiegenden Folgen für die Ernährungssicherung sowie mit möglicherweise irreversiblen Klimaänderungen zu rechnen haben.

Ohne korrigierende Eingriffe werden diese Schwellenwerte früher oder später im Laufe des 21. Jahrhunderts erreicht. Dabei besteht die Gefahr, daß die dann einzuleitenden Maßnahmen umso drastischer sein müssen, je länger sie hinausgezögert werden. Damit erhält das CO_2/Klima-Problem schon jetzt eine sehr hohe Dringlichkeitsstufe.

112

Literaturauswahl

Flohn, H. (1978): Die Zukunft unseres Klimas: Fakten und Probleme, Promet 2/3, 1 - 21.

Flohn, H. (1981a): Klimaänderung als Folge der CO_2-Zunahme?, Phys. Bl. 37(7), 184 - 190.

Flohn, H. (1981b): Major climatic events as expected during a prolonged CO_2-warming. Report Institute of Energy Analysis, Oak Ridge Assoc. Universities, Oak Ridge, U.S.A.

Flohn, H.(1981c): Kohlendioxid, Spurengase und Glashauseffekt: Ihre Rolle für die Zukunft unseres Klimas, R.W. Akademie der Wiss., Heft Nr. 304, 46 S. Westdeutscher Verlag, Opladen.

Gates, W.L.(1980): Modeling the surface temperature changes due to increased atmospheric CO_2 In: W. Bach et al.(eds.) Interactions of Energy and Climate, 169-190, Reidel Publ. Co., Dordrecht.

Hoffert, M.I., A.J. Callegari and C.-T. Hsieh (1980): The role of deep sea heat storage in the secular response to climatic forming, J. Geophys. Res., 85(C11), 6667 - 6679.

Ramanathan, V.(1980): Climatic effects of anthropogenic trace gases, In: W. Bach et al.(eds.) Interactions of Energy and Climate, 269 - 280, Reidel Publ. Co., Dordrecht.

IV Ergebnisse anthropogener Eingriffe in das Klimasystem

In **Kapitel 10** wird gezeigt, wie sich die unterschiedliche Art der globalen Energienutzung (Tab. 10.1) auf die CO_2-Emissionen und die CO_2-Konzentrationen sowie auf die Temperaturänderungen nur für CO_2 bzw. CO_2 und andere Treibhausgase bei unterschiedlichen Szenarioannahmen in Zukunft auswirken könnte (Tab. 10.2). Es wäre sehr instruktiv, den Fragen nachzugehen, wie die Entwicklung der Energienutzung von 1980 bis heute tatsächlich gewesen ist und wie plausibel die Projektionen der unterschiedlichen Szenarien auf bestimmte Zieljahre sind.

Von 1980 bis 1997 haben die fossilen Brennstoffe anteilsmäßig von 84 auf 75 % abgenommen sowie die Kernenergie von 3 auf 6 % und die erneuerbaren Energieträger von 13 auf 19 % zugenommen (Worldwatch Institute, State of the World, Washington, D.C., 1999, S. 23). Die IIASA-Szenarien und das Szenario von Colombo und Bernardini postulieren für das Jahr 2000 zunächst wieder einen Anstieg des Anteils des fossilen Energieverbrauchs auf ca. 82 % und bis 2030 dann wieder eine Abnahme auf ca. 68 %.

Die Kernenergie soll in den IIASA-Szenarien gegenüber 1997 bis 2000 von 6 auf 10 % und bis 2030 auf einen Anteil von sogar 23 % ansteigen. Die Bruttoleistung der Kernenergie betrug 1980 0,30 TW (Tab. 10.1). Bis Anfang 1998 hatte sich die Bruttoleistung auf rd. 0,37 TW erhöht, die in 31 Staaten von 433 Kernkraftwerken (KKW) erzeugt wurde (Fischer Almanach '99, S. 1132/33). Im Bau befinden sich derzeit 22 KKW, davon 7 in Süd-Korea, 6 in Rußland, 5 in der Ukraine und 4 in Indien. Unter der Maximalannahme, daß alle 22 KKW in der Größenordnung von je 1000 MW fertiggestellt würden, würde sich der KKW-Anteil nur unwesentlich auf 0,40 TW über die nächsten Jahrzehnte erhöhen und nicht auf 5 bis 8 TW wie in den IIASA-Szenarien postuliert (Tab. 10.1). Mit Sicherheit können die meisten der sich im Bau befindlichen KKW nur dann fertiggestellt werden, wenn sich West-Europa und Nord-Amerika mit kräftigen Finanzspritzen daran beteiligen (siehe auch **Kapitel 15**).

Nicht unplausibel ist das Effizienz-Szenario von A. Lovins et al. (1981). Bei einem Kernenergieanteil von nur 3 % in 1980 wäre ein Ausstieg bis 2000 global durchaus machbar gewesen. Bei einem noch relativ geringen Anteil von ca. 6 % in 1997 liegt auch ein globaler Ausstieg bis 2030 immer noch im Bereich des Möglichen. Dazu bedarf es weltweit vieler politischer Entscheidungen zur Umsteuerung der bisherigen Energienutzung. Diese Umorientierung gelingt allerdings nur, wenn gleichzeitig gezielt und in großem Umfang in Programme zur effizienteren Energienutzung und zum Ausbau der erneuerbaren Energieträger investiert wird (siehe auch **Kapitel 15**). Effizienzsteigerungen um den Faktor 4 und mehr werden heute nicht mehr in Frage gestellt (E.-U. von Weizsäcker et al., Faktor Vier, Droemer Knaur, München, 1995). Dabei muß vor allem die 3. Welt technisch und finanziell

114

substantiell unterstützt werden. Für diese monumentale Aufgabe wäre ein Finanzierungsprogramm erforderlich, das den globalen Ausgaben für Rüstung und Kriegsführung gleichkäme.

Warum kann das nicht unter Einschluß der Kernenergie geschehen? Der Hauptgrund ist, daß nukleare Großunfälle kontinentalen Ausmaßes wie in der Vergangenheit auch in Zukunft nicht auszuschließen sind, wobei zum unermeßlichen Krankheitsleid der wirtschaftliche Zusammenbruch hinzukommt. Und trotz der Inkaufnahme dieses nuklearen Risikos wird die Klimagefahr nicht eingedämmt. Im Gegenteil, wie die Tabellen 10.1 und 10.2 zeigen, haben gerade die IIASA-Szenarien neben dem höchsten Kernenergieanteil jeweils den höchsten fossilen Brennstoffeinsatz und CO_2-Ausstoß, weil sie ihre Prioritäten nicht auf die umweltfreundlicheren Optionen der Produktivitätssteigerung und der Nutzung erneuerbarer Energiequellen setzen.

Ein Umdenken ist dringend erforderlich. Dies scheint sich mit den neuesten Szenarien, die der Weltenergierat zusammen mit dem IIASA entwickelt hat, anzubahnen (Global Energy Perspectives to 2050 and Beyond, Report 1995). In einem sog. „ökologisch angetriebenen" Szenario nehmen bis 2050 global die fossilen Energieträger auf 57 % und die Kernenergie auf 4 % Anteile ab, während die Erneuerbaren auf 39 % zunehmen.

Kapitel 11 befaßt sich mit der Klimabeeinflussung durch direkt und indirekt klimawirksame Spurengase. Hier soll nur kurz auf neuere Entwicklungen und einige der noch offenen Fragen eingegangen werden. In den vergangenen Jahren hat die Wachstumsrate von Methan in der Atmosphäre von durchschnittlich 10 ppb/a zwischen 1980 und 1992 auf ca. 4 ppb/a in 1997 abgenommen (R. Bojkov, WMO Bulletin 48, 35 - 44, 1999). Die Reduktion in der Gas-, Öl und Kohleproduktion sowie im Gasabfackeln im Zuge der Auflösung der ehemaligen UdSSR zu Beginn der 90er Jahre könnte dafür eine Erklärung sein (E. Dlugokencky et al., Nature 393, 447 - 450, 1998).

Im Verlauf des vergangenen Jahrhunderts hat troposphärisches Ozon über Westeuropa von ca. 10 auf 60 ppm zugenommen. Durch Tropenwaldbrände im Amazonas und in Südostasien sowie die Savannenbrände im südlichen Afrika ist auch dort die O_3-Konzentration in der Troposphäre stark angestiegen. Ozon-Anstiege in der Troposphäre sind zu einem globalen Phänomen geworden (A. Pszenny and G. Brasseur, IGBP Newsletter 30, 2 - 4, 1997).

Kohlenmonoxid (CO) hat einen großen Einfluß auf die Anreicherung des Hydroxyl(OH)-Radikals, das seinerseits eine wichtige reinigende Funktion in der Atmosphäre hat. Obwohl selbst nicht klimawirksam, erlangt CO durch die Beeinflussung des Methans Klimawirksamkeit. Jüngste Untersuchungen zeigen, daß der kumulative Strahlungsantrieb von CO sogar den von N_2O übertrifft (J. Daniel und S. Solomon, JGR 103, D11, 13249 - 60, 1998). Die Untersuchung atmosphärischer Aerosole erlangt wieder vermehrt das Forscherinteresse, nachdem die potentiell substantiellen Abkühlungseffekte der Aerosole auf die Oberflächentemperaturen ins Blickfeld gerückt sind (P. Crutzen, Global Change Newsletter 33, 9, 1998).

Zu wichtigen noch offenen Fragen im Zusammenhang mit dem Treibhauseffekt gehören der Aerosolantrieb; wieviel Solarstrahlung in einer klaren und in einer bewölkten Atmosphäre absorbiert wird; ob Wolken die Erde insgesamt erwärmen oder abkühlen; und inwieweit abgesichert ist, daß eine Erhöhung der Boden- und Troposphärentemperaturen zu einer Wasserdampfzunahme führt (V. Ramanathan, Ambio 27 (3), 187 - 197, 1998).

Ziel des mehr methodisch abgefaßten Beitrags zur Klimawirkungsforschung in **Kapitel 12** ist es, die Wechselwirkungen zwischen Klima und Gesellschaft aufzuzeigen. Damit schafft sie die Voraussetzungen für eine sachliche Bewertung potentieller Zukunftsrisiken und trägt somit zu einem rationalen Entscheidungsprozeß bei. Grundlage für die gekürzte Fassung in **Kapitel 12** ist eine im Auftrag der EG und der DFVLR in Köln sowie in Kooperation mit der Dornier System in Friedrichshafen durchgeführten umfangreichen Pilotstudie (H. Meinl und W. Bach et al., Socioeconomic Impacts of Climatic Changes due to a Doubling of Atmospheric CO_2-Content, 642 S., Friedrichshafen, 1984).

Die dafür erforderlichen riesigen Datenmengen aus den Atmosphäre-Ozean gekoppelten 3D-Klimamodellrechnungen wurden meinem Institut von den Klimazentren Goddard Institute for Space Studies, USA (Hansen), National Center for Atmospheric Research, USA (Washington), Princeton Univ., USA (Manabe), British Met. Office, UK (Mitchell) und Oregon State Univ., USA (Gates) zur Verfügung gestellt. L. Gates überließ uns seine globalen meteorologischen Meßdaten und T. Wigley vom Climatic Research Unit, Norwich, versorgte uns mit seinen paläoklimatologischen Daten. Allen sei dafür herzlich gedankt. Die gleichen Daten wurden benutzt für Fallstudien im Mittelmeerraum (H.-J. Jung und W. Bach, Arch. Met. Geoph. Biol., Ser. B, 323 - 39, 1985) und das südliche Afrika (W. Bach und H.-J. Jung, South African Geogr. 67 (1), 86 - 101, 1985). Für die umfangreichen IIASA/UNEP Fallstudien über die Klimaauswirkungen auf die Landwirtschaft wurden die o. a. Modelldaten von uns entsprechend aufbereitet und zur Verfügung gestellt (W. Bach in M. Parry et al., Hrsg., The Impact of Climatic Variations in Agriculture, Kluwer, London, 125 - 57, 1988). Mit ihrer multivariaten statistischen Analyse langer Klimabeobachtungsreihen haben C. D. Schönwiese et al. einen Klimatrend-Atlas für Europa von 1891 - 1990 erstellt, der in der Klimawirkungsforschung nützliche Dienste leisten kann (Ber. des Zentrums f. Umweltforschung Nr. 20, Univ. Frankfurt, 1993).

Die jüngsten Entwicklungen zeigen, daß die Klimawirkungsforschung nicht ohne eine integrierte Systemanalyse auskommt, in der Klimamodelle mit anderen Modellen etwa zur Hydrologie, Landwirtschaft, Ökologie und Ökonomie gekoppelt werden, wie z. B. das IMAGE-Modell (J. Alcamo, IMAGE 2.0: Integrated Modelling of Global Climate Change, Kluwer, 1994). Nach J. Rotmans und M. van Asselt (Climatic Change, 34, 327 - 36, 1996) muß die integrierte Systemanalyse zwei Hauptkriterien genügen, nämlich aus disziplinärer Forschung zusätzliche Einsichten und den Entscheidungsträgern nützliche Informationen vermitteln. Will die Klimawirkungsforschung belastbare Aussagen machen, muß sie sich zunehmend auf die integrierte Modellierung überschaubarer Regionen konzentrieren, um über die Vernetzung der Regionalmodelle zu einem Globalbild zu kommen (M. Stock in H. G. Brauch, Hrsg. Klimapolitik, Springer, S. 37, 1996). Und schließlich gehört zu einer integrierten Vorgehensweise auch ein neuer Dialog zwischen dem „Elfenbeinturm" und der „wirklichen Welt" (S. Cohen, Climatic Change 41, 265 - 70, 1999).

Kapitel 13 gibt eine Auswahl von erwarteten Auswirkungen durch anthropogene Klimaänderungen, die in Kooperation mit der damaligen Kernforschungsanlage Jülich für den Deutschen Bundestag zusammengestellt worden ist. In diesem Bereich hat inzwischen eine fast explosionsartige Forschertätigkeit stattgefunden, die von den Auswirkungen einer Klimaänderung auf die Waldökosysteme bis auf die menschliche Gesundheit reicht, wie u. a. die Darstellung auf fast 600 Seiten im zweiten Teil des IPCC-Berichts zeigt (R. Watson et al., Hrsg., Impacts, Adaptations and Mitigation of Climate Change, Cambridge Univ. Press, 1996). Im Folgenden gebe ich in einigen Bereichen einen Überblick über jüngste Entwicklungen.

In einer großangelegten Studie wurde für 18 Länder die Änderung der Weizen-, Reis-, Mais- und Sojaerträge bei einer CO_2-Verdopplung untersucht. Danach würden die Weltgetreideproduktion um etwa 5 % reduziert, die Unterschiede in der Getreideproduktion zwischen Industrie- und Entwicklungsländern vergrößert und die Getreidepreise wahrscheinlich steigen, so daß auch die Anzahl der Hungernden in den Entwicklungsländern wahrscheinlich zunimmt (C. Rosenzweig und M. Parry, Kapitel 5, in: Agricultural Dimensions of Global Climate Change, ed. by Kaiser, H. M. et al., St. Lucie Press, Delray Beach, Florida, 1993).

R. Brown und N. Rosenberg (Climatic Change 41, 73 - 107, 1999) untersuchten mit Hilfe von drei allgemeinen atmosphärischen Zirkulationsmodellen, wie sich die Getreideproduktion repräsentativer US-Farmen bei einer Änderung der globalen Mitteltemperatur von 1 bis 5 °C ändert. Bei einem Temperaturanstieg von 1 °C reduzieren sich die Mais- und Weizenerträge nur marginal. Mit zunehmender Temperatur nehmen die Ertragsverluste zu - bei Weizen mehr und bei Mais weniger. Je nach Klimamodell nehmen die Weizenerträge bei einem Temperaturanstieg von 5 °C zwischen 36 und 76 % ab. Diese Tendenz stimmt jedoch nicht mit den mit einfacheren Modellen berechneten Ertragswerten der Tabelle 13.2 von **Kapitel 13** überein.

Wie stark könnte der Meeresspiegel nach dem Business-as-usual-Szenario des IPCC im nächsten Jahrhundert ansteigen? Um insgesamt etwa 49 cm, woran die thermische Ausdehnung mit 28 cm, das Abschmelzen von Gletschern mit 16 cm, das Grönlandeis mit 6 cm (die Ablation, d. h. Abschmelzen und Verdunstung von Gletschereis ist größer als die Akkumulation) und die Antarktis mit -1 cm (die Akkumulation ist größer als die Ablation) beteiligt sind (J. Houghton, Globale Erwärmung, Springer, S. 102, 1997); H. Sterr in: Lozan, J. et al., (Hrsg.) Warnsignal Klima, Wiss. Auswertungen, Hamburg, S. 205, 1998). Jahrhundertelang waren die Eisschelfe Wilkins (14 000 km²) und Larsen B (7000 km²), die dem Westantarktischen Eisschild (WAIS) vorgelagert sind, stabil. Nach dem National Snow and Ice Data Center in Boulder, USA, sind sie nun voll auf dem Rückzug - allein 1998 verringerte sich die Eisfläche um ca. 3000 km² (Global Environmental Change Report, GECR 8, 4 - 5, 23. 4. 1999). Bei der gegenwärtigen Rückzugsrate könnte WAIS innerhalb von 7000 Jahren vollständig verschwunden sein; anthropogene Klimaänderungen könnten den Prozeß auch noch beschleunigen (H. Conway et al., Science 286, 280 - 83, 8.10.99).

Zum letztenmal kollabierte WAIS in der Eem-Warmzeit vor etwa 120 000 Jahren, was zu einem Meeresspiegelanstieg von 5 bis 6 m geführt hatte (R. Scherer et al., Science 281, 83 - 85, 1998). Kumulative Kostenabschätzungen bis 2100 für die Küsten der USA belaufen sich bei einem Meeresspiegelanstieg von ca. 5 bis 8 m auf etwa 350 bis 470 Mrd. US 1990 $ und bei naheliegenderen 50 cm je nach Autor auf 20 bis rd. 140 Mrd. US 1990 $ (G. Yohe und M. Schlesinger, Climatic Change, 38, 337 - 72, 1998).

Am ernstesten, so warnt das IPCC, sollte man die „Überraschungen" nehmen, die das anthropogen geänderte Klima für die Menschheit bereithält (J. Houghton et al., eds., Climate Change 1995, Cambridge Univ. Press, 1996). Europa wird durch die nach Norden fließende Nordatlantische Thermohaline Meeresströmung erwärmt. Die neuesten Modellsimulationen, die gut mit der beobachteten thermohalinen Zirkulation übereinstimmen, zeigen, daß bei der weiter zunehmenden atmosphärischen Treibhausgaskonzentration eine der Hauptpumpen, nämlich die im Labradormeer, welche für die Bildung des „North Atlantic Deep Water" (NADW) und die damit verbundenen Meeresströmungen verantwortlich ist, zwischen 2000 und 2030 kollabieren könnte (R. Wood et al., Nature 399, 572 - 575, 1999). Auch die Szenarienanalysen am Potsdamer Institut für Klimafolgenforschung zeigen eine Abschwächung des Golfstroms, der ab etwa 2100 innerhalb weniger Jahre für Europa völlig seine Wirkung verlieren könnte. Dies würde nicht nur zu einer drastischen Abkühlung führen, sondern es hätte auch schwerwiegende Auswirkungen vor allem auf Fischfang und Landwirtschaft und würde wohl die Europäer zur Flucht nach Süden zwingen (S. Rahmstorf, Wenn der Golfstrom kippt, Frankfurter Rundschau, 19. 2. 1999). Einmal abgeschaltet, ließe sich der Golfstrom so schnell nicht wieder in Gang bringen. Deshalb müßten wir umgehend Maßnahmen zur rechtzeitigen Eindämmung der Treibhausgasemissionen ergreifen (S. Rahmstorf, Nature 399, 523 - 24, 1999).

Die meisten politischen Entscheidungsträger haben die Tragweite der Klimaproblematik noch nicht voll erkannt. Sie glauben immer noch, daß für ein Umsteuern noch genügend Zeit bleibt. Dies ist bei einem System, das ein so langes Gedächtnis wie das Klimasystem hat, ein fataler Irrtum. Wir müssen endlich den Gefahren ins Auge sehen und die erforderlichen Emissionsreduktionen einleiten (siehe dazu die **Kapitel 22 - 24** auf lokaler sowie **26 und 28** auf globaler Ebene). Von der Versicherungswirtschaft, deren finanzielles Überleben von der richtigen Bewertung der Risikoeinschätzung abhängt, können wir lernen, wie man mit Ereignissen, die ein hohes Gefahrenpotential haben, umgeht (G. Berz, in J. Lozan et al. (Hrsg.), Warnsignal Klima, Wiss. Auswertungen, Hamburg, 400 - 406, 1998).

10 Klimabeeinflussung durch die Art der Energienutzung

Die vom Menschen verursachte Klimaänderung ist kein unabwendbares Schicksal, dem wir hilflos ausgeliefert sind. Wir haben Steuerungsmöglichkeiten, die zukünftige Richtung mitzubestimmen. Insbesondere durch unsere Energiepolitik stellen wir die Weichen entweder für eine tolerable oder eine katastrophale globale Klimaentwicklung. Für unterschiedliche Weltenergieszenarien werden die daraus resultierenden zukünftigen Emissions-, Konzentrations- und Temperaturänderungen berechnet. Die Temperaturanstiege nur für CO_2 bzw. für CO_2 und andere Treibhausgase werden den Wärmeperioden aus der Klimavergangenheit gegenübergestellt. Dies liefert einen ersten Hinweis über die mögliche Tragweite der zu erwartenden Auswirkungen. Vorsorgemaßnahmen werden diskutiert.

10.1 Einleitung

Die Menschheit hat ein globales Experiment begonnen, das in den nächsten Jahrzehnten mit ziemlicher Sicherheit zu nachweisbaren weltweiten Klimabeeinflussungen führt. Eine Hauptursache ist der rapide Anstieg des CO_2-Gehalts in der Atmosphäre durch die Verfeuerung fossiler Brennstoffe (Kohle, Öl, Gas), die Abholzung großer Waldgebiete und die intensive Bodenbearbeitung. Das Problem ist, daß das CO_2 schneller in die Atmosphäre eingegeben wird, als es von der Hauptsenke, dem Ozean, absorbiert und in die Tiefseeschichten eingebunden werden kann. Das alles mündet in einen Teufelskreis, denn eine immer größere Menge CO_2 verbleibt in der Atmosphäre, die zu einer verstärkten Absorption der Wärmestrahlung (Treibhauseffekt) und damit zur Aufheizung der unteren Atmosphäre beiträgt. Das wiederum kann zu ganz unterschiedlichen regionalen und jahreszeitlichen Veränderungen des Klimageschehens führen und bei der zunehmenden Weltbevölkerung die Wasserversorgung, die Ernährungssicherung und die Energiebedarfsdeckung ernsthaft gefährden.

Die Tatsache, daß noch große Wissenslücken bestehen, darf uns nicht zu einer abwartenden Untätigkeit verleiten. Denn gerade in einer unsicheren Situation ist ein abgesichertes Vorgehen geboten. Eine vernünftige Sicherheitsstrategie, wie sie in der Schlußerklärung der Weltklimakonferenz in Genf vom Jahre 1979 zum Ausdruck kommt, würde einerseits durch intensivere Forschung die Wissenslücken weiter reduzieren, aber andererseits die schon vorhandenen Erkenntnisse zur Einleitung von Vorsorgemaßnahmen einsetzen, um damit die CO_2-induzierte Klima-Gefahr zumindest zu entschärfen, wenn nicht gar ganz abzuwenden (WMO, 1979).

Die Weichen für die zukünftige Beeinflussung des Klimas stellen wir selbst mit unserer Energiepolitik. Dabei ist es wichtig, anstatt der bisherigen gedankenlosen Energieverschwendung in Zukunft eine verantwortungsbewußte Energienutzung zu

betreiben. Wenn wir an die Stelle der kostspieligen, weil viel zu primitiven Groß-
technologie, eine der jeweiligen Aufgabe am besten angepaßte energieeffiziente und
kostengünstige Technologie setzten, dann wäre der hohe Verbrauch fossiler Brennstoffe in der Vergangenheit keineswegs unumgänglich und müßte daher auch nicht
zwangsläufig in die Zukunft fortgeschrieben werden.

Im folgenden vergleiche ich die aus einem breiten Spektrum von Weltenergieszenarien abgeleiteten Energie-, CO_2- und Klimadaten und diskutiere abschließend
Vorsorgemaßnahmen, welche die Klimagefahren erfolgreich eindämmen können.

10.2 Abschätzung der zukünftigen Klimabeeinflussung

Eine wichtige Voraussetzung für die Erfassung der anthropogenen Klimabeeinflussung ist die Abschätzung der zukünftigen Energieentwicklung und, daraus abgeleitet, die Entwicklung der zukünftigen CO_2-Emission. Mit Hilfe von Energie-, Koh-
lenstoffkreislauf- und Klimamodellen werden die erforderlichen Energie-, Kohlen-
dioxid- und Klimadaten gewonnen.

10.2.1 Energiedaten

Jede Abschätzung resultiert aus einer Modellvorstellung, sei es ein Computermodell,
das quantitative Daten liefert, oder ein mentales Modell, das zur intuitiven Beurteilung beiträgt. Ein quantitatives Energiemodell besteht aus drei unterschiedlichen
Teilen, nämlich den Eingabedaten (z. B. die Bevölkerungs- und Wirtschaftsentwicklung), den Gleichungen (wie z. B. die Cobb-Douglas Produktionsfunktion, oder
die Gleichungen für Einkommens- und Preiselastizitäten) und dem Output
(gewöhnlich in Form von unterschiedlichen Szenarien).

Tab. 10.1 zeigt für eine Reihe von Energieszenarien die Spannbreite des möglichen
zukünftigen Weltprimärenergiebedarfs. Die IIASA-Szenarien (Internationales Institut für Angewandte Systemanalyse in Laxenburg bei Wien) spiegeln die Wachs-
tumsphilosophie vergangener Jahre wider (W. Häfele et al., 1981), das für die EG
angefertigte Nullwachstums-Szenario trägt der Energieentwicklung seit der Energiekrise Rechnung (U. Colombo/O. Bernardini, 1979) und das im Auftrag des Umweltbundesamtes angefertigte Effizienz-Szenario geht davon aus, daß diejenigen
Energieträger zur Anwendung kommen, die die größte Energiedienstleistung (wie z.
B. ein warmes Zimmer oder die Fahrt zum Büro) zum günstigsten Preis bereitstellen
(A. Lovins et al., 1981/1983).

Diese unterschiedlichen Vorgehensweisen führen nun zu ganz unterschiedlichen
Szenarien. Aus der vergleichenden Darstellung in Tab. 10.1 lassen sich die Hauptpunkte wie folgt zusammenfassen:

- Nach den IIASA-Szenarien soll bis zum Jahre 2030 der Verbrauch von Erdöl
  um das 1-2fache, der von Erdgas um das 2-4fache und der von Kohle sogar
  um das 2-5fache zunehmen. In scharfem Kontrast dazu ergibt sich aus den

Analysen des Effizienz-Szenarios, daß nicht Zunahmen, sondern Reduktionen um das 17fache für Erdöl, das 5fache für Erdgas und das 7fache für Kohle am kostengünstigsten sind.

- Zieht man die gegenwärtige Weltkohleförderung von rd. 2,3 TW, den Weltkohlehandel von nur ca. 0,23 TW, die langen Abteufungszeiten, die beschränkten Hafenkapazitäten, die Umweltprobleme, die ständig steigenden Kosten und die Tatsache, daß sich ca. 80% der Weltkohleressourcen auf nur etwa ein halbes Dutzend Länder verteilen, in Betracht, dann erscheint eine Projektion des Weltkohleverbrauchs von ca. 2,6 auf rd. 12 TW (siehe das hohe IIASA-Szenario) mehr als unwahrscheinlich.

- Die fossilen Brennstoffanteile von 84% (1980) bleiben in den IIASA-Szenarien auch 2030 mit fast 70% sehr hoch. Dagegen bewirkt eine effiziente Energienutzung eine drastische Reduktion auf nur 18%. Unverständlich ist, daß der besonders umweltfeindliche Kohleanteil im hohen IIASA-Szenario im Jahre 2030 noch weiter steigt und zwar von 26% auf 33%.

Tab. 10.1: Globaler Primärenergieverbrauch (TWa/a nach verschiedenen Energiequellen und für verschiedene Energieszenarien, 1980-2030)

| Quelle | Bezug 1980 TW | IIASA-Szenarien (1981) | | | | Colombo/ Bernardini (1979)[1] 16 TW (2030) Sz. | | Lovins et al. (1981) Effizienz Szenario | |
| | | Niedriges Szenario | | Hohes Szenario | | | | | |
		2000 TW	2030 TW	2000 TW	2030 TW	2000 TW	2030 TW	2000 TW	2030 TW
Erdöl	4,20	4,75	5,02	5,89	6,83	4,26	3,58	1,77	0,24
Erdgas	1,60	2,53	3,47	3,11	5,97	2,27	2,48	1,51	0,34
Kohle	2,60	3,92	6,45	4,94	11,98	3,51	4,60	1,77	0,38
Zwischensumme	8,40	11,20	14,94	13,94	24,78	10,04	10,66	5,05	0,96
Kernenergie (LWR)	0,30	1,27	1,89	1,70	3,21	1,13	1,36	—	—
Kernenergie (Brüter)	0	0,02	3,28	0,04	4,88	0,02	2,35	—	—
Zwischensumme	0,30	1,29	5,17	1,74	8,09	1,15	3,71	—	—
Wasserkraft		0,83	1,46	0,83	1,46	0,74	1,04		
Sonnenenergie[2]	1,30	0,29	0,30	0,10	0,49	0,08	0,20	2,02	4,27
Übrige Quellen[3]		0,17	0,52	0,22	0,81	0,16	0,36		
Zwischensumme	1,30	1,09	2,28	1,15	2,76	0,98	1,60	2,02	4,27
Insgesamt	10,00	13,58	22,39	16,83	35,63	12,17	15,97	7,07	5,23
Index	100	136	224	168	356	122	160	71	52

1) Annahme der gleichen Brennstoffanteile wie beim niedrigen IIASA-Szenario; das 16 TW-Szenario läuft häufig unter der Bezeichnung "Nullwachstumszenario", weil es den gegenwärtigen durchschnittlichen globalen Pro-Kopf-Energieverbrauch auch für das Jahr 2030 annimmt; es kommt aber bei Verdopplung der Weltbevölkerung von 4 auf 8 Mrd. zu einer Verdopplung des Gesamtenergieverbrauchs; 2) Überwiegend örtliche Sonnenkollektoren, wenige Solarkraftwerke zur Elektrizitätsversorgung; 3) u.a. Biogas, Geothermie, kommerzieller und nichtkommerzieller Holzanbau.

Quellen: Colombo /Bernardini (1979), Häfele et al. (1981), Lovins et al. (1981)

- Insgesamt ist in allen IIASA-Szenarien eine 2-3fache Zunahme der fossilen Brennstoffe bis zum Jahre 2030 zu verzeichnen, was bei den langsam greifenden Kontrollmaßnahmen zu einer weiteren Verschärfung der Umweltprobleme führen muß. Dagegen zeigt das Effizienz-Szenario, daß bei kostengünstigem Energieeinsatz der fossile Brennstoffverbrauch um das 8fache auf ca. 1 TW gesenkt werden kann.

- Die IIASA-Szenarien postulieren eine drastische Zunahme des Atomenergieanteils von 3% (1980) auf 23% (2030). Insbesondere der hohe Brüteranteil von ca. 15% ist wohl nur mit der besonderen Zuneigung der Szenarien-Entwickler zu dieser Technologie zu erklären.

- Der starke Ausbau der Atomenergie (um das 17-27fache), der u. a. mit der Herabsetzung der CO_2/Klima-Gefahr und des Säureregen-Problems gerechtfertigt wird, erweist sich spätestens dann als hohles Argument, wenn in den gleichen Szenarien der globale Verbrauch fossiler Brennstoffe dann immer noch von 8,4 TW (1980) auf 24,8 TW (2030) zunehmen soll.

- Bei den rapide steigenden Kosten gerade in den Groß-Technologien sind solch hohe Steigerungsraten und Gesamtmengen für Atomenergie und fossile Brennstoffe weltweit wohl kaum finanzierbar und bei den jetzt schon bestehenden riesigen Außenhandelsdefiziten in den meisten Ländern ziemlich realitätsfern. Betrachtet man sowohl die Kosten als auch die Akzeptanz der Umweltprobleme, ist es nicht einsichtig, warum gerade die Leichtwasser- und Brütertechnologie bis zum Jahre 2030 in den IIASA-Szenarien um das rd. 20 bis 30fache, die gesamten erneuerbaren Energieträger aber nur um das 2fache zunehmen können. (Allerdings zeigen sich Anfänge eines Umdenkens in einem hier nicht gezeigten '83-Szenario, in dem der Anteil erneuerbarer Energieträger von den ursprünglich 8-10% auf 19% angehoben und der der Atomenergie von 23% auf 10% reduziert wird.)

- In starkem Kontrast zu den IIASA-Szenarien ergibt sich aus der Analyse des Effizienz-Szenarios, daß bei Einführung kostengünstiger Effizienzverbesserungen der fossile Brennstoffverbrauch im Jahre 2030 von 8,4 TW auf rd. 1 TW abnehmen, und daß der restliche Bedarf von rd. 4,3 TW ohne allzu große Schwierigkeiten durch das relativ hohe Potential regenerativer Energiequellen gedeckt werden kann. Für Atomenergie besteht dann kein Bedarf mehr.

- Zusammenfassend läßt sich aus Tab. 10.1 ablesen, daß eine kostengünstige und effiziente Energienutzung im Jahre 2030 keine 3,6fache Zunahme des globalen Primärenergiebedarfs erfordert, wie das im hohen IIASA-Szenario postuliert wird, sondern daß sie ganz im Gegenteil zu einer kostensparenden und inflationsdämpfenden Abnahme des Energieverbrauchs um 48% gegenüber heute und damit zu einer Reduzierung des CO_2/Klimarisikos führt.

10.2.2 Emissions-und Konzentrationsdaten

Die in Abb. 10.1 und 10.2 dargestellten historischen Daten der CO_2-Emission (1860-1980) wurden mit Hilfe von U. N. Statistiken berechnet. Die zukünftigen CO_2-Emissionen für die verschiedenen Szenarien (Abb. 10.1) wurden an Hand der in Tab. 10.1 angegebenen Energieanteile abgeleitet. Die historischen und zukünftigen CO_2-Konzentrationen in Abb. 10.2 wurden mit Hilfe eines Kohlenstoffkreislaufmodells berechnet, das aus den 4 Speichern Atmosphäre, Biosphäre, Ozeanmischungsschicht (ungef. 75 m tief) und Tiefsee besteht, die sowohl als Quellen als auch als Senken wirken (C. Keeling, 1973). Die berechneten Daten wurden den auf dem Mauna Loa gemessenen Daten angepaßt. Da im Gegensatz zu der früher angenommenen vorindustriellen CO_2-Konzentration von 290 ppmv Expertenmeinungen heute mehr zu einem Wert von 270 ppmv hin tendieren (R. Bojkov, 1983, T. Wigley, 1983), muß eine zusätzliche CO_2-Quelle von rd. 20 ppmv (z. B. die starke Landnahme mit beträchtlichen Rodungen um die Jahrhundertwende) postuliert werden. Der Input aus der Biosphäre wurde mit Hilfe einer Gaußschen Funktion nach R. Bacastow und C. Keeling (1981) berechnet.

Die zukünftige Entwicklung der anderen Treibhausgase basiert auf den von J. Hansen et al. (1984) angegebenen Wachstumsraten von ca. 1,5%/a für CH_4, ca. 0,3%/a für N_2O und ca. 4%/a für die CFM.

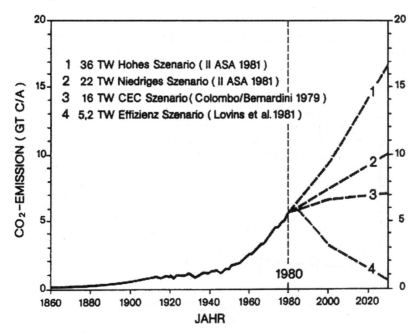

Abb. 10.1: Berechnung der CO_2-Emission anhand von UN Statistiken für fossile Brennstoffe (1860-1980). Projektion bis zum Jahre 2030 auf der Grundlage der in Tab. 10.1 gezeigten Energieszenarien.

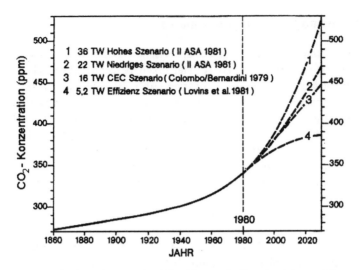

Abb. 10.2: Berechnung der CO_2-Konzentration der Atmosphäre mit Hilfe eines Kohlenstoffkreislaufmodells und den CO_2-Emissionsdaten in Abb. 10.1. als Input.

10.2.3 Klimadaten

Abb. 10.3 und 10.4 zeigen den beobachteten Temperaturgang in der bodennahen Luftschicht der nördlichen Hemisphäre von 1880 - 1980 (P. Jones et al., 1982). Die

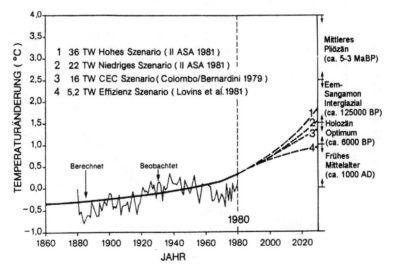

Abb. 10.3: Beobachteter Temperaturverlauf auf der Nördlichen Halbkugel von 1880-1980. Berechneter Temperaturverlauf mit Hilfe eines Atmosphäre-Ozean gekoppelten Energiebilanzmodells von 1860-2030 für den CO_2-Effekt. Die Periode 1946-1960 gilt hier als Bezugsgröße.

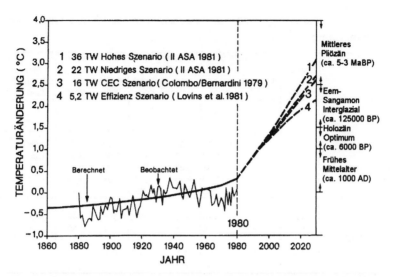

Abb. 10.4: Dasselbe wie Abb 10.3, aber von 1980-2030 für den gemeinsamen Effekt von CO_2 und anderen Treibhausgasen.

für die Periode 1860 - 1980 berechnete Temperaturkurve und die für die verschiedenen Energieszenarien und Wachstumsraten für CO_2 und die anderen Treibhausgase berechneten zukünftigen global gemittelten Temperaturwerte wurden mit Hilfe der parameterisierten Form eines eindimensionalen zeitabhängigen Atmosphäre-Ozean gekoppelten Energiebilanzmodells nach J. Hansen et al. (1984) erstellt.

10.2.4 Zusammenfassung der Modellergebnisse

Die Ergebnisse der Modellsimulationen in Tab. 10.2 können den Entscheidungsträgern wertvolle Hinweise für eine sinnvolle Vorsorgepolitik geben. So nimmt z. B., bezogen auf das Jahr 1980, im Jahre 2030 im hohen IIASA-Szenario die CO_2-Emission um das 3fache, die CO_2-Konzentration um 55% und die globale Durchschnittstemperatur um das mehr als 4fache von 0,4 auf 1,9 °C zu, wenn wir nur den CO_2-Effekt betrachten. Beim Effizienz-Szenario, das auf einer weniger verschwenderischen Energienutzung beruht, nimmt dagegen über die gleiche Bezugsperiode die CO_2-Emission um das 9fache ab, wodurch die CO_2-Konzentration nur noch um 14% zunimmt. Der dadurch ausgelöste Temperaturanstieg ist für den reinen CO_2-Effekt mit 0,9 °C weniger als halb so groß wie beim hohen IIASA-Szenario. Nehmen wir die Wirkung der anderen Treibhausgase hinzu, so erhalten wir für das hohe IIASA-Szenario einen fast 8fachen Temperaturanstieg von 0,4 auf 3,1 °C und für das Effizienz-Szenario eine ca. 5fache Temperaturzunahme von 0,4 auf 2,1 °C. Bei Berücksichtigung auch der anderen Treibhausgase zusätzlich zum CO_2-Effekt erhälten wir für das hohe IIASA-Szenario eine Erwärmung, wie sie seit dem mittleren Pliozän vor 5 - 3 Millionen Jahren nicht mehr vorgekommen ist; und selbst das Effizienz-Szenario könnte noch zu einer Aufheizung führen, wie sie seit der Eem-Sangamon-Zwischeneiszeit vor 125.000 Jahren nicht mehr beobachtet worden ist.

Tab. 10.2: Zusammenfassung der Modellergebnisse von 1980-2030 für die in Tab. 10.1. angenommen Energieszenarien.

	Bezugs-Jahr 1980	IIASA-Szenarien (1981)				Colombo/Bernardini (1979) 16 TW (2030) Sz.		Lovins et al. (1981) Effizienz Szenario	
		Niedrige Szenario		Hohes Szenario					
		2000	2030	2000	2030	2000	2030	2000	2030
CO_2-Emission									
(GtC/a)[1]									
Öl	2,69	3,04	3,21	3,77	4,37	2,73	2,29	1,13	0,15
Gas	0,69	1,09	1,49	1,34	2,57	0,98	1,07	0,65	0,15
Kohle	1,98	2,99	4,92	3,77	9,14	2,68	3,51	1,35	0,29
Zement und Abfackeln	0,22	0,29	0,38	0,35	0,62	0,25	0,27	0,11	0,02
Gesamt	5,57	7,41	10,00	9,23	16,70	6,64	7,14	3,24	0,61
Index	100	133	180	166	300	120	128	58	11
CO_2-Konzentration									
(ppmv)	339	381	470	388	525	378	448	369	386
Index	100	112	139	114	155	112	132	109	114
Temperaturänderung									
(°C)[2] (nur CO_2)	0,4	0,8	1,6	0,8	1,9	0,7	1,4	0,6	0,8
Index	100	200	400	200	475	175	350	150	200
Temperaturänderung									
(CO_2 & andere Gase)[3]	0,4	1,3	2,8	1,4	3,1	1,3	2,7	1,2	2,1
Index	100	325	700	350	775	325	675	300	525

1) 1 t C + 3,61 t CO_2; 2) Bezogen auf die Referenzperiode von 1946-1960; 3) Methan (CH_4), Distickstoffoxid (N_2O) und Chlorfluormethane ($CFCl_3$, CF_2Cl_2).

10.3 Diskussion

Die reinen Zahlenangaben sind natürlich noch mit vielen Unsicherheiten behaftet, weil wir noch nicht in der Lage sind (es vielleicht auch nie sein werden), die vielen Teilaspekte des komplizierten Umweltsystems in dem erforderlichen Detail realistisch zu simulieren. Weitere Forschung kann die bestehenden Unsicherheiten reduzieren, sie kann aber auch, wie das häufig der Fall ist, neue Fragen aufwerfen und damit die Unsicherheiten weiter erhöhen.

Der Entscheidungsträger, der täglich weitreichende Entscheidungen auf der Grundlage der besten ihm zur Verfügung stehenden Informationen treffen muß, kommt zwar nicht ohne das wissenschaftliche Informationsmaterial aus, er kann aber auch nicht wegen vager Versprechungen über einen möglichen Erkenntnisgewinn seine Entscheidungen ständig hinauszögern. Das wäre auch schon deshalb unklug, wenn man bedenkt, wie lange es dauert, ein eingefahrenes Wirtschafts- und Energiesystem weltweit auf ein weniger umweltbelastendes umzustellen (nach den Erfahrungen der Vergangenheit dauert es 50 - 100 Jahre).

Auch die Ergebnisse in Tab. 10.2 liefern starke Argumente dafür, spätestens jetzt mit der Einleitung von Vorsorgemaßnahmen zu beginnen. Denn trotz der beträchtlichen Reduktion der CO_2-Emission im Effizienz-Szenario reagiert das System immer noch mit einer, wenn auch reduzierten, Wachstumsrate des CO_2-Anstiegs in der Atmosphäre. Das Umweltsystem hat offenbar ein langes Gedächtnis nicht zuletzt wegen der begrenzten CO_2-Aufnahmefähigkeit und der thermischen Trägheit des

Ozeans. Eine wichtige zusätzliche Erkenntnis läßt sich ebenfalls aus Tab. 10.2 able-sen, nämlich, daß wir neben dem CO_2, das bisher alle Aufmerksamkeit bekam, auch alle anderen Treibhausgase reduzieren müssen, wenn wir uns nicht der Gefahr weit-reichender, und vielleicht sogar irreversibler, anthropogener Klimaänderungen aus-setzen wollen.

10.4 Vorsorgemaßnahmen

Als wichtiges Ergebnis dieser Untersuchung halten wir fest, daß offensichtlich nur die Maßnahmen des Effizienz-Szenarios zu einer deutlichen Abschwächung der Klimabeeinflussung führen. Damit wird etwas ganz Wichtiges gewonnen, nämlich Zeit für den ordnungsgemäßen Übergang zu einer dauerhaften Energieversorgung, die das Umwelt- und Klimasystem nicht in unzulässiger Weise verändert.

Das CO_2/Klima-Problem ist aber kein unabwendbares Schicksal, dem wir hilflos ausgeliefert sind. Uns steht eine ganze Reihe von Steuerungsmöglichkeiten zur Ver-fügung, die gewünschte zukünftige Richtung mitzubestimmen. Die Weichen für die globale Klimaentwicklung stellen wir selbst vor allem durch unsere Energiepolitik.

Diese Einsicht hat einen Umdenkungsprozeß eingeleitet, der sich auf die empi-risch und methodisch überzeugenden Energiestudien einer Vielzahl verschiedenarti-ger Länder stützt. Alle zeigen sie, daß höhere Energiedienstleistungen als bisher mit einem geringeren Energieeinsatz allein durch die Steigerung der Energieprodukti-vität bereitgestellt werden können. Dieses ermutigende Ergebnis weist uns den Weg zu einer gesunden Energie- und Wirtschaftspolitik und gibt uns gleichzeitig den Schlüssel zur Abwendung einer möglichen CO_2/Klima-Gefahr.

Eine solche risikoarme Energie- und Klimapolitik zeichnet sich durch die wir-kungsvollere Nutzung der bisher schon verwendeten Energieträger aus. Dadurch reduziert sich der Gesamtbedarf, wodurch einerseits die nicht erneuerbaren Quellen geschont werden und andererseits die zunächst nur in bescheidenem Maße einsetz-baren erneuerbaren CO_2-freien Energiequellen schon einen spürbaren Beitrag leisten können. Diese Doppelstrategie hat gegenüber allen anderen Vorgehensweisen den ausschlaggebenden Vorteil, daß sich die effizientere Energienutzung ohne große Vorlaufzeit in aktive Energiepolitik mit unmittelbar sichtbaren Erfolgen umsetzen läßt, und daß für eine geordnete und wohlüberlegte Einführung der erneuerbaren Energieträger genügend Zeit bleibt.

Ergänzt werden muß dieses Konzept noch durch eine Landnutzungspolitik, die sich durch ein Gleichgewicht zwischen Abholzung und Wiederaufforstung sowie die Erhaltung der Bodengüte auszeichnet. Eine solche Politik bringt vielfältigen Nutzen, denn sie entschärft nicht nur das CO_2/Klima-Problem, sondern trägt auch durch die Eindämmung der Bodenerosion, die Verhinderung von Überschwemmun-gen und die Verbesserung des Wasserhaushalts ganz entscheidend zur Ernährungs-sicherung bei.

Diese Strategien, die uns aus der bisherigen Durchlauf- in eine dauerhafte Kreislaufwirtschaft führen, begünstigen darüber hinaus eine stabile Gesellschaftsordnung. Der Bonus einer solchen Politik reicht von der Verringerung der Abhängigkeit von externen Ressourcen, dem Abbau des Leistungsbilanzdefizits und der Sicherung von Arbeitsplätzen, bis hin zur Reduzierung technologischer Risiken und Akzeptanzprobleme sowie der Verhinderung der Umweltzerstörung.

Auf die Lösung dieser Menschheitsprobleme muß jetzt verstärkt hingearbeitet werden. Die Dringlichkeit der CO_2/Klima-Gefahr sollte einen zusätzlichen Impuls liefern, die Einleitung von Vorsorgemaßnahmen zu beschleunigen, durch die gleichzeitig auch diese Gefahr vermieden werden kann. Die Erfolgschancen stehen keinesfalls schlecht, weil eine Politik mit den geringsten ökonomischen Kosten auch das geringste Klimarisiko verursacht. Diese vernünftige Wirtschafts- und Energiepolitik muß jedoch gegen den großen Widerstand einflußreicher Interessengruppen durchgesetzt werden. Hier ist die wachsame Mithilfe eines jeden Bürgers gefordert.

Literaturauswahl

Bacastow, R.B./C.D. Keeling (1981): Pioneer effect correction to the observed airborne fraction. - In: Carbon Cycle Modeling, B. Bolin, Editor, SCOPE 16, New York, J. Wiley and Sons, pp. 247-257.

Bach, W. (1982): Gefahr für unser Klima: Wege aus der CO_2-Bedrohung durch sinnvollen Energieeinsatz. C. F. Müller-Verlag, Karlsruhe, 317 S.

Bojkov, R.D. (1983): Report of the WMO (CAS) meeting of experts on the CO_2 concentrations from pre-industrial times to I. G.Y. Boulder, 22-25 June 1983.

Colombo, U./ O. Bernardini (1979): A Low Energy Growth 2030 Scenario and the Perspectives for the European Communities, Brussels, 267 pp.

Hansen, J. et al. (1984): Climate sensitivity: Analysis of feedback mechanisms. - In: Climate processes and climate sensitivity, J. Hansen and T. Takahashi, Editors, Washington, D. C., Amer. Geophys. Union, vvl. 5, PP. 130-163.

Häfele, W. et al. (1981): Energy in a Finite World, Cambridge, Ballinger, 837 pp.

Jones, P.D./T.M.L. Wigley/P.M. Kelly (1982): Variations in surface air temperatures: Part 1. Northern Hemisphere, 1881-1980. - In: Monthly Wea. Rev. 10 (2), 59 - 70.

Keeling, C.D. (1973): The carbon dioxide cycle: Reservoir models to depict the exchange of atmospheric carbon dioxide with the oceans and plants. - In: Chemistry of the Lower Atmosphere, S. I. Rasool, Editor, New York, Plenum Press, pp. 251 - 329.

Lovins, A.B./L.H. Lovins/F. Krause/W. Bach (1981/1983): Least-cost Energy: Solving the CO_2 Problem, Brick House, Andover, USA, 184 pp.; und deutsche Version: Wirtschaftlichster Energieeinsatz: Lösung des CO_2-Problems, Alternative Konzepte 42, C. F. Müller, Karlsruhe, 281 S.

Schönwiese, C.D. (1979): Klimaschwankungen, Springer Verlag, Berlin, 181 S.

Wigley, T.M.L. (1983): The pre-industrial carbon dioxide level. - In: Climatic Change 5, 315 - 320.

WMO (1979): Proceedings of the World Climate Conference, WMO No. 537, Geneva.

11 Klimabeeinflussung durch Spurengase

Das Klima der Erde hängt von der Sonnenenergiemenge ab, die von der Erdoberfläche und der Atmosphäre absorbiert wird. Die Absorption wird von der Spurengaskonzentration und -zusammensetzung bestimmt. Die derzeitige global gemittelte Oberflächentemperatur beträgt 288 K; ohne Spurengase wären es nur 255 K. Die Differenz von 33 K ist der Treibhauseffekt. Daran waren die Spurengase größenordnungsmäßig wie folgt beteiligt: H_2O mit 20,6 K, CO_2 mit 7,2 K, O_3 mit 2,4 K, N_2O mit 1,4 K, CH_4 mit 0,8 K, und FCKW, NH_3, NO_2, SO_2, O_2 sowie N_2 insgesamt mit 0,8 K. Zunächst wird die Schlüsselrolle des Hydroxyl (HO)-Radikals in der Atmosphärenchemie bei Entstehung und Abbau vieler Gase durch photochemische Reaktionen beschrieben. Danach folgt eine detaillierte Charakterisierung der o.a. Treibhausgase. Anschließend wird gezeigt, daß Landnutzungspraktiken wie die Brandrodung tropischer Wälder und das Abflämmen subtropischer Grasflächen etc. Spurengase freisetzen, die in ihren Größenordnungen den globalen Industrieemissionen gleichkommen. Die hier betrachteten Spurengase sind entweder strahlungs- und/oder chemisch -aktiv, wobei sie das Klima auf drei unterschiedliche Arten beeinflussen, nämlich direkt, indirekt und durch Wechselwirkungen zwischen Tropo- und Stratosphäre. Zur Eindämmung der Klimabeeinflussung durch Spurengase wird abschließend eine aus drei Komponenten bestehende Sicherheitsstrategie vorgeschlagen.

11.1 Einleitung

Bisher lag unser Augenmerk vorwiegend auf der Klimabeeinflussung durch Kohlendioxid (CO_2). Modellrechnungen zeigen jedoch, daß die Gesamtwirkung der anderen Spurengase (wie z. B. Methan, Distickstoffoxid, Ozon, Chlorfluormethane) der CO_2-Wirkung schon jetzt vergleichbar ist. In Zukunft wird ihre Wirkung relativ zum CO_2 wegen ihrer größeren Wachstumsraten und längeren atmosphärischen Verweilzeiten voraussichtlich noch zunehmen und damit den CO_2-Effekt verstärken. Hinzu kommt das starke Bevölkerungswachstum in der 3. Welt, das zu einer verstärkten Landnutzung auf Kosten der Wälder und der Bodengüte geht. Die daraus resultierende Einwirkung auf die Luftchemie und damit auf das Klima entspricht in der Größenordnung der Beeinflussung durch industrielle Prozesse. In einer Welt mit einer zunehmenden Bevölkerung wird eine anthropogen ausgelöste Klimaänderung insbesondere für die Ernährungssicherung zu einem sehr ernst zu nehmenden zusätzlichen Risikofaktor. Das führt zu der kritischen Frage, wie lange noch das Umwelt- und Klimasystem ohne irreversible Folgen die von der Industrie Jahr für Jahr ungetestet in die Atmosphäre eingebrachten neuen chemischen Substanzen und die aus der Landschaftszerstörung in den mittleren und tropischen Breiten stammenden Emissionen tolerieren kann?

132

11.2 Strahlungshaushalt des Systems Erde - Atmosphäre

Die Sonne ist die Energiequelle für alle Klimaprozesse auf der Erde. Das Klima der Erde hängt in erster Linie von der Energiemenge ab, die vom Erdboden und der Atmosphäre absorbiert wird. Die Absorption wird durch die Gaskonzentration und -zusammensetzung bestimmt. Ohne Atmosphäre betrüge die global gemittelte Oberflächentemperatur ca. 255 K und nicht, wie beobachtet, 288 K. Dieser wesentliche Unterschied, der das Leben auf unserem Planeten erst ermöglicht, beruht auf der Absorption und Emission von Energie durch Wasserdampf (H_2O), Kohlendioxid (CO_2), Ozon (O_3) und anderen Spurenstoffen, deren Konzentration gering ist im Vergleich zu den Hauptelementen Stickstoff und Sauerstoff. Die Spurengase lassen die kurzwellige solare Einstrahlung relativ ungehindert hindurch, so daß der Hauptstrahlungseffekt darin besteht, die von der Erdoberfläche ausgehende langwellige Strahlung zu absorbieren und zum Teil wieder dorthin zurückzustrahlen.

Abbildung 11.1 zeigt, daß dafür vor allem H_2O und CO_2 verantwortlich sind, die im langwelligen (infraroten) Spektralbereich mit ihren breiten Absorptionsbanden große Teile des Spekrums abdecken (J. Chamberlain et al. 1982). Nun hat die Atmosphäre zwischen den Wellenlängen 8 und 12 µm ein „Fenster", das für die ausgehende Strahlung relativ durchlässig ist. Dort befinden sich schmale aber sehr wirksame Absorptionsbanden von O_3, CO_2 und anderen Gasen, die bei dem beobachteten Anstieg zu einer Erhöhung der Absorptionswirkung beitragen. Für den Gesamteffekt, der, wie wir oben gesehen haben, zu einer Erwärmung der bodennahen Luftschicht um ca. 33 K führt, hat sich der populäre Ausdruck „Treibhauseffekt" eingebürgert. Die Bezeichnung ist allerdings etwas mißverständlich, da sich Treibhäuser bekanntlich durch konvektive und nicht durch Strahlungsenergie aufheizen.

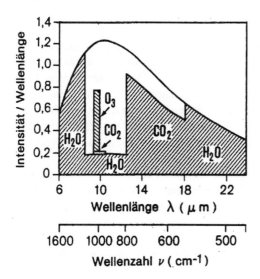

Abb. 11.1: Thermische Ausstrahlung der Erdoberfläche bei T = 288 K und Absorptionsbande der wichtigsten Spurengase. Nach: Chamberlain et al. (1982).

11.3 Treibhauseffekt

Der Treibhauseffekt läßt sich nach K. Kondratyev und N. Moskalenko (1984) als Differenz der Oberflächentemperatur T_S und der Strahlungstemperatur T_r wie folgt berechnen:

$$\Delta T = T_S - T_r \text{ und } T_r \text{ ist definiert durch:}$$

$$T_r = [F\uparrow/\sigma]^{1/4}$$

wobei F↑ der ausgestrahlte thermische Energiefluß an der Obergrenze der Atmosphäre und σ die Stefan-Boltzmannsche Konstante ($0{,}567 \times 10^{-7}$ Wm^{-2}K^{-4}) sind. Ohne Atmosphäre wäre $T_r = T_S$ und folglich $\Delta T = 0$.

Die global gemittelte thermische Ausstrahlung der Erde läßt sich als Funktion der Gleichgewichtstemperatur T_e darstellen. Bei Vernachlässigung interner Wärmequellen ist $T_r = T_e$. Letztere ist durch den global gemittelten solaren Input und thermischen Output wie folgt gekennzeichnet:

$$T_e = [Q_0(1 - \alpha)/4\sigma]^{1/4}$$

wobei Q_0 die Solarkonstante (1360 Wm^{-2}) und α die planetare Albedo (0,28) sind.

Kondratyev und Moskalenko (1984) haben die Entwicklung der gasförmigen Zusammensetzung der Atmosphäre und des Treibhauseffekts für verschiedene Zeitepochen der Erdgeschichte berechnet. Tab. 11.1 zeigt, daß zu Beginn der Erdgeschichte die Atmosphäre vorwiegend aus Kohlenstoffverbindungen (CO_2, CH_4) sowie aus H_2O und Stickstoff (N_2) bestanden hat. Erst nach 800 Mio. Jahren kommt der Sauerstoff (O_2) hinzu und ist heute mit rund 21 %, nach dem N_2 mit 78 %, das zweithäufigste Element. Während Distickstoffoxid (N_2O) und O_3 bis heute ständig zugenommen haben, verzeichneten CH_4 und CO_2 bis zum vorigen Jahrhundert einen starken Rückgang. Allerdings stiegen letztere seit der Industriellen Revolution und der Landnahme wieder an, was den natürlichen Treibhauseffekt verstärkte.

Auch die bodennahe Luftschicht hat im Laufe der Evolution ganz unterschiedliche Wärmeperioden durchlaufen. So war z. B. 800 Mio. Jahre nach der Erdentstehung der Treibhauseffekt ($\Delta T = 118$ K) fast viermal so stark wie heute ($\Delta T = 33$ K), was vor allem an den viel höheren atmosphärischen Konzentrationen von H_2O, CH_4 und CO_2 gegenüber heute gelegen hat. Berechnungen für eine Modellatmosphäre zeigen, daß zum gegenwärtigen Treibhauseffekt von 33,2 K die Spurengase anteilmäßig wie folgt beitragen: 20,6 K (H_2O), 7,2 K (CO_2), 2,4 K (O_3), 1,4 K (N_2O), 0,8 K (CH_4) und 0,8 K Chlorfluormethane (CFM), Ammoniak (NH_3), Stickstoffdioxid (NO_2), Schwefeldioxid (SO_2), O_2 und N_2.

Tabelle 11.1: Entwicklung der Gasanteile der Atmosphäre und des Treibhauseffekts von der Entstehung der Erde bis zur Gegenwart

Mrd. Jahre	O_2	N_2	$H_2O^{a)}$ (g/cm^2)	CO_2	$O_3^{a)}$ (atm. cm)	CH_4	N_2O	T_S (K)	T_e (K)	ΔT (K)
0	0	0,03	2	0,9	0	0,05	0	296	235	61
0,2	0	0,1	8,1	0,5	0	0,40	0	318	216	102
0,8	0,2e4 [b)]	0,04	22	0,1	0,3e6	0,83	0	336	218	118
1	0,2e3	0,04	16	0,08	0,3e4	0,85	0	328	219	109
2	0,2e2	0,4	7,1	0,04	0,3e3	0,57	0	316	225	91
2,5	0,2e1	0,95	2	0,02	0,3e2	0,2e2	0,1e7	298	246	52
3,5	0,04	0,95	1,4	0,5e2	0,3e1	0,1e5	0,1e6	288	253	35
4	0,05	0,95	1,2	0,1e2	0,17	0,18e4	0,2e6	285	258	27
4,5	0,21	0,78	1,4	0,34e3	0,3–0,56	0,16e5	0,3e6	288	255	33

a) Die Werte sind auf eine vertikale Luftsäule bezogen; b) 0,2e4 bedeutet $0,2 \times 10^{-4}$

Nach: Kondratyev and Moskalenko (1984)

11.4 Schlüsselrolle des Hydroxyl-Radikals in der Luftchemie

Vor etwa 15 Jahren wies H. Levy (1971) zum ersten Mal auf die grundlegende Rolle hin, die das Hydroxyl (HO)-Radikal in der Atmosphärenchemie spielt. Ohne die HO-Einwirkung hätte die Atmosphäre eine vollkommen andere Zusammensetzung. Da Entstehung und Abbau vieler atmosphärischer Gase durch photochemische Reaktionen bestimmt werden, in denen HO eine ausschlaggebende Rolle spielt, fällt ihm damit auch eine Schlüsselrolle bei der Beeinflussung der Luftqualität und des Klimas zu (P. Crutzen 1985; C. Hewitt und R. Harrison 1985). Diese knappe Einführung dient dem besseren Verständnis der in den nachfolgenden Abschnitten beschriebenen Vorgänge.

Das HO-Radikal entsteht durch Photolyse des Ozon (O_3) bei Absorption von UV-Strahlung (hv), wobei bei einer Wellenlänge unterhalb $\lambda = 310$ nm zunächst Sauerstoffatome in einem angeregten Zustand höherer Energie (Singulett-D oder O (^1D), auch vereinfachend O* geschrieben) gebildet werden, gefolgt von der Reaktion mit Wasserdampf zum Hydroxyl:

$$O_3 + hv \rightarrow O(^1D) + O_2 \ (\lambda < 310 \text{ nm})$$

und

$$O* + H_2O \rightarrow 2HO.$$

Die Effizienz dieser Reaktionen ist in den niederen Breiten am höchsten, weil dort auch die photochemisch aktive UV-Strahlung am größten ist.

Die wichtigsten Senken für HO sind in der Troposphäre die Reaktionen mit CO, CH_4 und NO_2:

$$CO + HO \rightarrow CO_2 + H$$
$$NO_2 + HO + M \rightarrow HNO_3 + M$$
$$CH_4 + HO \rightarrow CH_3 + H_2O$$

(Aus Impulserhaltungsgründen ist hier als Stoßpartner M ein anderes Molekül oder Atom beteiligt, das aber nicht an der chemischen Reaktion teilnimmt). Das HO-Radikal gilt auch als dominierende direkte Senke für einige C-Cl-Verbindungen, und es ist ebenfalls an der homogenen Gasphasenumwandlung des SO_2 zu H_2SO_4 beteiligt. Die Anwesenheit von HO in der Troposphäre liefert die einzige plausible Erklärung für die kurze Verweildauer vieler Gase in der Atmosphäre.

Schon 1957 haben R. Revelle und H. Suess eindringlich darauf hingewiesen, daß die Menschheit im Begriff ist, durch ihre unkontrollierten Aktivitäten ein geophysikalisches Experiment globalen Ausmaßes in Gang zu setzen. Tab. 11.2 zeigt eine Auswahl der daran beteiligten Spurengase und deren chemische Symbole. Im folgenden gebe ich eine kurze Charakteristik der wichtigsten Spurengase und zeige die beobachteten Trends.

11.5 Die wichtigsten klimawirksamen Spurengase

Kohlendioxid (CO_2): Der jährliche Kohlenstoff(C)-Ausstoß hat durch die Verfeuerung fossiler Brennstoffe, das Abfackeln von Gas u.a.m. weltweit von rund 0,1 Gt C (1 Gt = 1 Milliarde Tonnen) im Jahre 1860 auf rund 5,3 Gt C im Jahre 1980 zugenommen (R. Rotty 1983). Die durchschnittliche Wachstumsrate betrug über diesen Zeitraum 3,4 %/a. Seit der Energiekrise von 1973/74 ist sie bis heute allerdings auf 1,5 %/a geschrumpft (G. Marland u. R. Rotty 1984). Dieser willkommene Trend wird von vielen zum Vorwand genommen, das CO_2-Klimaproblem wieder zu verdrängen. Eine weniger kurzsichtige Betrachtungsweise kommt bei Berücksichtigung auch der anderen klimawirksamen Spurengase zu dem Schluß, daß sich das Klimarisiko eher noch erhöht hat.

Im Gegensatz zur Emission zeigt sich bei der CO_2-Konzentration kein Rückgang. Eiskernbohrungen und Baumringanalysen deuten an, daß der vorindustrielle CO_2-Gehalt der Atmosphäre wahrscheinlich bei 270 ± 20 ppmv lag (CDAC 1983). Auf Grund der jüngsten Analysen antarktischer Eiskerne erhalten A. Neftel et al. (1985) einen vorindustriellen Wert von 280 ± 5 ppmv, während die Meßergebnisse von D. Raynaud und J. Barnola (1985) eher zu dem niedrigeren Wert von 260 ppmv hin tendieren. Die ersten systematischen Messungen auf dem Mauna Loa, Hawaii, zeigen eine Zunahme von 315 ppmv im Jahre 1958 auf 342 ppmv im Jahre 1983 (Abb. 11.2). Danach hätte der CO_2-Gehalt bis heute gegenüber 1850 um 16 - 27% und gegenüber 1958 um ca. 8% zugenommen.

Tabelle 11.2: Überblick über strahlungsaktive Spurengase in der Atmosphäre

Spurengase	Chemisches Symbol	Spurengase	Chemisches Symbol
Kohlenstoffgruppe		*Halogengruppe*	
Kohlendioxid	CO_2	Trichlorfluormethan	$CFCl_3$
Methan	CH_4	(Freon 11)	
Sauerstoffgruppe		Dichlordifluormethan	CF_2Cl_2
Ozon	O_3	(Frenon 12)	
Stickstoffgruppe		Chlortrifluormethan	CF_3Cl
Distickstoffoxid	N_2O	(Freon 13)	
Stickstoffdioxid	NO_2	Dichlorfluormethan	$CFHCl_2$
Distickstoffpentoxid	N_2O_5	(Freon 21)	
Salpetersäure	HNO_3	Chlordifluormethan	CF_2HCl
Ammoniak	NH_3	(Freon 22)	
Schwefelgruppe		Trichlortrifluorethan	CF_3CCl_3
Schwefeldioxid	SO_2	(Freon 113)	
Karbonylsulfid	COS	Dichlortetrafluorethan	$C_2F_4Cl_2$
Kohlenstoffdisulfid	CS_2	(Freon 114)	
Schwefelwasserstoff	H_2S	Chlorpentafluorethan	C_2F_5Cl
Kohlenwasserstoffgruppe		(Freon 115)	
(Nichtmethane)		Hexafluorethan	C_2F_6
Azetylen	C_2H_2	(Freon 116)	
Ethylen	C_2H_4	Methylbromid	CH_3Br
Ethan	C_2H_6	Ethylenbromid	$BrCH_2CH_2Br$
Propan	C_3H_8	Bromtrifluormethan	CF_3Br
Butan	C_4H_{10}	Methylchlorid	CH_3Cl
Methylpentan	C_6H_{14}	Methylenchlorid	CH_2Cl_2
Andere		Trichlorethylen	C_2HCl_3
Peroxyazetylnitrat	PAN	Tetrachlorethylen	C_2Cl_4
		Methylchloroform	CH_3CCl_3
		Tetrafluorkohlenstoff	CF_4
		Tetrachlorkohlenstoff	CCl_4

Nach: WMO (1982) und Chamberlain et al. (1982).

Die Jahresamplituden spiegeln das Wachstum einjähriger Pflanzen wider. Der jährliche Anstieg, der in den vergangenen 10 Jahren einem Wachstum von 0,4 %/a entspricht, verkörpert nicht nur die von Jahr zu Jahr schwankenden Emissionen, sondern auch die Prozesse zwischen den Speichern Ozean und Biosphäre. Die Vorgänge in der Biosphäre, wie z. B. das Abholzen der Wälder in den Tropen und in den mittleren Breiten und die Bodenzerstörung nehmen an Bedeutung zu.

Die Entwicklung des CO_2-Gehalts der Atmosphäre läßt sich nach D. Wuebbles et al. (1984) auf der Grundlage der vorhandenen Meßdaten für die Periode Januar 1850 bis Januar 1958 wie folgt abschätzen:

$$X_{CO2}(ppmv) = 270 \exp[0,00141(t - t_0)]$$

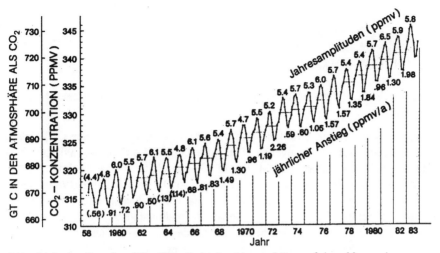

Abb. 11.2: Anstieg des CO_2-Gehalts in der Atmosphäre auf dem Mauna Loa, Hawaii, USA, 1958-1983
Nach Keeling et al. (1976), Farrell (1984), pers. Mitt.

und für 1958 bis 1983 durch:

$$X_{CO2}(ppmv) = 270 + 44,4 \exp[0,019(t - t_i)]$$

wobei t_0 Januar 1850 und t_1 Januar 1958 und $X_{CO2}(t)$ der CO_2-Gehalt der Atmosphäre zum Zeitpunkt t (Jahre) sind.

Methan (CH_4): Als wichtigste CH_4-Quellen kommen sowohl biogene (Reisfelder, Massentierhaltung, Sümpfe, Termiten, Ozeane, Seen, Verbrennen von Biomasse wie z. B. die Brandrodung von Wäldern und das Abflämmen von Grasflächen), als auch abiogene Quellen (fossile Brennstoffe, Erdgaslecks und Vulkanismus) in Frage (D. Ehhalt und U. Schmidt 1978; W. Seiler 1984; 1985a).

In der Troposphäre entwickelt CH_4 im Zusammenspiel mit HO und NO_x zwei bedenkliche Eigenschaften: Durch Reaktion mit HO fängt es dieses wirkungsvollste Oxidationsmittel der Atmosphäre ab, das viele Schadstoffe wie Chlorfluormethane, Kohlenmonoxid und Schwefelwasserstoff etc. abbaut, und zusammen mit NO_x bildet CH_4 das Ozon (O_3), ein strahlungsaktives und reaktives Gas, das sowohl an der Klimabeeinflussung als auch durch Pflanzenschädigung am Waldsterben wesentlich beteiligt ist (P. Crutzen 1985). In Gebieten mit geringer NO_x-Konzentration wird CH_4 durch Reaktion mit HO im Endeffekt zu CO abgebaut, wobei pro Molekül CH_4 im Mittel 3,5 HO-Radikale verbraucht werden. In belasteten Gebieten leiten dagegen hohe NO_x-Konzentrationen als wirksame Katalysatoren den CH_4-Abbau auf einen völlig anderen Reaktionsweg um, wobei keine HO-Radikale verbraucht, statt dessen pro Molekül CH_4 2,7 O_3-Moleküle gebildet werden.

In der Stratosphäre laufen die folgenden drei Verlustreaktionen ab (J. Chamberlain et al. 1982; P. Fabian 1984):

$$CH_4 + HO \rightarrow CH_3 + H_2O$$
$$CH_4 + O^* \rightarrow CH_3 + HO$$
$$CH_4 + O^* \rightarrow H_2CO + H_2$$

Dabei erreicht die stratosphärische Senke nur $^1/_{10}$ der troposphärischen Senkenwirksamkeit.

Eiskernbohrungen auf Grönland und der Antarktis zeigen, daß der CH_4-Gehalt der Atmosphäre in den vergangenen 3000 Jahren einen Wert von ca. 700 ppbv beibehalten hat (R. Rasmussen und M. Khalil 1984 a). Seit 1900 verzeichnen wir jedoch einen steilen Anstieg von etwa 1100 auf 1650 ppbv im Jahre 1980 (WMO 1982). Abb. 11.3 zeigt sowohl einen CH_4-Anstieg von Süd nach Nord, als auch eine Zunahme auf beiden Halbkugeln. Die globale Wachstumsrate betrug zwischen 1978 und 1982 1 bis 2%/a. Wegen der vielen bestehenden Unsicherheiten über die Änderungen des CH_4-Gehalts in den vergangenen 135 Jahren schlagen D. Wuebbels et al. (1984) zwei Szenarien zur Abschätzung des CH_4-Trends vor, nämlich

$$X_{CH4}(\text{ppmv}) = 1,0 + 0,65 \exp[0,035(t - t_0)]$$

wobei t_0 Januar 1980 und X_{CH4} der CH_4-Gehalt der Atmosphäre zum Zeitpunkt t unter der Annahme eines stetigen CH_4-Anstiegs seit 1850 sind. Im zweiten Szenario wird ein konstanter CH_4-Wert von 1,5 ppmv bis 1965 angenommen und von 1965 bis zur Gegenwart gilt dann der Ausdruck:

$$X_{CH4}(\text{ppmv}) = 1,5(1,0065)^{t-1965}$$

Ozon (O_3): Hier müssen wir klar zwischen den Vorgängen in der Troposphäre und der Stratosphäre unterscheiden. Nach der photochemischen Theorie wird O_3 in der Troposphäre durch Radikalreaktionen ständig auf- und abgebaut. Die Kettenreaktion wird mit der Oxidation von CO durch HO-Radikale in Anwesenheit von NO_x eingeleitet. Dabei sind zwei Reaktionen wichtig (P. Crutzen u. L. Gidel 1983; P. Fabian 1984; P. Crutzen 1985).

Bei hohen troposphärischen NO-Gehalten überwiegt folgende Reaktionskette, wobei O_3 und CO_2 gebildet werden:

$$CO + HO \rightarrow H + CO_2$$
$$H + O_2 + M \rightarrow HO_2 + M$$
$$HO_2 + NO \rightarrow HO + NO_2$$
$$NO_2 + \text{Photon} (\lambda < 420\text{nm}) \rightarrow NO + O$$
$$O + O_2 + M \rightarrow O_3 + M$$

Netto: $CO + 2O_2 + \text{Licht} \rightarrow CO_2 + O_3$

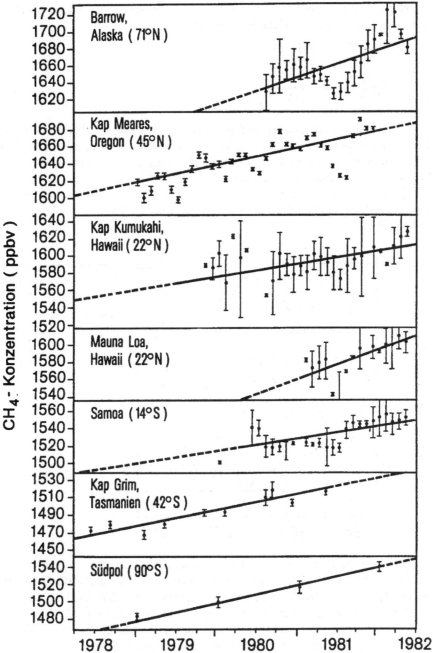

Abb. 11.3: Anstieg des CH_4-Gehalts in der Atmosphäre von der Arktis bis zum Süd-pol , 1978-1982.

Die vertikalen Linien geben den 90 %-Vertrauensbereich an. Die Trendlinien beruhen auf der linearen Technik der kleinsten Quadrate. Die Anstiege sind an allen Meßstationen auf dem 5 % Niveau signifikant.

Quelle: Rasmussen und Khalil (1984b).

Unterhalb eines kritischen Konzentrationsverhältnisses von O_3 und NO kommt es jedoch zum O_3-Abbau mit folgender Reaktionskette:

$$CO + HO \quad \rightarrow H + CO_2$$
$$H + O_2 + M \rightarrow HO_2 + M$$
$$\underline{HO_2 + O_3 \quad \rightarrow 2O_2 + HO}$$
Netto: $CO + O_3 \quad \rightarrow CO_2 + O_2$

Im Lee von Industrieanlagen und bei sommerlichen Hochdrucklagen wurden in der unteren Troposphäre besonders hohe O_3-Konzentrationen beobachtet (W. Fricke 1980). Ozonmessungen am Observatorium Hohenpeißenburg zeigen von 1967 bis 1982 einen O_3-Anstieg in der Troposphäre um 50 - 70 % (W. Attmannspacher et al. 1984). Wie Abb. 11.4 erkennen läßt, ist zwischen 1966 und 1980 sowohl auf der Süd- als auch auf der Nordhalbkugel ein ansteigender O_3-Trend in der Troposphäre nachweisbar.

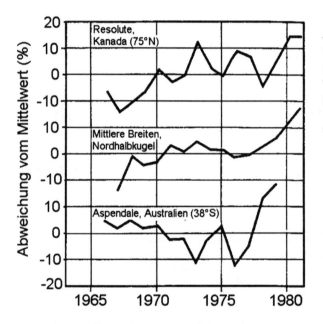

Abb. 11.4: Anstieg des O_3-Gehalts in der Troposphäre (2-8km) an verschiedenen geographischen Breiten, 1966-1980.
Quelle: Machta (1983).

Signifikante Änderungen in der stratosphärischen O_3-Verteilung sind ebenfalls zu erwarten, und zwar durch Reaktionen u. a. mit HO, NO_x, CO_2 und Chlorfluormethanen (CFMs) (NAS 1976; W. Bach 1976; P. Crutzen u. D. Ehhalt 1977; K. Groves et al. 1978; K. Groves u. A. Tuck 1979; I. Isaksen u. F. Stordal 1981; P. Fabian 1984). Die unterschiedlichen O_3-Abbaureaktionen, die in verschiedenen Höhenschichten ablaufen, seien hier nur an drei Zyklen exemplarisch dargestellt:

Beispiel: HO_x-Zyklus
$$O_3 + HO \quad \rightarrow O_2 + HO_2$$
$$\underline{O_3 + HO_2 \quad \rightarrow 2O_2 + HO}$$
Netto: $2O_3 \quad \rightarrow 3O_2$

Beispiel: NO_x-Zyklus

$$O_3 + NO \rightarrow NO_2 + O_2$$
$$NO_2 + O \rightarrow NO + O_2$$

Netto: $O_3 + O \quad \rightarrow 2O_2$

Beispiel: ClO_x-Zyklus

$$O_3 + Cl \quad \rightarrow ClO + O_2$$
$$ClO + O \rightarrow Cl + O_2$$

Netto: $O_3 + O \quad \rightarrow 2O_2$

Messungen sowohl von Satelliten als auch von Bodenstationen zeigen, daß in einer Höhe von 30 - 40 km die O_3-Konzentration der Stratosphäre in den letzten Jahren um 0,3 - 0,4 %/a abgenommen hat (J. Reinsel et al. 1983). J. Farman et al. (1985) haben über der Antarktis für den Zeitraum 1957 - 84 eine beträchtliche Abnahme des Gesamt- O_3-Gehalts festgestellt. Bei der bisherigen Entwicklung der am O_3-Auf- und Abbau beteiligten Spurenstoffe ist in der Stratosphäre mit einem O_3-Abbau, dagegen in der Troposphäre mit einem weiteren O_3-Anstieg zu rechnen.

Distickstoffoxid (N_2O): Das N_2O, auch Lachgas genannt, entsteht sowohl auf natürliche Weise durch mikrobielle Denitrifikation (d. h. Reduktion von NO_3^- zu N_2) im Boden und im Wasser und, vielleicht noch wichtiger, durch Nitrifikation (d. h. Oxidation von NH_4^+ zu NO_3^-), als auch anthropogen durch Verbrennen von Biomasse und Landkultivierung sowie durch Anwendung fossiler Brennstoffe und künstlichen Stickstoffdüngers (W. Seiler 1985 b). Bei der rapide fortschreitenden Waldzerstörung kann auch der Holzbrand zu einer wichtigen N_2O-Quelle werden (G. Woodwell et al. 1978).

Die Wirkung von N_2O auf die thermische Struktur der Atmosphäre erfolgt in der Troposphäre durch direkten Beitrag zum Treibhauseffekt. In der Stratosphäre ist die Einwirkung indirekt über die Änderung der O_3-Verteilung nach folgendem Reaktionsablauf (I. Isaksen 1980; J. Chamberlain et. al. 1982):

$$N_2O + O^* \rightarrow 2NO$$

und Stickoxid baut Ozon durch folgende katalytische Reaktion ab:

$$NO + O_3 \quad \rightarrow NO_2 + O_2$$
$$NO_2 + O \rightarrow NO + O_2$$

Netto: $O_3 + O \quad \rightarrow 2O_2$

Durch diese Reaktion in der oberen Stratosphäre reduziert ein N_2O-Anstieg den O_3-Gehalt und damit den Treibhauseffekt. In der unteren Stratosphäre unterbleibt jedoch der katalytische O_3-Abbau, so daß mit zunehmendem N_2O auch der O_3-Gehalt ansteigt und folglich der Treibhauseffekt zunimmt (W. Wang und N. Sze 1980).

Abb. 11.5 zeigt, daß der N$_2$O-Gehalt der Troposphäre auf beiden Halbkugeln in ähnlichen Größenordnungen ansteigt. Seit den ersten Messungen im Jahre 1961 steigt die N$_2$O-Konzentration um 0,2 - 0,3 %/a an (R. Weiss 1981). Für die Ab-

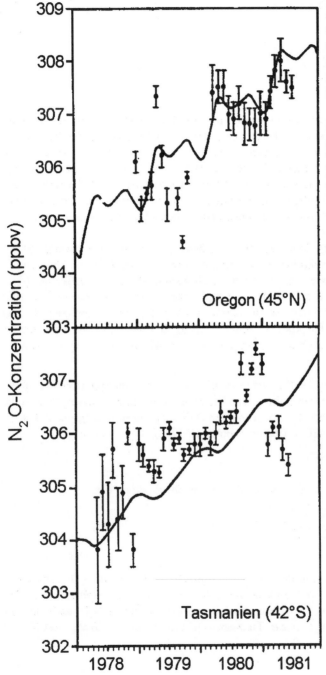

Abb. 11.5: Anstieg des N$_2$O-Gehalts in der Atmosphäre in mittleren Breiten der nördlichen und süd-lichen Halbkugel, 1978-1981.
Die vertikalen Linien geben den 95 %-Vertrauensbereich der Mittelwerte an.
Die durchgezogenen Linien wurden mit Hilfe eines Massen-ausgleichsmodells berechnet.
Quelle: Khalil und Rasmussen (1983).

schätzung des N_2O-Trends von 1850 bis heute geben D. Wuebbels et al. (1984) folgende Formel an:

$$X_{N2O}(ppbv) = 285 + 14,0 \exp[0,04(t - t_o)]$$

wobei t die Zeit (Jahren), t_o Januar 1978 und X_{N2O} die N_2O-Konzentration zum Zeitpunkt t sind.

Chlorfluormethane (CFMs): Mit Ausnahme von CH_3Cl (siehe Erklärungen in Tab. 11.2) handelt es sich bei dieser Gruppe um rein industriell produzierte Substanzen, die als Treibgase in Sprühdosen, als Kühlmittel in Kühlschränken, als Begasungsmittel und Lösungsmittel sowie bei der Kunststoffverschäumung Verwendung finden. Ungefähr 87 % aller hergestellten CFMs gelangen innerhalb eines Jahres in die Atmosphäre(J. Chamberlain et al. 1982). Sie wirken auf den Strahlungshaushalt sowohl direkt, als auch indirekt durch katalytische O_3-Zerstörung in der Stratosphäre. Sie haben in der Troposphäre keinen Senkenmechanismus und werden folglich erst in der Stratosphäre unter Einfluß des solaren UV-Lichts (hv, $\lambda< 220$ nm) wie folgt photolysiert (M. Molina u. F. Rowland 1974):

$$CFCl_3 + hv \rightarrow CFCl_2 + Cl$$
$$CF_2Cl_2 + hv \rightarrow CF_2Cl + Cl$$

Die dadurch entstandenen Cl-Atome beschleunigen den natürlichen O_3-Abbau über das katalytische Reaktionspaar:

$$Cl + O_3 \rightarrow ClO + O_2$$
$$\underline{ClO + O \rightarrow Cl + O_2}$$

Netto: $\quad O + O_3 \rightarrow 2O_2$

Die CFMs sind trotz der gegenwärtig noch geringen Konzentrationen (im ppt-Bereich $= 10^{-12}$) wegen ihrer relativ hohen Wachstumsraten (ca. 5 %/a) und der langen Verweilzeiten sehr ernst zu nehmen. Die atmosphärischen Verweilzeiten von F-11 ($CFCl_3$) sind ca. 60 Jahre und die von F-12 (CF_2Cl_2) ca. 100 Jahre. Das vorwiegend von der Aluminiumindustrie emittierte CF_4 wird erst in der Mesosphäre photodissoziiert, so daß es wahrscheinlich eine Verweilzeit von >1000 Jahren hat (R. Cicerone 1979). Abb. 11.6 gibt einen kleinen Überblick über die Trendentwicklung der wichtigsten CFMs in der Troposphäre. Die Konzentrationen sind auf der Südhalbkugel niedriger als auf der Nordhalbkugel, aber die Wachstumsraten sind nahezu identisch. (Für Reduktionsmaßnahmen siehe Kapitel 17).

Wasserdampf (H_2O): Die räumliche Verteilung von H_2O ist sehr variabel, da sie hauptsächlich vom Entstehungsort und der Intensität der Niederschlags-, Verdunstungs- und Transportprozesse abhängt (W. Bach 1982/1984). Zu den wichtigsten anthropogenen Quellen gehören alle Verbrennungsprozesse in der Troposphäre und die Abgase von hochfliegenden Flugzeugen in der Stratosphäre. In der Troposphäre variiert der H_2O-Gehalt über mehrere Größenordnungen von $10 - 3\times10^4$ ppmv, während er in der relativ trockenen Stratosphäre im Durchschnitt nur noch rund 3 ppmv erreicht. Die wenigen Langzeitmessungen des H_2O-Gehalts in der unteren Strato-

144

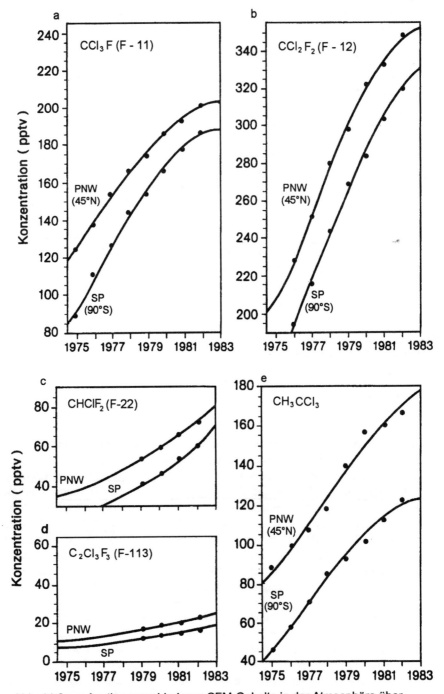

Abb. 11.6a-e: Anstieg verschiedener CFM-Gehalte in der Atmosphäre über Oregon (45°N) und dem Südpol, 1975-1983.
Die durchgezogenen Linien wurden nach dem Prinzip der kleinsten Quadrate berechnet.
Quelle: Rasmussen und Khalil (1984b).

sphäre über den mittleren Breiten zeigen zwischen 1950 und 1973 eine Zunahme von 2 - 3 ppmv und zwischen 1973 und 1980 jedoch eine Abnahme von 1 ppmv (WMO 1982). Das geringe Datenmaterial erlaubt aber noch keine Rückschlüsse auf die globalen Verhältnisse.

Kohlenmonoxid (CO) und Kohlenwasserstoffe (HC): Die wichtigsten anthropogenen CO-Quellen (fossile Brennstoffe, Brandrodung von Wäldern, Abflämmen von Grasflächen) sind in der Größenordnung den natürlichen CO-Quellen (aus der Oxidation von reaktiven (nicht-CH_4) Kohlenwasserstoffen, Ozeanen und Chlorophyllzerfall) vergleichbar (P. Crutzen 1985). Obwohl nicht selbst strahlungsaktiv, beeinflußt CO doch stark nicht nur die troposphärische O_3-Verteilung, sondern auch über die HO-Kontrolle die CH_4- und CFM-Konzentrationen (J. Chamberlain et al. 1982; C. Hewitt und R. Harrison 1985)

$$CO + HO \rightarrow CO_2 + H$$
$$HO + O_3 \rightarrow HO_2 + O_2$$

Wegen einer Reihe von meßtechnischen Schwierigkeiten gibt es nicht viele und auch keine langen CO-Meßreihen. Abb. 11.7 zeigt einen deutlichen Anstieg am Kap Meares in Oregon, allerdings über einen noch kurzen Zeitraum von 1980 - 1982. Die CO-Konzentrationen sind auf der nördlichen beträchtlich höher als auf der südlichen Halbkugel (W. Seiler und J. Fishman 1981).

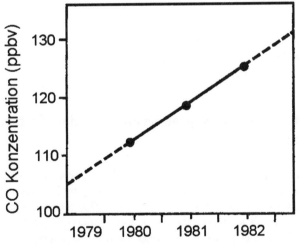

Abb. 11.7: Anstieg des CO-Gehalts in der Atmosphäre am Kap Meares, Oregon (45°N, 125°W), 1980-1982.
Quelle: Khalil und Rasmussen (1984).

Bisher hat man sich wegen der relativ geringen Konzentrationen wenig um die HC gekümmmert. Sollten sie weiter ansteigen, sind sie nicht nur direkt als strahlungsaktive Gase, sondern auch indirekt durch die Beeinflussung des troposphärischen O_3 sowie der troposphärischen und stratosphärischen HO-Konzentrationen von großem Interesse (D. Wuebbels et al. 1984).

Schwefelverbindungen: Die wichtigsten Quellen für SO_2, COS und CS_2 (siehe Tab. 11.2 für die Erklärung der chemischen Symbole) sind die Verbrennung fossiler

Brennstoffe und Biomasse sowie Biomassenzerfall (M. Khalil u. R. Rasmussen 1984). Vulkanische Quellen sind sporadisch und haben insgesamt einen geringen Anteil. Entgegen bisheriger Vermutungen ist der Ozean eine globale COS-Quelle (R. Rasmussen et al. 1982). Bei der Nutzung synthetischer Brennstoffe und bei der Kohlevergasung fällt mehr COS an als bei konventionellen Verbrennungstechniken (WMO 1982). Sehr wichtig ist die Erkenntnis, daß bei der Rauchgasentschwefelung zwar SO_2 reduziert wird, daß sich dabei aber der COS-Ausstoß drastisch erhöht. In der Troposphäre ist COS ein inertes Gas, und es wird auch nicht wesentlich durch Niederschlag beeinflußt (P. Crutzen et al. 1985). Durch Absorptionsbande im langwelligen Bereich und Photodissoziation in der Stratosphäre und weitere Oxidation zu SO_2 und H_2SO_4 trägt COS zur Bildung von stratosphärischen Sulfataerosolen bei, wodurch auch die S-Verbindungen klimawirksam werden.

Bromverbindungen: Die Hauptquelle für CH_3Br ist die biologische Aktivität im Meer. Aber auch anthropogen kommt es bei der Bodenbegasung vor (J. Chamberlain et al. 1982). $BrCH_2CH_2Br$ wird dem Benzin beigemischt und CF_2Br ist ein Brandbekämpfungsmittel. Bei Eintritt in die Atmosphäre entsteht als Ergebnis der Photolyse atomares Brom mit folgenden katalytischen Reaktionen (Y. Yung et al. 1980).

$$
\begin{aligned}
Br + O_3 &\rightarrow BrO + O_2 \\
Cl + O_3 &\rightarrow ClO + O_2 \\
\underline{BrO + ClO} &\rightarrow \underline{Br + Cl + O_2} \\
\text{Netto: } 2O_3 &\rightarrow 3O_2
\end{aligned}
$$

Den Bromverbindungen gebührt wegen des synergistischen Effekts zwischen Brom und Chlor besondere Aufmerksamkeit, weil es dadurch zu einem sehr wirkungsvollen katalytischen O_3-Abbau in der unteren Stratosphäre kommt.

11.6 Auswirkungen der Landnutzungsänderungen in den Tropen auf die Luftchemie

Jüngste Untersuchungen haben gezeigt, daß die chemische Zusammensetzung der Atmosphäre nicht nur über den Tropen, sondern sogar weltweit durch Landnutzungspraktiken wie die Brandrodung tropischer Wälder, das Abflämmen subtropischer Grasflächen und die intensive Reisproduktion in Bewässerungsanlagen maßgeblich beeinflußt wird (P. Crutzen et al. 1979; W. Seiler 1984; J. Greenberg et al. 1984; P. Crutzen et al. 1985; P. Crutzen 1985). Dabei werden nicht zu unterschätzende Mengen an wichtigen Spurengasen, wie z. B. CO, N_2O, NO, CH_4, COS und CH_3Cl, in die Atmosphäre emittiert, die in ihren Größenordnungen durchaus den globalen Emissionen aus industriellen Prozessen entsprechen. Alle diese Gase spielen eine wichtige Rolle in der Luftchemie, und da sie über die Veränderung des Strahlungshaushalts das globale Klima beeinflussen, sei zum besseren Verständnis ein kurzer Überblick den folgenden Klimakapiteln vorangestellt.

In der Troposphäre führt die photochemische Oxidation von CH_4 und anderer Kohlenwasserstoffe (HC) zur Produktion von CO. Diese Reaktion wird durch das HO-Radikal eingeleitet, das seinerseits durch Photodissoziation von O_3 unter Einfluß der UV-Strahlung und Reaktion mit H_2O gebildet wird. Die Oxidation von CO, CH_4 und HC führt bei Anwesenheit einer ausreichenden Menge an NO zur Bildung von O_3. In der Troposphäre sind die chemischen Zyklen von O_3, CO, CH_4, HC und NO eng miteinander gekoppelt.

In der Stratosphäre entsteht NO durch Oxidation von N_2O, das in der Troposphäre inert ist. Zusammen mit NO_2 bildet es den Hauptkatalysator für den Abbau des stratosphärischen O_3. Hieran wird deutlich, daß die Rolle von NO in der Ozon-Photochemie in der Stratosphäre eine völlig andere ist als in der Troposphäre. Auch COS ist in der Troposphäre ein ziemlich inertes Gas, das kaum durch Niederschlag beeinflußt wird. In der Stratosphäre spielt es durch Photodissoziation und Oxidation zu SO_2 und H_2SO_4 wahrscheinlich die Hauptrolle für das klimawirksame stratosphärische Sulfataerosol.

Alle diese Reaktionen sind in den tropischen Bereichen wegen der dort vermehrt einfallenden photochemisch aktiven UV-Strahlung stärker ausgeprägt als in außertropischen Regionen. Zudem wird das starke Bevölkerungswachstum in diesen Regionen zu einer verstärkten landwirtschaftlichen Bodennutzung auf Kosten der Wälder und der Bodengüte gehen. Folglich stellen die Vorgänge in den Tropen nicht nur wegen der direkten Klimabeeinflussung durch Abholzen der Wälder, sondern insbesondere durch die starke Einwirkung auf die Luftchemie eine sehr ernst zu nehmende Klimagefahr dar, denen wir neben der industriellen Schadstoffproduktion vermehrt Aufmerksamkeit schenken müssen.

11.7 Beeinflussung des globalen Klimas durch Spurengase

Die hier betrachteten atmosphärischen Spurengase sind entweder strahlungs- und/oder chemisch-aktiv, so daß sie das Klima auf drei ganz unterschiedliche Arten beeinflussen können, nämlich direkt, indirekt und durch Wechselwirkungen zwischen Stratosphäre und Troposphäre (W. Wang et al. 1976; H. Flohn 1978; J. Fishman et al. 1979, W. Wang et al. 1980; L. Donner u. V. Ramanathan 1980; W. Wang u. N. Sze 1980; V. Ramanathan 1980, W. Bach 1982/84). Hier folge ich den auf einem Expertentreffen erarbeiteten Argumentationsketten (WMO 1982).

11.7.1 Direkte Klimaeffekte

Die vorwiegend im langwelligen Spektralbereich strahlungsaktiven Spurengase CH_4, N_2O, F-11 und F-12 verhalten sich ebenso wie das CO_2, d. h. sie absorbieren die von der Erdoberfläche ausgestrahlte langwellige Strahlung und emittieren einen Teil davon in den Weltraum und strahlen den anderen Teil wieder zurück zur Oberfläche. Da im globalen Mittel die Erdoberfläche viel wärmer ist als die Atmosphäre, absorbieren die Spurengase mehr Energie als sie in den Weltraum abgeben. Daraus

148

ergibt sich eine Reduzierung der in den Weltraum abgegebenen Strahlung, wodurch sich das System Erdoberfläche-Troposphäre aufheizt (der bekannte Treibhauseffekt). Wenn allerdings Spurengase, wie z. B. O_3 und NO_2, sowohl im solaren als auch im infraroten Bereich absorbieren, dann kann das je nach ihrer vertikalen Verteilung entweder zu einer Erwärmung oder zu einer Abkühlung der Erdoberfläche führen.

Zur Abschätzung ihrer relativen Bedeutung sind in Tab. 11.3 die Änderungen der Oberflächentemperatur bei einer Verdopplung der Spurengaskonzentrationen dargestellt. Die Berechnungen wurden mit Strahlungs-Konvektionsmodellen durchgeführt (V. Ramanathan und J. Coakley 1978). Die in der Tabelle angegebenen Temperaturänderungen stimmen mit den Berechnungen anderer Autoren bis auf ± 30 % überein.

Tab. 11.3: Zunahme der Oberflächentemperatur durch Anstieg der strahlungsaktiven Spurengaskonzentrationen

Spurengas	Absorptions-bandmittte (cm^{-1})	Änderung des Mischungs-verhältnisses (ppbv) von	auf	Änderung der Oberflächen-temperatur $(K)^{c)}$
Kohlendioxid (CO_2)	667	330×10^3	660×10^3	2,0
Distickstoffoxid (N_2O)	589, 1168, 1285	300	600	0,3–0,4
Methan (CH_4)	1306, 1534	1500	3000	0,3
Ozon (O_3) in Troposphäre	1041, 1103	$F(\varphi,z)^{a)}$	$2F(\varphi,z)^{a)}$	0,9
CFM-11($CFCl_3$)	846, 1085, 2144	0	1	0,13
CFM-12(CF_2Cl_2)	915, 1095, 1152	0	1	0,15
CFM-22(CF_2HCl)	1117, 1311	0	1	0,04
Tetrafluorkohlenstoff (CF_4)	632, 1241 1261, 1283	0	1	0,07
Tetrachlorkohlenstoff(CCl_4)	776	0	1	0,14
Chloroform ($CHCl_3$)	774, 1220	0	1	0,1
Methylchloroform (CH_3CCl_3)	707, 1084	0	1	0,02
Methylchlorid (CH_3Cl)	732, 1015, 1400	0	1	0,013
Methylenchlorid (CH_2Cl_2)	714, 736, 1236	0	1	0,05
Ethylen (C_2H_4)	949	0,2	0,4	0,01
Schwefeldioxid (SO_2)	518, 1151, 1361	2	4	0,02
Ammoniak (NH_3)	950	6	12	0,09
Salpetersäure (HNO_3)	459, 850, 1333,1695	$F(z)^{b)}$	$2F(z)^{b)}$	0,06
Wasserdampf (H_2O) in Stratosphäre	0–2000	3×10^3	6×10^3	0,6

a) Die Ozonverteilung ändert sich mit der geographischen Breite (φ) und der Höhe (z).
b) Das HNO_3-Profil ändert sich mit der Höhe (z).
c) Bei einer Verdopplung der Spurengaskonzentration.

Nach: WMO (1982) und CDAC (1983).

Die große Bedeutung dieser Spurengase für den Strahlungshaushalt hat 4 Hauptgründe:

- Ihre Absorptionsbande liegen im Fensterbereich (8 - 12 µm, siehe Abb. 11.1), wodurch sie in der Lage sind, die langwellige Ausstrahlung in den Weltraum wirksam zu reduzieren.
- Viele dieser Gase haben sehr starke Absorptionsbande. So hat z. B. F-11 bei der Wellenlänge 11,8 µm eine Bandstärke (das ist der über die Wellenlänge der Bande integrierte Absorptionskoeffizient) von ungef. 1700 cm^{-2} atm^{-1} bei Standarddruck, während die Hauptbande von CO_2 bei 15 µm nur eine Bandstärke von ca. 213 cm^{-2} atm^{-1} hat.
- Der Strahlungseffekt einiger Gase ist linear proportional zu ihrer Konzentration, während beim CO_2 nur eine logarithmische Abhängigkeit besteht.
- Der Einzeleffekt der Gase ist zwar bisher noch gering, aber ihr Gesamteffekt ist auch jetzt schon beträchtlich. Wie Tab. 11.3 zeigt, beträgt nach diesen Berechnungen die Temperaturänderung bei einer CO_2-Verdopplung 2 K, gefolgt von O_3, N_2O, CH_4 und den CFMs. Wichtig ist die Feststellung, daß die Gesamteinwirkung der anderen Spurengase der CO_2-Wirkung schon jetzt vergleichbar ist, und daß deren Wirkung durch ihre größeren Wachstumsraten und z. T. beträchtlich längeren Verweilzeiten im Vergleich zum CO_2 in Zukunft noch stark zunehmen wird. Darüber hinaus kommt Jahr für Jahr eine große Anzahl von potentiell klimawirksamen Substanzen neu hinzu.

Wie wir oben festgestellt haben, kann eine unterschiedliche vertikale Konzentrationsverteilung, wie z. B. beim O_3, signifikante Auswirkungen auf die Klimasensitivität haben. Eine Reduzierung des stratosphärischen O_3 kann die Oberflächentemperatur durch zwei gegensätzliche Prozesse beeinflussen: Einerseits erreicht mehr solare Strahlung die Troposphäre und trägt zu einer stärkeren Erwärmung der unteren Luftschichten bei. Andererseits führt der geringere O_3-Gehalt zu einer verminderten stratosphärischen Aufheizung und damit zu geringeren Stratosphärentemperaturen, wodurch die langwellige Ausstrahlung zur Troposphäre hin reduziert wird.

Das Ergebnis dieser Effekte ist, daß bei einer einheitlichen Reduktion des stratosphärischen O_3 der langwellige Abkühlungseffekt stärker ist als der solare Aufheizungseffekt.

Stratosphärische O_3-Änderungen verursachen also gegensätzliche solare und langwellige Effekte. Dagegen beeinflussen troposphärische O_3-Änderungen die solaren und langwelligen Eigenschaften in der Form, daß sich die Oberflächentemperaturen in der gleichen Richtung ändern. Daraus folgt, daß das Klima der Troposphäre beträchtlich sensitiver auf troposphärische als auf stratosphärische O_3-Änderungen reagiert.

11.7.2 Indirekte Klimaeffekte

Es gibt eine ganze Reihe von chemischen und photochemischen Spurengasen, wie z. B. CO und NO, die keine direkten Strahlungseffekte in der Atmosphäre ausüben, die aber dennoch durch die Änderung der Konzentrationen von strahlungsaktiven Gasen indirekt das Klima beeinflussen können. Dazu einige Beispiele. Durch den Verbrauch fossiler Brennstoffe und das Verbrennen von Biomasse gelangen u. a. CO und NO in die Atmosphäre. Durch die Oxidation von CO entsteht in Anwesenheit von NO troposphärisches O_3. Das strahlungsaktive O_3 erhöht die Oberflächentemperatur, womit CO und NO indirekt an der Erwärmung beteiligt sind.

Die stark zunehmende Brandrodung von Wäldern und der immer noch ansteigende fossile Brennstoffverbrauch führen über einen erhöhten Ausstoß von CO, NO_X und CH_4 zu einem Anstieg der O_3-und CH_4-Konzentrationen in der Troposphäre, was die CO_2-induzierte Erwärmung noch verstärkt. Das aufgeheizte System Oberfläche-Troposphäre führt zu einer Zunahme des troposphärischen H_2O und HO (durch Reaktion von H_2O mit O`D). Das vermehrt anwesende HO, reduziert aber nun die CH_4-, O_3- und CO-Konzentrationen, was zu einer Abnahme der Oberflächentemperatur führt. Diese chemisch-klimatischen Wechselwirkungen führen damit für das Klima der bodennahen Luftschicht zu einer negativen (abschwächenden) Rückkopplung.

S. Hameed und R. Cess (1983) haben diese Rückkopplungseffekte mit einem gekoppelten eindimensionalen (breitenabhängigen) chemisch-klimatischen Modell abgeschätzt. In diesem Sensitivitätsexperiment wurde eine CO_2-Verdopplung, willkürliche Erhöhungen der anthropogenen CH_4-, CO- und NO_X-Emissionen sowie eine temperaturabhängige natürliche CH_4-Emission aus Feuchtgebieten angenommen und dafür die O_3- und CH_4-Konzentrationsänderungen sowie die Oberflächentemperaturänderungen berechnet.

Wie Tab. 11.4 zeigt, kommt es bei einer CO_2-Verdopplung ohne Änderung der anderen Gase zu einer globalen Erwärmung von 3,13 K (Reihe 1). Wird der oben

Tab. 11.4: Die berechneten Konzentrationsänderungen von O_3 und CH_4 in der Troposphäre u. die Temperaturänderungen einer CO_2-Verdopplung bei Änderungen der anthropog. Emission von CH_4, CO u. NO_X sowie der natürlichen Emission von CH_4.

Änderung anthropogener Emissionen von CH_4, CO, NO_x um den Faktor	Änderung der natürlichen CH_4-Emissionen	Klimatisch-chemische Rück-kopplung	Änderungen der Konzentrationen um das x-fache		Temperatur bei
			xO_3	xCH_4	2xCO_2
1	nein	nein	1,00	1,00	3,13
1	nein	ja	0,89	0,83	2,93
1	ja	ja	0,93	1,13	3,11
4	nein	ja	1,45	1,33	3,69
4	ja	ja	1,51	1,74	3,88
8	nein	ja	1,93	2,25	4,38
8	ja	ja	2,00	2,89	4,59

Quelle: Hameed and Cess (1983)

beschriebene negative klimatisch-chemische Rückkopplungsprozeß berücksichtigt, dann verringern sich nicht nur die O_3- und CH_4-Konzentrationen, sondern es schwächt sich auch die globale Erwärmung auf 2,93 K ab (Reihe 2). Bei Berücksichtigung der positiven Rückkopplung durch die natürliche CH_4-Quelle, wird der negative klimatisch-chemische Feedback praktisch ausgeglichen (3,11 K in Reihe 3). Die restlichen 4 Reihen führen eindringlich den Effekt von Zunahmen anthropogener CH_4-, CO- und NO_x-Emissionen auf den O_3- und CH_4-Gehalt der Troposphäre und die damit verbundene starke Erwärmung vor Augen. Es ist jedoch zu beachten, daß wegen der fehlenden vertikalen Resolution für photochemische Prozesse in diesem Modell die Rückkopplungseffekte durch Änderungen in der Stratosphärenchemie und im Energiefluß von der Stratosphäre in die Troposphäre unberücksichtigt geblieben sind.

11.7.3 Wechselwirkungen zwischen Stratosphäre und Troposphäre

Chemisch-photochemische Prozesse wirken auch auf das stratosphärische O_3 ein, was wiederum Auswirkungen auf das stratosphärische und troposphärische Klima hat. Dazu wieder einige Beispiele. Die bei der CFM-Photolyse freigesetzten Chlorverbindungen verursachen eine beträchtliche O_3-Verminderung in der Stratosphäre, was zu der schon erwähnten Änderung des Troposphärenklimas führen kann. Die Wirkung des O_3-Abbaus in der Stratosphäre auf die Oberflächentemperatur hängt von der Vertikalverteilung der O_3-Änderung ab. Die Größenordnung des O_3-Abbaus ist noch sehr unsicher. Modellrechnungen der letzten 10 Jahre für eine CFM-induzierte O_3-Reduzierung schwanken zwischen 2 bis 19 % (P. Fabian 1984; T. Maugh 1984; H. Schiff 1984). Jüngste Modellergebnisse scheinen eher zu einer stärkeren O_3- Abnahme (15 %) hinzutendieren (M. Prather et al. 1984).

Die Temperaturen in der Troposphäre und am Boden reagieren auch sehr sensitiv auf H_2O-Änderungen in der Stratosphäre. Wie wir in Tab. 11.3 gesehen haben, deuten Modellrechnungen bei einer H_2O-Verdopplung einen Temperaturanstieg um 0,6 K in der bodennahen Luftschicht an. Eine Ursache für einen stratosphärischen H_2O-Anstieg könnte z. B. eine CH_4-Zunahme sein. Eine andere Ursache für H_2O-Konzentrationsänderungen wird in den Temperaturänderungen der tropischen Tropopause vermutet. Letztere wird durch die CFMs erwärmt, und sie reagiert auch sensitiv auf O_3- Änderungen.

Die klimatisch-chemischen Wechselwirkungen der Spurengase sind äußerst komplex. Mit der schematischen Darstellung in Abb. 11.8 hat V. Ramanathan (1980) versucht, die vernetzten Vorgänge zu veranschaulichen. Die Fortschritte in der Stratosphärenchemie in der jüngsten Zeit können aber nicht darüber hinwegtäuschen, daß die Erkenntnisse über die Troposphärenchemie und die klimatisch-chemischen Rückkopplungsmechanismen noch weiterer Forschungen bedürfen. Trotz dieser Unsicherheiten läßt sich anhand der bisherigen Untersuchungen festhalten, daß die anderen Spurengase in ihrer Gesamtklimawirkung (Oberflächenerwärmung und Stratosphärenabkühlung) schon jetzt dem CO_2 vergleichbare Größenordnungen erreicht haben, und daß ihre Bedeutung relativ zum CO_2 wächst.

152

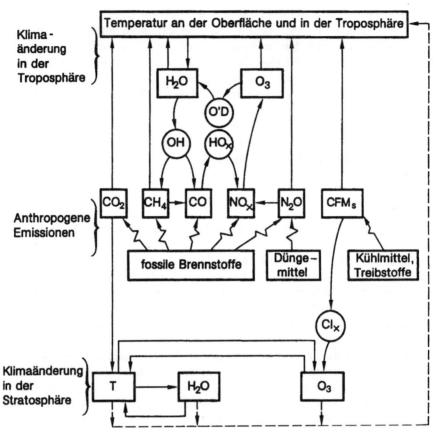

Abb. 11.8: Klimatisch-chemische Wechselwirkungen durch Spurengase; T = Temperatur; O`D = angeregtes Sauerstoffatom.
Quelle: Ramanathan (1980).

11.8 Doppelstrategie

Wenn wir davon ausgehen, daß die Datentrends in diesem Kapitel und die Ergebnisse der Modellrechnungen in Kapitel 10 eine Klimabedrohung nicht ausschließen, und wenn wegen der bestehenden Unsicherheiten die Klimagefahr sowohl gering als auch groß sein kann, dann ist es klug, folgende Doppelstrategie zu verfolgen:

- Die Grundlagen- und Ursachenforschung voranzutreiben, aber gleichzeitig
- gezielte Vorsorgemaßnahmen einzuleiten.

Eine solche Sicherheitsstrategie besteht aus drei Komponenten:

1. **Eine wirksame Kontrolle aller künstlich hergestellten chemischen Substanzen.**
   Dazu gehört

- der Nachweis der Unbedenklichkeit aller neuen chemischen Substanzen in ihrer Kurzzeit- und Langzeitwirkung als Einzelsubstanz oder in Kombination mit anderen Substanzen für Mensch, Umwelt und Klima, und
- die drastische Reduzierung aller vorhandenen chemischen Substanzen, die zum großen Teil nicht nur redundant und damit überflüssig, sondern auch umweltschädlich sind.

2. **Eine effizientere Nutzung unserer Energieressourcen.**

Daraus resultiert

- eine Reduzierung des Bedarfs an fossilen Brennstoffen und
- eine Schonung dieser nicht erneuerbaren Brennstoffe für wichtigere Zwecke als die verschwenderische Verbrennung, was noch gefördert wird durch
- einen zügigen Einsatz schadstofffreier erneuerbarer Energieträger, was insgesamt zu
- einer Reduktion der Schadstoffe und damit der Umwelt- und Klimabelastung führt.

3. **Maßnahmen zur Regulierung der Landnutzung und zur Eindämmung der Landschaftszerstörung wie**

- die Brandrodung tropischer Wälder
- das Abflämmen subtropischer Grasflächen
- das Waldsterben in den mittleren und höheren Breiten, sowie
- die weltweite Bodenzerstörung.

Werden diese Vorsorgemaßnahmen jetzt gezielt eingeleitet, dann könnte eine durch die Treibhausgasemissionen induzierte Umwelt- und Klimabedrohung zumindest reduziert, wenn nicht gar verhindert werden.

Literaturauswahl

Attmannspacher, W., R. Hartmannsgruber und P. Lang: Langzeittendenzen des Ozons der Atmosphäre aufgrund der 1967 begonnenen Ozonmeßreihen am Meteorologischen Observatorium Hohenpeißenberg. Meteorol. Rdsch. 37 (1984) S. 193-199.

Bach, W.: Global air pollution and climatic change. Revs. Geophys. Space Phys. 14 (1976) H. 3, S. 429 - 474.

Ders.: Gefahr für unser Klima. Karlsruhe 1982 (Engl. Version: Our threatened climate. Dordrecht 1984).

CDAC (Carbon Dioxide Assessment Committee): Changing climate, Nat. Res. Cou., Washington, D. C., Nat. Acad. Press, 1983.

Chamberlain, J. W., H. M. Foley, G. J. MacDonald and M. A. Ruderman: Climate effects of minor atmospheric constituents. In: W.C. Clark (ed.): Carbon Dioxide Review, 1982. Oxford 1982, S. 253-277.

Cicerone, R.: Atmospheric carbon tetrafluoride - a nearly inert gas. Science 206 (1979) S. 59 - 61.

Colombo, U., and O. Bernardini: A low energy growth 2030 scenario and the perspectives for the European Community. Brussels 1979.

Crutzen, P. J., and D. Ehhalt: Effects of nitrogen fertilizers and combustion on the stratospheric ozone layer. Ambio 6 (1977) H. 2-3, S. 112 - 117.

Crutzen, P.J., L.E. Heidt, J.P. Krasnec, W.H. Pollock and W. Seiler: Biomass burning as a source of atmospheric gases CO, H_2, N_2O, NO, CH_3Cl and COS. Nature 282 (1979) S. 253 - 256.

Crutzen, P.J., and L.T. Gidel: A two-dimensional photochemical model of the atmosphere 2: The tropospheric budgets of the anthropogenic chlorocarbons CO, CH_4, CH_3Cl and the effect of various NO_X, sources on tropospheric ozone. J. Geophys. Res. 88 (1983) H. C 11, S. 6641 ff.

Crutzen, P.J., A.C. Delany, J. Greenberg, P. Haagenson, L. Heidt, R. Lueb, W. Pollock, W. Seiler, R. Wartburg and P. Zimmerman: Tropospheric chemical composition measurements in Brazil during the dry season. J. Atin. Chem. 2 (1985) S.233 - 256.

Crutzen, P.J.: The role of the tropics in atmospheric chemistry. In: R. Dickinson (ed.): Geophysiology of Amazonia, chapter 8. New York 1985.

Donner, L., and V. Ramanathan: Methane and nitrous oxide: Their effects on the terestrial climate. J. Atmos. Sci. 37 (1980) S. 119 - 124.

Ehhalt, D., and U. Schmidt: Sources and sinks of atmospheric methane. Pageophys. 116 (1978) S. 452 - 464.

Fabian, P.: Atmosphäre und Umwelt. Berlin 1984.

Farman, J.C., B.G. Gardiner and J.D. Shanklin: Large losses of total ozone in Antarctica reveal seasonal ClO_X/NO_X interaction. Nature 315 (1985) S. 207 - 210.

Farrell, M.P.: Pers. Mitt. (Carbon Dioxide Information Center, Oak Ridge) 1984.

Fishman, J., V. Ramanathan, P.J. Crutzen and S.C. Lin: Tropospheric ozone and climate. Nature 282 (1979) S. 818 - 820.

Flohn, H.: Estimates of a combined greenhouse effect as background for a climate scenario during global warming. In: J. Williams (ed.): Carbon Dioxide, Climate and Society, S. 227 - 237. Oxford, 1978.

Fricke, W.: Die Bildung und Verteilung von anthropogenem Ozon in der unteren Troposphä-re. Ber. des Inst. f. Met. u. Geophys. der Univ. Frankfurt, Nr. 44, Frankfurt 1980.

Greenburg, J.P., P.R. Zimmermann, L. Heidt and W. Pollock: Hydrocarbon and carbon monoxide emissions from biomass burning in Brazil. J. Geophys. Res. 89 (D1) (1984) S. 1350 - 1354.

Groves, K.S., S.R. Mattingly and A.F. Tuck: Increased atmospherie carbon dioxide and stratospheric ozone. Nature 273 (1978) S. 711-715.

Groves, K.S., and A.F. Tuck: Simultaneous effects of CO_2 and chlorofluoromethanes on stratospheric ozone. Nature 280 (1979) S. 127 - 129.

Hameed, S., and R.D. Cess: Impact of a global warming on biospherie sources of methane and its climatic consequences. Tellus 35 B (1983) S. 1-7.

Hewitt, C.N., and R.M. Harrison: Tropospheric concentrations of the hydroxyl radical - a review. Atmos. Env. 19 (1985) H. 4, S. 545 - 554.

Isaksen, I.S.A.: The impact of nitrogen fertilization. In: W. Bach et al. (eds.): Interactions of Energy and Climate. Dordrecht 1980, S. 257 ff.

Isaksen, I.S.A., and F. Stordal: The influence of man on the ozone layer: Readjusting the estimates. Ambio 10 (1981) H. 1, S. 9 - 17.

Keeling, C.D. et al.: Atmospheric carbon dioxide variations at Mauna Loa Observatory, Hawaii. Tellus 28 (1976) S. 538 - 551.

Khalil, M.A.K., and R.A. Rasmussen: Increase and seasonal cycle of nitrous oxide in the earth's atmosphere. Tellus 35 B (1983) S. 161 - 169.

Dies.: Global sources, lifetimes and mass balances of carbonyl sulfide (COS) and carbon disulfide (CS_2) in the earth's atmosphere. Atmos. Env. 18 (1984) H. 9, S. 1805 - 1813.

Kondratyev, K. Ya, and N.I. Moskalenko: The role of carbon dioxide and other minor gaseous components and aerosols in the radiation budget. In: J. T Houghton (ed.): The Global Climate. Cambridge 1984, S. 225 - 233.

Levy, H. II.: Photochemistry of the troposphere. Adv. Photochem. 9 (1971) S. 364 - 523.

Machta, L.: Effects of non-CO_2 greenhouse gases. In: Changing Climate. Washington, D. C. 1983, S. 285 - 291.

Marland, G., and R.M. Rotty: Carbon dioxide emissions from fossil fuels: A procedure for estimation and results for 1950 - 1981. Tellus 36 (B) (1984) S. 232 - 261.

Maugh, T.H.: What is the risk from chlorofluorocarbons? Science 223 (1984) S. 1051 - 1052.

Molina, M.J., and F.S. Rowland: Stratospheric sink for chlorofluoromethanes: Chlorine atom catalyzed destruction of ozone. Nature 249 (1974) S. 810 - 812.

NAS (National Academy of Sciences): Halocarbons: Effects on stratospheric ozone. Washington, D.C. 1976.

Neftel, A., E. Moor, H. Oeschger and B. Stauffer: Evidence from polar ice cores for the increase in atmospheric CO_2 in the past two centuries. Nature 315, No. 6014 (1985) S. 45 - 47.

Prather, M.J., M.B. McElroy and S.C Wofsy: Reductions in ozone at high concentrations of stratospherie halogens. Nature 312 (1984) S. 227 - 231.

Ramanathan, V., and J.A. Coakley: Climate modeling through radiative-convective models. Revs. Geophys. and Space Phys. 16 (1978) S. 465 - 489.

Ramanathan, V.: Climatic effects of anthropogenic trace gases. In: W. Bach et al. (eds.): Interactions of Energy and Climate. Dordrecht, 1980, S. 269 - 280.

Rasmussen, R.T, M.A.K. Khalil, S.D. Hoyt: The oceanic source of carbonyl sulfide (COS). Atmos. Env. 16 (6) (1982) S. 1591 - 1594.

Rasmussen, R.T., and M.A.K Khalil: Atmospheric methane in the recent and ancient atmospheres: Concentrations, trends, and interhemispheric gradient. J. Geophys. Res. 89 (D 7) (1984 a) S. 11599 - 11605.

Dies.: Behaviour of trace gases in the troposphere. In: Prcdgs. 6th Int. Conf. on Air Pollution, Pretoria, 23 - 25 Oct. 1984, pp. 1 - 15, 1984 b.

Raynaud, D., and J.M. Barnola: An Antarctic ice core reveals atmospheric CO_2 variations over the past few centuries. Nature 315 (1985) S. 309 - 311.

Reinsel, J.C, et al.: Analysis of upper atmospheric Umkehr ozone profile data for trends and the effects of stratospheric aerosols, abstract in EOS (1983) H. 64, S. 199.

Schiff, H.I.: Ozone fears revisited. Nature 312 (1984) S. 194 - 195.

Seiler, W., and J. Fishman: The distribution of carbon monoxide and ozone in the free troposphere. J. Geophys. Res. 86 (C8) (1981) S. 7255 - 7265.

Seiler, W: Contribution of biological processes to the global budget of CH_4 in the atmosphere. In: M.J. Klug and C.A. Reddy (eds.): Current perspectives in microbial ecology. Amer. Soc. for Microbiology, Washington, D.C. 1984, S.468 - 477.

Ders.: Increase of atmospheric methane: Causes and impact on the environment. WMO Special Environment Report No. 16, Geneva, 1985a.

Ders.: Cycles of radiatively important trace gases (CH_4, N_2O). In: The impact of an increased atmospheric concentration of carbon dioxide on the environment. WMO/ICSU/ UNEP, Geneva, 1985b.

Wang, W.C., Y.L. Yung, H.A. Lacis, T. Mo and J. E. Hansen: Greenhouse effects due to manmade perturbations of trace gases. Science 194 (1976) S. 685 - 690.

Wang, W.C., J.P. Pinto and Y.L. Yung: Climatic effects due to halogenated components in the earth's atmosphere. J. Atmos. Sci. 37 (1980) S. 333 - 338.

Wang, W.C., and N.D. Sze: Coupled effects of atmospheric N_2O und O_3 on the earth's climate. Nature 286 (1980) S. 589 - 590.

Weiss, R.W.: The temporal and spatial distribution of tropospheric nitrous oxide. J. Geophys. Res. 86 (1981) S. 7185 - 7195.

WMO (World Meteorological Organization): Report of the meeting of experts on potential climatic effects of ozone and other minor trace gases Rpt. No. 14, Geneva, 1982.

Woodwell, G., et al.: The biota and the world carbon budget. Science 199 (1978) S. 141 - 146.

Wuebbels, D.J., M.C. MacCracken and F.M. Luther: A proposed reference set of scenarios of radiatively active atmospheric constituents. TRO 15, US Dept. of Energy, Washington, D.C. 1984.

Yung, Y.L., J.P. Pinto, R.T Watson and S.P. Sander: Atmospheric bromine and ozone perturbations in the lower stratosphere. J. Atmos. Sci. 37 (1980) S. 339 - 353.

12 Die Rolle der Klimaszenarienanalyse in der Wirkungsforschung

Bei unzureichender Vorsorge kann es zu ernsthaften Klimaauswirkungen kommen. Auf die damit verbundenen Risiken sollte die Menschheit vorbereitet sein. Die Klimaszenarienanalyse bildet die Grundlage für eine sachliche Bewertung möglicher Zukunftsrisiken. Die wichtigsten Bestandteile einer solchen Analyse sind Berechnungen mit dreidimensionalen Atmosphäre-Ozean-gekoppelten Zirkulationsmodellen und Analogstudien aus der jüngeren und älteren Klimavergangenheit. Die Ergebnisse von regionalen und jahreszeitlichen Verteilungen der Temperatur- und Niederschlagsänderungen bei einer CO_2-Verdopplung werden interpretiert. Mit Hilfe der Patternanalyse werden Art und Grad der Übereinstimmung der von unterschiedlichen Modellsimulationen vorhergesagten Änderungen untersucht. Die Ergebnisse dieser Szenarien- und Patternstudien sind die Voraussetzung für die Analyse von Klimaauswirkungen in so lebenswichtigen Bereichen wie Nahrungsmittel-, Wasser- und Energieversorgung sowie Lebensraum, Gesundheit und Wohlbefinden.

12.1 Einleitung

Es besteht wenig Grund daran zu zweifeln, daß durch den weiteren Anstieg der CO_2-Konzentration in der Atmosphäre und die zusätzliche Wirkung anderer Einflußfaktoren das globale Klima in zunehmendem Maße beeinflußt wird. Um auf die möglicherweise weitreichenden Folgen einer Klimabeeinflussung und einer daraus resultierenden Klimaänderung für die Gesellschaft vorbereitet zu sein, ist es geboten, sich rechtzeitig vom potentiellen Ausmaß ein möglichst genaues Bild zu machen. Das ist umso dringlicher, weil bei den langen Umstellungszeiten gesellschaftlicher Systeme (50 bis 100 Jahre) Entscheidungen von heute bereits Festlegungen für die fernere Zukunft bedeuten. Die Klimaszenarienanalyse kann die Grundlagen für eine sachliche Bewertung möglicher Zukunftsrisiken und die Notwendigkeit und Angemessenheit von einzuleitenden Vorsorgemaßnahmen schaffen. Sie ist die Voraussetzung für eine effektive Klimawirkungsforschung.

Im folgenden gehe ich zunächst auf die Aufgabe der Klimawirkungsforschung ein und beschreibe dann anhand von spezifischen Beispielen die Vorgehensweise der Klimaszenarienanalyse. Die wichtigsten Bestandteile einer solchen Szenarienanalyse sind Klimamodellrechnungen und Analogstudien aus der jüngeren und älteren Klimavergangenheit. Im Mittelpunkt dieser Betrachtung stehen die Klimamodellrechnungen, da nur mit ihrer Hilfe der CO_2-Effekt auf das Klima explizit erfaßt werden kann. Analogstudien, die zwar auch den CO_2-Einfluß einschließen können, meist aber auf einer Vielzahl anderer Effekte beruhen, können deshalb zwar eine wichtige Ergänzung, nicht aber einen Ersatz für Klimamodellrechnungen darstellen. Aus den bisherigen Ergebnissen präsentiere ich hier eine Auswahl, die am besten die jeweilige Vorgehensweise widerspiegelt.

12.2 Klimawirkungsforschung: Aufgabe

Der Hauptzweck der Klimawirkungsforschung ist es, die Wechselwirkungen zwischen Klima und Gesellschaft aufzuzeigen. Dabei gilt es, in ausreichendem Detail die Folgen von Klimaänderung und Klimavariabilität, die durch beabsichtigte oder unbeabsichtigte Handlungen des Menschen ausgelöst werden, auf Gesellschaft und Lebensraum abzuschätzen. Die Ergebnisse einer solchen Systemanalyse können die Entscheidungsträger bei der rationalen Entscheidungsfindung unterstützen. Abb. 12.1 zeigt die Komplexität eines solchen vernetzten Regelsystems, das speziell für die CO_2-Klimawirkungsforschung entwickelt wurde. Aus der Annahme verschiedener Szenarien für den Verbrauch fossiler Brennstoffe, die Abholzung der Wälder und die Bodenbearbeitung ergeben sich entsprechende CO_2-Zunahmen in der Atmosphäre. Diese CO_2-Anstiege wirken zusammen mit anderen im infraroten Spektralbereich absorbierenden Gasen und Aerosolen auf alle Teilkomponenten des Klimasystems ein und bewirken über komplizierte Rückkopplungsmechanismen in der unteren Atmosphäre eine Erwärmung, in der Stratosphäre aber eine Abkühlung.

Aus dieser Beeinflussung von Wetter und Klima ergeben sich regional und jahreszeitlich ganz unterschiedliche Temperatur-, Niederschlags- und Bodenfeuchtigkeitsverteilungen etc. Daraus folgen Auswirkungen auf die unterschiedlichsten sozio-ökonomischen Bereiche, wie z. B. die Energieversorgung, die Nahrungsmittelproduktion, die Wasserversorgung, Fischfang, Landnutzung, Gesundheit und Freizeitgestaltung, etc. Aus den sozio-ökonomischen Auswirkungen ergeben sich schließlich Rückwirkungen auf das gesamte gesellschaftliche System. Das erfordert politische Entscheidungen, um rechtzeitig über Vorsorgemaßnahmen unerwünschte Klimaauswirkungen zu verhindern oder wenigstens zu mildern (W. BACH 1982/1984).

12.3 Klimaszenarienanalyse: Vorgehensweise

Die Szenarienanalyse bildet die Grundlage für die Klimawirkungsforschung. Dabei geht es um die Entwicklung von möglichst vollständigen und in sich konsistenten Sub-Szenarien im physiko-chemischen, biologischen und sozialen Bereich. Das erfordert eine interdisziplinäre Zusammenarbeit über die engen Grenzen der fachlichen Disziplinen hinaus (z.B. H. MEINL a. W. BACH et al. 1984, M. PARRY 1985, R. KATES et al. 1985, W. BACH 1985).

Um Fehlinterpretationen vorzubeugen, ist zu beachten, daß Klimaszenarien nicht als Instrument der Vorhersage gedacht sind. Ihre Stärke liegt vielmehr darin,

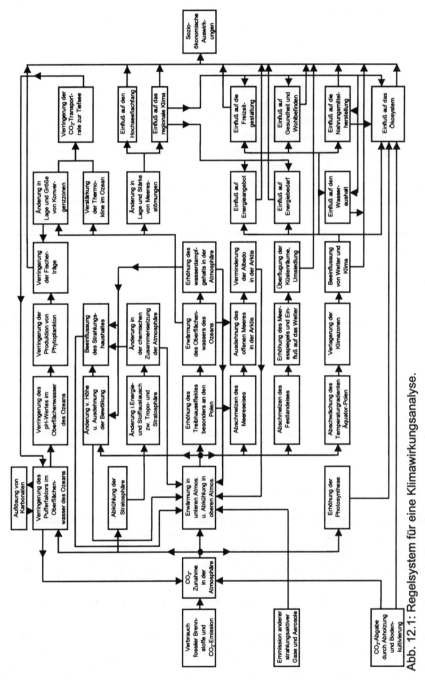

Abb. 12.1: Regelsystem für eine Klimawirkungsanalyse.

Quelle: Bach (1982) mit Ergänzungen von Markley u. Carlson (1980).

plausible und in sich konsistente zukünftige Möglichkeiten aufzuzeigen und einzugrenzen. Grundsätzlich bieten sich zwei voneinander unabhängige aber sich ergänzende Vorgehensweisen an:

- Analogstudien aus der jüngeren und älteren Klimavergangenheit und
- Klimamodellrechnungen.

Beide Methoden haben Vor- und Nachteile. Ein Vorteil von Analogstudien ist der, daß sie auf realistischen Zeitskalen die Umwelt widerspiegeln, d. h. ohne die vereinfachte Betrachtung des physikalisch-chemisch-biologischen Klimasystems, wie sie bei Klimamodellrechnungen üblich ist. Da es sich hierbei um nachweisbare Ereignisse aus der Klimavergangenheit handelt, können Analogstudien gute Dienste bei der Abschätzung zukünftiger Klimaszenarien leisten. Dabei ist jedoch zu beachten, daß sich die Randbedingungen, die eine zukünftige Klimasituation beeinflussen, von denen der Vergangenheit ganz wesentlich unterscheiden können. Wie wir wissen, haben sich u. a. nicht nur die Gas- (z. B. CO_2) und Aerosolanteile in der Atmosphäre, sondern auch die Land-Meerverteilung und die Höhenlage der Gebirge gegenüber früheren Epochen wesentlich verändert. In der Vergangenheit waren vorwiegend natürliche Klimaschwankungen die Ursache für Klimaanomalien. Deshalb darf man daraus nicht folgern, daß eine zukünftige CO_2-induzierte Erwärmung zu ähnlichen Anomalien führt, obwohl diese Möglichkeit aber nicht grundsätzlich auszuschließen ist.

Aus diesen Gründen ist es nicht zulässig, die Verhältnisse aus der Vergangenheit einfach in die Zukunft zu projizieren. Zur Erfassung des zukünftigen Klimas und möglicher Änderungen bieten sich vielmehr numerische Modelle an, die so realistisch wie möglich das komplexe Klimasystem widerspiegeln. Abgesehen davon, daß nur Klimamodellrechnungen erlauben, die Sensitivität des Klimasystems mit all seinen komplizierten Klimaprozessen und subtilen Rückkopplungsmechanismen systematisch zu erfassen, stellen sie auch das einzige Hilfsmittel zur Abschätzung der verschiedenen Klimaauswirkungen als Folge eines spezifischen äußeren Einflusses, wie z. B. durch CO_2 und andere Spurengase dar.

12.3.1 Analogstudien aus der jüngeren Klimavergangenheit

Analogstudien sind ein wichtiges Hilfsmittel für die Entwicklung von Klimaszenarien. Zu den bekanntesten Methoden, die auf den beobachteten Daten der letzten 100 Jahre beruhen, gehören:

- Die Untersuchung aufeinanderfolgender warmer und kalter Jahre in der Arktis (J. WILLIAMS 1980),
- die Analyse von Gruppen warmer und kalter Jahre in der Arktis (J. JÄGER a. W. KELLOGG 1983),
- die Auswertung einzelner warmer und kalter Jahre in der Arktis (T. WIGLEY et al. 1980) und die Weiterentwicklung dieses Ansatzes durch J. LOUGH et al. (1983), wobei die Jahresmittel für Temperatur, Niederschlag und Druck der

fünf wärmsten und fünf kältesten Jahre in der Arktis für die Periode 1925 -
1978 berechnet und voneinander subtrahiert werden (Szenario A), sowie

- die Auswahl der 20 wärmsten und kältesten aufeinanderfolgenden Jahre auf
  der Nordhalbkugel zwischen 1901 und 1980 (Szenario B). Durch Szenario A
  bleiben die kurzzeitigen Klimafluktuationen erhalten, während sie durch Szenario B ausgeschaltet werden.

Die Unterschiede zwischen warmen und kalten Jahren in den jährlichen mittleren
Niederschlagsraten sind in Abb. 12.2 für das Szenario A dargestellt. Die Nieder-
schlagszunahme über Nordwest- und Nordeuropa spiegelt die in einer wärmeren
Welt zu erwartende verstärkte Zyklonenaktivität wider, während die übrigen Regio-
nen mit Niederschlagsabnahmen unter den zunehmenden Einfluß von blockierenden
Antizyklonen kommen.

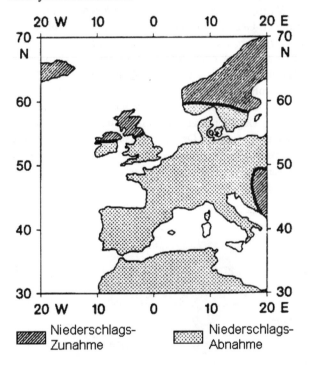

Abb. 12.2: Änderungen
der mittleren Jahres-
niederschlagsrate für
das Szenario A.
Nach: Wigley et al. (1980).

Niederschlags-
Zunahme

Niederschlags-
Abnahme

12.3.2 Analogstudien aus der älteren Klimavergangenheit

Dafür eignen sich insbesondere:

- Das frühe und mittlere Pliozän (ca. 5 - 3 MaBP = Millionen Jahre vor der
  Jetztzeit) mit einer um ungefähr 4 °C höheren mittleren globalen Temperatur
  als heute,

- die Eem-Sangamon-Warmzeit (ca. 125.000 aBP = Jahre vor der Jetztzeit) unmittelbar vor der letzten Eiszeit mit einer um 2 - 2,5 °C höheren mittleren globalen Temperatur gegenüber heute (H. FLOHN 1980),
- die Warmzeit Altitherm oder Hypsitherm im Holozän (ca. 5000 - 8000 aBP),
  die wärmste Periode seit der letzten Eiszeit mit einer um ungefähr 1,5 °C höheren mittleren globalen Temperatur als heute (W. KELLOGG 1983),
- die mittelalterliche Warmzeit (ca. 900 - 1050 AD), die um rd. 1 °C wärmer
  war als heute (H. FLOHN 1980).

Abb. 12.3 zeigt als Beispiel die Rekonstruktion der Verteilung von Niederschlag
und Bodenfeuchte. Dabei kommt eine Kombination von Vorgehensweisen zur Anwendung, nämlich der Vergleich von Proxi-Daten aus dem Holozän (wie z. B. Pol-
len und Sporen in Ablagerungen von Seen und Mooren sowie Seespiegel- und Fluß-
voluminaschwankungen) mit Warmperioden in den meteorologischen Meßreihen
sowie mit Klimamodellrechnungen. Gebiete, für die zwei oder mehr der benutzten
Quellen eine Übereinstimmung ergaben, sind durch gestrichelte Linien eingegrenzt
und mit dem Ausdruck „feuchter als heute" oder „trockener als heute" gekennzeichnet. Sähe auch eine CO_2-induzierte wärmere zukünftige Welt so aus, könnte das
weitreichende Folgen haben. Sowohl die amerikanischen als auch die russischen
Kornkammern würden trockener. Das stimmt auch mit den Modellrechnungen von
S. MANABE et al. (1981) überein. Dagegen könnten einige subtropische Trocken-
gebiete, z.B. in Afrika, im Nahen und Mittleren Osten, in Australien und Mittelame-
rika, feuchter werden, was sich günstig auf die landwirtschaftlichen Erträge auswirken würde. Ohne Zweifel ist diese Art von synthetischen Szenarienanalysen wichtig
und sollte deshalb fortgesetzt werden.

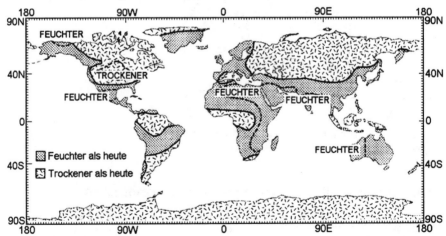

Abb. 12.3: Szenario für die mögliche Bodenfeuchteverteilung in einer wärmeren
Welt. Es basiert auf der Rekonstruktion der Warmzeit im Holozän, dem Vergleich
beobachteter warmer und kalter Jahre auf der Nordhalbkugel in den vergangenen
hundert Jahren und Berechnungen mit dem NCAR-Klimamodell. Gebiete mit über-
einstimmender Tendenz in zwei oder mehr der angewandten Methoden sind gestri-
chelt und mit „feuchter" oder „trockener" gekennzeichnet.
Quelle: Kellogg (1983).

12.3.3 Klimamodellrechnungen

Ohne eine jahreszeitlich und regional differenzierte quantitative Abschätzung der durch CO_2-Einwirkung veränderten Klimaparameter kann keine sinnvolle und damit aussagekräftige Wirkungsanalyse durchgeführt werden. Dazu bedarf es dreidimensionaler Zirkulationsmodelle der Atmosphäre (atmospheric general circulation models (AGCM)) und der Kopplung mit einem Ozeanmodell (A/OGCM). Denn nur mit Hilfe von Klimamodellen läßt sich der Effekt von CO_2 oder auch anderer Einflußfaktoren auf das Klima explizit erfassen. Simulationsexperimente mit diesen Modellen werden wegen der immens hohen Computerkosten nur an einigen wenigen Forschungszentren durchgeführt.

Der Ozean übt wegen seiner hohen Wärmekapazität einen großen Einfluß auf das Klima aus, und diesen Einfluß gilt es möglichst realistisch zu simulieren. Der Berechnung der Ozean-Oberflächentemperatur (OOT) gilt dabei ein besonderes Augenmerk, da sie sowohl durch die Ozeanzirkulation als auch durch den Energieaustausch zwischen Ozean und Atmosphäre bestimmt wird. Da eine explizite Berechnung der OOT wegen der großen Unterschiede in der thermischen Trägheit zwischen Ozean und Atmosphäre sehr viel Rechenzeit erfordert, sind Modelle unterschiedlicher Komplexität zur Modellierung dieses Parameters entwickelt worden. Wie im folgenden gezeigt wird, ist die Art der Modellierung entscheidend für die Sensitivität des Modellklimas gegenüber CO_2-Änderungen (M. SCHLESINGER 1983). Derzeit unterscheiden wir folgende Modellansätze, bei denen das atmosphärische Zirkulationsmodell (AGCM) gekoppelt ist mit

- einem „klimatologischen Ozean" („climatological ocean model"),
- einem Ozean als „Sumpf" („swamp model"),
- einem Ozean bestehend aus einer vorgegebenen Mischungsschichttiefe („slab model"),
- einem Ozean bestehend aus einer variablen Mischungsschichttiefe („variable depth mixed layer model") und
- einer expliziten Modellierung der Ozeanzirkulation („ocean general circulation model" (OGCM)).

12.4 Entwicklung von Klimaszenarien

Die Entwicklung von Klimaszenarien dient in diesem Beitrag der Identifizierung regionaler CO_2-induzierter Klimaänderungen. Zur Absicherung der regionalen Verteilungsmuster der Klimaänderungen ist es angebracht, nicht nur die Simulation von einem Klimamodell, sondern die Ergebnisse aus einer Reihe von Modellexperimenten zu Vergleichszwecken heranzuziehen.

Die Anwendbarkeit der Klimamodelle in der regionalen Szenarienanalyse zur Erfassung von Klimaauswirkungen hängt u. a. davon ab, ob sie

- eine realistische Geographie und Topographie besitzen,
- eine hohe räumliche Auflösung haben,
- eine ausreichende zeitliche Auflösung aufweisen,

- den Atmosphäre-Ozean-Eis-Feedback berücksichtigen,
- die beobachtete Verteilung der Klimaelemente hinreichend genau simulieren,
- schon in CO_2-Sensitivitätsexperimenten angewendet worden sind und ob sie
- neben den einfachen Klimaparametern (wie z. B. Temperatur, Niederschlag, Bodenfeuchte etc.) auch komplexere Parameter (wie z. B. Länge der Frost- und Wachstumsperiode, Anzahl der Tage mit Temperatur- oder Feuchtestreß, Heiz- und Kühlgradtage, Häufigkeit von Extrema, etc.) berechnet haben.

Die folgenden Beispiele entstammen einer ausführlichen Arbeit, die im Auftrag der EG und der DFVLR durchgeführt worden ist (H. MEINL u . W. BACH et al. 1984; W. BACH et al. 1985).

12.4.1 Modellverifizierung

Ehe Klimamodelle für eine regionale Wirkungsanalyse Verwendung finden können, muß das Modellklima zuvor auf dem regionalen Scale verifiziert werden. Auf diesem Scale können die Unterschiede zwischen den Modelldaten und den gemessenen Klimadaten nicht nur auf ungenügender Modelleistung, sondern auch auf der unterschiedlichen Datenverteilung in den Gittersystemen und auf Eigenheiten der Datenerfassung beruhen. So zeigt z.B. der Vergleich der gebräuchlichsten Datenserien (nämlich die Daten von Möller, Jäger und der Akademie der Wissenschaften der UdSSR) für die mittleren jährlichen Niederschlagsraten regionale Abweichungen bis zu 0,5 mm/Tag.

Als Beispiel einer Modellverifizierung zeigt Abb. 12.4a die Unterschiede zwischen der GISS[*] Modell-Simulation (dem Kontroll-Experiment) und der gemessenen mittleren jährlichen Temperaturverteilung; Abb. 12.4b stellt die Unterschiede für die Niederschlagsverteilung dar. Über der westlichen Hälfte des Untersuchungsgebiets stimmen gemessene und simulierte Temperaturwerte nahezu überein. In der östlichen Hälfte sind die simulierten Werte um rd. 2 K niedriger als die gemessenen. Die simulierten Niederschlagsraten sind fast über dem gesamten Untersuchungsgebiet um 1 mm/Tag höher als die gemessenen. Offenbar hat das GISS/Modell einen zu stark ausgeprägten hydrologischen Zyklus.

Diese Ergebnisse müssen mit der gebotenen Vorsicht interpretiert werden, insbesondere deswegen, weil hier globale Klimamodelle auf einen relativ kleinen regionalen Raum angewandt worden sind. Auf der Grundlage dieser Verifizierung durchgeführte CO_2-Sensitivitäts-Experimente mögen aber trotzdem nützlich sein, da sie eine allgemeine Vorstellung von den in einer wärmeren Welt zu erwartenden Änderungen geben können. Dies allein rechtfertigt schon ihre Anwendung auch wenn verläßliche Details in den regionalen Änderungen gegenwärtig von den GCM noch nicht erbracht werden können (W. BACH 1984a, b).

---

[*] Goddard Institute for Space Studies, New York.

165

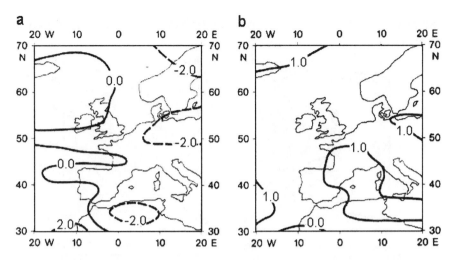

Abb. 12.4a-b: Modellverifizierung dargestellt als Differenzen zwischen den vom GISS-Modell berechneten und den beobachteten Daten. a: Temperatur (K) (Schutz und Gates 1971-1974); b: Niederschlag (mm/Tag) (Jäger 1976).

12.4.2 Regionale und jahreszeitliche Verteilungen der Klima-änderungen

Abb. 12.5a - d zeigt für das GISS-Modell die regionalen Verteilungen der Temperaturänderungen bei einer CO_2-Verdopplung für die vier Jahreszeiten. Die möglichen Temperaturzunahmen liegen zwischen 3 und 6 °C. Die größte Erwärmung mit mehr als 5 °C ist danach im Winter über Nord- und Nordosteuropa und in allen anderen Jahreszeiten über Nordafrika zu erwarten. Der starke Temperaturanstieg über Nordosteuropa ist im Zusammenhang mit der Abnahme der Schneedecke vom Herbst bis in das Frühjahr hinein und mit einer verstärkten zonalen Zirkulation zu sehen (J. MITCHELL 1983). Die Temperaturzunahme über Nordafrika ist als Ergebnis der polwärtigen Verlagerung des subtropischen Hochs zu verstehen. Durch verstärkte Absinkprozesse nimmt die Niederschlagsrate ab. Dadurch werden sowohl Bodenfeuchtigkeit als auch Verdunstung geringer, so daß mehr Energie zur Erwärmung der bodennahen Luftschicht zur Verfügung steht. Wie das gepunktete Raster zeigt, sind die Änderungen über dem gesamten Untersuchungsgebiet auf dem 5% Niveau signifikant.

Die regionalen und zeitlichen Änderungen der Niederschlagsverteilung für eine CO_2-Verdopplung sind in Abb. 12.6a - d dargestellt. Niederschlagsabnahmen haben gestrichelte Isohyethen. Mit Ausnahme des Herbstes sind Niederschlagseinbußen vorwiegend im Südwesten und die größten Niederschlagszunahmen überwiegend in den nördlichen Regionen zu erwarten. Diese Änderungen stimmen zum großen Teil mit den vermuteten Zirkulationsänderungen überein, d. h. mit der zunehmenden Advektion feuchter Meeresluft über Nordeuropa und der verstärkten Austrocknung durch Absinkprozesse durch die nördliche Verlagerung des subtropischen Hochdruckgürtels. Wie schon die Modellverifikation für Niederschlag andeutete, sind nur in einigen kleinen Regionen die Änderungen der Niederschlagsraten signifikant auf dem 5% Niveau.

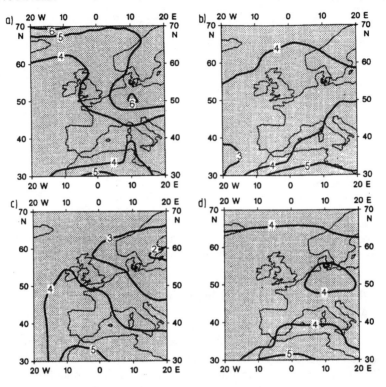

Abb. 12.5 a-d: Regionale und jahreszeitliche Temperaturverteilung (K) in Europa für das 2 x CO_2-GISS-Experiment. a): Winter, b): Frühjahr, c): Sommer; d): Herbst. Die Punktierung bedeutet Signifikanz auf dem 5 % Niveau.

Die Signifikanz der Änderungen von Temperatur und Niederschlag wurde nach der Methode von R. CHERVIN (1981) aus den Monatsdaten des Kontrollaufs und des 2 x CO_2-Experiments berechnet. Die Stichprobe kann aus speziellen Monaten oder Jahreszeiten einer längeren Modellintegration über mehrere Jahreszyklen oder aus mehrfachen unabhängigen Integrationen für einen speziellen Monat oder eine spezielle Jahreszeit ausgewählt werden. Die Null-Hypothese, daß an allen Gitterpunkten zwischen dem 1 x CO_2 und dem 2 x CO_2-Experiment kein Unterschied besteht, wird getestet durch

$$r = \frac{(m_C) - (m_E)}{[\sigma^2_C + \sigma^2_E]^{1/2}}$$

wobei (m_C) und (m_E) die berechneten Ensemblemittel des Kontrollaufs (1 x CO_2) und des Experiments (2 x CO_2) sind. Die Varianz im Nenner setzt sich aus der des Kontrollaufes und der des Experimentes zusammen. Da aber eine Gleichheit der

Varianzen nicht angenommen werden kann, ist von R. CHERVIN eine modifizierte t-Statistik zum Testen der Null-Hypothese für die Unterschiede in den Ensemblemitteln vorgeschlagen worden. Diese Modifizierung ist allerdings der t-Verteilung nach Student sehr ähnlich. Der Annahmebereich für die Null-Hypothese ist

$$r_1(min) < r > r_2(max)$$

wobei $r_1(min)$ und $r_2(max)$ aus der t-Verteilung bestimmt werden.

Ähnliche Untersuchungen haben wir auch für andere Regionen durchgeführt, wie z. B. den Mittelmeerraum (H. J. JUNG u. W. BACH 1985) und Afrika südlich des Äquators (W. BACH u. H. J. JUNG 1985).

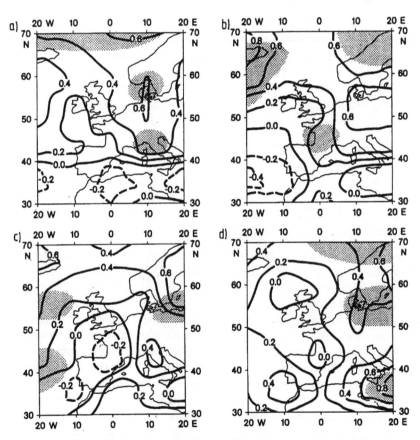

Abb. 12.6 a-d: Regionale und jahreszeitliche Niederschlagsverteilung (mm/Tag) in Europa für das 2 x CO_2-GISS-Experiment. a): Winter, b): Frühjahr, c): Sommer; d): Herbst. Die Punktierung bedeutet Signifikanz auf dem 5 % Niveau.

12.4.3 Patternanalyse

Die Simulationen aus den verschiedenen Modellrechnungen unterscheiden sich in der räumlichen Auflösung, der Parametrisierung der physikalischen Prozesse und der Darstellung des Ozeans. Zur Erlangung eines verläßlichen Klimaänderungsszenarios ist es angebracht, die Art und den Grad der Übereinstimmung der aus den GCM-Simulationen vorhergesagten Änderungen zu untersuchen. Die Aussagekraft der Änderungen in den verschiedenen Regionen hängt davon ab ob,

- die einzelnen Modelle das beobachtete Klima gut wiedergeben,
- die vorhergesagte Klimaänderung für ein CO_2-Experiment auch physikalisch erklärt werden kann,
- die simulierten Änderungen der einzelnen Modelle statistisch signifikant sind und ob
- durch Signifikanz-Tests die Übereinstimmungen in den einzelnen Modellen abgesichert werden können.

Die ersten drei Erfordernisse wurden oben schon dargelegt, soweit für die einzelnen Modelle dazu die nötige Information zur Verfügung stand. Für den Nachweis von Übereinstimmungen kann man für jeden Klimaparameter die Abweichungen vom jeweiligen geographischen Mittelwert (M) bestimmen und die aus verschiedenen Modellsimulationen abgeleiteten Verteilungen überlagern. Zur quantitativen Bewertung der Ähnlichkeit der von den GCM simulierten Verteilungen kann man für jeden Klimaparameter folgende Größen bestimmen, nämlich

- die Zahl der Gitterpunkte, an denen die Vorzeichen der Abweichungen von den jeweiligen Flächenmitteln für zwei Verteilungen übereinstimmen (das ist ein Maß für die Überlappungen der zwei Datenserien und zeigt die Werte unterhalb bzw. oberhalb des jeweiligen Flächenmittels) und
- den Korrelationskoeffizienten für die Abweichungen (er gibt die Übereinstimmungen der Amplituden dieser Abweichungen an).

Diese Methode wird hier beispielhaft anhand eines Vergleichs der Temperatur- und Niederschlagsverteilungen zwischen dem GISS- und dem BMO*-GCM für Winter und Sommer demonstriert. Im Winter liegen in beiden Modellen große Teile von Zentral- und Nordosteuropa über dem Flächenmittel (Abb. 12.7a, kreuzschraffiert), während der westliche Mittelmeerraum und das Atlasgebiet darunterliegen (ohne Schraffur). Im Sommer (Abb. 12.7b) ist die Verteilung der Übereinstimmung umgekehrt. Abgesehen vom Herbst zeigen alle anderen Verteilungen eine signifikante Übereinstimmung auf dem 5% Niveau (Tab. 12.1a). Bei der Niederschlagsverteilung liegen sowohl im Winter als auch im Sommer in beiden Modellen große Teile Nordeuropas über dem Flächenmittelwert (Abb. 12.8 a, b). Erwartungsgemäß sind bei dem variableren Klimaelement Niederschlag die Übereinstimmungen zwischen den beiden Modellen etwas geringer (Tab. 12.1b). Der Vergleich von Ergebnissen aus verschiedenen Modellrechnungen ist wichtig. Modellverifizierung und Patternanalyse können die Glaubwürdigkeit der Modellergebnisse erhöhen.

---

* British Meteorological Office; jetzt Headley Centre, Bracknell

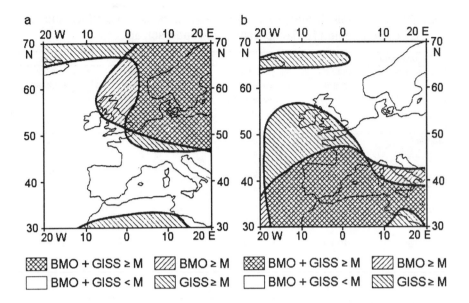

Abb. 12.7a-b: Regionale und jahreszeitliche Patternanalyse zwischen den GISS- und BMO-Modellen für Temperatur. a: Winter; b: Sommer.

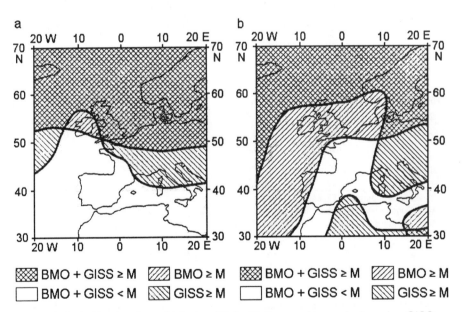

Abb. 12.8a-b: Regionale und jahreszeitliche Patternanalyse zwischen den GISS- und BMO- Modellen für Niederschlag. a: Winter; b: Sommer.

Tab. 12.1a, b: Statistischer Patternvergleich zwischen den BMO und GISS 2 x CO_2-Experimenten für Temperatur und Niederschlag

a. Temperatur				
Jahres-zeit	Experi-ment	Flächen-gemittelte Änderung (K)	Anzahl der Gitterpunkte (%) mit Über-einstimmung des Vorzeichens	Korrelations-koeffizient
Jährlich	BMO	2,7	65*	0,32*
	GISS	4,0		
Winter	BMO	2,8	81*	0,60*
	GISS	4,0		
Frühjahr	BMO	3,0	55	0,43*
	GISS	4,3		
Sommer	BMO	2,3	78*	0,74*
	GISS	3,7		
Herbst	BMO	2,7	64	0,25
	GISS	3,9		
b. Niederschlag				
Jahres-zeit	Experi-mente	Flächen-gemittelte Änderung (mm/Tag)	Anzahl der Gitterpunkte (%) mit Über-einstimmung des Vorzeichens	Korrelations-koeffizient
Jährlich	BMO	0,0	81*	0,58*
	GISS	0,3		
Winter	BMO	0,0	87*	0,59*
	GISS	0,3		
Frühjahr	BMO	0,1	62	0,32*
	GISS	0,3		
Sommer	BMO	-0,1	62	0,15
	GISS	0,3		
Herbst	BMO	0,0	50	0,04
	GISS	0,3		

* Signifikant auf dem 5 % Niveau
BMO = British Meteorological Office, England
GISS = Goddard Institute for Space Studies, USA

12.5 Abschließende Bemerkungen

Die Beschäftigung mit Klimawirkungsforschung im allgemeinen und der Entwicklung von CO_2-induzierten Klimaszenarien im besonderen erfordert die Erarbeitung eines methodischen Instrumentariums zur Vorgehensweise. Das geschieht am besten in enger Zusammenarbeit zwischen Modellentwicklern und Modellanwendern, was zum gegenseitigen Verständnis von Modelleistung und Modellanforderung beiträgt. Aus diesem wechselseitigen Dialog sind am ehesten Fortschritte im Hinblick auf die

Abschätzung von spezifischen Einflußfaktoren auf das Klima und Auswirkungen auf Umwelt und Gesellschaft zu erwarten.

Die Klimaszenarienanalyse bildet die Grundlage für die Untersuchung von Klimawirkungen auf so lebenswichtige Bereiche wie Nahrungsmittel-, Wasser- und Energieversorgung sowie Lebensraum, Gesundheit und Wohlbefinden. Zur Abschätzung dieser Auswirkungen verwendet man Impaktmodelle, wie z. B. Ernteertrags- und Energieversorgungsmodelle, für die die Szenarien den klimatischen Input liefern. Die so gewonnenen Ergebnisse ermöglichen es den Entscheidungsträgern, eine optimale Strategie in einer klimaunsicheren Welt zu entwickeln. Das Hauptziel einer solchen Vorsorgepolitik ist es, schädliche Klimaauswirkungen möglichst schon im Vorfeld der Entstehung zu erkennen und sie durch gezielte Maßnahmen gar nicht erst entstehen zu lassen, oder sie zumindest in erträglichen Grenzen zu halten.

172

Literaturauswahl

BACH, W.: Gefahr für unser Klima: Wege aus der CO_2-Bedrohung durch sinnvollen Energieeinsatz. Karlsruhe 1982; englische Version: Our Threatened Climate: Ways of averting the CO_2-problem through rational energy use. Dordrecht 1984.

– : Das Experiment mit unserem Klima. Modelle einer Wirkungsforschung. In: Forschung, Mitteilungen der DFG 4, 1984a, 10 - 12.

– : CO_2-sensitivity experiments using general circulation models. In: Progr. In Phys. Geogr. 8(4), 1984b, 583 - 609.

– : Development of climatic scenarios: A. from general circulation models. In: Parry, M.L., Carter, T.R. and Konijn, N.T. (eds.): The Impact of Climatic Variations on Agriculture, vol. 1, cool temperate and cold regions, 125 - 157, Dordrecht, 1985.

BACH, W. and JUNG, H. J.: Simulation of the effects of CO_2 and other trace gases in the atmosphere on climate and the environment. In: South African Geogr. J. 67(1), 1985, 86 - 101.

BACH, W., JUNG, H.J. and KNOTTENBERG, H.: Modeling the influence of carbon dioxide on the global and regional climate. Münstersche Geogr. Arb., H. 21, 1985.

CHERVIN, R.M.: On the comparison of observed and GCM simulated climate ensembles. In: J. Atmos. Sci. 38, 1981, 885 - 901.

FLOHN, H.: Possible climatic consequences of a man-made global warming. International Institute for Applied Systems Analysis, Laxenburg, Austria, RR-80-30, 1980.

JAEGER, J. and KELLOGG, W.W.: Anomalies in temperature and rainfall during warm arctic seasons. In: Climatic Change 5, 1983, 34 - 60.

JÄGER, L.: Monatskarten des Niederschlags für die ganze Erde. Ber. d. Deut. Wetterd. 18(139), 1976.

JUNG, H.J. and BACH, W.: GCM-derived climatic change scenarios due to a CO_2-doubling applied for the Mediterranean area. In: Arch. Met. Geophys. Biocl., Ser. B. 35, 1985, 323 - 339.

KATES, R.W., AUSUBEL, J.H. and BERBERIAN, M.: Climate Impact Assessment: Studies of the Interaction of Climate and Society. New York 1985.

KELLOGG, W.W.: Impacts of a CO_2-induced climate change. In: BACH, W. et al. (Eds.): Carbon Dioxide. Dordrecht 1983, 379 - 413.

LOUGH, J.M., WIGLEY, T.M.L. and PALUTIKOF, J.P.: Climate and climate impact scenarios for Europe in a warmer world. In: J. Clim. Appl. Meteorol. 22, 1983, 1673 - 1684.

MANABE, W., WETHERALD, R.T. and STOUFFER, R.J.: Summer dryness due to an increase of atmospheric CO_2 concentration. In: Climatic Change 3 1981, 347 - 386.

MARKLEY, O.W. and CARLSON, R.. Three analytic conclusions having significant implications for the AAAS-DOE Workshop on environmental and societal consequences of a possible CO_2-induced climatic shift. In: US DOE 009. Washington, D.C. 1980, 439 - 441.

MEINL, H. and BACH, W. et al.: Socio-economic impacts of climatic changes due to a doubling of atmospheric CO_2 content. Res. Rpt. to CEC/DFVLR, Dornier-System. Friedrichshafen 1984.

MITCHELL, J.F.B.: The seasonal response of a general circulation model to changes in CO_2 and sea surface temperature. In: Q.J.R. Met. Soc. 109, 1983, 113 - 152.

PARRY, M.L. (Ed.): The sensitivity of natural ecosystems and agriculture to climatic change. Climatic Change 7(1), 1985 (special issue).

SCHLESINGER, M.E.: Simulating CO_2-induced climatic change with mathematical climate models: Capabilities, limitations and prospects, III 3 - III139, US DOE 021, Washington, D.C. 1983.

SCHUTZ, C. and GATES, W.L.: Global climatic data for surface, 800 mb, 400 mb: January. R-915-ARPA, CA: The Rand Corporation. Santa Monica 1971 - 1974.

WIGLEY, T.M.L., JONES, P.D. and KELLY, P.M.: Scenario for a warm, high CO_2 world. In: Nature 283, 1980, 17 - 21.

WILLIAMS, J.: Anomalies in temperature and rainfall during warm arctic seasons as a guide to the formulation of climate scenarios. In: Climatic Change 2, 1980, 249 - 266.

13 Mögliche anthropogene Klimaänderungen und ihre Auswirkungen

84

Es werden die mit Hilfe von Klimamodellen berechneten Änderungen im thermischen und hydrologischen Bereich sowohl bei einer CO_2-Verdopplung, als auch bei einer CO_2-Vervierfachung interpretiert. Die möglicherweise weitreichenden Auswirkungen werden für ausgewählte Bereiche wie der Ernährungssicherung, dem Abschmelzen der Eismassen und dem daraus resultierenden Meeresspiegelanstieg analysiert. Für den US-Maisgürtel ergäbe sich anhand von Modellrechnungen bei einer Temperaturzunahme von 2 °C und sowohl bei einer Niederschlagszunahme als auch - abnahme bis zu 20 % eine Ertragseinbuße zwischen 20 und 26 %. Im US Weizengürtel käme es bei ähnlichen Änderungen in den Temperatur- und Niederschlagsfeldern wie für Mais zu einer 10%igen Ertragsminderung. Andere Weizenregionen, wie z. B. Kasachstan, könnten schon bei einem Temperaturanstieg von 1 °C und einer Niederschlagsabnahme von 10 % sogar eine Ertragseinbuße von 20 % erleiden. Dagegen könnten in einer wärmeren Welt und bei aktiverem Wasserkreislauf in niederen Breiten die Reiserträge um bis zu 16 % zunehmen. Die möglichen Meeresspiegelanstiege in einer wärmeren Welt und einige Hypothesen über ihren Eintritt werden beschrieben. Über die wirtschaftlichen Schäden für verschieden hohe Meeresspielanstiege in den USA und die möglichen Landverluste bei unterschiedlichen Meeresspiegelanstiegen an der deutschen Nord- und Ostsee wird berichtet.

13.1 Vorgehensweise

Zur Erfassung von Klimaauswirkungen eines CO_2-Anstiegs werden vor allem die in Kapitel 7 behandelten globalen Klimamodelle und die in Kapitel 12 dargestellte Klimaszenarienanalyse herangezogen. Die Zeitintegrationen werden durch das Modell für die folgenden drei CO_2-Konzentrationen durchgeführt, nämlich für 300 ppm (1 x CO_2 oder Standard-Fall), 600 ppm (2 x CO_2, also eine Verdopplung) und 1200 ppm (4 x CO_2, eine Vervierfachung). Ein Vergleich der Unterschiede zeigt dann den Einfluß der jeweiligen CO_2-Erhöhung auf das Klima an. Man geht dabei von einer Anfangsbedingung einer isothermen und trockenen Atmosphäre aus und integriert das 1 x CO_2-Experiment über eine Zeitperiode von 1200 Tagen. Der Zustand der Modell-Atmosphäre am Ende der 1 x CO_2-Integration bildet die Anfangsbedingung für die Integration über weitere 1200 Tage für die 2 x CO_2 und 4 x CO_2-Fälle. Ein quasi Gleichgewichts-Klima ergibt sich durch die Mittelung über die letzten 300 Tage einer jeden Integration.

Zur Erreichung eines quasi Gleichgewichtszustands benötigt das dreidimensionale „general circulation model" oder 3-D GCM (ohne Wärmetransport im Ozean) rd. 300 Tage, bei Kopplung mit dem Ozean-Mischungsschichtmodell rd. 10 Jahre, und bei Einbeziehung des gesamten Ozeans würde es Tausende von Jahren dauern. Da die gekoppelten Atmosphäre/Ozeanmodelle einen beträchtlichen Computeraufwand erfordern, ist eine zeitlich synchrone Kopplung für ein vollständiges Modell nicht durchführbar. Es ist deshalb eine asynchrone Kopplungs-Technik vorgeschlagen worden, bei der die Berechnung der Atmosphäre über Tage bzw. Monate und die des Ozeans in zyklischer Art über mehrere Jahre hin erfolgt (W. Washington und V. Ramanathan, 1980). Gegenwärtig ist jedoch noch nicht klar, ob dabei ein wirklichkeitsnahes Gleichgewicht erreicht wird, d.h. ob die Lösungen aus der synchronen und asynchronen Kopplung vergleichbar sind.

Auf die Entwicklung eines Klimamodells erfolgt als erster Schritt der Vergleich der berechneten mit den beobachteten Werten. Abb. 13.1 zeigt ein Beispiel für eine

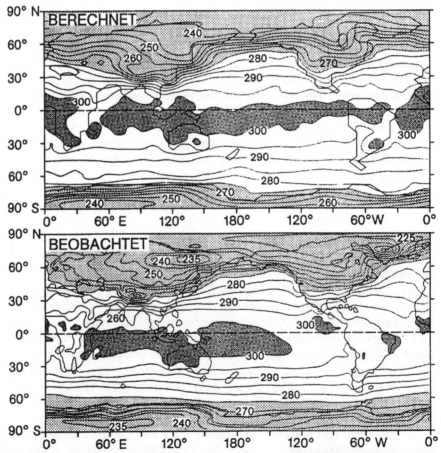

Abb.13.1: Geographische Verteilung der mittleren monatlichen Oberflächentemperatur (K) für Februar. Oben: Berechnete Werte. Unten: Beobachtete Werte.
Quelle: Manabe und Stouffer (1980).

Modellvalidierung. Hier wird die mit dem gekoppelten Ozean-Atmosphäre 3-D GCM berechnete geographische Verteilung der mittleren Oberflächentemperatur für Februar mit den beobachteten Verteilungsmustern verglichen (S. Manabe und R. Stouffer, 1980 b). Im Allgemeinen reproduziert das Modell die jahreszeitliche Temperaturverteilung recht realistisch, so daß es gerechtfertigt erscheint, es für die Abschätzung der Reaktionen des Modellklimas auf eine CO_2-Zunahme zu benutzen. Aus der Vielzahl der Sensitivitätsstudien haben wir einige markante Beispiele ausgewählt, die wir nach ihren Reaktionen in einen thermischen und einen hydrologischen Bereich gruppieren.

13.2 Änderungen im thermischen Bereich

Abb. 13.2 zeigt die zonal gemittelte Breiten/Höhen-Temperaturverteilung der Modellatmosphäre als Reaktion auf eine CO_2-Verdopplung (2 x CO_2). Mittelt man die Temperaturen in der unteren Troposphäre über die nördliche Hemisphäre, erhält

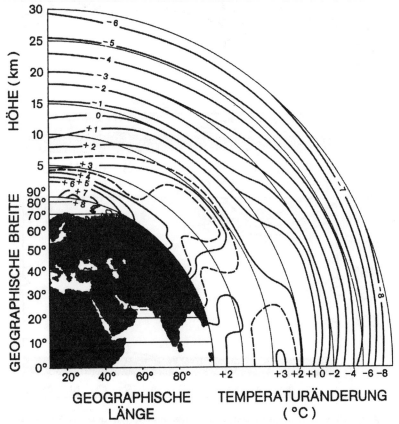

Abb.13.2: Die Temperaturänderungen (°C) in der Atmosphäre über der Nordhalbkugel bei einer CO_2-Verdopplung.
Quelle: Manabe und Wetherald (1980).

178

man die viel zitierte mittlere Temperaturzunahme von rd. 3 °C für 2 x CO_2. Deutlich ist auch der starke Temperaturanstieg bis zu 8 C in polaren Breiten und eine Abnahme um den gleichen Betrag in der Stratosphäre über dem Äquator zu erkennen. Die Abkühlung in der Stratosphäre wird verursacht durch den starken Wärmeverlust infolge Ausstrahlung in den Weltraum bzw. Rückstrahlung in die Troposphäre. Die starke Temperaturzunahme zu den Polen hin und damit die Abschwächung des für die atmosphärische Zirkulation so wichtigen meridionalen Temperaturgradienten wird u.a. bedingt durch die polwärtige Verlagerung der stark reflektierenden Schnee- und Eisflächen, die starke Zunahme des Transports von latenter Wärme zu den Polen, den Einschluß dieser zusätzlichen Wärmeenergie in die stabil geschichtete flache polare Troposphäre und die Überlappung der CO_2- und H_2O-Absorptionsbande, die den CO_2-Einfluß auf den Strahlungsfluß noch verstärken (W. Bach, 1980 a).

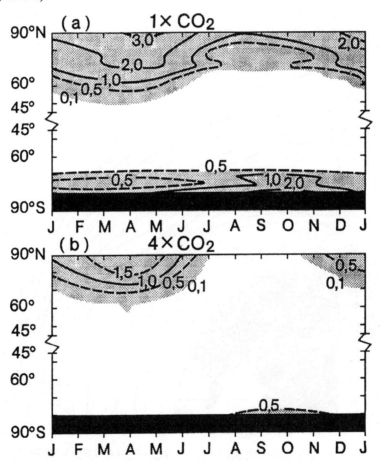

Abb. 13.3: Jahresgang der Dicke des arktischen und antarktischen Treibeises (m) (a) Modellrechnung für den gegenwärtigen Zustand; (b) für eine Vervierfachung des CO_2-Gehalts auf 1200 ppm.
Quelle: Manabe und Stouffer (1980).

Wie wir oben gesehen haben, nimmt bei einer CO_2-Verdopplung die Temperatur insbesondere in polaren Breiten stark zu. M. Budyko (1974) hat den Erwärmungstrend auf das arktische Treibeis mit einem Strahlungsbilanz-Modell untersucht mit dem Ergebnis, daß ein Anstieg der Sommertemperatur um 4 °C ausreicht, das Treibeis vollkommen abschmelzen zu lassen. Dagegen fanden C. Parkinson und W. Kellogg (1979) mit Hilfe eines zeitabhängigen Treibeis-Modells, welches den Wärmefluß in und aus dem Eis sowie das jahreszeitliche Auftreten von Schnee und Eisbewegungen berücksichtigt, daß sich sogar bei einem Temperaturanstieg von 6 - 9 °C das Treibeis im Winter immer wieder neu bildete. Sie erinnern daran, daß es während der letzten Million Jahre keinen ganzjährig eisfreien arktischen Ozean gegeben hat.

S. Manabe und R. Stouffer (1980 a) haben mit einem Atmosphäre-Ozean gekoppelten globalen 3-D GCM den Einfluß einer Zunahme des CO_2-Gehalts auf 1200 ppm (4 x CO_2) auf den Jahresgang der Dicke des arktischen Treibeises untersucht. Wie der Vergleich zum Basis-CO_2-Gehalt (1 x CO_2) in Abb.13.3 zeigt, wird nicht nur die Eisdicke drastisch reduziert, sondern das Treibeis verschwindet auch vollkommen sowohl im Sommer auf der Nordhalbkugel als auch im Winter auf der Südhalbkugel. Während der wolkenarmen Sommermonate heizt sich dann das offene Wasser rasch auf, so daß wahrscheinlich schon nach wenigen Jahren durch diese positive Rückkopplung eine neue Gleichgewichtstemperatur erreicht wird, bei der im Winter dann nur noch eine randliche Vereisung zustandekommt (H. Flohn, 1980). Der entscheidende Effekt ist, daß es dadurch zu einer weltweiten Umverteilung der Niederschläge und damit des Wasserhaushalts kommt.

13.3 Änderungen im hydrologischen Bereich

Alle Modellergebnisse zeigen, daß ein CO_2-Anstieg eine Intensivierung des hydrologischen Zyklus (Niederschlag, Verdunstung, Bodenfeuchte) bewirkt und zwar um rd. 7% für 2 x CO_2. Der Grund dafür liegt in der Zunahme der Gegenstrahlung zur Oberfläche (Treibhauseffekt), was wiederum die Verdunstung und damit den Wasserdampfgehalt der Luft erhöht. Abb.13.4 zeigt die Reaktion der Änderungsrate von Niederschlag P minus Verdunstung E (P - E entspricht ungefähr der Abflußrate) auf eine CO_2-Verdopplung. Wir erkennen eine Zunahme von P - E entlang der Ostküste des Modell-Kontinents sowohl in den Tropen als auch in den Subtropen, was auf eine Intensivierung der Monsunregen schließen läßt. Die Zunahme von P - E in subpolar und polaren Breiten hängt u.a. davon ab, daß die Regenzone der gemäßigten Breiten polwärts verlagert wird (S. Manabe und R. Wetherald, 1980).

Dagegen finden wir zwischen dem 40. und 50. Breitengrad des Modell-Kontinents eine Abnahme von P - E, also eine Verringerung der verfügbaren Bodenfeuchtigkeit. Der relative Rückgang des Niederschlags in diesem Bereich erklärt sich wahrscheinlich aus der signifikanten Verringerung der turbulenten kinetischen Energie, die das Modell über diesem Gebiet feststellt. In einer neueren Studie zeigen S. Manabe, R. Wetherald und R. Stouffer (1981), daß in den mittleren Breiten des US-Kontinents im Frühjahr die Bodenfeuchtigkeit, im Sommer dagegen die Trok-

180

kenheit, stark zunimmt. Da in diesem Gürtel die Kornkammern der USA liegen, kann das möglicherweise gravierende Auswirkungen auf die Landwirtschaft und damit die Welternährungssituation haben. An diesem Beispiel wird einmal mehr deutlich, wie wichtig gerade die regionale Verteilung von Klimaanomalien bei der Bewertung möglicher sozioökonomischer und damit politischer Folgen durch einen CO_2-Anstieg ist.

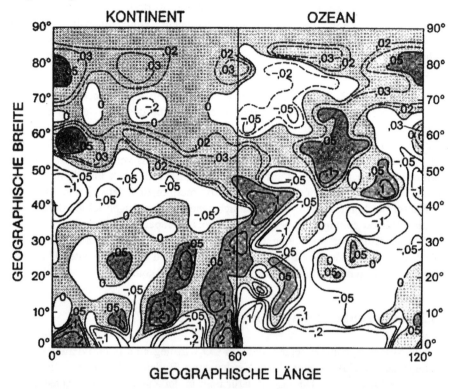

Abb.13.4: Geographische Verteilung der Änderungsrate von Niederschlag minus Verdunstung bei einer CO_2-Verdopplung. Angaben in cm/Tag.
Quelle: Manabe und Wetherald (1980).

Zusammenfassend läßt sich anhand der Modellergebnisse das folgende Reaktionsschema plausibler Ereignisse aufstellen (W. Bach, 1980 b). Danach führt eine Zunahme des CO_2-Gehalts der Atmosphäre zu einer

• Erhöhung der Lufttemperatur, was zu einer
• Erhöhung des Wasserdampfgehalts und zu einer
• Erhöhung des Transfers von latenter Wärmeenergie zu den Polen führt; das wiederum führt zu einer
• Schwächung des meridionalen Temperaturgradienten, und zu einer
• Schwächung der Intensität der globalen atmosphärischen Zirkulation; das wiederum kann führen zu einer
• Beeinflussung der Temperatur- und Niederschlagsverteilung, und zu einer

- Beeinträchtigung der landwirtschaftlichen Produktivität sowie der Wasser- und Energieversorgung.

Von den vielen möglichen Auswirkungen konzentrieren wir uns im Folgenden auf die Ernährungssicherung sowie auf Vereisung und Meeresspiegelanstieg.

13.4 Auswirkungen auf die Ernährungssicherung

Eines der wichtigsten Menschheitsprobleme ist die Versorgung der zunehmenden Weltbevölkerung mit genügend Nahrungsmitteln (W. Bach et al.,1981). In Anbetracht der Tatsache, daß gegenwärtig schon rd. 400 Mill. Menschen hungern und in den nächsten 20 Jahren die Weltbevölkerung um weitere 2 Mrd. Menschen zunehmen wird, erscheint die Sicherstellung der Ernährung für die Menschheit als eine fast unlösbare Aufgabe. Herstellung, Speicherung, Verteilung und Verbrauch von Nahrungsmitteln hängen von vielen untereinander verflochtenen Faktoren ab. Zu den wichtigsten Einflußfaktoren gehören Ackerland, Arbeitskräfte, Kapital, Energie, technische Entwicklung, Bevölkerungsgröße, Sozialstruktur, wirtschaftliche Entwicklung und nicht zuletzt das Klima, das eine der unsichersten Variablen in der gesamten Nahrungsmittelherstellung darstellt (S. Schneider und W. Bach, 1980 und 1981).

Die Notwendigkeit, die landwirtschaftlichen Erträge durch die Einführung besonders ertragreicher, aber zugleich klimatisch spezialisierter Sorten, steigern zu müssen, hat die Anfälligkeit der Nahrungsmittelherstellung gegenüber Klimavariationen erhöht. Darüber hinaus können Klimaanomalien in den verschiedenen Erzeugerländern gleichzeitig auftreten. Dadurch kann es zu einer weltweiten Nahrungsmittelverknappung und in den devisenschwachen Entwicklungsländern zu Hungersnöten kommen.

Die Welternährung beruht zu 70% auf Getreide (S. Coakley und S. Schneider, 1976). Die Veränderungen in der Welternährungslage seien deshalb an den Änderungen des Weltgetreidehandels demonstriert. Wie Tab.13.1 zeigt, hat in den letzten 40 Jahren ein deutlicher Wandel stattgefunden, wobei die bevölkerungsreichsten Regionen von Nettoexporteuren zu starken Nettoimporteuren von Getreide geworden sind. Die Importe für Afrika, wo sich in jüngerer Zeit insbesondere in der Sahelregion die Hungerkatastrophen häufen, sind wahrscheinlich nur deshalb so niedrig, weil für die devisenschwachen Länder dieser Region das auf dem Weltmarkt angebotene Getreide zu teuer ist. Seit mindestens 10 Jahren erwirtschaften nur noch zwei Regionen, nämlich die USA/Kanada und Australien/Neuseeland, Getreideüberschüsse. Klimaanomalien und Klimaänderungen in diesen Kornkammern würden für einen großen Teil der Weltbevölkerung katastrophale Folgen haben.

Die sicherste Methode, um sich gegen klima-induzierte Hungerkatastrophen zu schützen, ist die Anlage eines Getreidevorrats in den Verbraucherländern. Eine Aufstellung der Weltgetreidereserven zeigt aber, daß sie in den letzten 20 Jahren erheblich abgenommen haben (L. Brown, 1981). Konnte im Jahre 1960 die Weltbevölkerung mit den vorhandenen Getreidevorräten noch rd. 102 Tage lang ernährt werden, so waren es im Jahre 1980 nur noch 40 Tage.

Tab. 13.1: Änderungen im Weltgetreidehandel (Mill. t) von 1934-80

Region	1934-38	1948-52	1960	1970	1976	1978	1980
Nordamerika	+ 5	+ 23	+ 39	+ 56	+ 94	+ 104	+ 131
Lateinamerika	+ 9	+ 1	0	+ 4	- 3	0	- 10
Westeuropa	- 24	- 22	- 25	- 30	- 17	- 21	- 16
Osteuropa und UdSSR	+ 5	0	0	0	- 25	- 27	- 46
Afrika	+ 1	0	- 2	- 5	- 10	- 12	- 15
Asien	+ 2	- 6	- 17	- 37	- 47	- 53	- 63
Australien und Neuseeland	+ 3	+ 3	+ 6	+ 12	+ 8	+ 14	+ 19

+ = Nettoexport; - = Nettoimport
Nach Coakley und Schneider (1976); Brown (1981)

Die Welternährungslage sieht also keineswegs rosig aus, und daran wird sich bei der rapiden Bevölkerungszunahme sicher auch nicht viel ändern. Deshalb ist die Frage, ob zusätzlich zu den schon wirksamen natürlichen Klimaeinflüssen eine CO_2-induzierte Klimaänderung die Ernährungslage verschlechtern kann, mehr als nur von akademischem Interesse. Modellrechnungen zeigen, daß die CO_2-induzierte Erwärmung mit der geographischen Breite zunimmt und damit die für die Landwirtschaft geeigneten Zonen polwärts verschiebt. Dabei gilt als Faustregel, daß eine Änderung der sommerlichen Lufttemperatur am Boden um 1 °C die Vegetationsperiode um rd. 10 Tage verlängert oder verkürzt (W. Kellogg, 1978).

Die bei einer Erwärmung erwartete Beschleunigung des hydrologischen Kreislaufs hat ambivalente Auswirkungen. Zwar können einige Regionen von reichlicheren Niederschlägen profitieren, während andererseits die erhöhte Evapotranspiration die Erträge auch wieder zu schmälern vermag. Allgemein gilt, daß diejenigen Kulturpflanzen die höchsten Erträge liefern, die sich im Laufe der Zeit an die klimatischen Bedingungen und die Bodenverhältnisse ihres Standorts optimal angepaßt haben (B. Andreae, 1980). Hochentwickelte Landwirtschaften haben diesen Umstand stets genutzt. Eine Verschiebung der Klimazonen könnte daher erheblichen Schaden anrichten, weil sie zu Standortverlagerungen zwingt und damit zum Verlust der optimalen Anbaubedingungen führt. Besonders betroffen wäre das Hauptüberschußgebiet der Welt, nämlich der mittlere Westen der USA mit seinen zonal angeordneten Monokulturen zur Erzeugung von Mais, Weizen, Soja und Erdnüssen. Eine Verschiebung nach Norden zu den weniger geeigneten Regionen mit den glazialen Podsolböden könnte zu einer Ertragsminderung führen. Es ist wichtig festzuhalten, daß jede Anbauart unterschiedlich auf die einzelnen Klimaeinflüsse reagiert. Hier können jedoch nur die Ergebnisse für die drei wichtigsten Getreidearten, nämlich Mais, Weizen und Reis, zusammengefaßt werden. Weitergehende Ausführungen befinden sich z.B. in S. Schneider und W. Bach (1980) und W. Bach et al. (1981).

Die landwirtschaftliche Produktivität hängt u.a. ab von technischen Innovationen (z.B. neuartigen Geräten, Bewässerungsmethoden, Züchtung neuer und resistenter Arten, Varianten von Dünge- und Pestizidmitteln); Umweltstress (z.B. Ungeziefer-plagen); sozialen Faktoren (z.B. Agrar- und Wirtschaftsstruktur) und nicht zuletzt von der Klimavariabilität. J. McQuigg et al. (1973) gelang es mit ihrem semi-empirischen Modell zur Erfassung der US-Maisproduktion unter Verwendung histo-rischer Klimadaten seit 1890 und unter Festschreibung „technologischer" Faktoren auf den Stand von 1973 die Klimaeinflüsse zu isolieren. Die Ergebnisse in Abb. 13.5 zeigen deutlich die sehr niedrigen Maiserträge (weniger als 8t/ha) für die Dür-reperiode von 1930 - 40 mit den berüchtigten Sandstürmen und im Vergleich dazu die höheren Erträge (mehr als 9 t/ha) für die sog. Hochertragsperiode von 1957-1972. Während der Dürreperiode registrierte man Niederschläge, die unter und Temperaturen, die über dem langjährigen Mittelwert lagen; in der Hochertragsperi-ode waren die Verhältnisse umgekehrt.

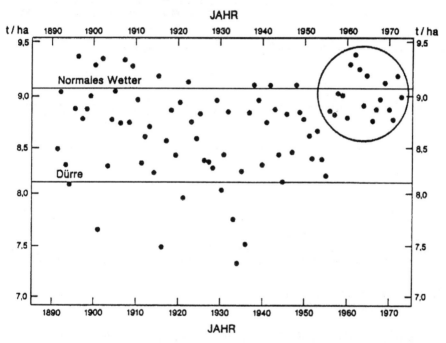

Abb.13.5: Simulierte durchschnittliche Maiserträge für den Technologiestand von 1973 und für die gewichtete Anbaufläche der 5 Staaten: Ohio, Indiana, Il-linois, Iowa und Missouri.
Quelle: McQuigg et al. (1973).

Wie würde sich nun eine CO_2-induzierte Klimaänderung auf die Maisproduktion auswirken? Die Modellrechnungen in Tab.13.2 zeigen, daß bei einer Temperaturzu-nahme um 2 °C, die wir im Laufe des 21. Jahrhunderts erwarten, im US-Maisgürtel sowohl bei einer Niederschlagszunahme als auch -abnahme die Maisproduktion um 20-26% abnehmen würde. Änderungen in diesen Größenordnungen müßten schwerwiegende wirtschaftliche Folgen haben. Im allgemeinen gilt für die amerikanische Kornkammer, daß ein kühleres und feuchteres Klima die Maiserträge erhöhen, wärmere und trockenere Bedingungen sie jedoch verringern würden (J. Benci et al., 1975).

Tab. 13.2: Mögliche Auswirkungen einer Klimaänderung auf die Mais-, Weizen- und Reiserträge in den Hauptanbaugebieten in Prozent der Durchschnittserträge.

Bei einer Niederschlagsänderung (%) von	Änderung der Maiserträge (%) im US-Maisgürtel [1] bei einer Temperaturänderung (°C) von				
	-2	-1	0	+1	+2
-20	+19,8	+8,4	-2,9	-14,2	25,6
-10	+21,2	+9,8	-1,5	-12,8	24,2
0	+22,7	+11,3	0	-11,3	22,7
-10	+24,2	+12,8	+1,5	-9,8	21,2
-20	+25,2	+14,2	+2,9	-8,4	19,8

	Änderung der Weizenerträge (%) im US-Weizengürtel [2] bei einer Temperaturänderung (°C) von					
	-2	-1	-0,5	0,5	+1	+2
-20	0	+0,6	-0,4	-3,4	-5,5	-9,7
-10	+2,5	+1,8	+0,7	-2,2	-5,8	-8,6
+10	+3,2	+3,1	+1,4	-1,7	-3,6	-7,8
+20	+3,2	+2,0	+1,0	-2,0	-3,7	-8,7

	Änderung der Weltreiserträge (%) bei einer Temperaturänderung (°C) von					
	-2	-1	-0,5	0,5	+1	+2
-15	-19	-13	-8	-4	0	+3
-10	-17	-11	-6	-2	+2	+5
-5	-13	-7	-2	+2	+6	+9
+10	-5	+1	+6	+10	+14	+17
+20	-3	+3	+8	+12	+16	+19

+ = Ertragssteigerung; - = Ertragsminderung
1) Zum US-Maisgürtel gehören: Indiana, Illinois, Iowa, Missouri, Nebraska, Kansas
2) Zum US-Weizengürtel gehören: Indiana, Illinois, Oklahoma, Kansas, S- und N-Dakota

Quelle für Maiserträge (Benci et al.,1975); für Weizenerträge (Ramirez et al.,1975) für Reiserträge (Stansel und Huke, 1975).

Der Weizen zählt wie der Mais zu den wichtigsten Getreidearten der Welt. Er unterscheidet sich von anderen Getreidearten dadurch, daß er eine längere Wachstumsperiode und etwas höhere Wachstumsminimumtemperaturen braucht, und daß die verschiedenen Sorten unterschiedlich auf zu hohe und zu niedrige Temperaturen reagieren. Während der Wachstumszeit, und zwar zwischen Blüte und Fruchtansatz, ist er besonders gegen Hitze (>35 °C) empfindlich.

Eine ähnliche Änderung in den Temperatur- und Niederschlagsfeldern wie für Mais würde im US-Weizengürtel mit rd. 10% zu einer etwas geringeren Ertragsminderung führen (Tab.13.2). Andere wichtige Regionen der Weizenerzeugung, wie z.B. Kasachstan in der UdSSR, würden für eine Temperaturerhöhung von 1 °C und eine Niederschlagsabnahme von 10% sogar eine Ertragseinbuße von 20% erleiden (J. Ramirez et al., 1975).

Für die ärmsten und am dichtesten besiedelten Regionen der Welt ist Reis die Hauptnahrung, und bildet damit für ein Drittel der Menschheit die Gewähr fürs Überleben. Wie die Modellrechnungen oben gezeigt haben, ist die Temperaturzunahme in den niederen Breiten gering, und zusätzlich wird der Wasserkreislauf aktiviert. Danach müßte aufgrund der Angaben in Tab.13.2 mit einer Zunahme der Weltreiserträge zwischen 10 und 16% zu rechnen sein (J. Stansel und R. Huke, 1975).

Nach diesem Überblick hat es den Anschein, als ob durch eine mögliche CO_2-induzierte Klimaänderung die zukünftige Weltreiserzeugung begünstigt, die Mais- und Weizenproduktion in den USA und der UdSSR dagegen benachteiligt würde. Der europäische Getreideanbau wird wahrscheinlich wegen der geringeren Feuchtigkeitsschwankungen weniger stark beeinflußt.

Es besteht auch die Möglichkeit, daß sich die technisierte Landwirtschaft durch Umzüchten der Getreidesorten den Klimaschwankungen anpaßt. Wichtig ist dabei, daß die Klimaänderung nicht zu schnell erfolgt, so daß die Pflanzen genügend Zeit zum Anpassen haben. Schädlich für die Landwirtschaft ist nicht so sehr eine allmähliche Klimaänderung, sondern eine Zunahme der Wetterextreme und jährlichen Witterungsschwankungen, die als Begleiterscheinungen erwartet werden.

In den oben gemachten Aussagen blieben die nicht unwesentlichen Einwirkungen durch Schädlinge unberücksichtigt. Die jährlichen Schäden in der Land- und Forstwirtschaft sind jedoch beträchtlich. Sogar in den USA fallen ihnen trotz aller chemischen und nicht-chemischen Bekämpfungsmethoden rd. 37% der landwirtschaftlichen und rd. 25% der forstwirtschaftlichen Produktion zum Opfer (D. Pimentel,1980).

Die Vermehrung tierischer Schädlinge ist stark temperaturabhängig. So produzieren z.B. einige Insektenweibchen innerhalb von 2 - 4 Wochen 500 - 2000 Nachkommen. Eine wärmere und längere Wachstumsperiode könnte zu 1 - 3 zusätzlichen Generationen und damit zu einem exponentiellen Anstieg der Schädlinge führen. Zu warme Winter würden die Schädlingssterblichkeit weiter reduzieren. Geringerer Schneefall und Frost hätten jedoch den umgekehrten Effekt.

Höhere Temperaturen könnten auch die Insektenbekämpfung ungünstig beeinflussen, da die Wirksamkeit der Pestizide abnimmt. Ähnliches gilt auch für die Unkrautvertilgung, da unter warmen und trockenen Bedingungen die physiologische Tätigkeit der Unkräuter stark herabgesetzt ist, wodurch die toxische Wirkung der Herbizide nicht voll zur Geltung kommt. Unter warmen und feuchten Bedingungen vermehren sich Pflanzenkrankheiten besonders gut und führen zu beträchtlichen Ernteschäden. Die Vermutung liegt nahe, daß ein milderes Klima (mit milderen Wintern und einer verlängerten Wachtsumsperiode) das Pflanzenschutzproblem noch verschärft.

Klimafaktoren können aber auch eine nützliche Rolle bei der sog. integrierten Schädlingsbekämpfung spielen. So kann man z.B. eine nicht-schädliche Faden-wurmart züchten, die sich besonders gut bei hoher Temperatur und Luftfeuchtigkeit vermehrt, um sie dann zur Vertilgung schädlicher Insekten zu benutzen (F. Kling-auf, 1981). Biologisch/klimatologische Kontrollmethoden wie diese, verbesserte Anbaumethoden, Erhöhung der Widerstandsfähigkeit der Pflanzen und die Erhal-tung des Artenreichtums sind einige der Möglichkeiten, die das Risiko einer vom Klima begünstigten Ertragsminderung durch Schädlinge verringern können.

Unter optimalen Temperatur- und Feuchtigkeitsverhältnissen kann die CO_2-Zunahme in der Atmosphäre die Blatt-Photosynthese ankurbeln und damit zu einer verstärkten Pflanzenproduktion führen, wie sich durch Experimente unter bestimm-ten Bedingungen nachweisen läßt (N. Rosenberg, 1981). Für natürliche Bedingun-gen trifft das aber offenbar nicht zu, da die Verfügbarkeit von Nährstoffen und Was-ser für das Wachstum entscheidender ist. Darüber hinaus gibt es bisher keine Anzei-chen für eine Änderung der Netto- CO_2-Assimilationsrate durch die beobachtete CO_2-Zunahme. Es ist deshalb unwahrscheinlich, daß die durch die CO_2-Erwärmung ausgelöste Ertragsminderung durch eine CO_2-bedingte Wachstumszunahme der Biomasse ausgeglichen werden könnte (D. Pimentel, 1981).

Ein Vergleich der Witterungsgeschichte Mitteleuropas mit dem Getreidepreisin-dex zeigt deutlich, daß Klimaextreme in den vergangenen 400 Jahren immer zu deutlichen Preissteigerungen geführt haben (H. Flohn, 1978). Wie die Geschichte zeigt, hatten Klimaanomalien häufig Hungersnöte und soziale Unruhen zur Folge. So waren z.B. die Dürren und Mißernten von 1788/89 in Frankreich u.a. ein auslö-sendes Element für die Französische Revolution; und die kalten und nassen Jahre zwischen 1845 und 1850 lösten in Irland die Kartoffel-Hungersnot aus und zwangen fast eine ganze Nation zur Auswanderung in die USA, während sie auf dem europäi-schen Kontinent die Revolution von 1848 stark mitbeeinflußte. Auch in unserer hochtechnisierten Zeit geht die Klimaeinwirkung auf dem Agrar- und Preissektor unvermindert weiter. In den USA, dem bisher einzigen Land, wo seit 1980 Monat für Monat alle Klimaschäden im Agrarbereich systematisch erfaßt werden, verur-sachte die Hitze- und Dürreperiode von 1980 einen Gesamtschaden von rd. 19,3 Mrd. Dollar (US DOC, 1980).

Es wird vermutet, daß eine globale Erwärmung im Ernährungsbereich sowohl zu Gewinnern als auch Verlierern führt, und daraus leiten einige die Hoffnung ab, daß sich die positiven und negativen Auswirkungen die Waage hielten. Weiter hofft man, daß sich mit der Züchtung von neuartigen Getreidesorten und damit höheren Erträgen die Schäden durch Klimaeinflüsse ausgleichen ließen. Die Erfahrungen aus der jüngeren Vergangenheit geben aber keinen Anlaß zu diesem Optimismus. Im Gegenteil, sofern Getreideüberschüsse vorhanden sind, gehen sie vorwiegend in sol-che Länder, die dafür bezahlen können. In der Vergangenheit waren das die UdSSR und die Volksrepublik China und in den Sahelstaaten Afrikas hielten die Hungers-nöte unvermindert an. An diesen trüben Aussichten wird sich wohl auch in Zukunft nicht viel ändern, da gerade in den Entwicklungsländern der Bevölkerungsdruck stark zunimmt und das Potential zu Ertragssteigerungen aus Energie-, Kapital-, sozial- und ethnopolitischen Erwägungen heraus sehr begrenzt ist. Die Verlierer werden wohl auch weiterhin vorwiegend die Entwicklungsländer sein.

13.5 Auswirkungen auf Vereisung und Meeresspiegel

Das Abschmelzen der arktischen Eismassen und das Ansteigen des Meeresspiegels sind weitere Ereignisse, die häufig in der Öffentlichkeit mit einer CO_2-induzierten Erwärmung in Verbindung gebracht werden. Es soll hier kurz dargestellt werden, welche der Abläufe am ehesten eintreffen und die Menschheit am stärksten beeinflussen können.

Zu den Komponenten der Kryosphäre, die durch eine Erwärmung beeinflußt werden können, gehören das arktische Treibeis, die Eisschilde Grönlands und der West- und Ostantarktis sowie die Gletscher und Schneedecken auf den Kontinenten. Aufgrund der gegenwärtigen Massenverteilungen könnten sich bei einem hypothetischen völligen Abschmelzen folgende Meeresspiegelanstiege ergeben (J. Hollin, 1980): Für den Eisschild der Ostantarktis rd. 60 m, für die Eisschilde der Westantarktis bzw. Grönlands je 6 m; und für die Gletscher und Schneedecken rd. 0,3 m.

Welche Effekte sind nun bei der zu erwartenden CO_2-induzierten Klimaänderung in der nahen Zukunft, d.h. für etwa die nächsten 100 Jahre möglich? Ein völliges Abschmelzen des arktischen Treibeises würde den Meeresspiegel überhaupt nicht beeinflussen, da es mit ihm im Schwimmgleichgewicht steht. Wohl aber könnte es durch die Verminderung der Albedo zu einer starken Beeinflussung des Klimasystems kommen (C. Parkinson und W. Kellogg, 1979). Strahlungsbilanzabschätzungen lassen für den Eisschild Grönlands ein nur langsames sich über Jahrtausende hinziehendes Abschmelzen erwarten. Dabei könnten Meersspiegelschwankungen auftreten, die den heutigen (1,2 mm/a) vergleichbar wären. Bei Oberflächentemperaturen von -20 °C im Sommer und Jahresmitteltemperaturen von -50° bis -60 °C wäre jedoch der Eisschild der Ostantarktis der erwarteten Erwärmung gegenüber relativ unempfindlich.

Anders ist die Situation bei der kleineren nur etwa 10% der gesamten Eismasse umfassenden, Westantarktis; hier haben alle ernstzunehmenden Befürchtungen eines bevorstehenden Meeresspiegelanstiegs ihren Ursprung (J. Mercer, 1978). Wie Abb. 13.6 zeigt, ruhen rd. 70% des westantarktischen Eisschildes auf einem Felssockel unterhalb des Meeresspiegels, festgehalten durch Eisschelfe und Meereis. Wenn sich nun, so die Argumentation, durch die in polaren Breiten zu erwartende Temperaturzunahme von 5 - 10 °C die schützenden Eisbarrieren abschwächen, dann könnten rd. 2 - 2,5 Mill. km³ Eismassen ins Schwimmen kommen und ins Meer rutschen.

Sollte sich diese „Aufschwimm"-Theorie bewahrheiten, dann wären folgende Szenarien möglich: Als unmittelbarer Effekt wird von einigen durch das Abbrechen großer Eismassen ins Meer eine mehrere Meter hohe Tsunami oder Flutwelle, die rund um den Erdball spürbar wäre, für möglich gehalten. Ein weiterer Effekt wäre,

188

daß die riesige Eismasse die Meerestemperatur um mehrere Grad Celsius abkühlen und diese Wirkung noch durch die Erhöhung der Albedo verstärken könnte.

Diese Vorgänge bilden die Grundlage der Wilsonschen Eiszeithypothese, die in jüngster Zeit durch neue Erkenntnisse weiteren Auftrieb erhalten hat. So meinen F. Aharon et al. (1980) aufgrund ihrer Muschelfunde mehrere Meter über der Riffküste im Süden Neuguineas, daß vor 120.000 aBP (Jahre vor der Gegenwart) ein großer Eisrutsch stattgefunden haben muß. J. Hollin (1980) postuliert anhand von Muschel- und Schneckenschalen in 10 - 18 m Höhe über den Steilküsten Libanons, Spaniens und Marokkos und anderer Untersuchungen einen noch gewaltigeren Eisrutsch aus der Ostantarktis vor rd. 95.000 aBP. Erdgeschichtlich scheinen diese Meeresspiegelanstiege mit der letzten großen Eiszeit vor rd. 100.000 aBP in Zusammenhang zu stehen.

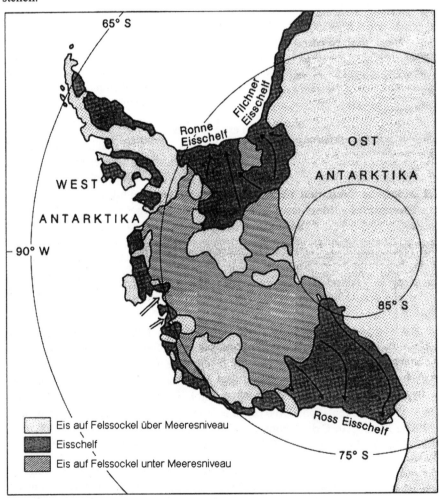

Abb.13.6: Eisschild und Eisschelfe in der West-Antarktis.
Nach Mercer (1978) und Flohn (1980).

189

Auch wenn die Gefahr eines schnellen Meeresspiegelanstiegs um 5 m wahrscheinlich nicht unmittelbar gegeben ist, so nimmt sie dennoch bei der zu erwartenden Erwärmung zu. Eine Betrachtung der möglichen Auswirkungen anhand detaillierter Untersuchungen von S. Schneider und R. Chen (1980) ist deshalb, angebracht. Wie Tab. 13.3 zeigt, würden bei einem Meeresspiegelanstieg von rd. 5 m an den Küsten der USA rd. 12 Mill. Menschen obdachlos (rd. 6% der Gesamtbevölkerung), und es entstünde ein Immobilienverlust von rd. 110 Mrd. Dollar (Preisbasis 1971). Bei einem Meeresspiegelanstieg auf rd. 8 m würden sich die entsprechenden Zahlen auf 16 Mill. Menschen (8% der Gesamtbevölkerung) und rd. 150 Mrd. Dollar an Eigentumsverlusten erhöhen. Da in den USA ein Drittel der Grundeigentümer keine Grundsteuer zahlen, und folglich bei der Untersuchung nicht erfaßt wurden, erhöhen sich die entsprechenden Zahlen auf 160 bis 220 Mrd. Dollar.

Tab. 13.3: Geographische, demographische und ökonomische Auswirkungen unterschiedlicher Meeresspiegelanstiege in den verschiedenen Küstenregionen der USA

| Küstenregion | Meeresspiegelanstieg: 4,6 m | | |
	Prozent der Region überflutet	Bevölkerung (Mill.)	Geschätzter Immobilienwert (Mrd. $) *
Nord-Atlantik	0,9	3,6	33,3
Mittel-Atlantik	5,3	1,8	11,6
Florida	24,1	2,9	33,4
Golf-Küste	4,7	2,7	21,3
West-Küste	0,6	0,8	7,8
Summe aller Regionen	-	11,8	107,4
Anteil an Gesamt-USA	1,5	5,7	6,2
	Meeresspiegelanstieg: 7,6 m		
Nord-Atlantik	1,3	5,0	47,6
Mittel-Atlantik	7,6	2,5	16,6
Florida	35,5	3,8	41,7
Golf-Küste	5,8	3,3	26,9
West-Küste	1,2	1,4	14,2
Summe aller Regionen	-	16,0	147,0
Anteil an Gesamt-USA	2,1	7,8	8,4

* auf der Basis der Grundsteuer und bezogen auf den Dollarwert von 1971
Nach Schneider und Chen (1980)

Weiterhin bleiben die Sekundärkosten, Wirtschafts- und Bevölkerungsentwicklungen sowie die zu erwartenden starken in die südlichen Küstenregionen gerichteten Wanderungsbewegungen unberücksichtigt. Die Kosten wären also noch um einiges höher, besonders in einigen Jahrzehnten, wenn die Schäden eintreten. Insgesamt würden rd. 2% der Gesamtfläche der USA überflutet. Wichtiger sind jedoch die regionalen Betrachtungen, wenn man bedenkt, daß ein Viertel Floridas im Meer verschwinden könnte (Tab.13.3). Auf dem restlichen Gebiet könnten dann die Grundstückspreise ins Unermeßliche steigen.

Ein Schadensvergleich mit anderen Katastrophen zeigt, daß Küstenerosion in den USA einen jährlichen Schaden von rd. 300 Mill. Dollar verursacht und Wirbelstürme, Blitzschlag und Erdbeben jährlich hunderte von Millionen Dollar kosten, während es sich bei einem möglichen Meeresspiegelanstieg umgerechnet um Milliardenbeträge handeln würde. Bei der Schadensabschätzung wäre aber vor allem die Schnelligkeit des Meeresspiegelanstiegs von ausschlaggebender Bedeutung. Angenommen der Meeresspiegelanstieg erstreckte sich über ein Jahrzehnt oder länger, dann könnten die rd. 16 Mill. Betroffenen in Raten von 1 - 1,5 Mill. pro Jahr ausgesiedelt werden, was bei einem Gesamtbauvolumen von 2 Mill. Einheiten in den gesamten USA vielleicht zu verkraften wäre. S. Schneider und R. Chen (1980) meinen, daß ein direkter Verlust von 15 - 20 Mrd. Dollar für die Gesamtwirtschaft der USA zwar schwerwiegend aber keineswegs katastrophal sein würde.

Auch in Europa könnten durch einen Meeresspiegelanstieg große Küstenbereiche beeinflußt werden. Für die deutsche Nord- und Ostseeküste wurden die Flächen unter 5 m bzw. 10 m über NN auf einer Karte 1:500.000 unter Anwendung der digitalen Kartographie ausplanimetriert und die jeweilige Bevölkerungszahl bestimmt (Abb.13.7). Die Ergebnisse zeigen, daß bei einem Meeresspiegelanstieg von 5 bzw. 10 m die Länder Niedersachsen, Schleswig-Holstein, Hamburg und Bremen mit einem Verlust von rd. 16% bzw. 23% der Landfläche zu rechnen hätten. Die davon betroffene Bevölkerung betrug nach dem damaligen Stand (1984) zwischen 2 und 3

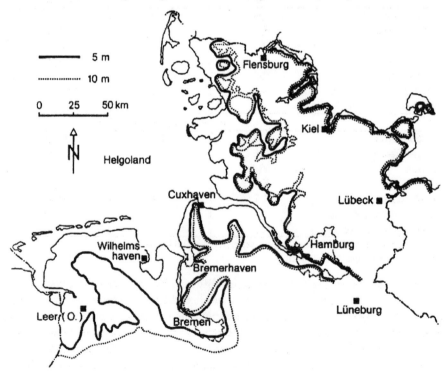

Abb.13.7: Durch einen möglichen Meeresspiegelanstieg von 5 m bzw. 10 m betroffene Gebiete an der deutschen Nord- und Ostseeküste. Die Karte wurde anhand der Daten von Dr. Rauschelbach von der Dornier Plannungsberatung in Friedrichshafen angefertigt.

Mill. Menschen, was immerhin $\frac{1}{6}$ bzw. $\frac{1}{4}$ der Gesamtbevölkerung dieser Länder entsprach.

Zur Beantwortung der wichtigen Frage, was wahrscheinlich eher eintreten könnte, der Kollaps des westantarktischen Eisschildes mit einem 5 m hohen Meeresspiegelanstieg, oder das Verschwinden des arktischen Meereises und die damit verbundene Verschiebung der Klimazonen, lassen sich nach dem gegenwärtigen Stand des Wissens folgende Argumente anführen. Auf Grund der daran beteiligten geophysikalischen Prozesse sollten die Schmelzvorgänge im arktischen Treibeis schneller vor sich gehen als in den antarktischen Eisschilden. Darüber hinaus deutet die hohe Variabilität der Ausdehnung des dünnen Meereises in den letzten 1000 Jahren verglichen mit den wenig veränderlichen mächtigen kontinentalen Eisschilden auf eine viel höhere Anfälligkeit gegenüber einer Klimaänderung hin (H. Flohn, 1980, 1981).

192

Literaturauswahl

Aharon, F., J. Chappell and W. Compston (1980): Stable isotope and sea-level data from New Guinea supports Antarctic ice-surge theory of ice ages, Nature, 283, 649 - 651.

Andreae, B. (1980): Weltwirtschaftspflanzen im Wettbewerb. Ökonomischer Spielraum und ökologische Grenzen. Eine produktbezogene Nutzpflanzengeographie, de Gruyter, Berlin, New York.

Bach, W. (1980a): Klimaeffekte anthropogener Energieumwandlung. In: H.A. Oomatia (Hrsg.) Energie und Umwelt, 84 - 98, Vulkan-Verlag, Essen.

Bach, W. (1980b): Climatic effects of increasing atmospheric CO_2 levels, Experientia 36(7), 796 - 806.

Bach, W., J. Pankrath and S.H. Schneider (eds.1981): Food/Climate Interactions, Reidel Publ.,Co., Dordrecht.

Benci, J.F. et al. (1975): Effects of hypothetical climate changes on production and yield of corn. In: Impacts of Climatic Change on the Biosphere, CIAP Monograph 5, pt.2, 4 - 3 to 4 - 36.

Brown, L.R. (1981): World population growth, soil erosion, and food security, Science 214, 995 - 1002.

Budyko, M.I. (1974): Climate and Life, Int. Geophys. Series Vol. 18, Academic Press, New York, 508 pp.

Coakley, S.M. and S.H. Schneider (1976): Climate-food interactions: How real is the crisis? Prcdgs. Amer. Phytopathological Soc. 3, 22 - 27.

Flohn, H. (1978): Gefährden Klimaanomalien die Welt-Ernährung? Bild d. Wiss. 129 132 - 139.

Flohn, H. (1980): Modelle der Klimaentwicklung im 21. Jahrhundert. In: H. Oeschger et al. (eds.) Das Klima 3-17, Springer-Verlag, Berlin.

Flohn, H. (1981): Major climatic events as expected during a prolonged CO_2 warming. Report Institute of Energy Analysis, Oak Ridge Assoc. Universities, Oak Ridge, U.S.A.

Hollin, J.T. (1980): Climate and sea level in isotope stage 5: an East Antarctic surge at about 95.000 BP? Nature 283, 629 - 633.

Kellogg, W.W. (1978): Effects of human activities on global climate, World Meteorol. Organiz. Bulletin, pt.2, 3 - 10.

Klingauf, F. (1981): Interrelations between pests and climatic factors. In: W. Bach et al. (eds.) Food/Climate Interactions, 285 - 301, Reidel Publ. Co., Dordrecht.

Manabe, S. and R.J. Stouffer (1980a): Sensitivity of a global climate model to an increase of CO_2-concentration in the atmosphere, J. Geophys. Res. 85 (C10), 5529 - 5554.

Manabe, S. and R.J. Stouffer (1980b): Study of climatic impacts of CO_2 increase with a mathematical model of the global climate. In: US DOE Workshop 009, 127 - 140, Washington, D.C.

Manabe, S. and R.T. Wetherald (1980): On the distribution of climatic change resulting from an increase in CO_2 content of the atmosphere, J. Atmos. Sci. 37, 99 - 118.

Manabe, S., R.T. Wetherald and R.J. Stouffer (1981): Summer dryness due to an increase of atmospheric CO_2 concentration, Climatic Change 3, 347 - 386.

McQuigg, J.D. et al. (1973): The influence of weather and climate on United States grain yields: Bumper crops or droughts, Nat. Oceanic and Atmosph. Administr. Report, 30S., Washington, D.C., Dec. 1973.

Mercer, J.H. (10,78): West Antarctic ice sheet and CO_2-greenhouse effect: a threat of disaster, Nature, 271, 321 - 325.

Parkinson, C.L. and W.W. Kellogg (1979): Arctic sea ice decay simulated for a CO_2-induced temperature rise, Climatic Change 2(2), 149 - 162.

Pimentel, D. (1980): Increased CO_2 effects on the environment and in turn an agriculture and forestry. In: US DOE, Workshop an Environmental and societal consequences ofa possible CO8-induced climatic change, 264-274, CONF - 7904143, No. 009, Washington, D.C. Oct. 1980.

Pimentel, D. (1981): Food energy and climate change. In: W. Bach et al. (eds.) Food/Climate Interactions, 303 - 323, Reidel Publ. Co., Dordrecht.

Ramirez, J.M. et al. (1975): Wheat. In: Impacts of Climatic Change an Biosphere, CIAP Monograph 5, pt 2, 4-37 to 4 - 90.

Rosenberg, N.J. (1981): The increasing CO_2 concentration in the atmosphere and its implication on agricultural productivity, Climatic Change 3, 265 - 279.

Schneider, S.H. and W. Bach (1980): Food Climate Interactions, Bericht im Auftrag des Umweltbundesamtes, Berlin, 282 S. + XL.

Schneider, S.H. and R.S. Chen (1980): Carbon dioxide warming and coastline flooding: Physical factors and climatic impact, Ann. Rev. Energy, 5, 107 - 140.

Schneider, S.H. and W. Bach (1981): Interactions of food and climate: Issues of policy considerations. In: W. Bach et al. (eds.) Food/Climate Interactions, 1 - 19, Reidel Publ. Co., Dordrecht.

Stansel, J. and R.F. Huke (1975): Rice. In: Impacts of Climatic Change an the Biosphere, CIAP Monograph 5, pt.2, 4 - 90 to 4 - 132.

USDOC (Dept. of Commerce) (1980): Climate Impact Assessment U.S., Annual Summary, Washington, D.C.

Washington, W.M. and V. Ramanathan (1980): Climatic response due to increased CO_2: Status of model experiments and the possible role of the oceans. In: Proceedings of the CO_2 and climate research program conference, 107-131, US DOE 011, Washington, D.C.

V Auseinandersetzung mit der Atomenergie

Atomenergienutzung ist eines der kontroversesten Themen, zu dem auch Wissenschaftler nicht immer die nötige Distanz bewahren und sich zu emotionalen Ausbrüchen hinreißen lassen. Im folgenden beschreibe ich eines der merkwürdigsten Vorkommnisse meiner wissenschaftlichen Laufbahn.

1979 übernahm ich Vorsitz und Organisation einer im Auftrag der UN an der Universität Hawaii abgehaltenen Konferenz über die Aussichten Erneuerbarer Energien mit dem programmatischen Untertitel „Non-Fossil Fuel and Non-Nuclear Fuel Energy Strategies". Die Idee war, die Koryphäen im Bereich der „harten" Energien (fossile und nukleare) mit denen im Bereich der „sanften" Energien (Energieeffizienz, Kraft-Wärme-Kopplung, erneuerbare Energien) zusammenzubringen und damit einen Lernprozeß einzuleiten. Unter den Teilnehmern war u. a. auch der Stellv. Direktor des Instituts für Angewandte Systemanalyse (IIASA), der gerade dabei war, die dort unter seiner Leitung durchgeführte Studie „Energy in a Finite World" abzuschließen. Nach einem kernenergiekritischen Vortrag sprang dieser sonst so ruhige und besonnene Wissenschaftler mit hochrotem Kopf auf und schrie in den Vortragssaal „I love nuclear breeders, I love nuclear breeders, so what!" Ende der Diskussion - zumindest vorerst.

1981 fertigten A. Lovins, L. Lovins, F. Krause und W. Bach im Auftrag des Umweltbundesamtes eine Studie an, die 1983 in erweiterter Buchform auch in deutsch unter dem Titel „Wirtschaftlichster Energieeinsatz: Lösung des CO_2-Problems" im C. F. Müller Verlag, Karlsruhe, erschien. T. Ginsburg, der im Rahmen des Studium Generale die alljährlichen öffentlichen Veranstaltungen an der ETHZ (Eidg. Techn. Hochschule Zürich, an der ich 1973 Gastprofessor war) organisierte, bat mich, unter dem 1983er Motto „Energie für oder gegen den Menschen" auf der Basis des o.a. Buches unser Effizienz-Szenario mit den IIASA-Szenarien zu vergleichen. H. Rogner, ein Mitautor der IIASA-Studie, trug die IIASA-Szenarien vor. Ginsburg hatte die geplanten 15 Veranstaltungen kontradiktorisch aufgebaut, so daß jeweils zwei Referenten ihre unterschiedlichen Positionen vertreten konnten.

Kurz vor Veranstaltungsbeginn nahm dieser ganz normale Vorgang eine unerwartete Wendung. Ein ebenfalls eingeladener Direktor der Nordostschweizerischen Kraftwerke zog schriftlich seine Zusage zurück und beschwerte sich beim ETHZ-Präsidenten, ..."daß innerhalb der ETHZ eine derart unausgewogene, vorwiegend gesellschaftspolitische Veranstaltung überhaupt stattfinden darf." Dieser Brief löste eine Entwicklung aus, die schließlich zum Verbot des Seminars führte. Erst als sich die gesamte Schweizer Presse dieses skandalösen Vorgangs annahm und sich die als Referentin verpflichtete Nationalrätin U. Mauch zu diesem Vorgang wie folgt äußerte: „Ich finde die Begründung für die Absetzung des ... Seminars einen Skandal... Die Kontroverse, die nicht nur politisch gefärbt ist, sondern politisch ist, (ist) ein sehr wichtiges Instrument der Konsensfindung... Ich protestiere in aller Form gegen den Versuch, an der Hochschule die freie Meinungsäußerung zu unterbinden...," kam die Veranstaltung doch noch zustande.

Kapitel 14 ist die leicht gekürzte Fassung meines Vortrags bzw. meines schriftlichen Beitrags für die Buchveröffentlichung zu dieser Veranstaltung. Der zweite Teil dieses Beitrags berichtet ab Abschnitt 14.5 über einen weiteren ungewöhnlichen Vorfall. Inzwischen kursierten nämlich in der Wissenschaftsgemeinde Gerüchte über Ungereimtheiten im kernenergetischen Teil der so hoch gepriesenen IIASA-Studie. Hatte man sie nicht erkannt, oder war man einfach über sie hinweggegangen? Nach mehreren internen Krisensitzungen entschloß sich das IIASA, den Mathematiker B. Keepin und den Ingenieur B. Wynne, die sich am IIASA zu Forschungszwecken aufhielten, mit der Aufklärung zu beauftragen. Die Bewertungen des IIASA-Berichts durch die beiden Insider waren wenig schmeichelhaft, konnten aber nicht einfach ignoriert werden. Den Telefongesprächen mit beiden entnahm ich, daß man vorhabe, die Ergebnisse über die Recherchen in einigen reputablen Zeitschriften zur Diskussion zu stellen. Ein Beitrag erschien in der anspruchsvollen Zeitschrift Nature (vol. 312, 691 - 92, 20./27. 12. 1984). Die Kurzusammenfassung zu Beginn ist deutlich: „Trotz des Anscheins analytischer Exaktheit sind die überschwenglich gelobten globalen Energieprojektionen des IIASA höchst instabil und beruhen auf inoffiziellen Vermutungen. Die Gründe dafür sind ungenügende Nachprüfungen durch Kollegen und mangelnde Qualitätskontrollen, die Anlaß geben, die politische Befangenheit in der wissenschaftlichen Analyse zu hinterfragen." Der Nature-Artikel gibt weitere Literaturhinweise.

Der Zweite Beitrag zur Auseinandersetzung mit der Atomenergie befaßt sich in **Kapitel 15** ausführlich mit der Ausstiegsproblematik. Ehe ich aus heutiger Sicht dazu Stellung nehme, ist es nützlich, kurz aus internationaler und deutscher Perspektive die wichtigsten Entwicklungen zu beschreiben, welche den heutigen Zustand mitbeeinflußt haben.

Als O. Hahn und F. Straßmann 1938 die Kernspaltung des Urans durch Neutronenbestrahlung entdeckten, war die Voraussetzung für ihre unterschiedlichen Anwendungen geschaffen. Die Amerikaner zündeten in der Wüste von Alamogordo im Staate New Mexico die erste Atombombe und beendeten 1945 mit der Zerstörung Hiroshimas und Nagasakis den Zweiten Weltkrieg (siehe auch **Kapitel 16**). Auf der Suche nach einer friedlichen Verwendung der Kernspaltung verlegten sich die großen US-Atomwaffenschmieden auf die Entwicklung von Techniken zur Stromerzeugung in Atommeilern. Die anderen Atommächte Großbritannien, Frankreich und die UdSSR folgten den Amerikanern bald nach.

Anfang 1956 kam es weltweit zum ersten Reaktorunfall in Windscale mit radioaktiver Verseuchung des wunderschönen Lake Districts im NW Englands. Die örtlichen landwirtschaftlichen Produkte durften nicht mehr verzehrt werden, aber die Bevölkerung wurde nicht evakuiert. Wie sorglos man damals mit den Auswirkungen radioaktiver Strahlung umging, zeigte sich auch daran, daß der British Council kaum 7 Monate nach dem Reaktorunfall für ausländische Studenten an der Universität Sheffield, wo ich im 1. Semester studierte, dorthin eine Besichtigungsreise organisierte. Um den Vorfall vergessen zu machen, wurde Windscale später in Sellafield umbenannt.

1955 wurde F. J. Strauß Minister für Atomfragen. Zur Erlangung des Know-how für die Stromerzeugung in Kernreaktoren und für den Aufbau einer begleitenden Infrastruktur wurden die beiden Kernforschungszentren Karlsruhe und Jülich gegründet. Die weitere Entwicklung, insbesondere in Deutschland, ist dem Beitrag von H. Munsberg (Abschied vom Atomstrom, Der Spiegel 52, 22 - 26, 21. 4. 98) entnommen. 1961 wurde das erste deutsche Kernkraftwerk (KKW) in Kahl am Main in Betrieb genommen. 1976 formierte sich die Anti-Atombewegung, die bei ihren Demonstrationen mit massiver Polizeigewalt in Schach gehalten wurde. Zu einer der schwersten Ausschreitungen kam es während einer Demonstration gegen den beabsichtigten Bau des KKW Brokdorf. 1977 erklärte die Bundesregierung unter dem Eindruck der Ölkrise den Ausbau der Kernenergie für unerläßlich. Die Planungsvorgabe für 2000 war 85 GW (1997: 23 GW).

1979 kam es in Three Mile Island, unweit der Millionenstadt Philadelphia, beinahe zu einem GAU (größten anzunehmenden Unfall). A. Weinberg, der ehemalige Direktor eines der größten US-Atomforschungszentren, schlug folgenden „Faustischen Pakt" zwischen der Atomindustrie und der Menschheit vor: Für den Genuß einer möglicherweise dauerhaften Energiequelle müsse die Gesellschaft den Preis der permanenten Überwachung und Atommüllbeseitigung akzeptieren. Dies erfordere eine perfekt funktionierende „Atomenergie-Priesterschaft", die die vollständige Überwachung des Atombrennstoffzyklus garantieren könne. Die Reise in eine sonnige Atomzukunft sei aber nicht ohne Gefahren. Nach den Risikostudien von Rasmussen müsse bei dem vorgesehenen weltweiten Ausbau der Atomenergie alle vier Jahre mit einem großen Unfall gerechnet werden, bei dem ganze Länder verwüstet würden. „In Zukunft," so Weinberg, „wird die Menschheit lernen müssen, Strahlenkatastrophen als natürliche Ereignisse hinzunehmen, wenn sie sich für die atomare Zukunft entscheidet." (W. Bach et al., Der Ausstieg ist möglich, S. 8, Pahl-Rugenstein, Köln, 1986).

1980 wurde das Areal des geplanten Endlagers in Gorleben besetzt. 1986 erschütterte der GAU von Tschernobyl in der Ukraine auch in Deutschland das Vertrauen in die Sicherheit der Atomenergie. Noch im gleichen Jahr beschloß die SPD auf ihrem Sonderparteitag in Nürnberg den Ausstieg aus der Kernenergie innerhalb von 10 Jahren. 1989 wurde das letzte KKW in Deutschland - Neckarwestheim 2 - in Betrieb genommen. Nach jahrelangen massiven Protesten wurde der Bau der Wiederaufarbeitungsanlage in Wackersdorf aufgegeben. 1989 wurde der Hochtemperaturreaktor in Hamm-Uentrop stillgelegt. Nach der Wiedervereinigung wurden 1990 die unsicheren KKW sowjetischer Bauart in den neuen Bundesländern zügig abgeschaltet. 1991 wurde nach seiner Fertigstellung der „Schnelle Brüter" in Kalkar stillgelegt. 1993 scheiterten die ersten Energiekonsensgespräche zwischen Bundesregierung, Opposition und Kraftwerksindustrie. Weitere Anläufe ab 1995 blieben bis heute (1999) ergebnislos. Ab 1997 formierte sich zunehmender Widerstand gegen Atommülltransporte, die mit einem großen Polizeiaufgebot gesichert werden mußten. 1998 schrieb die neue rot-grüne Koalition den Ausstieg aus der Kernenergie in ihr Regierungsprogramm. Seitdem versucht sie, sich in Konsensgesprächen mit den Kraftwerksbetreibern auf eine für beide Seiten akzeptable Vorgehensweise zu einigen.

Wie steht es mit der Ausstiegsentwicklung in Deutschland und im Ausland? Der Kernenergieanteil an der Stromproduktion in Deutschland wuchs von 0,03 % in 1961 auf den bisherigen Höchstwert von 38,4 % in 1995 (H. Munsberg, siehe oben), um danach um fast 10 % auf 29,3 % in 1998 zu sinken (K. Staschus und B. Wegner, Elektrizitätswirtschaft, BWK 51 (4), 74 - 81, 1999). Die Schweden entschieden sich 1980 in einer Volksabstimmung für die Schließung der ersten KKW Mitte der 90er Jahre. Das Parlament verschob diesen Termin auf 2010. Nach einem Einspruch vor dem höchsten Verwaltungsgericht wurde nun die Schließung des ersten KKW auf November 1999 festgelegt (FR, Gericht bringt Schweden dem Atomausstieg näher, 17. 6. 99). Kanada hat innerhalb von zwei Jahren 7 seiner 21 Reaktoren abgeschaltet, nachdem schwere Mängel festgestellt worden waren (FR, Ontario schließt sieben Reaktoren, 15. 8. 97). 1996 erzeugten in den USA 110 KKW Strom, 1998 waren es nur noch 104 (Der Spiegel, 32, Atomkraft Lebensdauer begrenzt, Prisma, S. 161, 9. 8. 99). China wird in den nächsten Jahren keine KKW mehr bauen, weil die Stromnachfrage wegen der Wirtschaftskrise in Asien stark gesunken ist (Stromthemen 10, 7, Okt. 99).

Eine der wichtigsten Fragen in der Ausstiegskontroverse ist die Frage nach den Sicherheitsstandards deutscher KKW. G. Rosenkranz (Das lange Leben des Reaktor-Fossils, FR-Serie zum Atom-Ausstieg [1], 12. 1. 99) hat die Sicherheitseinrichtungen deutscher KKW unter die Lupe genommen. In einem Mängelbericht an den Stuttgarter Landtag räumten die Betreiber des mit 31 Jahren weltweit ältesten Druckwasserreaktors (DWR) in Obrigheim bei Heidelberg folgende Sicherheitsdefizite ein: Zu geringe Notkühlkapazität, unzureichende räumliche Trennung der Sicherheitseinrichtungen, kein ausreichender Schutz gegen Explosionen von außen und innen, eine ungenügende Redundanz (Mehrfachauslegung) der Sicherheitssysteme, eine zu hohe Strahlenbelastung des Reaktorkessels - alles Todsünden der Reaktorsicherheit. Dies habe man alles beseitigt, so daß der eigene Reaktor in vielen Bereichen sicherheitstechnisch vor jüngeren Reaktoren rangiere. Das Kalenderalter erlaube keine Rückschlüsse auf die Sicherheit, denn das Kraftwerk sei über die letzten 30 Jahre immer sicherer geworden. Folglich sei ein möglicher Stillegungsbeschluß vor 2010 reine politische Willkür. Etwa 500 Mill. DM wurden in den letzten 10 Jahren investiert, um diesen Uralt-Reaktor am Netz zu halten - rund doppelt so viel wie der Neubau in den 60er Jahren gekostet hatte. Mit vergleichbarem finanziellen Aufwand wurde das mit 27 Jahren zweitälteste KKW Stade nachgerüstet.

Als den KKW-Betreibern bewußt wurde, daß in der heutigen Gesellschaft der Neubau eines KKW nicht mehr durchzusetzen ist, verlegten sie ihre Strategie ganz auf das „Erneuern durch Austauschen". Weil nach dem deutschen Atomrecht eine einmal erteilte Betriebsgenehmigung unbefristet gilt, läßt sich theoretisch die Altersgrenze unendlich weit hinausschieben, solange technisch veraltete und altersbedingt marode Teile ersetzt werden. Dennoch stößt dies an ökonomische und technische Grenzen, wenn Alterungsprozesse immer längere Abschaltungen und immer kostenträchtigere Reparaturen verlangen, und wenn unverzichtbare Teile wie Reaktordruckbehälter und Dampferzeuger nicht mehr oder nur mit unvertretbar hohen Kosten zu ersetzen sind. Darüber hinaus gibt es hohe Sicherheitsrisiken, wie Erdbeben, Flugzeugabstürze und Terroranschläge, die sich kaum ausschalten lassen.

Welches sind nun die risikoreichsten Reaktoren (Alter in Klammern)? Dazu gehören folgende Druckwasserreaktoren (DWR): Obrigheim (31), Stade (27), Biblis A (25) und B (23), Neckarwestheim 1 (23) und Esenshamm (21) sowie die Siedewasserreaktoren (SWR): Brunsbüttel (23), Isar 1 (22), Philippsburg 1 (20) und Krümmel (16). Alle diese KKW erfüllen nicht die geltenden „kerntechnischen Regelwerke" aus dem einfachen Grund, weil zur Zeit ihrer Errichtung die heute gültigen Sicherheitsvorschriften noch nicht formuliert waren. So sind z. B. die Notfallsysteme nicht, wie heute üblich, vierfach ausgelegt, ihre Trennung zur Vermeidung eines gemeinsamen Versagens nicht ausgereift, und der Brandschutz sowie der Schutz vor Terroranschlägen entspricht nicht dem Stand der Technik.

Dem heute gültigen kerntechnischen Regelwerk genügen folgende SWR: Gundremmingen B und C (je 15) und folgende DWR: Grafenrheinfeld (19), Philippsburg 2 (15), Grohnde (15) und Brokdorf (13) sowie die baugleichen sog. Konvoi-Anlagen: Isar 2 (11), Emsland (11) und Neckarwestheim 2 (10). In SWR treten Spannungsrißkorrosionen auf, die durch die im Vergleich zu DWR aggressivere Kühlwasserchemie ausgelöst werden. DWR haben auch ihre speziellen Probleme. So ist seit dem Beinahe-GAU von Three Mile Island bekannt, daß bei KKW der Biblis-Größe etwa 1500 kg explosives Wasserstoffgas entstehen können, deren Explosion die Sicherheitsbehälter nicht standhalten würden. Das 1988 gegebene Versprechen, innerhalb von Monaten dafür eine Lösung zu finden, hat die Reaktorsicherheitskommission bis heute nicht eingelöst. In SWR gibt es dieses Problem nicht, weil sich im Sicherheitsbehälter statt Luft inerter Stickstoff befindet. Dieses Verfahren ließe sich grundsätzlich auch bei DWR anwenden, aber die Betreiber lehnen diese Nachrüstung aus Kostengründen ab.

Der Kostendruck auf KKW-Betreiber nimmt wegen der Strompreisderegulierung und der Konkurrenz durch die hocheffizienten und kostengünstigeren Gas- und Dampfkraftwerke ständig zu. Und schon verlangen die Konzerne von den Aufsichtsbehörden, den Prüfaufwand auf wenige Bereiche zu beschränken und die Testhäufigkeit zu reduzieren. Die Sicherheit darf auf keinen Fall den Kosten geopfert werden. Wenn aber die Sicherheitsprobleme und Kosten mit zunehmendem Alter größer werden, dann ist es im Interesse aller, eine weitere Alterung durch zügige Stillegungen zu beenden.

Es ist aufschlußreich, einmal die Konsensgespräche im zeitlichen Ablauf zu verfolgen. Dabei wird deutlich, wie sich beim Ausstiegspoker die gestellten Bedingungen ständig ändern. Gleich nach dem rot-grünen Wahlsieg im Herbst 1998 stellten die Stromkonzerne klar, daß sie nichts zum Nulltarif aufgeben wollen: Nicht die 19 KKW, nicht die Zwischenlager in Ahaus und Gorleben, nicht die Wiederaufarbeitungsverträge mit Frankreich und England und auch nicht die Endlager Schacht Konrad und Gorleben (Der Spiegel 44, Meiler für Meiler, 26. 10. 98). Nach Einlas-

sung der KKW-Betreiber käme es bei vorzeitigen Abschaltungen zu Verdienstein-
bußen in Milliardenhöhe. Auch bei den Zwischen- und Endlagern sei man in Milliardenhöhe in Vorlage getreten. Bei Annullierung der Verträge zur Wiederaufarbeitung abgebrannter Brennelemente würden gegenüber England und Frankreich Entschädigungen von 3,5 Mrd. DM fällig werden. Insider meinen allerdings, daß die
Verträge für den Fall eines staatlich verordneten Ausstiegs, also einer „force majeure", kostenfreie Ausstiegsklauseln vorsehen. Die Zeitschrift Energiewirtschaftliche
Tagesfragen (48 [12], 758 - 775, 1998) ließ von vier Juristen die rechtlichen Konsequenzen eines verordneten Kernenergieausstiegs untersuchen. G. Roller, Bingen,
und A. Roßnagel, Kassel, meinen, daß mit einer Stillegungsanordnung keine Entschädigungen verbunden sind, während F. Ossenbühl, Bonn, und M. Schmidt-
Preuß, Erlangen, der entgegengesetzten Meinung sind.

Kurz vor Weihnachten 1998 trafen sich in streng vertraulicher Runde hinter ver-
schlossenen Türen im Kanzleramt Bundeskanzler Schröder und die Chefs der vier
mächtigsten deutschen Stromkonzerne. Nach dem Treffen verkündete Schröder
knapp, alle Beteiligten seien bereit, sich über den Ausstieg aus der Kernenergie zu
einigen. Für die im Januar '99 beginnenden Energiekonsens-Gespräche zwischen
der Bundesregierung und der Stromwirtschaft seien die Vorarbeiten geleistet. Obwohl nicht offen über Details geredet wurde, schienen doch Marschrichtung und
Zeitplan festzustehen: Ausstieg aus der Kernenergie innerhalb von 20 Jahren und als
Gegenleistung für dieses großzügige Zeitangebot der Verzicht der Stromindustrie
auf Entschädigungsforderungen in Milliardenhöhe. In einem Staatsvertrag sollen die
Abschaltzeiten aller KKW unwiderruflich festgeschrieben und bereits bis Ende der
ersten Legislaturperiode in 2002 zwei bis drei der ältesten KKW, etwa Obrigheim,
Stade und Biblis A, abgeschaltet werden (H. Munsberg, Abschied vom Atomstrom,
Der Spiegel 52, 22 - 26, 21. 12. 98).

Aber dieser erfolgversprechende Anfang verlief nicht ohne Sticheleien und
Drohgebärden. Umweltminister Trittin ließ verlauten, daß sich die Stromkonzerne
innerhalb eines Jahres den im Koalitionsvertrag festgelegten Sicherheitsüberprüfun-
gen aller 19 AKW unterziehen müßten. Die Konzernbosse bewerteten dies als eine
Art Kriegserklärung, mit der die Abschaltung aller 19 KKW durchgesetzt werden
soll. Im Gegenzug präsentierte der Branchenverband VDEW ein vorsorglich in
Auftrag gegebenes Gutachten, in dem die Bundesregierung bei einem allzu raschen
Atomausstieg Entschädigungsansprüche in Höhe von ca. 90 Mrd. DM und der Verlust von etwa 150 000 Arbeitsplätzen angedroht wurden.

Im Januar 1999 wurden die ersten Konsens-Gespräche zwischen dem Bundeskanzler und seinen beiden Ministern Müller und Trittin sowie den Chefs der sechs
größten Stromkonzerne aufgenommen. Auf der Tagesordnung standen der Ausstieg
aus der Kernenergie, der Ausstiegstermin 2000 für die Wiederaufarbeitung und die
Novelle des Atomgesetzes (S. Knauer et al., Der verpatzte Ausstieg, Der Spiegel 4,
22 -34, 25. 1. 99). Die Atomnovelle wurde von den Vertretern der Stromkonzerne
kategorisch abgelehnt, weil sie um die Restlaufzeiten ihrer profitablen KKW besorgt
waren. Der Beschluß von Rot-Grün, in 2000 die Wiederaufarbeitung deutschen
Atommülls in Frankreich und England zu verbieten, provozierte vehemente Reak-

tionen, sowohl im In- und Ausland. Bliebe es dabei, so die deutschen Konzernchefs, könne man sich einen Energiekonsens nicht mehr vorstellen. Besorgt sei man auch um die baldige Aufhebung des Stopps der Atommülltransporte, denn das Umweltministerium bereite gerade neue technische Vorschriften für das Beladen der Nuklearcontainer, verfeinerte Programme für Strahlungsmessungen und schärfere Anforderungen an die Transportbehälter vor. Der Protest aus Paris und London war eher verhalten, weil von den bisherigen Verträgen erst ungefähr ein Drittel der angelieferten Brennelemente aufgearbeitet ist, und weil man sich mehr für Neuverträge interessiert. Im übrigen kann man sich bei einem staatlichen Verbot, wie oben schon gezeigt, auf die „force majeure"-Klauseln berufen.

Inzwischen hat sich die deutsche Atomindustrie einen Weg ausgedacht, bei dem die vielen Wiederaufarbeitungstransporte wegfallen und wie man gleichzeitig den eigenen Atommüll los wird. Dem Spiegel und Greenpeace liegen Dokumente vor, die belegen, daß die deutsche Atomindustrie, nach Schweizer Vorbild, die Endlagerung von Atommüll in Rußland vorbereitet. Das deutsche Atomgesetz schreibt die Entsorgung im Inland vor, und russische Gesetze verbieten den Import von Atommüll. Es ist zu befürchten, daß man Wege findet, diese Vorschriften zu umgehen.

Im Mai 1999 hatte sich der Bundeskanzler unter dem Druck der Atomlobby und der Gewerkschaften ein Stück weiter vom Atomausstieg entfernt. Den Kernkraftbetriebsräten versprach er, daß in dieser Legislaturperiode kein einziges KKW abgeschaltet werde. Einer Industriedelegation versprach er, daß das Energierecht nicht novelliert werde. Der rot-grünen Koalitionsrunde teilte er seine neueste Erkenntnis mit, daß man den Atomausstieg erst in 25 bis 30 Jahren hinkriegen könne. Dies bedeutet, daß das jüngste, 1989 ans Netz gegangene KKW Neckarwestheim 2, erst nach einer Gesamtlaufzeit von 40 Jahren in 2029 stillgelegt werden muß. Damit rückt der Kanzler den Atomausstieg in unendliche Ferne (H. Munsberg, Stiller Abschied, Der Spiegel 18, 54, 3.5.99).

Im Juni 1999 handelte Wirtschaftsminister Müller mit den Stromkonzernen in geheimer Runde folgenden Konsens aus (H. Munsberg, Der letzte schaltet ab, Der Spiegel 25, 99 - 100, 21. 6. 99): Die Strombosse stimmen dem Ausstieg aus der Atomenergie zu. Jeder Reaktor darf maximal 35 Kalenderjahre am Netz sein. Das 1989 als letztes ans Netz gegangene KKW Neckarwestheim 2 wird 2024 stillgelegt. Als Gegenleistung für die großzügigen Restlaufzeiten versprechen die Konzernbosse, die rot-grüne Bundesregierung nicht mit Entschädigungsprozessen in Milliardenhöhe zu überziehen. Sie geloben darüber hinaus, daß in Deutschland nie wieder KKW gebaut werden.

Außerdem sollen der Kanzler und die Konzernchefs den Konsens mit einem öffentlich-rechtlichen Vertrag besiegeln. Danach sollen Bundestag und Bundesrat sowie die Aufsichtsräte der Konzerne zustimmen. Den Konzernen wird ein Sonderkündigungsrecht bei Verletzung wesentlicher Vertragsteile eingeräumt. Damit sich aber die Stromerzeuger nicht zu leicht wieder vom Ausstieg verabschieden können, wird eine Schiedsstelle mit dem Präsidenten des Bundesverwaltungsgerichts als Vorsitzenden eingerichtet, die über etwaige Kündigungen entscheidet. Für die Bundesregierung ist keine Kündigung vorgesehen, damit auch alle zukünftigen Kanzler und ihre Kabinette an den Vertrag gebunden bleiben. Außerdem sieht der Vertrag vor, daß aus den reichlichen Entsorgungsrückstellungen in den nächsten 10 Jahren 16,7 Mrd. DM Steuern abgeführt werden. Ende 2004 soll die umweltschädliche Wiederaufarbeitung deutschen Strahlenabfalls in französischen und britischen Anlagen abgeschafft werden. Spätestens dann soll es an allen KKW Zwischenlager für verbrauchte Brennelemente geben. Dadurch werden die Castortransporte quer durch Deutschland bis auf die Rückführung des Strahlenmülls aus England und Frankreich überflüssig. Die bisherigen Endlagerstandorte Gorleben und Schacht Konrad werden aufgegeben. Die Entscheidung für ein einziges nationales Strahlendepot soll frühestens 2020 fallen.

Wie steht es nun mit den bei jeder Gelegenheit angedrohten Entschädigungsansprüchen der Atomindustrie? S. Kohler (Trügerische Drohkulisse, Der Spiegel 4, 30 - 31, 21. 1. 99) hält einen Ausstieg aus der Atomenergie zum Nulltarif für möglich. Seine Argumentation ist wie folgt: Nach maximal 20 Jahren sind die KKW abgeschrieben, so daß die Investitionskosten auch des neuesten KKW Neckarwestheim 2 von 1989 über die Strompreise bis 2009 vollständig abgeglichen sind. Die Kraftwerksbetreiber wollen längere Restlaufzeiten, weil am sog. goldenen Ende der eigentliche Profit käme. Dies ist jedoch nicht bewiesen, weil nach Laufzeiten von 20 - 25 Jahren fast immer umfangreiche Nachrüstungen notwendig werden. So ist z. B. der SWR Würgassen 1995 nach 23 Jahren abgeschaltet worden, weil sich die notwendigen Reparaturkosten von ca. 400 Mill. DM nicht mehr rechneten. Auch für das 25 Jahre alte KKW Biblis A könne das ökonomische Aus kommen, da z. Zt. die Genehmigungsbehörde Nachrüstungsinvestitionen von 2 Mrd. DM für erforderlich hält. Es ist also angebracht, die Kraftwerke dann abzuschalten, wenn nach 20 - 25 Jahren derartige Investitionen anfallen.

Was bleibt als Grundlage für evtl. Schadensersatzforderungen? Die Kosten für Stillegung und Entsorgung des angehäuften Atommülls sind nach 20 Jahren vom Strompreis in Form von steuerfreien Rückstellungen gedeckt. Bleiben nur noch die Betriebskosten für Wartung, Personal, Versicherungen und Brennstoff, die sich zwischen 4 und 7 Pf/kWh bewegen. Kann Alternativstrom damit konkurrieren? Die Antwort lautet ja, wie folgendes Beispiel zeigt: Die Preise neuer Gas- und Dampfkraftwerke von 200 MW Leistung liegen bei einem Abschreibungszeitraum von 20 Jahren bei 5,5 Pf/kWh und bei gleichzeitiger Kraft-Wärme-Kopplung bei nur 4 Pf/kWh. Die Konkurrenzfähigkeit ist bei den reinen Betriebskosten schon gegeben, und sie wäre noch besser, wenn zu Recht die regelmäßig anfallenden Nachrüstungskosten der KKW berücksichtigt würden. Bei Kostengleichheit sind Forderungen nach Entschädigungen und längeren Restlaufzeiten der Kraftwerksbetreiber nicht zu begründen. Die Bundesregierung ist deshalb verpflichtet, in den Konsensrunden entschädigungsfreie und kurze Restlaufzeiten (etwa 20 Jahre) durchzusetzen.

Der Beschluß, aus der gefahrenträchtigen Atomenergie auszusteigen, nachdem der GAU von Tschernobyl 1986 ganz Europa in Angst und Schrecken versetzt hatte, kam damals nur von einer einzigen Partei. Der derzeitige Atomausstiegsbeschluß der Bundesregierung trifft auf eine große gesellschaftliche Akzeptanz und hat deshalb eine gute Chance, umgesetzt zu werden. Die Umsetzung gelingt am ehesten, wenn sie im Konsens von Gesellschaft und Industrie durchgeführt wird. Dies erfordert einen Umsetzungsfahrplan, um Fortschritte zu erkennen und Fehlentwicklungen zu korrigieren. Im folgenden schlage ich einen Umsetzungsplan vor, der auf Kriterien von Sicherheit, Nachrüstungskosten, Entschädigungsforderungen, Klimaschutz, effizienter und kostengünstiger Energienutzung sowie umweltfreundlichen und erneuerbaren Energieträgern beruht.

Wie oben gezeigt wurde, erfüllen nach dem geltenden „kerntechnischen Regelwerk" folgende 11 KKW (Alter in Klammern) nicht mehr die heute gültigen Sicherheitsvorschriften: Obrigheim (31), Stade (27), Biblis A (25) und B (23), Neckarwestheim 1 (23), Brunsbüttel (23), Isar 1 (22), Esenshamm (21), Philippsburg 1 (20), Grafenrheinfeld (19) und Krümmel (16). Nach etwa 20 Jahren Laufzeit haben sich KKW amortisiert. Mit zunehmendem Alter werden die KKW immer reparaturanfälliger. Dies veranlaßte die Betreiber, das KKW Würgassen nach 23 Jahren stillzulegen. Man kann davon ausgehen, daß das KKW Biblis A bei den jetzt fälligen horrenden Nachrüstungsinvestitionen von 2 Mrd DM sicher bald stillgelegt wird. Anhand einer vergleichenden Betriebskostenrechnung konnte oben gezeigt werden, daß Schadensersatzforderungen für keines der KKW geltend gemacht werden können.

Die Klima-Enquete-Kommission des Deutschen Bundestages hat von etwa 50 energiewirtschaftlichen Instituten untersuchen lassen, ob der Schutz des Klimas den Atomenergieausbau erfordert, oder ob er eher bei einem Atomausstieg zu gewährleisten ist. Dazu wurden drei Szenarien gerechnet: „Energiepolitik" (der Stromanteil aus Atomenergie wird bis 2005 beibehalten), „Atomenergieausstieg" bis 2005 und „Atomenergieausbau" bis 2005 (Strom- und Primärenergieanteil werden verdoppelt). Für alle drei Szenarien sollten Handlungsmöglichkeiten für eine CO_2-Emissionsreduktion von ca. 30 % bis 2005 gegenüber 1987 ausgelotet werden. Das überraschende und zugleich weitreichende Ergebnis ist: Sowohl bei einem Atomenergieausstieg als auch -ausbau läßt sich der CO_2-Ausstoß um 34 - 36 % reduzieren. Oder anders ausgedrückt, das bundesrepublikanische Klimaschutzziel von 25 - 30 % ist auch bei einem Atomenergieausstieg zu erreichen (Deutscher Bundestag [Hrsg.], Schutz der Erde, 3. Bericht der Enquete-Kommission, Bd. 2, S. 78, Zur Sache, Bonn, 1990). In der gleichen Studie (S. 83) wird gezeigt, daß bei einem Atomenergieausstieg mit 23,7 % mehr als doppelt so viele Energieressourcen eingespart werden können als bei einem Atomenergieausbau mit 8,2 %.

Die Effizienzrevolution hat noch nicht begonnen. Aber Praktiker vor Ort, wie z. B. der Geschäftsführer der Energieagentur Hessen-Energie GmbH, wissen, daß selbst bei den derzeit niedrigen Energiepreisen überaus große, noch nicht ausgeschöpfte Einsparpotentiale vorhanden sind, die mit innovativer Technik ohne jede Komforteinbuße erschlossen werden können (H. Meixner, Effizienzrevolution - nein danke? FR, 20. 7. 99). Wirtschaftliche Energieeinsparpotentiale in öffentlichen Gebäuden, kleinen und mittleren Betrieben und privaten Haushalten von 30 % sind keine Seltenheit. Die versitile Einsatzfähigkeit von Kraft-Wärme-Kopplung (KWK) wird immer noch nicht voll genutzt. So könnte z. B. mit der technisch problemlosen Ausstattung von 250 000 mit Gas und Öl beheizten Geschoßwohnungsbauten mit kleinen Blockheizkraftwerken (etwa 5 kW elektrischer Leistung) so viel effizienter Strom erzeugt werden, daß sich ein großer Atomkraftwerksblock (mit 1250 MW etwa die Größe der Biblis Blöcke) erübrigen würde. Während in Deutschland die effiziente KWK erst einen Anteil an der inländischen Stromerzeugung von 10 % hat, liegt er in Österreich bei 20 %, in den Niederlanden bei 40 % und in Dänemark sogar schon bei rd. 50 %.

Traditionell wurde unter den Erneuerbaren Energieträgern nur die Wasserkraft zur Stromherstellung genutzt. G. Rosenkranz (Strom von Hinz und Kunz, Der Spiegel 4, 35 - 38, 25. 1. 99) berichtet von neuen Solarenergiefertigungsstätten, wie z. B. die RWE Tochter ASE bei Hanau mit einer jährlichen Solarmodulherstellung von 13 MW und die Photovoltaikfabrik von Shell in Gelsenkirchen mit der Welt größten Jahresleistung von 25 MW. Bei ernsthafter staatlicher Förderung (vergleichbar der 50 Mrd. DM-Förderung der Atomenergie durch den Bund) und der Einbeziehung aller Erneuerbaren (neben den oben genannten auch Wind, Biomasse, Restholz aus der Forstwirtschaft, Klär- und Deponiegas etc.), können die Erneuerbaren einen substantiellen Beitrag zur Energieversorgung leisten.

Schließlich wollen wir noch die Laufzeiten der Atomkraftwerke im Ausland als Richtschnur für unseren Ausstiegsfahrplan heranziehen. Seit Beginn der Kernenergienutzung wurden weltweit 87 kommerzielle KKW bei einem Durchschnittsalter von 18 Jahren stillgelegt. Im vergangen Jahrzehnt wurden in westlichen Industrieländern 24 KKW nach einer Betriebszeit von 12 - 28 Jahren ausrangiert. Die in den letzten 5 Jahren abgeschalteten KKW kamen auf ein Durchschnittsalter von 23 Jahren (Der Spiegel 32, Atomkraft Lebensdauer begrenzt, S. 161, 9. 8. 99).

Auf der Basis der Fülle der o. a. und weiterer Informationen läßt sich folgendes Fazit ziehen:

In den Konsensgesprächen werden KKW-Restlaufzeiten (Kalenderjahre) von 20 bis 40 Jahren diskutiert. Bei 20 Jahren sind in 2002 10 KKW, in 2005 15 KKW und bis 2010 alle 19 KKW abzuschalten. Hingegen wird bei einer Lebensdauer von 40 Jahren das erste KKW erst in 2010 und das letzte in 2030 stillgelegt. Sicherheit und Kosten sind die ausschlaggebenden Abschaltkriterien. Mit zunehmendem Alter werden die KKW unsicherer und reparaturanfälliger. Um sich unnötige Streitereien zu ersparen, ist es angebracht, die Abschaltung mit der eingangs gegebenen Sicherheits- und Altersreihung der 11 KKW zu beginnen.

Erst der Ausstieg aus der Atomenergie schafft in volkswirtschaftlicher Hinsicht einen rentablen Markt für die alternativen Energieträger. Denn das derzeitige hohe Stromangebot aus Atomenergie ist das entscheidende Hemmnis für eine effiziente und sparsame Stromnutzung, den Zubau von Kraftwärmekopplungsanlagen und den Ausbau erneuerbarer Energieträger.

Noch problematischer wäre ein zu langsames Auslaufen der KKW. Dann wären keine nennenswerten Impulse für den zügigen Einsatz von effizienten umwelt- und klimaverträglichen Erzeugungs- und Nutzungstechnologien zu erwarten. Die Atomenergie blockiert durch die Absorption eines Großteils des Investitionskapitals und ihre großen überschüssigen Stromkapazitäten den Ausbau unserer Zukunftstechnologien.

Noch gibt es scheinbar unüberwindbare Fronten: Hier diejenigen, die von dem Atomweg voller Risiken nicht ablassen wollen und sich mit folgendem Zitat von W. Steuer, Präsident des Deutschen Atomforums, Mut machen „Regierungen kommen und gehen, aber die deutsche Kernkraft, die bleibt bestehen" (Münstersche Zeitung vom 28.1.1999).

Dort eine große Anzahl von Energieexperten mit ihrer Bereitschaft, die Bundesregierung zu unterstützen bei ihrer schwierigen Aufgabe, die deutsche Energiewirtschaft ohne die unnötigen Risiken durch Atomenergie zukunftsfähig zu machen („Für eine neue Energiepolitik", offener Brief an den Bundeskanzler, Frankfurter Rundschau vom 20.8.1999).

Wir haben eine gemeinsame Verantwortung: Wir dürfen die Zukunft unserer Nachkommen nicht verspielen.

Die jüngste Entwicklung kurz vor Drucklegung dieses Buches geht dahin, den Atomausstieg auch notfalls ohne die Zustimmung der KKW-Betreiber per Gesetz zu vollziehen. Offensichtlich hat sich Kanzler Schröder jetzt dazu durchgerungen. Die Restlaufzeiten der KKW sollen dabei deutlich unter den von der Atomindustrie geforderten 35 Jahren liegen. Verfassungsrechtler halten solche gesetzlichen Befristungen für verfassungsrechtlich unbedenklich (FR, 15.11.99).

Mit Einsicht ist wohl nicht zu rechnen. Kraftraubende Auseinandersetzungen stehen uns bevor.

14 Kritischer Vergleich von Effizienz- und IIASA-Szenarien

Ein kritischer Vergleich eines Energieeffizienz-Szenarios von Effizienz-Be- fürwortern und Atomenergie-Kritikern mit den IIASA-Szenarien von Atom- energie-Befürwortern und Effizienz-Skeptikern enthüllt Erstaunliches: Die IIASA-Szenarien reagieren höchst anfällig auf willkürlich vorgegebenen Mo- dellinput. Schon geringe Änderungen in den Annahmen führen zu radikal unterschiedlichen Ergebnissen. Insbesondere auf kleine Modifikationen des Inputs reagieren sie sehr stark zugunsten der Atomenergie. Im Gegensatz da- zu kommt das im Auftrag des Umweltbundesamtes entwickelte Effizienz- Szenario zum Ergebnis, daß sich nur bei wirtschaftlichstem Energieeinsatz die Umwelt- und Klimabelastung auf tolerable Werte begrenzen und somit eine risikoarme und zukunftsfähige Entwicklung ermöglichen läßt. Die Ver- gleichsanalyse in diesem Bericht kann anhand der Untersuchungen in der Literaturauflistung nachvollzogen werden.

14.1 Was sind Szenarien ?

Der Energiesektor ist ein beliebtes Feld für Verbrauchsabschätzungen. Wie bei allen derartigen Projektionen steht auch hier das Problem der inhärenten Unsicherheit, die mit der Länge der zu prognostizierenden Zeitperiode stark zunimmt, im Vorder- grund. Die Szenario-Analyse ist eine häufig angewandte Methode, um das Vorher- sage-Problem in den Griff zu bekommen. Szenarien sind aber keine Prognosen, sondern eher als Gedankenexperimente bzw. hypothetische Projektionen oder als „probeweises Aufleuchten von diskutierten Zukunftsperspektiven" zu verstehen (Enquête-Kommission, 1980). Das Ziel dieses Beitrags ist es, ausgehend von reali- stischen Randbedingungen und Möglichkeiten sowie unter Einbeziehung plausibler Annahmen, vertretbare Perspektiven aufzuzeigen. Insbesondere wird auf Konsistenz Wert gelegt, damit auch bei unterschiedlichen Annahmen ein Vergleich verschiede- ner Projektionen möglich bleibt.

Die meisten Szenarien stützen sich auf ein oder mehrere Modelle. Am häufigsten sind die Bilanzierungs-Modelle, die die Einzeleffekte, z.B. auf Grund von Annah- men über die Entwicklung von Ressourcen, Preisen und Innovationen etc., zu einem Gesamteffekt, etwa zum Primärenergiebedarf, aufsummieren. In der Szenario- Analyse stehen zwar die subjektiven Bewertungen der Ergebnisse gleichberechtigt neben deren objektiven Berechnungen. Es ist aber unumgänglich, die Annahmen, Modellrechnungen, Szenario-Entwicklungen, subjektiven Bewertungen und Folge- rungen für den politischen Entscheidungsprozeß klar voneinander zu trennen (Wynne, 1983).

Im Folgenden gebe ich einen Überblick über eine Auswahl von globalen Energieszenarien, zeige einige Mängel herkömmlicher Szenarien und die Notwendigkeit für Verbesserungen auf, bringe einen kritischen Vergleich zweier völlig verschiedener Szenarien, nämlich des im Auftrag des Umweltbundesamtes entwickelten Effizienz-Szenarios von A. Lovins et al. (1981/83) und der IIASA*-Szenarien von W. Häfele et al. (1981) und referiere schließlich über einige sehr aufschlußreiche IIASA-Publikationen (Keepin, 1983; Wynne, 1983; Keepin und Wynne, 1984), die die Methoden und Ergebnisse der IIASA-Energieszenarien in einem ganz neuen Licht erscheinen lassen.

14.2 Weltenergieszenarien im Überblick

Tabelle 14.1 zeigt die wichtigsten Weltenergieprojektionen, die seit 1975 für das Jahr 2000 aufgestellt worden sind. Die weite Streuung der Zahlenangaben (der höchste Wert ist rd. viermal so hoch wie der niedrigste) deutet auf die große Unsicherheit solcher Projektionen, auf unterschiedliche Wachstumsphilosophien und auf Unterschiede in den mehr oder minder detaillierten Abschätzungen hin. Es ist unverkennbar, daß Abschätzungen aus der jüngeren Vergangenheit niedrigere Zahlenwerte bringen als solche aus weiter zurückliegenden Jahren.

Tabelle 14.1: Abschätzung des globalen Primärenergieverbrauchs (TW) für das Jahr 2000

	Zeitpunkt der Abschätzung	Primärenergiebedarf (TW)
Knoop-Quaas (DDR)	1975	24,07 - 27,78
Frisch (Franz. Elektrizitätsgesellsch.)	1977	25,51
Rotty (Oak Ridge Ass. Universities, USA)	1976	23,12
Kahn et al. (Hudson Institute, USA)	1976	20,07
Deutsche Shell AG	1978/79	16,67 - 21,85
WEC	1978	16,46 - 21,84
WAES	1977	17,69 - 21,04
OECD Interfutures	1979	17,06 - 20,77
Deutsche Esso AG	1978	19,44
Perry und Landsberg (Resources for the Future, USA)	1977	17,98
Häfele et al. (IIASA)	1981	13,58 - 16,83
DIW/EWI/RWI (BRD)	1978	16,61
EXXON (USA)	1980	15,98
Colombo/Bernardini (Ital. Atomenergiebehörde)	1979	12,17
Marchetti (IIASA)	1977	8,80
Lovins et al. (USA/BRD)	1981	7,07

WEC = World Energy Conference; WAES = Workshop on Alternative Energy Sources; IIASA Internationales Institut für Angewandte Systemanalyse, Laxenburg, Österreich; DIW = Deutsches Institut für Wirtschaftsforschung, Berlin; EWI = Energiewirtschaftliches Institut, Köln; RWI = Rheinisch-Westfälisches Institut für Wirtschaftsforschung, Essen.

Daten extrahiert von Bienewitz et al. (1981; Perry (1982) und Bach (1982)

---

* Internationales Institut für Angewandte Systemanalyse, Laxenburg bei Wien.

Alle diese Szenarien beruhen auf Annahmen bezüglich der Bevölkerungs- und Wirtschaftsentwicklung, der Verfügbarkeit und Substituierbarkeit der Ressourcen und häufig auch Innovationen und Effizienzverbesserungen, die mit unterschiedlicher Gewichtung in die Projektionen eingehen. Allgemein wird die Änderung des Energiebedarfs als das Produkt dreier Faktoren dargestellt (A. Perry, 1982):

$$\frac{E_2}{E_1} = \frac{B_2}{B_1} \frac{(BSP/B)_2}{(BSP/B)_1} \frac{(E/BSP)_2}{(E/BSP)_1} \tag{1}$$

hier ist   E   die jährliche Energienutzung (die Subskripte 1 und 2 beziehen sich auf die verschiedenen Zeiten t_1 und t_2)

        B   die Bevölkerung

  BSP/B   die Pro-Kopf-Produktion von Gütern und Dienstleistungen

  E/BSP   der erforderliche Primärenergieaufwand pro Einheit ökonomischer Output (Energieproduktivität).

Diese Faktoren werden gewöhnlich für die gesamte Welt abgeschätzt, wobei unterschiedlich stark nach Regionen und Energiesektoren disaggregiert wird. Obwohl sie nicht unabhängig voneinander sind (sie sind z.B. durch Energiepreise, Pro-Kopf-Einkommen, Ressourcenverfügbarkeit etc. miteinander verbunden), werden sie meist exogen erfaßt und zwar im Falle der Bevölkerungsentwicklung durch unabhängige demographische Studien und im Falle der Wirtschaftsentwicklung durch Expertenmeinungen. Durch einen Größenordnungsvergleich der einzelnen in Gleichung (1) dargestellten Faktoren, die in Tabelle 14.2 für das Jahr 2030 als Vielfache des Bezugsjahrs 1975 zusammengestellt sind, lassen sich die wesentlichen Unterschiede zwischen den verschiedenen Szenarien herausarbeiten.

Zunächst fällt auf, daß alle Szenarien ähnliche Bevölkerungs- und Wirtschaftswachstumsraten annehmen, die in den Entwicklungsländern höher sind als in den Industrieländern. Diese Annahme geht mit den historischen Trends konform. Die Hauptunterschiede finden wir in den Spalten E/BSP und E*, die die unterschiedlichen Ansichten über das Wachstum des Energiebedarfs bzw. die zunehmende Durchsetzung einer effizienteren Energienutzung widerspiegeln. Die Diskrepanz ist besonders groß zwischen dem Effizienz-Szenario von A. Lovins et al. (1981/83) und allen anderen Szenarien. Zu welchen unterschiedlichen Ergebnissen das führt, werden wir weiter unten durch den detaillierten Vergleich von Effizienz- und IIASA-Szenarien noch sehen. Zum besseren Verständnis der frappanten Unterschiede seien zunächst die folgenden Erklärungen für die Überschätzung des Energiewachstums und die Unterschätzung des Einsparpotentials in den konventionellen Szenarien vorangestellt (für eine detailliertere Darstellung siehe A. Lovins et al., 1981/1983).

14.3 Mängel konventioneller Szenarien

Preiselastizität der Nachfrage - Das bedeutet einfach, daß die Leute um so weniger kaufen, je mehr sie dafür bezahlen müssen. Die meisten Szenarien ignorieren die langfristige Anpassung an höhere Preise oder setzen sie zu niedrig an. Weiter bedeutet es, daß hohe Energiepreise die Energieverbraucher dazu bringen, anstelle

Tabelle 14.2: Voraussichtliche Entwicklung einiger Faktoren, die den Energiebedarf im Jahr 2030 beeinflussen (Basisjahr 1975 = 1,00)

Szenario	Region[1]	Bevölkerung	BSP	BSP/Kopf	E/BSP	E[2]	Gewichtung[3]	E*[4]
Kahn et al.	W	2,325	10,00	4,31	0,48	4,80	1,000	4,800
Rotty und	I	1,301	3,27	2,52	0,70	2,30	0,838	1,930
Marland[5]	E	2,076	6,77	3,26	1,23	8,35	0,162	1,350
	W	1,878	3,94	2,10[6]	0,83	3,28	1,000	3,280
Häfele et al.	I	1,347	5,43	4,04	0,55	2,96	0,843	2,497
IIASA Hoch	E	2,302	10,29	4,47	1,14	11,75	0,157	1,845
	W	2,021	6,37	3,15	0,68	4,34	1,000	4,342
IIASA Niedr.	I	1,347	3,07	2,28	0,65	2,01	0,843	1,694
	E	2,302	5,66	2,46	1,16	6,58	0,157	1,033
	W	2,021	3,57	1,77	0,76	2,73	1,000	2,727
Colombo und	I	1,347	2,98	2,21	0,39	1,15	0,843	0,969
Bernardini	E	2,302	7,95	3,46	0,79	6,24	0,157	0,980
	W	2,021	3,94	0,95	0,50	1,97	1,000	1,949
Lovins et al.	I	1,347	3,07	2,28	0,17	0,53	0,843	0,443
	E	2,302	5,66	2,46	0,20	1,15	0,157	0,181
	W	2,021	3,57	1,77	0,18	0,63	1,000	0,636

[1] I = Industrieländer (IIASA Regionen I - III); E = Entwicklungsländer (IIASA Regionen IV - VII); W = Welt; [2] Bezogen auf den Energieverbrauch von 1,00 im Jahr 1975 für eine Region; [3] Anteil des Energieverbrauchs am Weltenergieverbrauch im Jahr 1975; [4] Bezogen auf den Weltenergieverbrauch von 1,00 im Jahr 1975 (das Produkt der beiden vorherigen Kolumnen); [5] Bezieht sich auf 2025; [6] Diese und andere scheinbare Inkonsistenzen, bei denen der Weltwert niedriger als der in einzelnen Regionen ist, entstehen durch die unterschiedlichen Wachstumsraten und die relativen Gewichtungen in den verschiedenen Regionen.
Nach Perry (1982).

eines großen Teils der benötigten Energie, Wissen, Kapital und andere Hilfsquellen einzusetzen. Die Erhöhung der Energieproduktivität durch Verbesserung der technischen Energieeffizienz und Strukturänderungen sind bekannte Methoden, mit denen der Markt die Auswirkungen von Preissteigerungen dämpft. Die IIASA-Szenarien gehen nicht nur von einer geringen, sondern in einigen Fällen sogar von einer positiven impliziten Preiselastizität aus, was bedeutet, daß in diesen Szenarien bei höheren Preisen die Nachfrage steigt.

Umgekehrte Preiselastizität der Nachfrage - Ein häufiger Fehler ist, die Energienachfrage aus Zeitperioden, als die realen Energiepreise fielen, in die Zukunft zu projizieren. Bekannte Beispiele sind die gefallenen Benzinpreise in England (ca. 14 %) und in Holland (ca. 9 %) von 1970 - 1979 und die um ca. 80 % gesunkenen Stromtarife in US-Haushalten von 1940 - 1970. Die IIASA-Szenarien nehmen an, daß sich die E/BSP-Elastizität in Zukunft bei steigenden realen Preisen ähnlich verhalten wird wie bei den rückläufigen realen Preisen in der Vergangenheit.

Subventionen - Fast alle Szenarien gehen von einem Fortbestehen der bisherigen umfangreichen Subventionen aus. Die wirklichen Energiekosten werden aber durch die Subventionen, sowohl über die Steuer- als auch die Preispolitik, verschleiert, so daß die Kosten für Energiewachstum in den Augen der Gesellschaft niedriger erscheinen, als sie es in Wirklichkeit sind. In den USA z.B. betragen die laufenden Subventionen mehr als 100 Mrd. Dollar. Das reicht aus, um den durchschnittlichen Preis für Energie um über ein Drittel und den Preis für Atomstrom um mehr als die Hälfte zu senken.

Sättigungsgrenzen - Viele Szenarien ignorieren die Tatsache, daß die meisten traditionellen Energiemärkte insbesondere in den Industrieländern sowohl ihre physische als z.T. auch ihre wirtschaftliche Sättigungsgrenze erreicht haben. Z. B. gingen amtliche britische Prognosen über den Raumheizungsbedarf bis vor kurzem davon aus, daß die Raumheizung eine lineare Funktion der Einkommenshöhe ist - die Reichen wollen aber sicher nicht in ihren Häusern schmoren. In ähnlicher Weise sind dem Individualverkehr dadurch Grenzen gesetzt, daß wohl niemand den ganzen Tag im Auto sitzen möchte und keiner mehr als ein Auto gleichzeitig fahren kann. Das in den IIASA-Szenarien für Nordamerika bis zum Jahre 2030 angenommene reale Wachstum des Pro-Kopf BSP um 85 - 255 % würde bei noch größerer Energieverschwendung als bisher für jede Familie fünf Autos, ein Boot und einen Hubschrauber bedeuten.

Verbrauchsförderung - Werbung, Vorzugstarife und indirekte Subventionen etc. haben in vielen Ländern ein schnelles Energiewachstum, vor allem auf so brennstoffintensiven Sektoren wie der elektrischen Raumheizung gefördert. Ein freier Markt wird diese Marktverzerrungen wieder schnell abbauen. Sie bilden keine zuverlässige Grundlage für zukünftige Energieeinsparmöglichkeiten.

Verzerrungen der Datenbasis - Viele Szenarien beruhen auf veralteten und übertriebenen Abschätzungen über die Entwicklung von Bevölkerung, Arbeitskräften und Arbeitsproduktivität, etc. Dabei können einzigartige Verzerrungen entstehen, wie z.B. in den USA, wo die jährliche Energie-Wachstumsrate in den sechziger Jahren durch den Vietnam-Krieg um 1 - 2 % aufgebläht wurde, was bei einer Extrapolation über mehrere Jahrzehnte zu beträchtlichen Fehlern führt; oder in Dänemark, das einen abnorm hohen Verbrauch an Düsentreibstoff hat, weil die Langstreckenflugzeuge der SAS in Kopenhagen aufzutanken pflegen. Nichtkommerzielle und unkonventionelle Energieträger leisten in den Entwicklungsländern und sogar in den Industrieländern einen beträchtlichen aber statistisch nicht erfaßten Beitrag. So wurde z.B. in den USA 1980 doppelt so viel Energie aus Holz wie aus Atomenergie hergestellt; aber in den amtlichen Statistiken wurde das ignoriert.

Strukturwandel - Zunehmender Wettbewerbsdruck wird in Zukunft zu einer Verlagerung der Produktion in relativ günstigere Regionen führen. Berücksichtigt man die sektoralen Strukturverschiebungen, die für die deutsche Industrieproduktion schon abzusehen sind, dann ergibt sich allein aus diesem Strukturwandel eine Verringerung des spezifischen Energieverbrauchs pro Wertschöpfung, der fast dem Einspareffekt technischer Maßnahmen entspricht. So ist z.B. der Primärenergieverbrauch je Wertschöpfungseinheit in der metallverarbeitenden Industrie rd. 35mal größer als bei Handel, Banken und Versicherungen. Es sind deshalb größere Verschiebungen zwischen dem primären (Landwirtschaft, Bergbau), sekundären (Verarbeitende- und Bauindustrie) und tertiären Sektor (Dienstleistungen und Staat) zu erwarten, was nicht ohne tiefgreifenden Einfluß auf den zukünftigen Energiebedarf bleiben kann. Bisher wurden aber in amtlichen Prognosen diese strukturellen Veränderungen völlig außer acht gelassen.

Primärenergieprognosen - Wenn man bedenkt, daß bei der angenommenen Verlagerung hin zum Strom und zu synthetischen Brennstoffen mehr als die Hälfte des Wachstums der Primärenergie in den nächsten Jahrzehnten bei der Umwandlung und Verteilung verloren gehen wird, dann führen darauf beruhende Prognosen zu beträchtlichen Überschätzungen des in Wirklichkeit viel niedrigeren Nutzenergiebedarfs. Im niedrigen IIASA-Szenario sind die Umwandlungsverluste im Jahre 2030 fast so groß wie der gesamte Weltprimärenergieverbrauch von heute. Diese Umwandlungsverluste lassen sich minimieren, wenn der Endenergieverbrauch durch dezentralisierte und weniger teure Technologien sichergestellt wird.

Zu starke Aggregation - Dadurch werden bedeutende technische Einzelheiten möglicher Energieeinsparungen verdeckt. Wird zu stark homogenisiert, d.h. zu wenig disaggregiert, dann bleiben in den Szenarien bedeutende Energieeinsparungen unberücksichtigt. Viele wichtige Möglichkeiten zur Deckung des Energiebedarfs sind so fein strukturiert, daß sie bei einer Analyse von „oben nach unten", wie in den konventionellen Szenarien, einfach nicht sichtbar werden. Erst wenn man von „unten nach oben" vorgeht und nicht nur nach dem Energieverbrauch, sondern auch nach den örtlichen Gegebenheiten in hohem Maße disaggregiert, dann werden auch die vielen kleinen aber wichtigen Beiträge wahrgenommen.

Technischer Fortschritt - Die meisten Energiestudien übersehen aus Unwissenheit oder mit Absicht die außerordentlich großen Fortschritte, die in den letzten Jahren bei der Bereitstellung von mehr Energiedienstleistungen mit weniger Energieinput erzielt worden sind. In den IIASA-Szenarien wird z.B. die Reduzierung des durchschnittlichen Benzinverbrauchs in Pkw auf 6,7 l/100 km in Nordamerika im Jahre 2030 als große Leistung hingestellt. Dabei entspricht das bereits dem Durchschnitt der dort 1981 importierten Fahrzeuge und ist weniger als halb so gut wie bereits entwickelte VW-Prototypen. Weiter wird in den IIASA-Szenarien eine 40%ige Verbesserung der Wärmedämmung von Wohnhäusern als schwer erreichbar erachtet, obwohl schon ganz einfache Maßnahmen wie die Abdichtung von Fugen und Ritzen eine rd. 50 - 65%ige Heizenergieeinsparung bringen können. Mit gründlich durchgeführten und bereits erprobten Wärmedämmungsmaßnahmen lassen sich sogar rd. 90 % einsparen.

Asymmetrische Annahmen - Es ist immer wieder festzustellen, daß Analytiker bewußt oder unbewußt für Technologien, die ihnen vertraut sind oder die sie mögen, günstigere Kosten, Einsatzraten, Anwendungsmöglichkeiten und Leistungsdaten annehmen als für Technologien, die ihnen weniger bekannt sind oder weniger liegen. Diese Tendenz ist allenthalben in den IIASA-Szenarien sichtbar. So klaffen z.B. bei Kernkraftwerken Wunsch und Wirklichkeit um einen Faktor von beinahe 2 auseinander, wobei davon ausgegangen wird, daß sie tatsächlich das kosten, was sie kosten würden, wenn die Öffentlichkeit nicht die heute üblichen Sicherheitsvorkehrungen forderte.

Unterlassung symmetrischer Vergleiche bei den Zuwachskosten - Viele Studien unterlassen es, technologische Optionen mit Hilfe gerechter und konsistenter Kriterien gegeneinander abzuwägen. So wird meist in den offiziellen Analysen den ungünstigsten Alternativen Vorrang eingeräumt. Ein symmetrischer Vergleich wird meist nicht angestellt, so daß viele erfolgversprechende Technologien ihre Zuverlässigkeit nicht erst unter Beweis stellen können. So werden z.B. erneuerbare Energiequellen in den oberen steil ansteigenden Abschnitten ihrer Angebotskurven (diese zeigen die Einheitskosten eines Energieangebots als Funktion verschiedener Bedarfsniveaus) eingesetzt, wo keine Art von Energieangebot wirtschaftlich sinnvoll ist. Eine vernünftige Investitionspolitik würde erst einmal die viel kostengünstigeren Effizienzverbesserungen durchführen und damit die erneuerbaren Energiequellen in den flacher verlaufenden unteren Teil ihrer Angebotskurven ansiedeln, wo sie mehr leisten und weniger kosten. Auch das haben weder die IIASA- noch andere Analysen getan.

14.4 Vergleich von Effizienz- und IIASA-Szenarien

14.4.1 Effizienz-Szenario

Dieses von A. Lovins et al. (1981/83) im Auftrag des Umweltbundesamtes entwickelte Szenario geht von einer Doppelstrategie aus: Durch die Steigerung der Energieproduktivität können die gewünschten Energiedienstleistungen durch einen reduzierten Energieeinsatz bereitgestellt, und der dadurch stark geschrumpfte Bedarf an Brennstoffen kann dann relativ schnell durch erneuerbare und umweltschonende Energieträger ersetzt werden.

Im Gegensatz zum herkömmlichen verbrauchs-orientierten Vorgehen, geht es beim bedarfs-orientierten Vorgehen darum, welche Energiequellen sich am besten für eine bestimmte Aufgabe eignen und wie man für eine gewünschte Energiedienstleistung (z.B. ein warmes Zimmer oder die Autofahrt zum Büro) die dafür kostengünstigste Energiequelle bereitstellen kann. Das Hauptanliegen dieses unkonventionellen Vorgehens ist also die Verbesserung der Energieeffizienz und damit die Herabsetzung der Energiekosten. Wenn wir mit F. Krause (1981) den Energieproduktivitätsfaktor wie folgt umschreiben, dann werden die Effizienzverbesserungen durch technische und strukturelle Änderungen sichtbar:

$$E/BSP = (E/ES) \cdot (ES/BSP) \tag{2}$$

hier ist   E/ES   die Primärenergie, die zur Herstellung einer Dienstleistungseinheit benötigt wird (d.h. eine bessere Nutzungstechnik, z.B. Wärme aus dem Heizkörper oder Antriebskraft in der Motorwelle).

ES/BSP   der Energiedienstleistungsbedarf pro Einheit Bruttosozialprodukt (d.h. Strukturwandel, z.B. von energieintensiven Sektoren (Stahlindustrie) zu weniger energieintensiven, dafür aber forschungs- und entwicklungsintensiven Branchen (z.B. Mikroprozessoren)).

Diese Vorgehensweise haben wir nun exemplarisch auf die energiewirtschaftliche Situation der Bundesrepublik Deutschland des Jahres 1973 angewandt also noch vor der ersten Energiekrise, um Energieeinspareffekte nicht doppelt zu zählen (A. Lovins et al., 1981/83; W. Bach, 1982). Wir sind davon ausgegangen, daß diejenigen Energieformen zur Anwendung kommen, die für den verlangten Preis die größte Energiedienstleistung liefern. Wir haben an Hand von 15 Verbrauchssektoren untersucht, um wieviel die spezifische Energieintensität (E/ES) bis zum Jahre 2030 realistisch gesenkt werden kann, wenn das jetzt schon vorhandene Potential wirtschaftlicher und energieeffizienter Technologien über einen Zeitraum von rd. 50 Jahren die weniger konkurrenzfähigen Technologien ersetzt. Es handelt sich also beim Effizienz-Szenario nicht um eine Abschätzung des unbekannten zukünftigen Energiebedarfs, sondern vielmehr um die Erfassung des heute schon vorhandenen Energieeinsparpotentials.

Tabelle 14.3 faßt die Ergebnisse dieser sehr detaillierten Analyse zusammen. Man sieht, daß die schon jetzt vorhandene, bis zum Jahre 2030 einzuführende, kostengünstigste Technologie den deutschen Energieverbrauch (siehe Spalte „relative Energieintensität") im Sektor Haushalte und Kleinverbraucher um 82 %, im Verkehrssektor um 64 %, im Industriesektor um 57 % und den gesamten Endenergieeinsatz um 69 % reduzieren könnte. Interessant ist, daß diese Einsparraten erreicht werden können, obwohl der Anteil von Treibstoff für Verkehr von 19 % auf 22 % und der Stromanteil von 12 % auf 16 % zunehmen.

Tabelle 14.3: Technisches Potential kostengünstiger Einspartechniken im Endenergieverbrauch in der Bundesrepublik Deutschland

Sektor	Relative Energie Intensität (1973 = 1,00) für 2030	Endenergieeinsatz (Mill. t SKE) für 2030 Brenn- stoff	Strom
Haushalt und Kleinverbrauch	0,18	16,0	3,9
Verkehr	0,36	17,2	0,8
Industrie und Material	0,43	32,9	8,2
Brennstoff insgesamt	0,30	66,1	
Strom insgesamt	0,42		12,9
Endenergieverbrauch	0,31	79,0	
Endverbrauchsstruktur Brennstoff für Wärme	(1973 = 69 %)	(2030 = 48,9 (62 %)	
Treibstoff für Verkehr	= 19 %)	= 17,2 (22 %)	
Strom	= 12 %)	= 12,9 (16 %)	

Nach Krause (1981) und Lovins et al. (1981/1983).

Hinzu kommen noch die Einsparmöglichkeiten durch Strukturwandel (ES/BSP). In der industriellen Aufbauphase nimmt der Energieverbrauch pro hergestellter Produkteinheit rapide bis zu einem Maximum zu, um danach ebenso steil abzufallen. Länder, die mit der Industrialisierung später anfangen oder es langsamer angehen lassen, sind energieeffizienter (man lernt aus den Fehlern anderer, die bekannte „Lernkurve"). Wenn wir nun die Potentiale der Effizienzverbesserungen für die einzelnen Regionen zusammenfassen (Tabelle 14.4), kommen wir zu dem überraschenden Ergebnis, daß im Gegensatz zu den meisten anderen Energieszenarien der zukünftige Welt-Energiebedarf nicht wächst, sondern vielmehr abnimmt, und zwar gegenüber 1975 bis zum Jahre 2030 um rd. 37 %.

Tabelle 14.4: Globaler Primärenergiebedarf bei effizienter Energienutzung, starkem Wirtschaftswachstum und unverändertem Verstädterungsgrad im Effizienz-Szenario

Region	1 Primärenerg.-verbrauch TW		2 BSP BSP von 1975		3 ES/BSP[1] ES/BSP von 1975		4 E/ES[2] E/ES von 1975		1 x 2 x 3 x 4 Primärenergiebedarf TW[3]	
	1975	2000	2030	2000	2030	2000	2030	2000	2030	
1. Nordamerika	2,65	1,68	2,37	0,80	0,65	0,50	0,26	1,78	1,06
2. UdSSR und E-Europa	1,84	2,57	4,98	0,80	0,65	0,50	0,26	1,89	1,55
3. W-Europa, Japan, Austr. Neuseel., S-Afrika, Israel	2,26	1,67	2,46	0,80	0,65	0,50	0,26	1,51	0,94
Industrieländer	6,75	1,97	3,27	0,80	0,65	0,50	0,26	5,18	3,55
Entwicklungsländer	1,46	2,35	4,92	1,10	0,90	0,50	0,26	1,89	1,68
Welt	8,22	2,13	3,69					7,07	5,23
Index	100							86	63

1) ES/BSP = Energiedienstleistungsbedarf pro Einheit Bruttosozialprodukt (Strukturwandel, z. B. von energieintensiven Sektoren zu weniger energieintensiven, dafür aber forschungs- und entwicklungsintensiven Branchen)
2) E/ES = Primärenergie, die zur Herstellung einer Einheit Energiedienstleistung benötigt wird (bessere Nutzungstechnik, z. B. Wärme aus dem Heizkörper oder Antriebskraft in der Motorwelle).
3) Entspricht wegen Aufrundung nicht den genauen Einzelprodukten.

Nach Krause (1981) und Lovins et al. (1981/83).

14.4.2 IIASA-Szenarien

In einer 1981 veröffentlichten IIASA-Studie (W. Häfele et al., 1981) wird im wesentlichen anhand eines sehr hohen Szenarios und eines niedrigeren Szenarios die Entwicklung des zukünftigen Primärenergiebedarfs untersucht. Wegen des zugrundegelegten sehr hohen Energieverbrauchs wird in den nächsten 50 Jahren der Übergang von Öl und Gas zu der noch umweltfeindlicheren und teureren Ölgewinnung aus Schieferöl bzw. Teersanden sowie der Kohleveredelung postuliert. Nach Abschluß dieses Prozesses um 2030 soll bis zum Ende des nächsten Jahrhunderts der Übergang zur zentralisierten Sonnen- und Kernenergie erfolgen.

Sowohl die IIASA-Szenarien als auch das Effizienz-Szenario gehen von einer Verdopplung der Weltbevölkerung von vier auf acht Milliarden Menschen im Jahre 2030, von einer disaggregierten Welt in sieben Regionen mit unterschiedlichen Wachstumsperspektiven sowie strukturellen Entkopplungen von Bruttosozialprodukt und Energieverbrauch bei steigendem Wohlstand aus. Das Effizienz-Szenario übernimmt ebenfalls die wirtschaftlichen Wachstumsraten des niedrigeren IIASA-Szenarios für Industrieländer (2,04 %/a von 1975 - 2000 und 1,19 %/a von 2000 - 2030) und Entwicklungsländer (1,86 %/a und 1,53 %/a für die entsprechenden Zeitperioden). Hier enden die Gemeinsamkeiten. Während die IIASA-Szenarien die Abschätzung der Energieversorgung von der Angebotsseite her angehen, wird dagegen im Effizienz-Szenario vom jeweiligen Bedarf an Energiedienstleistungen ausgegangen. Dabei kommt diejenige Energieform zum Einsatz, die für die spezielle Aufgabe am besten geeignet ist und für den verlangten Preis die größte Energiedienstleistung liefert.

14.4.3 Vergleich der Ergebnisse

Diese unterschiedliche Vorgehensweise führt nun zu ganz unterschiedlichen Ergebnissen. Aus der vergleichenden Darstellung in Tabelle 14.5 ergeben sich folgende Hauptpunkte:

Tabelle 14.5: Primärenergieversorgung (TW) nach verschiedenen Energiequellen und Energieszenarien.

Quelle	Bezugs-jahr 1975		IIASA-Szenarien [1]						Effizienz-Szenario		
			Niedrig		Hoch		Niedrig		Hoch		
			2030				x fache Zun.			2030	x fache Änd.
	TW	%	TW	%	TW	%	ggb. 1975			TW	%	ggb. 1975
Erdöl	3,83	47	5,02	22	6,83	19	1,3	—	1,8	0,24	4	- 15,9
Erdgas	1,51	18	3,47	16	5,97	17	2,3	—	4,0	0,34	7	- 4,4
Kohle	2,26	27	6,45	29	11,98	33	2,9	—	5,3	0,38	7	- 5,9
Zwischenwerte	7,60	92	14,94	67	24,78	69	2,0	—	3,3	0,96	18	- 7,9
Kernenergie (LWR)	0,12	2	1,89	8	3,21	9	15,8	—	26,8	—	—	—
Kernenergie (Brüter)	0		3,28	15	4,88	14	—			—	—	—
Zwischenwerte	0,12	2	5,17	23	8,09	23	43,1	—	67,4	—	—	—
Wasserkraft	0,50	6	1,46	6	1,46	4	2,9			—	—	—
Sonnenenergie[3]	0		0,30	1	0,49	1	—			4,27	82	+ 8,5
Übrige Quellen[4]	0		0,52	3	0,81	3	—					
Zwischenwerte	0,50	6	2,28	10	2,76	8	4,6	—	5,5	4,27	82	+ 8,5
Insgesamt	8,22		22,39		35,63		2,7	—	4,4	5,23		- 1,6

1) Häfele et al. (1981); 2) Lovins et al. (1981/83); 3) Überwiegend örtliche Sonnenkollektoren, wenige Solarkraftwerke zur Elektrizitätsversorgung; 4) U. a. Biogas, Geothermie, kommerzieller Holzanbau.

- Gemäß den beiden IIASA-Szenarien soll bis zum Jahre 2030 der Verbrauch von Erdöl um das ca. 1 - 2fache, der von Erdgas um das ca. 2 - 4fache und der von Kohle sogar um das ca. 3 - 5fache zunehmen. Im Gegensatz dazu ergibt sich aus den Analysen des Effizienz-Szenarios, daß nicht Zunahmen, sondern Abnahmen um das 16fache für Erdöl, das 4fache für Erdgas und das 6fache für Kohle am kostengünstigsten sind.

- Berücksichtigt man, daß die derzeitige Weltkohleförderung von etwa 2,3 TW, der Weltkohlehandel von nur ca. 0,23 TW, die langen Abteufungszeiten, die

Umweltprobleme, die ständig steigenden Kosten und die Tatsache, daß sich ca. 80 % der Weltkohleressourcen auf nur vier Länder, nämlich die UdSSR, USA, China und Indien verteilen, dann erscheint ein Anstieg des Weltkohleverbrauchs von ca. 2,3 auf fast 12 TW (siehe das hohe IIASA-Szenario) mehr als unwahrscheinlich.

- Die fossilen Brennstoffanteile von 92 % in 1975 bleiben in den IIASA-Szenarien auch in 2030 mit rd. 70 % relativ hoch. Dagegen bewirkt eine effiziente Energienutzung eine drastische Reduktion auf nur 18 %. Wichtig ist, daß der besonders umweltfeindliche Kohleanteil in den IIASA-Szenarien im Jahre 2030 noch weiter steigt und zwar von 27 % auf 29 bis 33 %.

- Die beiden IIASA-Szenarien führen zu einer 2 - 3,3fachen Zunahme der fossilen Brennstoffe bis zum Jahre 2030, was zu einer weiteren Verschärfung der Umweltprobleme führen muß.Dagegen zeigt das Effizienz-Szenario, daß bei kostengünstigem Energieeinsatz der fossile Brennstoffverbrauch um das 8fache auf etwa 1 TW gesenkt werden kann.

- Die IIASA-Szenarien postulieren bis 2030 eine 10-fache Zunahme des Atomenergieanteils. Insbesondere der hohe Brüteranteil von ca. 15 % ist wohl nur mit der besonderen Zuneigung der Szenarien-Entwickler zu dieser Technologie zu erklären.

- Der starke Ausbau der Atomenergie um das 43 bzw. 67fache im niedrigen bzw. hohen IIASA-Szenario, den man u.a. mit der Herabsetzung der CO_2/Klima-Gefahr und des Säureregen-Problems zu rechtfertigen versucht, erweist sich als hohles Argument, wenn in den gleichen Szenarien der globale Verbrauch fossiler Brennstoffe noch um das mehr als 3fache bis 2030 zunehmen soll.

- Bei den rapide steigenden Kosten gerade in den Groß-Technologien sind solch hohe Steigerungsraten und Gesamtmengen für Atomenergie und fossile Brennstoffe weltweit wohl kaum finanzierbar und bei den jetzt schon bestehenden riesigen Außenhandelsdefiziten insbesondere in der 3. Welt ziemlich realitätsfern. Betrachtet man die Kosten, Akzeptanz- und Umweltprobleme ist es nicht einsichtig, warum gerade die Leichtwasser- und Brütertechnologie bis zum Jahre 2030 in den IIASA-Szenarien um das 40- bis 60fache, die gesamten erneuerbaren Energieträger aber nur um das 4- bis 6fache zunehmen sollten.

- Im krassen Gegensatz zu den IIASA-Szenarien ergibt sich aus der Analyse des Effizienz-Szenarios, daß bei Einführung kostengünstiger Effizienzverbesserungen der fossile Brennstoffverbrauch im Jahre 2030 von 7,6 TW auf rd. 1 TW abnimmt, und daß der restliche Bedarf von rd. 4,3 TW ohne allzu große Schwierigkeiten durch das relativ hohe Potential erneuerbarer Energieträger gedeckt werden kann. Für Atomenergie besteht dann kein Bedarf mehr.

- Zusammenfassend läßt sich aus Tabelle 14.5 ablesen, daß eine kostengünstige und effiziente Energienutzung im Jahre 2030 keine 4,4fache Zunahme des globalen Primärenergiebedarfs erfordert, wie das im hohen IIASA-Szenario postuliert wird, sondern daß sie ganz im Gegenteil zu einer kostensparenden 1,6fachen Abnahme des Energieverbrauchs gegenüber 1975 führt.

14.5 Kritische Bewertung der IIASA-Energiestudien

Die IIASA-Weltenergiestudie begann 1973 und wurde bei einem Aufwand von rd. 10 Mill. Dollar und 225 Mannjahren nach ca. 7 - 8 Jahren abgeschlossen und unter dem Titel „Energy in a Finite World" veröffentlicht (W. Häfele et al., 1981). Sie gilt als die bisher detaillierteste und umfassendste Modell-Studie und wird in Energiezirkeln (Wissenschaftlern und Entscheidungsträgern) ausgiebig zitiert. Um das komplizierte, den Szenarien zugrundeliegende Modellgebäude zu vereinfachen, wurde der amerikanische Mathematiker Keepin herangezogen. Er fand heraus, daß die angeblich benutzten Modelle praktisch überflüssig sind, da deren Output mit dem subjektiv vorgegebenen Input identisch ist, und daß überhaupt keine dynamischen Berechnungen stattgefunden haben. Im Klartext heißt das, wie weiter unten anhand einiger Beispiele gezeigt wird, daß mit Hilfe eines Taschenrechners und sogenannter „Back-of-the-Envelope" oder Überschlagsrechnungen die angeblich durchgeführten IIASA-Modellrechnungen exakt reproduziert werden können. Im folgenden stütze ich mich auf die IIASA-Arbeitspapiere von B. Keepin (1983) und B. Wynne (1983) und ihre gemeinsame Veröffentlichung in Nature (B. Keepin und B. Wynne, 1984).

14.5.1 IIASA-Modellansatz

In den IIASA-Szenarienanalysen wird den Modellen eine zentrale Rolle zugeschrieben. Es ist deshalb notwendig, kurz auf die Modellstruktur einzugehen. Das ursprüngliche Ziel war, mindestens vier Hauptmodelle, nämlich MEDEE, MESSAGE, IMPACT und MACRO durch ein Rückkopplungssystem miteinander zu vernetzen. MEDEE ist für die Abschätzung des Energiebedarfs zuständig, MESSAGE erfaßt die Versorgungsmöglichkeiten, d.h. wie der von MEDEE errechnete Energiebedarf gedeckt werden kann, IMPACT soll die ökonomischen Auswirkungen erfassen und MACRO soll Investitions- und Verbrauchsraten berechnen. Bei näherem Hinsehen zeigt sich allerdings, daß IMPACT nicht richtig funktionierte und daß MACRO weggelassen wurde, was der aufmerksame Leser nur aus einer kleinen Fußnote entnehmen kann („Es ist noch nicht in den Modellkreislauf integriert", W. Häfele et al., 1981, S. 403). Als sich herausstellte, daß die ursprünglich zentralen Modelle IMPACT und MACRO nicht funktionierten, wurde ihre Rolle durch subjektives Urteil und interaktive Iteration ersetzt, was allerdings niemals klar und deutlich gesagt wird.

Auf den kleinsten Nenner gebracht, läßt sich zusammenfassend über das geschrumpfte Modellgebäude sagen, daß der behauptete Informationsrückfluß nicht existiert, und daß die verbliebenen Modelle nur triviale Berechnungen ausführen und uns bestenfalls schlichte Erkenntnisse liefern, wie z.B., daß sich das Eindringen von Strom in den Energiemarkt verlangsamen kann, wenn die Elektrizitätspreise relativ zu den übrigen Energiepreisen steigen (W. Häfele et al., 1981, S. 404 - 406). Mit der makroökonomischen Konsistenz der IIASA-Szenarien ist es auch nicht weit her, denn eine etwaige Konsistenz in den Variablen ist, wie B. Keepin (1983) zeigt, entweder schon vorhanden oder noch nicht vorhanden, ehe der Computer überhaupt zu rechnen beginnt. Auch die Annahmen werden nur durch weitere Annahmen kontrolliert.

MESSAGE, das Herzstück der Energiestudie, ist nicht nur intern extrem anfällig, wie weiter unten noch an einem Beispiel gezeigt wird, sondern es ist auch in seinem Output vollständig von den extern entwickelten Input-Randbedingungen abhängig, von denen einige nicht dokumentiert werden. Informelle Expertenurteile bestimmen vollständig den Modell-Output und folglich auch die Ergebnisse der Szenarien. Die benutzten Modelle sind analytisch einfach bzw. analytisch nicht-existent, und die daraus abgeleiteten Ergebnisse sind trivial, wie an den folgenden Beispielen gezeigt wird.

14.5.2 Vergleich von Szenario und Szenarette

Um die spezifische Rolle der IIASA-Modelle zu erkunden, betrachten wir den Zusammenhang zwischen den Modell-Outputs (den Szenarien) und den Modell-Inputs (den Annahmen). Der Zweck der Übung ist, aufgrund der Annahmen Grobabschätzungen der Szenarien zu machen, sie dann mit den mit Hilfe der IIASA-Modelle berechneten Szenarien zu vergleichen, um dadurch mehr über die dynamische Rolle der Modelle und deren Wirkung auf die Szenarien zu erfahren. Das auf diese Weise gewonnene simple Szenario, das aus den Input-Annahmen hergeleitet ist, wird in den folgenden Abbildungen als Szenarette bezeichnet, und die Szenarien sind der Output aus den IIASA-Modellen. Das Kriterium für die Auswahl ist Kostenminimierung, d.h. es kommt die billigste Energieressource zum Einsatz, und sie verbleibt, bis sie entweder erschöpft ist oder von einer billigeren verdrängt wird. Für das Szenarette werden weder Gleichungen gelöst, die Dynamik simuliert und Iterationen durchgeführt, noch wird die Konsistenz geprüft. Das Ergebnis ist eine Serie von zeitabhängigen Kurven.

Abb. 14.1 zeigt einen Vergleich von Szenarette (durchgezogene Linien) und hohem IIASA-Szenario (Symboldarstellung) für den zukünftigen Erdölverbrauch in der Region III. Das überraschende Ergebnis ist, daß eine fast exakte Übereinstimmung zwischen Szenario-Datenpunkten und Szenarette-Kurven besteht. Das ist umso erstaunlicher, da die Grobabschätzungen der Szenarette z.B. Preiselastizitäten, Konsistenz und enge Verknüpfungen der einzelnen Energiesektoren vernachlässigen. Bestenfalls wären also nur ganz grobe qualitative Übereinstimmungen zu erwarten gewesen.

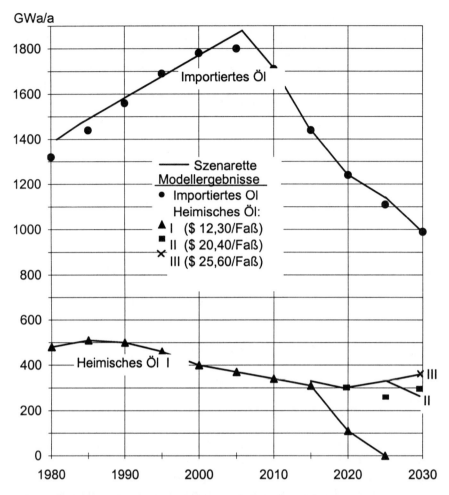

Abb. 14.1: Vergleich von Szenarette und Szenario für Erdölverbrauch in Region III (Westeuropa, Japan, Australien, Neuseeland, Südafrika und Israel). Quelle: Keepin (1983).

Nun könnte dieses Beispiel ein Zufall sein. Tatsache ist aber, daß sich für die unterschiedlichsten Energieträger, Regionen und Szenarien (ob hoch oder niedrig) immer die gleiche gute Übereinstimmung ergibt. Dazu noch ein zweites Beispiel. Abb. 14.2 zeigt den Vergleich von Szenarette und Szenario für Stromerzeugung in Region I. Die Übereinstimmung ist wieder sehr gut bis auf die letzten 15 Jahre, wo die Daten für Leichtwasserreaktoren (LWR) und Brutreaktoren (FBR) leicht voneinander abweichen. Das liegt am hier postulierten schnellen Übergang von Kohle zu Uran, was zu einer starken Unternutzung der Kohlekraftwerkskapazität führt.

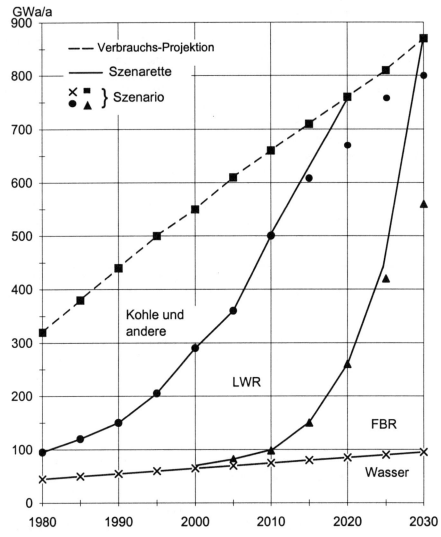

Abb. 14.2: Vergleich von Szenarette und Szenario für Stromerzeugung in Region I (USA und Kanada).
Quelle: Keepin (1983).

Zusammenfassend läßt sich sagen, daß die dynamischen und analytischen Inhalte der IIASA-Szenarien auf Annahmen und quantitativem Wunschdenken beruhen, die außerhalb der mathematischen Modelle spezifiziert werden. Es ist deshalb nicht verwunderlich, daß die exogen vorgeschriebenen Szenario-Ergebnisse eben diese Input-Annahmen exakt reproduzieren. Die IIASA-Szenarien spiegeln deshalb eher ein vorgefaßtes Meinungsbild als eine objektive wissenschaftliche Analyse wider.

222

14.5.3 Sensitivitätstests

Robustheit ist ein semi-mathematisches Konzept. Wenn eine Analyse im Hinblick auf die vielen Unsicherheiten und impliziten Annahmen von Wert sein soll, dann muß sie robust sein. Um die Robustheit zu testen, wird allgemein so vorgegangen, daß eine detaillierte Sensitivitätsanalyse der quantitativen Ergebnisse als Funktion der Änderungen in den Modelleingaben durchgeführt wird. Während von den IIASA-Szenarienentwicklern behauptet wird, daß ihre Szenarien ausgiebigen Sensitivitätstests unterworfen worden wären, stellt dagegen B. Keepin (1983) fest, daß gerade die Standard-Sensitivitätsstudien fehlen. Das Hauptergebnis seiner Nachforschungen ist, daß insbesondere MESSAGE, das Kernstück für die Berechnung der Energieversorgungs-Szenarien, in ganz starkem Maße anfällig ist für kleine Änderungen in den Inputdaten, wie z.B. Annahmen über Kosten und Technologien. Das soll am folgenden Beispiel über den möglichen Beitrag der Atomenergie kurz demonstriert werden.

Im IIASA-Vorgehen bestimmen die unterschiedlichen Produktionskosten die Energieträger, die zur Stromerzeugung herangezogen werden. Abb. 14.3 zeigt die angenommene Kostenentwicklung für Stromerzeugung. Dabei sticht sofort ins Auge, daß bis auf die Leichtwasserreaktoren (LWR) alle Kosten (in realen Werten) über die nächsten 50 Jahre konstant bleiben. Diese werden deshalb auch statische Kosten genannt, weil sie weder Diskontraten noch andere dynamische Faktoren miteinbeziehen. Obwohl die Annahme einer solchen Kostenkonstanz hellseherische Fähigkeiten voraussetzt, könnte man sie noch hinnehmen, wenn sich die Modell-Outputs den Kostenannahmen gegenüber als insensitiv erweisen sollten.

Das wollen wir jetzt untersuchen. Aus Abb. 14.3 ersehen wir, daß plötzlich im Jahre 2005 die Linie für die LWR um eine kleine Stufe angehoben wird. Das ergibt sich aus dem willkürlich angenommenen abrupten Anstieg der Urankosten von $ 66 auf $ 110 pro kg U_3O_8, was den aus LWR hergestellten Strom um $ 10 pro kWa von $ 136 auf $ 146 verteuert. Eine solch geringe Zunahme (rd. 7 %) könnte man als unwichtig hinnehmen, wenn sie nicht die folgenden weitreichenden Auswirkungen hätte. Wie man aus Abb. 14.3 ersieht, taucht plötzlich fünf Jahre vorher, also um das Jahr 2000, der Schnelle Brüter (FBR) mit einem Preis von $ 143 pro kWa auf. Durch das willkürliche Anheben des LWR-Preises um $ 10 wird der FBR-Strompreis plötzlich um $ 3 billiger, was als einzige Rechtfertigung dient, ihn in das Energieversorgungssystem einzuführen. Dieser leichte Kostenvorteil des FBR von 2 % gegenüber dem LWR, der in rd. 25 Jahren eintreten soll, ist natürlich nur entstanden als willkürlicher Eingriff in die Modelle und basiert nicht auf realistischen Erwartungen.

Nun hat es in der Tat in der Vergangenheit Änderungen in der relativen Kostenstruktur gegeben, so daß man mit ihnen auch in Zukunft rechnen muß. An einem Beispiel wollen wir einmal testen, wie sensitiv die IIASA-Szenarien auf solche relativen Kostenänderungen reagieren. Abb. 14.4a zeigt für die Stromerzeugung in Region I (USA, Kanada) die Sensitivität der Modellrechnungen gegenüber Kostenannahmen im niedrigen IIASA-Szenario. Wenn wir für diesen Test den Preis für Atomenergie um 16 % erhöhen (was bei den zu erwartenden Kosten für Zwischen-

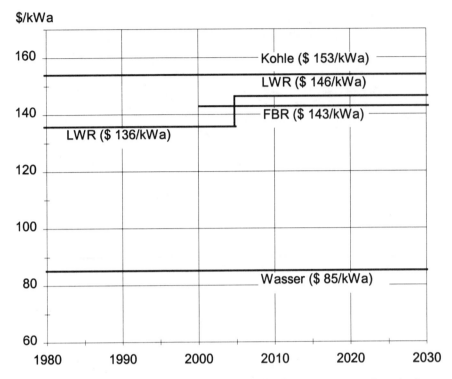

Abb. 14.3: Angenommene Kostenentwicklung für Stromerzeugung (konstante 1975 US $) für das hohe IIASA-Szenario in Region III (Westeuropa, Japan, Australien, Neuseeland, Südafrika und Israel).
Quelle: Keepin (1983).

und Endlagerung, striktere Sicherheitsvorkehrungen und Einmottung ausrangierter AKW etc. eher eine konservative Annahme darstellt), und, um das neue Szenario sinnvoll zu machen, die förderbare Kohlemenge um 7 % ansteigen lassen, dann erhalten wir ein vollkommen anderes Szenario (Abb. 14.4b).

In dem neuen Szenario stammt die Stromerzeugung fast vollständig aus der Kohlefeuerung (rd. 85 %), die LWR scheiden über die nächsten 50 Jahre bis zum Jahre 2030 vollständig aus der Energieversorgung aus und die FBR werden gar nicht erst eingeführt. Im ursprünglichen IIASA-Szenario (Abb. 14.4a) betrug der Kohleanteil im Jahre 2030 nur 8 % und dagegen der Atomenergieanteil ca. 77 %. Der Zweck dieser Übung war nicht zu zeigen, was tatsächlich unter unterschiedlichen Kostenannahmen passiert, sondern vielmehr, daß kleine Änderungen in den Annahmen zu vollkommen anderen Modellergebnissen führen.

224

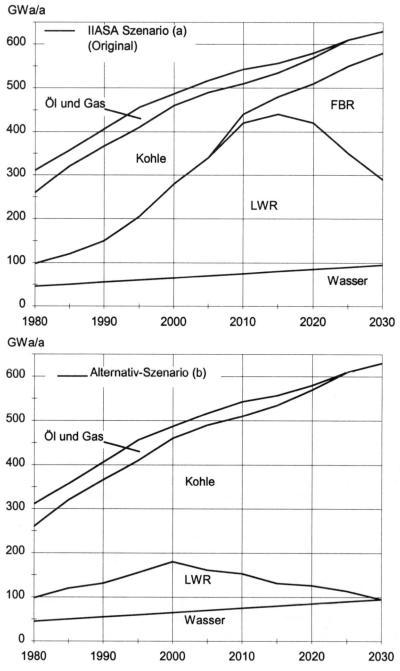

Abb. 14.4a,b: Sensitivität gegenüber Kosten-Annahmen im niedrigen IIASA-Szenario für Region I (USA und Kanada); a) ursprüngliche Szenario-Ergebnisse für Stromerzeugung; b) neue Szenario-Ergebnisse unter der Annahme, daß die Kernenergiekosten um 16 % u. die förderbare Kohle um 7 % steigen. Quelle: Keepin (1983).

14.6 Schlußfolgerungen

Die Ergebnisse zwingen zu diesen Schlußfolgerungen. Die IIASA-Szenarien sind fast exakte Kopien exogener Annahmen ohne analytischen Wert. Sie spiegeln ein vorgefaßtes Meinungsbild wider und beruhen nicht auf einer objektiven wissenschaftlichen Analyse. Darüber hinaus reagieren sie höchst anfällig auf willkürlich vorgeschriebene Input-Daten, die bekanntlich auf großen Unsicherheiten beruhen.

Schon geringe Änderungen in den Annahmen über die relativen Energiekosten und die Ressourcenverfügbarkeit führen zu radikal unterschiedlichen Verbrauchs-Szenarien. Besonders in bezug auf den Beitrag der Atomenergie reagieren die IIASA-Szenarien sehr sensitiv auf die leichtesten Manipulationen. Dieser Mangel an Robustheit läßt die IIASA-Szenarien für die Ableitung plausibler Folgerungen über die zukünftigen Energie-Verbrauchsstrategien als ungeeignet erscheinen.

In den IIASA-Szenarien oder nur Szenario (in einer kleinen Fußnote werden wir darüber aufgeklärt, daß die beiden Szenarien in Wirklichkeit zwei Versionen ein und desselben Szenarios sind, da die Möglichkeiten verschiedener wirtschaftlicher, sozialer und politischer Welten ignoriert werden; W. Häfele et al., 1981, S. 426) werden in der Tat so wichtige Einflußfaktoren wie Änderungen von Umwelt, von Preispolitik, technologischen Innovationen und sozialen Gegebenheiten einfach ignoriert. Ein realistischeres Modell würde aber gerade von diesen Faktoren ausgehen, da jede Politik in einem ganz besonderen Maß vom Verhalten und den Erwartungen der Menschen abhängig ist. Ein menschengerechteres Vorgehen würde auf die vielen unterschiedlichen Wünsche und Bedürfnisse eingehen und aufbauend auf den lokalen und regionalen Besonderheiten eine globale Energiestrategie entwickeln. Das Ergebnis dieser Strategie wäre eine ausreichende Versorgung aller Menschen mit den benötigten Energiedienstleistungen. Das hier dargestellte Effizienz-Szenario basiert auf einer solchen Politik, die bei wirtschaftlichstem Energieeinsatz und geringster Umweltbelastung eine lebenswerte Zukunft ermöglicht.

226

Literaturauswahl

Bach, W. (1982): Gefahr für unser Klima. Wege aus der CO_2-Bedrohung durch sinnvollen Energieeinsatz. C.F. Müller-Verlag, Karlsruhe.

Bienewitz, K.-H., S. Hartwig und B. Überacher (1981): Energieverbrauch und CO_2-Emission. In: Die Auswirkungen von CO_2-Emissionen auf das Klima, Bd. 1, Frankfurt: Batelle-Bericht, 38 - 104.

Colombo, U., and O. Bernardini (1979): A low energy growth 2030 scenario and the perspectives for Western Europe, Report prepared for the Commission of the European Communities, Brussels.

Enquête-Kommission des Deutschen Bundestages (1980): Zukünftige Kernenergie-Politik, Teil I und II, Drucksache 8/4341, Bonn.

Häfele, W. et al. (1981): Energy in a Finite World, vol. 1 and 2, Ballinger Publ. Co., Cambridge, USA.

Keepin, B. (1983): A critical appraisal of the IIASA energy scenarios, IIASA-Working Paper WP-83-104.

Keepin, B. and B. Wynne (1984): Technical analysis of IIASA energy scenarios, Nature 312, 691 - 695.

Krause, F. (1981): An efficiency- and development-oriented approach to world energy prospects, Int. Project for Soft Energy Paths (IPSEP), San Francisco.

Lovins, A.B., L.H. Lovins, F. Krause, and W. Bach (1981): Least-Cost Energy: Solving the CO_2 Problem, Brick House, Andover, USA (Deutsche Version: Wirtschaftlichster Energieeinsatz: Lösung des CO_2 Problems, Alternative Konzepte 42, C.F. Müller Verlag, Karlsruhe, 1983).

Perry, A.M. (1982): Carbon dioxide production scenarios, In: W.C. Clark (ed.) Carbon Dioxide Review 1982, 337 - 371, Oxford Univ. Press, Oxford/New York.

Wynne, B. (1983): Models, muddles and megapolicies: The IIASA energy study as an example of science for public policy, IIASA-Working Paper WP-83-127.

15 Ausstiegs-Dossier: Argumente zur Auseinandersetzung mit der Atomwirtschaft und Perspektiven einer verantwortbaren Energiepolitik

Die Debatte über den Ausstieg aus der Atomwirtschaft ist wieder hochaktuell - und sie wird uns wohl auch noch einige Zeit in Atem halten. Für einige geht es um sehr viel Profit, für andere geht es um Arbeitsplätze, und für alle geht es um ein Megarisiko bei einem nicht auszuschließenden GAU. Die Menschheit könnte sich durchaus aus dieser Kollektivhaft befreien, wenn sie sich endlich auf die vielfältigen Alternativen besönne, nämlich u. a. die Energieverschwendung zu reduzieren, die Energieproduktivität zu erhöhen sowie den Ausbau und Einsatz erneuerbarer Energieträger zügig voranzutreiben. Das folgende Dossier gibt anhand einer Vielzahl von Beispielen für jeden nachvollziehbare Argumente zur Vorbereitung auf die fortdauernden Auseinandersetzungen um den Ausstieg aus der Atomwirtschaft.

"Wenn mir jemand eine Villa neben einem Atomkraftwerk anböte, würde ich zögern. "
Remy Carle, Entwicklungschef der staatlichen französischen Elektrizitätsgesellschaft auf einer Pressekonferenz zur Atomenergie als „Energie der Zukunft".
Frankfurter Rundschau, 29.10.1986, S. 2

15.1 Einleitung

Am Ausgangs- und Endpunkt jeder Atomenergiedebatte steht eine unumstößliche Wahrheit: Menschen sind fehlbar, wie die von ihnen konstruierten technischen Systeme fehlbar sind. Bei einigen dieser Systeme haben wir die Fehler akzeptiert, wie z. B. bei Autounfällen, deren Folgen - so bedauerlich sie für die daran Beteiligten sind - immer nur punktuell und ohne weitreichende Wirkungen bleiben. Können wir auch die extrem fehlerunfreundliche Atomtechnik akzeptieren, bei der ein einziger Unfall zu irreversiblen, weltweiten und weit in die Zukunft reichenden Konsequenzen führt? Einige wenige meinen, ein Verzicht auf die Atomenergienutzung sei ein zu hoher Preis. Ist es aber nicht eher so, daß nicht der Verzicht, sondern vielmehr die nächste Reaktorkatastrophe einen zu hohen Preis fordert? Atomkraftwerke lassen sich mit viel Geld zwar sicherer machen, aber todsicher ist nur, daß der nächste Unfall kommt. Wirkliche Sicherheit bedeutet: „Keine Atomenergie". Der Ausstieg ist damit unumgänglich.

Der Ausstieg wird keineswegs leicht werden. Das liegt daran, daß die wenigen, die ihn nicht wollen, über beinahe unerschöpfliche Geldmittel verfügen. Sie beeinflussen damit in einer in dieser massiven Form noch nicht beobachteten Propagandaaktion Bürger und Entscheidungsträger. Es muß jedem zu denken geben, daß es die Atomwirtschaft für notwendig erachtet, diesen täglichen Propagandafeldzug zu veranstalten. Offensichtlich folgt man dem Wallmann-Prinzip, das besagt, den Menschen so lange das Gleiche zu erzählen, bis sie es glauben.

Mit dem folgenden Beitrag möchte ich mithelfen, der Kampagne der Desinformation für jeden nachvollziehbare Argumente entgegenzustellen. Die Themenauswahl beruht auf den in meinen Vorträgen am häufigsten gestellten Fragen. Die auf den Vortragsfolien basierenden eingerahmten Bilder bieten die nötigen Fakten, um die gemachten Schlußfolgerungen nachvollziehen zu können. Der Text gibt weitere Informationshilfen. Die Quellenangaben mit Seitenzahlen erhöhen die Transparenz. Für Verbesserungsvorschläge und zusätzliches Zahlenmaterial wäre ich dankbar. Würden diese Handreichungen in den Diskussionen intensiv genutzt, wäre mein Hauptanliegen erreicht.

15.2 Ist das Restrisiko durch Atomenergie zu verantworten?

Das Restrisiko bildet den Dreh- und Angelpunkt der gesamten Atomenergiedebatte. Seit Tschernobyl ist jedem klar, daß eine Katastrophe durch Atomenergienutzung zwar ein nicht kalkulierbares, dafür aber ein kalkuliertes Risiko darstellt. Damit wird ein Leben mit der Atomwirtschaft zum russischen Roulette.

Juristisch läßt sich das von technischen Anlagen ausgehende Risiko einteilen in: Gefahr - Risiko - Restrisiko. Gegen Gefahren und Risiken soll Vorsorge getroffen werden. Ein gewisses Restrisiko wird als zumutbar angesehen. Zur Abgrenzung von Risiko und Restrisiko wird das Risiko quantifiziert. Hierzu wird es in die Bestandteile Eintrittswahrscheinlichkeit und Höhe des Schadens zerlegt. Das Produkt: Risiko = Eintrittswahrscheinlichkeit x Schadenshöhe liefert dann einen Zahlenwert, der über die Höhe des Risikos eine Aussage machen soll. Diese Risikodefinition macht keinen Unterschied zwischen alltäglichen Verkehrsunfällen und „seltenen" Großkatastrophen wie die von Tschernobyl. Bild 15.1 zeigt, wie häufig nach der Wahrscheinlichkeitsrechnung in der Bundesrepublik bzw. weltweit mit einem GAU zu rechnen ist.

Auch Umweltminister W. Wallmann meint in einem Spiegel-Gespräch: „Selbstverständlich ist eine Kernschmelze denkbar ... Warum wäre denn sonst eigentlich vom Restrisiko die Rede?" Gleichwohl fährt er fort: „Aber ich habe immer hinzugefügt, diese Gefahren sind beherrschbar, und deshalb ist die friedliche Nutzung der Kernenergie in der Bundesrepublik Deutschland verantwortbar" (Der Spiegel, 1986, S. 32). Er beruft sich dabei auf seine Experten, wie den Vorsitzenden der Reaktor-Sicherheitskommission A. Birkhofer, der meint: „Absolute Sicherheit ist ein Idealziel, das natürlich auch die Kerntechnik nicht vollständig erreichen kann" (P. Christ und W. Hoffmann, 1986, S. 17).

Dazu heißt es in der Schlußerklärung der in Wien von Kernkraftkritikern abgehaltenen *Konferenz über Reaktorunsicherheit und Ausstieg aus der Atomenergie*: „Im Zusammenhang mit Atomreaktoren von Sicherheit zu sprechen ist eine vorsätzliche Täuschung der Öffentlichkeit und spiegelt nur die Fixierung der IAEO (Internationale Atomenergiebehörde in Wien) auf Industrie und Nukleokratie (wider)"

Bild 15.1: Wie häufig ist in der Bundesrepublik und wie häufig ist weltweit mit einer Atomreaktor-Katastrophe (GAU) zu rechnen?

Nach der „Deutschen Risikostudie Kernkraftwerke" (DRS-HB, 1979) ist die Kernschmelzhäufigkeit 1:10.000 (oder 1×10^{-4}) pro Reaktorjahr.

In den 15 Jahren bis zum Jahre 2000 wird in der Bundesrepublik mit insgesamt 25 Atomkraftwerken (AKW) gerechnet.

Nach folgender Überschlagsrechnung ist dann die relative Wahrscheinlichkeit einer Atomreaktor-Katastrophe:

$$\frac{1 \times 10^{-4} \times 25 \text{ Reaktoren} \times 15 \text{ Jahre}}{\text{Reaktorjahr}} = 0{,}0375 \text{ oder ca. 4 \%}$$

d. h. die Chance ist 1:25, daß bis zum Jahre 2000 ein großer Atomkraftunfall eintritt. Mit einer etwas exakteren Methode können wir berechnen, mit welcher Wahrscheinlichkeit Q kein GAU in $N = 15 \times 25 = 375$ Reaktorjahren stattfindet:

$$Q = (1 - 10^{-4})^N \cong e^{-10^{-4} N} \cong 1 - (10^{-4}N - 10^{-8} \frac{N^2}{2})$$

Die gesuchte Wahrscheinlichkeit P, daß sich bis zum Jahre 2000 ein GAU ereignet, ist dann:

$$P = 1 - Q \cong 10^{-4}N - \frac{1}{2} \cdot 10^{-8} \cdot N^2 \cong 0{,}0368 \text{ oder ca. 4 \%}$$

1985 gab es weltweit 374 AKW mit 3831 Betriebsjahren (Islam u. Lindgren, 1986). Bis zum Jahre 2000 wird mit ca. 500 AKW gerechnet. Dann wäre die relative Wahrscheinlichkeit eines GAU:

$$P \cong 1 - 0{,}4723 = 0{,}5277 = \text{ca. 53 \%}$$

d. h. die Chance, daß wieder ein GAU passiert, erhöht sich auf 1: 2.

Fazit:
Hier handelt es sich um Wahrscheinlichkeiten und nicht um Ereignisse, die zu einem bestimmten Zeitpunkt eintreten.

Folglich muß sich nicht bis zum Jahre 2000 ein erneuter GAU ereignen, er kann aber auch schon morgen passieren.

Die Chance, daß sich ein GAU ereignet, nimmt zu
- mit der Anzahl der AKW und
- mit dem Alter der AKW.

(E. Brunner et al., 1986, S. 21). Der Physiker und Strahlenschutztechniker H. Hirsch endet seinen „Zeit"-Beitrag mit der Warnung: „Vor allem würde aber ein zehnjähriger Weiterbetrieb von Kernkraftwerken in der BRD nach unserem jetzigen Wissensstand über Unfallrisiken eine nicht zu vernachlässigende Wahrscheinlichkeit für eine Nuklearkatastrophe direkt in diesem Lande mit sich bringen. Wer sich für

230

eine längere Ausstiegsfrist entscheidet, muß das in vollem Bewußtsein dieser Tatsache tun" (H. Hirsch, 1986, S.42).

Die Europa-Parlamentarierin M. Lentz gibt folgende Parabel zum Nachdenken. Mutter und Kind schauen dem Flugzeug nach, in dem der Vater sitzt. Auf die Frage des Kindes: „Was machen wir denn, wenn das Flugzeug herunterfällt?" antwortet die Mutter: „Dann schauen wir aber dumm!". Darauf folgt die entscheidende Frage des Kindes: „Und was machen wir, wenn wir dumm geschaut haben?" (H.-H. Kohl, 1986, S. 2).

15.3 Würde ein Abschalten der AKW die Stromversorgung gefährden ?

Atomkraftwerke (AKW) werden nur in der Stromversorgung eingesetzt. Brächte ein Abschalten der AKW die Stromversorgung in Gefahr ? Zur Beantwortung dieser Frage müssen wir die Stromversorgungsstruktur, wie z. B. Verbrauch, Bedarf, Kapazitäten und deren Ausnutzung untersuchen.

15.3.1 Wie hoch ist der Stromverbrauch?

Bild 15.2 zeigt mit den Zahlen über der Kurve den tatsächlichen Stromverbrauch in Mrd. kWh/a und mit den Zahlen unter der Kurve die Änderungsraten von Jahr zu Jahr. In den 70er Jahren ist im Schnitt ein leichtes Wachstum zu verzeichnen. In der ersten Hälfte der 80er Jahre ist der Stromverbrauch gleichgeblieben und hatte sich

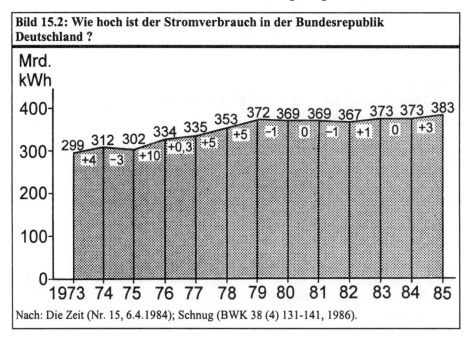

Bild 15.2: Wie hoch ist der Stromverbrauch in der Bundesrepublik Deutschland ?

Nach: Die Zeit (Nr. 15, 6.4.1984); Schnug (BWK 38 (4) 131-141, 1986).

auf einen Wert um 373 Mrd. kWh eingependelt. 1985 wird offensichtlich wieder sorgloser mit unserer wertvollsten Energieform Strom umgegangen. Die von der Strom- und Atomlobby aufgestellte Behauptung, daß der Stromverbrauch weiterhin stark zunehme, wird jedoch durch die eigenen Zahlen der Elektrizitätswirtschaft widerlegt.

15.3.2 Wie hoch ist der Strombedarf?

Bild 15.3 zeigt für eine Anzahl von Industrieländern den Anteil der Endenergie, der für Wärme, Treibstoffe und stromspezifische Verbräuche aufgewendet worden ist. Das Bezugsjahr 1975 wurde absichtlich gewählt, weil wir uns sicher noch gut an unsere Lebensbedingungen vor 10 Jahren zurückerinnern können. Von der Endenergie gingen ca. 60 - 80% in den Wärmemarkt, ca. 15 - 30% wurden zur Herstellung von Treibstoffen verwandt, und nur 7 - 11% gingen auf das Konto stromspezifischer Verbräuche. Im Vergleich dazu war der tatsächliche Stromverbrauch mit einem Anteil von 10 - 18% wesentlich höher als der stromspezifische Verbrauch. Die Erklärung dafür ist, daß die Elektrizität aus stromspezifischen Bereichen (wie z.B. Licht, Elektromotore, Elektronik, Bundesbahn) zweckentfremdet und damit verschwenderisch in den Wärmemarkt eingeführt wurde. Die Zahlen im unteren Teil des Bildes stellen auch die bewußt irreführenden Reklamespots der Atomlobby bloß. Entgegen den Verlautbarungen beträgt der durch Atomenergie zu ersetzende Anteil an der Primärenergie nicht 34%, sondern nur 11% (34% x 34%).

Bild 15.3: Wie hoch ist der Strombedarf ? (Bezugsjahr 1975)			
	Anteil (%) am Endenergieverbrauch		
	Wärme	Treibstoffe	stromspezifisch
BRD	75	18	7
Dänemark	71	20	9
England	66	26	8
Frankreich	61	29	10
Italien	63	24	11
Kanada	69	24	7
Niederlande	78	15	7
Schweden	71	19	10
Schweiz	64	25	11
USA	59	34	7
Bundesrepublik Deutschland		1975	1985
Die Atomenergie hatte einen Anteil am Strom von		10 %	34 %
Der Strom hatte einen Anteil an der Primärenergie von		29 %	34 %
Die Atomenergie hatte einen Anteil an der Primärenergie v.		3 %	11 %

Extrahiert aus Lovins (1979), Schnug (1986) S. 40, 48; Arbeitsgemeinschaft Energiebilanzen.

Es ergeben sich zwei wichtige Schlußfolgerungen: 1. Bei sinnvoller Stromerzeugung (z.B. bei der Kraft-Wärme-Kopplung) und -verwendung (nur stromspezifisch) ließe sich der Stromanteil am Primärenergieverbrauch in der BRD in 1985 von 34 auf unter 8% reduzieren. 2. Der Ausstieg aus der Atomenergie war 1975 (bei einem Anteil von 3% an der Primärenergie) kein Problem, und er ist 1985 mit 11 % von der Bedarfsseite her immer noch relativ leicht machbar. Allerdings wird er um so schwieriger, je länger wir warten. Allein zwischen 1980 und 1985 wurden 8685 MW, oder mehr als 50% des Gesamtatomkraftpotentials, hinzugebaut (R. Paul, 1986, S. 40). Bis 1989 ist ein weiterer Atomkraftwerkszubau von 7800 MW vorgesehen (A. Schnug, 1986, S. 138).

15.3.3 Läßt sich die Stromversorgung auch ohne Atomkraft sicherstellen?

Bild 15.4 zeigt anhand der Details, daß durch die sehr großen vorhandenen Kraftwerkskapazitäten auch an dem extrem kalten Wintertag, dem 8.1.1985, der Höchstbedarf abgedeckt werden konnte. Dabei war auch ohne Atomkraftwerke noch eine Reserve von 21.500 MW, oder 38% der abzudeckenden Spitzenlast vorhanden. Noch 1955 hielt die Elektrizitätswirtschaft eine Reserve von 10% für ausreichend (et, 1955, S. 50). Heute wird eine Reserve von ca. 25 % für erforderlich gehalten. In Japan kommt man mit einer Reserve von 8% aus, obwohl dort wegen der Insellage im Gegensatz zur Bundesrepublik kein Rückgriff auf ein übernationales Verbundsystem möglich ist (P. Hennicke et al., 1985, S. 146). Ein Gutachten von Beckers (zit. K. Müschen und E. Romberg, 1986, S. 43) kommt zum Schluß, daß ein sofortiges Abschalten aller AKW zwar zu einer hohen, betrieblich aber noch beherrschbaren Belastung des bundesdeutschen Hochspannungsverbundnetzes führte. Die Notwendigkeit für höhere Reserven erübrigt sich mit dem Bau kleinerer, dezentral gelegener Heizkraftwerke, die zudem auch noch energieeffizienter und damit umweltschonender sind. Das wichtige und weitreichende Ergebnis aus Bild 15.4 ist, daß selbst zur Zeit des einmaligen Höchstbedarfs alle Atomkraftwerke hätten abgeschaltet werden können, ohne unsere Stromversorgung zu gefährden.

15.3.4 Verdrängt die Atomenergie die anderen Energieträger?

Bild 15.5 zeigt die Entwicklung (1970, 1980 und 1985) der Kraftwerkskapazität und Arbeitsausnutzung für die jeweiligen Energieträger. Die dargestellte Information ist äußerst aufschlußreich. Die Kraftwerkskapazitäten auf Erdöl- und Erdgasbasis wurden in den 70er Jahren stark ausgebaut - zusammen auf 23.000 MW, oder mehr als $^{1}/_{4}$ der Gesamtkapazität. Die AKW-Kapazität hat in den vergangenen 15 Jahren um das 16fache zugenommen. Kraftwerke, und insbesondere AKW, kosten sehr viel Geld. Damit sie sich amortisieren, müssen sie möglichst im Dauereinsatz sein. Bei den bestehenden Überkapazitäten ist das ein fast unlösbares Problem. Damit sich die AKW halbwegs rentieren, läßt man sie im Grundlastbereich bei höchster Arbeitsausnutzung (83 % in 1985) laufen – auf Kosten der anderen Energieträger. Die brand-

Bild 15.4: Sicherstellung der Stromversorgung in der BRD auch ohne Atomkraft ?

Die bisherige Höchstlast im öffentlichen Netz trat am 8. Jan. 1985 um 11$^{\underline{30}}$ Uhr mit 58.800 MW auf. Wir wollen im folgenden von der Angebots- und Nachfrageseite her untersuchen, ob es selbst unter diesen extremen Bedingungen möglich gewesen wäre, ohne Atomkraft die Stromversorgung sicherzustellen.

	MW
Angebotsseite	
Installierte Leistung* der öffentlichen Kraftwerke..................	78.500
vertraglich gesicherte Bezugsleistung (v. Industr. u. Ausl.)	+ 9.100
gesamte installierte Kraftwerks- und Bezugsleistung..............	87.600
(die nicht einsetzbare Kraftwerksleistung)............................	- 9.500
die einsetzbare Kraftwerksleistung..	78.100
Nachfrageseite	
Höchstlast am 8.1.1985..	58.800
Übertragungen aus Industriekraftw. zu and. Industriebetrieb..	- 1.500
über die vertragliche Bezugsleistungen hinausgehende Lieferungen ans Ausland..	- 1.300
tatsächlich abzudeckende Höchstlast....................................	56.600
vorhandene Reserve...	21.500 (38%)
erforderliche Reserve...	- 5.600 (10%)
verbleibende Überkapazität...	15.900
Atomkraftwerksleistung..	-16.200
	- 300
Kraftwerkszubau bis 1989	
Atomkraftwerke..	7.800 (85%)
Steinkohlekraftwerke...	1.300 (14%)
Wasserkraftwerke..	100 (1%)
Insgesamt..	9.200

Fazit:
Selbst bei dem einmaligen Höchstbedarf am 8. Jan. 1985 war noch eine Reserve von 22.100 MW oder 39% der Gesamtkapazität vorhanden, so daß selbst beim Abschalten aller Atomkraftwerke von 16.200 MW kein Licht ausgegangen wäre.

*Definitionen

Installierte Kraftwerksleistung	=	vorhandene Kraftwerksleistung, auch Netto-Engpaßleistung genannt
Höchstlast	=	die höchste Leistung, die die Verbraucher zu irgendeinem Zeitpunkt abverlangen, auch Spitzenlast genannt.
Reserve	=	die im Augenblick der Höchstlast nicht benötigte Leistung; eine Reserve von 10 % (8%) gilt in der BRD (im Ausland) als ausreichend.
Überkapazität	=	die nicht benötigte Leistung oberhalb der erforderlichen Reserve.

Extrahiert aus Schnug (1986); Müller-Reißmann u. Schaffner (1986) S. 16/17; Müschen u. Romberg (1986) S. 39; Seifried (1986) S. 26/27.

neuen Ölkraftwerke aus den 70er Jahren stehen trotz der niedrigen Weltmarktpreise für Öl bei einer Arbeitsausnutzung von 4,5% praktisch 350 Tage im Jahr ungenutzt neuen Ölkraftwerke aus den 70er Jahren stehen trotz der niedrigen Weltmarktpreise für Öl bei einer Arbeitsausnutzung von 4,5% praktisch 350 Tage im Jahr ungenutzt in der Landschaft herum. Die Kohle leidet nicht so sehr unter der Konkurrenz der niedrigen Ölpreise, als vielmehr unter der künstlichen Bevorzugung der Atomenergie, durch die sie mehr und mehr aus dem Strom- und Wärmemarkt gedrängt wird.

Bild 15.5: Verdrängt die Atomenergie die anderen Energieträger ?

Energieträger	Kraftwerkskapazität MW			Arbeitsausnutzung %/a		
	1970	1980	1985	1970	1980	1985
Steinkohle	17.000	20.000	23.900	46	48	43
Braunkohle	8.000	13.000	12.100	73	76	60
Erdöl	2.000	11.500	10.200	16	12	4,5*)
Erdgas	2.000	11.500	10.000	54	50	17
Wasser	6.800	6.700	6.000	67	69	28
Atomenergie	1.000	9.000	16.200	53	54	83
Insgesamt	36.800	71.700	78.400			

*) (16 Tage)

Extrahiert aus: Traube u. Ullrich (1982) S. 374/408; Bach et al. (1986) S. 88; Arbeitsgemeinschaft Energiebilanzen.

15.4 Leistet die Atomenergie einen Beitrag für die Wirtschaft?

Es wird immer wieder behauptet, die Atomenergie produziere den Strom am billigsten, und die AKW seien zudem ein Exportschlager. Wenn das so wäre, dann müßten die Atomstrompreise am niedrigsten sein und die Atomwirtschaft einen Außenhandelsüberschuß aufweisen. Wir wollen das an drei Beispielen nachprüfen.

Bild 15.6 zeigt für 1983 die Anteile der Atomenergie an der Netzhöchstlast in den einzelnen Bundesländern zusammen mit den durchschnittlichen Strompreisen (Haushaltstarife für 1981). Bei dem vorhandenen Zahlenmaterial mit den ungleichen Zeitperioden ist keine eindeutige Zuordnung möglich. Allerdings läßt sich nicht übersehen, daß Nordrhein-Westfalen bei dem mit Abstand niedrigsten Atomenergieanteil auch die bei weitem niedrigsten mittleren Strompreise hat.

Bild 15.7 zeigt die durchschnittlichen Strompreise für Industrie und Haushalte (in US c/kWh ≈ 2 Pf/kWh) in 22 OECD-Ländern mit und ohne Atomenergie in 1984. Nach diesen offiziellen Zahlen liegt in Ländern mit Atomenergie der Strompreis im Industriesektor um 23 % und im Haushaltsbereich um 17 % höher als in Ländern ohne Atomenergie. Zu den hier berücksichtigten 9 OECD-Ländern ohne Atomener-

Bild 15.6: Atomenergieanteile (1983) und Strompreise (1981)

Bundesland	Anteil der Atomenergie an der Netz-Höchstlast (%)	Mittlere Strompreise (Haushaltstarife) in Pf/kWh
Schleswig-Holstein/Hamburg	56	17,8
Hessen	52	17,3
Niedersachsen	41	18,0
Baden-Württemberg	27	16,8
Bayern	26	18,0
Nordrhein-Westfalen	3	15,9

Extrahiert aus Müller-Reißmann u. Schaffner (1985) S. 54 u. Der Spiegel (1983) S.69

gie gehören Australien, Dänemark, Griechenland, Irland, Luxemburg, Neuseeland, Norwegen, Österreich und Portugal. Hinzu kommen noch Island und die Türkei. Von diesen Ländern haben Dänemark, Island, Luxemburg, Neuseeland, Norwegen und Österreich beschlossen, nicht erst in die Atomwirtschaft einzusteigen. Schweden will den Ausstieg aus der Atomkraft spätestens bis zum Jahre 2010 vollziehen. Italien und Holland wollen keinen weiteren Ausbau. Diese Länder haben erkannt, daß eine Wirtschaft ohne Atomenergie nicht nur ein geringeres Umweltrisiko bedeutet, sondern darüber hinaus auch noch im internationalen Wettbewerb von Vorteil ist.

Bild 15.7: Strompreise für Länder mit und ohne Atomenergie (1984)

Durchschnittliche Strompreise für	Industrie USc/kWh	Haushalte USc/kWh
9 Länder ohne Atomenergie	3,9	6,5
13 Länder mit Atomenergie	4,8	7,6
Mit Atomenergie höher (%)	23,0	17,0

Quellen: IEA (1986) Energy Prices and Taxes 4/85, Paris und OECD (1986) Energy Statistics and Main Historical Series, Paris. Extrahiert aus IÖW/ÖKO (1986) S. 86

Bild 15.8 zeigt den atomtechnischen Außenhandel der BRD, wobei „-" einen Einfuhrüberschuß und „+" einen Ausfuhrüberschuß bedeuten. In den vergangenen 12 Jahren wies zwar der Verkauf von Atomkraftwerken ein Außenhandelsplus auf. Aber die Ausgaben für die Einfuhr von Kernbrennstoffen übertraf den Export bei weitem, so daß die Atomwirtschaft über den gesamten Zeitraum ständig ein beträchtliches Außenhandelsdefizit erwirtschaftete (im Jahre 1984 allein mehr als 1 Mrd. DM). Selbst der Verkauf von Möbeln (siehe den unteren Teil von Bild 15.8) brachte einen wesentlich höheren Erlös als der Reaktorverkauf. Bei der hohen Aus-

236

landsverschuldung, insbesondere der südamerikanischen Länder, birgt das Reaktor-exportgeschäft ein besonders großes Risiko. Dieses wird jedoch über die sog. Hermes-Kredite zum großen Teil auf die Steuerzahler abgewälzt.

Bild 15.8: Atomenergie ein Exportschlager ?			
Jahr	Atomreaktoren und Teile davon, Brennstoff-elemente Mill. DM	Kernbrennstoffe, Ausgangsstoffe Mill. DM	Sonstiges Mill. DM	Insgesamt Mill. DM
1972	+ 27	- 200	+ 16	- 157
1975	+ 18	- 379	- 24	- 385
1980	+ 228	- 921	- 33	- 726
1981	+ 242	- 1463	- 97	- 1318
1982	+ 449	- 1473	- 26	- 1050
1983	+ 585	- 1471	- 8	- 894
1984	+ 898	- 1891	- 27	- 1020

- = Einfuhrüberschuß; + = Ausfuhrüberschuß

Vergleich:
Ausfuhrüberschuß durch Atomreaktoren und Möbel

Jahr	Atomreaktoren u. Teile davon, Brennstoff-elemente Mill. DM	Möbel und Teile davon Mill. DM	Mehr-einnahmen durch Möbel Mill. DM
1982	449	1247	798
1983	585	1004	419
1984	898	1181	283

Quellen: Jahrbuch der Atomwirtschaft 1976 - 1986 und Statistisches Jahrbuch 1986 für die Bundesrepublik Deutschland.
Extrahiert aus IÖW/ÖKO (1986) S. 102.

Zusammenfassend können wir feststellen, daß die Atomwirtschaft für die Außen-handelsbilanz ein Verlustgeschäft ist, das der Schaffung von Arbeitsplätzen in der BRD nur hinderlich ist. Darüber hinaus drängt sie den Entwicklungsländern die fal-sche Energieversorgungsstruktur auf. Am schwerwiegendsten ist die dadurch geförderte Proliferation (Weiterverbreitung) von waffengrädigem Material zur Her-stellung von Atombomben (W. Bach et al., 1986, S. 17 - 28).

15.5 Wie ändert sich der Ausstoß von Schwefeldioxid und Stickoxiden bei einem Ausstieg aus der Atomenergie?

Es wird behauptet, daß durch das Abschalten der Atomkraftwerke der Schadstoffausstoß von Schwefeldioxid (SO_2) und Stickoxiden (NO_X) stark ansteige, was das Waldsterben noch verstärke. Wir wollen diese Behauptung auf ihre Stichhaltigkeit hin untersuchen. Die Bundesrepublik emittierte 1982 3,0 Mill. t SO_2 und 3,1 Mill. t NO_X (IÖW/ÖKO, 1986, S. 35). Die Elektrizitätsversorgungsunternehmen (EVU) waren nach den Werten von 1985 am Gesamtausstoß mit 1,2 Mill. t SO_2 und 0,98 Mill. t NO_X beteiligt (K. Müller-Reißmann u. J. Schaffner, 1986, S. 12). Zu den Aktivitäten der Bundesregierung bezüglich der Schadstoffminderung gehören die Novelle der TA-Luft (März 1983 und Juli 1985), die Großfeuerungsanlagenverordnung (GFAVO, Juli 1983) und der Beschluß der Umweltministerkonferenz (April 1984). Es werden noch viele andere Schadstoffe emittiert. Wir wollen uns jedoch hier auf SO_2 und NO_X beschränken, die eine wichtige Rolle beim Waldsterben spielen.

Bild 15.9 faßt die wichtigste Hintergrundinformation zusammen, die zur Erklärung der Schadstoffentwicklung nach dem Abschalten der AKW erforderlich ist. Soll die Gesamt-Netto-Stromerzeugung von 320 TWh/a auch nach dem Abschalten von 118 TWh/a Atomstrom beibehalten werden, müssen die anderen Energieträger vermehrt zum Einsatz kommen. Bei den vorhandenen hohen Überkapazitäten (Bild 15.4) und der geringen Arbeitsausnutzung der anderen Kraftwerke (Bild 15.5) ist die in Bild 15.9 vorgeschlagene Umverteilung der Arbeitsausnutzung als plausibel und machbar anzusehen. Daraus ergeben sich die im einzelnen aufgelisteten Änderungen im Schadstoffausstoß und in den Brennstoffkosten.

Als wichtige Ergebnisse halten wir fest:

- Bei einem sofortigen Abschalten aller Atomkraftwerke würde gegenüber 1985 SO_2 um 9% abnehmen und NO_X um 8% zunehmen. Die SO_2-Abnahme erklärt sich aus dem vermehrten Einsatz von schwefelarmem Erdgas in Öl-, Steinkohle- und Mischfeuerungskraftwerken sowie der Verwendung von „guter" Braunkohle mit einem niedrigeren Schwefelgehalt. Die 8% NO_X-Zunahme könnte z. B. leicht durch eine Geschwindigkeitsreduzierung im Verkehr vermieden werden. Die Brennstoffkosten würden um 14% ansteigen, wodurch sich der Strompreis um ca. 2 Pf/kWh verteuern würde.
- Bei einem mittelfristigen Ausstieg etwa über die nächsten 10 Jahre käme es zu keinem Schadstoffanstieg, da dann die o. a. Gesetzesmaßnahmen greifen.
- Die Zahlen zeigen, daß die Nutzung der Atomenergie ein ungeeignetes Mittel ist, einen Beitrag zur Reduzierung der am Waldsterben beteiligten Schadstoffe SO_2 und NO_X zu leisten. Es verdichtet sich vielmehr der Verdacht, daß auch die radioaktiven Emissionen aus dem routinemäßigen Atomkraftbetrieb am Waldsterben beteiligt sind (G. Reichelt u. R. Kollert, 1985).
- Bei Nichtabschaltung der AKW setzt sich die systematische radioaktive Verseuchung der Umwelt im Normalbetrieb fort, und es bleibt auch das Damoklesschwert einer zu jedem Zeitpunkt möglichen Reaktor-Katastrophe.

Bild 15.9: Öffentliche Stromversorgung und Schadstoffbelastung der BRD in 1985 und nach Abschaltung der Atomkraftwerke in 1986/87										
Kraft-werks-typ	Netto-Strom-erzeugung TWh/a		Arbeits-ausnutzung h/a		SO_2-Emissionen 1000 t/a		NO_X-Emissionen 1000 t/a		Brennstoff-kosten Mill. DM/a	
	1985	86/87	1985	86/87	1985	86/87	1985	86/87	1985	86/87
Wasser	15	16	2500	2700	0	0	0	0	0	0
Gas	15	50	1500	5000	1	4	27	76	1977	2545
Öl	4	39	400	3500-5000	37	276	10	76	681	2200
Misch-feuerg.	38	58	3800	3500-6700	267	166	264	265	3249	3974
Stein-kohle	53	78	3000	3500-6700	363	240	372	393	4390	5315
Braun-kohle	77	78	4-6000	7300	522	398	313	258	3557	3645
Atom	118	-	7300	-	0	-	0	-	1651	0
Gesamt	320	320			1190	1084	986	1068	15505	17678
+ Zu-/ - Abnahme	± 0%				- 9%		+ 8%		+ 14%	

Extrahiert aus Müller-Reißmann u. Schaffner (1986) S. 9, 12/13

15.6 Kann die Atomenergie einen Beitrag zur Reduzierung der CO_2-Klimagefahr leisten?

Durch Verbrennung kohlenstoffhaltiger Substanzen wie Kohle, Öl, Gas und Holz wird Kohlendioxid (CO_2) in die Atmosphäre emittiert. Das bewirkt, zusammen mit der Emission anderer chemischer Substanzen, eine Änderung der Spurengasanteile in der Atmosphäre. Als Folge davon muß mit einer Änderung des Strahlungshaushalts und damit des globalen Klimas gerechnet werden. Weitreichende Auswirkungen auf das Ökosystem, die Ernährungssicherung und die Wasserversorgung etc. werden erwartet (W. Bach, 1982). Dies ist die eigentliche CO_2-Klimagefahr.

Bei der Stromgewinnung mit Hilfe der Atomspaltung wird kein CO_2 freigesetzt. Dies wird als letztes noch verbliebenes Argument zugunsten der Atomenergienutzung ins Feld geführt, und man meint, damit einen Beitrag zur Reduzierung des CO_2-Klimaproblems leisten zu können. Die jährlich von ESSO (z. B. 1984) herausgegebenen Energiestatistiken zeigen für 1983, daß vom Weltprimärenergieverbrauch in Höhe von 8635 Mt SKE (Steinkohleeinheiten) 95,9% auf die CO_2-produzierenden fossilen Brennstoffe, 2,7% auf die Wasserkraft und 1,3% auf die Atomkraft entfielen. Die meisten Experten sind sich dahingehend einig, daß sich diese Anteile auch in Zukunft nicht wesentlich verschieben werden. Die eingangs gestellte Frage, ob die Atomenergie einen Beitrag zur Verringerung der globalen CO_2-Klimagefahr leisten kann, läßt sich damit eindeutig mit nein beantworten.

Wegen der schier unvorstellbar großen CO_2-Emissionen (zur Zeit ca. 20.000 Mill. t pro Jahr), läßt sich das CO_2, anders als beim SO_2 und NO_X, aus energetischen, wirtschaftlichen und logistischen Gründen aus dem Gasstrom nicht entfernen. Bei nüchterner Betrachtung läßt sich der CO_2-Ausstoß nur reduzieren durch

- einen effizienteren Einsatz und damit geringeren Verbrauch fossiler Brennstoffe, und
- eine forciertere Nutzung CO_2-freier erneuerbarer Energieträger.

Bei meinen Recherchen fiel mir noch ein weiterer Aspekt auf, nämlich, daß entgegen allen Behauptungen, eine starke Atomkraftnutzung immer auch mit einem sehr hohen Einsatz fossiler Brennstoffe einhergeht. Das soll nun an einigen Beispielen demonstriert werden.

Bild 15.10 zeigt die Rangordnung der 14 größten CO_2-Emittenten zusammen mit einer Rangfolge der Atomkraftwerkskapazität, die die oben erwähnte Beobachtung recht gut untermauern. Die Bundesrepublik nimmt in dieser Auflistung jeweils den 5. Rang ein. Es fällt auf, daß die Supermächte selbst nach Berücksichtigung der unterschiedlichen Bevölkerungszahlen einen unverhältnismäßig hohen CO_2-Ausstoß und gleichzeitig eine sehr hohe Atomkraftwerkskapazität haben.

Bild 15.10: CO_2-Emissionen (1983) und Atomkraftwerkskapazität (1983)

Rang	Land	CO_2-Emissionen Mill. t	Anteil (%) an Gesamt- Emissionen	Rang	Anzahl	Atomkraftwerke Kapazität MW	Anteil(%) an Gesamt- kapazität
1	USA	4249	22,8	1	77	60026	34,7
2	UdSSR	3465	18,6	3	34	18915	10,9
3	China	1671	9,0		?		
4	Japan	880	4,7	4	25	16652	9,6
5	B. Deutschland	673	3,6	5	12	9806	5,7
6	Großbritannien	555	3,0	6	34	9273	5,4
7	Indien	435	2,3	10	4	804	0,5
8	Polen	420	2,3				
9	Frankreich	399	2,1	2	31	21778	12,6
10	Kanada	394	2,1	7	12	6622	3,8
11	Italien	344	1,8	9	3	1285	0,7
12	DDR	306	1,6	8	5	1830	1,1
13	Mexiko	292	1,5				
14	S. Afrika	248	1,3		?		
Welt		18614	100		280	172707	100

Extrahiert für CO_2 aus Boden et al. (1984); für Atomkraft aus Brown et al. (1984), S. 118.

Bild 15.11 zeigt die globale Primärenergieentwicklung eines am Internationalen Institut für Angewandte Systemanalyse (IIASA) in Laxenburg bei Wien entwickelten Szenarios (W. Häfele et al., 1981). Die 67fache Zunahme der Atomenergie im Jahre

2030 gegenüber 1975 läßt eine besondere Vorliebe für diese Energieform erkennen. Gleichzeitig billigt man den erneuerbaren Energieträgern nur einen 5,5fachen Anstieg zu. Das hohe unterstellte Atomenergiewachstum wird u. a. mit der Eindämmung des CO_2-Problems gerechtfertigt. Es verwundert deshalb um so mehr, daß dann der Kohleverbrauch immer noch um das 5,3fache und die fossilen Brennstoffe insgesamt um das 3,3fache gegenüber heute anwachsen sollen. Nach diesen Vorstellungen würde der CO_2-Ausstoß von ca. 17.000 Mill. t (1975) auf die Riesenmenge von ca. 60.000 Mill. t (2030) anschwellen. Dadurch würde noch vor der Mitte des nächsten Jahrhunderts die CO_2-Konzentration in der Atmosphäre um das 1,5fache zunehmen, was zusammen mit den anderen Spurengasen zu einer schwerwiegenden Klimabeeinflussung mit weltweiten Auswirkungen führen würde.

Bild 15.11: Globale Entwicklung des Primärenergieverbrauchs und des CO_2-Ausstoßes für das hohe IIASA-Szenario

	Primärenergieverbrauch			CO₂-Entwicklung Emission			Konzentration		
Energie- quelle	Bezugs- jahr 1975 TW	2030 TW	Zunahme gegenüb. 1975 x-fach	1975 Mill.t	2030 Mill.t	Zunahme gegenüb. 1975 x-fach	1975 ppm	2030 ppm	Zunahme gegenüb. 1975 x-fach
Erdöl	3,83	6,83	1,8	8640	16038	1,8			
Erdgas	1,51	5,97	4,0	2160	9432	4,2			
Kohle	2,26	11,98	5,3	6120	33543	5,4			
Fossile Brenn- stoffe	7,60	24,78	3,3	16920	59013	3,4	331	507	1,5
Atom- energie	0,12	8,09	67,4						
Erneuerb. Energie	0,50	2,76	5,5						
Insgesamt	8,22	35,63	4,4						

Primärenergieverbrauch extrahiert aus Häfele et al. (1981) S. 522, CO₂-Entwicklung berechnet.

Bild 15.12 verdeutlicht, was durch den vorgesehenen 67fachen Atomenergiezuwachs bis zum Jahre 2030 auf uns zukommen würde. Die dafür benötigten 11885 AKW würden u. a. alle 20 Stunden den Bau eines neuen AKW erforderlich machen und den größten Teil des erwirtschafteten Weltbruttosozialprodukts verschlingen. Nach den Regeln der Wahrscheinlichkeitsrechnung bestünde eine Chance von 50 zu 50, daß noch vor dem Jahre 2000 ein größter anzunehmender Unfall, d. h. ein GAU vom Typ Tschernobyl, passieren könnte. Nach den Regeln des russischen Roulettes bedeutet das bei zwei Versuchen eine Kugel im Lauf. Nach den Regeln der Wirklichkeit - das hat uns Tschernobyl gelehrt - bedeutet das aber auch, daß sich ein

GAU zu jeder Zeit und an irgendeinem Ort (auch in der Bundesrepublik) ereignen kann.

Bild 15.12: Was würde ein 67facher Zuwachs an Atomenergie bis zum Jahre 2030 bedeuten ?

Atomenergiewachstum für das hohe IIASA-Szenario in Bild 15.11
    0,12 TW Atomenergie-Anteil (1975)
    8,09 TW Atomenergie-Anteil (2030)
    7,95 %/a exponentielle Wachstumsrate

Das würde bei unbegrenzter Betriebszeit weltweit für 2030 erfordern
    6222 Atomreaktoren mit einer Leistung von jeweils 1300 MW
    305 Wiederaufbereitungsanlagen mit einer Jahreskapazität von 350 Tonnen Brennstäben
    520 Zwischenlager für radioaktiven Abfall mit einem Fassungsvermögen von je 1000 m^3
    75 Brennelementfabriken mit einer Jahresproduktion von jeweils 1500 Tonnen Kernbrennstoff
    40 Endlager für jeweils mehrere tausend Tonnen Atommüll

Folgende Abschätzungen beziehen sich nur auf Atomreaktoren.
Bei einer begrenzten Betriebszeit von 30 Jahren wären für 2030 erforderlich
    11885 AKW, denn
    5663 AKW werden stillgelegt, so daß
    6222 AKW verbleiben.

Der Bau von
    11885 AKW   bedeutet
    426 AKW/Jahr oder alle
    20 Stunden   ein AKW

Die Kosten für 8,09 TW Atomenergie wären bei
    11885 AKW und
    5 Mrd. DM/AKW (gegenwärtiger Preis)
    60000 Mrd. DM
    24000 Mrd. DM ist das gegenwärtige Bruttosozialprodukt (BSP) der ganzen Welt, oder das
    2,5fache des gegenwärtigen Welt-BSP

Die Wahrscheinlichkeit des Auftretens eines größten anzunehmenden Unfalls (GAU) wäre
    50 % im Jahre 1999
    95 % im Jahre 2018

Abgeleitet aus den Informationen in Schuster (1985) S. 31 und Keepin u. Wynne (1984) S. 691 - 695

15.7 Leistet die Atomenergie einen Beitrag zum Abbau des Energiegefälles zwischen Industrie- und Entwicklungsländern?

Zur Rechtfertigung des postulierten hohen fossilen und atomaren Energieverbrauchs in den Bildern 15.11 und 15.12 wird ein vordergründig überzeugendes Argument ins Feld geführt, nämlich, daß die Hebung des Lebensstandards in den Entwicklungsländern und die Verringerung des Energiegefälles zwischen Industrie- (IL) und Entwicklungsländern (EL) einen starken Nachholbedarf bewirke und notgedrungen zu einem hohen Energiewachstum führen müsse. Hier wird ein Kernbereich angesprochen, der die zukünftige Wirtschafts-, Energie-, Bevölkerungs- und Umweltpolitik umfaßt und folglich über die Rolle der Atomwirtschaft weit hinausgeht. Im folgenden wollen wir einige wichtige Teilaspekte näher beleuchten.

Bild 15.13 gibt für diese Diskussion wichtige Hintergrundinformationen über die Bevölkerungs- und Energieentwicklung in IL (Regionen 1 bis 3) und in EL (Regionen 4 bis 7). Die Mengenangaben für Bevölkerung und Energieverbrauch geben Hinweise auf die damit verbundenen finanziellen- und Umwelt-Belastungen. Die pro-Kopf-Angaben sagen etwas aus über die gerechte Verteilung, die effiziente Ressourcennutzung und, so meinen einige, auch etwas über den Lebensstandard. Wie steht es damit?

Der gegenwärtige spezifische Energieverbrauch liegt z. B. für Spanien bei 2,0, für Italien bei 2,8, für die Schweiz bei 3,4, für die Bundesrepublik bei 5,0 und für die USA bei 11,5 kW pro Kopf und Jahr. Spiegelt dieses beträchtliche Energieverbrauchsgefälle ein ebenso großes im Lebensstandard wider? Läßt sich ernsthaft behaupten, daß der Lebensstandard in den USA doppelt so hoch ist wie in der Bundesrepublik? Auch unter Berücksichtigung der unterschiedlichen Energieproduktionsstrukturen wäre man geneigt, noch am ehesten den Lebensstandard in der Schweiz am höchsten anzusetzen.

Ist es deshalb nicht eher so, daß nicht ein hoher Energieverbrauch, sondern vielmehr eine rationelle Energienutzung der Garant für einen hohen Lebensstandard ist? Bei einem weniger verschwenderischen und damit niedrigeren Energieeinsatz werden nicht nur die Ressourcen geschont und folglich die eigene Wirtschaft entlastet, sondern es wird damit auch der zunehmenden Umweltbelastung und Klimagefahr gegengesteuert. Der Bonus einer solchen Energiepolitik ist eine höhere Lebensqualität als bisher. Der vernünftige Umgang mit der Energie ist eine wichtige Voraussetzung für eine gesunde Wirtschafts- und Umweltpolitik. Um darüber hinaus auch ein international verträgliches Zusammenleben zu gewährleisten, ist eine gewisse Mindestmenge an Energie und eine gerechte Verteilung nötig.

Untersuchen wir anhand von Bild 15.13 zunächst die Verteilungsfrage. Im Jahre 1975 klaffte im pro-Kopf Energieverbrauch zwischen Nordamerika (Region 1) mit 11,2 und Asien/Afrika (Region 5) mit 0,2 eine Energielücke von 11 kW/Kopf. Die Entwickler des IIASA-Szenarios begründen die Notwendigkeit der 3,3fachen Zunahme fossiler Brennstoffe und des 67fachen Anstiegs der Atomenergie (siehe Bild 15.11) u. a. mit der Verringerung dieser Energielücke. In Wirklichkeit wird aber im

Bild 15.13: Bevölkerungsentwicklung und Szenarien zum Energieverbrauch für Industrie- und Entwicklungsländer, 1975 und 2030

Region	Bevölkerung IIASA-Szenario			Energieverbrauch									
				Hohes IIASA-Szenario (2030)						Eigenes Szenario (2030)			
				Menge			pro Kopf			Menge		pro Kopf	
	Basisjahr 1975 Mill.	2030 Mill.	Zunahme 1975–2030 Mill.	1975 TW	2030 TW	Zunahme 1975–2030 TW	1975 kW	2030 kW	Zunahme 1975–2030 kW	2030 TW	Änderung[1] 1975–2030 TW	2030 kW	Änderung[1] 1975–2030 kW
1. Nordamerika (USA, Kanada)	237	315	78	2,65	6,02	3,37	11,2	19,1	7,9	0,94	- 1,71	3,0	- 8,2
2. UdSSR und Ost-Europa	363	480	117	1,84	7,33	5,49	5,1	15,3	10,2	1,44	- 0,40	3,0	- 2,1
3. W-Europa, Japan, Austr., Neuseel., S.-Afrika, Israel	560	767	207	2,26	7,14	4,88	4,0	9,3	5,3	1,92	- 0,34	2,5	- 1,5
4. Lateinamerika	319	797	478	0,34	3,68	3,34	1,1	4,6	3,5	1,19	+ 0,85	1,5	+ 0,4
5. S- u. SO-Asien, Afrika (außer N- u. S-Afrika)	1422	3550	2128	0,33	4,65	4,32	0,2	1,3	1,1	2,48	+ 2,15	0,7	+ 0,5
6. Mittl. Osten und N-Afrika	133	353	220	0,13	2,38	2,25	0,9	6,7	5,8	0,53	+ 0,40	1,5	+ 0,6
7. China u. zentralpl. Staaten Asiens	912	1714	802	0,46	4,46	4,00	0,5	2,6	2,1	2,23	+ 1,77	1,3	+ 0,8
Welt	3946	7976	4030	8,22[2]	35,66	27,44	2,0	4,5	2,5	10,73	+ 2,51	1,3	- 0,7

1) + = Zunahme; - = Abnahme; 2) Schließt 0,21 TW Bunkerkohle etc. ein

Extrahiert aus dem hohen IIASA-Szenario (Häfele et al. 1981): Für Bevölkerung S. 429: Für Energieverbrauchsmenge S. 490: Für Pro-Kopf Energieverbrauch S. 775.

IIASA-Szenario für 2030 die Energieschere nicht enger, sondern im Gegenteil, von 11 auf 17,8 kW/Kopf (19,1 - 1,3) beträchtlich erweitert. Das trägt weder zur Reduzierung der bestehenden Ungerechtigkeit noch zum Abbau des Konfliktpotentials bei. In dem von mir vorgeschlagenen Szenario wird das pro-Kopf Energiegefälle von 11 auf 2,3 kW/Kopf (3,0 - 0,7) abgebaut. Im Gegensatz zum IIASA-Szenario kommt mein Szenario bei der rationelleren Energienutzung und dem damit verringerten Energieeinsatz ganz ohne Atomenergie aus.

Wir haben uns abschließend mit der wichtigsten und zugleich schwierigsten Frage zu beschäftigen, und zwar mit den erforderlichen und möglichen Energieverbräuchen in den einzelnen Regionen. Diese Plausibilitätsbetrachtung geht davon aus, was technisch möglich und kostengünstig sowie wirtschaftlich leistbar und vorteilhaft ist. Kriterien, wie gerechte Verteilung sowie verantwortungsbewußtes Handeln gegenüber Umwelt und Nachwelt spielen nach den bisherigen Erfahrungen eine untergeordnete Rolle. Auf der Grundlage des gegenwärtigen pro-Kopf Energieverbrauchs von 3,4 kW in der Schweiz und unter der Annahme, daß bis zum Jahre 2030 die jetzt schon vorhandenen Techniken zur besseren Energienutzung zur Anwendung kommen, ist ein jährlicher pro-Kopf Verbrauch von 2,5 - 3 kW für die IL durchaus plausibel. Wegen des extremeren Klimas und der größeren Entfernungen sollten allerdings die Werte für Nordamerika und die UdSSR etwas über denen von Westeuropa, Japan und Australien etc. liegen. Die im IIASA-Szenario angegebenen Werte von ca. 9 bis 19 kW/Kopf für die IL sind bei der jetzt schon angespannten Wirtschaftslage und der mit ziemlicher Sicherheit auch in Zukunft zu erwartenden Hochrüstung äußerst unwahrscheinlich.

Die im IIASA-Szenario für die EL postulierten hohen pro-Kopf Werte sind bei den fehlenden Devisen und extrem hohen Auslandsverschuldungen, insbesondere für Südamerika, mehr als unwahrscheinlich. Die krisengeschüttelten Regionen des Mittleren Ostens und Nordafrikas könnten zwar von den Ressourcen, wahrscheinlich aber nicht von der Investitionslage her, von 0,9 auf 6,7 kW/Kopf anwachsen. Auch die Annahme, daß es zu einer 5fachen pro-Kopf Energiezunahme für mehr als 1 Mrd. Chinesen kommen könnte, halte ich aus investitionspolitischen Erwägungen heraus für ziemlich ausgeschlossen.

Meine niedrigeren Werte für die EL beruhen vorwiegend auf den düsteren wirtschaftlichen Aussichten und den hohen Bevölkerungswachstumsraten. Aus Gründen einer gerechteren Verteilung sollten jedoch die Werte für die Region 5 angehoben werden. Bei den klimatischen Verhältnissen der meisten EL wäre ein pro-Kopf Energieverbrauch von 1,5 - 2,0 kW aus Effizienz- und wirtschaftlichen Erwägungen heraus optimal.

Eine Unterstützung, die den Namen Entwicklungshilfe verdient, würde folglich den EL zu der besten vorhandenen Technologie verhelfen, die die eigenen Energieressourcen besser ausnutzt und zu einer finanziellen Wiedergesundung beiträgt. Sie würde den EL nicht die energietechnisch klobige Atomenergie aufdrängen, die sie noch weiter in den wirtschaftlichen Ruin treibt. Eine verantwortliche Weltenergiepolitik würde die globale Weiterverbreitung von AKW, die das Risiko von

Reaktorkatastrophen und den Bau von Atombomben drastisch erhöht, im eigenen
Interesse unterlassen.

15.8 Der vernünftige Umgang mit unseren Energieressourcen und die Kosten

An einigen Beispielen aus den drei Energieverbrauchssektoren Industrie, Verkehr
und Haushalt sollen die vielfältigen Möglichkeiten der rationelleren Energienutzung
aufgezeigt werden. Die große sozio-ökonomische Bedeutung des Einsatzes der fort-
schrittlichsten Technologien liegt nicht nur in der Reduzierung des Energieverbrauchs und damit der finanziellen Belastungen, sondern auch in der Erhöhung der
Lebensqualität durch Verminderung der Umweltbelastung.

15.8.1 Erhöhung der Energieausbeute durch Kraft-Wärme-Kopplung

Bild 15.14 zeigt, daß ein zentrales Großkraftwerk nur 32% des Primärenergieeinsat-
zes in Nutzenergie (Strom) umwandelt. Mit der ungenutzten Energie in Höhe von
68% wird die Umwelt belastet. Bei einem zentralen Heizkraftwerk werden aus der
eingesetzten Energie 24 % in Strom und 51 % in Wärme umgewandelt, wodurch
sich die Abwärme an die Umwelt auf 25% reduziert. Noch besser schneiden die dezentralen Blockheizkraftwerke ab, die aus einem oder mehreren diesel-, erdgas-
oder biogasbetriebenen Motoren bestehen. Der mit einem Generator erzeugte Strom
und die für Heizzwecke und Warmwasserbereitung benutzte Verbrennungswärme
erhöhen die Nutzenergie auf 85%. Die um das $2^{1}/_{2}$fache erhöhte Energieausbeute
reduziert in etwa um den gleichen Faktor den Ressourcenverbrauch, die Energiekosten sowie die Emission von CO_2, anderen Treibhausgasen und Schadstoffen.

Was geschieht im Sommer, wenn weniger Wärmeenergie gebraucht wird? Der
Warmwasserbedarf ist im Sommer nicht geringer als im Winter. Allerdings ist der
Strombedarf im Sommer geringer. Deshalb muß das Kraftwerk heruntergefahren

Bild 15.14: Erhöhung der Energieausbeute: Kraft-Wärme-Kopplung						
	Zentrales Kraftwerk (Strom)		Zentrales Heizkraftwerk (Strom u. Fernwärme)		Dezentrales Blockheizkraftwerk (Strom und Nahwärme)	
	TWh	%	TWh	%	TWh	%
Primärenergieeinsatz	900[1]	100	900	100	900	100
Nutz-energie Strom	288	32	216	24	270	30
Nutz-energie Wärme	-	-	459	51	495	55
Nutz-energie Insges.	288	32	675	75	765	85
Umwandlungs-verluste	612	68	225	25	135	15

[1] Derzeitiger Primärenergieeinsatz/a in der Bundesrepublik Deutschland
Extrahiert aus Schubert (1985) S. 11 - 13.

werden, was auch die Wärmeproduktion reduziert. Die Wärme könnte durch Umwandlung auch zum Kühlen genutzt und auch gespeichert werden.

Eingehende Untersuchungen haben gezeigt, daß die Stromerzeugungskosten von Blockheizkraftwerken mit 12,8 bis 15,1 Pf/kWh günstiger liegen als die Kosten von großen Steinkohlekraftwerken mit 15,0 bis 18,6 Pf/kWh, und daß diese wiederum kostengünstiger sind als Atomkraftwerke mit 13,2 bis 23,4 Pf/kWh (D. Seifried, 1986, S. 80). Zu beachten ist, daß bei den AKW-Preisen die enormen Kosten für Wiederaufarbeitung, Endlagerung, Abriß und mögliche Entschädigungszahlungen durch Unfälle nicht berücksichtigt sind. Darüber hinaus würden bei dezentraler Energieversorgung die hohen Kosten für die überregionalen Verteilungssysteme und die Gründe für hohe Kraftwerksreserven wegfallen.

15.8.2 Reduzierung des Kraftstoffverbrauchs

Die österreichische Zeitschrift „Energie und Umwelt Aktuell" (1985) widmete eine ganze Sondernummer dem sog. Bio-Golf von VW. Die Besonderheit ist eine Schwungnutzautomatik, die im Schubbetrieb und während Leerlaufphasen den Motor automatisch abschaltet und damit kraft-, schadstoff- und lärmmindernd wirkt. In einem neunmonatigen Test über ca. 40.000 km österreichischer Straßen wurden Kraftstoffeinsparungen von 34 % im Stadtbetrieb, von 14 % auf Bundesstraßen und von 7 % auf Autobahnen erzielt. Der durchschnittliche Verbrauch lag im Stadtverkehr bei 4,5 1/100 km und im Bundesstraßenbetrieb bei 4 1/100 km. Das Auto lief während des Tests ohne eine Vorrichtung zur Schadstoffreduktion. Der Dieselmotor soll einen Rußfilter erhalten.

Bild 15.15 zeigt im Detail die vielfältigen technischen Möglichkeiten zur Reduzierung des Kraftstoffverbrauchs (U. Seiffert und P. Walzer, 1980; U. Seiffert, 1986; A. Lovins et al., 1983). Auf einer Konferenz in Washington wurde 1979 über ein Forschungsfahrzeug „Volkswagen 2000" berichtet, das einen Verbrauch von 3,6 1/100 km hat (U. Seiffert et al., 1979). Weiter wurde mitgeteilt, daß unter bestimmten Bedingungen ein 900 kg schwerer PKW einen Kraftstoffverbrauch von 2,7 1/100 km erreichen kann, wenn diese Entwicklung nicht durch widersprüchliche Gesetzgebung behindert würde.

Tests der US-Umweltbehörde mit einem Golf in Washington und Umgebung ergaben einen durchschnittlichen Kraftstoffverbrauch von 3 1/100 km im Stadtverkehr und von 2,4 1/100 km im Überlandverkehr (A. Lovins et al., 1983, S. 107). Die gleichen Autoren berichten von Abschätzungen der Gesamtkosten für eine Reduzierung des Kraftstoffverbrauchs von 10,6 1/100 km auf 4 1/100 km in der Größenordnung von rd. 1900 bis 3600 DM. Bei einer angenommenen durchschnittlichen jährlichen Fahrleistung von ca. 13.000 km/PKW, einer Kraftstoffverbrauchsminderung von ca. 840 1/Jahr und Kraftstoffpreisen um 1,30 DM/1 ergäbe sich bei einer nominalen 10jährigen Nutzungsdauer des Wagens eine Rückflußzeit der Ausgaben von ca. 3 Jahren.

Bild 15.15: Effizienzsteigerungen im Verkehrssektor: Reduzierung des Kraftstoffverbrauchs

Technische Möglichkeiten	Kraftstoffeinsparung, ungef. (%)
Optimierung der Kraftübertragung	
• Verbesserte Schmiermittel, reduzieren Motor- und Getriebeverluste um 25 %	5
• Freilaufeinrichtung, reduziert Leerlaufverluste	12
• Xylan-Motorbeschichtung, verringert Reibungsverluste im Motor um bis zu 50 %	10 - 15
• Ersatz von Otto-Motoren durch Schichtlademotoren mit niedriger Drehzahl, oder	25
durch Dieselmotoren mit direkter Einspritzung und Turbolader	30
• Stufenlose hydraulische Getriebe, wobei Motor bei jeder Geschwindigkeit im optimalen Drehzahlbereich	20
• Rückgewinnung der Bremsenergie und Speicherung	35
• Maßnahmen wie Mikrocomputer zur Motorüberwachung werden als selbstverständlich angesehen	
Reduzierung des Gewichts und der Größe	
• Vom Gesamtgewicht (rd. 1000 kg) entfielen bisher rd. 5 % auf Kunststoffe und 4 - 5 % auf Nichteisenmetalle. Gewichtseinsparungen von 25 - 40 % möglich durch schaumgefüllte Metallkonstruktion (Metallschäume)	
• Substitution von Stahl durch	
Plastik } reduziert Gewicht um { 10 %	5 - 6
Aluminium { 25 %	13 - 15
• 1973 gab es fast ausschließlich viersitzige Modelle, die im Durchschnitt nur mit 1,9 Personen besetzt waren. Übergang zu kleineren Modellen	33
• Reduktion der Fahrzeuggröße u. Optimierung d. Innenraumgröße	
Reduzierung des Rollwiderstands	
• Durch neuartige Gürtelreifen Verringerung des Rollwiderstands bis zu 40 %	8 - 9
Reduzierung des Luftwiderstands	
• Für 1973er Modelle war der Luftwiderstandsbeiwert 0,5 - 3mal höher als das theoretische Minimum	
• Werte zwischen 0,24 und 0,30 sind erreichbar	10 - 12

Fazit: In Kombination könnten diese Technologien den Kraftstoffverbrauch um ca. 80 % auf rd. 2 l/100 km reduzieren. In Tests der US-Umweltschutzbehörde mit einem VW-Golf wurden 1980 in der Umgebung Washingtons tatsächlich schon 2,4 l/100km erreicht.

Extrahiert aus Lovins, Lovins, Krause, Bach (1983) S. 103 - 108.

15.8.3 Stromeinsparungspotential bei Haushaltsgeräten

Bild 15.16 zeigt, daß der Stromverbrauch in der Bundesrepublik durch die Nutzung der vorhandenen technisch verbesserten Haushaltsgeräte um ca. 33.000 GWh hätte reduziert werden können. Das sind 52% des gesamten 1980 verbrauchten Haushaltsstroms. Der dadurch ermöglichte reduzierte Strombedarf könnte allein 9 AKW von der Größe des Würgassen-Kraftwerks überflüssig machen. Natürlich käme dieses Potential nur schrittweise über die nächsten 10 - 15 Jahre mit dem Ersatz alter Geräte zum Tragen. Aber diese Zeitspanne entspricht ziemlich genau der für Planung und Bau neuer AKW erforderlichen Zeit. Die Stromeinsparungen sind also beträchtlich. Wichtig ist die Frage, wie hoch die Investitionskosten sind, um diese Stromeinsparungen zu erreichen.

Bild 15.16: Atomkraftwerke überflüssig allein durch technisch verbesserte Haushaltsgeräte

Geräte im Haushalt der BRD in 1980	Sättigung in 1980 (%)	Anzahl der Geräte in allen BRD-Haush.* (Mill.)	Mögl. Reduktion des Strombedarfs/ Gerät durch techn. Verbesserungen (kWh/a)	Reduktion des Gesamt-Strombedarfs in der BRD (GWh/a)
Kühlschrank	95	22,8	235	5358
Gefriergerät	50	12,0	605	7260
Waschmaschine	90	21,6	230	4968
Spülmaschine	25	6,0	360	2160
Trockner	10	2,4	250	600
Wärmeverteiler	50	12,0	160	1920
TV sw	70	15,8	45	711
TV Farbe	50	12,0	145	1740
Beleuchtung	100	24,0	110	2640
elektr. Herd	75	18,0	320	5750
Insgesamt				33107

Reduktion des Stromverbrauchs für Haushaltsgeräte in 1980 bei Berücksichtigung technischer Effizienzverbesserungen

*) Zahl der Haushalte in der BRD: 24 Mill.
Extrahiert aus Krause et al. (1980) S. 58 - 64.

Fazit:
1980 hätten allein durch die Nutzung technisch verbesserter Haushaltsgeräte 33107 GWh, das sind 52 % des Haushaltsstromverbrauchs, oder 3,779 GWe (33107 GWh/a/8760 h/a) Strom eingespart werden können.

Ein Atomkraftwerk (AKW), z.B. das in Würgassen (670 MW), produziert bei einer durchschnittlichen Arbeitsausnutzung von 60 % 402 MWe Strom.

Also: $\dfrac{3779\,\text{MWe}}{402\,\text{MWe/AKW}} = \textbf{9 AKW}$

wären überflüssig allein durch technisch vorhandene Verbesserungen bei den Haushaltsgeräten.

Bild 15.17 zeigt anhand einer detaillierten Beispiel-Rechnung für einen Kühlschrank, wie die Kosten für die Stromeinsparungen berechnet werden. Das frappierende Ergebnis ist, daß die Kosten für die Stromeinsparung durch den Kauf energie-

Bild 15.17: Stromeinsparung und Kosten bei Haushaltsgeräten

Maßnahme	zusätzl. Invest.- Kosten DM	Nut- zungs- dauer Jahre	jährl. Strom- Einsp. kWh	jährl. zusätzl. Brennst. kWh	Kosten des eingesp. Stroms Pf/kWh
Trockner	0	10,00	78,00	29,67	2,85
Spülmaschine	0	10,00	75,00	37,09	3,71
Kühlschrank	25,00	12,50	83,00	63,15	9,05
Gefrierschrank	41,16	12,50	86,00	60,85	10,62
Waschmaschine	35,28	10,00	51,24	13,65	11,02
Spar-Lampe statt Glühbirne	22,00	6,00	47,48	36,13	14,91
Warmw.zent. neu, EFH, Öl	1887,00	15,00	2639,00	4444,00	19,64

derzeitiger Arbeitspreis des Haushaltsstroms (incl. MWSt. und Kohleabgabe)	22,00
künftiger Arbeitspreis für Strom	26,37

Angenommene Parameter:		Stromkosten	22,00 Pf/kWh
		Brennstoffkosten	7,50 Pf/kWh
Zins Trendfinanzierung	7,00%	Strompreissteigerung	3,50 %/a
Zins Eigenkapital	3,50%	mittl. Zeithorizont	9,00 a
Teil Eigenkapital	50,00%	Annuität	14,23 %
Kalkulationszinsfuß	5,25%	Barwertfaktor	8,42 a

Beispiel-Rechnung für den Kühlschrank:
- Die marktbesten Geräte (100 - 200 l) haben gegenüber dem Marktdurchschnitt einen 30% geringeren Verbrauch.
- Die sparsameren Geräte erfordern Investitionsmehrkosten von ca. 25 DM.
- Damit wird eine jährliche Stromeinsparung von 83 kWh erreicht.
- Durch die verringerte Verlustwärme wird ein Mehrverbrauch von 63,15 kWh/a Brennstoff (z.B. Öl, Gas) für die Heizung erforderlich.
- Bei einem Kalkulationszinsfuß von 5,25% (d.h. bei einem Zinsfaktor = 1 + Zinsfuß = 1,0525) und einer Lebensdauer des Geräts von 12,5 Jahren ist die Annuität (d. h. die Umwandlung der Investitionskosten in gleichmäßige Jahreskosten über die Lebensdauer)
$$[1,0525^{12,5}(1,0525 - 1)]/[1,0525^{12,5} - 1] = 0,1111 = 11,11 \%$$
- Bei einem Ölpreis von 75 Pf/l belaufen sich die jährlichen Kosten bei Verwendung der energiesparenden Geräte auf
$$11,11\%/a \times 25 \text{ DM} + 63,15 \text{ kWh/a} \times 0,075 \text{ DM/kWh} = 7,51 \text{ DM/a}$$
- Folglich betragen die Kosten für die Einsparung von 1kW Haushaltsstrom
$$7,51 \text{ DM/a}/(83\text{kWh/a}) = 9,05 \text{ Pf/kWh}$$

Extrahiert aus Feist (1986) S. 5 u. 20.

sparender Haushaltsgeräte mit 3 bis 20 Pf/kWh beträchtlich niedriger sind als der Preis von 22 Pf/kWh für die Produktion von mehr Haushaltsstrom. Nun sind aber die Stromgestehungskosten für neue Kraftwerke höher als die des vorhandenen Bestands. Folglich müssen die Stromeinsparkosten mit den künftigen mittleren Stromkosten von ca. 26 Pf/kWh verglichen werden. Dadurch vergrößert sich der Kostenvorteil der Stromeinsparung noch einmal beträchtlich. Zusammenfassend können wir mit W. Feist (1986, S. 23) feststellen: „Die Stromerzeugung durch Einsparenergie ist eine unserer kostengünstigsten Energiequellen."

Bild 15.18: Aussagen der Parteien zur Atomwirtschaft	
CDU/CSU	Am 19.9.1986 legte die Bundesregierung ihren Energiebericht vor. **Fazit:** Der Verzicht auf die Atomwirtschaft wird kategorisch abgelehnt, und zwar sowohl • sofort, • mittelfristig, als auch • langfristig.
FDP	Bundeswirtschaftsminister Bangemann holte im September 1986 Gutachten ein • vom Rheinisch-Westfälischen Institut für Wirtschaftsforschung in Essen,sowie • vom Institut für Ökologische Wirtschaftsforschung, Berlin, und vom Institut für Angewandte Ökologie, Freiburg. **Fazit:** Nach den beiden Gutachten ist der Verzicht auf Atomstrom wirtschaftlich vertretbar. Tendenz der Partei teilweise zur CDU/CSU-Linie, teilweise zu einem mittelfristigen Ausstieg.
SPD	Die Hauff-Kommission „Sichere Energieversorgung ohne Atomkraft" legte am 8.8.1986 ihren Bericht vor. **Fazit:** Danach will die SPD • in den nächsten beiden Jahren mit der Abschaltung der ersten AKW beginnen, • bis 1995 alle AKW abschalten, • die Stromeinsparung durch neue Stromtarife attraktiv machen, • neue Kraftwerkstechnologien fördern, sowie • der Kohle die Hauptlast der Stromversorgung übertragen, bis alternative Energieformen zur Verfügung stehen.
Grüne	Am 22.5.1986 legte der Hessische Minister f. Umwelt u. Energie das erste Ausstiegsszenario „Energieversorgung ohne Atomkraft" vor. **Fazit:** Der Ausstieg aus der Atomwirtschaft bereitet weder auf technischem noch auf wirtschaftlichem Gebiet größere Probleme. Die verschiedenen Gruppierungen bei den Grünen wollen • die sofortige Stillegung aller AKW • den baldigen Beginn eines systematischen Ausstiegs.

15.9 Aussagen der Parteien und gesellschaftlichen Gruppierungen zur Abkehr von der Atomwirtschaft

Die Atomwirtschaft, und mit ihr die Energiepolitik der Bundesrepublik Deutschland, stehen am Scheideweg. Es ist nach Tschernobyl nicht mehr möglich - auch nicht nach Verstreichen einer gewissen Schamfrist - einfach wieder zur Tagesordnung überzugehen. Die Aussagen zur Atomwirtschaft von den Parteien in Bild 15.18 und den unterschiedlichen gesellschaftlichen Gruppierungen in Bild 15.19 sind eindeutig. Damit hat jeder die Möglichkeit, sich durch den Vergleich ein klares Bild zu verschaffen.

Bild 15.19: Aussagen gesellschaftlicher Gruppierungen zur Atomwirtschaft

BUND	Der Bund für Umwelt und Naturschutz sprach sich auf seiner Bundesdelegiertenversammlung vom 2.6.1986 für den Ausstieg aus der Atomwirtschaft innerhalb von 3 Jahren aus.
Gewerk-schaften	Fast alle Einzelgewerkschaften sprachen sich für den Ausstieg aus der Atomwirtschaft aus. Den Anfang machte am 17.5.1986 die Eisenbahnergewerkschaft.
Kirchen	Für die katholische Kirche sprach sich auf dem Kirchentag vom September 1986 in Köln Kardinal Höffner eindeutig gegen die weitere Nutzung der gefährlichen Atomenergie aus.
	Auf evangelischer Seite in der Bundesrepublik Deutschland forderte die Forschungsstätte der Evangelischen Studiengemeinschaft (FEST) den Ausstieg aus der Atomwirtschaft innerhalb eines Jahrzehnts. FEST argumentierte, daß sich mit jedem stillgelegten Kernkraftwerk das Gesamtrisiko vermindert.
	Auf evangelischer Seite in der DDR forderten die evangelischen Kirchen auf ihrer Synode am 23.9.1986 in Erfurt sowohl ein weltweites Moratorium beim Ausbau der Atomenergie, als auch ein allgemeines Kernwaffentest-Moratorium.
Hamburger Senat	Der Senat der Hansestadt Hamburg beschloß am 18.9.1986 den Ausstieg aus der Atomenergie.
Verschiedene Gruppierungen	Die aus CDU/CSU-Anhängern bestehende Gruppe „Christliche Demokraten für Schritte zur Abrüstung" sprach sich am 9.7.1986 eindeutig gegen die weitere Nutzung der Atomenergie aus.
	Der Ausschuß Ökologie und Frieden der Brüderschaft des Hessischen Brüderhauses forderte in seiner „Treysaer Erklärung" vom Juni 1986 dazu auf, unter Benennung eines konkreten Zeitplanes „das mörderische Atomenergieprogramm zu beenden, alle Atomkraftwerke stillzulegen, keine weiteren mehr zu planen und die im Bau befindlichen sofort zu stoppen."

252

Durch die einseitige Bevorzugung der Atomwirtschaft ist die deutsche Energiepolitik in eine Sackgasse geraten. Die Hauptmerkmale dieser verfehlten Politik haben sich tief im Bewußtsein der Bevölkerung eingeprägt als deutlich erlebte Gefahr und Angst. Es ist die Pflicht der Entscheidungsträger, eine Energiepolitik, die dem Wohlergehen der Bürger so abträglich ist und von der Mehrheit nicht gewünscht wird, schnellstens zu revidieren. Die neue Energiepolitik muß die Betonung auf die Wiedergesundung und Erhaltung unserer Umwelt, die Sicherung der Energieversorgung und die Gewährleistung der Wettbewerbsfähigkeit und, nicht zuletzt, die Wiederherstellung des gesellschaftlichen Konsensus legen. Nur so lassen sich die Akzeptanz- und, damit verbunden, die Gewaltprobleme in der Bevölkerung lösen.

Bild 15.20: Wege aus der Atomwirtschaft in eine lebenswerte Energie-zukunft

1. Kurzfristig (von jetzt bis 1990/1995)
    - Effizientere Energienutzung, plus
    - Fossile Brennstoffe mit Kontrolltechniken nach dem neuesten technischen Stand
    - Abkehr von der Atomwirtschaft
    - Entwicklung und Einführung von sich erneuernden Energieressourcen
2. Mittelfristig (1990/95 - 2030)
    - Weitere Verbesserungen in der Energieausnutzung
    - Abkehr von der Verbrennung fossiler Energieressourcen
    - Systematischer Ausbau sich erneuernder Energieressourcen
3. Langfristig eine Erhaltungswirtschaft (nach 2030)
    - Energienutzung nach dem jeweils besten Wissensstand
    - Sonnenenergie mit Wasserstoffwirtschaft

15.10 Wege aus der Atomwirtschaft in eine lebenswerte Energiezukunft

Die dargebotenen Fakten und die darauf beruhenden Argumentationen machen den Ausstieg aus der Atomwirtschaft zur Notwendigkeit. Der Weg dorthin ist dornenreich und nur mit dem vollen Engagement vieler Mitbürger zu erreichen.

Bild 15.20 skizziert den Ablauf. Kurzfristig wird vor allem auf die einheimischen Ressourcen, wie die rationellere Energienutzung und die fossilen Brennstoffe, zurückgegriffen. Gleichzeitig müssen die regenerativen Energieträger zügig ausgebaut werden. Mittel- und langfristig wird in eine dauerhafte Erhaltungswirtschaft übergeleitet, die aus der jeweils besten Energienutzungstechnologie und Energiebereitstellung gespeist wird.

Der Weg in eine lebenswerte Energiezukunft ist Sache des Wollens. Er wird gangbar, wenn ihn die Mandatsträger durch die notwendigen Gesetzesänderungen ebnen. Eine informierte Öffentlichkeit kann die erforderlichen Entscheidungsabläufe beeinflussen - besonders durch Wahlen.

Literaturauswahl

Arbeitsgemeinschaft Energiebilanzen, Essen, versch. Jahrgänge.

Bach, W. (1982): Gefahr für unser Klima. Wege aus der CO_2-Bedrohung durch sinnvollen Energieeinsatz. C.F. Müller, Karlsruhe.

Bach, W., H. Bömer u. H. Kunz (1986): Der Ausstieg ist möglich. Pahl-Rugenstein, Köln.

Boden, T.A., D.P. Kaiser, R.J. Sepanski u. F.W. Stoss (eds.) (Various years), Carbon Dioxide Information Analysis Center, World Data Center, Oak Ridge National Laboratory, Oak Ridge, USA.

Brown, L.R. et al. (1984): State of the world 1984. W. W. Norton, London.

Brunner, E., K.-H. Janßen und M. Sontheimer (1986): Tschernobyl. Ein Fehler nach dem anderen. „Die Zeit" Nr. 43, S. 17 - 21, 17. Okt.

Christ, P. u. W. Hoffmann (1986): Alle 20 Jahre ein Super-GAU? „Die Zeit" Nr. 22, S. 17/18, 23. Mai.

„Der Spiegel" (1983): Kernkraft. Fragwürdige Quelle, Nr. 23, S. 69 - 75.

„Der Spiegel" (1986): Selbstverständlich ist Kernschmelze denkbar, Interview mit Umweltminister Wallmann. Nr. 45, S. 30 - 41, 3. Nov. 1986.

„Die Zeit" / „Globus" (1984): Strom: Verbrauch stagniert. Nr. 15, S. 32, 6. 4. 1984.

DRS-HB (1979): Deutsche Risikostudie Kernkraftwerke, Verlag TÜV Rheinland, Köln.

Energie und Umwelt Aktuell (1985): Bio-Golf. Sonderheft 21,9. Jg. S. 851 - 879.

et (Energiewirtschaftliche Tagesfragen, 1955) Nr. 37 - 39, S. 58.

ESSO (1984): Energistik 83, Hamburg.

Feist, W. (1986): Wirtschaftlichkeit von Maßnahmen zur rationellen Nutzung von elektrischer Energie im Haushalt. Institut Wohnen und Umwelt, Darmstadt, Bericht, 23 S.

Häfele, W. et al. (1981): Energy in a finite world, Ballinger, Cambridge.

Hennicke, P., J.P. Johnson, S. Kohler u. D. Seifried (1985): Die Energiewende ist möglich. S. Fischer, Frankfurt.

Hirsch, H. (1986): Das nächste Unglück kommt bestimmt. „Die Zeit" Nr. 43, S. 41 - 42, 17. Okt.

Institut für Ökologische Wirtschaftsforschung (IÖW) und Institut für angewandte Ökologie (ÖKO) (1986): Qualitative und soweit möglich quantitative Abschätzung der kurz- und langfristigen Wirkungen eines Ausstiegs aus der Kernenergie. Gutachten im Auftrage des Bundesministers für Wirtschaft, Berlin/Freiburg.

Islam, S. u. K. Lindgren (1986): How many reactor accidents will there be? Nature 322, S. 691- 692.

Keepin, B. u. B. Wynne (1985): Technical analysis of IIASA energy scenarios, Nature 312, S. 691- 695.

Kohl, H.-H. (1986): Wo selbst Christsoziale gegen Atome streiten. „Frankfurter Rundschau", 20.10.1986, S. 2.

Krause, F., H. Bossel und K.-F. Müller-Reißmann (1980): Energie-Wende, S. Fischer, Frankfurt.

Lovins, A. (1979): Re-examining the nature of the ECE energy problem. Energy Policy 7 (3) S. 178 - 197.

Lovins, A.B., L.H. Lovins, F. Krause u. W. Bach (1983): Wirtschaftlichster Energieeinsatz: Lösung des CO_2-Problems. Alternative Konzepte 42, C. F. Müller, Karlsruhe.

254

Müller-Reißmann, K.F. u. J. Schaffner (1983): Atomkraftwerke abschalten. Hrsg. Die Grünen im Bundestag, Bonn.

Müschen, K. u. E. Romberg (1986): Strom ohne Atom. S. Fischer, Frankfurt.

Paul, R. (Hrsg., 1986): Atomkraft am Ende? Verlag Die Werkstatt, Göttingen.

Reichelt, G. u. R. Kollert (1983): Waldschäden durch Radioaktivität? Alternative Konzepte 52, C.F. Müller, Karlsruhe.

Schnug, A. (1986): Elektrizitätswirtschaft, Brennst.-Wärme-Kraft, 38 (4) S. 131 - 141.

Schubert, D. (1986): Energiepolitik vor Ort. In: Klien J., et al. Energiepolitik vor Ort, Kölner Volksblatt Verlag, S. 10 - 20.

Schuster, G. (1985): Mister Brüter, Natur 9, S. 28 - 35.

Seiffert, U., P. Walzer u. H. Oetting (1979): Improvements in alternative fuel economy, paper presented at the First Int. Automotive Fuel Economy Conf. 30 Oct. - 2 Nov. 1979, Washington, D.C.

Seiffert, U. u. P. Walzer (1980): Development trends for future passenger cars, paper presented at the Automotive News World Congress, 28. Jul. 1980, Dearborn, Michigan.

Seiffert, U. (1986): Thesen für das Automobil des Jahres 2000. In: Ausgewählte Veröffentlichungen 1985, Volkswagen-Forschung, Wolfsburg, S. 1 - 24.

Seifried, D. (1986): Gute Argumente: Energie. C.H. Beck, München.

Traube, K. u. D. Ullrich (1982): Billiger Atomstrom? rororo aktuell 4947, Reinbek.

VI Nuklearwinter

Als kurz vor Ende des 2. Weltkriegs die Nazipropaganda den Einsatz einer nuklearen Wunderwaffe ankündigte, testeten auch die Amerikaner den Einsatz ihrer Atombomben, die in einem Crash-Programm unter dem Decknamen Manhattan-Project hergestellt worden waren. Im August 1945 löschte dann „Little Boy", eine Atombombe mit der Sprengkraft von 12 000 t (oder 12 kt) des herkömmlichen Sprengstoffs TNT die japanische Stadt Hiroshima aus. Wenige Tage später wurde Nagasaki von „Fat Man", einer 22 kt TNT-Atombombe zerstört. Mehr als eine Viertel Million Menschen fanden dabei den Tod. Die heutigen Atomwaffen haben die 10- bis mehr als 100-fache Zerstörungswirkung.

In der Nachkriegsära häuften die damaligen Nuklearmächte USA, UdSSR, Großbritannien, Frankreich und China riesige Mengen von Atomwaffen an. Etwa um 1980 erreichten die strategische Waffen (kontinentale Reichweiten) und taktische Waffen (mittlere und kurze Reichweiten) genannten Atomwaffen eine Anzahl von 37 000 - 50 000 Sprengköpfen mit einer Gesamtsprengkraft von 11 000 - 20 000 Mt TNT (A. Thunborg, Nuclear Weapons: Report to the UN Secretary-General, Brookline, USA). Die Anhäufung nuklearer Waffen erreichte 1986 mit 86 000 Sprengköpfen und einer Gesamtsprengkraft von ca. 18 000 Mt TNT, oder etwa 4 t auf jeden Lebenden, ihren Höhepunkt. Bis 1997 hatte sich die Anzahl der Sprengköpfe auf ca. 40 000 verringert (Worldwatch Institute Paper 146, S. 15, 1999).

Die Wissenschaft begann sich erst relativ spät, nämlich in den 70er Jahren, unter der Federführung der National Academy of Sciences der USA mit den Auswirkungen eines Atomkriegs auseinanderzusetzen (NAS, Longterm worldwide effects of multiple nuclear weapons detonations, Nat. Acad. Press, Washington, D.C., 1975, 1985, 1986). Einer der ersten war der spätere Nobelpreisträger für Chemie, P. Crutzen, der zusammen mit seinem Kollegen J. Birks die zerstörerische Kraft des atomaren Feuerballs auf die stratosphärische Ozonschutzschicht untersuchte. Dabei wurde ihnen klar, daß die bei einem Atomkrieg von den Stadt-, Industrie- und Waldbränden herrührenden riesigen Rauch- und Rußmengen, zu Dunkelheit (Nuklearnacht) und starker Abkühlung (Nuklearwinter) führen (P. Crutzen und J. Birks, Ambio 11, 114 - 25, 1992) und damit weitreichende Auswirkungen auf die Ernährungssicherung und somit das Überleben der Menschheit haben. Der „International Council of Scientific Unions" zog daraus die Schlußfolgerung, daß eine weit größere Anzahl von Menschen durch die Wetter-, Klima- und Umweltfolgen eines Atomkriegs als durch die direkten Explosionen umkommen würden. **Kapitel 16** beschreibt im Detail die Auswirkungen eines Atomkriegs auf Wetter und Klima. In einem WMO-Interview appellierte P. Crutzen vor kurzem an die Menschheit, durch internationale Abkommen die Atomwaffen vollständig abzuschaffen, denn nur dann könne man vor ihren schrecklichen Wirkungen sicher sein (WMO, The Bulletin interviews Professor Paul Josef Crutzen, 47, 111 - 123, 1998).

Durch die Pionierarbeit von P. Crutzen und anderen nahm das Interesse an den Auswirkungen eines möglichen Atomkriegs in der Wissenschaft aber auch in der allgemeinen Bevölkerung stark zu. Viele Veröffentlichungen und zahlreiche Konferenzen brachten in kurzer Zeit einen umfangreichen Erkenntnisgewinn. Ich erinnere mich gern an eine Ökumenische Konferenz im Februar 1984 in Moskau, wo wir uns bei -28° C Außentemperatur im unterkühlten Konferenzsaal auf der Suche nach einem Ausweg aus dem nuklearen Aufrüstungswahn heiß diskutierten - und uns näher kamen. Auch vor kontroversen Themen scheute man nicht zurück. 1986 organisierte eine Gruppe von Studenten und jungen Wissenschaftlern an der Universität Münster eine Tagung unter dem interessanten Motto „Die Universität zwischen Ökonomisierung und Militarisierung".

Eine der kuriosesten Konferenzen war das „International Seminar on Nuclear War", das jedes Jahr am internationalen Konferenzzentrum in Erice auf Sizilien abgehalten wurde. Die Teilnahme war nur auf Einladung möglich. Die Amerikaner und Russen stellten meist die größten Delegationen. Als die Russen 1986 fehlten, verbreitete sich das Gerücht, daß sie nicht mit Edward Teller, dem Vater der Wasserstoffbombe und Sonderberater von Präsident Reagan in Sachen SDI (Space Defence Initiative), an einem Tisch sitzen wollten. Teller, ein kleiner schon etwas geschrumpfter alter Mann mit sehr großen Ohren und riesengroßen Pranken, gab sich furchteinflößend. Wenn er vor den Zuhörern stand, in der rechten Hand einen mächtigen Stab, mit dem er seine Thesen in den Fußboden hämmerte, kam er einem vor wie ein zweiter Moses, der den Westen vor dem Reich des Bösen im Osten retten wollte. Morgens beim Frühstück saß man gern in seiner Nähe, weil man sich so trefflich mit ihm streiten konnte. Wenn er anstelle eines Frühstücks eine Handvoll großer bunter Pillen in sich hineinschob, frotzelte der chinesische Botschafter in Italien: „Dr. Teller, are you having your usual breakfast again?"

In vielerlei Hinsicht am wichtigsten waren die jährlichen vom IPPNW (Internationale Ärzte für die Verhinderung eines Atomkriegs) abgehaltenen Kongresse, die nach gangbaren Wegen einer nuklearen Abrüstung suchten. Zu Recht hat diese Vereinigung für ihre sehr aufreibende Arbeit für die Menschheit den Friedensnobelpreis bekommen. Mit dem Zusammenbruch des Ostblocks Ende der 80er Jahre wurde auch die klassische Logik der atomaren Abschreckung hinfällig. Die wissenschaftlichen Forschungen über die Auswirkungen eines globalen Atomkriegs schienen ihre Dringlichkeit zu verlieren.

Aber mit Beginn des Jahres 1999 sorgten andere Schwerpunkte in der US-Raketenabwehrpolitik weltweit wieder für neue Unruhe. Nach B. Kubbig gefährdet nämlich die Demontage des ABM-Vertrags die gesamte Rüstungskontrolle (in B. Schoch et al. Hrsg., Friedensgutachten 1999, S. 219 ff, Lit Verlag, Münster, 1999). Der ABM oder Anti-Ballistic Missile Treaty/Raketenabwehrvertrag war als Teil von SALT oder Strategic Arms Limitation Talks/Gespräche zur Begrenzung strategischer Waffensysteme zwischen den USA und der UdSSR, aus denen 1972 der SALT I- und 1979 der SALT II-Vertrag hervorgingen, konzipiert worden.

Was war geschehen? Die republikanische Mehrheit im US-Kongreß hatte die alte Lieblingsidee Präsident Reagans von der Strategischen Verteidigungsinitiative (SDI) wieder ausgegraben und damit den Wahlkampf um die Präsidentschaft 2000 einge-leitet. Um die Stimmung darüber zu testen, ließen die Republikaner im März 1999 zur Probe im Kongreß abstimmen. Für die Errichtung eines jetzt nicht mehr SDI, sondern NMD oder National Missile Defence System/Nationale Raketenverteidi-gung genannten Raketenabwehrsystems, stimmten 97 von 100 Senatoren. Dies wur-de vom Repräsentantenhaus in einer Resolution mit der großen Mehrheit von 317 : 105 Abgeordneten gutgeheißen. Zwar haben derartige Resolutionen keine bindende Wirkung, aber sie signalisieren dennoch bei einer so großen Abstimmungsmehrheit, daß ein überparteilicher Konsens für die baldige Aufstellung eines Raketenabwehr-schirms besteht (B. Kubbig, S. 219, siehe oben).

Was bedeutet diese neue Entwicklung ? Der ABM-Vertrag untersagte bisher den beiden großen Atommächten USA und Rußland, Raketenabwehrsysteme für eine landesweite Verteidigung zu stationieren, um sie dadurch von einem gegenseitigen Raketenangriff abzuschrecken. Das neue NMD-Raketenabwehrsystem würde aber alle Bemühungen des ABM-Vertrags untergraben, wenn sich, geschützt durch einen undurchdringlichen Raketenschild, die USA unangreifbar machten und dann alle ihre weltpolitischen Vorstellungen durchsetzen könnten.

Die START oder Strategic Arms Reduction Talks/Verhandlungen über die Redu-zierung strategischer Waffensysteme zwischen den USA und Rußland führten 1991 zum START I- und 1993 zum START II-Vertrag. Die im August 1999 in Moskau anberaumten START II-Verhandlungen kamen nicht zustande, weil Hardliner in der Duma, dem russischen Parlament, die Ratifizierung von START II bisher verhin-derten, und nun die Kollegen in Washington mit der NMD-Debatte ihnen dazu die nötige Munition in die Hände spielten.

START II sah den Abbau der atomaren Langstreckenwaffen beider Seiten auf jeweils 3000 - 3500 vor, und START III sollte eine weitere Reduktion auf 2000 - 2500 bringen. Wie Abb. 16.7 in **Kapitel 16** zeigt, wäre auch bei einem Einsatz von nur 1000 - 2000 strategischen Atomwaffen das Risiko einer Klimakatastrophe im-mer noch gegeben.

Die Probeabstimmung im US-Kongreß im März 1999 wurde im Oktober 1999 bestätigt, als der im September 1996 von der UN Vollversammlung fast einstimmig abgesegnete CTBT oder Comprehensive Testban Treaty / Umfassende Atomtest-stopp-Vertrag von der republikanischen Mehrheit im US-Senat abgelehnt wurde. Die US-Regierung betonte zwar, daß sie auf Atomwaffenversuche verzichten werde. Sie ließ aber dennoch schon 10 Tage vor der Abstimmung im Senat einen ersten Test durchführen. Eine von Kalifornien aus abgeschossene „feindliche" Langstrek-kenrakete vom Typ Minuteman wurde nach 20 Minuten und 6400 km Entfernung von einer als „Kill Vehicle" bezeichneten Rakete über den Marshall-Inseln abge-schossen. Die mit einem Sender ausgerüstete „feindliche" Rakete funkte ihre Positi-onsdaten ständig an das „Kill Vehicle". Eine vom Spiegel befragte Physikerin meinte dazu, daß ein echter Gefechtskopf so hilfsbereit kaum sein werde (R. von Bredow und S. Simons, Spiegel 41, 351, 11.10.99).

Das neue Raketenabwehrsystem der USA ist nicht nur ein Störfaktor für die amerikanisch-russischen Beziehungen, sondern es verärgert auch das regional im asiatischen Raum erstarkte China. Dabei gilt Pekings Sorge weniger dem Nationalen Verteidigungsschild NMD der USA, als vielmehr dem geplanten TMD (Theater Missile Defense System), also den Raketenabwehrwaffen gegen Flugkörper kurzer und mittlerer Reichweiten. Die Einbeziehung von Japan, Südkorea und Taiwan in das TMD der USA und Nordkorea in das von China verursacht jeweils bei der anderen Seite Irritationen.

Es wäre jetzt wichtig, ABM-Abkommen und Atomteststopp-Vertrag nicht zu schwächen, sondern zu stärken. Europa wäre gut beraten, alle Kräfte in Washington und Moskau zu unterstützen, um die Unterminierung dieser Verträge rückgängig zu machen.

16 Die Auswirkungen eines Atomkrieges auf Wetter und Klima

Ist dieses Thema überhaupt noch relevant ? Wenn man von den Erkenntnissen der Erforschung des Nuklearwinters ausgeht, daß bei einem möglichen Einsatz von 1000 bis 2000 Atombomben das Risiko einer Klimakatastrophe gegeben ist, dann müßte man alles daransetzen, die derzeit immer noch vorhandenen 36000 atomaren Gefechtsköpfe umgehend zu verringern. Die Länder der Dritten Welt fordern ein Verhandlungsgremium für nukleare Abrüstung. Dies wird von einigen europäischen Ländern unterstützt. Die USA und die anderen Atomwaffengroßmächte lehnen Verhandlungen ab. Der Gefahrenherd bleibt weiter bestehen. Es ist folglich angebracht, sich mit den in diesem Kapitel dargelegten, auch jetzt noch gültigen, Erkenntnissen über die sehr ernst zu nehmenden Auswirkungen eines möglichen Atomkriegs auf Wetter und Klima vertraut zu machen. Darüber hinaus ist es instruktiv, die hier dargestellten Abrüstungs- und Kriegsverhütungsstrategien mit den derzeitigen zu vergleichen.

16.1 Der Nuklearwinter kein Phantasiegebilde

Ausbeutung, Profitgier, Rücksichtslosigkeit und Unverständnis sind die Hauptattribute, welche die Entwicklungsgeschichte der Menschheit gegenüber der Natur und sich selbst kennzeichnen. Inzwischen haben die Aktivitäten des Menschen Größenordnungen erreicht, die die Funktionsfähigkeit unseres Planeten ernsthaft gefährden. Die Zerstörung der Umwelt und die Beeinflussung des Klimas legen davon ein beredtes Zeugnis ab (W. Bach 1982/84; 1986a, b). Mit den bereits angehäuften Arsenalen atomarer, chemischer und biologischer Waffen ist der Mensch jetzt in der Lage - in einer letzten Übersteigerung seiner Hybris - nicht nur seine eigene Existenz, sondern auch das gesamte Leben der Erde dem Untergang preiszugeben.

Dieser Beitrag beschäftigt sich insbesondere mit der klimaveränderten Umwelt nach einem Atomkrieg. Es wird untersucht, inwieweit unter solchen lebensfeindlichen Bedingungen ein Überleben der Menschheit überhaupt noch möglich ist. Die meisten Untersuchungen kommen zu dem Ergebnis, daß vor allem die Beeinflussung von Wetter und Klima über Leben und Tod in einer postnuklearen Welt entscheidet. Die Atomexplosionen würden große Stadt- und Waldbrände auslösen und dadurch riesige Rauch- und Rußmengen in die Atmosphäre verfrachten. Durch die Abblockung des Sonnenlichts käme es zu längerer Dunkelheit, der „nuklearen Nacht", was dann bei der raschen Auskühlung zu drastischen Temperaturstürzen, dem „nuklearen Winter", führte. Daß unter solchen Bedingungen die strahlen- und seuchengeschwächten Menschen bei der zusammengebrochenen medizinischen Versorgung, der zerstörten Energiebereitstellung und vor allem der fehlenden Ernährungsbasis eine Überlebenschance hätten, ist äußerst unwahrscheinlich. Für Deutschland, einem der potentiellen Hauptkriegsschauplätze, bleibt nur eine ernüchternde Feststellung: Ein wie auch immer gearteter Atomkrieg auf deutschem Boden würde noch die abgelegensten Randzonen erfassen und somit unweigerlich das Auslöschen der gesamten deutschen Bevölkerung bedeuten.

Gäbe es bei einem begrenzten Atomkrieg eine Überlebenschance und böten Weltraumwaffensysteme (SDI) einen Schutz vor dem atomaren Holocaust? Neueste wissenschaftliche Erkenntnisse zeigen unmißverständlich, daß selbst der kleinste denkbare Atomkrieg, bei dem nur 1 % des vorhandenen Waffenarsenals auf Städte und Industrieanlagen zum Einsatz käme, durch die Rauch- und Rußentwicklung schon zu einem nuklearen Winter führen würde. Die optimistischsten Befürworter von SDI rechnen noch mit einer 10%igen Durchdringung des „Schutzschildes". Auch diese ca. 1000 Atomraketen wären mehr als ausreichend, um ebenfalls einen nuklearen Winter auszulösen.

Weder die Angegriffenen noch die Angreifer könnten dieser Klima- und Umweltkatastrophe entgehen. Es bliebe nur noch die Wahl zwischen Tod durch Erfrieren und Tod durch Verhungern. Diese Auswirkungen des nuklearen Winters wären allumfassend. Für Homo sapiens bliebe keine ökologische Nische in einer postnuklearen Welt.

Manches ist gewiß noch unbekannt und wird es auch immer bleiben; das liegt in der Natur dieser Bedrohung. Vieles ist noch unsicher und bedarf folglich noch weiterer Klärung. Die mit den gegenwärtig vollständigsten Modellen gewonnenen Erkenntnisse haben die Ergebnisse der einfacheren Modelle im wesentlichen bestätigt. Keine der existierenden Unsicherheiten ist jedoch groß genug, um die hier gezogenen Schlußfolgerungen in Frage zu stellen. Der nukleare Winter und seine Folgen für die Menschheit sind kein Phantasiegebilde von Wissenschaftlern.

Wie kommt der Mensch aus dieser Misere wieder heraus, in die er sich durch seinen Machthunger und Überlegenheitswahn selbst hineinmanövriert hat? Das geschieht nicht durch weitere Aufrüstung mit einer erhofften Einigung auf höherer Ebene des Zerstörungspotentials. Im Gegenteil, eine weitere Anhäufung von Massenvernichtungswaffen erhöht nur die Atomkriegsgefahr, die dann früher oder später zum garantierten Exitus führt. Dieser Teufelskreis läßt sich durch eine auf einem strikten Zeitplan beruhende Abrüstungs- und Kriegsverhütungsstrategie durchbrechen, deren Ziel die völlige Abschaffung aller atomaren und chemisch/biologischen Waffen sein muß. Unsere Verantwortung für die Erhaltung des Lebens auf unserem Planeten gebietet es, damit unverzüglich zu beginnen.

16.2 Die klimaveränderte Umwelt

Untersuchungen über die Auswirkungen eines Atomkriegs haben sich in der Vergangenheit vor allem auf die radioaktive Verseuchung und die Zerstörung der Ozonschutzschicht in der Stratosphäre konzentriert (z.B. NAS, 1975). Erst vor ungefähr 4 Jahren wiesen P. Crutzen und J. Birks (1982) auf die möglicherweise schwerwiegende Beeinflussung von Wetter und Klima durch die aus den Stadt- und Waldbränden zu erwartenden riesigen Rauch- und Rußmengen hin. Man hatte bis dahin ganz einfach übersehen, daß die durch die Atomexplosionen ausgelösten Brände auch enorme Mengen an Rauch und Ruß in die Atmosphäre emittieren würden. Dadurch würde das Sonnenlicht abgeblockt, was über weiten Gebieten der nördlichen Halbkugel zu Dunkelheit, der „nuklearen Nacht" und im Sommer, bei fortschreitender Auskühlung, zu einem „nuklearen Winter" führen würde (R. Turco et al., 1983). Detaillierte Gesamtdarstellungen findet der interessierte Leser in NAS (1985), A. Pittock et al. (1986) und W. Bach (1986a - c).

16.2.1 Emissionen von Rauch

Die Rauchemission aus den zu erwartenden Stadt- und Waldbränden ist das klimabestimmende Element. Sie läßt sich wie folgt abschätzen (NAS, 1985):

$$R = G \cdot B \cdot F \cdot a \cdot m$$

darin ist R die Rauchmenge (t), G die Gesamtsprengkraft (Mt) des angenommenen Atomkriegsszenarios, B die Brandfläche pro Mt Sprengkraft (m^2/Mt), F das brennbare Material pro Fläche (g/m^2), a der Anteil des Materials der tatsächlich verbrennt und m der Massenanteil, der als Rauch emittiert wird.

Für das NAS Basis-Atomkriegsszenario von 6500 Mt ergeben sich die in Tabelle 16.1 aufgelisteten Werte mit einer Gesamtrauchemission von 180 Mill. t, wobei 150 Mill. t auf Stadt- und Industriebrände und 30 Mill. t auf Waldbrände entfallen. Alle diese Abschätzungen sind mit großen Unsicherheiten behaftet, und bei der Vielzahl der möglichen Atomkriegsszenarien ist es besser, einen Emissionsbereich anzugeben. Die von der NAS gegebene Marge von 20 - 650 Mill. t deckt in etwa den gesamten gegenwärtigen Unsicherheitsbereich ab.

Tabelle 16.1: Abschätzung der Rauchemissionen aus Stadt- und Waldbränden für das 6500 MT Atomkriegsszenario der U.S. Akademie der Wissenschaften (NAS, 1985)

Brände	\multicolumn{6}{c}{Parameter (siehe Text)}
	G (Mt)	B (m^2/Mt)	F (g/m^2)	a	m	R (t)
Stadt/ Industrie	10^3	$2{,}5 \times 10^8$	4×10^4	0,75	0,02	150×10^6
Wald	10^3	$2{,}5 \times 10^8$	2×10^4	0,20	0,03	30×10^6

Für die Klimawirksamkeit ist insbesondere die Schwärze des Rauchs, die sich aus dem elementaren Kohlenstoffanteil (Ruß) ergibt, ausschlaggebend. P. Crutzen et al. (1984) haben für ihr Atomkriegsszenario einen Rußanteil von 56 % für Stadtbrände sowie 10 % für Waldbrände angenommen. Städte- und Industrieanlagen speichern riesige Mengen an kohlenstoffhaltigen Materialien wie Öl, Kohle, Asphalt und synthetische Stoffe etc.

262

16.2.2 Bedeutung der Auswaschprozesse

Für die Klimawirksamkeit des Rauchs ist weiterhin wichtig, ob er lange in der Atmosphäre verbleibt oder relativ rasch ausgewaschen wird. Das wiederum hängt von der Emissionshöhe des Rauchs und mikrophysikalischen Prozessen ab. R. Malone et al. (1985) haben das Rauchverhalten in der Atmosphäre mit Hilfe eines dreidimensionalen allgemeinen atmosphärischen Zirkulationsmodells (3-D GCM) untersucht. In ihrem Atomkriegsszenario wurden über Europa, der westlichen UdSSR und den USA insgesamt 170 Mill. t Rauch in eine Modellatmosphäre mit Julibedingungen eingegeben. In dieser Simulation besteht zwischen dem Rauch und den Zirkulationsvorgängen bzw. Auswaschprozessen eine Interaktion.

Abbildung 16.1 zeigt die Rauchverteilung in der Atmosphäre vom Süd- bis zum Nordpol. Dabei wird eine Art Wettstreit zwischen dem Auswaschen des Rauchs durch Niederschlag und dem Aufheizen der oberen Rauchschichten durch die Sonne

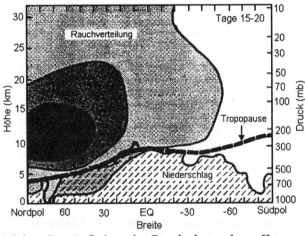

Abb. 16.1: Trennung von Rauch und Niederschlag durch die Tropopause. Die Simulation zeigt die gemittelten Rauchverteilungen 15 - 20 Tage nach der Emission v. 170 Mill. t Rauch über Europa, der westlichen UdSSR und den USA im Juli. Nach: Malone et al. (1985).

sichtbar. Das Aufheizen des Rauchs hat mehrere Konsequenzen, die die Wirksamkeit der Entfernung des Rauches aus der Atmosphäre durch Niederschlag drastisch reduzieren: Durch die Erwärmung steigt der Rauch nämlich weit über seine ursprüngliche Emissionshöhe hinaus und die Tropopause (die fett gestrichelte Grenzschicht zwischen der Troposphäre und der Stratosphäre in Abb. 16.1), die anfangs über dem Rauch liegt, formiert sich unterhalb der aufgeheizten Rauchschicht neu. Dadurch wird der Rauch oberhalb der Tropopause von den Auswaschvorgängen unterhalb der Tropopause physisch getrennt. Daraus ergibt sich eine beträchtlich verlängerte Verweilzeit des Rauchs gegenüber früheren Modellsimulationen und folglich auch ein verstärkter Einfluß auf die Sonnenstrahlung und das Klima.

16.2.3 Beeinflussung der Sonnenstrahlung durch den Rauch

Die Strahlungseigenschaften einer Rauch- oder Aerosolwolke hängen von der Größenverteilung, der Zusammensetzung, der Anzahl und der Masse der Teilchen ab. Die Aerosolteilchen können den Strahlungshaushalt des Systems Erde - Atmosphäre und damit das Klima beeinflussen durch Strahlungsabsorption (durch Umwandlung der Strahlungsenergie in innere Wärmeenergie) oder durch Strahlungsstreuung (wobei keine Energieaufnahme, sondern nur eine Richtungsänderung des Energiestrahls stattfindet). Rauchwolken aus Stadtbränden enthalten beträchtliche Mengen an elementarem Kohlenstoff oder Ruß, der die Solarstrahlung sehr wirkungsvoll absorbiert. Mineralhaltiger Staub, der vorwiegend bei Angriffen auf Raketensilos anfallen würde, streut hauptsächlich die Solarstrahlung. Die Rußteilchen absorbieren Solarstrahlung auch viel stärker als Infrarotstrahlung. Die Intensität der Solarstrahlung, die den Boden erreicht, nimmt exponentiell mit der Menge der absorbierenden Feinaerosole in der Atmosphäre ab. Die an der Erdoberfläche ankommende Infrarotstrahlung hängt dagegen nicht so sehr von der Aerosolmenge, als vielmehr von der Lufttemperatur ab. Wenn also eine große Menge an rußhaltigen Aerosolen in der Atmosphäre vorhanden ist, ergibt sich als klimatische Konsequenz eine starke Abkühlung der Erdoberfläche (R. Turco et al., 1984).

Zur Berechnung der Reduktion der Solarstrahlung benötigen wir Informationen über die vertikal verteilte Aerosolmenge und den Absorptionskoeffizienten für Rauch. Wenn wir von der im Abschnitt 16.2.1 von der NAS abgeschätzten Rauchmenge von 180×10^6 t ausgehen und annehmen, daß sie sich innerhalb des Breitengürtels von 30 bis 70° N, also über eine Fläche von rund $1,1 \times 10^{14}$ m^2, gleichmäßig ausbreitet, dann erhalten wir einen Wert von 1,6 g/m^2, der auch für eine Luftsäule von 1 bis 8 km Höhe als repräsentativ angesehen wird. Als mittleren Absorptionskoeffizienten für Rauch nehmen S. Thompson et al. (1984) einen ziemlich niedrigen wellenlängenunabhängigen Wert von 1,8 m^2/g an. Sie rechtfertigen das damit, daß bei den in dichten Rauchwolken zu erwartenden Koagulations- und Koaleszenzvorgängen der effektive solare Absorptionskoeffizient verringert wird. Das Produkt aus Rauchmenge in der Luftsäule (1,6 g/m^2) und Absorptionskoeffizient für Rauch (1,8 m^2/g) ergibt für die optische Dicke (τ) durch Rauchabsorption einen Wert von ca. 3.

Die optische Dicke (τ) einer Luftschicht läßt sich mit Hilfe des Lambert/Beer/Bouguerschen Gesetzes wie folgt berechnen:

$$I = I_0 \exp(-\tau)$$

wobei I_0 und I jeweils die Intensität (W/m^2) des direkten Lichtstrahls am Oberrand der Aerosolschicht und nach Durchgang der Rauchschicht ist.

Bei absorbierendem Rauch mit einer optischen Dicke von 3 und der Sonne im Zenit (der Zenitwinkel ist Null) kommen nur noch ca. 5 % ($\exp(-3)$) der Sonnenenergie am Boden an. Bei einem typischeren Zenitwinkel von 60° bewirkt der längere optische Weg des Sonnenstrahls eine Verdopplung der optischen Dicke (3 x $\sec(60°)$ = 6), so daß die am Boden ankommende Sonnenenergie (I/I_0) nur noch $\exp(-6)$ = 0,25 % (nukleare Nacht) beträgt. Solange jedoch die am Boden angekommene Sonnenenergie nur einem Bruchteil der normalen Menge entspricht, spielen Unsicherheiten in der genauen Abschätzung dieser Werte keine ausschlaggebende Rolle bei der Berechnung der Erdoberflächentemperatur.

16.3 Auswirkungen auf Wetter und Klima

Die ersten Arbeiten über die klimatischen Folgen eines Atomkriegs stammen von R. Turco et al. (1983), nach ihren Initialen auch die TTAPS-Gruppe genannt. Sie benutzten dabei drei Grundmodelle: Ein Atomkriegsszenarien-Modell, ein Aerosol-Modell und ein Strahlungs/Konvektions-Modell. Das Atomkriegsszenarien-Modell schätzt die durch die verschiedenen Atomkriegsszenarien produzierten Mengen an Rauch, Staub, Radioaktivität und Pyrotoxinen ab. Das Aerosol-Modell simuliert die Entwicklung der Menge und Größe der Rauch- und Staubteilchen sowie die Ausfällrate radioaktiver Substanzen. Besondere Beachtung finden dabei die physikalischen Wechselwirkungen und der vertikale Teilchentransport. Das eindimensionale Strahlungs/Konvektions-Modell berechnet die optischen Eigenschaften der Teilchenentwicklung, die solaren und infraroten Energieflüsse und die Oberflächentemperatur als Funktion von Zeit und Höhe. Wegen der starken Abhängigkeit der Temperatur von der Wärmekapazität der jeweiligen Oberfläche werden für Land- und Ozeanfläche getrennte Berechnungen durchgeführt. Diese Modelle können aber nur ein global gemitteltes Bild von den möglichen Klimaänderungen ohne Bezug auf die regional und jahreszeitlich ganz unterschiedlichen Veränderungen geben.

16.3.1 Wie stark würde das Sonnenlicht in den verschiedenen Atomkriegsszenarien reduziert?

Tabelle 16.2 zeigt eine Auswahl der von TTAPS untersuchten möglichen Atomkriegsszenarien. Szenario A ist das häufig für Abschätzungen herangezogene Basisszenario, bei dem rund 38 % des Gesamtatomwaffenarsenals auf Städte/Industrieanlagen und Raketensilos zur Anwendung kommen. Szenario H ist der kleinste vorstellbare Nuklearabtausch, bei dem weniger als 1 % der vorhandenen Atomwaffen auf Städte und Industrieanlagen zum Einsatz kommen. Szenario I ist das einzige Szenario, dessen Zerstörungspotential von den Supermächten gegenwärtig noch nicht erreicht wird. Je nach Sprengkraft, Ziel und Abwurfhöhe der Atombomben entstehen die unterschiedlichsten Rauch- und Staubmengen mit den verschiedenartigsten optischen Eigenschaften, was zu ganz unterschiedlichen Auswirkungen auf Wetter und Klima führt.

Abb. 16.2 zeigt die Reduktionen des Sonnenlichts an der Erdoberfläche für die verschiedenen Atomkriegsszenarien nach Durchgang durch die Rauch- und Staubwolken. Gemäß dem Basisszenario A nähme die Sonnenenergie auf der Nordhalbkugel im Vergleich zur globalen Nettostrahlung von 160 W/m² bis auf 5 % ab. In der Variante A', in der nur die Staubeffekte berücksichtigt werden, käme es kaum zur Beeinträchtigung der Sonnenenergie. Ein solcher Fall ist jedoch ziemlich unplausibel. Aufschlußreicher ist Szenario H mit dem kleinsten denkbaren Atomkrieg auf Städte und Industrieanlagen, denn auch in diesem Fall würde die Sonnenenergie immer noch drastisch, und zwar um 94 % reduziert.

Tabelle 16.2: Atomkriegsszenarien

	Gesamt-Sprengkraft (Mt)[1]	Explosionsanteil in Bodennähe (%)	Explosionsanteil in Stadt- u. Industr.-Gebieten (%)	Sprengkraft der Waffensysteme (Mt)	Gesamtanzahl der Explosionen	Rauchmenge im Mikromet.-bereich (Mt)	Staubmenge im Mikrometerber. (Mt)	Optische Dicke des Rauchs	Optische Dicke des Staubs
A Angriff auf Städte, Industrieanlagen sowie Raketensilos	5 000 (38)	57	20	0,1-10	10 400	225	65	4,5	1
B Angriff auf Städte mit Atomwaffen geringer Sprengkraft	5 000 (38)	10	33	0,1-1	22 500	300	15	6	0,2
C Voller Schlagabtausch	10 000 (76)	63	15	0,1-10	16 160	300	130	6	2
D Mittlerer Schlagabtausch	3 000 (25)	50	25	0,3-5	5 433	175	40	3,5	0,6
E Begrenzter Schlagabtausch	1 000 (7,6)	50	25	0,2-1	2 250	50	10	1	0,1
F Allgemeiner Gegenschlag auf Raketensilos	3 000 (23)	70	0	1-10	2 150	0	55	0	0,8
G Gezielter Gegenschlag auf Raketensilos	5 000 (38)	100	0	5-10	700	0	650	0	10
H Angriff nur auf Städte und Industrieanlagen	100 (0,8)	0	100	0,1	1 000	150	0	3	0
I Zukünftiger Krieg	25 000 (192)	72	10	0,1-10	28 300	400	325	8	5

[1] Die Werte in Klammern geben den Anteil (%) am vorhanden Gesamtatomwaffenarsenal an.

Nach Turco et al. (1984).

Bei einem vollen Schlagabtausch in Szenario C, und in der Variante C` mit noch stärkerer Rauchentwicklung, könnte über Wochen hinweg nukleare Nacht herrschen, wenn weniger als 1 % des Sonnenlichts zur Erdoberfläche durchdringen. Zum Vergleich sind die Energiemengen eingezeichnet, bei denen die Photosynthese mit der Respiration nicht mehr Schritt halten kann (der bekannte Kompensationspunkt) und bei denen die Photosynthese ganz aufhört. Diese beiden Grenzwerte sind zwar von Pflanze zu Pflanze ganz verschieden. Aber bei einigen Szenarien würde die Photosynthese so stark beeinträchtigt, daß ein Überleben der Pflanzen- und Tierwelt, und damit auch des Menschen, unmöglich wäre.

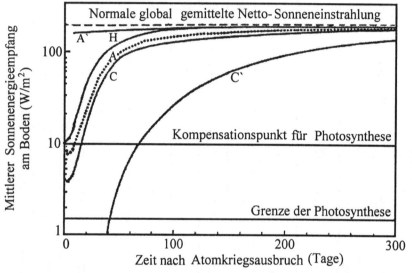

Abb. 16.2: Reduktion des Sonnenlichts (W/m²) nach Durchgang durch die Rauch- und Staubwolken für eine Auswahl von Atomkriegsszenarien. Nach: Turco et al. (1984).

16.3.2 Welche Temperaturstürze brächten die unterschiedlichsten Atomkriegsszenarien für die Kontinente der Nordhalbkugel?

Abb. 16.3 zeigt die aus der Abblockung der Sonnenenergie resultierenden Temperaturänderungen bezogen auf die Landmassen der Nordhalbkugel für eine Auswahl von Atomkriegs-Szenarien. Nach den TTAPS-Berechnungen bewirken die Rauchmengen in der Troposphäre (unterhalb 12 km) in kürzester Zeit eine drastische Abkühlung, während die Staubmengen in der Stratosphäre (oberhalb 12 km) zu einem weniger ausgeprägten, dafür aber länger andauernden, Abkühlungtrend führen. Mit Ausnahme der Szenarien A' und E, bei denen ausschließlich Staub, bzw. nur geringe Rauchmengen im Spiel sind, zeigen alle anderen Szenarien Temperaturstürze auf - 20 °C und darunter.

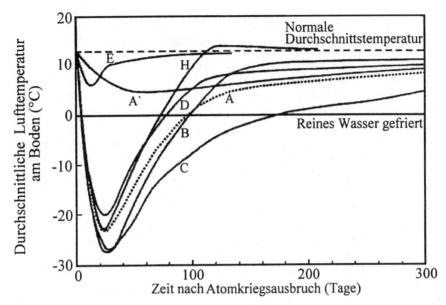

Abb. 16.3: Temperaturabnahmen (°C) über Kontinenten der nördlichen Hemisphäre für eine Auswahl von Atomkriegsszenarien.
Nach Turco et al. (1984).

Sogar der kleinste denkbare Atomkrieg (Szenario H in Tab. 16.2) führt mit etwa 1000 Atombombenabwürfen noch zu einer Abkühlung auf -20 °C und zu einem mehrere Wochen andauernden Frost. Diese extremen Temperaturstürze, die mit den einfachsten Simulationsmodellen berechnet worden sind, beziehen sich nur auf die inneren Landflächen. Über den Ozeanen käme es wegen ihrer höheren Wärmekapazität wahrscheinlich nur zu einer Temperaturabnahme von ca. 2 bis 3 °C. Dadurch käme es aber in Küstennähe zu scharfen Luftmassengegensätzen mit orkanartigen Stürmen und starkem Schneefall.

Die in Abb. 16.3 gezeigten Temperaturänderungen sind Jahresdurchschnittswerte. Würde ein Atomkrieg im Sommer ausbrechen, dann wären die Temperaturstürze besonders kraß; bei einem Winterkrieg fielen sie nicht so stark ins Gewicht. Selbst eine Temperaturabnahme von nur wenigen Grad Celsius hätte gerade in der Wachstumsperiode gravierende Auswirkungen auf die Landwirtschaft. Bei den simulierten Frostverhältnissen wäre ein Überleben der Pflanzen- und Tierwelt kaum denkbar. Daß dann bei der zusammengebrochenen medizinischen Versorgung, der zerstörten Energiebereitstellung und vor allem der fehlenden Ernährungsbasis die strahlungs- und seuchengeschwächten Menschen eine Überlebenschance hätten, ist äußerst unwahrscheinlich.

16.3.3 Bliebe die Südhalbkugel verschont ?

Ob Nationen fernab vom eigentlichen Kriegsschauplatz, etwa in den tropischen Regionen der nördlichen Hemisphäre oder auf der Südhalbkugel, ebenfalls an den Folgen eines von den Supermächten ausgelösten Atomkriegs teilhaben müssen, hängt davon ab, ob ein großer Teil der über die nördliche Halbkugel ausgebreiteten Rauchschwaden auch auf die südliche Halbkugel transportiert würde. Dazu bedarf es aber einer einschneidenden Änderung der atmosphärischen Zirkulation.

Abbildung 16.4a - c zeigt die simulierte zonal-gemittelte atmosphärische Zirkulation, dargestellt als Massenstrom (in 10^6 t/sec) über der geographischen Breite bis in eine Höhe von 12 km für 2 verschiedene Zeitpunkte und 2 verschiedene Atomkriegsszenarien (V. Alexandrov, 1985). Die normale Situation vor einem Atomkrieg (Abb. 16.4a) zeigt den typischen zellularen Aufbau (z.B. mit den beiden Hadley-Zellen zu beiden Seiten des Äquators) mit aufsteigenden Luftmassen am Äquator, absinkenden Luftmassen in den Roßbreiten (ca. 30° N und 30° S) und Rückfluß der Luft am Boden durch den Nordost- und Südostpassat. Der Austausch von Luftmassen über den Äquator hinweg ist unter Normalbedingungen gering. Die Simulation drei Monate nach einem 10.000 Mt Atomkrieg (Abb. 16.4b) zeigt, daß die durch den Raucheintrag ausgelöste starke Aufheizung der oberen Troposphärenschicht das Zirkulationssystem vollkommen abgeändert hat. Durch die Ausbildung einer einzigen großen interhemisphärischen Zirkulationszelle kann jetzt der Rauch relativ ungehindert auf die Südhalbkugel verfrachtet werden. Selbst bei dem kleinsten denkbaren Atomkrieg von nur 100 Mt wird, wie Abb. 16.4c zeigt, das atmosphärische Zirkulationssystem in ähnlich drastischer Weise wie bei einem großen Holocaust abgeändert.

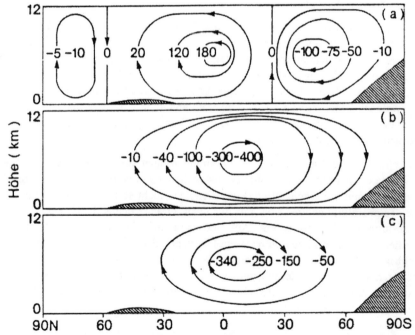

Abb. 16.4a-c: Die atmosphärische Zirkulation (dargestellt als zonal gemittelter Massenstrom in 10^6 t/sec) im Normalzustand (a), 3 Monate nach einem 10.000 Mt Atomkrieg (b) und einem 100 Mt Atomkrieg (c). Nach: Alexandrov (1985).

Dies führt zu Temperaturabnahmen auch in südlichen Breiten, die, wenn auch etwas geringer als in der Nähe des Hauptkriegsschauplatzes, für Mensch, Tier und Pflanze besonders fatale Folgen hätten, da diese Lebensgemeinschaften an plötzliche Kälteeinbrüche, auch wenn sie nur von kurzer Dauer wären, nicht angepaßt sind. Auch eine nur teilweise Zerstörung der Nahrungsgrundlagen würde schon zu Hungerkatastrophen führen (M. Harwell u. T. Hutchinson, 1986). Damit sieht es in der Tat so aus, als gäbe es vor dem nuklearen Winter als Folge eines Atomkriegs - auch des denkbar kleinsten - nirgendwo auf dieser Welt ein Entrinnen.

16.3.4 Wo wäre der Frost am schlimmsten und wie lange könnte er anhalten?

Der Frage, in welchen Regionen die tiefsten Temperaturen auftreten und wie lange sie andauern, wird mit den in Abb. 16.5 dargestellten Simulationsergebnissen für das 10.000 Mt Atomkriegsszenario nachgegangen (V. Alexandrov und G. Stenchikov, 1983). Danach würde sogar 243 Tage nach dem Holocaust immer noch strenger Frost (bis zu - 30 °C) über weiten Gebieten, wie z.B. dem nordöstlichen Kanada, Skandinavien und der nordwestlichen Sowjetunion sowie nordöstlichen Teilen Sibiriens, andauern. Besonders zerstörerisch für die Bevölkerung und ihre Umwelt wäre der Übergriff starrender Kälte (- 10 bis - 20 °C) auf die subtropischen und tropischen Bereiche Mittelamerikas, Nordafrikas, der Arabischen Halbinsel, Süd- und Südostasiens. Selbst große Teile der Südhalbkugel blieben danach vom Frost (- 5 °C) nicht verschont.

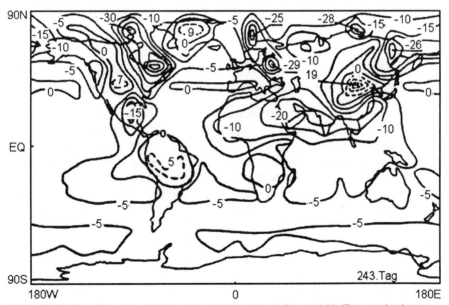

Abb. 16.5: Die regionalen Temperaturänderungen (°C) am 243. Tag nach einem 10.000 Mt Atomkrieg; in diesem Szenario werden 300 Mill. t Rauch in die Troposphäre und 130 Mill. t Feinstaub in die Stratosphäre eingegeben.
Nach: Alexandrov und Stenchikov (1983).

Sollten bis dahin noch einige überlebt haben, käme jedoch neues Ungemach. Die bis in die stark aufgeheizte obere Troposphäre hineinreichenden, von ewigem Schnee und Eis bedeckten Gebirgsmassive, wie der Himalaya, die Rocky Mountains und die Anden, erreichten positive Temperaturen zwischen 5 und 19 °C (siehe die gestrichelten Isolinien in Abb. 16.5). Das Abschmelzen dieser riesigen Schnee- und Eismassen könnte zerstörerische Schnee- und Geröllawinen auslösen und in den angrenzenden Tiefländern zu sintflutartigen Überschwemmungen führen.

16.3.5 Was zeigen die fortschrittlichsten Modellsimulationen ?

Die neuesten Modelle warten mit drei wichtigen Verbesserungen auf (M. MacCracken und J. Walton, 1985; S. Thompson, 1985):

1. Die Rauchemission geschieht nicht, wie bisher, von fast der gesamten Fläche der Nordhalbkugel, auf die sie gleichmäßig verteilt wird, sondern von einzelnen Regionen, die wegen ihrer strategischen Lage die Hauptangriffsziele sein könnten.

2. Der emittierte Rauch wird nicht, wie bisher, unmittelbar nach dem Atomkrieg gleichmäßig über die gesamte Atmosphäre verteilt, wo er dann passiv verbleibt, sondern er wird durch die von dem aufgeheizten Rauch veränderte atmosphärische Zirkulation um die Erde transportiert und allmählich verteilt. Dadurch kann es Flächen mit relativ dichter Rauchbedeckung geben und solche, die relativ rauchfrei bleiben. Welche Gegenden dann von einer dichten Rauchschwadenbedeckung mit den dadurch verursachten Wetterextrema heimgesucht würden, wäre dann ganz zufälliger Natur, eine Art „Wetterlotterie".

3. Verbesserte Schemata zur Berücksichtigung der Auswaschprozesse beugen einer Überbewertung der Klimabeeinflussung durch die Rauchemissionen vor.

Das am Lawrence Livermore National Laboratory (LLNL) von M. MacCracken und J. Walton (1985) benutzte Modell-System besteht aus einer Kombination von einem Zwei-Schichten 3-D GCM der Oregon State University (das auch in modifizierter Form von den Russen benutzt wird, wie z.B. in den Abschnitten 16.3.3 und 16.3.4) und einem selbst entwickelten 3-D Spurenstofftransportmodell. Letzteres teilt die Troposphäre bis in eine Höhe von 11 km in 10.000 gleich große und gleichmäßig verteilte Luftmassenpakete auf und benutzt das vom 3-D GCM berechnete Wind- und Niederschlagsfeld, um die Rauchausbreitung und die Auswaschvorgänge zu simulieren. Als Input werden 150 Mill. t Rauch angenommen (das entspricht dem kleinsten denkbaren Atomkriegsszenario H in Tabelle 16.2 mit einem Atomwaffeineinsatz von 100 Mt auf Städte), die von den vier Angriffszielen, nämlich dem Südwesten der USA, dem Ohio-Flußtal, dem Rheintal und dem Gebiet um Moskau, emittiert werden.

Abb. 16.6 a zeigt die vom Modellsystem berechneten Temperaturänderungen über die ersten 30 Tage nach einem Atomkrieg im Juli für den Mittleren Westen der

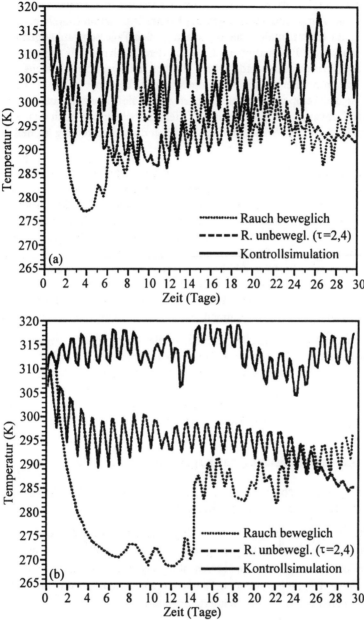

Abb. 16.6a,b: Normaler Temperaturverlauf über einen Sommermonat (die durchgezogene Linie ist die vom Modell simulierte Temperatur, der sog. Kontrollauf), und Temperaturänderungen durch die Rauchemission von 150 Mill. t für eine gleichmäßig verteilte unbewegliche Rauchmenge mit einer optischen Dicke von τ = 2,4 (gestrichelte Linie) und für eine bewegliche Rauchmenge (gepunktete Linie); (a) für den Mittleren Westen der USA; (b) für das westliche kontinentale Asien.
Nach: MacCracken und Walton (1985).

USA. Diese Region ist repräsentativ für die trockenen Getreidemonokulturen im Sommer. Die Temperaturänderungen der Kontrollsimulation (durchgezogene Linie) zeigen die für Kontinentalgebiete typischen großen Tagesschwankungen (ca. 15 °C) und die markanten Fluktuationen, die durch den Durchzug von warmen und kalten Störzonen hervorgerufen werden. Im Falle des unbeweglichen Rauchs (die gestrichelte Linie) mit einer einheitlichen optischen Dicke von $\tau = 2,4$ (siehe Abschnitt 16.2.3) ist die Temperatur zwar reduziert, aber die Tagesschwankungen bleiben, wenn auch etwas gedämpft, erhalten. Offensichtlich dringt noch Sonnenlicht zur Erdoberfläche durch, wahrscheinlich vorwiegend durch Streuung an den Rauchaerosolen.

Die Situation mit dem beweglichen Rauch (gepunktete Linie) ist völlig anders. In den ersten paar Tagen sinkt die Temperatur ganz drastisch um ca. 35 °C ab und der tägliche Zyklus verschwindet fast ganz. Das bedeutet, daß praktisch kein Sonnenlicht von der dichten Rauchschwade durchgelassen wird. Nach einer Woche erreichen die Temperaturen fast wieder Normalwerte, weil die rauchgeschwängerte Luft durch einfließende reine Pazifikluft ersetzt wird. Über die restliche Zeitperiode sind die Temperaturabnahmen in Abhängigkeit von der zufälligen Rauchverteilung mal stärker und mal geringer. Abb. 16.6b zeigt die Situation für das westliche kontinentale Asien mit der Gegend um Moskau im Sommer. Hier sind die Kontraste noch stärker ausgeprägt, mit Temperaturstürzen innerhalb weniger Tage von bis zu 50 °C.

Abschließend ist festzustellen, daß bei Berücksichtigung der gegenwärtig besten Modellkonzepte die Temperaturabnahmen gegenüber weniger realistischen Modellsimulationen noch krasser ausfallen. Temperaturabnahmen in diesen Dimensionen, die zwar nur kurzfristig, dafür aber häufig auftreten können, würden jegliche Lebensgrundlage zerstören. Das untermauert einmal mehr die These, daß nach einem Atomkrieg ein Überleben der Menschheit äußerst unwahrscheinlich ist.

16.3.6 Zusammenfassung der Ergebnisse

Die wichtigsten Ergebnisse über die Auswirkungen eines Atomkriegs auf Wetter und Klima lassen sich wie folgt zusammenfassen:

- Bei einem Atomkrieg auf der nördlichen Halbkugel im Winter wäre die solare Aufheizung des Rauchs gering, ein Aufstieg in große Höhen nicht gegeben, wodurch die Auswaschprozesse ihre Wirksamkeit relativ stark entfalten könnten. Die zu erwartenden Temperaturabnahmen wären relativ unbedeutend gegenüber den normalen Wintertemperaturen.

- Ganz anders ist die Situation bei einem Atomkrieg von Frühjahr bis Herbst. Insbesondere im Sommer würde die starke solare Aufheizung auf der nördlichen Halbkugel den Rauch in große Höhen verfrachten. Das hätte weitreichende Konsequenzen. Der Rauch bliebe bedeutend länger in der Atmosphäre, und die Auswaschprozesse würden relativ unwirksam. Die Hauptwirkung wäre eine Perpetuierung und Intensivierung des nuklearen Winters.

- Die starke Aufheizung der oberen Rauchschicht auf der nördlichen Halbkugel hat noch einen weiteren bedeutsamen Effekt. Durch die radikale Änderung des atmosphärischen Zirkulationssystems würden die Rauchmassen, zwar etwas verzögert und in ihrer Mächtigkeit reduziert, auch auf die Südhalbkugel verfrachtet.

- Modellsimulationen in Ost und West stimmen, über alle ideologischen Barrieren hinweg, in ihren Ergebnissen im wesentlichen überein. Danach hätten die kontinentalen Regionen Nordamerikas und Eurasiens mit strengem Frost bis zu -30 °C zu rechnen. Auch subtropische und tropische Gebiete sowohl auf der Nord- als auch auf der Südhalbkugel blieben von Frosteinbrüchen nicht verschont, die sich unter dichten Rauchschwaden mehr zufällig, nach Art einer „Wetterlotterie", für kurze Zeit ausbildeten. Hier hätten sie jedoch eine besonders zerstörende Wirkung, weil die Umwelt für diese Extrema keine Abwehrmechanismen besäße.

- Aber nicht nur eine Temperatur-, sondern auch eine Niederschlagsabnahme wäre von großer Bedeutung. Eine Reduzierung der Sommermonsuntätigkeit über Asien, Afrika und Australien hätte weitreichende Auswirkungen auf die Landwirtschaft, da die Monsunregen die wichtigste Wasserquelle darstellen.

- Wegen der hohen Wärmekapazität der Ozeane wären die Temperaturabnahmen in Küstennähe stark abgemildert. Durch die dadurch ausgelösten scharfen Luftmassengegensätze käme es aber zu orkanartigen Stürmen mit starkem Schneefall.

- Die längsten Simulationen zeigen, daß auch nach einer Periode von mehreren hundert Tagen der Frost über weiten kontinentalen Gebieten anhalten würde. Der nukleare Winter wäre ganz offensichtlich kein kurzfristiges Phänomen.

- Ein Vergleich der Ergebnisse aus einem älteren Modell mit denen aus einem der gegenwärtig vollständigsten Modelle zeigt, daß der Effekt des nuklearen Winters bisher noch unterschätzt worden ist. Nach den neuesten Simulationen müßte im Sommer im mittleren Westen der USA mit kurzfristigen Temperaturabnahmen bis zu 35 °C und in den Gebieten um Moskau sogar mit Temperaturstürzen bis zu 50 °C gerechnet werden.

Abschließend ist festzustellen, daß Wetter und Klima wesentliche Bestandteile unserer Umwelt sind. Wetter und Klima in ungestörtem Zustand sind die Voraussetzungen für die Erhaltung des Lebens auf unserem Planeten. Ein Atomkrieg wäre ohne Zweifel der drastischste Eingriff in das Klimasystem, dessen der Mensch fähig ist.

274

16.4 Strategische Schlußfolgerungen

Es deutet alles darauf hin, daß ein wie auch immer gearteter Atomkrieg für die
Menschheit den nuklearen Suizid bedeutet. Eine Strategie der weiteren Anhäufung
von Massenvernichtungswaffen führt zum garantierten Exitus. Der Teufelskreis läßt
sich durchbrechen durch eine Doppelstrategie, nämlich eine Abrüstungsstrategie
zwischen den großen Blöcken und eine Kriegsverhütungsstrategie innerhalb der
Blöcke.

16.4.1 Abrüstungsstrategie

Abbildung 16.7 zeigt den aus Angaben des US-Verteidigungsministeriums abgeleiteten Verlauf der atomaren Aufrüstung zwischen den beiden nuklearen Supermäch-

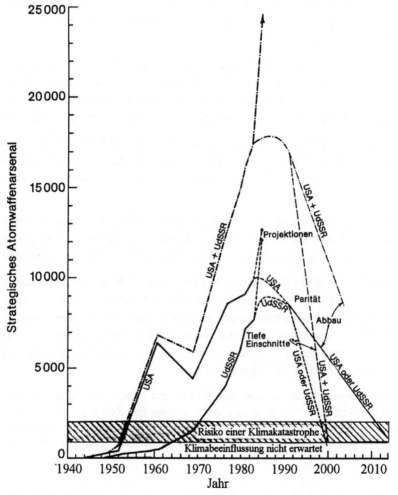

Abb. 16.7: Anhäufung von Atomwaffen, Risiko einer Klimakatastrophe und
Abrüstungsstrategien.
Nach: Sagan (1983/84).

ten vom Beginn des ersten Atombombentests in der Wüste Alamogordo im Jahre 1945 bis heute. Im Wettlauf um die Anhäufung strategischer Atomwaffen lag die UdSSR stets hinter den USA zurück. Für die 80er Jahre wird eine Angleichung projeziert. Zu Beginn der 60er Jahre war die Diskrepanz am größten und zeigt hier zum ersten und bisher einzigen Mal einen Abbau der Anzahl der Atomwaffen durch die USA.

C. Sagan (1983/1984) nimmt nun an, daß bei einer Anhäufung von 1000 bis 2000 Atombomben das Risiko einer Klimakatastrophe gegeben ist (siehe die schraffierte Fläche in Abb. 16.7). Dieses Gefahrenpotential hatten die USA schon 1953 und die UdSSR 1964 erreicht. Die Arsenale von Großbritannien, der Volksrepublik China und Frankreichs sind hier nicht mit eingezeichnet; ihr gemeinsames Potential reicht aber mittlerweile auch schon aus, eine Klimakatastrophe hervorzurufen. Die strich-punktierte Linie zeigt das gemeinsame Atomwaffenarsenal von USA und UdSSR, und der Verlauf der Kurve läßt eine zunehmende Wachstumsrate erkennen. C. Sagan argumentiert, in Analogie zu anderen Beispielen mit ungezügeltem Wachs-tum, daß eine derartige Anhäufung von Vernichtungspotential notgedrungen zu einem plötzlichen katastrophenartigen Kollaps, eben zum atomaren Holocaust füh-ren muß.

Zur Verhinderung einer möglichen atomaren Katastrophe sind in letzter Zeit vor allem drei Vorschläge für eine Abrüstungsstrategie diskutiert worden, nämlich „Nuclear Freeze" (das Einfrieren der Atomwaffen auf dem vorhandenen Bestand), „Build-Down" (eine Reduzierung) und „Deep Cuts" (ein beschleunigter Abbau). Diese Abrüstungsvorschläge erschöpfen keineswegs die möglichen Lösungen, und sie schließen sich auch keineswegs gegenseitig aus. Das Einfrieren würde als erster Schritt zumindest die weitere Anhäufung von Nuklearwaffen verhindern und die Einführung noch weiterer destabilisierender Waffensysteme unterbinden. Es könn-ten dann noch einige jährliche Reduktionsquoten hinzukommen, die zu Beginn der 90er Jahre zwischen den beiden Supermächten Parität herstellen würden. Die Ken-nedy/Hatfield „Freeze Resolution" sieht z.B. einen jährlichen Abbau von 5 bis 10 % vor.

Die „Build Down Resolution" des Abgeordneten Gore schlägt bei gleichzeitiger Zulassung einer beschränkten Modernisierung der Waffen eine ungefähre Parität bei 8500 Atomsprengköpfen für jede Supermacht bis 1991/92 und eine Reduzierung auf jeweils 6500 Atombomben bis 1997 vor. Setzte man diese Abbaurate unbegrenzt fort, dann würde es immer noch bis zum Jahre 2020 dauern, bis das Gefahrenpoten-tial der beiden Supermächte die Risikoschwelle einer Klimakatastrophe unterschrit-te. Wollte man dagegen die Risiken etwas schneller reduzieren, müßte man die „Deep Cuts"-Vorschläge von Kennan und Gayler durchzusetzen versuchen, die bis 1995 eine Halbierung der gegenwärtigen globalen Waffenarsenale vorsehen. Bei Fortsetzung dieses Trends würden die Atomwaffenarsenale schon um das Jahr 2000 unter die Klimagefahrenschwelle absinken.

Im Januar 1986 trat die Sowjetunion mit umfassenden Abrüstungsvorschlägen an die Weltöffentlichkeit (Der Spiegel, 1986). Danach sollen in drei zeitlich festgeleg-ten Etappen die strategischen Atomwaffen der beiden Supermächte zunächst halbiert und die taktischen Atomwaffen eingefroren werden. Am Ende der letzten bis zum Jahre 2000 dauernden Etappe sollen weltweit alle Atomwaffen beseitigt sein. Ergänzend wird ein international überwachtes Verbot aller chemisch-biologischen Waffen und die Verringerung der konventionellen Streitkräfte vorgeschlagen. Zur Überwachung werden umfassende Kontrollmaßnahmen vor Ort angeboten. Mit diesem Abrüstungszeitplan, der über die Vorschläge von Kennan und Gayler noch hinausgeht, könnte die Gefahr einer atomar ausgelösten Klimakatastrophe bzw. das Risiko eines Atomkrieges insgesamt bis zum Jahre 2000 beseitigt werden.

16.4.2 Kriegsverhütungsstrategie

Es wäre sinnvoll, mit dem Abbau des globalen Vernichtungspotentials in besonderen Spannungsgebieten zu beginnen. Die Bundesrepublik Deutschland und die DDR gehören wegen der größten Anhäufung von atomaren Angriffswaffen auf ihrem jeweiligen Territorium zu den gefährdetsten Ländern dieser Erde. Im ureigensten Interesse gilt es, dieses Gefahrenpotential schnellstens abzubauen. Bei fehlender Einigung könnte damit die Bundesrepublik im Prinzip sogar auch einseitig beginnen, ohne dadurch schon die eigene Verteidigung und Freiheit aufs Spiel zu setzen. Die gegenwärtige Verteidigungsstrategie müßte entsprechend den Anforderungen einer Kriegsverhütungsstrategie wie folgt umstrukturiert werden (H. Afheldt, 1983; E. Spannocchi u. G. Brossollet, 1976; J. Löser, 1982; N. Hannig, 1984; E.-U. von Weizsäcker, 1984; M. Birkholz et al., 1985):

1. Wir müßten die Angriffsfähigkeit und damit die Angriffsdrohung vom Boden der Bundesrepublik gegen Gebiete des Warschauer Pakts beseitigen. Damit entfiele der wichtigste Grund für einen Präventivschlag; denn es gäbe kaum lohnende strategische Ziele, die es auszuschalten gelte. Gleichzeitig würde dadurch auch die Wahrscheinlichkeit eines Atomkriegs durch einen Zufall, etwa durch menschliches oder maschinelles Versagen, herabgesetzt. Darüber hinaus entfiele für die UdSSR, zumindest im Bereich der Mittelstreckenraketen, der Zwang zum weiteren Wettrüsten aus Angst und damit auch jegliche propagandistische Rechtfertigung des Rüstens vor der eigenen Bevölkerung.

2. Wir müßten die gegenwärtig auf dem Boden der Bundesrepublik stationierten taktischen Atomwaffen und chemisch/biologischen Waffen beseitigen, die im Ernstfall die eigene Bevölkerung, die eigentlich verteidigt werden sollte, vernichten würden. Denn eine solche Drohung mit kollektivem Selbstmord wäre für einen potentiellen Angreifer unglaubwürdig und entbehrte daher jeglicher Abschreckungswirkung.

3. Eine glaubwürdigere Abschreckungswirkung und zugleich vertrauensbildendere Maßnahme wäre eine defensive Verteidigung* auf der Grundlage moder-

---

*nicht als Tautologie, sondern als Gegensatz zur offensiven Verteidigung zu verstehen ner konventioneller Abwehrwaffen, da hier die eigene Bevölkerung geschont würde und die Gefahr eines eskalierenden Atomkriegs beseitigt wäre. Das bedeutet aber die Entfernung aller atomaren und chemisch/biologischen Waffen vom Territorium der Bundesrepublik. Diese Verteidigungsstrategie würde weder unsere Verteidigungseffizienz noch unsere Freiheit gefährden, da mit intelligenten Minen und zielsuchenden Abwehrwaffen angreifende Panzer und Flugzeuge schon im Grenzbereich vernichtet werden könnten. Eigene Kampfflugzeuge und Panzer wären für einen Verteidigungskrieg nicht mehr erforderlich.

4. Mit diesem defensiven Verteidigungsbeitrag könnte die Bundesrepublik einen wertvollen Schutzwall auch für die anderen NATO-Staaten bilden. Ganz abgesehen davon, daß die defensive Verteidigung nicht nur für die eigene Bevölkerung billiger und weniger gefährlich wäre, hätte sie auch für unsere Nachbarländer des Warschauer Pakts und der NATO eine nicht zu unterschätzende Signalwirkung, die eigene Umrüstung in die Wege zu leiten.

Mit dieser Kriegsverhütungsstrategie wäre endlich der Teufelskreis des Wettrüstens durchbrochen. Unter dem defensiven Verteidigungsschutzschild könnte dann mit der systematischen und zügigen Vernichtung des angehäuften atomaren und chemisch/biologischen Waffenarsenals begonnen werden. So könnte die Menschheit vor einem alles vernichtenden Holocaust bewahrt werden.

278

Literaturauswahl

Afheldt, H., 9 1983: Defensive Verteidigung. rororo aktuell 5346, Rowohlt TB, Reinbek.

Alexandrov, V.V. and G.L. Stenchikov, 1983: On the modeling of the climatic consequences of the nuclear war, The Proceeding of Appl. Mathematics, The Computing Center of the AS USSR, Moscow, 21 p.

Alexandrov, V.V., 1985: Update of climatic impacts of nuclear exchange. In: W.S. Newman and S. Stipcich (Eds.) International Seminar on Nuclear War 4th Session: The Nuclear Winter and the New Defense Systems: Problems and Perspectives, 257 - 274, Proceedings of Seminar at the E. Majorana Centre for Scientific Culture, Erice, Sicily, Aug. 19 - 24, 1984.

Bach, W., 1982: Gefahr für unser Klima. Wege aus der CO_2-Bedrohung durch sinnvollen Energieeinsatz, C.F. Müller, Karlsruhe.

Bach, W., 1986a: Nuclear war: The effects of smoke and dust on weather and climate, Progress in Physical Geography 10 (3), 315 - 363.

Bach, W., 1986b: Von der Nuklearnacht zum Nuklearwinter. Über die klimatischen und ökologischen Auswirkungen eines Atomkriegs. In: H.W. Ahlemeyer u. H.-G. Stobbe (Hg.): Die Universität zwischen Ökonomisierung und Militarisierung, 32 - 47, Lit-Verlag, Münster.

Bach, W., 1986c: Der nukleare Winter - der sicherste Weg in den kollektiven Selbstmord. In: T. Bastian (Hg.) Dokumentation zum 5. Mediz. Kongress zur Verhinderung eines Atomkriegs in Mainz, 37 - 46, Jungjohann Verlagsgesellsch., Neckarsulm.

Birkholz, M. et al., 1985: Defensive Verteidigung - ein Ausweg aus der Kriegsgefahr. Rundbrief Berliner Naturwissenschaftler an alle Bundestagsabgeordneten, Berlin.

Crutzen, P.J. and J.W. Birks, 1982: The atmosphere after a nuclear war: Twilight at noon, Ambio 11, 114 - 125.

Crutzen, P.J., I.E. Galbally and C. Brühl, 1984: Atmospheric effects from postnuclear fires, Climatic Change 6, 323 - 364.

Der Spiegel, 1986: Abrüstung: „Die Sache bringt Bewegung", Nr. 4, 97 - 98.

Hannig, N., 1984: Abschreckung durch konventionelle Waffen. Das David-Goliath-Prinzip. Militärpolitik und Rüstungs-Begrenzung 2, Berlin-Verlag, Berlin.

Harwell, M.A. and T.C. Hutchinson, 1986: Environmental Consequences of Nuclear War. Vol. II Ecological and Agricultural Effects, SCOPE 28, J. Wiley & Sons, New York.

Löser, J., 1982: Gegen den dritten Weltkrieg. Strategie der Freien, Verlag Mittler, Herford.

MacCracken, M.C. and J.J.Walton, 1985: The effects of interactive transport and scavenging of smoke on the calculated temperature change resulting from large amounts of smoke. In: W.S. Newman and S. Stipcich (Eds.) International Seminar on Nuclear War 4th Session: The Nuclear Winter and the New Defense Systems: Problems and Perspectives, 237 - 256, Proceedings of Seminar at the E. Majorana Centre for Scientific Culture, Erice, Sicily, Aug. 19 - 24, 1984.

Malone, R., L. Auer, G. Glatzmaier, M.C. Wood, and O.B. Toon, 1985: Influence of solar heating and precipitation scavenging on the simulated lifetime of post-nuclear war smoke, Science 230, 317 - 319.

NAS (National Academy of Sciences), 1975: Long-term worldwide effects of multiple nuclear weapons detonations, Nat. Acad. Press, Washington, D.C.

NAS, 1985: The effects on the atmosphere of a major nuclear exchange, Nat. Acad. Press, Washington, D.C.

Pittock, A.B., T.P. Ackerman, P.J. Crutzen, C.S. Shapiro, R.P. Turco and MacCracken, M.C. 1986: Environmental Consequences of Nuclear War. Vol. I Physical and Atmospheric Effects, SCOPE 28, J. Wiley & Sons, New York.

Sagan, C., 1983/84: Nuclear war and climatic catastrophe: Some policy implications, Foreign Affairs, No. 62 202, 257 - 292.

Spannocchi, E. und G. Brosselet, 1976: Verteidigung ohne Schlacht, Hanser-Verlag, München/Wien.

Thompson, S.L., V.V. Alexandrov, G.L. Stenchikov, S.H. Schneider, C. Covey and R.M. Chervin, 1984: Global climatic consequences of nuclear war: Simulations with three dimensional models, Ambio 13 (4), 236 - 243.

Thompson, S.L., 1985: Global interactive transport simulations of nuclear war smoke, Nature 317, 35 - 39.

Turco, R.P., O.B. Toon, T.P. Ackerman, J.B. Pollack and C. Sagan, 1983: Global atmospheric consequences of nuclear war, Science 222, 1283 - 1292.

Turco, R.P. O.B. Toon, T.P. Ackerman, J.B. Pollack and C. Sagan, 1984: The climatic effects of nuclear war, Scientific American 251 (2), 23 - 33.

Weizsäcker, C.F. von, (Hrsg.) 1984: Die Praxis der defensiven Verteidigung. (Friedensstrategien 1), Verlag Sponholtz, Hameln.

VII Abkommen zum Schutz der Erdatmosphäre

Die in **Kapitel 17** beschriebenen Fluorchlorkohlenwasserstoffe (FCKW) zerstören nicht nur die stratosphärische Ozonschicht, die uns vor den gefährlichen UV-Strahlen schützt, sondern sie haben auch einen beträchtlichen Anteil am globalen Treibhauseffekt. Dies hat weitreichende Auswirkungen auf Mensch, Umwelt und Klima durch Schädigung der Gesundheit, Beeinträchtigung der Land- und Forstwirtschaft sowie Zerstörung von terrestrischen und marinen Ökosystemen.

Die ersten FCKW wurden 1929 von General Motors als Kältemittel in Klimaanlagen hergestellt. Ihre besonderen Eigenschaften als chemisch stabile und nicht brennbare Substanzen prädestinierten sie zur Anwendung als Treibmittel in Spraydosen, Verschäumungs- und Kühlmittel bis hin zu Lösungs- und Reinigungs- sowie Begasungs- und Brandschutzmitteln. Nach dem 2. Weltkrieg wurden sie in großen Mengen industriell hergestellt. Bei jährlichen Wachstumsraten von 10 % und mehr erreichte die Produktion 1974 weltweit etwa 800 000 t. Im gleichen Jahr warnten M. Molina und F. Rowland (Nature, 249, 810 - 12, 1974) als erste vor der Gefahr einer Zerstörung der atmosphärischen Ozonschutzschicht durch die FCKW-Nutzung. 1995 erhielten sie und P. Crutzen, Direktor des Max-Planck-Instituts für Chemie der Universität Mainz, den Nobelpreis in Chemie für ihre Arbeiten über Entstehung und Abbau von Ozon (WMO-Bulletin 47, 111, 1998). 1978 gab es die ersten Verbote von FCKW in Spraydosen durch die USA, Kanada und Skandinavien. Als erste entdeckten J. Farman et al. (Nature 315, 207 - 10) 1985 ein Ozonloch über der Antarktis. Noch im gleichen Jahr wurde die „Wiener Konvention zum Schutz der Ozonschicht" unterzeichnet, gefolgt zwei Jahre später vom Montrealer Protokoll, das 1989 in Kraft trat.

Als Reaktion auf diese Ereignisse wurde 1987 vom Präsidenten des Deutschen Bundestages die Enquete-Kommission „Vorsorge zum Schutz der Erdatmosphäre" oder kurz „Klima-Enquete-Kommission" eingesetzt. Ihr gehörten entsprechend der jeweiligen Fraktionsstärke 11 Mitglieder des Bundestages und 11 wissenschaftliche Sachverständige an. Der Auftrag lautete, die Ozon zerstörende Wirkung in der Stratosphäre durch FCKW und andere Substanzen, die anthropogenen Klimaänderungen und Maßnahmen zu ihrer Eindämmung sowie die Zerstörung der Tropenwälder und Maßnahmen zu ihrem Schutz zu untersuchen. Dazu wurde eine große Anzahl von Sitzungen und Anhörungen abgehalten, die sehr arbeitsaufwendig waren. Die Anhörungen zur Reduktion der FCKW-Produktion sind mir noch besonders gegenwärtig. In Deutschland gab es damals nur zwei Hersteller, nämlich die Hoechst AG und die Kali-Chemie AG (siehe Tab. 17.1 in **Kapitel 17**), die der Kommission gegenüber eine massive Abwehrhaltung einnahmen. Zeitraubende Verhandlungen und viele Privatgespräche waren deshalb vonnöten. Der Widerstand hatte viel damit zu tun, daß die Industrie ihre riesigen Chlorabfälle aus der Chlorproduktion sozusagen über die Herstellung ihrer chlorhaltigen FCKW entsorgte. Nur allmählich ließ sich dann doch die Industrie von den wissenschaftlichen Argumenten der Kommission überzeugen und zur Kooperation bewegen. Die dazu erforderlichen Szenarienanalysen und 1-D-Modellrechnungen wurden von mir und meinem Assistenten A. Jain an der Universität Münster, die 2-D-Modellrechnungen vom Kollegen P. Crutzen und dessen Assistenten C. Brühl an der Universität Mainz und die 3-D-Modellrechnungen am Klimarechenzentrum Hamburg durchgeführt (siehe Enquete-Kommission des Dt. Bundestages (Hrsg.) Schutz der Erde, Zur Sache 19/90, Bd. 1).

Im folgenden gebe ich einen Überblick sowohl über die dramatische Entwicklung des stratosphärischen Ozonabbaus bis heute, als auch über die verstärkten internationalen Anstrengungen zur Regeneration des Ozonschutzschildes. Die wichtigsten wissenschaftlichen Erkenntnisse über den Ozonabbau lassen sich wie folgt zusammenfassen (R. Bojkov, WMO Bulletin 48, 35 - 44, 1999):

- Die beobachteten Gesamtsäulenozonverluste von 1979 bis zur Periode 1994 - 97 betrugen 5,4 % bzw. 2,8 % (Nordhalbkugel, mittlere Breite, Winter/Frühjahr bzw. Sommer/Herbst) und ca. 5 % (Südhalbkugel, mittlere Breite, im gesamten Jahr).
- Über der mittleren Breite der Nordhalbkugel war der Abwärtstrend von > 7 % / Dekade am größten in 40 und 45 km Höhe, am geringsten mit 2 % / Dekade in 30 km Höhe.
- In den vergangenen 4 Jahren erreichte das sich alljährlich im September/Oktober bildende Antarktische Ozonloch monatliche Gesamtozonwerte, die 40 - 55 % unter denen der Vor-Ozonlochzeit lagen. Das bisher größte Ozonloch mit einer Ausdehnung von ca. 25 Mio km^2 (70 mal die Fläche Deutschlands) und einer Dauer von 20 aufeinanderfolgenden Tagen ereignete sich 1998.
- Der größte Teil der abnehmenden Temperaturtrends von ca. 0,6 °C/Dekade von 1979 - 1994 ging auf das Konto des Ozonabbaus in der unteren Stratosphäre. Dadurch wurden etwa 30 % des positiven Strahlungsantriebs durch Treibhausgase seit 1980 kompensiert.
- Die Ozonzunahme in der Troposphäre hat seit der vorindustriellen Zeit +0,35 ± 0,15 W/m^2 zum durchschnittlichen Strahlungsantrieb und damit etwa 10 - 20 % zur Treibhausgaserwärmung beigetragen.
- Die nächsten ein bis zwei Jahrzehnte sind die kritischsten für den Ozonabbau. Der eindeutige Nachweis für die Erholung der Ozonschutzschicht wird wahrscheinlich noch 20 Jahre auf sich warten lassen.

Letztere Einschätzung wurde auf der Abschlußtagung des Deutschen Ozonforschungsprogramms am 21.10.1999 in Bonn bestätigt. Laut R. Zellner sind die Meldungen verfrüht, daß sich der Trend der Ozonzerstörung abgeschwächt habe. Denn noch immer nähme das wichtigste FCKW 12 in der Atmosphäre zu, wenn auch nicht mehr ganz so stark wie in vergangenen Jahren. Als Gründe kämen Leckagen und unsachgemäße Wartung vor allem der Kühl- und Klimaanlagen in Frage.

Ozonänderungen beeinflussen u. a. das Klima, und Klimaänderungen beeinflussen wiederum die Ozonschutzschicht. Deshalb sind auch die internationalen Vereinbarungen im Ozonbereich (z. B. das Montrealer Protokoll) mit denen im Klimabereich (z. B. das Protokoll von Kyoto) eng miteinander gekoppelt. Die Reduktions-vereinbarungen für die einzelnen chemischen Substanzen für das Montrealer Protokoll von 1987 und seine bisherigen Verschärfungen von London 1990 und Kopenhagen 1992 habe ich an anderer Stelle zusammengestellt (siehe W. Bach et al., Schadstoffbelastung und Schutz der Erdatmosphäre, Economica Verlag, S. 105, 1995). Die jüngste Verschärfung von Montreal 1997 kann vom Ozonsekretariat in Nairobi über Internet //243/http://www.uncp.ch/ozone/ abgerufen werden. Sie bringt gegenüber den Vorgängerverschärfungen folgende Ergänzungen: Für Methylbromid (CH_3Br) bezogen jeweils auf 1991 Reduktionen von 25 % in 1999, 50 % in 2001, 70 % in 2003 und 100 % in 2005. Beim letzten Stand vom 23. 6. 99 hatten 14 Staaten - eingeschlossen Deutschland - die Verschärfung unterzeichnet. Sechs Unterschriften fehlen noch, damit es nach weiteren 90 Tagen in Kraft treten kann.

Auf nationaler Ebene folgt Deutschland auf Empfehlung der Klima-Enquete-Kommission mit der FCKW-Halon-Verbotsverordnung vom 1. 8. 91 einem schnell-eren als international vorgesehenen Reduktionsfahrplan. Von 1986 bis 1994 nahm die FCKW-Produktion von 126 000 auf 14 500 t (um 88 %) ab. Aus den vollhalo-genierten FCKW und Halonen muß bis 1995 und aus den teilhalognierten HFCKW muß bis 2000 ausgestiegen sein (UBA, Klimaveränderung und Ozonloch. Zeit zum Handeln, S. 28-29, 1996).

WMO und UNEP haben einmal berechnet, welche positiven Auswirkungen von den Vereinbarungen - wenn sie denn wie vorgesehen auch befolgt würden - erreicht werden könnten (R. Bojkov, WMO 48, 43, 1999). Ohne das Montrealer Protokoll und unter der Annahme einer Produktionswachstumsrate von 3 % würden die O_3-DS (ozone-depleting substances/Ozon-zerstörenden Substanzen) in 2050 zu einem äquivalenten Chlorgehalt in der Stratosphäre von ca. 17 ppb und einem massiven Ozonabbau von 50 - 70 % im Vergleich zu 1976 führen (derzeitiger Chlorgehalt etwa 5 ppb). Natürlich würden sich die Auswirkungen noch weit über 2050 hinaus erstrecken. Dagegen würden die stratosphärischen O_3-DS-Konzentrationen durch das ursprüngliche Montrealer Protokoll (1987) auf ca. 9 ppb verringert und durch die Verschärfungen von London (1990) auf ca. 4,6 ppb, sowie die von Kopenhagen (1992) und Montreal (1997) insgesamt auf rd. 2,0 ppb in 2050 reduziert, was ungefähr den Verhältnissen von 1980 kurz vor Erscheinen des ersten Ozonlochs entsprechen würde.

Darüber hinaus hat Environment Canada 1997 für UNEP Nutzen und Kosten durch das Montrealer Protokoll von 1987 berechnen lassen. Danach gäbe es von 1987 - 2060 global 1. 19,1 Mill. Fälle von vermiedenem gutartigen Hautkrebs; 2. 1,5 Mill. Fälle von vermiedenem bösartigen Hautkrebs; 3. 120 Mill. Fälle von ver-miedenen Augenlinsentrübungen; 4. und 5. 238 Mrd. US$ bzw. 191 Mrd. US$ durch vermiedene Schäden bei der Fischpopulation bzw. der landwirtschaftlichen Produktion (Network Newsletter 13/3,4, April-Juni 1998).

Nun gibt es bei allen Vereinbarungen immer auch Ausnahmeregelungen und Unwägbarkeiten (siehe die Abschnitte 17.2.2 und 2.3 in **Kapitel 17**). Einige ehe-malige Ostblockländer - vor allem Rußland - haben wirtschaftliche Schwierigkeiten geltend gemacht und werden deshalb Begünstigungen erhalten. Alle Industrieländer müssen gemäß dem Montrealer Protokoll von 1987 die FCKW-Produktion zum 1. 1. 96 einstellen. Rußland produzierte 1997 noch 15 000 t FCKW - etwa 11 % der Weltproduktion. Neun Industrieländer haben sich bereiterklärt, den russischen FCKW-Ausstieg bis Ende 2000 mit 27 Mill. US$ zu unterstützen (Global Environmental Change Report (GECR), 15,3, 14. 8. 98).

Wie nicht anders zu erwarten, haben die Ausnahmeregelungen (**siehe Kapitel 17**) zwischen der Ersten und der Dritten Welt zu einem schwunghaften Schmuggel geführt. Dazu einige Beispiele: In den USA mußte ein Unternehmen ein Bußgeld von 688 000 $ für illegale Gewinne aus FCKW-Schmuggel zahlen. Die daran beteiligten Personen sahen sich zusätzlich Maximalstrafen von bis zu 500 000 $ und bis zu 15 Jahren Gefängnis bzw. bis zu 250 000 $ und bis zu 5 Jahren Gefängnis konfrontiert (GECR 4, 8, 27. 2. 98). Auch ausländische Staatsbürger werden von US-Gerichten verurteilt. So erhielt der Mann eines kanadischen Ehepaares für FCKW-Schmuggel 15 Monate Gefängnis und eine Geldstrafe von 28 000 $, während seine Frau mit einer Geldstrafe von 1500 $ davonkam. An der US-mexikanischen Grenze soll der Schmuggel besonders rege sein. In Kalifornien wurde der Besitzer eines Autoersatzteillagers für den illegalen Kauf von 5,4 t FCKW-12, die aus Mexiko eingeschmuggelt worden waren, angeklagt. Bei Verurteilung drohen ihm eine Geldstrafe von 250 000 $ und/oder maximal 5 Jahre Gefängnis (GECR, 11, 8, 12. 6. 98).

17 Die FCKW gefährden Ozonschutzschicht und Klima: Was bringen Vereinbarungen und Maßnahmen ?

Es wird ein Einblick in die Doppelwirkung der FCKW gegeben, wie sie die Ozonschutzschicht der Atmosphäre zerstören und das Klima gefährden. Anhand von fünf Szenarien werden die möglichen Auswirkungen der Regelungen des Montrealer Protokolls analysiert. Im höchsten Szenario A würde der die Ozonschicht zerstörende Chlorgehalt in der Stratosphäre um etwa das Neunfache bis 2050 gegenüber dem aktuellen Wert zunehmen. Selbst im niedrigsten Szenario E würde er sich noch verdoppeln. In Szenario A führt das bis 2050 in 40 km Höhe zu einem mittleren globalen Ozonschwund von fast 70 %. Gleichzeitig würde Ozon in Bodennähe, wo es ein äußerst gefährliches Gift für Mensch, Tier und Pflanze ist, um mehr als 20 % zunehmen. Diese gegenläufigen Entwicklungen würden in Szenario A in 40 km Höhe bis 2050 zu einem Temperatursturz von ca. 25 °C, in Bodennähe dagegen zu einer mittleren globalen Aufheizung von rd. 1,5 °C führen. Die möglichen Auswirkungen auf Mensch und Umwelt werden beschrieben. Vorsorgemaßnahmen und Vereinbarungen von der lokalen bis zur internationalen Ebene werden diskutiert.

17.1 Zur Ozonproblematik

17.1.1 Ozon - ein Segen, aber auch eine Gefahr

Als sich die Erde vor 4 - 5 Mrd. Jahren abkühlte, entstanden durch Ausgasungen Wasserdampf, Kohlendioxid und Methan. Durch Einwirkung der energiereichen ultravioletten (UV) Sonnenstrahlung wurden die Elemente in Atome gespalten. Aus den freien Sauerstoffatomen (O) bildeten sich durch Anlagerung molekularer Sauerstoff (O_2) und Ozon (O_3). Das in der Stratosphäre gebildete O_3 schützt die Erdoberfläche vor der schädlichen UV-Strahlung und ermöglicht dadurch erst das Leben auf unserem Planeten. Dagegen ist das in der bodennahen Luftschicht, der Troposphäre, aus einer Reaktionsfolge verschiedener Spurengase gebildete O_3 eine große Gefahr; denn es zerfrißt die Lungen von Mensch und Tier, schädigt die Pflanzen, trägt zum Waldsterben bei und verringert die Ernteerträge, und es ist darüber hinaus auch noch ein starkes klimawirksames Gas, das den Treibhauseffekt verstärkt. Auf einen Nenner gebracht bedeutet das Ozonproblem: In der Stratosphäre, wo uns das O_3 vor schädlichen UV-Strahlen schützt, bauen wir es ab, und in der Troposphäre, wo es uns schädigt, reichern wir es an.

17.1.2 Wodurch wird die Ozonschutzschicht in der Stratosphäre zerstört ?

Die Zerstörung geschieht vorwiegend durch Chlor- und Bromverbindungen. Die wichtigsten natürlichen Halogenquellen sind Meeresalgen, die vor allem Methylchlorid (CH_3Cl) und Methylbromid (CH_3Br) produzieren, und Vulkanausbrüche (W. Bach, 1986). Der u. a. dadurch erzeugte natürliche Chlorgehalt der Stratosphäre liegt im Durchschnitt zwischen 0,5 und 0,7 ppb, wobei die Ozonschutzfunktion erhalten bleibt. Erst die künstlichen vom Menschen hergestellten Fluorchlorkohlenwasserstoffe (FCKW) und Bromverbindungen (Halone) aus der Chlor- und Bromchemie, die derzeit schon zu einem mehr als fünffachen Anstieg des natürlichen Chlorgehaltes beigetragen haben, führen zu einer besorgniserregenden Ausdünnung der Ozonschutzschicht.

17.1.3 Wer stellt die FCKW her?

Eine FCKW-Kommission der Chemical Manufacturers Association (CMA) veröffentlicht jährliche Schätzungen über Produktion, Verkauf und Emission der beiden wichtigsten, unter den Handelskürzeln F11 ($CFCl_3$) und F12 (CF_2Cl_2) laufenden FCKW (P. Gamlen et al., 1986). Diese werden im Auftrag der CMA auf vertraulicher Basis von der „unabhängigen" Firma Alexander Grant & Co. von den einzelnen Firmen erfragt. Tab. 17.1 zeigt die 33 Firmen, die gegenwärtig weltweit an der Produktion von FCKW beteiligt sind. In der Bundesrepublik sind es die Firmen Hoechst AG, Frankfurt, und Kali-Chemie AG, Bad Honningen, mit ihren spanischen und brasilianischen Niederlassungen. Die Produktion liegt vorwiegend in den Händen der wichtigsten Industrieländer. Die Hoechst-AG ist der Welt größter Produzent.

17.1.4 Charakteristika der FCKW

Die FCKW sind organische Verbindungen, die Fluor-, Chlor-, Wasserstoff- und Bromatome enthalten. Sie sind reaktionsträge, chemisch stabil und daher langlebig. Sie sind nicht brennbar, vertragen sich gut mit den meisten Werkstoffen und sind billig in der Herstellung. Bis auf Trichlorethylen (C_2HCl_3) und Tetrachlorethylen (C_2Cl_4), bei denen Toxizität vermutet wird, werden sie für ungiftig gehalten (V. Ramanathan et al., 1985). Aufgrund dieser Eigenschaften werden sie seit der Synthetisierung in den 30er Jahren in großen Mengen hergestellt.

Sie kommen in 6 Hauptbereichen zur Anwendung, als
- Treibmittel in Spraydosen (Haar- und Körperpflege, Schuh- und Autopflege, Raumsprays, Pharmazeutika, Pflanzenspritzmittel, Farben, etc.)
- Verschäumungs-, Isolier- und Verpackungsmaterial (Hausbau, Möbelherstellung, Lebensmittelverpackung, etc.)
- Kühlmittel (Kühl- und Gefrierschränke, Klimaanlagen in Häusern und Automobilen, etc.)

Tabelle 17.1: Produzenten von Fluorchlorkohlenwasserstoffen (FCKW)[*]

Bundesrepublik Deutschland	USA
1. Hoechst AG	9. Allied Corporation
1.1 Hoechst Iberia (Spanien)	9.1 Allied Canada Inc. (Kanada)
1.2 Hoechst do Brasil Quimica	9.2 Quimobasicos, SA (Mexiko)
& Farmaceutica, SA Brasilien	10. E.I. du Pont de Nemours & Co. Inc.
2. Kali-Chemie AG	10.1 Dulico, SA (Argentinien)
2.1 Kali-Chemie Iberia (Spanien)	10.2 Du Pont do Brasil, SA (Brasilien)
Niederlande	10.3 Halocarburos, SA (Mexiko)
3. Akzo Chemie, BV	10.4 Du Pont de Nemours, NV (Niederl.)
Frankreich	11. Essex Chemical Corporation
4. Atochem SA	12. Kaiser Aluminium & Chemical Corp.
4.1 Ugimica, SP (Spanien)	13. Pennwalt Corp.
4.2 Produven (Venezuela)	14. Union Carbide Corp. (Produktion
4.3 Pacific Chemical Industries Pty.	in 1977 eingestellt)
Ltd. (Australien)	**Japan**
England	15. Asahi Glass CO. Ltd.
5. Imperial Chemical Industries PLC	16. Daikin Kogyo Co. Ltd.
5.1 African Explosives & Chemical	17. Mitsui Flourochemicals Co. Ltd.
Industries Ltd.	18. Showa Denko, KK
6. ISC Chemicals Ltd.	**Australien**
Italien	19. Australian Fluorine Chemical Pty. Ltd.
7. Montefluos S.P.A.	**Kanada**
Griechenland	20. Du Pont Canada Inc.
8. Societé des Industries Chimiques	
du Nord de la Grece,SA	

[*] Bis einschließlich 1982 bei der Chemical Manufacturers Association gemeldete Produzenten. Hinzu kommen: Osteuropa (DDR, CSSR, Ungarn, Polen), UdSSR, Volksrepublik China, Indien und Argentinien.
Quelle: Gamlen et al. (1986).

- Lösungs- und Reinigungsmittel (Farbenindustrie, Chipherstellung für Computer, etc.)
- Begasungsmittel (Ernteerträge)
- Brandschutzmittel (Löschgeräte).

In Tab. 17.2 sind einige Ozonschichtzerstörende und klimabeeinflussende Charakteristika von FCKW und anderen Spurengasen in einer Übersicht zusammengestellt.

17.2 Internationale Vereinbarungen zum Schutz der Ozonschicht in der Stratosphäre

17.2.1 Das Montrealer Protokoll

Das Wiener Abkommen vom 22.3.1985 und das Montrealer Protokoll vom 16.9.1987 über Stoffe, die zum Abbau der Ozonschicht führen, sind wichtige internationale Vereinbarungen und ein erster Schritt in die richtige Richtung. Nach unse-

Tabelle 17.2: Übersicht über wichtige klimawirksame Spurengase

Gase	Haupt-quelle[1])	Haupt-senke[2])	Durchschn. Verweil-zeit in Atmosph. Jahre	Durchschn. globale-Konzentr in 1980. ppb	Änderung der durchschn. globalen Bodentemp.[3] °C	Bemerkungen, Entstehung, Verwendung (anthropogen)
Kohlendioxid (CO_2)	N, A	O	50-200	339×10^3	2	Fossile Brennstoffe, Zerst. von Wäldern und Böden
Ozon (O_3) in Troposphäre	P	T (UV, B, O)	0,1-0,3	25	0,9	Ständig auf- und abgebaut
Distickstoff-oxid (N_2O)	N, A	S(UV)	130-150	300	0,3 - 0,4	Brennstoffe, Düngemittel
Methan (CH_4)	N, A	T(OH)	ca.10	1650	0,3	Reisfelder, Viehhaltung, Brennstoffe, Erdgasleckagen
Fluorchlor-kohlenwasser stoffe						
F 13	A	S(UV),I	400	0,007	0,20	Treibgas
F 12	A	S(UV)	130	0,28	0,15	Verschäumungs- und
F 11	A	S(UV)	65	0,18	0,13	Verpackungsmittel
F 116	A	I	>500	0,004	0,12	Aluminiumherstellung
F 113	A	S(UV)	90	0,025		Lösungs- und Reinigungs-
F 114	A	S(UV)	180	0,015		mittel
F 22	A	T(OH)	20	0,06	0,05	Kühlmittel
Chlorkohlen-wasserstoffe						
CCl_4	A	S(UV)	25-50	0,13	0,07	zur FCKW-Herstellung
$CHCl_3$	A	T(OH)	0,7	0,01	0,06	zur Herstellung von F 22
CH_3CCl_3	A	T(OH)	8	0,14	0,02	Lösungsmittel
Bromverb. $CBrF_3$	A	S(UV)	110	0,001	0,18	Brandschutzmittel

[1] A = anthropogen; N = natürlich; P = photochemisch; [2] O = Ozean; T = Troposphäre; UV = Ultraviolett-Photolyse; B = Boden; S = Stratosphäre; OH = Abbau durch Hydroxyl-Radikal: I = Abbau in Ionosphäre durch UV- und Elektronenstrahlung; [3] Modellrechnungen

Extrahiert aus: WMO (1982); CDAC (1983); Ramanathan et al. (1985); Bach (1986)

rem heutigen Kenntnisstand reichen jedoch die darin vorgesehenen stufenweisen Produktionsminderungen zur Erhaltung der Ozonschutzschicht nicht aus. Die Welt-klimakonferenz von Toronto hat deshalb am 29.6.1988 eine Novellierung des Pro-tokolls bis 1990 empfohlen, mit dem Ziel einer fast vollständigen Eliminierung aller vollhalogenierten FCKW bis zum Jahre 2000. Weitergehende Maßnahmen zur Be-grenzung auch der anderen Ozon-zerstörenden Substanzen sollen in Betracht gezo-gen werden. Aufgrund der Ergebnisse des „Ozone Trends Panel", einem Experten-gremium von mehr als 100 Wissenschaftlern, wonach die Zerstörung der Ozon-schicht keineswegs auf die Antarktis beschränkt ist, forderte die US Umweltschutz-behörde am 27.9.1988 eine vollständige Einstellung der Produktion von FCKW und ähnlich wirkenden Substanzen bis zum Jahre 2000.

Für eine gesicherte Abschätzung der Kontrollwirkung des Montrealer Protokolls ist es geboten, sich vor einer Novellierung auf eine einheitliche Interpretation der darin festgelegten Regelungen und Ausnahmeregelungen zu einigen und auf dieser Basis die Ozonzerstörung abzuschätzen. Auf Veranlassung der Enquête-Kommission wurde zunächst zwischen den beteiligten Instituten und dem Umweltbundesamt Einigung über eine vereinheitlichte Interpretation des Protokolls erzielt. Dann wurde für eine im Rahmen des Protokolls mögliche Spannbreite von Szenarien nicht nur die sich daraus ergebende Ozonzerstörung, sondern auch die Temperaturänderung berechnet. Ziel ist es , die anstehende Verschärfung des Montrealer Protokolls auf eine wissenschaftlich fundierte Basis zu stellen.

17.2.2 Regelungen und Ausnahmeregelungen

Voraussetzung für das Inkrafttreten der Regelungen ist die Ratifizierung des Protokolls durch mindestens 11 Signatarstaaten, die wenigstens 2/3 des globalen FCKW- und Halon-Verbrauchs repräsentieren. Es gilt klar zu unterscheiden zwischen quantifizierbaren Regelungen bzw. Ausnahmeregelungen und quantitativ nur schwer erfaßbaren Unwägbarkeiten.

Die quantifizierbaren Regelungen und Ausnahmeregelungen für Produktion/Verbrauch von FCKW und Halonen in Industrieländern (IL) lassen sich wie folgt zusammenfassen:

- Das Protokoll tritt 6 Monate nach Ratifizierung am 1.7.1989 in Kraft. Bis dahin ist ein weiterer Anstieg möglich.
- Vom 1.7.1989 bis 30.6.1993 sollen die FCKW-Werte von 1986 wieder erreicht werden (mit Ausnahme der UdSSR, für die 1989-er Werte gelten). Eine Überschreitung um 10 % ist jedoch erlaubt.
- Vom 1.7.1993 - 30.6.1998 braucht der FCKW-Wert von 1986 nicht um 20 %, sondern nur um 10 % reduziert zu werden.
- Vom 1.7.1998 an braucht die FCKW-Menge von 1986 nicht um 50 %, sondern nur um 35 % verringert zu werden.
- Die Halone unterliegen bis zum 1.1.1992 keiner Kontrolle. Sie sollen zu diesem Zeitpunkt den Wert von 1986 wieder erreichen, können ihn aber um 10 % überschreiten.

Demgegenüber gilt für die Entwicklungsländer (EL):
- Ein EL, das mehr als 0,3 kg/Kopf verbraucht, unterliegt denselben Kontrollmaßnahmen wie ein IL.
- Ein EL, das am 1.1.1989 weniger als 0,3 kg/Kopf verbraucht, kann die für die IL geltenden Regelungen bis zum 30.6.1999 verschieben. Während dieser Zeit dürfen 0,3 kg/Kopf nicht überschritten werden.
- Für die Regelungen nach dem 30.6.1999 muß jedes EL den niedrigeren Wert entweder des Durchschnittswerts von 1995 - 1997 oder der Verbrauchshöhe von 0,3 kg/Kopf zur Grundlage seiner Überwachungsmaßnahmen machen.

17.2.3 Unwägbarkeiten

Darüber hinaus gibt es eine Reihe von quantitativ schwer erfaßbaren Unwägbarkeiten. Dazu gehören:

- Die unvollständige Information über Produktions-, Verbrauchs-, Import- und Exportzahlen für FCKW und Halone sowie Angaben über die für deren Herstellung benötigten Vorprodukte;
- die Anzahl der Länder , die das Montrealer Protokoll nicht unterzeichnen;
- der Erfüllungsgrad der im Protokoll vereinbarten Regelungen bei den Unterzeichnerländern;
- der Verlagerungsgrad der FCKW- und Halon-Herstellung in Nichtunterzeichnerländer;
- der Grad des Produktionstransfers zwischen Unterzeichnerstaaten zum Zwecke der Rationalisierung, wenn deren FCKW- und Halonproduktion 1986 unter 25.000 t lag;
- der Anteil der Unterzeichnerländer, der vor dem 16.9.1987 mit dem Bau von Produktionsstätten begonnen und diese bis zum 31.12.1990 beendet hat (wenn die Verbrauchshöhe von 0,5 kg/Kopf nicht überschritten wird, dann darf nämlich die Produktionsmenge aus den hinzugekommenen Produktionsstätten zur Festlegung des 1986-er Basiswerts hinzugerechnet werden);
- das Ausmaß einer Einigung über stringentere Reduktionsmaßnahmen nach 1990;
- inwieweit sich Substitutionen zwischen den einzelnen im Protokoll geregelten Substanzen vollziehen;
- ob zusätzliche, ozonzerstörende Substanzen kontrolliert werden; und
- inwieweit die im Protokoll geregelten Reduktionen unterschritten werden.

Wie sich diese Regelungen auf Ozongehalt und Klima auswirken, wird mit Hilfe der folgenden Szenarienanalyse berechnet.

17.3 Was bewirken die Regelungen des Montrealer Protokolls ?

17.3.1 Produktionsmengen

Die weltweite FCKW-Produktion (vorwiegend F11 und F12) hat von ca. 70.000 t im Jahre 1952 bis zu ihrem bisherigen Höchststand im Jahre 1974 um mehr als das 10fache auf rund 800.000 t zugenommen (NCR, 1984). Im Zusammenhang mit den ersten Vermutungen von F. Rowland und M. Molina (1975), daß die FCKW die stratosphärische Ozonschicht abbauen könnten, ist bis 1982 ein Produktionsrückgang auf ca. 600.000 t zu verzeichnen. Seitdem steigt die FCKW-Produktion wieder an und erreichte bis 1984 schon wieder rund 700.000 t. Seit 1974 hat die Verwendung von FCKW als Treibgas zwar abgenommen, dafür haben aber die anderen Verwendungszwecke stark zugenommen. Das läßt sich gut an der EG-Produktion zeigen, die mit ca. 370.000 t oder mehr als 50 Prozent an der FCKW-Weltproduktion beteiligt ist (BUND, 1986). Wie Abb. 17.1 zeigt, hat die Treibgasverwendung für Spraydosen bis 1982 abgenommen und ist danach ungefähr gleich-

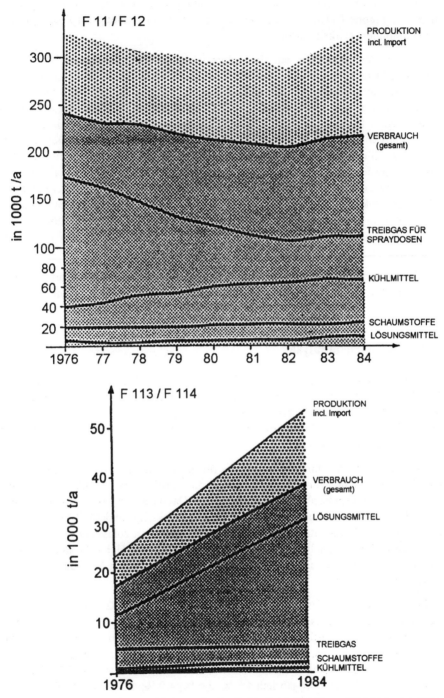

Abb. 17.1: Produktion und Verbrauch von F 11, F 12, F 113 und F 114 in der EG
von 1976-1984.
Zit. Nach Claus (1986).

geblieben. Dafür haben die anderen Verwendungszwecke entsprechend zugenommen. Die Freone F113 und F114 zeigen bei ihrer Verwendung als Lösungsmittel einen besonders starken Anstieg.

Von der Weltproduktion entfallen gegenwärtig ca. 48 Prozent auf F12, 32 Prozent auf F11 und je 10 Prozent auf F113/114 und F22 (F. Claus, 1987). Ob letztere als Substitionsprodukte geringere Umweltauswirkungen haben, ist weiter unten noch zu untersuchen. Die Bundesrepublik Deutschland ist allein mit jährlich 60.000 t, oder ca. 9 Prozent, an der FCKW-Weltproduktion beteiligt. 1985 kauften die Bundesbürger ca. 630 Millionen Spraydosen, oder pro Kopf rund 10 Dosen. Zwar hat seit 1976 die FCKW-Menge von 93 g pro Dose auf 50 g abgenommen. Aber dennoch erreicht die Spraydosenverwendung wegen der riesigen Anzahl mit ca. 30.000 t etwa die Hälfte des gesamten FCKW-Verbrauchs. Je 15.000 t der gesamten FCKW-Produktion finden Verwendung in der Kunststoffverschäumung und als Kühlmittel. In Haushaltskühlschränken spielen die FCKW jedoch eine untergeordnete Rolle; denn pro Kühlschrank werden nur etwa 50 bis 150 g FCKW gebraucht, was dem FCKW-Inhalt von 1 - 3 Spraydosen entspricht.

Abschließend ist festzustellen, daß früher oder später die meisten produzierten FCKW in die Atmosphäre gelangen, da bisher nur ein sehr geringer Anteil rezykliert wird.

17.3.2 Szenarienanalyse

Zur Abschätzung der Bandbreite möglicher zukünftiger Entwicklungen wurden die Regelungen und Sonderregelungen des Montrealer Protokolls in den folgenden 5 Szenarien A („worst case") bis E („best case") zugrundegelegt. Es handelt sich um Produktions-Szenarien für die im Protokoll erfaßten FCKW (F11, 12, 113, 114 und 115) und Halone (1211, 1301).

In Szenario A wird unterstellt, daß das für das Inkrafttreten des Montrealer Protokolls erforderliche Minumum an Ländern, die $^2/_3$ (67 %) der FCKW- und Halon-Weltproduktion repräsentieren, ratifiziert wird. Davon gehen 90 % auf das Konto der Industrieländer (IL) und 10 % auf das der Entwicklungsländer (EL) (J. Hammitt et al., 1987). Alle Signatarstaaten schöpfen alle gesetzlich zulässigen Ausnahmeregelungen voll aus. Von 1986 - 1989 steigt die FCKW- und Halon-Produktion weltweit um 5 %/a an. Diese Wachstumsrate wird danach von den Nichtunterzeichnerstaaten beibehalten.

In Szenario B wird das Protokoll von IL und EL mit rund 92 % der FCKW- und Halon-Weltproduktion ratifiziert. Diese schöpfen alle gesetzlich zulässigen Sonderregelungen aus. Die restlichen Länder mit 8 % der Produktion, wie China und die Osteuropäischen Staaten, die bisher ihre Absicht zur Nichtunterzeichnung bekräftigt haben, steigern die Produktion nach historischen Wachstumsraten (für F11, 12, 113, 114, 115, H1211, 1301 um jährlich 4,8 %; 2,6 %; 4,9 %; 4,0 %; 4,0 %; 4,5 %; und 4,5 %).

In Szenario C ratifizieren alle Länder das Protokoll und schöpfen alle gesetzlich zulässigen Sonderregelungen aus. Von 1986 - 1989 werden jährliche Wachstumsraten von 3 - 5 % für F11, 12, 113, 114 und 115 sowie von 4 und 11 % für H1211 und 1301 angenommen.

In Szenario D ratifizieren alle Länder das Protokoll, nehmen aber die Ausnahmeregelungen nicht in Anspruch. Die Wachstumsraten von 1986 - 1989 sind die gleichen wie in Szenario C.

Und im „best case", Szenario E, einigen sich alle Länder auf eine vollständige Einstellung der FCKW- und Halon-Produktion bis zum Jahre 2000. Die Reduktion vollzieht sich stufenweise und zwar bis 1989 auf den Wert von 1986 und danach jeweils bezogen auf den 1986-er Wert um 20 % bis 1990, um 50 % bis 1994 und um 100 % bis 2000.

17.3.3 Produktions- und Konzentrationsentwicklung

Abb. 17.2 zeigt die Produktions- (kt) und troposphärische Konzentrationsentwicklung (ppt) für die Szenarien A bis E bis 2100. Im höchsten Szenario A steigt die Produktion bis 2100 auf das ca. 8-fache des heutigen Wertes, was zu einer 12-fachen FCKW- und Halon-Konzentration in der Troposphäre führt. Die Variante B bringt analog dazu eine Verdopplung der Produktion und eine Verfünffachung der Konzentration. Trotz eines Produktionsrückganges um 50 % gegenüber 1986 (Szenario D) bzw. einer Produktionsbeschränkung auf den 1986-er Wert (Szenario C) steigt die Konzentration noch um das ca. 2- bis 4-fache an. Wollte man die Konzentration bis etwa zum Jahre 2030 wieder auf den Stand von 1986 bringen, wäre, wie Szenario E zeigt, ein vollständiger Produktionsstopp bis zum Jahre 2000 erforderlich.

17.3.4 Input für die Modellrechnungen

Die Produktions-Szenarien wurden mit Hilfe der von P. Gamlen et al. (1986) und CMA (1987) gegebenen Konversions-Relationen in Emissions-Szenarien umgerechnet. Dabei ergaben sich für die im Montrealer Protokoll regulierten Gase für 1986 folgende Emissionen (kt):

F 11	F 12	F 113	F 114	F 115	H 1211	H 1301
397,1	568,6	157,8	24,1	15,0	8,743	9,006

Für die in den Montrealer Vereinbarungen nicht regulierten Spurengase wurden für 1986 folgende Ausgangswerte und Wachstumsraten angenommen:

Emission (kt):

Methylchloroform (CH_3CCl_3): 639,0 Zunahme: 3%/a

Tetrachlorkohlenstoff (CCl_4): 131,2 Zunahme: Proportional zur Summe der F 11- und F 12-Produktion

F 22 (CHF_2Cl): 81,2 Zunahme: 3%/a

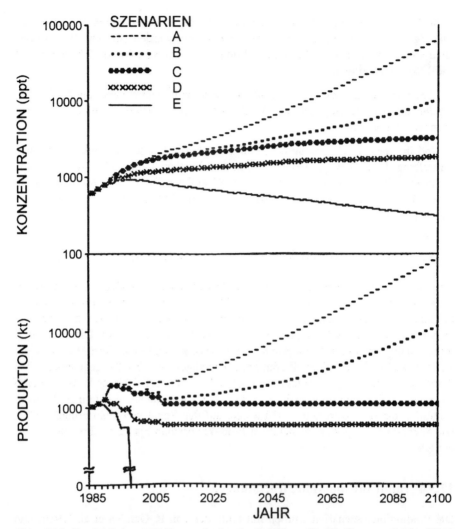

Abb. 17.2: Produktions- und Konzentrationsentwicklung für die Summe der im Montrealer Protokoll erfaßten FCKW (F11, 12, 113, 114 u. 115) und Halone (1211, 1301) für die Szenarien A - E.
Quelle: Brühl und Crutzen (1988).

	Konzentration:
CH$_4$:	1,71 ppm; Zunahme: 1%/a
N$_2$O:	309,00 ppb; Zunahme: 0,2%/a
CO$_2$:	348,10 ppm; Zunahme: 0,6%/a
CO:	106,00 ppb; ungefähr konstant
NO$_X$:	0,30 ppb; Zunahme: 1,6% bis 2030, danach konstant.

Die beiden letzten Gase haben nur Bedeutung für das troposphärische Ozon. Alle hier aufgelisteten Spurengase und ihre Spezifizierungen aus den Szenarien bilden den Input für die Modellrechnungen. Diese wurden von C. Brühl mit einem 1-D Chemie-Klimamodell durchgeführt (C. Brühl und P. Crutzen, 1988). Die folgenden Ergebnisse sind sehr aufschlußreich.

17.3.5 Zunahme des Chlor- und Abnahme des Gesamtozongehalts

Abbildung 17.3 zeigt die zeitliche Änderung des Chlorgehalts (ppb) in der Stratosphäre in ca. 50 km Höhe. In Szenario A würde der Chlorgehalt bis zum Jahre 2050 gegenüber heute um das fast 9-fache zunehmen. Selbst bei einem vollständigen Produktionsstop bis zum Jahre 2000 würde sich im Szenario E der Chlorgehalt bis 2050 noch fast verdoppeln, wenn nicht gleichzeitig auch die anderen chlorhaltigen Substanzen wie CH_3CCl_3, CCl_4, und F 22 entsprechend reduziert würden.

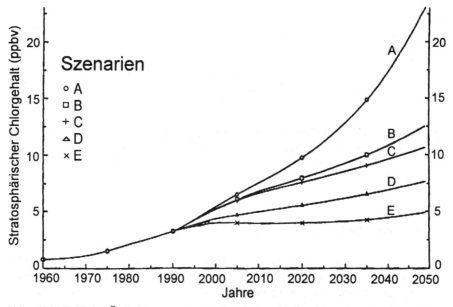

Abb. 17.3: Zeitliche Änderung des Chlorgehalts in der Stratosphäre in ca. 50 km Höhe durch die im Montrealer Protokoll erfaßten Gase (F11, 12, 113, 114, 115 u. H1211, 1301) und nicht kontrollierten Gase (CH_3CCl_3, CCl_4, F22, CO_2, CH_4, N_2O, CO, NO_X).
Quelle: Brühl und Crutzen (1988).

Abbildung 17.4 zeigt die zeitliche Änderung (%) des Gesamtozongehalts (Stratosphäre plus Troposphäre). Szenario A würde in 2050 gegenüber 1986 zu einem katastrophalen Gesamtozonschwund von ca. 40 % führen. Eine beträchtliche Wirkung hat der an F 11 und F 12 gekoppelte CCl_4-Anstieg. Ohne CCl_4 würde der Gesamtozonabbau aber immer noch ca. 32 % erreichen (in der Abb. 17.4 nicht dargestellt). Auch in den Szenarien B, C und D ist der Ozonverlust mit 4 - 13 % beträchtlich. Nur in Szenario E wird, nach einem leichten Ozonschwund bis 2000, um die Mitte des nächsten Jahrhunderts wieder der Gesamtozongehalt der Atmosphäre von 1986 erreicht.

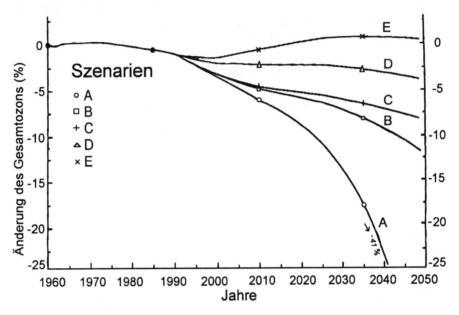

Abb. 17.4: Zeitliche Änderung des Gesamtozongehalts (Stratosphäre plus Troposphäre) durch die im Montrealer Protokoll erfaßten Gase (F11, 12, 113, 114, 115 u. H1211, 1301) und nicht kontrollierten Gase (CH_3CCl_3, CCl_4, F22, CO_2, CH_4, N_2O, CO, NO_X).
Quelle: Brühl und Crutzen (1988).

17.3.6 Zeitliche Ozonänderungsprofile

Abbildungen 17.5a und 17.6a zeigen für das höchste Szenario (A) und das niedrigste Szenario (E) vertikale Ozonänderungsprofile (%) in ihrer zeitlichen Entwicklung bezogen auf das Jahr 1985. In Szenario A (Abb. 17.5a) wird die Ozonschutzschicht in 40 km Höhe bis 2020 im Durchschnitt um ca. 1,3 %/a abgebaut, um bis zum Jahre 2050 im globalen Mittel einen Ozonverlust von insgesamt fast 70 % zu erreichen. In Bodennähe, wo Ozon ein äußerst gefährliches Gift für Mensch, Tier und Pflanze ist, nimmt es progressiv bis zu ca. 17 % zu. Sogar im niedrigsten Szenario E (Abb. 17.6a) mit dem vollständigen Produktionsstop bis zum Jahre 2000 beträgt der stratosphärische Ozonverlust immer noch fast 10 %. Äußerst beunruhigend ist der gleichzeitige Ozonanstieg in der bodennahen Luftschicht um mehr als 20 % in 2050 gegenüber heute. Hier machen sich kompensatorische Effekte bemerkbar.

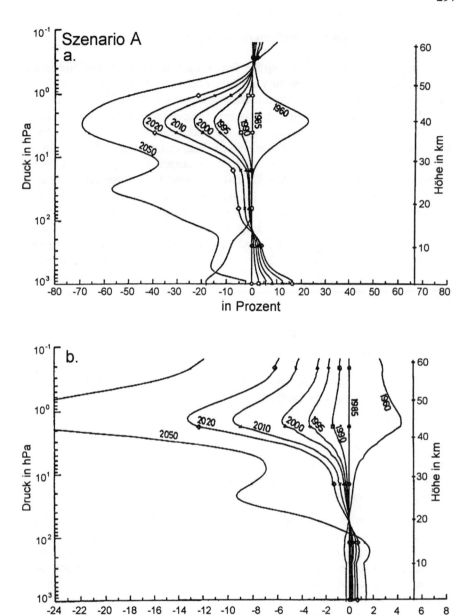

Abb. 17.5a,b: Zeitliche Änderung der Ozonkonzentrationsprofile (a) und Temperaturprofile (b) gegenüber 1985 durch die im Montrealer Protokoll erfaßten Gase (F11, 12, 113, 114, 115 u. H1211, 1301) und nicht kontrollierten Gase (CH_3CCl_3, CCl_4, F22, CO_2, CH_4, N_2O, CO, NO_X) für das Szenario A.
Quelle: Brühl und Crutzen (1988).

17.3.7 Zeitliche Temperaturänderungsprofile

Abbildungen 17.5b und 17.6b zeigen die Temperaturänderungen (%) im Höhenprofil für die Szenarien A und E in ihrer zeitlichen Entwicklung bezogen auf 1985. In Szenario A käme es wegen des starken Ozonabbaus in ca. 40 km Höhe (siehe Abb. 17.5a) bis zum Jahre 2050 zu einer drastischen Temperaturabnahme um mehr als 25 °C (Abb. 17.5b). Gleichzeitig würde sich die bodennahe Luftschicht im globalen Mittel um ca. 1,5 °C aufheizen. Diese starken Temperaturkontraste hätten schwerwiegende Auswirkungen auf die Dynamik des gesamten Klimageschehens. Selbst im Produktionsstopszenario E (Abb. 17.6b) erreichen die Temperaturabnahme in der Stratosphäre immer noch ca. 9 °C und die Temperaturzunahme in der Troposphäre rund 1 °C. Die relativ geringen Änderungen gehen auf das Konto der anderen Spurengase, die in diesen Szenarien wie bisher weiter anwachsen. Erst wenn neben der FCKW- und Halonkontrolle z.B. durch effizientere Energienutzung eine CO_2-Verringerung hinzukommt, reduziert sich bis zum Jahre 2050 die Temperaturabnahme in der Stratosphäre auf ca. 2 °C und in der Troposphäre auf weniger als 1 °C (hier nicht bildlich dargestellt).

17.3.8 Bewertung der Ergebnisse verlangt Verschärfung des Montrealer Protokolls

Die Auswertung der bisherigen Meßergebnisse durch das „Ozone Trends Panel" hat folgendes ergeben: Auf der Nordhalbkugel zwischen 30 und 64° hat der Gesamtozongehalt von 1969 - 1986 im Jahresmittel um 1,7 bis 3 % (im Winter sogar um 6,2 %) abgenommen. Auf der Südhalbkugel südlich des 40. Breitengrades hat sich der Gesamtozongehalt zwischen 1979 und 1987 im Jahresmittel um 5 % verringert. Über der Antarktis hat insbesondere im Frühjahr (August bis Oktober) die Gesamtozonmenge im Schnitt jedes Jahr stärker abgenommen und 1987 mit 50 - 60 % ihren bisherigen Tiefststand erreicht.

Unter den bisherigen Montrealer Regelungen ist beim Szenario A bis zum Jahre 2050 ein mittlerer globaler Gesamtozonschwund von ca. 40 % möglich (Abb. 17.4). Dies entspräche einer Zunahme der UV-B-Strahlung um ca. 80 %. Augen-, Krebs- und Immunschwächeerkrankungen würden rapide zunehmen. Die natürlichen Ökosysteme, sowohl auf dem Land als auch im Wasser, würden empfindlich gestört. Am schwerwiegendsten wären die Auswirkungen bei der Ernährungssicherung. Die gegenwärtig regionalen Hungersnöte würden sich zu verheerenden Hungerkatastrophen globalen Ausmaßes auswachsen. Nur bei einem vollständigen Produktionsstop der FCKW und Halone bis zum Jahre 2000 gelingt es in Szenario E, den mittleren globalen Gesamtozongehalt im Laufe des nächsten Jahrhunderts auf dem gegenwärtigen Stand zu stabilisieren (Abb. 17.4).

Noch drastischer ist der Ozonschwund in bestimmten Höhenschichten. 1987 war im antarktischen Frühjahr in einer Höhe von 15 - 20 km Ozon bei einer Abnahme von 95 % fast völlig verschwunden. Modellrechnungen ergeben für das Szenario A im Jahre 2050 einen global gemittelten Ozonabbau von ca. 55 % in etwa 25 km

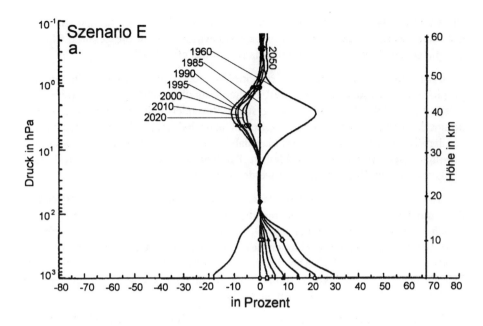

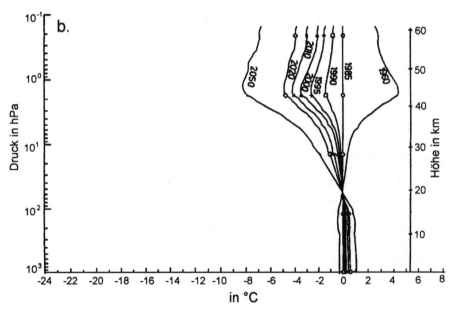

Abb. 17.6a,b: Zeitliche Änderung der Ozonkonzentrationsprofile (a) und Temperaturprofile (b) gegenüber 1985 durch die im Montrealer Protokoll erfaßten Gase (F11, 12, 113, 114, 115 u. H1211, 1301) und nicht kontrollierten Gase (CH_3CCl_3, CCl_4, F22, CO_2, CH_4, N_2O, CO, NO_X) für das Szenario E.
Quelle: Brühl und Crutzen (1988).

Höhe und von fast 70 % in 40 km Höhe (Abb. 17.5a). Solche drastischen Änderungen haben weitreichende und unabsehbare Auswirkungen auf die gesamte Chemie und die Dynamik der Atmosphäre und damit auf das globale Klima.

In der Stratosphäre ist Ozon wegen seiner Schutzwirkung erwünscht. In der Troposphäre ist Ozon unerwünscht, weil es die Gesundheit schädigt, am Waldsterben beteiligt ist und den Treibhauseffekt verstärkt. Besonders in Szenario E (Abb. 17.6a) nimmt der mittlere globale troposphärische Ozongehalt im Laufe des nächsten Jahrhunderts bis zu 30 % zu. Hier wird klar, daß die am troposphärischen Ozonkreislauf beteiligten Spurengase, wie z.B. Methan, Kohlenmonoxid, Kohlenwasserstoffe und Stickoxide, ebenfalls stark reduziert werden müssen.

Bisherige Temperaturmessungen lassen einen abnehmenden Temperaturtrend in der Stratosphäre und einen zunehmenden Temperaturtrend in der unteren Luftschicht, der Troposphäre, erkennen. Die Modellrechnungen zeigen, daß sich bei Ausschöpfung der Sonderregelungen des Protokolls diese Trends in Zukunft noch verstärkt fortsetzen werden (Abb. 17.5b). Hier wird deutlich, daß ein vollständiger FCKW- und Halon-Produktionsstop bis 2000 für eine merkliche Abschwächung der Erwärmungstrends allein noch nicht ausreicht.

Wachsen die anderen Spurengase wie CH_4, N_2O, CO, NO_X etc. wie bisher weiter an, dann ist eine beträchtliche CO_2-Reduktion um ca. 3,5 %/a erforderlich, wenn der Temperaturanstieg nach 2050 stabilisiert werden soll. Für die Eindämmung der Ozon- und Klimagefahr wäre es am besten, wenn die wichtigsten daran beteiligten Spurengase entsprechend ihrem Einwirkungspotential reduziert würden. Die dazu erforderlichen Forschungsarbeiten sollten mit höchster Dringlichkeit in Angriff genommen werden.

Artikel 6 des Protokolls sieht ab 1990 und danach mindestens alle vier Jahre eine Überprüfung der Kontrollmaßnahmen vor. Nach dem jetzigen Kenntnisstand steht außer Frage, daß die bisher vorgesehenen Reduktionsmaßnahmen in keiner Weise ausreichen und folglich verschärft werden müssen.

Soll, wie in Szenario E, der Geamtozongehalt (von Stratosphäre und Troposphäre) bis zur Mitte des nächsten Jahrhunderts auf dem gegenwärtigen Wert stabilisiert werden und soll über den gleichen Zeitraum der Abbau der Ozonschutzschicht in der Stratosphäre auf 10 % gegenüber heute begrenzt werden, erfordert das nach den besten gegenwärtigen Modellrechnungen folgende Reduktion der FCKW- und Halon-Produktion gegenüber 1986:

- Bis 1992 von 20 %
- bis 1994 von 50 % und
- bis 2000 von 100 %.

17.4 Auswirkungen auf Mensch und Umwelt

17.4.1 Beeinträchtigung der Gesundheit

Die Wirkungen einer durch die stratosphärische Ozonzerstörung ausgelösten Zunahme der biologisch wirksamen UV-B Strahlung (Wellenlängenbereich: 280 - 320 nm) auf die Gesundheit des Menschen sind vielfältig. Sie können sich u. a. durch photoallergische Reaktionen, Sonnenbrand, Hautkrankheiten bis hin zum Hautkrebs sowie durch Augenerkrankungen und immunologische Störungen äußern.

Untersuchungen zeigen, daß bei einer Reduktion des Gesamtozongehalts um jeweils nur 1 Prozent die Häufigkeit von Basalzellkrebs um 2 - 4 Prozent und die von Schuppenzellkrebs um 3 - 8 Prozent zunimmt (NRC, 1984). Armstrong (zit. US EPA, 1986) konnte anhand seiner 1980 und 1981 an 511 Patienten und ebenso vielen Kontrollpersonen in Westaustralien durchgeführten Studie zeigen, daß das relative Risiko an einem Melanom (ein besonders bösartiger Hautkrebs) zu erkranken, stark zunahm. Bezogen auf Personen, die leicht bräunen, stieg das Risiko bei solchen, die weniger leicht bräunen, um ca. 80 Prozent und bei solchen, die nicht bräunen, gar um rund 140 Prozent. Bei Fortschreiten der Ozonschichtverdünnung und der entsprechenden Zunahme der UV-B-Strahlung wäre bei der jetzt lebenden US-Bevölkerung mit ca. 20.000 tödlich verlaufenden Hautkrebsen und rund 600.000 zusätzlichen Fällen von Katarakten (Trübung der Augenlinse) zu rechnen (J. Raloff, 1986).

Neueste Ergebnisse von Elmets et al. (zit. US EPA, 1986) zeigen, daß durch UV-B-Strahlung die mononuklearen Phagozyten (Freßzellen) in ihrer Fähigkeit, T-Lymphozyten (T-Helferzellen) zu aktivieren, stark beeinträchtigt werden. Das hat schwerwiegende Auswirkungen auf das Immunsystem. In Anbetracht der auf uns zurollenden AIDS-Lawine ist das von größter Bedeutung.

17.4.2 Schädigung der Land- und Forstwirtschaft

Die Schädlichkeit des Ozons für die Land- und Forstwirtschaft ist eindeutig durch Begasungsversuche in Expositionskammern mit Pflanzen nachgewiesen. Die 1984 vom US Landwirtschaftsministerium durchgeführten Dosis-Wirkungstests ergeben, bezogen auf den Ernteertrag bei 25 ppb Ozon, die in Tabelle 17.3 aufgelisteten Ertragseinbußen (zit. Ewe, 1986). Zum Vergleich dazu liegen die Ozonkonzentrationen in der Bundesrepublik Deutschland im Durchschnitt bei 30 - 40 ppb und in Smog-Wetterlagen z. T. beträchtlich über 100 ppb. Das US National Crop Loss Assessment Network (zit. Ewe, 1986) kam zu folgenden Ergebnissen: Ein Ozonanstieg um 25 Prozent würde in der US-Landwirtschaft allein einen jährlichen Schaden von 2,1 Milliarden Dollar verursachen. Umgekehrt würde eine Reduzierung der gegenwärtigen Ozonkonzentration um 25 Prozent Ernteverluste in Höhe von rund 1,7 Milliarden Dollar vermeiden.

Tab. 17.3: Ernteeinbußen (%) bei Ozon-Begasungsversuchen, durchgeführt vom US-Landwirtschaftsministerium

Ernteeinbußen* bei	durchschnittliche O_3-Konzentration (ppb)			
	40	50	60	90
Mais	0,6	1,5	3,0	12,5
Baumwolle	4,0	6,9	10,0	20,0
Sojabohnen	7,3	12,1	17,0	30,7
Winterweizen	3,5	6,9	11,1	27,4

*bezogen auf den Ernteertrag bei einer O_3-Konzentration von 25 ppb
(parts per billion = Teile Ozon pro Milliarden Teile Luft).
Quelle: US-Landwirtschaftsministerium (zit. Ewe, 1986).

17.4.3 Zerstörung der marinen Ökosysteme

Auch im Ozean wirkt sich ein vermehrter Eintrag des UV-Lichts schädlich aus. Es kann in Küstengewässern bis in eine Tiefe von ca. 5 m und in klarem Wasser sogar bis etwa 30 m hinabreichen. Untersuchungen zeigen, daß sich bei einer erhöhten UV-B-Strahlung, die einer O_3-Abnahme um 25 Prozent entspricht, die Phytoplanktonproduktion um etwa 35 Prozent verringern würde. Weiterhin würde bei einer Reduktion des stratosphärischen Ozons um 5 Prozent die Fischlarvenpopulation innerhalb von 15 Tagen bis in eine Tiefe von 10 m um rund 10 Prozent verringert (US EPA, 1986).

Was wird gegen die FCKW-Gefahr getan? Wir wollen dieser Frage auf unterschiedlichen Ebenen nachgehen.

17.5 Vorsorgemaßnahmen

17.5.1 Maßnahmen von Einzelfirmen

Um die Bedeutung der FCKW-Industrie herauszustreichen, hat Du Pont in einem „Dear Freon Customer"-Brief (Du Pont, 1986) zunächst in der üblichen Weise auf die Jobsituation verwiesen und dargelegt, daß in den USA allein in ca. 5000 Betrieben an fast 375.000 Orten Güter im Werte von rund 28 Milliarden Dollar pro Jahr hergestellt würden, die, zusammen mit den Zulieferbetrieben, etwa 780.000 Jobs erbrächten. Als bisher einzige Firma schlägt sie jedoch dann eine Palette von Kontrollmaßnahmen vor:

- Weltweite Emissionsbeschränkungen für alle FCKW
- verbesserte Nutzungs- und Rezyklierungspraktiken zur Reduktion der Emissionen

- Entwicklung von Produkten ohne die bisherigen Nebeneffekte bzw. Substitution von gefährlichen FCKW gegen solche mit einem geringeren Gefahrenpotential.

Als einziges Substitutionsmittel wird bisher das vorwiegend als Kühlmittel in Kühl- und Klimaanlagen eingesetzte F22 vorgeschlagen. Wie oben dargelegt und in Tabelle 17.1 gezeigt, könnte F22 ein erster Schritt in die richtige Richtung sein. Die Lebensdauer in der Atmosphäre ist mit ca. 20 Jahren verhältnismäßig gering. Die Klimawirksamkeit beträgt $1/3$ bis $1/4$ anderer FCKW; und da rund 60 Prozent schon in der Troposphäre abgebaut werden, ist auch das Zerstörungspotential in der stratosphärischen Ozonschicht reduziert. Allerdings ist erst noch zu untersuchen, welche Nebenwirkungen die Abbauprodukte in der Troposphäre haben.

17.5.2 Maßnahmen in den USA und anderen Ländern

Seit 1978 ist in den USA die Verwendung von FCKW in Spraydosen fast vollständig verboten. Dies sei relativ leicht zu erreichen gewesen, betont die vom deutschen Bundesinnenministerium herausgegebene Informationsschrift Umwelt (1987 b), weil die Produktionsmenge aus dem Spraybereich leicht von dem sich stark ausdehnenden Markt für Kühl- und Klimaanlagen übernommen werden konnte. Gegenwärtig, so wird weiter ausgeführt, habe aber die Gesamtproduktion an FCKW wieder den Stand vor der Einführung der Beschränkungsmaßnahmen auf dem Spraysektor erreicht. In Norwegen und Schweden gilt ein totales, in der Schweiz ein teilweises Verwendungsverbot von FCKW im Spraybereich.

17.5.3 Maßnahmen in der Bundesrepublik Deutschland

Die Bundesrepublik fühlt sich an zwei EG-Entscheidungen (siehe Maßnahmen der EG) von 1980 gebunden. Weiterhin sind in der Neufassung der Technischen Anleitung Luft (TA Luft) vom 27.2.1986 sowie in der Verordnung zur Emissionsbeschränkung von Halogenkohlenwasserstoffen vom 21.4.1986 Emissionsgrenzwerte für FCKW emittierende Anlagen festgelegt (Umwelt, 1987 b). Berechnungen des Umweltbundesamtes zufolge würde eine strikte Einhaltung der TA Luft Grenzwerte die FCKW-Emissionen zum Beispiel aus Anlagen zur Herstellung von Polyurethan-Kunststoffen (Weichschäumen) um etwa 90 Prozent reduzieren.

Die Bundesregierung weist weiter darauf hin, daß bei der FCKW-Produktion eine große Menge des bei der Natronlaugen-Herstellung anfallenden Chlors verbraucht wird. Wenn nun die FCKW-Herstellung zurückgefahren würde, müßte auch die Chlor-Produktion gedrosselt werden, da die Umwandlung von Chlor aus der Natronlaugen-Herstellung in andere Produkte zur Zeit unwirtschaftlich sei.

17.5.4 Maßnahmen der EG

Mit zwei Entscheidungen hat die EG 1980 die in ihrem Hoheitsgebiet ansässige Industrie aufgefordert (Umwelt, 1987 b):

- Die Produktionskapazitäten von F11 und F12 nicht zu erhöhen und
- spätestens bis zum 31.12.1981 die Verwendung dieser FCKW in Spraydosen um mindestens 30 Prozent gegenüber 1976 zu reduzieren.

Was hat diese Reduktion gebracht? 1976 betrug die globale Produktion der FCKW ca. 750.000 t. Der EG-Verbrauch von F11 und F12 als Treibgase in Spraydosen lag nach Abb. 17.1 bei etwa 172.000 t. Eine Reduktion um 30 Prozent entspricht ca. 51.000 t. Die Reduktion beträgt somit lediglich 13,8 Prozent der EG-bzw. 6,9 Prozent der Welt-FCKW-Produktion.

Darüber hinaus bezog sich die Maßnahme nur auf die Produktionskapazitäten. Da die vorhandenen Kapazitäten nur zu etwa 70 Prozent ausgelastet sind (W. Garber, 1987), verwundert es nicht, daß diese EG-Entscheidung nicht viel bewirkt hat. Trotzdem meinte die EG-Kommission 1986 nach einer Überprüfung der bisherigen Gemeinschaftspolitik, daß die Maßnahmen einen gesunden politischen Rahmen darstellen. Gewisse Zweifel kamen aber doch auf, da man immerhin in Erwägung zog, daß gewisse Änderungen in Zukunft nötig sein könnten. Die Bundesregierung teilte voll diese Einschätzung und befand, daß für weitergehende nationale Maßnahmen folglich keine Veranlassung bestehe (Umwelt, 1987 b).

17.5.5 Internationale Aktivitäten

Die Aktivitäten zur Eindämmung der FCKW-Produktion haben in jüngster Zeit stark zugenommen. Davon zeugen die Anhörungen vor US-Senatskommissionen (US Senate, 1986) und die Konferenzen der US Umweltbehörde (US EPA, 1986) sowie des UN Umweltprogramms (UNEP, 1986).

Auf der Basis des „Wiener Übereinkommen zum Schutz der Ozonschicht" von 1985 wird versucht, in einer Serie von Verhandlungsrunden in Genf spezifische Maßnahmen zu erarbeiten und in einem Protokoll festzulegen (S. Weisburd, 1986 b, 1987 a; K. Johnstone, 1987 a,b). Der zur Beratung vorliegende Text sieht u. a. folgende Kontrollmaßnahmen vor (Umwelt, 1987 a; Weisburd, 1987):

- Einfrieren von Produkten und Import von mindestens F11 und F12 auf der Basis der Werte von 1986 innerhalb von ein bis drei Jahren nach Inkrafttreten des Protokolls und
- Reduktion der Produktion um 20 Prozent im Jahre 1992 und die Option, über eine weitere 30prozentige Reduktion in den späten 90er Jahren abzustimmen.

In dem im September 1987 in Montreal von Repräsentanten aus 43 UN Mitgliedsländern unterzeichneten Protokoll einigte man sich schließlich auf einen stufenweisen Abbau um 50 Prozent bis zum Jahre 1999 (SZ, 1987).

17.5.6 Zusammenfassung der Maßnahmen

Insgesamt bieten sich fünf Methoden zur Reduktion der FCKW-Emissionen an (A. Miller und I. Mintzer, 1986):

- **Erhöhung der Effizienz:** Zum Beispiel kommen reziproke Kompressoren in Kühlgeräten im Vergleich zu rotierenden Kompressoren mit $^1/_3$ bis $^1/_2$ der FCKW-Menge aus;
- **Wiedergewinnung und Recycling:** Zum Beispiel können 50 Prozent der FCKW-11 durch Kohlenstofffilter, die bisher vollständig bei der Schaumstoffherstellung an die Außenluft abgegeben wurden, wiedergewonnen werden; FCKW-12 aus Autoklimaanlagen kann rezykliert werden; das als Lösungs- und Reinigungsmittel benutzte FCKW-113 kann durch Destillationsgeräte wiedergewonnen werden;
- **Substitution durch FCKW mit geringerer Ozon-zerstörender Wirkung:** Zum Beispiel FCKW-22 ($CHClF_2$) hat nur $^1/_5$ der zerstörenden Kraft von FCKW-12, weil es schon zum großen Teil in der Troposphäre durch OH-Reaktion abgebaut wird; FCKW-22 könnte FCKW-12 in Kühlanlagen und Autoklimaanlagen ersetzen; FCKW 152a (CH_3CHF_2) könnte FCKW-11 und FCKW-12 als Treibgas und Kühlmittel ersetzen;
- **Übergang zu FCKW-freier Produktion:** Zum Beispiel haben die USA 90 Prozent aller FCKW-Treibgase durch HC-Treibgase ersetzt; Isoliermaterial aus Polystyren-Schäumen kann durch Fiberglas, Zellulose und Karton ersetzt werden; bei der Verschäumung können CO_2 und Pentan benutzt werden; Kühlgeräte können mit Ammoniak oder noch besser mit einer Kompressortechnologie betrieben werden, die Niedrig-Dampfdruck HC benutzt.

17.6 Fazit

Abschließend läßt sich folgendes Fazit ziehen:

- Bei den langen Verweilzeiten der FCKW (100 Jahre und mehr) sind von den seit den Dreißiger Jahren emittierten Mengen an F11 und F12 immer noch über 85 Prozent in der Atmosphäre (W. Garber, 1987).
- Wollte man bei solchen Verweilzeiten zum Beispiel die atmosphärische F12-Konzentration langfristig auf den gegenwärtigen Wert einfrieren, wären Emissionsreduktionen von mindestens 85 Prozent erforderlich (UNEP, 1986).
- Die gegenwärtig vorgeschlagenen Maßnahmen reichen nicht aus, und sie kommen auch zu langsam, um der Bedrohung Einhalt gebieten zu können.

Literaturauswahl

Bach, W. (1986): Klimabeeinflussung durch Spurengase, Geogr. Rdschau 38 (2), 58 - 70.

BUND (1986): Ozon-Loch muß gestoppt werden, Presseinformation, 25. 10. 1986.

Brühl, C. and P.J. Crutzen (1988): Scenarios of possible changes in atmospheric temperatures and ozone concentrations due to man's activities, estimated with a one-dimensional coupled photochemical climate model, Climate Dynamics 2, 173 - 203.

CDAC (Carbon Dioxide Assessment Committee) (1983): Changing Climate, Nat. Res. Council, Nat. Acad. Press, Washington, D. C.

Claus, F. (1987): Wann kommt das Treibgasverbot? Statement für Bund für Umwelt und Naturschutz Deutschland e. V. bei der FCKW-Pressekonferenz von Greenpeace am 14.1.1987, Bonn.

CMA (1987):CFC-Scenarios von Brühl und Garber für die FCKW-Konferenz in Snowmass, Colorado.

Crutzen, P.J. and F. Arnold (1986): Nitric acid cloud formation in the cold Antarctic stratosphere. A major cause for the springtime „ozone hole", Nature 1324, 651 - 655.

Du Pont (1986): Dear Freon Customer, Brief und Positionspapier, Wilmington, Del., USA, 26.9.1986.

Ehhalt, D.H. (1985): Chemische Reaktionen in der Stratosphäre. In: K.H. Becker u. J. Löbel (Hrsg.) Atmosphärische Spurenstoffe und ihr physikalisch-chemisches Verhalten, 77 - 91, Springer, Berlin.

Ewe, T. (1986): Ein Loch über dem Südpol: Anfang vom Ende? Bild der Wissenschaft 23(6), 38 - 57.

Gamlen, P.H., B.C. Lane, P.M. Midgley and J.M. Steed (1986): The production and release to the atmosphere of CCl_3F and CCl_2F_2, Atmosph. Environment 20(6), 1077 - 1085.

Garber, W.-D. (1987): Fluorchlorkohlenwasserstoffe und andere Spurengase - Handlungsoptionen, Statement des UBA bei der FCKW-Pressekonferenz von Greenpeace am 14.1.1987, Bonn.

Hammitt, J.K. et al. (1987): Future emission scenarios for chemicals that may deplete stratospheric ozone, Nature 330, 711 - 716.

Johnstone, K. (1987 a): Europe agrees to act for protection of the ozone layer, Nature 326, 321.

Johnstone, K. (1987 b): Ozone layer protection deal still up in the air, Nature 327, 3.

McElroy, M.B., R.J. Salawitch, S.C. Wofsy and J.A. Logan (1986): Reductions of Antarctic ozone due to synergistic interactions of chlorine and bromine, Nature 321, 759 - 762.

Miller, A.S. und I.M. Mintzer (1986): The sky is the limit: Strategies for protecting the ozone layer, Res. Rept. No. 3, World Resources Institute, Washington, D.C.

NRC (National Research Council) (1984): Causes and effects of changes in stratospheric ozone: Update 1983, National Academy Press, Washington, D.C.

Raloff, J. (1986): EPA estimates major long-term ozone risks, Science News 130, 308.

Ramanathan, V. et al. (1985): Trace gas trends and their potential role in climate change. J. Geophys. Res. 90 (D 3), 5547 - 5566.

Rowland, F.S. and M.J. Molina (1975): Chlorofluoromethane in the environment, Revs. Geophys. & Space Physics 13, 1 - 35.

SZ (Süddeutsche Zeitung) (1987): Schlupflöcher und eine lange Galgenfrist für die Ozon-Killer, S. 4, 19./20. Sept. 1987.

Umwelt (1987 a): Wiener Konferenz zum Schutz der Ozonschicht, Nr. 2, 81 - 82, 2.4.87.

Umwelt (1987 b): Nationale und internationale Maßnahmen zur Beschränkung von FCKW, Nr. 3, 120 - 122, 29.5.1987.

UNEP (1986): Control of chlorofluorocarbons, Rpt. of a Workshop at Leesburg, USA, 8 - 12 Sept. 1986.

US EPA (1986): Effects of changes in stratospheric ozone and global climate, Prcdgs. of an Int. Conf., 16 - 20 June, 1986, Arlington.

US Senate (1986): Ozone depletion, the greenhouse effect, and climatic change, Hearings before the Subcommittee on Environmental Pollution, S.HRG 99 - 723, Washington, D.C.

Weisburd, S. (1986 a): Ozone hole at southern pole, Seience News 129, 133.

Weisburd, S. (1986 b): Stratospheric ozone: A new policy tone, Science News 129, 404.

WMO (1982): Report of the Meeting of Experts on Potential Climatic Effects of Ozone and other Minor Trace Gases, Report No. 14, World Meteorological Organization, Genf.

VIII Tropenwaldzerstörung

Überraschungen sind die Würze des Lebens - besonders wenn sie nach Jahren so positive Folgen haben. Im Juli 1996 erhielt ich einen Brief, in dem mir Werner Eugenio Zulauf, Umweltdezernent von São Paulo, Brasilien, mitteilte, daß ihn unsere Diskussionen im Rahmen des Klimakongresses „Climate and Development" 1988 in Hamburg dazu motiviert hätten, gleich nach seiner Rückkehr andere Umweltexperten für eine umfangreiche Untersuchung zu gewinnen. Das Resultat sei der beiliegende Bericht von 265 Seiten mit dem Titel „FLORAM Project". Das portugiesische Akronym FLOR = Wälder + AM = Umwelt stehe für ein umfassendes Aufforstungsprojekt, aus dem auch die globale Umwelt Nutzen ziehen könne. In der einleitenden Hintergrundinformation zum Projekt war im Bericht zu lesen:

"Professor Bach stellte der brasilianischen Delegation folgende Frage: Warum startet Brasilien, das ein so riesiges Land ist, und einen durch ein begünstigtes Klima forcierten Waldwuchs hat, nicht ein umfangreiches Aufforstungsprogramm, um das überschüssige atmosphärische CO_2 in den Urwäldern zu speichern? Die brasilianischen Delegierten, darunter Werner Zulauf, nahmen diese Herausforderung an."

Das FLORAM-Project hat sich in seinem Aktionsplan folgende Ziele gesetzt:
- die Kompensation des Treibhauseffekts durch Aufforstung,
- die Erhaltung der einheimischen Ökosysteme,
- Aufforstung und Erhaltung der Bodengüte,
- Aufforstung und Industrieentwicklung,
- Brenn- und Nutzholzgewinnung in Baumplantagen.

Das FLORAM-Project erhielt für seine umfangreichen Vorarbeiten von der „International Union of Air Pollution Prevention and Environmental Protection Associations" einen Preis, der im November 1996 vom Minister für Umwelt, Wasserressourcen und den Amazonas, Gustavo Krause, an der Universität São Paulo verliehen wurde. Die Einladung zur persönlichen Teilnahme nahm ich gerne an. Mir war natürlich klar, daß ich auch in meiner Funktion als Mitglied der 1994 ausgelaufenen Klima-Enquete-Kommission eingeladen worden war. Unverhohlen wurde mir die große Enttäuschung Brasiliens vermittelt, bei der monumentalen Aufgabe zum Schutz der Tropenwälder von Europa, und insbesondere Deutschland, allein gelassen zu werden. Dazu ein kurzer Rückgriff auf die politischen Entwicklungen.

Der in **Kapitel 18** für die EXPO '92 in Sevilla angefertigte Kurzbericht beschreibt den von der Klima-Enquete-Kommission entwickelten Drei-Stufen-Plan zur Rettung der Tropenwälder und die dafür erforderlichen finanziellen Mittel. Die konkreten Vorstellungen sind in Abschnitt A, S. 24 - 53 ausführlich beschrieben (Enquete-Kommission „Vorsorge zum Schutz der Erdatmosphäre des Dt. Bundes-

310

tages (Hrsg.), „Schutz der Tropenwälder", Economica/C.F. Müller Verlag, 983 S., 1990). Mit diesen konkreten Vorschlägen im Reisegepäck hatten Bundeskanzler Kohl und Umweltminister Töpfer auf dem Klimagipfel in Rio de Janeiro versucht, neben den Rahmenkonventionen zum Klima und der Erhaltung der biologischen Vielfalt auch eine solche zum Schutz der Wälder durchzusetzen. Es reichte leider nur zu einer rechtsunverbindlichen Walderklärung, die nur allgemeine Grundsätze zur Entwicklung der Wälder aller Klimazonen festlegt. Dagegen lassen sich die in einer Konvention eingegangenen Verpflichtungen als konkrete Maßnahmen zum Schutz und zur nachhaltigen Bewirtschaftung der Wälder in einem Wald-Protokoll festschreiben.

1988 wurde Chico Mendez, der Gewerkschaftsführer der Kautschukzapfer, wegen seines Kampfes für die Erhaltung des Amazonasurwaldes ermordet. Aus diesem Anlaß wurde in Berlin der „Trägerkreis Amazonientage" ins Leben gerufen, der auch die Idee eines „Klimabündnisses europäischer Städte mit den Völkern Amazoniens" entwickelte. Die Stadt Frankfurt, die als erste dem Klimabündnis beitrat, lud im Sommer 1990 zu einem ersten Arbeitstreffen mit öffentlicher Podiumsdiskussion in den Palmengarten ein, an der E. N. Ikanan, Präsident der indianischen Organisationen des Amazonas (COICA), C. Müller-Plantenberg, Gründerin des Klimabündnisses, T. Koenigs, Umweltdezernent der Stadt Frankfurt, und ich teilnahmen.

Herr Ikanan sagte in einem bewegenden Appell, daß die Zerstörung des Amazonasurwalds die gesamte Menschheit angehe. Seit Urzeiten seien sie Bewohner des Urwalds, ohne ihn zu zerstören. Sie hätten ihn auf ganzheitliche und integrale Weise bewirtschaftet und so jahrhundertelang bewahrt. Frau Müller-Plantenberg erinnerte daran, daß es um unterschiedliche Positionen gehe: Bei uns darum, gesellschaftlich eine Beziehung zur Natur zurückzugewinnen und dort, die Beziehung zur Natur zu wahren. Beides seien wesentliche Grundlagen für die Lösung der globalen ökologischen Probleme. In meinem Vortrag sprach ich die vielen guten Forderungen der Klima-Enquete-Kommission zur Rettung der Tropenwälder an (siehe **Kapitel 18**), deren Nicht-Umsetzung bislang wahrlich kein Ruhmesblatt ist.

Das Klimabündnis bedeutet konkret für die Städte eine CO_2-Reduktion um die Hälfte bis 2010 im Vergleich zu 1990, den Verzicht auf Tropenholz und FCKW-haltige Substanzen bei öffentlichen Maßnahmen sowie die Unterstützung der indigenen Völker Amazoniens in ihrem Kampf um die Erhaltung der Regenwälder durch Projektförderung und partnerschaftliches Engagement. Eine zentrale Voraussetzung für die Erhaltung der Urwälder ist die Anerkennung der indianischen Landrechte. Deshalb muß der Schutz der Tropenwälder beim Schutz der Eigentumsrechte ihrer Bewohner ansetzen. Meine Heimatstadt Münster ist etwas spät als 374. Europäische Stadt im März 1995 dem Klimabündnis beigetreten.

Leserinnen und Leser, die sich über den neueren Stand der Zusammenhänge zwischen Klimaänderung und Wälder im allgemeinen, bzw. Tropenwälder im besonderen, informieren möchten, finden eine ausführliche Darstellung in Abschnitt C, S. 345 - 668 in *Schutz der Grünen Erde* der Enquete-Kommission „Schutz der Erdatmosphäre" des Deutschen Bundestages (Hrsg.), Economica Verlag, 1994.

Bezüglich der neuesten wissenschaftlichen Erkenntnisse über die Treibhaus-gasemissionen bei der Tropenwaldzerstörung verweise ich auf die Sonderausgabe von Climatic Change 35, 263 - 360, 1997 sowie auf den Beitrag von D. Nepstad et al., Nature 398, 505 - 08, 1999.

Soeben kommt die gute Nachricht, daß Martin von Hildebrand, der seit drei Jahr-zehnten im kolumbianischen Amazonas den Ureinwohnern bei der Selbstbehaup-tung und der Erhaltung des Urwalds beisteht, der Träger des Alternativen Nobel-preises von 1999 ist. In einem Interview sagte er: „Wichtig ist nur: In unserer neo-liberalen Welt muß auch der Amazonas eine Art Einkommen erwirtschaften, etwas abwerfen. Sonst ist der Regenwald den Politikern und der Wirtschaft nichts wert. Der Wald muß, so oder so, einen Beitrag zur Entwicklung Kolumbiens leisten, immerhin reden wir von einem Viertel des Territoriums. Viele meiner Landsleute denken heute, ihre Nation müsse nur draufzahlen: für das Wohl des Planeten oder irgendwelcher Prinzipien. Das geht nicht lange gut." (Gebühren für den Regenwald, Die Zeit Nr. 49, S. 34, 2.12.1999).

18 Wenn Bäume nicht mehr in den Himmel wachsen

*Dieser kurze Beitrag zur Vernichtung der Tropenwälder wurde für das Be-
gleitbuch der Bundesregierung zur EXPO'92 in Sevilla geschrieben. Es wird
berichtet, daß zu Beginn der 90iger Jahre die tägliche Tropenwaldvernichtungsrate ca. 55 000 ha betrug. Bis zum Jahre 2000 wird der Tropenwald um
rd. 3 Mio km² auf 15 Mio km² geschrumpft sein. Es wird weiter berichtet,
daß der von der Klima-Enquete-Kommission des Deutschen Bundestages zur
Rettung der Tropenwälder entwickelte Dreistufenplan nicht die benötigten
Mittel in Milliardenhöhe bekommen hat, und daß man sich auch nicht auf der
Weltklimakonferenz in Rio de Janeiro auf ein Tropenwaldprotokoll hat einigen können.*

18.1 Zur Problematik

Die Wälder dieser Erde sind das gemeinsame Erbe der Menschheit. Jede Generation
hat die Pflicht, dieses Erbe für die nächstfolgende Generation zu bewahren. Durch
unser Handeln sind vor allem die Tropenwälder in ihrer Existenz stark bedroht.

Die Ernährungs- und Landwirtschaftsorganisation der Vereinten Nationen (FAO)
gibt eine gegenwärtige Tropenwaldvernichtungsrate von etwa 55.000 ha pro Tag
oder zirka 200.000 km² pro Jahr an. Bei zunehmender Zerstörungsrate könnte der
gegenwärtig auf zirka 18 Millionen km² geschätzte Tropenwaldbestand auf etwa 15
Millionen km² im Jahre 2000 zurückgehen. Diese Waldvernichtung entspräche der
sechsfachen Fläche Spaniens oder etwas mehr als einem Drittel der Fläche Brasiliens.

Über den Zeitraum von Juni bis September 1991 ließen sich aus den Beobachtungen des Wettersatelliten NOAA-11 allein über Brasilien 447.180 Einzelbrände
ablesen. Diese Brandstellen werden in Brasilien „Queimados" genannt. Dabei handelt es sich zum einen um das Abbrennen des Tropenwaldes, um Platz für Rinder-
farmen und Felder für landlose Bauern zu schaffen. Zum anderen wird von den
Viehzüchtern und Bauern die angrenzende Buschlandschaft der Pampa abgebrannt,
um Unkraut zu bekämpfen und den Boden mit der anfallenden Asche zu düngen.
Darüber hinaus wird der Wald durch Nutzholzeinschlag, Brennholzgewinnung,
Erzabbau, Straßenbauprojekte und die Anlage von Stauseen zerstört.

Die Tropenwälder beherbergen etwa 90 Prozent aller Pflanzen- und Tierarten
dieser Welt. Gegenwärtig wird durch die Waldzerstörung jede Stunde eine Art ausgerottet. Durch diesen Raubbau geht die riesige ökologische Vielfalt an genetisch
und pharmazeutisch wichtigen Ressourcen unwiederbringlich verloren, noch ehe wir
eine Chance hatten, im einzelnen zu erkunden, was sie enthalten. Dabei wäre es bei
der gegenwärtigen genetischen Verarmung dringend notwendig, die in den Wäldern
enthaltene genetische Vielfalt, zum Beispiel für Nachzüchtungen von Kulturpflan-

Die Zerstörung der tropischen Regenwälder gefährdet die Lebenschancen künftiger Generationen. Täglich fallen 55.000 Hektar der Brandrodung zum Opfer.

zen, zur Herstellung wirksamer natürlicher Arzneimittel und für die Entwicklung neuer Werkstoffe, zu erhalten.

Durch die Vernichtung der Tropenwälder werden sich auch das regionale und das lokale Klima ändern. Es wird zu extremen Temperatur- und Feuchtigkeitsschwankungen kommen. Das Wasser fließt in den Regenperioden zu schnell ab und reißt die karge Bodenkrume mit. Es wird nicht mehr gespeichert und steht folglich für die Nahrungsmittelproduktion nicht mehr zur Verfügung. Das hat bei der rapide zunehmenden Weltbevölkerung ernste Folgen für die Ernährungssicherung. Auch globale Klimaauswirkungen, insbesondere bei der Verteilung und Intensität der Niederschläge, sind nicht auszuschließen. Bei der Verbrennung der Tropenwälder werden riesige Mengen an klimawirksamen Gasen, wie zum Beispiel CO_2, in die Atmosphäre abgegeben, was die Aufheizung der Atmosphäre durch die Verbrennung von Kohle, Öl und Gas noch verstärkt.

18.2 Ursachen für Tropenwaldzerstörung beseitigen

Die Hauptverantwortung für die Tropenwaldvernichtung tragen die Industrieländer. Im Rahmen der internationalen Arbeitsteilung wird den Tropenwaldländern eine Rolle aufgezwungen, die diesen kaum eine andere Möglichkeit als den Raubbau an ihren natürlichen Ressourcen läßt. Waldzerstörende Projekte, wie zum Beispiel Bergbauprojekte, der Bau von Riesenstaudämmen, der Straßenbau, der kommerzielle Holzeinschlag und die Anlagen von Exportfarmen werden durch ausländische Kredite erst ermöglicht.

Klimagase von fossilen Brennstoffen und der Brandrodung der Tropenwälder verändern das regionale und globale Klima.

Hierdurch wird die Hoffnung auf Wohlstand geweckt, aber in Wahrheit wächst die Verschuldung der Entwicklungsländer, wodurch die Zerstörung der Lebensgrundlagen begünstigt wird. Die Schuldenkrise wird noch verschärft durch unfaire Handelsbedingungen und die Abschottung der Industrieländermärkte gegenüber den Ländern der Dritten Welt. Seit geraumer Zeit übertrifft die Schuldenrückzahlung die Entwicklungshilfe. Die Industrieländer sollten bestrebt sein, diesen unhaltbaren Zustand so schnell wie möglich zu ändern.

Um den Schuldenberg abzubauen, produzieren die Tropenwaldländer zum einen landwirtschaftliche Rohprodukte für die Massentierhaltung in den Industrieländern und zum anderen exportieren sie Nutzhölzer und Roherze. Die eigene Bevölkerung wird nicht ausreichend ernährt, und die wichtigste natürliche Ressource, der Tropenwald, wird weiter zerstört. Die grundbesitzlose Landbevölkerung ist gezwungen, sich zur Überlebenssicherung an der Tropenwaldvernichtung zu beteiligen. Hunger, Armut, mangelnde Ausbildung und fehlende soziale Absicherung sind die Triebkräfte für die starke Bevölkerungszunahme und die Suche nach immer mehr Land, was schließlich zur Zerstörung der eigenen Lebensgrundlage führt.

90 Prozent aller weltweit existierenden Pflanzen - und Tierarten sind hier heimisch. Doch jede Stunde wird eine Art für immer ausgerottet.

18.3 Dauerhafte Bewirtschaftung lernen

Aus diesem Teufelskreis müssen wir ausbrechen. Dazu ist es erforderlich, daß wieder zu einer dauerhaften Form der Bewirtschaftung zurückgefunden wird und daß Entwicklungs- und Industrieländer in allen Bereichen gleichberechtigte Partner werden.

Seit Menschengedenken leben indianische Völker im und vom Wald, ohne ihn zu zerstören. Von ihnen können wir lernen, wie eine dauerhafte Bewirtschaftung in Form von Kleintier- und Fischzucht sowie Obst- und Nußbaumnutzung in Verbindung mit einer Sammelwirtschaft aussehen kann. Ein ganz wichtiger Erwerbszweig ist die Gewinnung von Substanzen für Arzneimittel und neue Werkstoffe. Die Erhaltung des Tropenwaldes sozusagen als natürliche genetische Datenbank muß, ehe es zu spät ist, zum wichtigsten Wirtschaftszweig werden, den es im Interesse der gesamten Menschheit zu erhalten gilt und für den vor allem die wirtschaftlich starken Industrieländer ihren finanziellen Beitrag leisten müssen.

18.4 Tropenwälder für Nachkommen bewahren

Die Klima-Enquête-Kommission des Deutschen Bundestages hat zur Erhaltung der Tropenwälder einen Dreistufenplan entwickelt, dessen vorrangiges Ziel es ist, die rapide Zunahme der Zerstörungsrate zu stoppen und schließlich wieder aufzuforsten. Konkret sieht der Plan vor,

Yanomani-Indianer im brasilianischen Urwald leben im Einklang mit der Natur.

- in der ersten Stufe die jährliche Vernichtungsrate in jedem Tropenwaldland im Zeitraum von 1980 bis zum Jahr 2000 auf die Rate von 1980 abzusenken,

- in der zweiten Stufe bis spätestens zum Jahre 2010 die Tropenwaldzerstörung zu stoppen, so daß der absolute Flächenbestand nicht weiter abnimmt, und

- in der dritten Stufe von 2010 bis 2030 durch Aufforstung den Tropenwaldbestand von 1990 wieder zu erreichen.

Die wichtigste Maßnahme zur Unterstützung des Stufenplans ist ein Übereinkommen in Form einer Internationalen Konvention zum Schutz der Tropenwälder. Diese Konvention ist Teil einer Gesamtstrategie zum Schutz der Erdatmosphäre. Auf der UN-Konferenz über Umwelt und Entwicklung im Juni 1992 in Rio de Ja-

Der Regenwald beherbergt einen unermeßlichen Reichtum an genetisch und pharmazeutisch wichtigen Ressourcen.

neiro sollen Konventionen zum Schutz der Erdatmosphäre und zur Erhaltung der biologischen Vielfalt verabschiedet werden.

Nach den Empfehlungen der Enquête-Kommission sollen sich diejenigen Staaten, die keine eigenen Tropenwälder haben, verpflichten,

- programmgebundene, nicht rückzahlbare finanzielle Mittel zur Verfügung zu stellen,

- umwelt- und sozialverträgliche Technologien in den Bereichen Forst- und Landwirtschaft sowie Umwelt- und Energietechnik bereitzustellen,

- vorhandenes Fachwissen zugänglich zu machen beziehungsweise umfangreiche Forschungsvorhaben und -kooperationen sowohl in den Tropen- als auch in den Industrieländern einzuleiten.

Diejenigen Länder, die über Tropenwälder verfügen, sollen sich verpflichten,

- ihre Primärwälder weitestgehend zu erhalten und zu diesem Zweck unter anderem verstärkt Waldschutzgebiete einzurichten,

- ihre anderen Wälder nachhaltig zu bewirtschaften,

- Aufforstungs- und Regenerationsmaßnahmen einzuleiten, damit Sekundärwälder entstehen können, und

Täuschende Pracht und Fülle: Pro Jahr verbrennen rund 200.000 Quadratkilometer Regenwald.

- die Lebensräume zu erhalten und die kulturellen Besonderheiten der indigenen Gesellschaften zu schützen.

Die Durchführung dieser Maßnahmen erfordert die Bereitstellung finanzieller Mittel. Von 1990 bis 1993 sollen die Teilnehmer des Weltwirtschaftsgipfels zum Schutz der Tropenwälder insgesamt einen jährlichen Zuschußbetrag in Höhe von 750 Mill. DM bereitstellen, und zwar unabhängig von den nationalen Mitteln, welche die Gipfelteilnehmer zur Tropenwalderhaltung bisher schon aufbringen. Deutschland beteiligt sich zusätzlich mit 250 Mill. DM und die restlichen EG-Länder sollen sich mit anfangs 40 und später mit 200 Mill. DM beteiligen. Ab 1994 soll mit der Verabschiedung des Durchführungsprotokolls zur Internationalen Konvention zum Schutz der Tropenwälder ein Treuhandfonds mit jährlichen Mitteln in Höhe von 10 Mrd. DM durch die Unterzeichnerstaaten des Protokolls eingerichtet werden. Zusätzlich sollen die EG-Länder anfangs eine Summe von 1 Mrd. DM pro Jahr und ab 1996 2 Mrd. DM pro Jahr und Deutschland jährlich eine Summe von 500 Mill. DM zur Verfügung stellen.

18.5 Umgang mit der Natur ändern

Zwar ist die finanzielle Unterstützung zur Einleitung der unterschiedlichen Maßnahmen notwendig. Aber sie allein wird die Tropenwaldvernichtung noch nicht aufhalten. Wichtig ist auch, wie aufrichtig wir miteinander umgehen, welchen Stellenwert wir einer lebenswerten Umwelt beimessen und ob wir überhaupt noch fähig sind, die von uns angerichtete Zerstörung wahrzunehmen. Wenn der Norden keine größeren Anstrengungen zur Erhaltung der eigenen Wälder unternimmt, verliert er jegliche moralische Legitimation, an den Süden Forderungen zu stellen. Wir können weltweit die Wälder nur retten, wenn wir sowohl im Norden als auch im Süden unsere Einstellung gegenüber unserer natürlichen Umwelt grundlegend ändern.

Als Noah die Arche baute, regnete es nicht. Aber Noah war ein Mann, der die Zeichen der Zeit rechtzeitig erkannte. Sind auch wir in der Lage, auf die vielen Warnsignale noch rechtzeitig zu reagieren?

IX Verkehr und Klimagefahr

In vielerlei Hinsicht ist der Verkehr eines der wichtigsten - aber auch kontroversesten - Probleme der Menschheit. Nichts in unserer Gesellschaft polarisiert so stark wie das Auto: Die einen lieben es, und die anderen sehen es distanzierter. Aber von den meisten wird es mehr oder weniger stark genutzt. Und diese Vielnutzung macht es zum Problem.

Die Betonung in **Kapitel 19** liegt auf den Maßnahmen, die zur Eindämmung der Auswirkungen des Verkehrs auf das Klima ergriffen werden können. Dies ist jedoch nur ein Aspekt. Der Verkehr hat natürlich noch viele andere wichtige Problembereiche, deren Tragweite sich durch folgendes Reaktionsschema verdeutlichen läßt:

Zu viel Verkehr

→ zerstört Klima, Umwelt und Natur
und

→ führt zu Dauerstau und Immobilität
und das wiederum

→ gefährdet unser Wirtschaftssystem
und damit

→ unsere Wettbewerbs- und Überlebensfähigkeit.

Die gesellschaftspolitischen Auswirkungen speziell im Verkehrsbereich hat D. Seifried in Form einer Verkehrsspirale in einem sehr lesenswerten Buch dargestellt (D. Seifried, Gute Argumente: Verkehr, Verlag C. H. Beck, München, S. 23, 1990). In den 60er und 70er Jahren kam ein sich selbst verstärkender Prozeß in Gang. Durch den zunehmenden Wohlstand kam ein Großteil der Bevölkerung in die Lage, sich ein eigenes Auto leisten zu können. Daraus ergab sich die Notwendigkeit für eine autoorientierte Planung und den Ausbau der Verkehrswege in den Städten und im Umland. Damals reüssierten Lokalpolitiker mit dem Schlagwort von der „autogerechten Stadt" sowie Landes- und Bundespolitiker mit dem kuriosen Slogan „kein Bewohner soll weiter als 30 km von einer Autobahnauffahrt leben müssen" (Bundesverkehrsminister Leber).

Die Ausdehung der Fahrbahnflächen für den Autoverkehr erfolgte vorwiegend auf Kosten von Fußgängern und Radfahrern sowie der öffentlichen Verkehrsmittel. Oft wurde die eigene Trasse des öffentlichen Nahverkehrs abgeschafft, so daß er wie der Individualverkehr im Stau steckenblieb. Dadurch büßte er seine wichtigsten Attribute, Schnelligkeit und Pünktlichkeit, ein, was wiederum zu Verlusten an Fahrgästen und Einnahmen führte. Ich erinnere mich aus meiner Tätigkeit im Beirat für Klima und Energie der Stadt Münster an die jährlichen in die Millionen gehenden Defizite der Stadtwerke im Verkehrsbereich, die durch Überschüsse im Energiebereich ausgeglichen werden mußten. Zu hohe Verluste versucht man aber häufig durch Fahrplanausdünnungen, Rationalisierungen und Fahrpreiserhöhungen aufzufangen, was den öffentlichen Personennahverkehr nicht attraktiver macht und viele wieder dazu bewegt, ihre Autos zu benutzen.

Einer der fatalsten Aspekte des sich verstärkenden Regelkreises ist die dramatisch zunehmende Luft- und Lärmbelästigung durch vermehrten Autoverkehr. Die dadurch sinkende Wohn- und Lebensqualität veranlaßt viele Bürger, an den Stadtrand oder aufs Land zu fliehen, was nicht nur die tägliche Anfahrt zum Arbeitsplatz verlängert, sondern auch wegen der größeren Entfernungen für die Familie häufig die Anschaffung eines Zweitwagens erfordert. So gebiert Verkehr immer mehr Verkehr.

Wo führt dieses Wachstum hin, hört es einmal auf oder geht es immer so weiter? Antworten darauf kann man in Tokyo, der derzeit größten Stadt der Welt, suchen. 1990 hatte sie eine Einwohnerzahl von 18 Mill. (J. Bähr, Geogr. Rdsch. 45 (7-8), 468, 1993), und in 2000 werden 28 Mill. erwartet (M. O'Meara, World Watch Paper 147, 15, 1999).

Ist dies das Ende der Fahnenstange? Kein Tokyoter glaubt daran. Hinter vorgehaltener Hand sagen einem Freunde, daß nur ein Erdbeben das Wachstum zeitweilig unterbrechen kann. Wie wird ein solches städtisches Ungetüm mit seinen Verkehrsproblemen fertig? Durch zwei Konferenzteilnahmen in 1977 und 1991 hatte ich Vergleichsmöglichkeiten. 1977 war die U-Bahn zu den meisten Tageszeiten überfüllt; 1991 war die Fülle noch größer - soweit das überhaupt noch möglich war. 1977 spielte sich der motorisierte Straßenverkehr, abgesehen von Unter- und Überführungen, noch vorwiegend ebenerdig ab. Dagegen hatte sich der Verkehr 1991 auf mehrspurigen Betonbahnen - verbreiterten Bobbahnen nicht unähnlich - bis auf das Niveau fünfstöckiger Häuser hochgeschraubt. Dies konnte man gut abschätzen, da die Straßen häufig mitten durch die Gebäude hindurchführten. Auf meine Frage im städtischen Planungsamt, in welchem Stockwerk die Straßenführung angelangt sei, sollte ich nach weiteren 14 Jahren wieder einmal vorbeischauen, antwortete einer der Stadtplaner voller Stolz: „Mindestens im zwanzigsten, denn Tokyo habe nur noch Platz nach oben." Auf der Rückfahrt ins Hotel wurde mir schwummrig in luftiger Höhe, als mir die Fernsehbilder von den zusammengeklappten Autobahnen vom kurz zuvor stattgefundenen Erdbeben in Oakland, Kalifornien, nicht aus dem Sinn gingen.

Die Probleme Tokyos scheinen unüberwindlich groß. Aber auch andere Städte haben schon oder werden bald ähnliche Probleme haben. Sobald ein Umdenken in den Köpfen der Verantwortlichen und Betroffenen stattfindet, stellen sich auch die Lösungsmöglichkeiten ein.

Das Umweltbundesamt stellt eine Reihe von verkehrsbeeinflussenden Maßnahmen zur Diskussion (UBA, Jahresbericht 1997, S. 204ff). So wird z. B. die Reduktion der Verkehrsleistung (als Personen- oder Tonnenkilometer) vor allem als eine Vermeidungsstrategie angesehen, die darauf hinwirkt, mit der räumlichen Zuordnung von Verkehrsquellen die Raumstruktur so zu verändern, daß die Mobilitätsentwicklung positiv beeinflußt wird. Dafür sind die Rahmenbedingungen zu ändern, wie z. B. rechtliche Bestimmungen des Planungs-, Steuer-, Subventions-, Miet- und Arbeitsrechts.

Bund, Länder und Gemeinden können im Rahmen der Wohnungsbauförderung die räumliche Verteilung der Wohnstandorte beeinflussen. Häufig werden Wohnungsbauvorhaben gefördert, deren Standorte aus Verkehrs- und Umweltgründen nicht geeignet sind. Eine bessere Förderpraxis zur Reduzierung der Entfernungen und einer stärkeren Nutzung des Umweltverbunds wäre, entgegen des derzeitigen Kilometergeldverfahrens, geringere Entfernungen zum Arbeitsplatz durch höhere Fördersätze zu belohnen.

Die derzeit entbrannte hitzige Kontroverse um die Flexibilisierung bzw. Verlängerung der Ladenschlußzeiten hat auch mengenmäßig bedeutsame Auswirkungen auf den Verkehr. Nach bisherigen Erkenntnissen profitieren davon vor allem die *shopping centers* auf der grünen Wiese, während die Stadtzentren weniger sowie die Geschäfte in den Subzentren und im nahen Wohnumfeld nur in Einzelfällen profitieren. In jedem Fall werden dadurch die häufigere Nutzung des eigenen PKW und die Fahrten zu weit entfernt liegenden Einkaufszentren zunehmen. Eine zukunftsfähige Umwelt-, Verkehrs- und Stadtplanungspolitik würde aber im Gegensatz dazu durch eine klügere Flächennutzung, Raumordnung und Siedlungsplanung zur Vermeidung überflüssigen Verkehrswachstums die Stadt der kurzen Wege bewahren und Wohnen, Arbeiten, Einkaufen sowie Freizeit wieder näher zusammenführen. Verkehrswachstum ist sowohl ein Mengen- als auch ein Entfernungsproblem. Verkehrsvermeidung ist eine Strategie, welche vorausschauend die Ursachen des Verkehrswachstums aus dem Weg räumt. (M. Schmidt, Verkehrsvermeidung darf kein Tabu mehr sein, Frankfurter Rundschau [FR] 11.8.98).

Dem Verkehrswachstum versucht man durch Verlagerung von Verkehr, Organisation und betriebliche Opitimierung, also durch Rationalisierung und Effizienz der Verkehrsabläufe, sowie durch Optimierung der Technik beizukommen (Klima-Enquete-Kommission (KEK, Hrsg.), Mobilität und Klima, Economica, Bonn, 1994; KEK (Hrsg.) Mehr Zukunft für die Erde, 1269 - 1273, Economica, Bonn, 1995; R. Petersen und K.-O. Schallaböck, Mobilität für Morgen, 349ff, Birkhäuser, Basel, 1995).

Ein großes Problem ist der wachsende Güterverkehr, der die Straßen verstopft und die Landschaft mit Schad- und Klimagasen verpestet. Dies ließe sich reduzieren durch den sog. kombinierten Verkehr, also durch Arbeitsteilung von Straße und insbesondere Schiene: Lkw bringen Container, Wechselbehälter und Auflieger zum Umschlagbahnhof, wo sie für die Langstrecke auf Waggons geladen, in Zielnähe wieder auf Lkw umgeladen und zum Empfänger gefahren werden. Das zweimalige Umladen kostet Zeit und Geld. Bisher schreibt die für den kombinierten Verkehr zuständige Bahntochter DB Cargo nur rote Zahlen. B. Strassmann (Die Bahn bremst, Die Zeit, S. 27/28, 5. 8. 99) beschreibt eine Reihe von Abhilfen. So entwickelte die Krupp Fördertechnik GmbH zusammen mit der DB Cargo eine Schnellumschlaganlage, wo ein kompletter Güterzug im Vorbeifahren, im Schrittempo, vollautomatisch innerhalb von 15 Minuten be- und entladen wird, während es sonst mehrere Stunden dauert. Nach mehreren Millionen Investition verlor die Bahn das Interesse und stieg aus.

Ein anderes Beispiel ist das von Adtranz, einem Wuppertaler Entwicklungsteam, und der Bahn entwickeltes *Automatic Loading System*, eine Art Blitzumschlaganlage, die der Güterzug selbst an Bord hat, und deshalb mit weniger als 6 Minuten Aufenthalt im Bahnhof auskommt. Auch aus diesem und allen anderen erfolgversprechenden Projekten zog sich die DB Cargo zurück. Das Ausland zeigt dagegen Interesse, wie z. B. die Dänische Staatsbahn. Bahnexperten, wie z. B. H. Holzapfel von der Gesamthochschule Kassel, beklagen den Flop der Bahn AG im Güterverkehr. Allerdings muß gesagt werden, daß an dieser Misere auch die Spediteure, der Handel und die Politik ein Gutteil der Schuld tragen.

Welche flankierenden Maßnahmen sind hilfreich bei der Umleitung des Güterverkehrs von der Straße auf die Bahn ? In der Schweiz wurde per Volksentscheid eine leistungsabhängige Schwerverkehrsabgabe beschlossen, die in 2001 eingeführt werden soll. In Deutschland soll es in 2002 die erste Maut geben. Jeder weiß, daß sie schmerzhaft sein muß, wenn sie wirksam sein soll. Der Verkehrsexperte R. Petersen vom Wuppertal-Institut hält 1 DM pro gefahrenen Kilometer für erforderlich - aber wahrscheinlich nicht für durchsetzbar. Das Verkehrsministerium denkt an weniger als 10 Pf/km. In England gelingt es derzeit, den Güterverkehr von der Straße zu einem guten Teil auf Schienen- und Wasserwege umzulenken, weil man damit begonnen hat, die Steuer auf Dieselkraftstoff systematisch auf 1,51 DM/l zu erhöhen. In Deutschland hingegen, beträgt die Steuer auf Diesel nur 68 Pf/l (N. Adolph et al., Ungebremst ins Chaos, Der Spiegel 34, 63 - 74, 23.8.99).

Abschließend ist zu fragen, wie lange der Verkehr noch wachsen kann ? Wann sind die ökologischen und klimatischen Grenzen der Pkw- und Lkw-Verkehrsmengen erreicht? Wo liegen die Schmerzgrenzen für zulässige Geschwindigkeiten sowie zumutbare Unfälle und Lärmbelästigungen? (H. Monheim und R. Monheim-Dandorfer, Straßen für alle, Rasch und Röhring Verlag, 167-178, 1990).

Die wichtigste Frage ist jedoch: Wie läßt sich Mobilität für alle aufrechterhalten? Sicher nicht durch mehr Straßenbau, denn der produziert, wie die Verkehrswissenschaft nachgewiesen hat, noch mehr motorisierten Individual- und Güterverkehr, der eher früher als später zum Dauerstau führt. Ein auf seine wirtschaftliche Produktivität angewiesener Staat, wie Deutschland, braucht aber zur Aufrechterhaltung seiner Wettbewerbsfähigkeit Mobilität. Inwieweit darf sich dann eine Regierung einflußreichen Automobil- und Güterverkehrslobbies, die für unbegrenztes Verkehrswachstum sind, beugen? Muß die Politik überhaupt Rücksicht auf die Stimmung im Volk nehmen? Und sollte die Regierung, so fragen D. Bahr und M. Daimagüler (Die Zeit 32, 9, 5. 8. 99), durch die Wählermehrheit hinreichend legitimiert, im Rahmen der Verfassungsordnung nicht das tun, was sie für richtig hält? Dies erfordert sehr viel Mut, ist aber nicht ohne Präzedenzfälle in der jüngeren deutschen Geschichte, als z. B. die Regierung Brandt/Scheel ihre Ostpolitik und die Regierung Kohl/Gerhardt den Euro gegen viel gesellschaftlichen Widerstand durchsetzten.

19 Verkehrspolitische Maßnahmen für den Klimaschutz

Dieser Beitrag beginnt mit einem Überblick über die klimarelevanten Verkehrsdaten für Westdeutschland. Danach folgt eine Szenarienanalyse über die zukünftige Verkehrsentwicklung und die daraus resultierenden Klimagase. Zur Erhaltung der Mobilität und zur Reduktion der Umwelt- und Klimagefahren wird im Hauptteil die Notwendigkeit einer Umorientierung diskutiert, bei der die Vermeidung und Verlagerung von Verkehr sowie technische Optimierung und Verhaltensänderung im Vordergrund stehen. Die Perspektive mit immer mehr Straßen und immer mehr Motorfahrzeugen ist beklemmend, weil sie zum Dauerstau bzw. Mobilitätsstillstand führt. Auswege aus dieser verfahrenen Situation werden gezeigt.

19.1 Krieg wider die Natur

Mit der gegenwärtigen Energie-, Verkehrs- und Umweltpolitik steuern wir in den Abgrund. Mit unseren Produktions- und Konsummethoden zerstören wir unsere Lebensgrundlagen. Wir schaffen damit weltweit schier unlösbare Probleme. Mit der Verseuchung von Luft, Wasser und Böden haben wir eine ökologische Krise ausgelöst, die gleichzeitig eine ökonomische, soziale, kulturelle und damit politische Krise ist.

Zu den weitreichendsten globalen Überlebensproblemen gehören die chemische und radioaktive Verseuchung der Umwelt, die Zerstörung der Ozonschicht, die drohende Klimakatastrophe und nicht zuletzt die rapide ansteigende Bevölkerung und der rasant zunehmende Verkehr. Menschen in allen Regionen, ob sie nun Verursacher sind oder nicht, werden davon in Mitleidenschaft gezogen. Die Lebensgrundlagen von hunderten von Millionen Menschen geraten dadurch in Gefahr. Wer Krieg gegen die Natur führt, wird ihre grausame Seite kennenlernen.

Ob wir unsere Natur zerstören oder ob wir noch rechtzeitig erkennen, daß wir ohne sie nicht existieren können, hängt ganz davon ab, welche Art von Verkehr wir wählen und wie wir ihn nutzen. Die Mehrheit entscheidet sich derzeit für das eigene Auto, weil es den Besitzer zur Zeit noch bequem zur Arbeit, zum Einkaufen und in den Urlaub bringt, und weil es auch ein Statussymbol, ein Fetisch und eine Art Dopingmittel ist, mit dem man anderen im Geschwindigkeitsrausch seine Überlegenheit demonstrieren kann. Aber für viele andere ist es nur ein Gebrauchsgegenstand, ohne den sie ohne weiteres auskommen könnten, wenn ausreichender Mobilitätsersatz angeboten würde. Im folgenden werden einige Entwicklungen, Auswirkungen und Steuerungsmöglichkeiten aufgezeigt.

19.2 Klimarelevante Verkehrskenndaten für die BR Deutschland

Gegenwärtig gibt es in der alten BRD ca. 30 Mio PKW. Damit liegt sie mit ca. 492 PKW pro 1 000 Einwohnern an zweiter Stelle hinter den USA mit 574 PKW pro 1 000 Einwohnern. Die frühere DDR hat ca. 4 Millionen PKW oder 237 PKW pro 1 000 Einwohnern. Der durchschnittliche PKW-Flottenverbrauch hat in der BRD über den gesamten Zeitraum von 1967 - 1988 unverändert bei ca. 10 l/100 km gelegen. Der Benzinverbrauch hat über den gleichen Zeitraum um rund 170 % von ca. 12 auf ca. 32 Mio t zugenommen. Diese und alle folgenden verkehrsbezogenen Daten sind EK (1989) und (1990a, b) sowie UBA (1989) entnommen.

Auf den Straßen entfallen etwa 81 % des Verkehrs auf den motorisierten Individualverkehr (MIV) und ca. 53 % auf den Straßengüterverkehr (SGV). In den emissionsintensiven Verkehrsbereichen wie MIV, SGV und Flugverkehr (FV) ist ein starkes Wachstum zu verzeichnen. In den Verkehrsbereichen mit relativ geringen spezifischen Emissionen, wie zum Beispiel dem nichtmotorisierten Verkehr, dem öffentlichen Personenverkehr sowie dem Gütertransport per Schiene und der Binnenschiffahrt, ist die Entwicklung dagegen stagnierend oder sogar rückläufig. Besonders wichtig ist, daß immer größere Strecken gefahren werden. Die Zuwächse sind besonders hoch in den Bereichen des PKW- und Straßengüterverkehrs sowie der Freizeit- und Urlaubsfahrten. Interessant ist, daß 50 % aller mit dem Auto zurückgelegten Wege kürzer als 5 - 6 km sind. In fast allen Städten beträgt die durchschnittliche Entfernung vom Stadtzentrum bis zur Peripherie nicht mehr als 5 - 8 km. Folglich könnte ein Großteil aller notwendigen Wege in Städten mit dem Fahrrad oder zu Fuß zurückgelegt werden.

Beunruhigend ist, daß bei ungestörtem Verkehrsfluß auf bundesrepublikanischen Straßen die Durchschnittsgeschwindigkeiten sowohl beim PKW- als auch beim LKW-Verkehr von Jahr zu Jahr zunehmen. Durch leistungsstärkere Motoren nehmen derzeit bei den PKW die Durchschnittsgeschwindigkeiten um 1 km/h/a und die Spitzengeschwindigkeiten um 1,5 km/h/a zu. Darunter leidet nicht nur die Verkehrssicherheit, sondern es steigen dadurch auch der Kraftstoffverbrauch sowie die umwelt- und klimaschädigenden Emissionen drastisch an.

In den folgenden Zahlen sind die Prozeßketten (z.B. Bereitstellung der Primärenergie, Transport und Umwandlung etc.) mitberücksichtigt. Im Jahre 1987 erreichte der verkehrsbedingte Energieeinsatz 67 Mio t SKE. Daraus resultierte ein CO_2-Ausstoß von ca. 143 Mio t, oder ca. 20 % der gesamten CO_2-Emissionen. Abb. 19.1 zeigt den CO_2-Ausstoß und die Prozentanteile im Verkehrssektor im Vergleich mit den anderen Energiesektoren. Im Verkehrssektor gehen ca. 76 % der CO_2-Emissionen auf das Konto des Personen- und rd. 24 % auf das des Güterverkehrs. Im Personenverkehr dominieren die PKW mit 88 % gefolgt mit weitem Abstand vom Flugverkehr mit 6 %, der Bahn mit 2,8 %, dem Bus mit 2,5 % und dem Zweirad mit 0,7 %. Im Güterverkehr steht mit weitem Abstand der LKW-Verkehr mit rd. 79 % an der Spitze, gefolgt vom Schiffsverkehr mit 12 % und der Bahn mit 9 %.

Endenergie-Sektoren (715 Mio t)

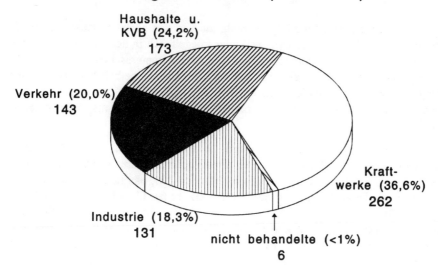

Haushalte u.
KVB (24,2%)
173

Verkehr (20,0%)
143

Kraft-
werke (36,6%)
262

Industrie (18,3%)
131

nicht behandelte (<1%)
6

Verkehrs-Sektor (143 Mio t)

Personenverkehr:
108 (75,7%)

Güterverkehr:
35 (24,3%)

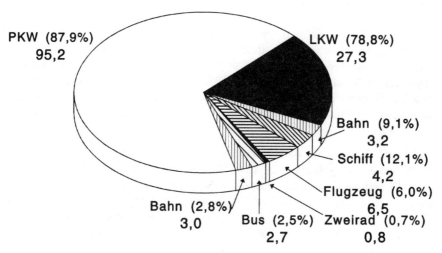

PKW (87,9%)
95,2

LKW (78,8%)
27,3

Bahn (9,1%)
3,2

Schiff (12,1%)
4,2

Flugzeug (6,0%)
6,5

Bahn (2,8%)
3,0

Bus (2,5%)
2,7

Zweirad (0,7%)
0,8

Abb. 19.1: CO_2-Ausstoß (Mio t) in der BRD (ohne DDR), 1987
Nach: EK (1989, 1990); UBA (1989)

19.3 Szenarien über die zukünftige Verkehrsentwicklung und die resultierenden Klimagase

Ohne Gegenmaßnahmen wird der Verkehr auch in den nächsten Jahren unvermindert zunehmen. Diese Verkehrsentwicklung spiegelt sich in den Trend-Szenarien in Abhängigkeit von den demographischen und sozio-ökonomischen Leitdaten wider. Dabei wird die bisherige Verkehrspolitik auf allen Ebenen beibehalten, was zu einer starken Zunahme des Straßen- und Luftverkehrs und zu einer erheblich verstärkten Belastung von Umwelt, Verkehrssicherheit und der Flächeninanspruchnahme etc. führt.

Die Fortentwicklung bisheriger Trends dient als Referenz für ein Reduktions-Szenario. Dieses verfolgt bei gleichen demographischen und sozio-ökonomischen Leitdaten ein deutlich anderes verkehrspolitisches Ziel, nämlich die drastische Reduzierung der Umweltbelastung durch den Verkehr bei Gewährleistung der Transportbedürfnisse von Gesellschaft und Wirtschaft. Zur Erreichung dieses Ziels werden verkehrspolitische Instrumente eingesetzt, wie zum Beispiel die Ordnungs-, Preis- und Investitionspolitik sowie die Organisation von Verkehrsabläufen, die Änderung von Verhaltensweisen als auch die Neubewertung von Siedlungsstruktur- und Technologiepolitik.

Die folgenden Ergebnisse beruhen auf einem vom Deutschen Institut für Wirtschaftsforschung (DIW) für die Klima-Enquete-Kommission angefertigten Gutachten (DIW, 1990). Tab. 19.1 zeigt die Änderungen (in %) im Trend- und im Reduktions-Szenario im Jahr 2005 gegenüber 1987 aufgeschlüsselt nach Verkehrsleistung (Personenkilometern, hier als Prozentänderungen angegeben), Verkehrszwecken und Verkehrsmitteln. Danach würden im Trend-Szenario die umweltfreundlichen Verkehrsmittel wie Fahrrad um rd. 5 % und der öffentliche Straßen-Personen-Verkehr (ÖSPV) um ca. 6 % abnehmen, während die umweltschädlichsten Verkehrsmittel wie der motorisierte PKW-Verkehr um ca. 14 % und der Luftverkehr sogar um 65 % zunehmen würden. Auffällig ist der sehr starke Anstieg des PKW- und Luftverkehrs insbesondere zum Zwecke der Freizeit- und Urlaubsgestaltung. Insgesamt steigt im Trend-Szenario bis zum Jahre 2005 die Verkehrsbelastung um rd. 12 % an.

Dagegen würden im Reduktions-Szenario die umweltfreundlichsten Verkehrsmittel wie zu Fuß gehen um ca. 15 %, Fahrrad fahren um ca. 14 %, der ÖSPV um rd. 37 % und die Eisenbahn sogar um fast 86 % zulegen. Der PKW-Verkehr würde um ca. 6 % reduziert und der Luftverkehr würde im Vergleich zum Trend-Szenario abnehmen. Im direkten Vergleich der beiden Szenarien ergeben sich im Reduktions-Szenario Verringerungen von fast 18 % im PKW-Verkehr sowie von rd. 16 % im Luftverkehr und insgesamt eine Reduktion von ca. 6 %.

In Tab. 19.2 sind die sich daraus ergebenden klimarelevanten Emissionen sowohl für den Personen- als auch für den Güterverkehr für 2005 dargestellt. Für die Trend- und Reduktions-Szenarien werden die Emissionsänderungen für eine Wohnbevölkerung der alten BRD von ca. 60 und 65 Mio für das Jahr 2005 vorgegeben. Die direkt

Tabelle 19.1: Entwicklung der Verkehrsleistung im Personenverkehr nach Verkehrszweck und Verkehrsart in der BR Deutschland für verschiedene Szenarien in 2005 gegenüber 1987

Verkehrszweck	zu Fuß	Fahrrad	PKW[1]	Öffentliche Verkehrsmittel			Summe	Insgesamt
				OSPV[2]	Eisenbahn	Luftverkehr[4]		
Trend-Szenario: Änderung (%) in 2005 gegenüber 1987								
Beruf	-18,5	-12,5	15,4	-25,1	-13,5	–	-21,1	8,8
Ausbildung	8,4	-5,7	-2,4	-3,0	-12,3	–	-5,0	-3,4
Geschäfts-/Dienstreise	1,5	5,9	7,6	7,8	32,9	48,4	36,4	12,9
Einkauf	-2,4	-14,6	12,3	-12,1	-7,5	–	-11,2	4,9
Freizeit	2,9	0,5	16,0	3,2	19,1	287,5	13,2	14,7
Urlaub	–	–	11,4	17,7	17,7	64,6	42,2	17,8
Insgesamt	0,2	-5,4	13,6	-6,0	10,2	65,0	7,6	11,7
Reduktions-Szenario: Änderung (%) in 2005 gegenüber 1987								
Beruf	48,4	51,7	-11,2	56,7	76,6	–	63,5	2,3
Ausbildung	20,5	2,1	-21,0	5,7	-3,4	–	3,8	-5,7
Geschäfts-/Dienstreise	49,3	59,3	0,3	41,9	140,3	8,8	62,0	12,1
Einkauf	2,2	-4,3	-12,0	29,0	38,7	–	30,8	-1,2
Freizeit	16,0	10,3	-6,8	45,0	109,1	207,9	72,1	5,6
Urlaub	–	–	7,0	24,1	34,9	56,2	44,2	14,6
Insgesamt	14,9	14,3	-6,4	36,9	85,8	37,9	52,7	5,3
Szenarien im Vergleich: Änderung (%) Reduktion gegenüber Trend in 2005								
Beruf	81,7	73,4	-23,0	109,0	104,2	–	107,2	-6,0
Ausbildung	11,2	8,2	-19,0	9,1	10,0	–	9,2	-2,4
Geschäfts-/Dienstreise	47,5	50,4	-6,7	31,7	80,8	-26,7	18,8	-0,8
Einkauf	4,8	12,0	-21,7	46,7	49,9	–	47,3	-5,8
Freizeit	12,6	9,7	-19,7	40,5	75,6	-20,5	52,0	-8,0
Urlaub	–	–	-4,0	5,4	14,7	-5,1	1,4	-2,7
Insgesamt	14,7	20,8	-17,6	45,7	68,6	-16,4	42,0	-5,8

[1] Personen- und Kombikraftwagen sowie motorisierte Zweiräder; [2] Straßen- und U-Bahn, O-Bus, Kraftomnibus; [3] Einschließlich S-Bahn und Militärverkehr; [4] Ohne Umsteiger, nur Leistung über Bundesgebiet

Nach: DIW (1990)

klimawirksamen Gase CO_2 und CH_4 steigen im Trend-Szenario zwischen 12 und 28 % an. Bei den indirekt klimawirksamen Gasen CO, NO_x, NMVOC bewirkt die Einführung des Drei-Wege-Katalysators Reduktionen zwischen 40 und 72 %. Im Reduktions-Szenario führen die im nächsten Abschnitt beschriebenen verkehrspolitischen Maßnahmen auch für CO_2 und CH_4 zu Reduktionen von 9 bis 17 % bzw. für CO, NO_x, NMVOC von 55 bis 81 %.

Tabelle 19.2: Primärenergiebedarf und klimarelevante Emissionen im Personen- und Güterverkehr für die BR Deutschland, in 1987 und 2005

	1987	T 2005 (%)		R 2005 (%)	
		60.1 Mio	65 Mio	60.1 Mio	65 Mio
Primär-energie (Pg)	2236	2695	1844	1948	2049
CO_2 (kt)	159000	+21	+28	-14	-9
CH_4 (kt)	240	+12	+20	-17	-13
NMVOC (kt)	1480	-52	-50	-70	-68
NOx (kt)	1840	-41	-39	-56	-55
CO (kt)	6380	-72	-70	-81	-79

T: Trendszenario 60.1 Mio Wohnbevölkerung

R: Reduktionsszenario 65 Mio Wohnbevölkerung

im Güterverkehr mit 60.1 Mio Personen berechnet

Nach: Hopf et al. (1990)

Darüberhinaus hat die Klima-Enquete-Kommission von den Energie- und Wirtschafts-Instituten für drei Szenario-Varianten, nämlich „Energiepolitik" (der Stromanteil aus Kernenergie von 31,2 % in 1987 wird bis 2005 beibehalten), „Kernenergieausstieg" und „Kernenergieausbau" (der Stromanteil und der Anteil am Primärenergieverbrauch wird verdoppelt), das CO_2-Emissions-Reduktionspotential in den unterschiedlichen Energiesektoren ermitteln lassen. Tab. 19.3 zeigt, daß sich für den Verkehr insgesamt in den Szenarien „Energiepolitik" und „Kernenergieausstieg" nur geringe CO_2-Emssionsreduktionen von 2 bis 3 %, beim Szenario „Kernenergieausbau" sogar leichte Zunahmen ergeben.

Das eigentlich überraschende Ergebnis ist jedoch, daß in allen drei Varianten ein etwa gleich großes CO_2-Emissions-Reduktionspotential etwa von 34 bis 36 % zur Verfügung steht, was der Behauptung widerspricht, daß nur ein drastischer Kernenergieausbau und nicht auch ein Kernenergieausstieg zur CO_2-Emissionsminderung beitragen könne. Aus diesen Ergebnissen läßt sich die weitreichende Erkenntnis ableiten, daß sich beide Umweltgefahren, nämlich die Klimagefahr und das Atomenergierisiko gleichzeitig eindämmen lassen.

Tabelle 19.3: Reduktionspotential von CO_2-Emissionen[1] nach Sektoren und Szenarien für die BR Deutschland im Jahre 2005 im Vergleich zum Basisjahr 1987

Sektoren	Reduktionspotential (%) in 2005 für Szenarien		
	Energie-politik	Kernenergie-Ausstieg	Kernenergie-Ausbau
Haushalte	-8,5	-10,1	-7,1
Kleinverbrauch	-3,3	-5,0	-2,8
Verkehr	-1,9	-3,2	+0,1
Industrie[2]	-0,6	-2,5	+1,8
Substitution durch Kraft-Wärme-Kopplung	-2,8	-4,1	-1,7
Nichtbehandelte Sektoren	+0,4	-0,1	-0,1
Summe Endenergiesektoren	-16,8	-25,0	-9,8
Summe Umwandlungssektor	-11,9	-3,7	-21
Zwischensumme Endenergie- und Umwandlungssektor	-28,7	-28,7	-30,8
Energiebewußtes Verhalten	-5,0	-5,0	-5,0
Gesamtreduktion	-33,7	-33,7	-35,8

[1] Endenergieseitig berechnet, inkl. bundesdeutschen Anteil am internationalen Flugverkehr, ohne nichtenergetischen Energieverbrauch; [2] inkl. der Brennstoffemissionen für eigenerzeugten und selbstverbrauchten Strom
Nach: EK (1990 b)

19.4 Verkehrspolitik und Klimaschutz

Zur Eindämmung der Umwelt- und Klimagefahren ist es erforderlich, den Verkehrssektor nach umweltverträglichen Zielsetzungen umzugestalten. Diese Neuorientierung sollte sich an den folgenden verkehrspolitischen Leitbildern orientieren (K.-H. Lesch und W. Bach, 1989; P. Hennicke et al., 1990; AÖW, 1990):

- Vermeidung von Verkehr
- Änderung der Verkehrsstruktur
- Technische Optimierung
- Verhaltensänderung.

19.4.1 Vermeidung von Verkehr

Mehr Produktion bedeutet mehr Wohlstand, mehr Kaufkraft, mehr Autos sowie mehr Schadstoff- und Lärmbelästigung. Das führt zu vermehrten Fluchtbewegungen weg aus der Stadt und weg vom Betrieb, was wiederum längere Wege, mehr Verkehr und mehr Schadstoff- und Lärmbelastung verursacht. Dabei bleiben Gesundheit, Umwelt und Klima auf der Strecke; Wohn- und Lebensqualität verschlechtern sich drastisch.

Aus diesem Teufelskreis gilt es auszubrechen. Anstelle der riesigen Einkaufszentren „auf der grünen Wiese" mit ihren langen Anfahrtswegen muß es viele kleine Nahversorgungseinrichtungen für den täglichen Bedarf geben. Das größere Warenangebot gehört in das PKW-freie Stadtzentrum mit einem gut ausgebauten öffentlichen Nahverkehrsnetz. Der Arbeitsbereich mit den dazugehörigen Energiequellen muß schadstoffrei gehalten werden, damit er zur Vermeidung des täglichen Verkehrs in den Wohn- und Einkaufsbereich mit integriert werden kann. Zur Vermeidung sowohl des Wochenend- und Feiertagsverkehrs als auch des zunehmenden Urlaubsverkehrs sind die Wohnsiedlungen in unmittelbarer Nähe durch die Anlage von Park-, Wald- und Seenlandschaften ökologisch aufzuwerten.

Eine wirksame und dauerhafte Lösung der sich ständig verschlechternden Verkehrssituation läßt sich nur durch eine integrierte Raum-, Stadt- und Regionalplanung erreichen. Soll der Verkehrsinfarkt innerhalb des nächsten Jahrzehnts vermieden werden, muß jetzt mit der Umsetzung dieser innovativen Konzepte begonnen werden.

19.4.2 Änderung der Verkehrsstruktur

Der Trend geht eindeutig zu den umweltschädlichsten Verkehrsträgern PKW, LKW und Flugzeug. Die Ursache dafür ist die einseitige Förderpolitik, die den Ausbau von Straßen statt Rad- und Schienenwegen und den Aus- und Neubau von Flughäfen statt der Verbesserung des Schienenverkehrs begünstigt.

Eine Umstrukturierung ist folglich dringend notwendig, und zwar vom motorisierten Individualverkehr sowohl zum nichtmotorisierten Individualverkehr (Fußgänger und Fahrräder), als auch zum öffentlichen Personen-Nahverkehr (Straßen-, S- und U-Bahn, Bus etc.) und Schienenverkehr, sowie vom Straßen-Güter-Fernverkehr zum Schienenverkehr und vom kontinentalen Luftverkehr ebenfalls zum Schienenverkehr.

Die Umstrukturierung läßt sich dadurch forcieren, daß dem straßengebundenen Personen- und Güterverkehr endlich seine sozialen und ökologischen Kosten angelastet werden. Dazu ist es erforderlich, die Mineralölsteuern in den nächsten 5 Jahren schrittweise um mindestens 2 DM pro Liter bei gleichzeitigem Abfangen sozialer Härten anzuheben, kilometerabhängige Schwerverkehrsabgaben und Straßenbenutzungsgebühren zu erheben und erhebliche Neuinvestitionen sowohl in den lokalen als auch in den regionalen und überregionalen Ausbau des Schienennetzes zu tätigen.

Die folgenden spezifischen Maßnahmen sind notwendig, um die Umstrukturierung in den unterschiedlichen Verkehrsbereichen voranzutreiben:

– Die Verlagerung des Personenverkehrs von der Straße auf die Schiene
bzw. den öffentlichen Verkehr erfordert

- Tarifsenkungen im ÖPNV und die Einführung von Umweltkarten
- die Erhöhung der Attraktivität des ÖPNV durch bevorzugte Signalschaltungen, Taktverdichtungen und Sonderspuren
- Rück- und Umbaumaßnahmen von Straßenflächen zugunsten der nichtmotorisierten Verkehrsteilnehmer
- räumliche und zeitliche Fahrverbote und die Ausweitung verkehrsberuhigter Zonen
- eine Verknappung und Verteuerung von Parkraum
- Vorrechte für Fahrgemeinschaften und
- die Umwandlung der Kilometer- in eine Entfernungspauschale.

– Die Verlagerung des Güterverkehrs auf die Schiene erfordert

- die Anhebung der Kraftstoffpreise
- eine Straßenbenutzungsgebühr
- den gleichzeitigen Ausbau der Kapazitäten zur Übernahme des Güterverkehrs durch Bundes- und Reichsbahn
- verschärfte Sicherheitsanforderungen für den Transport gefährlicher Güter
- die Überprüfung der Einhaltung von Umweltstandards für LKW
- bessere Sozialvorschriften über Fahr- und Ruhezeiten und den Ausbau einer Container-Infrastruktur sowie einer Börse zur Optimierung von Voll- und Leerfrachten.

– Die Verlagerung des Personenverkehrs vom Flugzeug auf die Schiene erfordert

- die Einführung einer Mineralölsteuer auf Flugbenzin
- die Verlegung der Flugsicherungskosten auf die Fluggesellschaften
- die Erhöhung bzw. die Staffelung der Start- und Landegebühren
- Angebotsbeschränkungen im Regional- und Kontinentalverkehr
- ein Nachtflugverbot und
- technische Auflagen zur Einhaltung der Schadstoffgrenzen.

19.4.3 Technische Optimierung

Emissionen lassen sich durch technische Maßnahmen bei Beibehaltung des Verkehrsmittels und der Verkehrsleistung reduzieren. Die große Anzahl der technischen Optimierungsmöglichkeiten läßt sich wie folgt zusammenfassen:

- Automatische Motorabschaltung mit Schwungnutz-Automatik
- Verringerung des Fahrzeuggewichts
- Einsatz kraftstoffsparender Motoren
- Nutzung der Bremsenergie
- Verminderung des Luftwiderstandes durch bessere Formgebung
- Reduktion des Rollwiderstandes durch veränderte Reifenprofile, verringerte Walkarbeit in den Reifen und gleichmäßigere Straßenflächen
- Verringerung der inneren Reibung an Lagern, Dichtungen, Gelenken und Kolbenringen etc.

- Optimierung der Motorauslegung und Transmission durch erhöhte Gangzahl, verbesserte Gangabstufung und stufenlose hydraulische Getriebe
- Auskuppelbare Freilaufeinrichtung, die das Ansaugen von Kraftstoff bei Motorbremsung unterbindet
- Verbesserung der herkömmlichen Antriebe durch optimierten Ladungswechsel, erhöhte Verdichtung, größere Luftzufuhr, verringerte Wärme- und Gasverluste sowie eine verbesserte Zündung.

Der durchschnittliche Flottenverbrauch für PKW lag 1960 bei ca. 8.8 1/100 km und er liegt heute (1988) bei etwa 10.4 1/100 km (BMfV, 1988). Durch die Kombination der verschiedensten Optimierungsmaßnahmen ließe sich der Verbrauch schon heute technisch und wirtschaftlich auf ca. 2 1/100 km reduzieren. Würde der Durchschnittsverbrauch von 10.4 1/100 km auf diesen Wert gesenkt, brächte dies bei gleichbleibender Verkehrsleistung eine Verminderung des Endenergieeinsatzes im Bereich des motorisierten Individualverkehrs von 980 PJ oder 84 %. Diese Energieeinsparung entspräche einer CO_2-Emissionsreduktion von etwa 78 Mio t oder ca. 10 % des gesamten energiebedingten CO_2-Ausstoßes der BR Deutschland im Jahre 1987.

Die Zusammenstellung der Kraftstoffverbrauchsentwicklung über die letzten 10 Jahre in Tab. 19.4 zeigt, daß praktisch alle größeren Automobilhersteller schon jetzt mit Benzin oder Diesel angetriebene PKW mit einem Kraftstoffverbrauch zwischen 2 und 5 1/100 km auf den Markt bringen könnten. Vom Gesetzgeber ist zu fordern, daß er spätestens ab 1992 für alle PKW-Neuzulassungen Höchstverbräuche von 4 1/100 km und in den darauf folgenden Jahren sukzessive Verbrauchsreduktionen bis auf 2 1/100 km vorschreibt. Ein vergleichbares Reduktionsziel wird auch für alle LKW- und Zweirad-Neuzulassungen gefordert. Die herkömmlichen Schadstoffe wie CO, NO_X und HC lassen sich durch den 3-Wege-Katalysator reduzieren. Das wichtigste klimabeeinflussende Gas CO_2 läßt sich nur durch geringeren fossilen Kraftstoffverbrauch verringern.

Um den Verkehrsfluß zu „verstetigen", arbeitet die Automobilindustrie fieberhaft an sehr kostspieligen Verkehrsleit-, Parkleit- und Convoysystemen (D. Schürmann und M. Kuhler, 1990). Diese Systeme bewirken nur etwas bei einer leichten bis mittleren Verkehrsdichte. Da der Automobil-, Produktions- und Verkaufsboom früher oder später aus dem „Fahrzeug" ein „Standzeug" machen wird, führen sich Stauleitsysteme selber ad absurdum. Wenn Autofahrer demnächst in elektronisch gesteuerten PKW im Convoy über die Autobahnen schleichen, werden sie es sich vielleicht überlegen, ob sie sich zur Schonung der Gesundheit, der Umwelt und des eigenen Geldbeutels nicht gleich huckepack und staufrei von der Bundesbahn befördern lassen.

Tabelle 19.4: Reduktion des Kraftstoffverbrauchs in unterschiedlichen
Automobilen

	Automobile	Kraftst.-Verbr. l/100km	Status
1960	Benzin	8,8	Flottendurchschnitt
1988	Benzin	10,4	für die Bundes-
	Diesel	?	republik Deutschland
1979	VW Forschungsauto 2000 (Benzin)	3,6	Prototyp
1980	VW Golf Ein-Jahres-Test durch US Umweltbehörde		
	• Washington D.C.	3,0	
	• Umlandverkehr	2,4	Prototyp
1981	Honda Civic (Benzin)	5,0	kommerziell
1985	VW Bio Golf (Diesel) Testfahrten in Österreich		
	• Autobahn	5,7	
	• Stadtverkehr	4,5	Prototyp
	• Bundesstraße	4,0	
	Volvo LCP 2000	3,6	
	Cummings/NASA Lewis	3,0	Entwicklungsprojekt
1987	VW Golf (Futura) (Benzin)	5,6	EG-Test
	Renault Vesta 2 (Benzin)	2,4	EG-Test
	• Autobahn	1,9	Testfahrt
	VW Öko-Polo (Diesel)		
	• Autobahn	2,1	
	• Bundesstraße	1,7	Testfahrt
1989	Audi 100 (Diesel)		
	• Autobahn/Bundesstraße	1,8	Testfahrt
1990	Suzuki Swift (Benzin)		
	• Stadtverkehr	3-4	kommerziell

Nach: Seiffert et al. (1980); Lovins et al. (1983); Brown et al. (1988); Höpfner (1990).

19.4.4 Verhaltensänderung

Die bisher beschriebenen Maßnahmen zeigen erst nach einer mehr oder weniger
langen Anlaufphase Wirkung. Demgegenüber zeitigen Verhaltensänderungen So-
fortwirkungen. Diese sind naturgemäß umso größer, je mehr Mitbürger sich daran
beteiligen. Untersuchungen haben gezeigt, daß bei einer möglichst gleichförmigen
Fahrweise, d.h. ohne häufige Beschleunigung und Bremsung, Kraftstoffverbrauch
und Schadstoffausstoß bei Geschwindigkeiten zwischen 20 und 50 km/h am nied-

336

rigsten sind. Messungen im Zusammenhang mit flächenhaften Verkehrsberuhigungsmaßnahmen in Buxtehude haben gezeigt, daß auf Tempo-30-Straßen die Emissionen von HC, CO und NO_x um 10 %, 15 % und 30 % reduziert werden (EK, 1990a).

Auch die Reduktion von Spitzengeschwindigkeiten wirkt sich positiv auf die Emissionsreduktion aus. So ergaben Messungen auf bundesdeutschen Autobahnen (Abb. 19.2), daß sich bei einer Verringerung der Durchschnittsgeschwindigkeit von 120 auf 100 km/h die Emissionen von CO_2 um 20 %, von NO_x um 25 % und von CO um 30 % reduzierten (EK, 1989). Diese Beispiele zeigen deutlich, daß es sehr viel Sinn macht, vom Gesetzgeber auf BAB, Bundesstraßen und im Innerortsverkehr Geschwindigkeitsbeschränkungen von 100/80/30 km/h für PKW und Zweiräder sowie 80/60/30 km/h für LKW zu fordern. Diese Tempolimits machen allerdings nur Sinn, wenn ihre Einhaltung auch ständig überwacht wird.

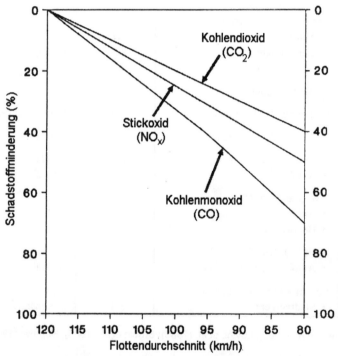

Abb. 19.2: Schadstoffminderung durch Reduktion der PKW-Geschwindigkeit (Flottendurchschnitt) auf den Autobahnen der BR Deutschland
Nach: Höpfner 1990

Nachtfahrten auf Überlandstraßen sollten eingeschränkt und in reinen Wohngebieten ganz unterlassen werden. Bei jeder Fahrt mit dem eigenen PKW sollte sich jeder einzelne fragen, ob sie unbedingt notwendig ist, und ob nicht andere umweltfreundlichere Möglichkeiten der Fortbewegung zur Verfügung stehen. Die zweifellos bei vielen vorhandene Bereitschaft „für die Umwelt etwas zu tun" muß dann aber auch vom Gesetzgeber und den Kommunen in der Form unterstützt werden, daß für den Personenverkehr attraktive schadstoffreie Verkehrssysteme, sichere Fahrradwege und verkehrsfreie Städte für die Fußgänger eingerichtet sowie für den Güterverkehr ausreichende und terminlich attraktive Schienentransportkapazitäten zur Verfügung gestellt werden.

19.5 Wohin geht die Reise?

Es ist nützlich, die bundesrepublikanische Situation, die hier im Vordergrund steht, in den Kontext möglicher Entwicklungen in anderen Ländern zu stellen. Aus datentechnischen Gründen ist das nur für die PKW möglich. Die Plausibilitätsbetrachtung in Tabelle 19.5 zeigt für eine Auswahl von OECD-, ehemaligen Ostblock- und Entwicklungs-Ländern die Einwohnerzahl, die Anzahl der PKW pro 1 000 Einwohnern und die Gesamtanzahl der PKW für 1986. Daraus geht hervor, daß die USA mit 574 PKW pro 1 000 Einwohnern vor der alten BR Deutschland mit 492 PKW pro 1 000 Einwohnern an der Spitze liegt. In der UdSSR verteilen sich 46 PKW auf 1 000 Einwohner. In Indien und China kommen nur 1 PKW auf 1 000 bzw. 10 000 Menschen. Japan und die BRD sind technisch und wirtschaftlich vergleichbare Länder. Trotzdem hat Japan bei der doppelten Bevölkerung nur etwa die gleiche Anzahl von PKW wie die Bundesrepublik.

Tabelle 19.5: PKW-Entwicklung in ausgewählten Ländern

Länder	Ein-wohner 1986 Mio	PKW pro 10^3 E	PKW 1986 Mio	PKW-Entwicklung bis 2005 bezogen auf		
				USA Mio	Japan Mio	BRD[1] Mio
USA	242	574	139	139	63	131
BRD	61	492	30	35	16	28
Italien	57	421	24	33	15	23
Spanien	38	289	11	22	10	10
Japan	122	262	32	70	32	30
DDR	17	235	4	10	4	8
Brasilien	135	67	9	77	35	30
UdSSR	283	46	13	162	74	27
Indien	777	1	0,77	446	203	2
China	1067	<0,1	0,5	612	279	4
Ges.(10L)	2799		263	1606	731	293
Ges.(Welt)	4900	87	425			
% Welt	57		62	3,8x	1,7x	69

[1] Annahme einer PKW-Reduktion von 6 % für die BRD (siehe das Reduktions-Szenario in Tabelle 19.1) auch für die USA, Italien, Spanien und Japan; Annahme der Fortschreibung der gegenwärtigen Wachstumsrate von 1987-2005 für die DDR und die UdSSR von 7 %/a, für Brasilien von 16 %/a, für Indien von 8 %/a und für China von 47 %/a (Renner, 1988)

Gehen wir einmal der Frage nach, wieviel zusätzliche PKW bis 2005 zu erwarten wären. Dazu wurden drei Varianten gerechnet. In der ersten Variante wurde die PKW-Menge berechnet, die sich ergeben würde, wenn alle Länder die Pro-Kopf PKW-Dichte der USA hätten. In der zweiten Variante wurde die PKW-Menge auf die Pro-Kopf PKW-Dichte Japans bezogen. In der dritten Variante wurde eine PKW-Abnahme von 6 % bis 2005 gegenüber 1987 im Reduktions-Szenario für die BRD (siehe Tabelle 19.1) auf die anderen OECD-Länder übertragen. Für die anderen Länder wurden die gegenwärtigen PKW-Wachstumsraten fortgeschrieben, und zwar für die ehemalige DDR und die UdSSR 7 %/a, für Indien 8 %/a, für Brasilien 16 %/a und für China 47 %/a (M. Renner, 1988).

Die Ergebnisse sind sehr aufschlußreich. In der 1. Variante würde die BRD noch einmal um 5 Mio PKW zulegen. Das größte Wachstum würde aber in den Entwicklungsländern und der UdSSR erfolgen. Die gegenwärtige Welt-PKW-Menge würde dadurch um fast das 3,8-fache zunehmen. Solch drastische Zunahmen wären wohl aus finanziellen und logistischen Erwägungen in den Entwicklungsländern und der UdSSR kaum möglich. Ähnliches gilt für eine PKW-Verdopplung in Spanien und Japan.

In der 2. Variante müßte die USA und die BRD ihren Pro-Kopf-Wagenpark um die Hälfte reduzieren, was wohl nicht durchsetzbar wäre. Die starken Zunahmen in Indien und China wären auch kaum leistbar.

Es bleibt die 3. Variante als die vielleicht wahrscheinlichste Entwicklung bis zum Jahre 2005. Die OECD-Länder würden nur leicht reduzieren. Die ehemalige DDR und die UdSSR würden ihren PKW-Park verdoppeln. Entwicklungsländer wie China würden bei sehr kleinen Ausgangsdaten ihren Wagen-Park verachtfachen. Die zehn betrachteten Länder würden die Anzahl ihrer PKW von 263 auf 293 Mio um 11 % erhöhen. Wäre das noch akzeptabel? Das hinge u. a. davon ab, wie die Entwicklung bei der anderen Hälfte der Menschheit verliefe, die hier nicht berücksichtigt worden ist, und welche negativen Folgen sich daraus für den Umwelt- und Klimaschutz ergäben.

19.6 Wiedergewinnung von Lebensqualität und Mobilität

Es gibt keine Verbrennungsmaschine, die so ineffizient arbeitet wie das Auto. Von der aufgewandten Energie werden nur ca. 18 % für die Fortbewegung genutzt. Ein großer Teil ist Abfall, der die Gesundheit schädigt, die Umwelt zerstört, die Klimagefahr erhöht und die Müllberge vergrößert. Die meisten Städte drohen schon jetzt im täglichen Dauersmog zu ersticken. Es gibt in Friedenszeiten kein größeres Tötungs- und Verletzungsinstrument als das Auto.

Fast alle Städte und die Autobahnen erleiden schon jetzt den fast alltäglichen Verkehrsinfarkt. Der Platz für zusätzlichen Individualverkehr ist in den Städten physisch begrenzt - sowohl unter als auch über der Erde. Schon jetzt winden sich z.B. in Tokyo vier-bahnige Autobahnen in fünf Stockwerken übereinander durch die Wohn- und Schlafzimmer der bedauernswerten Anwohner. Wo soll das enden, bei

10- oder 20-stöckigen Autobahnen? Um sich vor der eigenen Hybris zu schützen, sollten sich erdbebengefährdete Orte wie der Großraum von Tokyo den Alptraum von zusammengeklappten Doppeldeckerstraßen im Raum von San Francisco immer vor Augen halten.

Tatsachen belegen, daß mehr Straßenbau mehr motorisierten Individualverkehr und mehr Staus bedeutet. Es besteht wenig Hoffnung, daß sich diese Erkenntnis rechtzeitig bei den verantwortlichen Politikern und den ausführenden Verkehrsplanern durchsetzt. Der vollständige Verkehrsstillstand steht uns bevor. Wer wird den Tanz um das goldene Kalb Auto beenden und uns von den „Sachzwängen" des motorisierten Einzelverkehrs befreien? Wahrscheinlich die Automobilindustrie. Ihre Produktion erreicht immer größere Stückzahlen, als ob sie ihren eigenen Untergang durch Dauerstau nicht schnell genug herbeiführen könnte. Durch die übermäßige Produktion wird die Automobilindustrie zu ihrem eigenen Totengräber.

Der Ausweg aus dieser verfahrenen Situation liegt beim Gesetzgeber, der die Rahmenbedingungen weg vom zerstörerischen Einzelverkehr und hin zu einem ressourcen- und umweltschonenden neuen Verkehrskonzept schaffen muß. Aber auch jeder einzelne kann seinen Beitrag dazu leisten, indem er den motorisierten Individualverkehr immer mehr meidet und so den umweltfreundlichen Verkehrsformen eine immer größere Chance gibt. Nur so lassen sich die durch das Auto verlorengegangene Lebensqualität und Mobilität wiedergewinnen.

340

Literaturauswahl

AÖW (Arbeitsgruppe Ökologische Wirtschaftspolitik), 1990: Klimastabilisierung als Herausforderung an Politik, Wirtschaft und Gesellschaft. Ev. Akademie, Bad Boll.

BMfV, 1988: Verkehr in Zahlen, Bundesminister für Verkehr, Bonn.

Brown, L. R. et al., 1988: State of the World, S. 50 ff., W. W. Norton & Co., New York.

DIW, 1990: Entwicklung der Verkehrsnachfrage im Personen- und Güterverkehr und ihre Beeinflussung durch verkehrspolitische Maßnahmen (Trend-Szenario und Reduktions-Szenario). Gutachten im Auftrag der Klima-Enquete-Kommission, Berlin.

EK (Enquete-Kommission des Deutschen Bundestages), 1989: Klimarelevanz des Verkehrssektors, Arbeitsunterlage 11/382.

EK, 1990a: Materialien zur Tempo-30-Regelung, Arbeitsunterlage 11/489.

EK, 1990b: Schutz der Erde, Economica/C. F. Müller Verlag, Bonn/Karlsruhe.

Hennicke, P. und M. Müller et al., 1990: Zusatzvotum zu Abschnitt E: Nationales Vorgehen zur Reduktion energiebedingter klimarelevanter Spurengase. In: Enquete-Kommissions-Bericht „Schutz der Erde".

Höpfner, U., 1990: Institut für Energie- und Umweltforschung, Heidelberg, pers. Mitteilung.

Hopf, R., K. O. Schallaböck, G. Steierwald und M. Wacker, 1990: Konzeptionelle Fortentwicklung des Verkehrsbereichs, Bericht für die Enquete-Kommission, Berlin, Dortmund, Stuttgart.

Lesch, K H. u. W. Bach, 1989: Forderungen an das Verkehrssystem zur Reduzierung der Klimagefahr. In: Symposium Zukünftige Verkehrstechnologien für den Menschen, 177 - 200, DLR, Köln-Porz.

Lovins, A B., L. H. Lovins, F. Krause u. W. Bach, 1983: Wirtschaftlichster Energieeinsatz: Lösung des CO_2-Problems, Alternative Konzepte 42, C. F. Müller Verlag, Karlsruhe.

Renner, M., 1988: Rethinking the role of the automobile, Worldwatch Paper 84, Washington, DC.

Schürmann, D. u. M. Kuhler, 1990: Innovative Lösungsansätze zur Minderung der CO_2-Emission aus Kraftfahrzeugen. In: Handbuch der Umwelttechnik '91, 102 - 104, Linz.

Seiffert, U. u. P. Walzer, 1980: Development trends for future passenger cars, Paper pres. at 5th Automotive News World Congress, Sonderdruck Forschungsabteilung VW Wolfsburg.

UBA (Umweltbundesamt), 1989: Beitrag zur öffentlichen Anhörung der Enquete-Kommission „Klimarelevanz des Verkehrssektors", Berlin.

X Diskussionsbeiträge für die Klima-Enquete-Kommission des Deutschen Bundestages

Im Vorspann zu Bereich VII wurde schon ein Aspekt der Arbeitsweise der Klima-Enquete-Kommission, nämlich sich durch Frage und Antwort in Expertenanhörungen kundig zu machen, beschrieben. Die **Kapitel 20 und 21** sind zwei weitere Beispiele dafür, wie sich Kommissionsmitglieder schriftlich und durch Vortrag mit anschließender Diskussion gegenseitig informierten - und natürlich auch zu beeinflussen versuchten. Ein direkter Weg zur Kenntniserweiterung war die Vergabe von Forschungsaufträgen und Expertisen vorwiegend an Forschungseinrichtungen und Universitäten. So leisteten etwa 150 Wissenschaftler aus ca. 50 Forschungsinstituten Auftragsarbeit für die Kommission.

Auf der Basis dieser Informationsfülle und detaillierter Gliederungsvorgaben der Kommission schrieb dann ein wissenschaftlicher Mitarbeiterstab die Kommissionsvorlagen. Nach häufig heftigen Diskussionen in der Kommission entstanden daraus die Zwischenberichte und ein Endbericht, die je nach Konsensfähigkeit eine Meinung oder unterschiedliche Sichtweisen als Mehrheits- und Minderheitsvoten widerspiegeln. Am Ende einer Legislaturperiode wurde der Endbericht dem/der Bundestagspräsidenten/in überreicht, der/die ihn nach drei Lesungen zur Abstimmung stellte. Der erste Endbericht, der vorwiegend den wissenschaftlichen Kenntnisstand aufarbeitete, wurde in der 11. Legislaturperiode 1990 einstimmig angenommen. Der Endbericht von 1994, der sich überwiegend mit kontroversen Umsetzungsfragen befaßte, wurde nur mit geringer Mehrheit gebilligt. Die Empfehlungen der Endberichte können die Grundlage für Gesetzesvorlagen bilden, die bei Annahme im Bundestag von den zuständigen Ministerien umgesetzt werden müssen.

In **Kapitel 20** wird untersucht, ob das von der Klima-Enquete-Kommission empfohlene, vom Bundestag angenommene und von der damaligen Bundesregierung Kohl wiederholt bekräftigte Klimaschutzziel einer CO_2-Reduktion von 25 -30 % bis 2005 noch erreicht werden kann. Tab. 20.1 zeigt, daß der gesamtdeutsche CO_2-Ausstoß von 1987 - 92 um rd. 14 % abgenommen hatte, woran die Braunkohle mit einem Anteil von rd. 39 % vorwiegend durch den Ersatz der alten DDR-Braunkohlekraftwerke mit moderneren Kraftwerken nach der Wende beteiligt war. Bei Fortschreibung der Trends erwartet Prognos bis 2005 eine CO_2-Reduktion von höchstens ca. 10 %. **Kapitel 20** kommt zu dem Schluß, daß zur Erreichung des Klimaschutzziels der Verbrauch fossiler Brennstoffe reduziert werden muß, was eine grundlegende Änderung der Energie- und Verkehrspolitik erfordert. Ein Beharren auf den Braunkohleabbau in Garzweiler II wäre mit der Klimaschutzpolitik der Regierung Schröder nicht kompatibel. Die Energie-Szenarien der Klima-Enquete-Kommission zeigen darüberhinaus in Tab. 20.4, daß ein Kernenergieausstieg gegenüber einem Kernenergieausbau für die Lösung des CO_2-Klimaproblems keine Nachteile bringt.

Zu noch weitreichenderen Schlußfolgerungen kommen P. Hennicke et al. in einer Gedankenskizze des Wuppertal Instituts „Mögliche Alternativen zum Neuaufschluß von Garzweiler II", Wuppertal, 1997. Danach könnte bei Trendfortschreibung der Stromerzeugung aus Braunkohle auf Garzweiler II weitgehend verzichtet werden. Dieser Verzicht sei jedoch nicht mit einem Ausstieg aus der Braunkohleförderung und -verwendung gleichzusetzen. Im übrigen legten die Ergebnisse der Klima-Enquete-Kommission nahe, den Kernenergieausstieg in eine geschlossene Klimaschutzstrategie einzubinden, wodurch der Beitrag der Kernkraftwerke zur Stomversorgung weitgehend durch Stromeinsparung, Kraft-Wärme-Kopplung und verstärkten Ausbau erneuerbarer Energien ausgeglichen würde. Ein ähnlicher Verzicht der RWE auf nur zwei Braunkohlekraftwerke würde den Aufschluß von Garzweiler II überflüssig machen und gleichzeitig ein Investitionsvolumen von etwa 8 bis 10 Mrd. DM freisetzen. Dies stünde dann ebenfalls für Investitionen in industrielle und kommunale Kraft-Wärme/Kälte-Kopplung, Stromeinsparung und erneuerbare Energien zur Verfügung. Damit könnten die CO_2-Emissionen bis 2030 um mehr als 40 % gegenüber 1991 verringert werden. Beschäftigungsverluste würden durch neue Arbeitsplatzbeschaffungen im Rahmen der alternativen Investitionstätigungen ausgeglichen. Per Saldo würden das Land Nordrhein-Westfalen und die RWE von einem Verzicht auf Garzweiler II profitieren.

Im folgenden gebe ich zunächst einen Überblick über die Entwicklungen von 1993 - 97. Ich konzentriere mich dabei auf Braun- und Steinkohle, weil ihre spezifischen Emissionen für das Klimagas CO_2 2,04 mal bzw. 1,69 mal so hoch sind wie beim Erdgas. Von 1993 - 97 nahm die Braunkohleförderung in Deutschland von 67,3 x 10^6 t SKE (E. Thöne und U. Fahl, Brennstoff-Wärme-Kraft [BWK] 47 (5), 201, 1995) auf 53, 6 x 10^6 t SKE (J. Ewers und F. - J. Santüns, BWK 50 (4), 46, 1998), also um rd. 20 % ab. Am Primärenergieverbrauch war die Braunkohle 1993 mit rd. 14 % und 1997 mit rd. 11 % beteiligt (E. Thöne und U. Fahl, BWK 50 (4), 26, 1998).

Wie lassen sich Energie-, Umwelt- und Klimapolitik in Einklang bringen ? Am Beispiel Kohle wird deutlich, daß dies sehr viel mit Strukturwandel, der Erhaltung von Arbeitsplätzen, sozialem Frieden, Wettbewerbs- und Europapolitik sowie Machterhalt zu tun hat. Nach den Plänen der NRW SPD-Landesregierung müssen in den nächsten Jahren etwa 8000 Menschen aus 12 Dörfern zwischen Köln und Aachen Haus und Hof verlassen, um den riesigen Braunkohlebaggern Platz zu machen (Frankfurter Rundschau [FR] 9.2.95). Mit einem förmlichen Kabinettsbeschluß billigte die Regierung das 48 km² große Braunkohleabbaugebiet Garzweiler II, aus dem bis 2045 ca. 1,3 Mrd. t Braunkohle gefördert werden sollen. Ein vom Landtag zu verabschiedendes Gesetz sei nicht erforderlich. Vor der endgültigen Genehmigung sei nur noch der Landtagsausschuß für Umweltschutz und Raumordnung zu informieren und das sog. „Benehmen" herzustellen; aber verhindern könne er Garzweiler II nicht mehr.

Im März 1997 empfahlen Experten der Dresdner-Bank-Tochter „Kleinwort Benson Research" den Kunden der Bank in einem Gutachten, Aktien des RWE-Konzerns zu verkaufen, denn das Braunkohleprojekt Garzweiler II sei unrentabel (FR,

25.3.97). Vom Verfassungsgerichtshof in Münster wurden die gegen Garzweiler II erhobenen Verfassungsbeschwerden der Gemeinden Jüchen u. a. verworfen. Die Beschwerdeführer hatten eine Verletzung ihres Rechts auf kommunale Selbstverwaltung geltend gemacht (Münstersche Zeitung [MZ], 10.6.97). Streit gab es auch zwischen der SPD und den Grünen, weil nach deren Meinung der Rahmenbetriebsplan die „Souveränität" des wasserrechtlichen Verfahrens aushebele. Die SPD räumte ein, daß Garzweiler II noch wegen des wasserrechtlichen Verfahrens kippen könnte (MZ, 17.12.97). Am Abend vor Weihnachten geriet das rot-grüne Bündnis in Düsseldorf in Gefahr, als die Grünen die Verhandlungen mit der SPD über den Rahmenbetriebsplan für gescheitert erklärten (FR, 23.12.97).

Am 28.1.98 erteilte Umweltministerin Höhn die sog. Sümpfungsgenehmigung (Erlaubnis zum Abpumpen des Grundwassers), verband dies aber mit Auflagen, die von der Rheinbraun AG (Tochter der RWE) als untragbar zurückgewiesen wurden. Höhn wollte die Sümpfungsgenehmigung auf 2017 befristen, obwohl sich der Tagebau bis 2045 erstrecken soll. Schließlich einigte man sich am 30.10.98 auf 2023 (Stromthemen, 12/8, 98). Die sechsjährige Verlängerung war für die Grünen insofern wichtig, als nach den Plänen von Rheinbraun bis 2017 ein Drittel der geplanten Fläche abgebaut sein würde, und die Grünen diese Drittel-Lösung seit Jahren verteidigt hatten. Schließlich verständigte man sich darauf, daß der Grundwasserstand in allen vom Tagebau betroffenen Feuchtgebieten auf dem Stand von 1983 gehalten werden muß (FR, 31.10.98). Im April 1999 entschied das Oberverwaltungsgericht in Münster zugunsten von Umweltministerin Höhn und gegen den Kölner Regierungspräsidenten Antwerpes, der die Überwachung des Kohleabbaus und seiner Folgen für die Umwelt für sich beanspruchte. Damit, so Höhn, sei eine objektive Prüfung der Folgen des Braunkohlenabbaus gewährleistet, was vor allem dem Naturschutzgebiet Schwalm-Nette zugutekäme. Sollte es durch ein Absinken des Grundwasserspiegels auszutrocknen drohen, muß gemäß einer Klausel in der Genehmigung der Kohleabbau für Garzweiler II sofort gestoppt werden (FR, 4.4.99).

RWE plant für 2002 in Niederaußem ein 1000 MW Braunkohlekraftwerk und für 2006 ein zweites in Neurath. Zugleich sollen bis 2003 mehrere Blöcke in Bayern und vier Blöcke in Frimmersdorf (NRW) mit 150 MW stillgelegt werden (MZ, 27.5.99). Es ist Wahlkampfzeit in NRW: Wirtschaftsminister Steinbrück (SPD) leitete mit einem symbolischen Spatenstich in Jüchen offiziell den Beginn der Umsiedlung ein. Umweltministerin Höhn (Grüne) sagte auf einer Wahlveranstaltung in Meerbusch, daß sie auf Druck von Ministerpräsident Clement die wasserrechtliche Genehmigung für den Braunkohleabbau erteilt habe. Sie habe jedoch Bedingungen in ihren Genehmigungsbescheid eingearbeitet, die RWE nur schwer erfüllen könne, so daß das wirtschaftliche Interesse an Garzweiler II wohl bald schwinden werde (FR, 7.8.99). In 1999 geht in Ostdeutschland ein modernes Braunkohlekraftwerk mit zwei Blöcken von je 933 MW und einem Wirkungsgrad von rd. 42 % ans Netz. Ohne Angaben zu den stillgelegten Kraftwerken können keine Aussagen über den Beitrag zum Klimaschutz gemacht werden (Stromthemen 10, 6, Okt. 99).

Wie sind die Perspektiven für die deutsche Steinkohle? Von 1993 bis 1997 nahm die Steinkohleförderung von 58,9 auf 47,3 Mill. t SKE oder um 20 % ab. (A. Brabeck und G. Hilligweg, BWK 50 (4), 40, 1998). Am Primärenergieverbrauch war die Steinkohle 1993 mit 15 % und 1997 mit 14,1 % beteiligt (E. Thöne und U. Fahl, BWK 50 (4), 26, 1998).

Im März 1997 einigten sich die Bundesregierung, die Bergbauländer, der Bergbau und die Industriegewerkschaft Bergbau und Energie darauf, den Steinkohlenbergbau langfristig zu erhalten. Die Finanzhilfen von insgesamt 9,25 Mrd. DM in 1998 werden auf 5,5 Mrd. DM in 2005 reduziert. Die Kohleförderung wird sich von 47,3 Mill. t SKE in 1997 auf etwa 30 Mill. t SKE, oder 37 % bis 2005 verringern. Es verbleiben noch 36 000 Mitarbeiter, so daß rd. 42 000 Arbeitsplätze aufgegeben werden müssen, die in etwa 10 Bergwerken (1997: 15) arbeiten werden (A. Brabeck und G. Hilligweg, BWK 50 (4), 41 - 45, 1998). Gegen diese Subventionen klagte ein englischer Kohleproduzent beim Europäischen Gerichtshof in Luxemburg und verlangte die Untersagung aus Wettbewerbsgründen (Der Spiegel 51, 94, 14.12.98).

Nach Ansicht der VEW Energie AG sind die Kohlekraftwerke an der Ruhr gefährdet, wenn die Stromproduzenten in Zukunft die Durchleitungsgebühr nicht entsprechend der jeweiligen Lieferentfernung berechnen dürfen. Für 2000 plant derselbe Konzern in Hamm-Uentrop für 550 Mio DM ein 320 MW Steinkohlekraftwerk (MZ, 12.2.99). Aus Wettbewerbsgründen haben sich die Energiekonzerne RWE und VEW zur Fusionierung entschlossen. Der Ruhrkohle-Konzern in Essen hält die Steinkohle weltweit für einen Markt mit guten Wachstumsaussichten. Er hat deshalb vor, noch in 1999 für 1,8 Mrd. DM Cyprus Amax Coal, eines der führenden US-Unternehmen mit einem Umsatz von 800 Mill. $, zu übernehmen. Noch in diesem Jahr sollen weitere 2,2 Mrd. DM investiert werden. 1998 steigerte der Konzern seinen Umsatz auf 27,5 Mrd. DM. Der Ertrag vor Steuern wuchs auf 609 Mill. DM, und der Jahresüberschuß erreichte 409 Mill. DM (FR, 1.6.99).

Die Dritte Welt (vor allem China, Indien und Südafrika) hat mit die größten Kohlevorkommen der Welt. Bei dem bestehenden wirtschaftlichen Nachholbedarf ist dort für einige Zeit eine verstärkte Kohlenutzung gerechtfertigt. Im Gegensatz dazu hat die Erste Welt größere Möglichkeiten der Investition in Einsparkraftwerke (siehe **Kapitel 23**) und in erneuerbare Energieträger (siehe **Kapitel 24**), die nur geringe oder keine klima- und umweltschädigende Substanzen emittieren. Wenn in der Ersten Welt - vor allem auch in Deutschland - bei der Art der Energienutzung nicht schnellstens ein Umdenken stattfindet, ist die Klimagefahr nicht mehr rechtzeitig einzudämmen.

Die neun Kurzbeiträge in **Kapitel 21** sind typische Beispiele für die Klärung strittiger Punkte in der Klima-Enquete-Kommission. Auch in den eigenen Instituten der Mitglieder wurden Forschungsprojekte zur Klärung wichtiger Teilbereiche durchgeführt. So haben wir u. a. zu Abschnitt 21.10 im Auftrag des Bundesministers für Forschung und Technologie und des Ministers für Wirtschaft, Mittelstand und Technologie von NRW ein Forschungsprojekt mit dem Titel „Entwicklung eines integrierten Energiekonzepts: Erfassung des Emissions-Reduktions-Potentials klimawirksamer Spurengase im Bereich rationeller Energienutzung für die alten Bundesländer" bearbeitet. Die Ergebnisse des aus 6 Bänden und 1508 Seiten bestehenden Endberichts von 1993 sind in die verschiedenen Berichte der Enquete-Kommission eingeflossen.

20 Welche Kohlepolitik ist mit dem CO_2-Reduktionsziel der Bundesregierung vereinbar?

Dieser für die Klima-Enquete-Kommission des Deutschen Bundestages angefertigte Bericht zeigt, daß das von der Bundesregierung beschlossene CO_2-Reduktionsziel von 25-30 % bis 2005 bei der derzeitigen Energiepolitik mit einer Reduktion von nur 10 % weit verfehlt wird. Vor allem die Genehmigung von Garzweiler II ist mit den Klimaschutzzielen nicht in Einklang zu bringen; nur etwa die Hälfte des Braunkohleverbrauchs (BK) wäre klimapolitisch zulässig. Darüberhinaus müßten die heimische Steinkohle (SK) vor allem in KWK-Anlagen mit GuD und Heizöl nur bei effizienterer Heizungstechnik eingesetzt werden. SK, BK und Öl sollten im Wärmebereich durch Gas ersetzt und in HKW und BHKW eingesetzt werden. Die starke CO_2-Zunahme im Verkehrsbereich kann nur durch die Novellierung des Bundesverkehrswegeplans umgekehrt werden. Die Analyse der im Auftrag der Klima-Enquete-Kommission entwickelten Energieszenarien zeigt, daß der Kernenergieausbau im Vergleich zum Kernenergieausstieg für die Lösung des CO_2-Klimaproblems keine Vorteile bringt.

20.1 Klimaschutz

Für den vorsorgenden Schutz des Klimas und der Ökosysteme ist es notwendig, daß der durch die Aktivitäten des Menschen eingeleitete Temperaturanstieg auf etwa 0,1 °C pro Jahrzehnt begrenzt bleibt, und daß bis zum Ende des nächsten Jahrhunderts eine mittlere globale Erwärmungsobergrenze von 2 °C nicht überschritten wird. Dazu ist es erforderlich, daß wirtschaftlich starke Industrieländer, wie z. B. Deutschland, in einem ersten Schritt den CO_2-Ausstoß um etwa 25 - 30 % bis 2005 gegenüber 1987 reduzieren. Dieses von der Klima-Enquete-Kommission formulierte Ziel hat sich die Bundesregierung (BR) in mehreren Kabinettsbeschlüssen zu eigen gemacht. Es steht auch im Einklang mit den Vereinbarungen der Klimakonvention von Rio, zu deren Einhaltung sich Deutschland verpflichtet hat. Entgegen den Verpflichtungen entsteht aber immer mehr der Eindruck, daß das CO_2-Reduktionsziel nicht erreicht wird, und daß heute in vielen Bereichen der Energie- und Verkehrspolitik Weichenstellungen getroffen werden, die dem angestrebten Klima- und Ökosystemschutz bis 2005 und für die Jahrzehnte danach zuwiderlaufen. Ob Grund für diese Befürchtungen besteht, wird im folgenden anhand von konkreten Zahlen untersucht.

20.2 Die CO$_2$-Entwicklung von 1987 - 1992

Tab. 20.1 zeigt, daß der CO$_2$-Ausstoß zwischen 1987 und 1992
- in Westdeutschland (W) um 14 Mio t oder 2 % zugenommen hat,
- in Ostdeutschland (O) um 163 Mio t oder ca. 47 % abgenommen hat,
- in Deutschland (D) um 149 Mio t oder 14 % abgenommen hat.

Diese Entwicklung ist fast ausschließlich auf den Zusammenbruch der Braunkohlewirtschaft in O mit einer CO$_2$-Reduktion von 156 Mio t zurückzuführen.

20.3 Kann das CO$_2$-Reduktionsziel der BR von 25 - 30 % für 2005 erreicht werden?

Dies hängt u. a. von der Stein- und Braunkohlepolitik sowie vom Öl- und Gasverbrauch ab. Wir übernehmen hier das im Auftrag der BR angefertigte Trendszenario
von Prognos (K. Eckerle et al., 1991),weil es die Auswirkungen der Einheit berücksichtigt, die Mengengerüste aus der Stein- und Braunkohlepolitik den Trends zu-
grundelegt und die im Klimabericht (BMU, 1993) beschriebenen Maßnahmen der
BR mit in Betracht zieht. Im einzelnen zeigen sich folgende Entwicklungen (Tab.
20.1):

20.3.1 Steinkohlepolitik

Aus der Steinkohlepolitik ergibt sich folgendes Mengengerüst (Dt. Bundestag, 1994;
R. Loske und P. Hennicke, 1994; H. Michaelis, 1994):
- Für Westdeutschland (W) ist eine Mindestfördermenge von 45 bis 50 Mio t
  SKE/a bis ins nächste Jahrzehnt vorgesehen
  – ca. 35 Mio t SKE/a für die Verstromung und
  – ca. 15 Mio t SKE/a für die Stahlherstellung.
- Durch Öffnung des Energiemarkts (EU, GATT) kommen schätzungsweise
  30 - 35 Mio t SKE/a Importkohle hinzu. Davon werden eingesetzt
  – ca. zwei Drittel in W u. a. in den neu zu errichtenden SK-Kraftwerken (wie
    z. B. Wilhelmshaven) und auch in der Stahlindustrie (Klöckner, Bremen),
    und
  – ca. ein Drittel in O u. a. in den geplanten neuen SK-Kraftwerken (wie z. B.
    Rostock und Stendal).

20.3.1.1 Steinkohleeinsatz (W)

Der SK-Einsatz nahm von 1987 - 1992 um rd. 5 % ab. Von 1992 - 2005 wird eine
leichte Zunahme von etwa 2 % erwartet, so daß sich insgesamt für 1987 - 2005 nur
ein mäßiger Rückgang von 2,5 % ergibt. Die sinkende heimische Kohleförderung
wird überwiegend durch Importkohle ausgeglichen.

Tabelle 20.1: Energetische Primärenergieeinsätze und CO_2-Emissionen in 1987, 1992 und für das Prognos-Trend-Szenario in 2005

	1987 SKE[1] Mio. t	1987 CO_2[2] Mio. t	1992 SKE[1] Mio. t	1992 CO_2[2] Mio. t	Prognos 2005 SKE[3] Mio. t	Prognos 2005 CO_2[4] Mio. t	Änderung 1987-1992 SKE Mio. t	Änderung 1987-1992 CO_2 Mio. t	Änderung 1987-1992 CO_2 %	Änderung 1992-2005 SKE Mio. t	Änderung 1992-2005 CO_2 Mio. t	Änderung 1992-2005 CO_2 %	Änderung 1987-2005 SKE Mio. t	Änderung 1987-2005 CO_2 Mio. t	Änderung 1987-2005 CO_2 %
Westdeutschl.															
Steinkohle	73,2	199	69,9	190	71,4	194	-4,4	-9	-4,5	1,7	4	2,1	-2,7	-5	-2,5
Braunkohle	30,7	99	33,4	108	30,7	99	2,2	9	9,1	-2,6	-9	-8,9	-0,4	0	0,2
Mineralölprod.	144,3	316	145,2	318	143,3	314	5,4	2	0,6	-8,0	-4	-1,3	-2,6	-2	-0,7
Naturgase	59,8	98	67,1	110	83,4	137	8,1	12	12,2	15,7	27	27,2	23,8	39	39,5
Insges.[5]	307,9	712	315,6	726	328,7	744	11,4	14	2,0	6,7	18	2,5	18,1	32	4,5
Ostdeutschl.															
Steinkohle	6,3	17	2,6	7	11,5	31	-2,0	-10	-58,8	9,0	24	142,7	7,0	14	83,9
Braunkohle	87,0	281	38,7	125	28,4	92	-50,0	-156	-55,5	-12,1	-33	-11,9	-62,1	-189	-67,4
Mineralölprod.	15,1	33	17,8	39	24,6	54	5,3	6	18,2	7,1	15	45,0	12,4	21	63,2
Naturgase	7,9	13	6,1	10	17,7	29	-4,1	-3	-23,1	10,3	19	146,7	6,3	16	123,6
Insges.[5]	116,2	344	65,2	181	82,2	206	-50,7	-163	-47,4	14,3	25	7,2	-36,4	-138	-40,2
Deutschland															
Steinkohle	79,4	216	72,4	197	82,9	225	-6,3	-19	-8,8	10,7	28	13,1	4,3	9	4,3
Braunkohle	117,6	380	72,1	233	59,1	191	-47,8	-147	-38,7	-14,7	-42	-11,1	-62,5	-189	-49,8
Mineralölprod.	159,4	349	163,0	357	167,9	368	10,7	8	2,3	-0,9	11	3,0	9,8	19	5,3
Naturgase	67,7	111	73,2	120	101,1	166	4,1	9	8,1	26,0	46	41,2	30,1	55	49,3
Insges.[5]	424,1	1056	380,7	907	410,9	950	-39,3	-149	-14,1	21,1	43	4,0	-18,3	-106	-10,1

[1] nur energetischer Einsatz, berechnet aus CO_2 mit Misch-Emissionsfaktoren (SK: 2,72, BK: 3,23, Öl: 2,19, Gas: 1,64 kg CO_2/kg SKE) nach Birnbaum et al. (1992); [2] nach BMU, Dt. Bundestag(1994), 1992 vorläufige Werte; [3] energetischer Anteil berechnet nach Energiebilanzen (West: 1987, Ost: 1991); [4] Emissionsfaktoren siehe 1); [5] für Westdeutschland ohne Sonstiges (ca. 2-4 Mio. t CO_2. Nach D. B. (1994), Birnbaum et al. (1992), AG Energiebilanzen (1987 u. 91) u. Eckerle et al. (1991).

20.3.1.2 Steinkohleeinsatz (O)

Der SK-Einsatz in O, der von 1987 - 1992 um mehr als die Hälfte geschrumpft war, soll bis 2005 um mehr als das Doppelte zunehmen, so daß sich insgesamt von 1987 - 2005 ein Anstieg von rd. 84 % ergibt. Bei dem im Verhältnis zu W relativ geringen Mengengerüst sind die Änderungen nicht überzubewerten. Die Verbrauchszunahme wird wohl überwiegend aus Importkohle gedeckt werden.

20.3.2 Braunkohlepolitik

Für BK ergibt sich folgendes Mengengerüst (Dt. Bundestag, 1994; R. Loske und P. Hennicke, 1994; H. Michaelis, 1994):

- In W soll Garzweiler II mit ca. 30 Mio t SKE/a die bisherigen Tagebaue ersetzen.
- In O ist eine Mindestfördermenge von insgesamt 27 bis 29 Mio t SKE/a im Lausitzer und im Mitteldeutschen Revier vorgesehen.

20.3.2.1 Braunkohleeinsatz (W)

Der BK-Einsatz nahm von 1987 - 1992 um rd. 9 % zu und soll von 1992 - 2005 um etwa den gleichen Betrag wieder abnehmen, so daß sich von 1987 - 2005 insgesamt fast keine Änderung ergibt. Dies spiegelt die BK-Politik mit einem Fördersockel von ca. 30 Mio t SKE/a wider.

20.3.2.2 Braunkohleeinsatz (O)

Der Zusammenbruch der BK-Wirtschaft hat von 1987 - 1992 zu einem BK-Rückgang um rd. 56 % geführt. Der vorgesehene Fördersockel in 2005 von etwa 28 Mio t SKE/a bedeutet von 1987 - 2005 einen Rückgang um ca. 67 %.

20.3.3 Öleinsatz (W)

Der Ölverbrauch zeigt nach Tab. 20.1 zwischen 1987 und 1992 sowie 1992 und 2005 nur geringe Änderungen, so daß von 1987 - 2005 insgesamt eine Abnahme von weniger als 1 % erwartet wird. Dafür sind zwei gegenläufige Tendenzen verantwortlich:

- Durch den weiter steigenden Verkehr wird ein vermehrter Kraftstoffverbrauch erwartet.
- Dagegen ist im Wärmebereich damit zu rechnen, daß durch Effizienzmaßnahmen und Substitution durch Gas der Öleinsatz zurückgedrängt wird.

20.3.4 Öleinsatz (O)

Von 1987 - 2005 wird ein beträchtlicher Anstieg des Ölverbrauches um mehr als 60 % erwartet. Dies liegt vor allem am:

- Enormen Nachholbedarf im Verkehrssektor, und am
- leichten Zuwachs im Kraftwerks- und Hausbrandbereich.

20.3.5 Gaseinsatz (W)

Es wird mit einem ungebremsten Wachstumstrend gerechnet, der von 1987 - 2005 eine Zunahme von rd. 40 % erreicht (Tab. 20.1). Zuwächse werden vor allem erwartet:

- Im Raumwärmebereich
- in der Industrie.

20.3.6 Gaseinsatz (O)

Durch den Zusammenbruch der Industrie kam es von 1987 - 1992 zu einer Abnahme des Gaseinsatzes von etwa 23 %. Bis 2005 wird allerdings mit einem massiven Zuwachs von rd. 124 % gerechnet. Einige Gründe dafür sind:

- Die Umstellung von Stadt- auf Erdgas,
- die Umstellung der Fernwärmeversorgung von Braunkohle- auf Gaskraftwerke,
- die Ausdehnung des Gasverteilernetzes,
- der Wiederanstieg der Industrieproduktion.

20.3.7 Zwischenergebnis

Tab. 20.1 zeigt, daß sich der zwischen 1987 und 1992 beobachtete rückläufige Trend im CO_2-Ausstoß in der folgenden Periode von 1992 - 2005 nicht fortsetzen wird. Über die Gesamtperiode von 1987 - 2005 nimmt die CO_2-Emission

- in W um 4,5 % zu,
- in O um rd. 40 % ab und erreicht
- in D nur etwa eine Reduktion von 10 %.

Diese und ähnliche Trendanalysen zeigen, daß das Reduktionssoll der BR von 25 - 30 % bis 2005 für D deutlich verfehlt wird. Das liegt daran, daß sowohl das beabsichtigte Kohlenmengengerüst, als auch der Öl- und Gasverbrauch mit dem CO_2-Reduktionsziel der BR nicht im Einklang stehen. Folglich müssen die im Trendszenario von Prognos für 2005 angenommenen Mengen von rd. 83 Mio t SKE für SK, 59 Mio t SKE für BK und 168 Mio t SKE für Öl reduziert werden (Tab. 20.1). Dazu muß die derzeitige Energie- und Verkehrspolitik der BR grundlegend geändert werden. Im folgenden wird anhand von drei Szenarien der Klima-Enquete-Kommission gezeigt, mit welchen Reduktionsoptionen das CO_2-Reduktionsziel von 25 - 30 % der BR erreicht werden kann.

20.4 Szenarien der Klima-Enquete-Kommission zur Erreichung des CO_2-Reduktionsziels der BR für 2005

Die Hauptfrage, die sich stellt, ist: Können die oben beschriebenen, durch die deutsche Kohlepolitik festgelegten, Einsatzmengen sowie die bei Fortsetzung der bisherigen Trends zu erwartenden Öl- und Gasverbrauchsmengen mit dem CO_2-Reduktionsziel der BR in Einklang gebracht werden? Dazu vergleichen wir deren

Verbrauchsmengen mit denen in den folgenden drei Reduktionsszenarien, die von etwa 50 Energieinstituten für die Klima-Enquete-Kommission (EK, 1990) erarbeitet worden sind:

- Szenario „Energiepolitik" (der Stromanteil aus Kernenergie von 31,2 % in 1987 wird beibehalten)
- Szenario „Kernenergieausstieg" (Ausstieg bis zum Jahre 2005)
- Szenario „Kernenergieausbau" (der Stromanteil aus Kernenergie wird auf rd. 60 % fast verdoppelt).

Da sich die Szenarioabschätzungen nur auf W beziehen, konzentrieren wir uns in Tab. 20.2 auf das westdeutsche Mengengerüst. Die Tabelle zeigt für das jeweilige

Tabelle 20.2: Energetischer Primärenergieeinsatz und CO_2-Emissionen für 1987, 1992 und in den Reduktionsszenarien der Enquete-Kommission für 2005 in Westdeutschland

Energieträger	Basisjahr 1987	1992	Enquete-Szenarien[3] im Jahr 2005 Energie- politik	Kernenergie- ausstieg	ausbau
Primärenergie[1]			in Mio. t SKE		
Steinkohle	73,2	69,9	45,0	54,7	42,6
Braunkohle	30,7	33,4	18,6	16,5	13,7
Mineralölprodukte	144,3	145,2	90,8	66,1	97,0
Naturgase	59,8	67,1	71,9	88,5	69,5
Insges.	307,9	315,6	226,3	225,8	222,7
CO_2-Emissionen[2]			in Mio. t CO_2		
Steinkohle	199	190	122	149	116
Braunkohle	99	108	60	53	44
Mineralölprodukte	316	318	199	145	212
Naturgase	98	110	118	145	114
Insges.	712	726	499	492	486
Emissionsänderung			in %		
Steinkohle	0	-5	-39	-25	-42
Braunkohle	0	9	-39	-46	-55
Mineralölprodukte	0	1	-37	-54	-33
Naturgase	0	12	20	48	16
Insges.	0	2	-30	-31	-32

[1] nur energetischer Einsatz, berechnet aus CO_2 mit Misch-Emissionsfaktoren (SK: 2,72, BK: 3,23, Öl: 2,19, Gas: 1,64 kg CO_2 kg SKE) nach Birnbaum et al. (1992); [2] energie-bedingte Emissionen nach Dt. Bundestag (1994) ohne Sonstiges (ca. 2-4 Mio.t CO_2), Werte für 1992 vorläufig; [3] berechnet aufgrund der CO_2-Emissionen für 1987 und der Änderungsraten nach der Enquete-Kommission (1990).

Szenario die Einsatzmengen der einzelnen fossilen Primärenergieträger in Mio t SKE, die sich daraus ergebenden CO_2-Emissionen in Mio t und die jeweiligen Prozentänderungen in 2005 gegenüber 1987.

Für die Steinkohle wird deutlich, daß nur das Szenario „Kernenergieausstieg" mit einer Verbrauchsmenge von rd. 55 Mio t SKE/a den Vorstellungen der deutschen Steinkohlepolitik von etwa 50 Mio t SKE/a Förderung entspricht. In diesem Szenario kann die Kohle mengenmäßig noch am ehesten die Brückenfunktion ins Solarzeitalter übernehmen (R. Loske und P. Hennicke, 1994). Dagegen ist der Kohleeinsatz im Szenario „Kernenergieausbau" mit nur etwa 43 Mio t SKE/a von allen Szenarien am geringsten, und zwar wegen der Verdrängungskonkurrenz von Kohle durch Atom.

Die westdeutsche Braunkohlepolitik sieht mit der Erschließung von Garzweiler II eine Fördermenge von etwa 30 Mio t SKE/a vor. Wie Tab. 20.2 zeigt, ist dies mit keinem der drei Reduktionsszenarien vereinbar. In Szenario „Kernenergieausbau" ist mit knapp 14 Mio t SKE/a der Braunkohleeinsatz wegen der Stromkonkurrenz am geringsten. Alle drei Szenarien machen deutlich, daß der Klimaschutz nur ein reduziertes Garzweiler II erlaubt, was folglich eine Verringerung der Braunkohle-Verstromungskapazitäten im Rheinischen Revier erfordert.

Der noch mögliche Öl- und Gasverbrauch ergibt sich aus der Kohle-Nachfragepolitik. Im Szenario „Kernenergieausstieg", das aus beschäftigungspolitischen Gründen bei der SK die geringste Reduktion (25 %) und aus umweltschutzpolitischen Gründen den größten Anstieg (48 %) beim Gas vorsieht, muß folglich im Ölbereich mit 54 % am stärksten von allen Szenarien reduziert werden. Eine starke Reduktion im Verkehrsbereich wäre nicht nur aus Klimaschutz-, sondern auch aus Umweltschutz- und einer Reihe von anderen Gründen notwendig. Demgegenüber nimmt im Szenario „Kernenergieausbau" das relativ „umweltfreundliche" Gas mit 16 % am wenigsten zu und Öl mit 33 % am geringsten ab. Das von der Klima-Enquete-Kommission favorisierte Szenario „Energiepolitik" zeigt einen mittleren Weg auf. Zwischen den einzelnen Energieträgern besteht also ein gewisser Handlungsspielraum. In allen drei hier betrachteten Szenarien wird das Klimaschutzziel der BR von 30 % CO_2-Reduktion erreicht.

Für O betrachten wir in Tab. 20.3 das Trend-Szenario von Prognos (K. Eckerle et al., 1991). Im Vergleich zu allen anderen fossilen Energieträgern spielte die BK bezüglich des CO_2-Ausstoßes in der Vergangenheit eine herausragende Rolle, und sie wird diese Dominanz, wenn auch in abgeschwächter Form, auch bis 2005 beibehalten. Aus dem Zusammenbruch der hoch ineffizienten Braunkohlewirtschaft und dem Neuaufbau resultiert eine beträchtliche CO_2-Minderung, die trotz des relativ starken Gas- und Ölverbrauchszuwachses insgesamt noch zu einer Reduktion von 40 % in 2005 führt.

Tabelle 20.3: Energetischer Primärenergieeinsatz und CO_2-Emissionen für 1987, 1992 und im Trend-Szenario für 2005 in Ostdeutschland

Energieträger	Basisjahr 1987	1992	Trend-Szenario 2005[3]
Primärenergie[1]		in Mio. t SKE	
Steinkohle	6,3	2,6	11,5
Braunkohle	87,0	38,7	28,4
Mineralölprodukte	15,1	17,8	24,6
Naturgase	7,9	6,1	17,7
Insges.	116,2	65,2	82,2
CO_2-Emissionen[2]		in Mio. t CO_2	
Steinkohle	17	7	31
Braunkohle	281	125	92
Mineralölprodukte	33	39	54
Naturgase	13	10	29
Insges.	344	181	206
Emissionsänderung		in %	
Steinkohle	0	-59	84
Braunkohle	0	-56	-67
Mineralölprodukte	0	18	63
Naturgase	0	-23	124
Insges.	0	-47	-40

[1] nur energetischer Einsatz, berechnet aus CO_2 mit Misch-Emissionsfaktoren (SK: 2,72, BK: 3,23, Öl: 2,19, Gas: 1,64 kg CO_2/kg SKE) nach Birnbaum et al. (1992); [2] energiebedingte Emissionen nach Dt. Bundestag (1994), Werte für 1992 vorläufig; [3] berechnet nach Prognos Eckerle et al. (1991), energetischer Anteil 2005 wie 1991 nach Energiebilanzen (1991).

Aus den beiden Teilen Deutschlands in Tab. 20.2 und 20.3 ergibt sich die Gesamtsituation für D in Tab. 20.4. Die Änderungen in Tab. 20.3 für O wurden den Szenarien in Tab. 20.4 zugeschlagen. Danach wären nur noch für Gas Zuwächse möglich, während das Mengengerüst für alle anderen Energieträger z. T. beträchtlich verringert werden müßte. Insgesamt ergäbe sich für Gesamtdeutschland in allen drei Szenarien ein CO_2-Reduktionspotential von mehr als 30 %, zu dem noch eine Reduktion von etwa 5 % durch Verhaltensänderungen hinzukäme (EK, 1990). Würde die Klimaschutzpolitik, die diesen Szenarien zugrunde liegt, umgesetzt, könnten u. a. auch aufgrund der hohen Reduktionspotentiale in O, die CO_2-Reduktionsziele der BR von 25 – 30 % erreicht werden, auch wenn seit Veröffentlichung dieser Szenarien bereits vier Jahre weitgehend ungenutzt verstrichen sind.

Tabelle 20.4: Energetischer Primärenergieeinsatz und CO_2-Emissionen 1987, 1992 und in den Reduktionsszenarien der Enquete-Kommission für 2005 in Deutschland[1]

Energieträger	Basisjahr 1987	1992	Enquete-Szenarien[3] im Jahr 2005 Energie-politik	Kernenergie-ausstieg	ausbau
Primärenergie[1]			in Mio. t SKE		
Steinkohle	79,4	72,4	56,5	66,2	54,1
Braunkohle	117,6	72,1	47,0	44,9	42,1
Mineralölprodukte	159,4	163,0	115,4	90,7	121,5
Naturgase	67,7	73,2	89,6	106,2	87,2
Insges.	424,1	380,7	308,5	307,9	304,9
CO_2-Emissionen[2]			in Mio. t CO_2		
Steinkohle	216	197	154	180	147
Braunkohle	380	233	152	145	136
Mineralölprodukte	349	357	253	199	266
Naturgase	111	120	147	174	143
Insges.	1056	907	705	698	692
Emissionsänderung			in %		
Steinkohle	0	-9	-29	-17	-32
Braunkohle	0	-39	-60	-62	-64
Mineralölprodukte	0	2	-28	-43	-24
Naturgase	0	8	32	57	29
Insges.	0	-14	-33	-34	-34

[1] Summe aus den Szenarien der Enquete-Kommission (West) und Prognos (1991) (Ost); [2] nur energetischer Einsatz, berechnet aus CO_2 mit Misch-Emissionsfaktoren (SK: 2,72, BK: 3,23, Öl; 2,19, Gas: 1,64 kg CO_2/kg SKE) nach Birnbaum et al. (1992); [3] energiebedingt Emissionen nach Dt. Bundestag (1994) ohne Sonstiges (ca. 2-4 Mio t. CO_2, Werte für 1992 vorläufig); [4] berechnet aufgrund der CO_2-Emissionen für 1987 und der Änderungsrate nach der Enquete-Kommission (1990) plus Ostdeutschland nach Prognos, Eckerle et al. (1991).

20.5 Schlußfolgerungen und Empfehlungen

Die Klimaschutzpolitik der BR erreicht das von ihr beschlossene CO_2-Reduktions-ziel von 25 – 30 % bis zum Jahre 2005 gegenüber 1987 nicht. Bei Fortschreibung der gegenwärtigen Politik wird mit einer Reduktion von nur 10 % dieses Ziel weit verfehlt. Dies liegt an den falschen Weichenstellungen in der Kohlepolitik auf der Angebotsseite und an der unentschlossenen Energieeinspar- und Verkehrsvermei-dungspolitik auf der Nachfrageseite. Erst wenn die den Szenarien der Klima-En-quete-Kommission zugrundeliegenden Maßnahmenbündel umgesetzt werden, ließe sich ein CO_2-Reduktionspotential von mehr als 30 % aktivieren. Die in Tabelle 20.4

zusammengefaßten Untersuchungsergebnisse führen zu folgenden Schlußfolgerungen:

- Durch die geplante Genehmigung von Garzweiler II werden bis ins nächste Jahrhundert Braunkohleverstromungsmengen festgeschrieben, die nicht mit den Klimaschutzzielen in Einklang zu bringen sind. Nur etwa die Hälfte der Braunkohlemengen wäre klimapolitisch zulässig.
- Der Absatz der heimischen Steinkohle läßt sich nach den Szenarien der Enquete-Kommission am ehesten bei einem Ausstieg aus der Kernenergie sichern. Die SK muß überwiegend in KWK-Anlagen kombiniert mit GuD-Anlagen eingesetzt werden. SK-Importe sollten aufgrund der ökologischen Schäden in den Förderländern und der langen Transportwege beschränkt werden.
- Durch die im Bundesverkehrswegeplan festgelegte Politik werden die falschen Signale gesetzt. Dadurch nimmt der Kraftstoffverbrauch des Verkehrs weiterhin stark zu. Durch eine aktive Verkehrsvermeidungs- und Effizienzsteigerungspolitik muß eine Trendwende eingeleitet werden.
- Zusätzlich muß der Öleinsatz im Altbau- und Neubaubereich durch bessere Wärmedämmung, effizientere Heizungstechnik und Substitution drastisch eingeschränkt werden.
- Wegen des niedrigeren spezifischen CO_2-Emissionsausstoßes von Gas sollten SK, BK und Öl im Wärmebereich weitgehend durch Gas ersetzt werden. Große CO_2-Vermeidungspotentiale lassen sich erzielen, wenn Gas in HKW und BHKW eingesetzt wird.
- Die Analyse von drei Szenarien der Klima-Enquete-Kommission zeigt, daß der Kernenergieausbau im Vergleich zum Kernenergieausstieg für die Lösung des CO_2-Problems keine Vorteile bringt.

Literaturauswahl

Arbeitsgemeinschaft Energiebilanzen (Hrsg.) (1987, 1991), Essen.

Birnbaum, K. U. et al. (1992), Berechnung sektoraler Kohlendioxidemissionen für die Bundesrepublik Deutschland, KFA Arbeitsunterlage 12/171.

BMU (1993), Umweltpolitik. Klimaschutz in Deutschland, Nationalbericht der Bundesregierung für die BR Deutschland, Bonn.

Deutscher Bundestag (1994), Klimaschutz-Erfolgsbilanz der Bundesregierung. Antwort der Bundesregierung auf die Große Anfrage Dr. K. - D. Feige et al. Gruppe Bündnis 90/ Die Grünen, Drucksache 12/7106, 17. 3. 94, Bonn.

Eckerle, K. et al. (1991), Die energiewirtschaftliche Entwicklung in der Bundesrepublik Deutschland bis zum Jahre 2010 unter Einbeziehung der fünf neuen Bundesländer, Untersuchung im Auftrag des BMWi, Prognos, Basel.

Enquete-Kommission (EK) (1990), „Schutz der Erde". Eine Bestandsaufnahme mit Vorschlägen zu einer neuen Energiepolitik, Zur Sache, 19, Bd. 2, Bonn.

Loske, R. u. P. Hennicke (1994), Klimaschutz und Kohlepolitik, Energiewirtschaftliche Tagesfragen 12, 814 - 819.

Michaelis, H. (1994), Die heimische Kohleförderung und die Verringerung der CO_2-Emissionen, Diskussionspapier für die Enquete-Kommission „Schutz der Erdatmosphäre", 1. 5. 1994, Köln.

21 Umsetzungsstrategien für die Klimakonvention

Auch dieser Beitrag wurde zur gegenseitigen Information und Unterrichtung der Enquete-Kommissionsmitglieder angefertigt. Neun Sachfragen sollten geklärt werden. Zunächst wurden Richtwerte für den Klimaschutz abgeleitet, nämlich sowohl eine mittlere globale Erwärmungsrate von 0,1 °C/Dekade über die nächsten 100 Jahre als auch eine Erwärmungsobergrenze von 2 °C in 2100 gegenüber dem vorindustriellen Wert. Daraus leiten sich die zulässigen zeitlichen Emissionsänderungen der Treibhausgase ab. Und daraus ergeben sich wiederum die zeitlich gestaffelten zulässigen Konzentrations- und Temperaturänderungen. Weiterhin wird zu klären versucht, ob die bisherigen CO_2-Reduktionsverpflichtungen verschiedener Nationen als erste Schritte ausreichen, ob eine anfangs langsamere durch eine später schnellere CO_2-Reduktionspolitik wettgemacht, oder ob gar eine geringere CO_2-Reduktion durch eine stärkere Reduktion anderer Treibhausgase aufgefangen werden kann. Weiter wird zu klären versucht, ob eine gemeinsame Umsetzungsstrategie von Industrie- und Entwicklungsländern dem Klimaschutz förderlich ist, und schließlich, ob die Erreichbarkeit des deutschen CO_2-Reduktionsziels von 25-30 % bis 2005 durch die im Auftrag der Enquete-Kommission durchgeführten Studien glaubhaft abgesichert ist.

21.1 Vorbemerkungen

In der 101. Sitzung der Klima-Enquete-Kommission am 9. 5. 1994 hat das BMU zum Stand der Entwicklungen im Rahmen der Klimakonvention informiert. Die Klimarahmenkonvention (KRK) ist am 21. 3. 1994 in Kraft getreten. Die 1. Vertragsstaatenkonferenz (VSK) der KRK wird auf Einladung Deutschlands vom 25. 3. bis zum 7. 4. 1995 in Berlin abgehalten. Zu den wesentlichen Aufgaben der 1. VSK sollen gehören:

- Die Überprüfung, ob die Reduktionsvorgaben der KRK zur Erreichung des Konventionsziels ausreichen.
- Die Festlegung nicht nur auf eine Stabilisierung der CO_2-Emissionen bis 2000 auf den Wert von 1990, sondern auch eine weitergehende CO_2-Reduktionsverpflichtung über das Jahr 2000 hinaus.
- Reduktionsverpflichtungen auch für CH_4 und N_2O.
- Die Erarbeitung eines umfassenden Protokolls für alle nicht vom Montrealer Protokoll erfaßten Treibhausgase, für ihre Quellen und Senken sowie für alle Sektoren.
- Eine Vereinbarung im Protokoll über konkrete Ziel- und Zeitvorgaben für Reduktionsverpflichtungen und -strategien der Industrieländer.

- Als Minimum ein Mandat zur Aushandlung eines Protokolls mit konkreten Eckpunkten und Reduktionszielen mit Abschluß auf der 3. VSK 1997 in Kyoto.
- Eine Einigung auf ein einheitliches Konzept für eine gemeinsame Umsetzung der Emissions-Reduktionsverpflichtungen.
- Die Ausarbeitung eines Mechanismus zur Finanzierung von Klimaschutzprojekten in Entwicklungsländern.
- Die Einsetzung von zusätzlichen Ausschüssen.
- Die Vereinheitlichung und Vervollständigung der nationalen Klimaschutzberichte.

Zu einigen dieser eher allgemein gehaltenen Aufgaben wird im folgenden anhand konkreter Untersuchungen Stellung genommen. Dies soll mithelfen, den Umsetzungsprozeß zügig in Gang zu bringen. Aus Gründen der Übersichtlichkeit und Kürze soll dies in Form von Fragen und Antworten geschehen. Die Illustrationen und Literaturangaben tragen zu weiteren Klärungen bei.

21.2 Was ist das Ziel der KRK und welche Klimaschutz-Richtwerte könnten ihr gerecht werden?

Mit der Verabschiedung der Klimarahmenkonvention (KRK) auf der Konferenz für Umwelt und Entwicklung (UNCED) 1992 in Rio de Janeiro wurde die Notwendigkeit einer zielorientierten Klimaschutzpolitik anerkannt. In Artikel 2 wird ein allgemeines Ziel definiert. Danach verpflichten sich die Unterzeichnerstaaten gemäß der KRK:

- „Die Stabilisierung der Treibhausgaskonzentrationen in der Atmosphäre auf einem Niveau zu erreichen, auf dem eine gefährliche anthropogene Störung des Klimasystems vermieden wird", und
- „dies müsse schnell genug geschehen, um die natürliche Anpassung der Ökosysteme an die Klimaänderungen zu gewährleisten, die Ernährungssicherung nicht zu gefährden und eine dauerhafte wirtschaftliche Entwicklung sicherzustellen."

Ein Klimaschutz, der den Namen verdient, muß überwacht werden können und braucht deshalb Grenz- oder Richtwerte, die nicht überschritten werden dürfen. Die folgenden Überlegungen sind zielführend.

Für die Erhaltung der Ökosysteme bzw. die Möglichkeit ihrer Anpassung spielen die Erwärmungsraten eine ausschlaggebende Rolle. Die globale Temperaturrate pro Dekade, bei der natürliche terrestrische Ökosysteme durch Wanderung erhalten bleiben, läßt sich in Abhängigkeit von der Spezies approximieren durch $\partial T/\partial t \leq v(\partial T/\partial y) \approx 0,01 - 0,1\,°C/Dekade$, wobei $v \approx 2 - 20$ km/Dekade die Spitzengeschwindigkeit durch Samenausbreitung und $\partial T/\partial y \approx 0,005\,°C/km$ der typische meridionale Temperaturgradient ist (d. h. ca. 50 °C Temperaturabnahme über die rd. 10 000 km vom Äquator bis zum Pol). Die Rate $\partial T/\partial t \leq 0,1\,°C/Dekade$ bezieht sich auf Fichtenwälder, die den nacheiszeitlichen Migrationsrekord bei zunehmender

Erwärmung halten (U. Ammer, 1992). Auf die Ökosysteme wirken aber nicht nur der Migrationsstress durch zu schnelle Temperaturänderung, sondern noch viele andere Stressfaktoren ein, wie z. B. Schadstoffbelastungen, Schädlingsbefall, Bodenversauerung, Dürre, Grundwasserabsenkung und vermehrte UV-B-Strahlung infolge des stratosphärischen Ozonabbaus, etc.

Diese und andere Informationen hat die Enquete-Kommission (EKDB, 1990 a, b) zur Ableitung folgender Klimaschutz-Richtwerte in Erwägung gezogen, nämlich

- eine mittlere globale Erwärmungsrate von 0,1 °C/Dekade über die nächsten 100 Jahre, die,
- zusammen mit der schon stattgefundenen Erwärmung von 0,6 - 0,8 °C zu einer mittleren globalen Erwärmungsobergrenze von 2 °C in 2100 gegenüber dem vorindustriellen Wert von 1765 führt.

Wegen der anderen Zielvorstellungen der KRK und aus Gründen der Vorsorge können die o. a. Richtwerte nur als Mindestanforderungen für einen ausreichenden Klima- und Ökosystemschutz angesehen werden.

21.3 Welche Reduktionen der Treibhausgasemissionen sind für den Klima- und Ökosystemschutz erforderlich?

Dies läßt sich nur mit Hilfe von Klimamodellrechnungen bestimmen. Die Berechnungen für unterschiedliche Szenarien wurden im Auftrag der Klima-Enquete-Kommission (EKDB, 1990a, b) mit Hilfe des von uns entwickelten Münsterschen Klimamodells durchgeführt (H. Piehler, W. Bach und A. Jain, 1991; und verbesserte Versionen von W. Bach und A. Jain, 1992 - 1993; A. Jain und W. Bach, 1994). Unser 1-D Modell ist dem 1-D Modell von T. Wigley und S. Raper (1992) und T. Wigley (1995), mit dem die IPCC[1]-Berechnungen durchgeführt wurden, sehr ähnlich. Die damit berechneten zukünftigen Trendverläufe stimmen mit den Trendberechnungen des 3-D Hamburger Klimamodells recht gut überein (R. Sausen, 1994).

Die Definition konkreter Richtwerte in Abschnitt 21.2 bestimmt die Vorgehensweise, wobei berechnet wird, um wieviel die einzelnen Treibhausgase in der zeitlichen Abfolge verringert werden müssen, damit die Erwärmungsobergrenze von 2 °C bis 2100 nicht überschritten wird. Tab. 21.1a zeigt die notwendigen Änderungen für das Szenario Klimaschutz im Vergleich zum Szenario BAU in Tab. 21.1b. Gegenüber dem früheren Szenario D der Enquete-Kommission (EKDB, 1990b) werden hier die neuesten Kopenhagener Vereinbarungen für die FCKW und Halone mitberücksichtigt (A. Jain und W. Bach, 1994). Darüber hinaus zeigt die Tabelle auch noch die CO_2-Äquivalentwerte aller in Betracht gezogenen Treibhausgase für ein Treibhauspotential von 100 Jahren. Auf Grund der Analyse einer Reihe von unterschiedlichen Klimaschutz-Szenarien erscheinen uns aus ökologischen, energie-

---

[1] IPCC = Zwischenstaatliches Gremium für Klimaänderungen

Tabelle 21.1a, b: Gegenwärtige (1990) und zukünftige Treibhausgasemissionen für a) das modifizierte Szenario Klimaschutz der Enquete-Kommission des Deutschen Bundestages und die FCKW-Änderungen der Kopenhagener Vereinbarungen (1992) und b) das Szenario Business-as-Usual (BAU), entsprechend dem Szenario IS 92a des Zwischenstaatlichen Gremiums für Klimaänderungen (IPCC)

(a) Treibhausgase	Emissionen							Änderung %
	1990	2000	2005	2025	2050	2075	2100	1990-2100
CO_2 aus fossilen Brennstoffen u. Zementprod. (Gt C)[1]	6,2	6,2	5,8	4,6	2,9	2,3	1,7	-72
CO_2 aus Tropenwaldzerst. bzw. Wiederaufforst. (Gt C)[2]	2,4	2,3	1,2	-0,2	-0,5	0,0	0,0	-100
N_2O (Mt N)[1][3]	12,9	13,8	14,1	14,4	12,9	9,7	6,5	-50
CH_4(MT)[1][3]	506,0	556,6	581,9	637,5	607,2	556,6	480,7	-5
FCKW 11 (kt)	335,3	39,3	20,7	0,0				
FCKW 12 (kt)	427,2	30,9	21,4	0,0				
FCKW 113 (kt)	196,3	0,0	0,0	0,0				
FCKW 114 (kt)	13,8	0,0	0,0	0,0				
FCKW 115 (kt) 4)	14,0	0,0	0,0	0,0	0,0 bis 2100			-100
CCl_4 (kt)	151,9	0,0	0,0	0,0				
CH_3CCl_3 (kt)	540,3	0,0	0,0	0,0				
H-FCKW 22 (kt)	147,5	191,7	189,8	37,9				
Halon 1301 (kt)	10,2	2,7	1,2	0,0				
CO_2-Äquiv. (Gt C)[5]	12,3	11,0	9,4	7,0	4,8	4,4	3,4	-72

(b) Treibhausgase	Emissionen							Änderung %
	1990	2000	2005	2025	2050	2075	2100	1990-2100
CO_2 aus fossilen Brennstoffen u. Zementprod. (Gt C)[1]	6,2	7,2	8,0	11,1	13,7	19,9	20,4	+229
CO_2 aus Tropenwaldzerst. bzw. Wiederaufforst. (Gt C)[2]	1,3	1,3	1,2	1,1	0,8	0,4	-0,1	-108
N_2O (Mt N)[1][3]	12,9	13,8	14,1	15,8	16,6	16,7	17,0	+32
CH_4(MT)[1][3]	506,0	545,0	568,0	659,0	785,0	845,0	917,0	+61
FCKW 11 (kt)	289	168	137	94	85	16	2	-99
FCKW 12 (kt)	362	200	161	98	110	22	1	-99
FCKW 113 (kt)	147	29	22	21	24	0	0	-100
FCKW 114 (kt)	13	4	3	3	3	0	0	-100
FCKW 115 (kt) 4)	7	5	4	1	1	0	0	-100
CCl_4 (kt)	119	34	15	19	21	0	0	-100
CH_3CCl_3 (kt)	738	353	137	97	110	0	0	-100
H-FCKW 22 (kt)	138	275	329	568	1058	1232	1225	788
Halon 1301 (kt)	4	4	4	2	1	1	0	-100
CO_2-Äquiv. (Gt C)[5]	12,2	12,2	12,7	15,7	18,7	20,2	26,3	+115

1) EKDB (1990 und modifiziert); 2) die negativen Werte bedeuten eine CO_2-Reduktion für die Atmosphäre durch Wiederaufforstung; 3) schließt sowohl die anthropogene als auch die natürliche Komponenten mit ein, wobei die Anteile von letzterer 8 Mt N für N_2O und 155 Mt für CH_4 in 1990 waren und danach konstant bleiben; 4) sind die neuesten (1989) Werte der NASA (1992); 5) alle Treibhausgas-Emissionen sind als Äquivalent der CO_2-Emissionen für ein Treibhausgas-Potential (THP) von 100 Jahren angegeben (Houghton et al., 1992)

Nach Bach und Jain (1992-1993)

wirtschaftlichen sowie technologischen u.a. Erwägungen folgende weltweite Emissionsreduktionskombinationen von 1990 - 2100 als optimal:

- - 100 % für FCKW, H-FCKW und Halone
- - 100 % für CO_2 (aus Abholzung der Wälder)
- - 70 % für CO_2 (aus fossilem Brennstoffverbrauch)
- - 50 % für N_2O
- -   5 % für CH_4.

Im Vergleich dazu zeigt das Szenario Business-as-Usual (BAU), das dem IPCC-Szenario IS 92a (J. Houghton et al., 1992) entspricht, von 1990 - 2100 für einige Treibhausgase beträchtliche Emissionsanstiege (Tab. 21.1b):

- - 100 % für FCKW und Halone
- + 788 % für H-FCKW 22
- - 108 % für CO_2 (aus Abholzung der Wälder)
- + 229 % für CO_2 (aus fossilem Brennstoffverbrauch)
- + 32 % für N_2O
- + 61 % für CH_4.

21.4 Mit welchen Konzentrationsänderungen ist zu rechnen?

Abb. 21.1a und b vermitteln ein eindrucksvolles Bild darüber, wie träge das Klimasystem auf drastische Emissionsreduktionen z. B. im Klimaschutz-Szenario reagiert. Dies zeigt sich ganz deutlich für CO_2, dessen Emissionen von 1990 - 2100 um ca. 70 % weltweit verringert werden (Abb. 21.1a), während die daraus resultierende Konzentration in der Atmosphäre über den gesamten Zeitraum noch weiter - wenn auch etwas abgeschwächt - ansteigt (Abb. 21.1b). Dies liegt vor allem an der langen Verweilzeit der Kohlenstoffmoleküle von bis zu 200 Jahren im Kreislaufsystem. Erst wenn auch alle anderen Treibhausgase z. T. beträchtlich verringert werden, gelingt es, die globale Gesamttreibhausgas-Konzentration um 2033 zur Umkehr und danach zu einer allmählichen Absenkung zu bringen. Die Analyse für das Szenario Klimaschutz vermittelt für die Klimaschutzpolitik ein klares Bild: Das von der KRK geforderte Ziel einer „Stabilisierung" der Treibhausgaskonzentrationen auf einem für das Klimasystem ungefährlichen Niveau kann nur dann noch bis zur Mitte des nächsten Jahrhunderts erreicht werden, wenn umgehend die in Abb. 21.1a gezeigten Emissionsreduktionen eingeleitet werden.

21.5 Welche Temperaturänderungen ergeben sich daraus?

Abb. 21.2a und b zeigen in einem Vergleich die Änderungen für Szenario Klimaschutz (Tab. 21.1a) und Szenario BAU (IPCC Szenario IS 92a in Tab. 21.1b) sowie das niedrigste IPCC-Szenario IS 92c (die Inputdaten werden hier nicht gezeigt). Man sieht, daß die für den Klima- und Ökosystemschutz festgelegte Erwärmungsobergrenze von ca. 2 °C in 2100 gegenüber 1860 im Szenario BAU für die Klimasensitivitäten 1,5 bis 4,5 °C (dies gibt den Unsicherheitsbereich in den Modellrech-

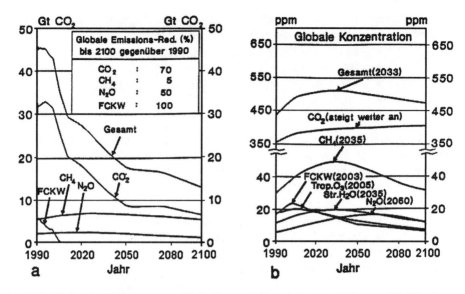

Abb. 21.1a, b: Treibhausgas Emissionen (a) und Konzentrationen (b) für das Szenario Klimaschutz der Enquete-Kommission (modifiziertes Szenario D), 1990-2100. Die Berechnungen wurden mit dem Münsterschen Klimamodell durchgeführt.

Quelle: Bach (1995)

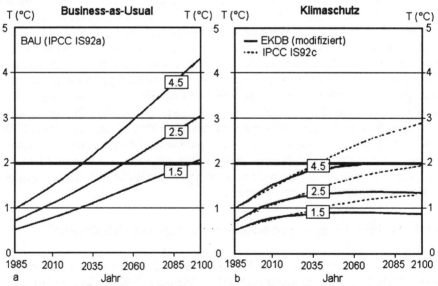

Abb. 21.2a, b: Änderung der mittleren globalen Temperaturen für die Szenarien a. Business-as-Usual (BAU) und b. Klimaschutz der Enquete-Kommission (modifiziertes Szenario D) sowie des Zwischenstaatlichen Gremiums für Klimaänderungen (IPCC IS92c) für Klimasensitivitäten 1,5, 2,5 und 4,5 °C. Die Berechnungen wurden mit dem Münsterschen Klimamodell durchgeführt.

Quelle: Bach (1995)

nungen bei einer CO_2-Verdopplung an) schon um 2030 und spätestens bis 2080 überschritten wird (Abb. 21.2a). Bei der hohen Klimasensitivität von 4,5 °C wird bis 2100 ein mittlerer globaler Temperaturanstieg von fast 4,5 °C erreicht, was ungefähr der Erwärmung seit dem Ende der letzten Eiszeit vor ca. 12 000 Jahren gleichkommt. Selbst bei der niedrigen Klimasensitivität von 1,5 °C wird noch kurz vor 2100 das 2 °C-Erwärmungslimit überschritten. Die Treibhausgasemissionen des Szenarios BAU müssen folglich wegen der zu schnellen Erwärmung drastisch reduziert werden.

Erst im Klimaschutz-Szenario der Klima-Enquete-Kommission (modifiziertes Szenario D) gelingt es, auch bei der hohen Klimasensitivität von 4,5 °C bis 2100 noch unter der zulässigen Erwärmungsobergrenze von 2 °C zu bleiben (Abb. 21.2b). Im Gegensatz dazu übertrifft das niedrigste Szenario IS 92c der IPCC bei der hohen Sensitivität von 4,5 °C in 2100 das 2 °C-Limit um fast 1 °C.

21.6 Reichen die bisherigen CO_2-Reduktionsverpflichtungen als erste Schritte aus?

Die Klimamodellrechnungen deuten an, daß eine weltweite CO_2-Abnahme bis 2005 auf den Ausgangswert von 1987, bei entsprechenden Änderungen der anderen Treibhausgase, als erster Schritt auf dem Weg zum Klimaschutz ausreichen könnte. CO_2-Reduktionen in der erforderlichen Größenordnung können nur von den wirtschaftlich starken Industrieländern (IL) erbracht werden. Sie belaufen sich auf ca. 25 % in 2005 bezogen auf den Ausgangswert 1987, was in etwa dem CO_2-Reduktionsziel von 25 % der Bundesregierung entspricht.

Wie stehen die Chancen für die Erreichung dieses Reduktionsziels? Nach Tab. 21.2 würde durch die von der Gruppe der wirtschaftlich starken IL in Rio de Janeiro abgegebenen unverbindlichen CO_2-Reduktions-Verpflichtung für 1990 bis 2000 insgesamt nur eine sehr mäßige CO_2-Abnahme von 4 % erreicht. Das liegt vor allem daran, daß sich ungefähr die Hälfte der Länder - und hier vor allem die größten CO_2-Emittenten wie die USA und Japan - an keiner de facto Reduktion beteiligen. Um dennoch die für den Klimaschutz erforderliche Reduktion von insgesamt 25 % bis 2005 für die Gesamtgruppe zu erreichen, müßten die einzelnen Länder Reduktionen einleiten, die etwa den in Tab. 21.2 angegebenen Größenordnungen entsprechen.

Sollten Länder wie Deutschland, Italien, Dänemark, Österreich und Australien ihre für 2000/2005 abgegebenen Verpflichtungsversprechungen ernst nehmen und bisher schon entsprechende Reduktionsmaßnahmen eingeleitet haben, könnten sie unter großen Anstrengungen die notwendigen Reduktionen von 25 % bis 2005 vielleicht noch schaffen. Dagegen besteht für Länder, die bis 2000 nur den Ausgangswert von 1990 und nicht eine absolute Reduktion zu erreichen beabsichtigen, kaum noch eine Chance, nur 5 Jahre später auch nur in die Nähe der erforderlichen Reduktion von 25 % in 2005 zu kommen.

Tabelle 21.2: Bisherige und für den Klimaschutz erforderliche CO_2-Emissions-Verpflichtungen der wirtschaftlich starken Industrieländer (IL)

Land	Ist-Stand 1990 Mt	Reduktions-Verpflichtungen 2000 %	2000 Mt	Neuer Stand 2000 Mt	Erforderliche Reduktionen 2005 %	2005 Mt	Neuer Stand 2005 Mt
USA	5038	0	0	5038	-25	-1260	3778
Japan	1060	0	0	1060	-25	-265	795
Deutschland	989	-25	-247	742	-30	-297	692
Großbritannien	598	0	0	598	-20	-120	478
Kanada	437	0	0	437	-20	-87	350
Italien	411	-15	-62	349	-25	-103	308
Frankreich	385	0	0	385	-20	-77	308
Australien	272	-15	-41	231	-25	-68	204
Niederlande	183	-4	-7	176	-22	-40	143
Belgien	125	-5	-6	119	-23	-29	96
Österreich	59	-15	-9	50	-25	-15	44
Dänemark	56	-15	-8	48	-25	-14	42
Schweden	56	0	0	56	-20	-11	45
Finnland	55	0	0	55	-20	-11	44
Schweiz	44	0	0	44	-20	-9	35
Norwegen	32	0	0	32	-20	-6	26
Insgesamt	9800	-4	-380	9420	-25	-2412	7388

Quelle: Bach (1995), berechnet anhand der Daten von IEA (1993)

21.7 Könnte eine anfangs langsamere Reduktionspolitik durch eine später schnellere wieder wettgemacht werden?

Die beobachteten CO_2-Zunahmen Ende der 80iger und Anfang der 90iger Jahre werden die bis 2005 erforderlichen Abnahmen verzögern. Um dennoch die für den Klima- und Ökosystemschutz für notwendig erachteten Erwärmungsgrenzen einhalten zu können, sind für die Zeit nach 2005 drastische CO_2-Verringerungen in allen Ländergruppen erforderlich. Die notwendigen Abnahmen bezogen auf 1987 betragen z. B.:

für die Welt insgesamt:
- - 15 % bis 2020
- - 50 % bis 2050
- - 60 % bis 2075
- - 70 % bis 2100

und für die wirtschaftlich starken IL:
- - 40 % bis 2020
- - 80 % bis 2050
- - 85 % bis 2075
- - 90 % bis 2100

Diese Änderungsraten lassen sich aber kaum noch erhöhen, denn wenn bereits ein beträchtliches Reduktionspotential ausgeschöpft ist, wird jede weitere Abnahme immer kostenintensiver und folglich umso schwerer durchführbar. Darüberhinaus wäre es unverantwortlich, den nachfolgenden Generationen zusätzlich zu ihrem Reduktionssoll einen Großteil unserer Reduktionslast aufzubürden. Schließlich muß man sich hüten, ein so komplexes System wie das Klimasystem in unserer Zeit mit so beispiellos großen Emissionsmengen zu befrachten, ohne genau zu wissen, mit welchen katastrophenartigen Überraschungen es möglicherweise darauf reagiert.

21.8 Könnte eine zu geringe CO_2-Reduktion durch die Verringerung anderer Gase ausgeglichen werden?

Der Ausstieg aus den FCKW und Halonen - sofern er weltweit befolgt würde - könnte eine wichtige Rolle bei der Eindämmung der Klimagefahr spielen. Dabei ist Sorge zu tragen, daß dies nicht durch die Erzeugung und Verwendung großer Mengen von Ersatzstoffen, die zwar kein oder ein nur geringes Ozonzerstörungspotential, dafür aber ein relativ hohes Treibhauspotential haben, konterkariert wird.

Das Lachgas (N_2O) könnte wegen seiner langen Verweilzeit (ca. 130 Jahre) in der Atmosphäre selbst bei einer gegenwärtig drastischen Reduktion erst in der zweiten Hälfte des 21. Jahrhundert eine gewisse Wirkung zeigen. Eine Reduktion des Methans (CH_4) würde sich wegen der relativ kurzen atmosphärischen Verweildauer (ca. 10 Jahre) ziemlich schnell bemerkbar machen. Gleichwohl ist bei den großen anthropogenen Quellen, wie z. B. dem Reisanbau und der Rinderhaltung sowie der natürlichen Ausgasung aus den riesigen Tundraflächen bei zunehmender anthropogener Erwärmung, eine substantielle CH_4-Verringerung kaum vorstellbar.

Die abkühlende Wirkung der Sulfataerosole ist zwar nicht zu unterschätzen; sie ist aber relativ kurzfristig. Mit den „nicht-CO_2 Treibhausgasen" beginnt man sich seit kurzem intensiver zu beschäftigen (Symposium in Maastricht, 1993). Nach dem gegenwärtigen Wissensstand ist jedoch Vorsicht geboten, sich auf eine teilweise Kompensation von CO_2 durch eine vermehrte Reduktion anderer Gase bzw. den abkühlenden Effekt von Sulfataerosolen zu verlassen.

21.9 Würde eine gemeinsame Umsetzungsstrategie die Klimaschutzpolitik fördern?

Artikel 4 2(a) der KRK ermöglicht es, zur Erfüllung der Emissions-Reduktionsverpflichtungen Maßnahmen auch gemeinsam mit anderen Vertragsparteien durchzuführen. Allerdings muß nach Artikel 4 2(d) die 1. VSK erst noch über die Kriterien entscheiden, bevor dieses Konzept der gemeinsamen Umsetzung (oder joint implementation) angewendet werden kann.

Das von den IL, allen voran den USA, Japan, Australien, Norwegen und Deutschland, favorisierte Konzept der gemeinsamen Umsetzung von Klimaschutzmaßnahmen sieht vor, daß die IL ihre zukünftigen CO_2-Reduktionspflichten nicht

nur im eigenen Land, sondern auch in den EL erfüllen dürfen, weil dort die spezifischen Kosten zur Vermeidung bzw. Verringerung der Emissionen niedriger sind.
Bisher lehnen die EL dieses Konzept ab. Wenn die IL mit konventionellen Techniken zuerst die kostengünstigsten Maßnahmen in den EL durchführen, könnte sich
das nach Meinung der EL später bitter rächen, sobald auch sie internationalen Reduktionspflichten nachkommen müssen und dann alle preisgünstigen Reduktions-
möglichkeiten schon ausgeschöpft sind.

Darüberhinaus ist zu befürchten, daß der Export konventioneller und veralteter
Techniken in die Dritte Welt die notwendige Effizienzrevolution in der Energietechnik in den IL verhindert. Ein solches Kompensationskonzept könnte bedeuten,
daß das verfehlte Energiemodell der 90iger Jahre von den IL auf die Länder der
Dritten Welt übertragen wird. Daran ändert auch die Auffassung der Bundesregierung nichts, daß immer ein bestimmter Teil der Reduktionspflichten in den IL selbst
umgesetzt werden sollte. Die EL haben sich erst jüngst auf dem Treffen des Zwischenstaatlichen Verhandlungsausschusses im Februar 1994 in Genf gegen den, wie
sie es nannten, Ablaßhandel verwahrt.

21.10 Ist das deutsche CO_2-Reduktionsziel bis 2005 noch zu erreichen?

Im August 1993 ist von der Bundesregierung der nach Artikel 12 der Klimaschutz-
konvention anzufertigende erste „Nationale Klimaschutzbericht" vorgelegt worden
(BMU, 1993). Die dort angegebenen CO_2-Emissionszahlen sind zusammen mit den
Reduktionspotentialabschätzungen in Tab. 21.3 sowie für die Reduktionsempfeh-
lungen und -ziele in Abb. 21.3 graphisch dargestellt. Die Abbildung zeigt, daß der
energiebedingte CO_2-Ausstoß von 1970 bis 1987 in der BR Deutschland um 1,5 %
abgenommen, in der ehemaligen DDR um 20,7 % zugenommen und für Deutschland insgesamt um 4,8 % zugenommen hat.

Die CO_2-Entwicklung hat sich mit der Wende dramatisch verändert. Von 1987
bis 1992 ist die CO_2-Emission in den alten Bundesländern (ABL) um 1,8 % angestiegen, in den neuen Bundesländern (NBL) dramatisch um 47,8 % abgesunken, was
für Gesamtdeutschland zu einer Reduktion von 14,4 % geführt hat. Der CO_2-Anstieg
in den ABL seit 1987 wird mit der Bevölkerungszunahme von ca. 6 % und die CO_2-
Abnahme in den NBL mit wirtschaftlichen Umstrukturierungen, insbesondere den
Ersatz der CO_2-intensiven Braunkohlekraftwerke, in Verbindung gebracht.

Die Bundesregierung hält derzeit an der 25 - 30%igen CO_2-Reduktionsvorgabe
bis 2005 fest und hofft, daß die in Tab. 21.3 aufgelisteten Reduktionspotentiale
dieses Reduktionssoll erfüllen. Im Klimaschutzbericht fehlt aber im einzelnen eine
konkrete Darstellung, daß die dort aufgeführten 29 Einzelmaßnahmen auch tatsächlich zu den erhofften Reduktionen führen. Vielmehr ist zu befürchten, daß insbesondere durch das weitere ungehemmte Verkehrswachstum, den starken Bauboom
und den erhofften wirtschaftlichen Aufschwung der CO_2-Ausstoß insgesamt eher
wieder zunehmen wird.

Tabelle 21.3: Vergleich der CO_2-Reduktionspotentiale für die Alten und Neuen Bundesländer sowohl für die energiebedingten direkten als auch indirekten (incl. den vorgelagerten Umwandlungssektor) Emissionen für das Jahr 2005

	Alte Bundesländer				Neue Bundesländer			
	BMU/UBA[1]		EK[2]		DIW[3]		Prognos[4]	
Sektoren	1987		1987		1989		1989	
	Mt	%	Mt	%	Mt	%	Mt	%
Bezugsjahr:								
Ausgangswert: Gesamte CO_2-Emissionen	716		716		319		334	
° Private Haush. (ohne erneuerbare Energ.)	51	7	64	9	13	4	9	3
° Kleinverbrauch (ohne erneuerbare Energ.)	24	3	14	2	22	7	28	8
° Industrie (incl. industrielle KWK)	39	5	16	2	67	21	76	23
° Energieversorg.(HKW, Kraftw., Raffin.)[5]	42	6	55	8	27	8	43	13
° Erneuerbare Energien	28	4	33	5	5	2	1	<1
° Verkehr	13	2	15	2	+15	+5	+12	+4
° Abfallwirtschaft	20	3	4	<1	<1	<1	3	<1
° nicht behandelte Subsektoren	-	-	4[6]	<1	-	-	-	-
Summe der Sektorpotentiale der techn. u. organisatorischen Maßnahmen bei gleicher Energiedienstleistung	217	30	205	29	119	37	148	44
Verminderung der Energiedienstleistung d. energiebewußtes Verhalten und Wertänderungen	-	-	36	5	-	-	-	-
Gesamtsumme der CO_2-Minderung	217	30	241	34	119	37	148	44

1) BMU/UBA-Analyse vom 13.06.1990; 2) 3. Bericht der Enquete-Kommission vom Oktober 1990; 3) DIW-Studie vom 01.08.1991; 4) Prognos-Studie vom 20.12.1991; 5) nur Effizienverbesserungen und Brennstoffsubstitution, Erzeugungsveränderungen bereits in den Änderungen der Endenergiesektoren (durch Einschluß der indirekten Emissionen) enthalten: 6) dezentrale Warmwasserversorgung mit Holz und Gas, Kraft und Treibstoffe für Militär und Landwirtschaft, Strom für Wärme, Strom für Kleingeräte im Haushalt.

Bach (1994) extrahiert aus EKDB (1990b) und Reichert et al. (1993)

368

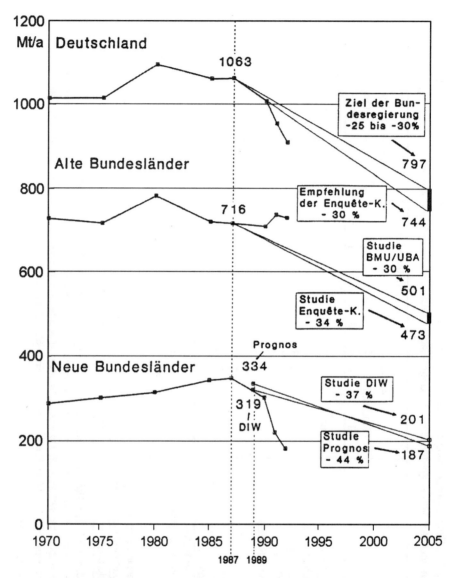

Abb. 21.3: Entwicklung der energiebedingten CO_2-Emissionen für Deutschland, die alten und neuen Bundesländer, von 1970-1992 sowie Reduktionsziele und Reduktionspotentiale bis 2005 bezogen auf 1987 bzw. 1989.

Quelle: Bach (1994) extrahiert aus EKDB (1990b), BMU (1993) und Reichert et al. (1993)

Bisher reichen weder die EG-Richtlinien noch die Maßnahmen der Bundesregierung für eine echte Trendwende zur Erlangung des 25 bis 30 %igen CO_2-Reduktionsziels aus. J. Reichert et al. (1993), die die CO_2-Reduktionspotentiale in Tab. 21.3 für die Bundesregierung zusammengestellt haben, meinen, daß die Klimaschutzpolitik langsamer als von der Enquete-Kommission empfohlen umgesetzt wird, daß aber dennoch das von der Bundesregierung aufrechterhaltene Klimaschutzziel einer CO_2-Reduktion von 25 bis 30 % bis 2005 gegenüber 1987 noch zu erreichen ist.

Dazu bedarf es allerdings einer konzertierten Aktion mit einer neuen Prioritätensetzung für die ökologische Umstrukturierung der deutschen Wirtschaft (W. Bach et al., 1993). Mit der derzeitigen eher halbherzigen und zu kurzfristig angelegten Klimaschutzpolitik sind die notwendigen Ziele der Klimakonvention und der Enquete-Kommission „Schutz der Erdatmosphäre" nicht zu erreichen. Eine dauerhafte ökologische Entwicklung kann es nur geben, wenn die Spirale von immer mehr Konsum, und damit einhergehender Naturzerstörung, durchbrochen wird.

Literaturauswahl

Ammer, U. (1992), Wahrscheinliche Entwicklung des Klimas, Polit. Studien 2, 52 - 56.

Bach, W. (1994), CO_2-Reduktionsstrategien. Konkrete Maßnahmen zur Eindämmung der Klimagefahr. Gas, Wasser, Wärme 48 (2), 34 - 45.

Bach, W. (1995), Grundlagen für eine wirksame Klimaschutzpolitik. In: Enquete-Kommission „Schutz der Erdatmosphäre" des Deutschen Bundestages (Hrsg.) „Mehr Zukunft für die Erde", 96 - 108, Economica, Bonn.

Bach, W. and A. K. Jain (1992 - 1993), Climate and Ecosystem Protection Requires Binding Emission Targets. The Specific Tasks after Rio II, Perspectives in Energy 2/3, 173 - 214.

Bach, W. et al. (1993), Entwicklung eines integrierten Energiekonzepts: Erfassung des Emissions-Reduktionspotentials klimawirksamer Spurengase im Bereich rationeller Energienutzung für die alten Bundesländer. Forschungsbericht, Univ. Münster.

BMU (1993), Umweltpolitik, Klimaschutz in Deutschland, Nationalbericht der Bundesregierung für die Bundesrepublik Deutschland, Bonn.

EKDB (Enquete-Kommission „Vorsorge zum Schutz der Erdatmosphäre" des Deutschen Bundestages) (1990a), Schutz der Erdatmosphäre. Eine internationale Herausforderung, 3. erw. Auflage, Economica, Bonn/C. F. Müller, Karlsruhe.

EKDB (Hrsg., 1990b), Schutz der Erde. Eine Bestandsaufnahme mit Vorschlägen zu einer neuen Energiepolitik, Bd. 1 u. 2, Economica Verlag, Bonn, C. F. Müller Verlag, Karlsruhe.

Houghton, J. I. et al. (eds., 1992), Climate change 1992. The supplementary report to the IPCC scientific assessment, Cambridge Univ. Press, Cambridge.

IEA (1993), Energy Environment Update: No. 1, Paris.

Jain, A. K. and W. Bach (1994), The effectiveness of measures to reduce the man-made greenhouse effect. The application of a climate policy model, Theoret. Appl. Climatol, 49, 103 - 118

NASA, (1992), Concentrations, lifetimes and trends of CFCs and related species, NASA-Report, Washington, D. C.

Piehler, H., W. Bach and A. K. Jain (1991), The Muenster Climate Model. Concept and Documentation. ace-Report No. 49, Univ. of Muenster, Muenster.

Reichert, J. et al. (1993), Vergleichende Analyse der CO_2 Minderungspotentiale der Bundesrepublik Deutschland und der vorgeschlagenen Maßnahmen seitens verschiedener Institutionen und der Bundesregierung, Arbeitsunterlage 12/300 der Enquete-Kommission Schutz der Erdatmosphäre, 2. 11. 1993, Bonn.

Sausen, R. (1994), Klimarechenzentrum Hamburg (pers. Mitteilung).

Symposium in Maastricht (1993), Non-CO_2 Greenhouse Gases: Why and How to Control? 13. bis 15. 12. 1993, Maastricht.

Wigley, T.M.L. and S.C.P. Raper (1992), Implications for climate and sea level of revised IPCC emissions scenarios, Nature 357, 293-300.

Wigley, T.M.L: (1995), Global mean temperature and sea level consequences of greenhouse gas concentration stabilization, Geophys. Res. Lett., 22, 45-48.

XI Lokale Klimaschutzpolitik

Die Klimagefahr ist ein globales Problem. Sie kann nur eingedämmt werden, wenn sich alle Nationen der Welt daran beteiligen. Auf der internationalen Ebene einigt man sich auf eine Klimaschutzstrategie mit ersten Eckwerten, die von Regionen (z. B. die Europäische Union) und den einzelnen Staaten ratifiziert werden müssen. Die konkreten Maßnahmen zur Erreichung des gewünschten Klimaschutzes werden jedoch auf der kommunalen Ebene eingeleitet und umgesetzt. Der Volksmund hat das auf die griffige Formel gebracht: Global denken - lokal handeln.

Die Klima-Enquete-Kommission befaßte sich in der 11. Legislaturperiode ausschließlich mit globalem und nationalem Klimaschutz. Erst in der 12. Legislaturperiode gelang es einigen Kollegen und mir, die Zustimmung der Kommissionsmehrheit für eine Anhörung zum kommunalen Klimaschutz zu bekommen. Die Anhörung zum Thema „Kommunale Energie- und Verkehrskonzepte zum Klimaschutz" wurde auf den 21.9.92 gelegt, an dem auch der Deutsche Umwelttag in Frankfurt stattfand, um einer größeren Öffentlichkeit die Teilnahme zu ermöglichen. Die Vertreter der Städte, Stadtwerke, Verbände und Klimabündnisse forderten von den politischen Entscheidungsträgern eine deutliche Änderung der Energie-, Verkehrs- und Umweltpolitik auf Bundes- und EU-Ebene.

Die Forderungen betrafen:

- *Ordnungspolitische Instrumente und Maßnahmen,* wie z. B. die Novellierungen der Wärmeschutzverordnungen sowie der Heizanlagen- und Kleinfeuerungsanlagenverordnungen, die immer noch nicht dem Stand der Technik entsprechen; die Verabschiedung der schon viel zu lange brachliegenden Wärmenutzungsverordnung (sie allein hat ein bundesweites CO_2-Reduktionspotential von mindestens 100 Mio. t); die Regelung der Einspeisevergütung für die Stromerzeugung aus Kraft-Wärme-Kopplung (KWK); die Novellierung der Honorarordnung für Architekten und Ingenieure; die Festlegung maximaler Kraftstoffverbräuche für Neufahrzeuge; die Einschränkung von Inlandsflügen; die Änderung des Bundesverkehrswegeplans (weil er alle kommunalen Anstrengungen einer CO_2-Reduktion zur Makulatur macht).
- *Ökonomische und fiskalische Instrumente und Maßnahmen,* wie z. B. eine allgemeine Energieabgabe, die zweckgebunden wieder in Energiesparmaßnahmen und erneuerbare Energien einfließen muß; die drastische Erhöhung der Mineralölsteuer; die Einbeziehung externer Schadstoffkosten; die Reaktivierung des ehemaligen Modernisierungs- und Energieeinsparungsgesetzes mit mehreren Milliarden DM an Fördermitteln; verstärkte Fördermaßnahmen für Energieeinsparung, KWK, Nah- und Fernwärmeausbau sowie erneuerbare Energien; Kraftwerksbau nur nach „least-cost"-Gesichtspunkten; die Förderung von Drittfinanzierungsmodellen, Contracting und Auditing (der Contractor liefert dem Nutzer eine vollständige Dienstleistung, incl. Rechnungsprüfung).

- *Planerische Instrumente, Information, Beratung, Aus- und Fortbildung,* wie z. B. die Weiterentwicklung von Energie- zu integrierten Klimaschutzkonzepten; Informationen zum Wärme- und Strombereich (Kennzahlen, Standards, Normen); Informationen über die Wechselwirkungen von Verkehr, Raumordnung und Siedlungsstruktur; Beratung von Haushalten und Unternehmen; sowie die Verankerung des Themas Energie-Klima-Umwelt in allgemeinbildenden Schulen, Berufsschulen und Universitäten.

Wie groß sind die Handlungsspielräume der Kommunen? Trotz der angespannten finanziellen Lage und der geringen Förderprogramme des Bundes, die von allen Kommunen beklagt wurden, gab es doch eine ganze Reihe von guten Einsparergebnissen. So hat z. B. die Investition von rd. 20 Mill. DM für Energieeinsparung in öffentliche Gebäude in Bremen Reduktionen des Heizenergie- und Stromverbrauchs von ca. 30 % bzw. 6 % gebracht. In Kassel erreichte die Förderung des ÖPNV mit etwa 400 Mill. DM innerhalb von 3 Jahren eine Beförderungszunahme von 20 %.

Die kommunalen Handlungsspielräume sind größer als gemeinhin angenommen wird. So kann z. B. der Stadtrat durch Festlegung energetisch optimaler Bedingungen, wie z. B. Bebauungsdichte, Südausrichtung, Nahwärmeversorgung, Gestaltung der Baukörper, Förderung des ÖPNV und Ausbau des Radwegenetzes etc. den Bebauungsplan maßgeblich beeinflussen. Bei Verkauf oder Verpachtung von Bauland können Niedrigenergiehaus-Standards und die Nutzung erneuerbarer Energien vertraglich vereinbart werden. Im Verkehrsbereich läßt sich durch Tempo-30-Zonen der Verkehr beruhigen; durch Änderung der Stellplatzverordnung zur Reduzierung der Kurz- und Dauerparkplätze sowie durch Rückbau von Straßenflächen läßt sich der motorisierte Straßenverkehr (MIV) eindämmen; und durch eigene Fahrspuren und Vorrangschaltung können der ÖPNV auf Kosten des MIV ausgebaut und das Fahrradwegenetz erweitert werden.

Diese Einflußmöglichkeiten wurden im Detail untersucht, um herauszufinden, inwieweit sich am konkreten Beispiel Münsters das 25 - 30 %ige CO_2-Emissionsreduktionsziel der Bundesregierung realisieren ließe. Das Ergebnis ist im **Kapitel 22** dargestellt, das als einziges Beispiel einer kommunalen Klimaschutzpolitik in den Endbericht der Klima-Enquete-Kommission aufgenommen wurde (W. Bach, Konkrete kommunale Klimaschutzpolitik am Beispiel Münsters, in: Enquete-Kommission „Schutz der Erdatmosphäre" (Hrsg.), Mehr Zukunft für die Erde, 1354 - 1385, Economica, Bonn, 1995).

1991 beschloß der Haupt- und Finanzausschuß der Stadt Münster die Einrichtung eines Beirats für Klima und Energie für die Zeit von 1992 - 95. Der Beirat bekam den Auftrag, in den Bereichen Bauen und Wohnen, Tertiärer Sektor (Strom), Umwandlung und Industrie sowie Verkehr konkrete Handlungsempfehlungen zur Erreichung des 25 - 30 %igen CO_2-Reduktionsziels zu erarbeiten. Als Vorsitzender wurden K. Gertis, Direktor des Fraunhofer-Instituts für Bauphysik in Stuttgart, ich als stellvertretender Vorsitzender und vier weitere Wissenschaftler berufen. Die Ergebnisse wurden dem Stadtrat in einem aus 3 Teilen bestehenden Endbericht überreicht und in einer Abschlußsitzung vorgestellt. Folgende CO_2-Reduktionspotentiale ergaben sich für 2005: Im Umwandlungsbereich 264 kt CO_2/a (11,7 %), im Wohnbereich 158 kt (7,0 %), im tertiären Strombereich 66 kt (2,9 %), im Verkehrsbereich 36 kt (1,6 %) und insgesamt 524 kt CO_2/a (23,2 % des Gesamtausstoßes von 2,26 Mio. t CO_2 in 1990). Insgesamt wurden 34 detaillierte und begründete sowie vier sektorübergreifende Handlungsempfehlungen gegeben, wie z. B. die Etablierung eines Klimaschutz- und Energiespar-Forums, die Einrichtung einer Koordinierungsstelle für Klima und Energie, die Durchführung einer jährlichen Klimaschutz-Inventur als Kontrolle der CO_2-Veränderungen sowie die Novellierung des Gesellschafter- und Konzessionsvertrags der Stadtwerke Münster.

Die Klimaschutzentwicklung Münsters erhielt 1995 einen weiteren Ansporn durch die Mitgliedschaft im Klimabündnis Europäischer Städte und der Verpflichtung einer 50 %igen CO_2-Emissionsreduktion bis 2010. 1997 wurde Münster beim Kommunalwettbewerb der Deutschen Umwelthilfe zur „Hauptstadt des Klimaschutzes" gekürt. Von 1990 - 95 hat sich der pro Kopf CO_2-Ausstoß in Münster nur um 4,9 % verringert (U. Sieverding in B. u. M. Tillmann (Hrsg.), Über unsere Verhältnisse, S. 146, Lit Verlag Münster, 1998). 1999 übte die Energiewendegruppe massive Kritik am Umweltbericht von 1998 der Stadt Münster, weil darin einfach die Daten des Endberichts des Beirats für Klima und Energie von 1995 übernommen worden seien. Das Fehlen von aktuellen Zahlen verhindere das Nachprüfen der Erfolge von Maßnahmen und führe zu einer konzeptionslosen Energiepolitik (MZ, 15. 5. 99). Zur Unterstreichung ihrer Unzufriedenheit mit der Klimaschutzpolitik der Stadt Münster trugen Umweltorganisationen die Klimahauptstadt Münster symbolisch in einem Sarg zu Grabe (MZ, 9. 8. 99).

Kapitel 23 geht davon aus, daß die Energieversorgung auch in den nächsten Jahrzehnten noch vorwiegend auf den fossilen Energieträgern Kohle, Öl und Gas beruht. Bei weiter wachsender Weltbevölkerung und damit ansteigendem Energieverbrauch werden vermehrt CO_2 und andere Treibhausgase in die Atmosphäre eingegeben. Zum Schutz der Erdatmosphäre, und damit unserer Lebenssphäre, ist daher ein wirksamer Klimaschutz notwendig. Dies erfordert eine Einschränkung des fossilen Energieverbrauchs mit dem vorrangigen Ziel, die Energieverschwendung einzudämmen. Wie läßt sich das auf örtlicher Ebene bewerkstelligen? Durch kooperatives Handeln der Kommunen, der Energieversorgungsunternehmen (EVU), der Industrie-, Handwerks- und Dienstleistungsunternehmen sowie der Privatverbraucher. Durch Ausschöpfen der vielfältigen Möglichkeiten können sie gemeinsam die Treibhausgasemissionen auf ein vertretbares Maß reduzieren ohne gravierende Einschränkung des gewohnten Lebensstandards.

Wie läßt sich dieses gemeinsame Handeln anschieben? Wie **Kapitel 23** zeigt, durch die Schaffung von Anreizbedingungen, die das Energiesparen unter Minimierung der Risiken für Energieanbieter und Verbraucher lohnender machen als den zusätzlichen Energieeinsatz. Dazu wurde in den USA das Einsparberechnungsmodell „Least-Cost-Planning" (Minimal-Kosten-Planung) entwickelt. Das Prinzip des Least-Cost-Planning (LCP) oder der Integrierten Ressourcenplanung (IRP) besteht kurz gesagt darin, die Kosten der Energiebereitstellung mit denen der Energieeinsparung zu vergleichen mit der Absicht, die sozio-ökonomisch kostengünstigsten Möglichkeiten der Energieeinsparung zu realisieren. Für die EVU bedeutet dies konkret, durch Energieeinsparung („Einsparkraftwerke") höhere Renditen zu erwirtschaften als mit dem Bau neuer konventioneller Kraftwerke.

Wie funktioniert das? Eine wichtige Voraussetzung dafür ist, daß sich die EVU zunehmend als Energiedienstleistungsunternehmen (EDU) verstehen, die den Kunden vermehrt ganze Energieeinsparpakete (NEGAWATT) als immer nur erzeugte Energie (MEGAWATT) verkaufen. Die den EDU so entgangenen Gewinne werden durch höhere Energiepreise für die Verbraucher wieder wettgemacht. Dabei steigen zwar die Kilowattstundenpreise, aber die Gesamtkosten für den Energieverbrauch des Kunden sinken, weil dieses Einsparsystem so konzipiert ist, daß die prozentuale Energieeinsparung den Preisanstieg überkompensiert. Die Gewinner aus diesem „Energievermeidungsgeschäft" sind die Verbraucher, die EDU sowie der Umwelt- und Klimaschutz. Diese Vorgehensweise, bei der alle Beteiligten profitieren, wird auch „Win-Win-Strategie" genannt (W. Bach, Energy and Environment 8 (2), 81 - 103, 1997). Dieses Prinzip wird in **Kapitel 23** am Beispiel des Stromeinsatzes im Kleinverbrauch Münsters näher dargestellt. Die im Anhang zusammengestellten Formeln des LCP-Verfahrens erlauben es dem Leser, alle Berechnungen nachzuvollziehen.

Mit der Deregulierung der Strommärkte Europas fand in den 90iger Jahren ein verstärkter Wettbewerb mit beträchtlichen Preisnachlässen statt. Ich will zunächst die Entwicklung beschreiben, dann auf mögliche Folgen für den Klimaschutz hinweisen und schließlich einige alternative Wege aufzeigen.

Nach jahrelangen Verhandlungen wurde im Dezember 1996 die Binnenmarktrichtlinie Elektrizität vom Energieministerrat der EU verabschiedet. Mit dem Inkrafttreten der Energierechtsnovelle im April 1998 hat Deutschland seinen Markt vollständig geöffnet. Dies soll zu mehr Wachstum, Beschäftigung und Wettbewerbsfähigkeit führen. Bis zum Februar 1999 mußte die Richtlinie von allen Mitgliedsstaaten in nationale Gesetze umgesetzt sein. Hier gibt es beträchtlichen Spielraum für die Gestaltung der Grundregeln. Man geht davon aus, daß bis Ende 1999 rd. 60 % des Energiemarkts der EU geöffnet bzw. liberalisiert sein werden (S. Froning, BWK 7/8, 10 - 15, 1998).

Wie steht es mit dem internationalen Stromhandel und der Stromdurchleitung? Offen sind noch die Fragen der Handhabung der bis 2005 gültigen Reziprozitätsklausel durch die einzelnen Regierungen. Prinzipiell können Importe aus dem Ausland untersagt werden, wenn Exporte dorthin nicht gewährleistet sind. Eine weitere Behinderung für den internationalen Handel an Spotmärkten ist die von Land zu Land unterschiedliche Berechnung der Durchleitungsgebühren. In Skandinavien und Großbritannien gilt das System des „geregelten Netzzugangs" mit einheitlich festgesetzten und veröffentlichten Durchleitungstarifen. Unabhängig von der Durchleitungsdistanz werden sog. „Briefmarkentarife" berechnet.

Deutschland hat im Lichte seiner föderativen Stromversorgungsstruktur das System des „verhandelten Netzzugangs" gewählt, d. h. die Bedingungen für den Netzzugang werden mit den Netzbetreibern direkt ausgehandelt. Ab 2000 sind die Netzbetreiber verpflichtet, ihre Preisspannen zu veröffentlichen. Entscheiden sich Unternehmen für das in der Energierechtsnovelle bis 2005 als Alternative vorgesehene „Alleinabrechnungsmodell", so müssen sie sich den Tarif von den Behörden genehmigen lassen. Die deutsche Verbändevereinbarung vom Mai 1998 zwischen den Verbänden der Stromanbieter und gewerblichen Verbrauchern gewährleistet die Berechnung der Durchleitungsgebühren nach einheitlichen Kriterien, und für alle Spannungsebenen wird nur einmal im Sinne einer „Briefmarke" bezahlt. Allerdings ist bei Höchstspannungsnetzen von mehr als 100 km Länge ein entfernungsabhängiger Zuschlag zu entrichten.

Ein großes Problem ist, daß der Netzbetreiber für die Ermittlung der Durchleitungsgebühr neben dem Stromverbrauch (in kWh) auch den Leistungsbedarf (in kW) aller Kunden des durchleitenden Anbieters kennen muß (J. Klotz, in FR 21.8.99). Da der Einbau eines 1000 DM teuren Leistungszählers den 43 Mill. Haushalten und Betrieben nicht zugemutet werden könne, sollen standardisierte Verbrauchskurven oder Lastprofile die Abrechnungsgrundlage bilden. Derzeit werden die „Durchlaufrechte" noch in zeitraubenden Auseinandersetzungen etappenweise ausgehandelt. Dabei käme es je nach den Mengen zu unterschiedlich hohen „Dumping-Preisen", wie der Deutsche Städte- und Gemeindebund beklagt. Die Leidtragenden dieser zu schnellen Liberalisierung seien die Stadtwerke, die jahrelang angehalten worden seien, in umweltfreundliche Erneuerbare und dezentrale Kraft-Wärme-Kopplung zu investieren und nun mit dem billigen, weil subventionierten, Atomstrom aus Frankreich nicht mehr mithalten könnten. In der Tat mußten schon Kraft-Wärme-Kopplungsanlagen in Duisburg und Düsseldorf stillgelegt werden, wie N. Ohlms von den Stadtwerken Münster in einem Gespräch mit der Münsterschen Zeitung sagte (MZ, 29. 5. 99). Nach Ohlms haben sich die Stadtwerke Münster mit anderen EVU zur „Energiehandelsgesellschaft Westfalen mbH" zusammengeschlossen, um mit den VEW einen günstigeren Stromlieferungsvertrag auszuhandeln.

Derzeit tummelt sich eine ständig größer werdende Anzahl von Billiganbietern auf dem deregulierten Strommarkt (H. Bott et al., Neue Anbieter locken Stromverbraucher mit billigen Tarifen, Der Spiegel 33, 82 - 84, 1999). In Anzeigen versuchen sie mit flotten Sprüchen vom Anrecht des Verbrauchers auf den günstigsten Strompreis, ein großes Stück vom Stromanbieterkuchen zu ergattern. Wo kommt nun der billige Strom her, und wie gelangt er zum Verbraucher? Die neuen Anbieter kaufen den hochsubventionierten und deshalb billigen französischen Atomstrom (später sicher auch den überschüssigen Atomstrom aus Osteuropa) und lassen ihn in das deutsche Stromnetz einleiten. Im Netz wird der Strom gemischt und gelangt als Mischstrom aus Atom-, Kohle-, Öl- und Gas- sowie Wasser-, Wind- und Biomassekraftwerken etc. zum Kunden.

Wenn nun durch diesen grenzenlosen Wettbewerb die Strompreise rapide fallen, besteht natürlich wenig Anreiz für eine effiziente Stromnutzung. Die Leidtragenden dieser Ressourcenverschwendung sind wir, unsere Nachkommen und schließlich der lebenserhaltende Klimaschutz. Wer aus Überzeugung den Strom lieber von einem Ökostromerzeuger beziehen und damit die Entwicklung umwelt- und klimafreundlicher Alternativen fördern möchte, kann dies bei einem Lieferanten seines Vertrauens wie folgt tun: Z. B. kann man bei den Elektrizitätswerken Schönau (EWS) GmbH, 79677 Schönau (Schwarzwald), Neustadtstraße 8, in einen Kombinationsstrom investieren, der garantiert aus erneuerbaren Energien (Wasser, Sonne, Wind etc.) bzw. in Blockheizkraftwerken hergestellt worden ist. Dieser Investstrom kostet 9,28 Pf/kWh inkl. Umsatzsteuer mehr als herkömmlicher Strom. Davon investiert EWS 6 Pf/kWh in die ökologisch orientierte Stromproduktion zusätzlich zu den gesetzlichen Einspeisevergütungen, was einen kostendeckenden Betrieb dieser Anlagen erlaubt. Für Werbung und Verwaltung werden 2 Pf/kWh verwendet. Die Umsatzsteuer von derzeit 16 % oder 1,28 Pf/kWh wird an das Finanzamt bezahlt. Der Investor bekommt jährlich eine genaue Aufstellung darüber, wo und wie der Schönauer Investstrom erzeugt wurde. Für einen jährlichen Stromverbrauch von 1000 kWh (entspricht etwa dem durchschnittlichen Verbrauch eines Single-Haushalts) fallen Kosten von 92,80 DM/a an. Für meinen Zwei-Personen-Haushalt habe ich im September 1998 mit den EWS einen Investvertrag über jährlich 185,60 DM abgeschlossen. Jeder Invest-Strombezieher bleibt wie bisher Kunde bei seinem Stromversorger und bezahlt auch bei ihm seine Jahresstromrechnung.

Eine weitere Möglichkeit, der Energieverschwendung Einhalt zu gebieten, nutzen jetzt die Bürger Basels mit einer Lenkungsabgabe auf Strom. Durch diese Abgabe steigen die Strompreise für Haushalte und Gewerbe um 25 %, was zu einer Einnahme von ca. 60 Mio. DM pro Jahr führt. Dieses Geld soll aber nicht die öffentlichen Haushalte sanieren, sondern allein den Energieverbrauch reduzieren und wird deshalb wieder direkt an die Bürger und die Betriebe als Anreiz zurückgegeben. Der Zweck dieser Aktion ist, daß diejenigen, die Strom effizient nutzen, von der Lenkungsabgabe profitieren, weil die zurückgezahlte Prämie (derzeit etwa 42 DM pro Person und Jahr) die Mehrkosten übersteigt. Stromverschwender zahlen dagegen drauf (B. Janzing, Basel erhebt Lenkungsabgabe auf Strom und gibt Geld zurück, FR, 24.8.99). Es ist klar, daß sinkende Strompreise ohne Lenkungsmechanismen die Stromverschwendung begünstigen. Diese Art von ungezügeltem Preis-Dumping erhöht die Energieverschwendung und erstickt damit alle Klima- und Umweltschutzbemühungen im Keime.

Welche Chancen haben die erneuerbaren Energien in einem deregulierten Markt? Die Stromrichtlinie der EU macht dazu keine Vorgaben, sondern überläßt es den Mitgliedsstaaten, den von ihnen zu benennenden Netzbetreibern zur Auflage zu machen, die erneuerbaren Energien vorrangig einzusetzen. In Deutschland, Dänemark und Großbritannien gibt es eine Abnahmepflicht. In Skandinavien werden die Erneuerbaren mit Investitionssubventionen und Steuererleichterungen begünstigt. Das Europäische Parlament hat 1998 die Kommission aufgefordert, eine wettbewerbskonforme Förderung der Erneuerbaren zu initiieren. Wie wären auch sonst die von der EU in Kyoto eingegangenen Verpflichtungen zur Reduktion der Treibhausgase als Beitrag zum Klimaschutz einzuhalten?

In **Kapitel 24** werden die Potentiale und Kosten einer CO_2-Vermeidung durch Solarenergie am Beispiel Münsters untersucht. Meine Beschäftigung mit Solarenergie begann 1975, als mein Kollege A. Daniels und ich einen Forschungsauftrag erhielten, die günstigsten Standorte für die Anlage großer Windenergiefarmen auf

Oahu zu eruieren. Die Berufung an die Universität Münster beendete meine kurze „Windenergiekarriere". Erst Jahre später ergab sich wieder eine Gelegenheit, etwas zur Förderung der Windenergie zu tun, als ich mit einer Anschubfinanzierung von je 5000 DM in 1994 und in 1995 Gesellschafter der hessen-Wind GmbH & Co. KG wurde. Die erwirtschaftete Rendite wird in den ersten 15 Jahren jeweils in weitere Windgeneratoren reinvestiert.

1978 wurde ich von der UN-Universität in Tokyo gebeten, an der Hochburg für Solarforschung Hawaii eine internationale Konferenz über die Aussichten erneuerbarer Energien zu organisieren. Zur Vorbereitung dieser wichtigen Konferenz schrieb ich ein Veranstaltungsskript „Essays on Energy Alternatives", 380 S., Universität Münster, das die Grundlage für ein Seminar bildete, das ich an meiner früheren Alma Mater hielt. Die internationale Konferenz, die von Gouverneur George Ariyoshi eröffnet wurde, war ein voller Erfolg. Die Beiträge wurden von Bach, W. et al. (eds.), Renewable Energy Prospects, als Sonderausgabe in Energy - The International Journal 4 (5), 711 - 1021, 1979 und in Buchform bei Pergamon Press, Oxford, 1980 veröffentlicht.

1988 wurde unter hohem persönlichen Einsatz des Bundestagsabgeordneten H. Scheer die internationale Vereinigung EUROSOLAR zur Förderung der Solarenergien gegründet. Ich nahm an der Gründungssitzung teil und wurde in den Vorstand gewählt. Für seinen unermüdlichen Einsatz für den forcierten Ausbau der Solarenergie wurde Scheer 1999 mit dem Alternativen Nobelpreis ausgezeichnet.

An der Universität Münster engagieren sich meine Institutskollegen J. Werner und N. Allnoch sehr stark für die Windenergie. Alljährlich erstellt Allnoch eine Markteinschätzung zur Wind- und Solarenergie. Für den deutschen Windenergiemarkt sieht er nach einer Konsolidierungsphase für 1999 Neuinstallationen von über 1000 MW Windkraftleistung. Der Markt für solarthermische Anlagen zeigt weiterhin hohe Wachstumsraten. Der energietechnische Stand für den Wind- und Solarbereich in Deutschland läßt auf das Erreichen einer führenden Position im internationalen Wettbewerb hoffen. Die Photovoltaikproduktion könnte angesichts der Kapazitätserweiterungen die nächste Zielmarke von 150 MW erreichen (N. Allnoch, Zur Lage der Wind- und Solarenergienutzung in Deutschland, Energiewirtsch. Tagesfragen 10, 660 - 666, 1998).

Wie steht es mit der zukünftigen Solarenergienutzung? Nach H. Tributsch (Das Aufgabenfeld für Solarenergieforschung und -technologie, Solarzeitalter 2, 6 - 9, 1999) geht es darum, die wirtschaftliche Einführung der Solartechnologie zu beschleunigen und parallel dazu eine Infrastruktur zur Innovationsfähigkeit für die Konkurrenz auf den Weltmärkten aufzubauen. In der Vergangenheit seien Fragen der Markteinführung zu sehr in den Vordergrund und solche der Forschung zu stark in den Hintergrund gerückt. Damit irreparable Umwelt- und Klimaschäden vermieden werden, müsse die Menschheit innerhalb der nächsten 50 - 100 Jahre auf eine massive Solarenergienutzung auf hohem technischen Niveau zusteuern, was verstärkte politische und wissenschaftliche Anstrengungen erfordere. Mit intensiver Forschung ließe sich die Energieausbeute der erneuerbaren Energien beträchtlich steigern. Mittel- und langfristig habe die Solarenergie eine reelle Chance, den Energiebedarf der Menschheit auf einem hohen technologischen Niveau weitgehend zu decken. Allerdings müßten endlich faire Wettbewerbsbedingungen hergestellt werden zwischen den Erneuerbaren sowie den fossilen und nuklearen Energien, die derzeit nur deshalb noch billiger seien, weil sie subventioniert würden und nicht für ihre sozialen- und Umweltkosten aufkommen müßten. Die Bundesregierung will das nun endlich mit einem bis 2003 befristeten jährlichen Zuschußprogramm von 200 Mill. DM für Strom und Wärme aus erneuerbaren Energien ändern. Die Einspeisung von Ökostrom in die Elektrizitätsnetze soll verstärkt werden. Neu ist die Förderung von Energieeinsparmaßnahmen in Altbauten in Kombination mit Solarkollektoren und Wärmepumpen („Öko-Energie ist Förderung wert.", FR, 27.8.99).

Am 3. März 1999 verabschiedete der Bundestag das Gesetz über die Energiesteuerreform. Mit der am 1. April 1999 in Kraft getretenen ersten Ökosteuerstufe sollen der Energieverbrauch belastet und der Faktor Arbeit entlastet werden. Demzufolge werden die Steuern auf Benzin und Dieselkraftstoff um 6 Pf/l, Heizöl um 4 Pf/l und Erdgas um 0,32 Pf/kWh sowie Strom um 2 Pf/kWh angehoben. Im Gegenzug werden die Beiträge zur Rentenversicherung um 0,8 % herabgesetzt (R. Schwartz, FR, 4.3.99).

Nur durch zahlreiche Zugeständnisse der Bundesregierung ließ sich die Steuerreform gegen den massiven Widerstand der Wirtschaftsverbände durchsetzen. So sind von den Betrieben bei Strom, Heizöl und Erdgas nur 20 % des regulären Ökosteuersatzes zu zahlen, und ein Teil der bereits entrichteten Ökosteuer wird sogar zurückgezahlt, wenn die Einsparung bei der Rentenversicherung die der Ökosteuerschuld um mehr als 20 % übertrifft. Diese Vergünstigungen gelten jedoch nicht für die Steuerschuld durch Mineralölsteuererhöhung. Dies erklärt, warum Landwirte zu den Nettozahlern der Ökosteuer gehören, denn ihr Energieverbrauch besteht vorwiegend aus Dieselkraftstoffen, und als Selbständige haben sie keine finanziellen Vorteile durch sinkende Rentenversicherungsbeiträge. Nach Untersuchungen von B. Hillebrand vom Rhein. Westf. Institut für Wirtschaftsforschung (RWI) gehören zu den größten Gewinnern der Ökosteuerreform die Auto-, Maschinenbau-, elektrotechnische- und Chemie-/Pharmaindustrie. Die größte Last tragen mit etwa 1,2 Mrd. DM pro Jahr die privaten Haushalte, die somit die Industrie subventionieren. Allerdings bekommen auch sie wieder einen Teil zurück, weil die Ökosteuer zahlreiche Konsumgüter verbilligt. Auch der Staat profitiert mit ca. 1 Mrd. DM pro Jahr von der Ökosteuer, weil er viele Menschen beschäftigt, aber relativ wenig Energie verbraucht (F. Vorholz, Die Zeit Nr. 42, 31, 14.10.99).

Am 12.11.99 wurde die im April 1999 begonnene Steuerreform fortgesetzt. Danach werden die Mineralölsteuer ab dem 1.1.2000 in 4 Jahresstufen um je 6 Pf/l und die Stromsteuer um je 0,5 Pf/kWh angehoben. Gleichzeitig werden Gaskraftwerke mit einem Wirkungsgrad von mindestens 57,5 % bis März 2002 von der Steuer befreit (FR, 6.11.99). Von dieser Regelung sind weder der Deutsche Städtetag begeistert, der statt der befristeten Unterstützung der Kraft-Wärme-Kopplung lieber eine verbindliche Quote für umweltfreundlich erzeugten Strom gesehen hätte (FR, 12.11.99), noch die NRW-Regierung, die eine Bevorteilung zu Lasten von Braun- und Steinkohle befürchtet (H. Lölhöffel u. V. Gaserow, FR, 13.11.99).

22 Konkrete kommunale Klimaschutzpolitik am Beispiel Münsters

In diesem Beitrag wird untersucht, ob Münster, die „Klimahauptstadt Europas", das Ziel der Bundesregierung einer 25-30%igen CO_2-Emissionsreduktion bis 2005 realisieren kann. Die Ergebnisse zeigen CO_2-Reduktionspotentiale von fast 35 % im Wärmebereich, knapp 30 % im Strombereich und ca. 33 % im Energiebereich insgesamt. Beim motorisierten Individualverkehr sind CO_2-Minderungen von etwa 33 % und im gesamten Verkehrsbereich von ca. 17 % möglich. Insgesamt wird für den Energie- und Verkehrsbereich ein CO_2-Reduktionspotential von fast 29 % ermittelt und damit das Reduktionssoll von 30 % nur leicht verfehlt. Allerdings ist unter derzeitigen Rahmenbedingungen das Reduktionsziel kaum zu erreichen. Unsere vorläufigen Ergebnisse zeigen, daß im Energiebereich insgesamt nur etwa 20 %, im Verkehrsbereich insgesamt nur ca. 6 % und in beiden Bereichen zusammen mit etwa 16 % nur etwas mehr als die Hälfte des erforderlichen Reduktionsziels zu realisieren ist. Darüberhinaus werden die Kosten von Förderprogrammen und der Investitionsbedarf zur Energie- und CO_2-Einsparung im Raumwärmebereich analysiert. Der Beitrag endet mit Leitlinien für eine zukünftige kommunale Klimaschutzpolitik.

22.1 Einleitung

Die Enquete-Kommission „Schutz der Erdatmosphäre" hat im Rahmen des Deutschen Umwelttages am 21. 9. 1992 in Frankfurt eine Anhörung zum Thema „Kommunale Energie- und Verkehrskonzepte zum Klimaschutz" abgehalten (EKDB 1992, W. Bach 1992, 1994). Zweck der Anhörung war die Befragung von Vertretern von Städten und Stadtwerken sowie Verbänden und Bündnissen, die sich bei der Erarbeitung von kommunalen integrierten Klimaschutzkonzepten (Energie- und Verkehrskonzepten) besonders hervorgetan haben. Die Kommission wollte wissen, ob das nationale CO_2-Reduktionsziel von 25 - 30 % bis 2005 gegenüber 1987 für erreichbar gehalten wird, welche Rahmenbedingungen gegebenenfalls geändert werden müssen und welche kommunalen Handlungsspielräume bestehen. Die einhellige Meinung war, daß dieses Ziel nur bei einer entsprechenden Änderung der Energie-, Verkehrs- und Umweltpolitik auf Bundes- und EG-Ebene zu erreichen ist. Die Änderungsvorschläge bezogen sich auf ordnungspolitische Instrumente und Maßnahmen (wie z. B. die Novellierungen des Energiewirtschaftsgesetzes, der Wärmenutzungsverordnung und des Energieeinspeisungsgesetzes), auf ökonomische und fiskalische Instrumente (wie z. B. eine Primärenergieabgabe und eine Erhöhung der Mineralölsteuer sowie die Förderung von Drittfinanzierungsmodellen, Contracting und Auditing) und planerische Instrumente inklusive Information und

Beratung sowie Aus- und Fortbildung (u. a. die Weiterentwicklung von Energie-
konzepten zu integrierten Klimaschutzkonzepten).

Allgemeine Einigung bestand darüber, daß die kommunalen Handlungsspielräume für Eigeninitiativen größer sind, als gemeinhin vermutet wird. So kann z. B. der
Stadtrat Einfluß nehmen auf die Gestaltung des Bebauungsplans durch Festlegung
energetisch optimaler Bedingungen, wie z. B. Bebauungsdichte, Südausrichtung,
Nahwärmeversorgung, Gestaltung der Baukörper, Betonung des ÖPNV, Ausbau des
Radwegenetzes etc. Bei Verkauf oder Verpachtung von Bauland können Niedrigenergiehaus-Standards und die Nutzung erneuerbarer Energieträger vertraglich festgelegt werden.

Auch die Stadtwerke als Energiedienstleistungsunternehmen (EDU) können einen beträchtlichen Beitrag zur Energie- und Schadstoff-Reduzierung leisten, wenn
sie z. B. die Bürger bei der Wärmedämmung ihrer Häuser und der Anschaffung der
energiesparendsten Elektrogeräte und Lampen beraten; Brennwert- statt Heizkessel
einbauen; nicht nur Erdgas, sondern vor allem fertige Wärme aus BHKW verkaufen;
sowie Energie durch Kapital ersetzen etc.

Neben dem Wohnungsbaubereich bietet der Verkehrsbereich ein weites Betäti-
gungsfeld. Niemand kann eine Kommune daran hindern, z. B. flächenhafte Ver-
kehrsberuhigung durch Tempo-30-Zonen einzuführen; den motorisierten Individualverkehr (MIV) einzuschränken durch Änderung der Stellplatzverordnung zur
Verminderung der Kurz- und Dauerparkplätze sowie durch Rückbau der Straßenflächen; dem Öffentlichen Personennahverkehr (ÖPNV) Vorrang einzuräumen durch
eigene Busspuren, Bus- und Straßenbahn-Vorrangschaltung; den ÖPNV auf Kosten
des MIV nicht aber des Fahrradverkehrs auszudehnen; übertragbare Monats-, Job-
und Kombi-Fahrkarten einzuführen sowie das Fahrradwegenetz nutzerfreundlich
auszubauen.

Im folgenden wird auf der Grundlage einer für die Klima-Enquete-Kommission
angefertigten Detailstudie gezeigt, mit welchen konkreten Maßnahmen das nationale
CO_2-Reduktionsziel von 25 - 30 % bis 2005 im Energie- und Verkehrsbereich in
Münster realisiert werden kann (Bach, 1995a). Die derzeitige Realisierbarkeit dieses
Reduktionsziels unter den gegebenen Rahmenbedingungen wird abgeschätzt. Die
Kosten von durchgeführten Förderprogrammen sowie der zukünftige Investitions-
bedarf für Energieeinsparung und CO_2-Vermeidung werden erfaßt. Daraus werden
einige Leitlinien für eine zukünftige kommunale Klimaschutzpolitik abgeleitet.

22.2 Eckdaten zur Struktur der Stadt

Münster hatte 1990 auf einer Fläche von ca. 300 km² eine Bevölkerung von rd.
275 000 Einwohnern, die sich auf ca. 49 000 Gebäude mit etwa 117 000 Wohnungen verteilten (Stadtwerke Münster 1987, 1993a). Der Niedertemperatur-
Wärmemarkt war mit 3 344 GWh dominierend. An dieser Endenergienachfrage
waren Gas mit 46,3 %, Öl mit 30,1 %, Fernwärme mit 17,6 %, Strom mit 5,2 % und
sonstige mit 0,8 % beteiligt. Die Personenverkehrsleistung betrug 2,03 Mrd. Pkm.

Davon entfielen 71,9 % auf den motorisierten Individualverkehr, 11,9 % auf das Fahrrad, 7,8 % auf den Bus, 4,3 % auf die Bahn, 3,2 % auf den Fußverkehr und 0,9 % auf das Motorrad.

Am Primärenergieverbrauch von 9 092 GWh waren die Niedertemperaturwärme mit ca. 41 %, die Prozeßwärme mit 3 %, d. h. der Gesamtwärmemarkt mit rd. 45 %, und die Bereiche Licht und Kraft mit 29 % sowie Verkehr mit 26 % beteiligt. Zum Gesamt-CO_2-Ausstoß von ca. 2.3 Mio t trugen die Niedertemperaturwärme rd. 44 %, der Strom rd. 28 % und der Verkehr fast 28 % bei. Der Pro-Kopf CO_2-Ausstoß war mit 8,2 t/a im Vergleich zum deutschen Durchschnitt von rd. 13,3 t/a niedrig, was u. a. die Wirtschaftsstruktur mit relativ wenigen Großemittenten und eine Verkehrsstruktur mit einem relativ hohen Anteil an Fahrradfahrern und Fußgängern widerspiegelt.

22.3 Möglichkeiten zur Realisierung des 30 %igen CO_2-Emissionsreduktionsziels im Energiebereich

Tabelle 22.1 zeigt, daß Münsters CO_2-Ausstoß 1990 2 266 000 t betrug, wovon bis 2005 rd. 30 % oder etwa 680 000 t reduziert werden sollen. Ferner sind die CO_2-Emissionen für 1990 und 2005 sowie die Reduktionen jeder Einzelmaßnahme (ohne Berücksichtigung von Wechselwirkungen) und jeder Maßnahme im Gesamtpaket (mit Berücksichtigung der Kompensation von Überschneidungen einzelner Maßnahmen) angegeben. Die Zahlenangaben in den folgenden Abschnitten beziehen sich auf Einzelmaßnahmen. Schließlich zeigt die Tabelle das nach Durchführung jeder Maßnahme noch verbleibende Reduktionssoll an.

Die folgenden Berechnungen des Reduktionspotentials der jeweiligen Maßnahme wurden mit einer modifizierten Form des von W. Bach et al. (1993) entwickelten Energiemodells PROGRES (Programm zur Entwicklung von Energie-Szenarien) durchgeführt. Der Modellinput beruht im wesentlichen auf den Daten der Stadtwerke Münster (1993a) sowie den für Münster erstellten Prognosstudien für Energie (M. Sättler und K. Masuhr, 1992) und Verkehr (M. Eland et al., 1992). Die einzelnen Maßnahmen und die sich daraus ergebenden CO_2-Reduktionen sind für die folgenden Abschnitte in Tab. 22.1 zusammengestellt.

Neubau nach Wärmeschutzverordnungen (WSV 82/84 sowie 93/95) und nach Niedrigenergiehaus-(NEH) Standard. Jeder Neubau verursacht zusätzliche Emissionen. Deshalb ist es sehr wichtig, nach welchem Standard gebaut wird. Für den bis 2005 vorgesehenen Zubau von 15 000 Wohnungen werden folgende Annahmen gemacht: Bis 1995 werden nach der WSV 82/84 ca. 3 000 Wohnungen in Mehrfamilien/Reihenhäusern (MFH/RH) und ca. 2 000 Wohnungen in Einfamilienhäusern (EFH) gebaut; von 1995 bis 2005 kommen gemäß WSV 93/95 ca. 6 000 Wohnungen in MFH/RH und ca. 4 000 Wohnungen in EFH hinzu. Dies würde unter der Annahme einer Gasversorgung aller Neubauten bis 2005 zu einem Wärmemehrverbrauch von 116 GWh/a und zu einem CO_2-Mehrausstoß von 31 kt/a führen. Bei einem Neubau nach der WSV 82/84 bis 1995 und NEH-Bauweise ab 1995 wären

Tabelle 22.1: Möglichkeiten der Realisierung des 30%igen CO_2-Reduktionsziels der Bundesregierung in der Stadt Münster: Energiebereich

CO_2-Emission in 1990:   2 266 000 t
CO_2-Reduktion bis 2005:   ca. 680 000 t

Bereiche/Maßnahmen	1990 kt	2005 kt	Einzel-maßn.[1] 1990 - 2005 %	Einzel-maßn.[1] 1990 - 2005 kt	Maßn. im Gesamtpaket[2] 1990 - 2005 %	Maßn. im Gesamtpaket[2] 1990 - 2005 kt	Verbl. Red.-Soll nach jedem Reduktionsschritt Ausgangswert: 680 kt kt
Energiebereich							
Niedertemperaturw. (HH + KV)	962						
● Neubau (WSV 82/84; 93/95)			3,2	31	3,2	31	711
● Neubau (NEH-Standard)			-0,5	-5	-0,4	-4	707
● Altbausanierung			-12,3	-118	-10,0	-96	611
● KV (Gebäudesanierung)			-5,5	-53	-4,5	-43	568
● Verbess. Heizungstechnik			-10,8	-104	-8,8	-85	483
● Stromsubstitution			-5,0	-48	-4,1	-39	444
● Solare Warmwasserber.			-2,7	-26	-2,2	-21	423
● 25 zusätzliche BHKW			-2,9	-24	-2,0	-20	403
● Nutzungsgradverb. (HKW)			-3,2	-31	-2,6	-25	378
● Teilw. Kohlesubst. (HKW)			-6,2	-60	-5,1	-49	329
Summe NTW	962	610			-36,6	-352	329
Prozeßwärme	71	64	-9,9	-7	-9,9	-7	322
Summe Wärme	1033	674			-34,8	-359	322
Strom	610						
● Mehrverbrauch			20,7	126	20,7	126	448
● Effizientere Nutzung			-29,5	-180	-28,4	-173	275
● Nutzungsgradverb. (VEW)			-22,5	-137	-21,6	-132	143
Summe Strom	610	431			-29,3	-179	143
Summe Energiebereich	1643	1105			-32,7	-538	143

1) Jede Maßnahme wird ohne Berücksichtigung der Wechselwirkungen berechnet. 2) Im Gesamtpaket wird die Überschneidung der Einzelmaßnahmen kompensiert.
HH = Haushalte, KV = Kleinverbraucher, WSV = Wärmeschutzverordnung, NEH = Niedrigenergiehaus, BHKW = Blockheizkraftwerk, HKW = Heizkraftwerke Hafen und Uni, NTW = Niedertemperaturwärme, VEW = Vereinigte Elektrizitätswerke Westfalen

Berechnet nach: Stadtwerke Münster (1993a)

zwar der Wärmeverbrauch ca. 22 GWh/a und der CO_2-Ausstoß etwa 5 kt/a geringer als bei einer Bauweise nur nach der geltenden WSV. Insgesamt würden jedoch auch bei NEH-Bauweise der Wärmeverbrauch noch um 94 GWh/a und die CO_2-Emission noch um 26 kt/a zunehmen.

Altbausanierung. Der Endenergieverbrauch (EEV) in bestehenden Wohngebäuden betrug 1990 ca. 2 200 GWh. Unter der Annahme, daß im Turnus von 15 Jahren etwa 40 % aller Wohnungen saniert und dabei ca. 50 % des Jahreswärmeverbrauchs eingespart würden, ließen sich ca. 407 GWh/a an Wärmeenergie einsparen bzw. 118 kt CO_2 vermeiden oder rd. 20 % des CO_2-Ausstoßes durch Heizenergie im Altbaubereich reduzieren. Da die novellierte WSV von 1993/95 den Altbestand kaum berücksichtigt, ist - realistisch betrachtet - nur mit einer geringen Ausschöpfung des vorhandenen beträchtlichen Einsparpotentials zu rechnen.

Gebäudesanierung im Bereich Kleinverbrauch. Zu diesem Bereich gehören in Münster vor allem Verwaltungsgebäude, Krankenhäuser, Universität und Fachhochschule, Versicherungen, Banken und Geschäftshäuser etc. Der EEV betrug 1990 1 144 GWh. Analog zur Altbausanierung wird eine 20 %ige Reduktion angenommen. Dadurch könnten 183 GWh/a an Wärmeenergie eingespart und rd. 53 kt/a an CO_2-Ausstoß vermieden werden.

Verbesserung der Heizungstechnik. Hier werden, wie von Prognos (M. Sättler und K. Masuhr, 1992) angenommen, alle Heizungsgeräte im Gas- und Ölbereich im Rahmen des normalen Ersatzzyklus innerhalb der nächsten 15 Jahre durch moderne Brennwerttechnik ersetzt. Dadurch würden sich für Gas bzw. Öl die Wirkungsgrade von 74 % bzw. 72 % auf 90 % bzw. 88 % erhöhen. Das könnte zu einer Energieeinsparung von ca. 458 GWh/a und zu einer CO_2-Vermeidung von etwa 104 kt/a führen.

Stromsubstitution im Wärmemarkt. Der Stromeinsatz im Wärmemarkt betrug 1990 ca. 173 GWh. Davon sollen nach Prognos ca. 75 % durch Gasheizungen mit einem Wirkungsgrad von 74 % ersetzt werden. Der spezifische CO_2-Ausstoß beträgt hier für 1 GWh Strom etwa 636 t und für 1 GWh Gas ca. 200 t. Durch Herausnahme des Stroms aus dem Wärmemarkt, wo sein Einsatz wenig sinnvoll ist, könnten in Münster rd. 48 kt/a CO_2 vermieden werden.

Solare Warmwasserbereitung. Knapp 13 % der Niedertemperaturwärme (NTW) wurden 1990 für die Warmwasserbereitstellung eingesetzt. Davon sollen etwa 22 % oder 96 GWh/a EEV durch Sonnenenergie ersetzt werden (H. Weik et al., 1993). Der durchschnittliche CO_2-Ausstoß pro GWh für den Gas/Öl/Fernwärme-Mix läßt sich für Münster im Jahre 1990 zu etwa 268 t berechnen. Durch die Umstellung von der herkömmlichen auf die solare Warmwasserbereitung ließen sich ca. 26 kt CO_2/a vermeiden.

Zubau von Blockheizkraftwerken (BHKW). In Münster sind derzeit die BHKW Toppheide (Bundesfinanzschule), Coerde (Deponie und Kläranlage) sowie Hiltrup (Schule und Hallenbad) in Betrieb. Prognos sieht im Ziel-Szenario bis 2005 ca. 10 gasbetriebene BHKW vor, die rd. 20 GWh/a Strom erzeugen sollen (M. Sättler und K. Masuhr, 1992). R. Meier (1993) ermittelte ein Nutzenergiepotential von 97 GWh/a. Es wird hier die Annahme gemacht, daß dieses Potential durch 25 BHKW unterschiedlicher Größe bereitgestellt wird. Die Spezifizierungen des BHKW Toppheide mit einem Gesamtwirkungsgrad von 86 % und einem Splitting von 65 % Wärme und 35 % Stromproduktion werden übernommen (Stadtwerke Münster, o. J.). Weiter wird angenommen, daß 50 % Öl und 50 % Gas mit einem gemittelten CO_2-Ausstoß von 235 t/GWh verdrängt werden. Die Abschätzungen zeigen, daß sich durch die Verdrängung von Öl und Gas durch Nahwärme aus 25 BHKW bis zum Jahre 2005 ein CO_2-Ausstoß von 24 kt/a vermeiden ließe.

384

Nutzungsgradverbesserung von Heizkraftwerken (HKW). In Münster werden 2 HKW betrieben, das HKW-Hafen von den Stadtwerken und das HKW-Uni von der Universität. Die HKW setzten 1990 990 bzw. 163 GWh Brennstoff ein und zwar vorwiegend Kohle. Hier wird die Annahme von Prognos einer Nutzungsgradverbesserung bei Erzeugung und Verteilung um knapp 6 % von gegenwärtig 64,7 % auf 70,5 % übernommen. Dadurch könnte der CO_2-Ausstoß aus den beiden HKW immerhin um ca. 31 kt/a verringert werden.

Teilweise Substitution von Kohle durch Gas in den HKW. Der gegenwärtige HKW-Park der Stadtwerke Münster besteht aus: Block 1 (1977) 50 MWth, 25 MWel, Gas und Öl seit 1991, Einsatz in der Spitzenlast; Block 2 (1977) 50 MWth, 25 MWel, Kohlenstaub mit DESONOX-Anlage zur SO_2- und NO_X-Reduzierung seit 1992, Einsatz in der Mittellast; Block 3 (1985) 60 MWth, 27,5 MWel, Kohlenstaub mit DESONOX seit 1990, Einsatz in der Grundlast; 2 Gas-Spitzenkessel (1977) 104 MWth, Einsatz in der Spitzen- und Sommerlast. Bei einem Einsatz von etwa 115 000 t Steinkohle und geringen Mengen Gas und Öl betrug 1990 der CO_2-Ausstoß etwa 324 000 t. Die Stadtwerke haben laut Jahrhundertvertrag eine Abnahmeverpflichtung von ca. 100 000 t Kohle bis 1995. Die Investitionssumme für die erst 1990 und 1992 errichteten DESONOX-Anlagen belief sich auf etwa 70 Mio DM.

Für diese schwierigen Rahmenbedingungen wurden die folgenden 6 möglichen Reduktions-Varianten durchgerechnet:

- Variante 1: Umrüsten aller 3 Blöcke auf Gas-GuD, CO_2-Vermeidung: 121 kt/a
- Variante 2: Umstellung der Blöcke 2 und 3 auf Gas,
  CO_2-Vermeidung: 110 kt/a
- Variante 3: Umstellung von Block 2 auf Gas und veränderte
  Betriebsweise, (Kohle nur noch in der Spitzenlast)
  CO_2-Vermeidung: 103 kt/a
- Variante 4: Umbau der Blöcke 2 und 3 zu Kombiblöcken
  (mit vorgeschalteter Gasturbine), CO_2-Vermeidung: 49 kt/a
- Variante 5: Umstellung von Block 2 auf Gas, CO_2-Vermeidung: 46 kt/a
- Variante 6: Veränderte Fahrweise der Blöcke 1 und 2,
  CO_2-Vermeidung: 38 kt/a

Das mit Kohle gefahrene HKW-Uni (163 GWh/a) verursachte 1990 einen CO_2-Ausstoß von ca. 54 kt. Bei einer vollständigen Umstellung auf Gas könnten ca. 21 kt CO_2/a vermieden werden. Zusammen mit der niedrigsten Variante 6 des HKW-Hafen könnte der CO_2-Ausstoß aus beiden HKW um rd. 60 kt CO_2/a verringert werden. Welche dieser oder auch noch anderer Varianten sich realisieren lassen, hängt u. a. von der deutschen und internationalen Kohlepolitik ab. Nach dem Artikelgesetz zur Energiepolitik vom 20. 05. 1994 soll ab 1996 die heimische Steinkohlefördermenge für die Erzeugung von Strom und Fernwärme ca. 35 Mio t SKE/a und für die Stahlherstellung etwa 15 Mio t SKE/a betragen (siehe auch Kapitel 20). Durch die Öffnung des Energiemarktes (EU, GATT) kommen noch etwa 30 - 35 Mio t SKE/a an Importkohle hinzu (R. Loske und P. Hennicke, 1994; H. Michaelis, 1994; B. Uhlmannsiek, 1994; W. Bach, 1995b).

Prozeßwärme. Die Prozeßwärme betrug 1990 rd. 347 GWh und erreichte damit nur etwa 10 % der NTW. Der CO_2-Ausstoß belief sich auf ca. 71 kt/a. Die Prozeßwärme wird in industrieeigenen Heizwerken produziert, wobei sich ca. 80 % auf nur zwei Industriebetriebe konzentrieren. Während die Stadtwerke Münster (1993a) in ihrer BASIS-Prognose von einer 15 %igen Zunahme ausgehen, ist eher eine 10 %ige Reduktion angebracht. Diese könnte durch technische Verbesserungen vor allem bei der Wärmerückgewinnung und der Prozeßsteuerung relativ problemlos erreicht werden (K. Eckerle et al., 1991), was insgesamt zu einer CO_2-Vermeidung von etwa 7 kt/a führen würde.

Insgesamt könnte mit den hier betrachteten Maßnahmen im Wärmebereich ein CO_2-Ausstoß von 359 kt/a oder rd. 35 % (ausgedrückt als Gesamtmaßnahmenpaket) bis 2005 vermieden werden (Tab. 22.1).

Strommehrverbrauch, effizientere Nutzung und teilweise Kohlesubstitution. Hier werden die Annahmen von Prognos (M. Sättler und K. Masuhr, 1992) im Status-quo-Szenario übernommen, das u. a. wegen des Wirtschaftswachstums, mehr Single-Haushalten, erhöhtem Geräteausstattungsgrad und anderem Gerätemix, für 2005 von folgendem Mehrverbrauch ausgeht: Im Bereich Haushalte, Dienstleistungen und Industrie von je 20 %, im Bereich Gewerbe von 25 %, im Bereich Sonstige von 10 % und insgesamt von ca. 20 %. Der Strom Münsters stammte 1990 überwiegend aus dem VEW- (Vereinigte Elektrizitätswerke Westfalen) Kraftwerksmix mit einem spezifischen CO_2-Ausstoß von 636 t/GWh$_{Strom}$. Der zusätzliche Stromverbrauch würde einen CO_2-Mehrausstoß von ca. 126 kt/a oder ca. 21 % verursachen.

In Anlehnung an Prognos wird folgende Effizienzsteigerung bis 2005 angenommen: In den Bereichen Haushalte 30 %, Industrie 23 %, Gewerbe und Dienstleistungen je 22 % und Sonstige 17 %. Daraus läßt sich eine CO_2-Vermeidung von rd. 180 kt/a oder ca. 30 % berechnen. Insgesamt läßt der Mehrverbrauch eine CO_2-Vermeidung von nur ca. 54 kt/a oder etwa 9 % zu.

Darüberhinaus wurde die mögliche CO_2-Vermeidung einer Nutzungsgradverbesserung im VEW-Kraftwerkspark und eine damit einhergehende teilweise Kohlesubstitution durch Gas untersucht. Der Gesamtnutzungsgrad einschließlich aller Erzeugungs- und Verteilungsverluste betrug 1990 für VEW-Strom rd. 35 %. Die Netz- und Transformationsverluste im Stadtwerkenetz Münsters betrugen 3,8 % und die Verluste im VEW-Netz beliefen sich auf 0,5 %, woraus ein Nettonutzungsgrad von etwa 36,5 % für den VEW-Kraftwerkspark resultierte. Der CO_2-emittierende VEW-Kraftwerksmix bestand 1990 zu 59 % aus Steinkohle und zu 13 % aus Gas.

Für die Modernisierung des VEW-Kondensationskraftwerksparks bis zum Jahre 2005 wurden folgende Annahmen gemacht: Die Gaskraftwerke werden durch moderne Gas-GuD-Anlagen mit Netto-Nutzungsgraden von ca. 60 % ersetzt (U. Fritsche et al., 1992). Dadurch steigt die Stromproduktion in den Gaskraftwerken von einem Anteil von 13 % (1990) auf ca. 21 % (2005), und der Anteil von Kohlestrom sinkt von 59 % (1990) auf ca. 51 % (2005). Gleichzeitig werden auch die Steinkohlekraftwerke modernisiert und zwar von einem Netto-Nutzungsgrad von 36,5 % (1990) auf ca. 42 % (2005). Dies ist sowohl durch integrierte Kohlevergasungs-

Kombikraftwerke (ca. 42 %), als auch mit Dampfturbinen und Kombikraftwerken (bis zu 44 %) zu erreichen (U. Fritsche et al., 1992).

Durch die Nutzungsgradverbesserung der VEW-Gas- und Steinkohlekraftwerke und der damit einhergehenden teilweisen Kohlesubstitution ließe sich der spezifische Emissionsfaktor des VEW-Stroms um ca. 23 % von 636 auf 493 t CO_2/GWh reduzieren. Bezogen auf Münsters Stromverbrauch für Licht, Kraft und Kommunikation von 959 GWh (1990) bedeutet das bis 2005 eine Reduktion des CO_2-Ausstoßes von 610 kt/a auf 473 kt/a und damit eine CO_2-Vermeidung von 137 kt/a.

Insgesamt könnten im Strombereich im Maßnahmenpaket etwa 180kt CO_2/a oder fast 30 % vermieden werden. Diese Möglichkeiten ließen sich besser ausschöpfen, wenn in der zur Novellierung anstehenden Wärmenutzungsverordnung Wirkungsgradverbesserungen im Kraftwerkssektor gesetzlich vorgeschrieben würden.

Für den gesamten Energiebereich würden die hier untersuchten realistischen Maßnahmen zu einer CO_2-Vermeidung von 538 kt/a oder fast 33 % führen (Tab. 22.1).

22.4 Möglichkeiten zur Realisierung des 30 %igen CO_2-Emissionsreduktionsziels im Verkehrsbereich

Zusätzlicher Verkehr. Für den gesamten Verkehrsbereich betrug 1990 die CO_2-Emission ca. 623 kt, woran der motorisierte Individualverkehr (MIV) mit etwa 538 kt oder rd. 86 % beteiligt war (Tab. 22.2). Die überragende Rolle des MIV wird noch deutlicher, wenn sein Anteil von ca. 93 % am Personenverkehr betrachtet wird. Ohne Maßnahmen wird der MIV auch in Zukunft noch weiter zunehmen. Nach dem BASIS-Szenario von Prognos (M. Eland et al., 1992) wird in Münster das Verkehrsaufkommen im MIV um etwa 5 % und die Fahrleistung um ca. 10 % bis 2005 gegenüber 1990 ansteigen. Dies ergibt bei gleicher Technik wie heute bis 2005 einen weiteren Anstieg des CO_2-Ausstoßes von etwa 54 kt oder 10,1 % gegenüber dem MIV von 1990. Für den umweltfreundlicheren Bus- und Bahnverkehr wird von Prognos bis zum Jahr 2005 durch zusätzlichen Verkehr eine CO_2-Zunahme von ca. 0,3 kt bzw. ca. 3 kt prognostiziert. Es ist klar, wenn im Verkehrsbereich CO_2 reduziert werden soll, dann muß vor allem beim MIV angesetzt werden. Im folgenden werden die CO_2-Reduktionsmöglichkeiten durch Verkehrsverlagerung und technische Effizienzsteigerung untersucht.

Verlagerung des MIV auf den Umweltverbund. Zum Umweltverbund gehören der NMV (der nicht motorisierte Verkehr wie Fahrrad- und Fußgängerverkehr), der ÖPNV (der öffentliche Personennahverkehr, in Münster nur Busse) und der Bahnverkehr. Hier werden mögliche Verlagerungen im Binnenverkehr (Quelle und Ziel des Verkehrs liegen innerhalb des Stadtgebiets), im Quellverkehr (die Quelle des Verkehrs liegt innerhalb des Stadtgebiets) und im Zielverkehr (die Quelle des Verkehrs liegt außerhalb des Stadtgebiets) untersucht; und es wird dabei nach vier Verkehrszwecken differenziert.

Tabelle 22.2: Möglichkeiten der Realisierung des 30%igen CO_2-Reduktionsziels der Bundesregierung in der Stadt Münster: Verkehrsbereich

| Bereiche/Maßnahmen | CO_2-Emissionen | | | | Maßn. im Gesamtpaket | | Verbl. Red.-Soll nach jedem Reduktionsschritt Ausgangswert 680 kt |
| | Einzelmaßn. | | | | | | |
	1990 kt	2005 kt	1990 - 2005 %	1990 - 2005 kt	1990 - 2005 %	1990 - 2005 kt	kt
Verkehrsbereich[1]							
Personenverkehr							142,5
MIV[2]	538,5						
● Zusätzlicher Verkehr[3]		54,4	10,1	54,4	10,1	54,4	196,9
● Verlagerung							
- PKW-Binnenverkehr	128,9	92,1	-28,5	-36,8	-25,2	-32,4	164,5
- PKW-Quell- und Zielv.	409,6	337,7	-17,6	-71,9	-15,5	-63,4	101,1
Summe	538,5	429,8	-20,2	-108,7	-17,8	-95,8	101,1
● Effizienzsteigerung							
- PKW-Binnenverkehr	128,9	83,0	-35,6	-45,9	-31,4	-40,5	60,6
- PKW-Quell- und Zielv.	409,6	300,4	-26,7	-109,2	-23,5	-96,2	-35,6
Summe	538,5	383,4	-28,8	-155,1	-25,4	-136,7	-35,6
● Zusätzl. Verk., Verlag. und Effizienzsteigerung	538,5	360,4			-33,1	-178,1	-35,6
Bus	9,9						
● Zusätzlicher Verkehr[3]		0,3	3,5	0,3	3,5	0,3	-35,3
● Verlagerung							
- Binnenverkehr	6,3	8,5	34,9	2,2	34,9	2,2	-33,1
- Quell- und Zielv.	3,6	5,4	50,0	1,8	50,0	1,8	-31,3
Summe	9,9	13,9	40,4	4,0	40,4	4,0	-31,3
● Effizienzsteigerung							
- Binnenverkehr	6,3	5,7	-9,5	-0,6	-13,4	-0,8	-32,1
- Quell- und Zielv.	3,6	3,2	-11,1	-0,4	-15,6	-0,6	-32,7
Summe	9,9	8,9	-10,1	-1,0	-14,2	-1,4	-32,7
● Zusätzl. Verk., Verlag. und Effizienzsteigerung	9,9	12,8			29,7	2,9	-32,7
Bahn	33,1						
● Zusätzlicher Verkehr[3]		3,1	9,3	3,1	9,3	3,1	-29,6
● Verlagerung							
- Binnenverkehr	0,3	0,4	33,3	0,1	33,3	0,1	-29,5
- Quell- und Zielv.	32,8	71,5	118,0	38,7	118,0	38,7	9,2
Summe	33,1	71,9	117,2	38,8	117,2	38,8	9,2
● Effizienzsteigerung							
- Binnenverkehr	0,3	0,3	-10,0	0,0	-21,7	-0,1	9,2
- Quell- und Zielv.	32,8	29,8	-9,1	-3,0	-19,9	-6,5	2,6
Summe	33,1	30,1	-9,2	-3,0	-19,9	-6,6	2,6
● Zusätzl. Verk., Verlag. und Effizienzsteigerung	33,1	68,4			106,6	35,3	2,6
Summe Personenverkehr	581,5	441,6			-24,1	-139,9	2,6
Straßengüterverkehr	36,0	41,0			13,9	5,0	7,6
Luftverkehr	6,0	33,0			450,0	27,0	34,6
Summe Verkehrsbereich	623,5	515,6			-17,3	-107,9	34,6
Insgesamt Energie- und Verkehrsbereich	2266	1620			-28,5	-645,4	34,6

1) Berechnet aus Verkehrs- und Fahrleistung, sowie spezif. Kraftstoffverbräuchen und CO_2-Emissionsfaktoren nach Eland et al. (1972) und Deiters (1993). 2) MIV = motorisierter Individualverkehr. 3) Berechnet nach Eland et al. (1992) unter der Annahme einer Zunahme von 10,1 % für MIV, 3,5 % für Bus und 9,3 % für Bahn durch zusätzlichen Verkehr bis 2005.

Im Gegensatz zur Prognos-Studie (M. Eland et al., 1992), die mit dem sogenannten Inlandskonzept nur die Verkehre innerhalb der Stadtgrenze Münsters betrachtet, wird hier nach dem Verursacherprinzip der gesamte Pendlerverkehr zwischen Stadt und Umland von der Quelle bis zum Ziel mit eingeschlossen (J. Deiters, 1993; Beirat für Klima und Energie, 1993; W. Bach, 1994). Das führt zu einem CO_2-Ausstoß im Personenverkehr von ca. 581 kt (Tab. 22.2) oder etwa 26 % aller CO_2-Emissionen Münsters und ist damit fast doppelt so hoch wie die Prognos-Abschätzung. Wegen der Schwierigkeit der Zuordnung werden Durchgangsverkehre aller Art hier noch nicht berücksichtigt.

Im Binnenverkehr werden folgende Verlagerungen (Reduktionen) vom MIV zum Umweltverbund bei den Wegezwecken von 1990 bis 2005 vorgenommen: Im Bereich Beruf/Geschäft 30 %, Ausbildung 25 %, Einkauf 40 % und Freizeit 20 %. Im Quell- und Zielverkehr betragen die Verlagerungen jeweils: 20 % für Beruf/Geschäft, 40 % für Ausbildung, je 15 % für Einkauf und Freizeit. Insgesamt wird dadurch die Verkehrsleistung des MIV im Binnenverkehr um 182 Mio Pkm (29 %) sowie im Quell- und Zielverkehr um 357 Mio Pkm (18 %) reduziert. Diese reduzierte Verkehrsleistung des MIV wird entsprechend der Entfernungsstruktur der Wegezwecke nach KONTIV (1992) auf den NMV sowie Bus und Bahn verlagert.

Die Minderung des CO_2-Ausstoßes durch Verlagerung des MIV auf umweltfreundlichere Verkehrsträger berechnet sich aus der verminderten Verkehrsleistung, dem durchschnittlichen Besetzungsgrad (hier 1,26 Personen/Fahrzeug), der reduzierten Fahrleistung, dem durchschnittlichen Kraftstoffverbrauch und den spezifischen CO_2-Emissionen. Dem stehen zusätzliche Emissionen im öffentlichen Verkehr (Bus und Bahn) gegenüber, die sich aus den zusätzlichen Verkehrsleistungen und spezifischen Emissionsfaktoren ergeben. Die Verlagerung des MIV auf den Umweltverbund führt einerseits zu einer CO_2-Abnahme von ca. 96 kt (ca. 64 kt im Quell- und Zielverkehr und ca. 32 kt im Binnenverkehr) und andererseits durch den zusätzlichen Bahnverkehr zu einer CO_2-Zunahme von ca. 39 kt (fast ausschließlich im Quell- und Zielverkehr) sowie den zusätzlichen Busverkehr zu einem CO_2-Mehrausstoß von ca. 4 kt (davon 2,2 kt im Binnenverkehr und 1,8 kt im Quell- und Zielverkehr). Per Saldo wird durch die Verkehrsverlagerung eine CO_2-Reduktion von etwa 53 kt im Gesamtmaßnahmenpaket erreicht (Tab. 22.2).

Effizienzsteigerung. Mit der kommunalpolitischen Maßnahme einer Verkehrsverlagerung allein ist das 25 bis 30 %ige CO_2-Reduktionsziel bis 2005 nicht zu erreichen. Es soll deshalb noch die Größenordnung einer bundespolitischen Maßnahme, nämlich über effizienteren Kraftstoffverbrauch CO_2-Minderungen zu erreichen, abgeschätzt werden. In Anlehnung an Prognos (M. Eland et al., 1992) werden für die Änderungen von 1990 bis 2005 die folgenden eher moderaten Maßnahmen betrachtet: Die durchschnittlichen Kraftstoffverbräuche für Otto- bzw. Dieselmotoren verbessern sich von 11,1 l auf 8,4 l/100 km bzw. von 9,1 l auf 6,4 l/100 km; die Anteile der Otto-Pkw verringern sich von 80 auf 65 %, während die Diesel-Pkw-Anteile von 20 auf 35 % ansteigen; die spezifischen CO_2-Emissionsfaktoren für Otto- bzw. Diesel-Kraftstoff bleiben mit 2,34 kg/l bzw. 2,64 kg/l konstant; dagegen nehmen sie für Busse von 51,5 auf 46,7 g/Pkm und für die Bahn von 145,9 auf 132,8 g/Pkm ab.

Durch effizienteren Energieeinsatz könnte der CO_2-Ausstoß im Verkehrsbereich Münsters, dargestellt im Gesamtmaßnahmenpaket, um ca. 137 kt verringert werden, wobei Bahn bzw. Bus mit ca. 7 kt bzw. ca. 1 kt nur eine untergeordnete Rolle spielen (Tab. 22.2).

Straßengüter- und Luftverkehr. Für den Straßengüterverkehr liegen noch keine detaillierten Untersuchungen vor. Hier werden die Abschätzmengen des Basis-Szenarios von Prognos (M. Eland et al., 1992) übernommen, das für 2005 einen CO_2-Ausstoß von 41 kt und gegenüber 1990 einen Anstieg von rd. 14 % postuliert (Tab. 22.2).

Auch für die CO_2-Emissionsanteile des Flughafens Münster/Osnabrück (FMO), die Münster anzulasten wären, liegen bisher keine genauen Angaben vor. Allerdings gibt es einige Daten, die eine Grobabschätzung erlauben. Die von M. Eland et al. (1992) berechneten rd. 11 kt CO_2 des FMO werden zur Hälfte dem Emissionskonto Münsters zugeschlagen. Den 272 000 Fluggästen in 1991 (H. Hoffschulte, 1992) entsprechen nach M. Eland et al. (1992) etwa 24 317 LTO-Zyklen (landing-take-off). Die erhofften 1 Mio Fluggäste in 2005 würden beim vermehrten Einsatz größerer Flugzeuge mit 33 Fluggästen/LT0 (1990: 11 Fluggäste/LTO) etwa 90 000 LTO erfordern. Gegenwärtig haben rd. 95 % aller Flugzeuge ein Startgewicht von < 20 t bei einer spezifischen CO_2-Emission von etwa 0,45 t/LTO, und 5 % der Flugzeuge emittieren bei einem Startgewicht > 20 t etwa 2,80 t/LTO (berechnet nach M. Eland et al., 1992). Unter der plausiblen Annahme, daß sich bei der angenommenen Fahrgastzunahme und der geplanten Verlängerung der Startbahn der Anteil der Flugzeuge > 20 t auf 25 % erhöht, wäre ohne Einleitung von Gegenmaßnahmen in 2005 mit einer Verfünffachung des CO_2-Ausstoßes von rd. 6 auf etwa 33 kt/a zu rechnen.

In dieser Abschätzung ist noch nicht der beträchtliche CO_2-Emissionsanteil vor allem aus der Reiseflugphase enthalten, der zwar außerhalb der Flugplatzbegrenzung produziert, aber anteilsmäßig auch von Münster initiiert wird. Darüberhinaus trägt der Wasserdampfausstoß zur globalen Erwärmung und die NO_x-Emission zur Ozonschutzschichtzerstörung überproportional stark bei (siehe auch Kapitel 25). Es ist deshalb umgehend zu untersuchen, mit welchen gezielten Maßnahmen sowohl die Flugverkehrs-, als auch die Straßengüterverkehrsemissionen reduziert werden können.

Insgesamt ließen sich durch die hier betrachteten Maßnahmen der Verkehrsverlagerung und Effizienzsteigerung im Personenverkehr etwa 140 kt oder ca. 24 % und im gesamten Verkehrsbereich rd. 108 kt oder rd. 17 % der CO_2-Emissionen reduzieren (Tab. 22.2). Darüberhinausgehende CO_2-Reduktionen lassen sich durch weitere Effizienzsteigerungen und die hier noch nicht betrachteten Möglichkeiten zur Verkehrsvermeidung erreichen.

22.5 Derzeitige Realisierbarkeit des 30 %igen CO_2-Reduktionsziels

Zusammenfassend ergeben diese Untersuchungen für Münster im Jahre 2005 folgende auf den jeweiligen Einsatzbereich bezogene CO_2-Vermeidungspotentiale (Tab. 22.1 und 22.2): Im Wärmebereich 359 kt oder fast 35 %, im Strombereich 179 kt oder etwas über 29 %, im Energiebereich insgesamt 538 kt oder ca. 33 %, im Personenverkehr ca. 140 kt oder ca. 24 % und im Verkehrsbereich insgesamt ca. 108 kt oder rd. 17 %. Insgesamt wird eine CO_2-Reduktion von etwa 645 kt oder fast 29 % erreicht und damit das Reduktionssoll um nur etwa 35 kt verfehlt. Die Frage ist, wieviel ist davon realisierbar?

Tabelle 22.3 faßt die unter den derzeitigen Rahmenbedingungen für möglich gehaltene Realisierbarkeit der in den Tab. 22.1 und 22.2 untersuchten Maßnahmen zusammen (alle Angaben ziehen die Wechselwirkungen im Gesamtmaßnahmenpaket in Betracht). Mit der im Mai 1993 vom Bundeskabinett verabschiedeten WSV, die nach der Zustimmung des Bundesrates am 1. 1. 1995 in Kraft tritt, gibt es zwar gegenüber der WSV 82/84 eine Verbesserung. In jedem Fall kommt es aber durch einen Neubau immer zu einem zusätzlichen CO_2-Ausstoß, der sich jedoch durch mehr Wissen und größere Sorgfalt auf Seiten der Bauausführenden niedrig halten läßt.

Allerdings kann es im Wohnbereich eine reale CO_2-Reduktion gegenüber 1987 nur durch die Sanierung des Altbaubestandes geben. Leider ist bei der kürzlichen Novellierung der WSV die große Reduktionschance verspielt worden, auch für den Altbestand ähnliche Normen wie für den Neubau festzulegen. In Münster wird dadurch im Wohn- und Kleinverbraucherbereich das große CO_2-Reduktionspotential von 139 kt (Tab. 22.3) mit großer Wahrscheinlichkeit nur zu einem geringen Teil ausgeschöpft. Es wird angenommen, daß bei einer entsprechenden Förder-, Investitions- und Informationspolitik von Seiten der Stadt und der Stadtwerke über die nächsten 15 Jahre rd. 1 % pro Jahr aller Gebäude saniert und dadurch jeweils 20 % des Jahreswärmeverbrauchs eingespart und insgesamt nur 28 kt/a CO_2 oder etwa 3 % des CO_2-Ausstoßes von 962 kt/a im NTW-Bereich vermieden werden können.

Mit der novellierten Heizungsanlagenverordnung vom April 1993 muß bei allen Heizungsanlagen von mehr als 4 kW der neueste Stand der Technik umgesetzt werden. Für Münster bedeutet das bis 2005 ein voll ausschöpfbares CO_2-Vermeidungspotential von ca. 85 kt/a.

Die Stromsubstitution im Wärmebereich, die solare Warmwasserbereitung und der Zubau von BHKW mit einem CO_2-Vermeidungspotential von zusammen rd. 80 kt/a fällt zwar z. Zt. unter keine gesetzlichen Verordnungen. Durch die gegenwärtige Förder- und Investitionspolitik sowie durch verstärkte Informations- und Investitionsaktivitäten der Stadtwerke, Stadtverwaltung, Kreditinstitute und andere Akteure läßt sich aber eine volle Ausschöpfung dieses Reduktionspotentials erreichen.

Tabelle 22.3: Mögliche und derzeit realisierbare CO_2-Reduktionen im kommunalen Bereich.

Beispiel: Münster CO_2-Emission in 1990:   2 266 000 t

CO$_2$-Reduktionion bis 2005: ca. 680 000 t

Bereiche/Maßnahmen	CO$_2$-Emissionen			
		Änderung durch Maßnahmen im Gesamtpaket[3]		
		mögliche	davon derzeit realisierbare	
	1990	1990 - 2005	1990 - 2005	
	kt	kt	kt	%
1. Energiebereich[1]				
1.1 Niedertemperaturwärme (HH + KV)	962			
• Neubau (WSV 82/84 bis 1995); WSV 93/95 ab 1995)		31,0	31,0	100
• Neubau (NEH-Standard)		-4,0		
• Altbausanierung		-96,0	-19,0	20
• KV (Gebäudesanierung)		-43,0	-9,0	20
• Verbesserte Heizungstechnik		-85,0	-85,0	100
• Stromsubstitution		-39,0	-39,0	100
• Solare Warmwasserbereitung		-21,0	-21,0	100
• 25 zusätzliche BHKW		-20,0	-20,0	100
• Nutzungsgradverbesserung (HKW)		-25,0	-25,0	100
• Teilweise Kohlesubstitution (HKW)		-49,0	-49,0	100
1.2 Prozeßwärme	71	-7,0	-4,0	50
1.3 Strom	610			
• Mehrverbrauch		126,0	126,0	100
• Effizientere Nutzung		-173,0	-173,0	100
• Nutzungsgradverbesserung (VEW)		-132,0	-33,0	25
Summe Energiebereich	**1643**	**-538,0**	**-320,0**	**60**
Reduktion (%)		**-32,7**	**-19,5**	
2. Verkehrsbereich[2]				
2.1 Personenverkehr				
2.1.1 MIV	538			
• Zusätzlicher Verkehr		54,0	54,0	100
• Verlagerung		-96,0	-96,0	100
• Effizienzsteigerung		-136,0	68,0	50
2.1.2 Bus	10			
• Zusätzlicher Verkehr		0,3	0,3	100
• Verlagerung		4,0	4,0	100
• Effizienzsteigerung		-1,0	-1,0	100
2.1.3 Bahn	33			
• Zusätzlicher Verkehr		3,0	3,0	100
• Verlagerung		39,0	39,0	100
• Effizienzsteigerung		-7,0	-7,0	100
2.2 Straßengüterverkehr	36	5,0	5,0	100
2.3 Luftverkehr	6	27,0	27,0	100
Summe Verkehrsbereich	**623**	**-108,0**	**-40,0**	**37**
Reduktion (%)		**-17,3**	**-6,4**	
Insgesamt Energie- und Verkehrsber.	**2266**	**-646,0**	**-360,0**	**56**
Reduktion (%)		**-28,5**	**-15,9**	

1) Datenbasis für den Energiebereich 1990 (Stadtwerke Münster, 1993); 2) für den Verkehrsbereich 1990 (Eland et al., 1992); 3) im Gesamtpaket werden Wechselwirkungen und Überschneidungen der Einzelmaßnahmen kompensiert.

Durch die hier unterstellte Nutzungsgradverbesserung von etwa 6 % und eine veränderte Fahrweise zweier Kraftwerksblöcke ließen sich ohne größere Probleme etwa 84 kt/a oder 20 % der CO_2-Emissionen von 378 kt/a im HKW-Bereich vermeiden. Das Reduktionspotential im Prozeßwärmebereich ist mit 7 kt bescheiden. Im Zuge der normalen Anlagenerneuerungen ist eine Verringerung von etwa 4 kt zu erwarten.

Im Strombereich ist bei weiter zunehmenden Single-Haushalten und verstärktem Geräteausstattungsgrad ein Strommehrverbrauch von 126 kt/a zu erwarten. Es ist damit zu rechnen, daß dies durch die Effizienzsteigerungen im Strombereich und durch gezielte Stromsparprogramme der Stadtwerke mehr als kompensiert wird. Die Nutzungsgradverbesserung des VEW-Kondensationskraftwerksparks könnte zu einer CO_2-Reduktion von etwa 132 kt/a führen. Ohne die Novellierung der Wärmenutzungsverordnung wäre allerdings nur eine Reduktion von rund 33 kt/a zu erwarten.

Insgesamt ergäbe sich im Energiebereich unter den derzeitigen Rahmenbedingungen ein CO_2-Reduktionspotential von 320 kt, oder nur rd. 60 % des derzeit möglichen Minderungspotentials (Tab. 22.3).

Im Verkehrsbereich wird durch zusätzlichen Verkehr mit einem CO_2-Mehrausstoß von jährlich ca. 90 kt gerechnet (durch MIV 54 kt, Bahn 3 kt, Bus 1 kt, Straßengüterverkehr 5 kt und Luftverkehr 27 kt). Durch kommunalpolitische Maßnahmen der Verlagerung eines Teils des MIV auf Bahn und Bus könnte im MIV-Bereich die CO_2-Emission um ca. 96 kt abnehmen, würde aber im öffentlichen Verkehrsbereich um 42 kt zunehmen, so daß sich per Saldo eine Minderung von ca. 54 kt ergäbe.

Durch bundespolitische Maßnahmen zur Steigerung der Energieeffizienz könnte der CO_2-Ausstoß um etwa 76 kt (im MIV um 68 kt, bei Bahn um 7 kt und Bus um 1 kt) reduziert werden. Dabei ist sehr optimistisch angenommen worden, daß die oben beschriebenen Effizienzsteigerungen die Hälfte des MIV erfassen würden. Insgesamt ergäbe sich dann nur ein realisierbares CO_2-Reduktionspotential von ca. 40 kt oder etwas mehr als ein Drittel des möglichen Potentials. Im Straßengüter- und Flugverkehr wird derzeit mit beträchtlichen CO_2-Zunahmen gerechnet. Es ist deshalb besonders dringlich, auch diese Verkehrsbereiche in die Maßnahmen zur CO_2-Vermeidung mit einzubeziehen.

Diese Plausibilitätsbetrachtung zeigt, daß in Münster unter den derzeitigen Rahmenbedingungen im Energiebereich nur etwa 20 % statt ca. 33 %, im Verkehrsbereich etwa 6 % statt ca. 17 % und insgesamt mit fast 16 % an Stelle von ca. 29 % nur etwas mehr als die Hälfte des möglichen CO_2-Vermeidungspotentials bis zum Jahre 2005 realisiert werden kann (Tab. 22.3).

Wenn das volle CO_2-Reduktionsziel von 25 bis 30 % dennoch bis 2005 realisiert werden soll, muß auf allen Ebenen - Bund, Länder und Kommunen - von jetzt ab forciert gehandelt werden. Im Energiebereich müssen mit Hilfe der Effizienzrevolution und flankiert durch die Novellierungen der Gesetze und Verordnungen sowie eine Primärenergiesteuer auf alle nichterneuerbaren Energieträger die vorhandenen

Vermeidungspotentiale ausgeschöpft werden. Im Verkehrsbereich sind u. a. Mineralölsteuererhöhungen, Verbrauchsobergrenzen und insbesondere Maßnahmen zur Verkehrsvermeidung unumgänglich. Die beträchtlichen kommunalen Handlungsspielräume müssen ausgelotet und in die Reduktionsmaßnahmen miteinbezogen werden. Aber nicht nur die Einleitung von Maßnahmen, sondern vor allem auch die Kontrolle ihrer Befolgung gehört zu den vorrangigen Aufgaben der Kommunen.

22.6 Kosten von durchgeführten Förderprogrammen zur Energieeinsparung und CO_2-Vermeidung im Raumwärmebereich

Die Stadtwerke Münster führen seit 1982 Programme zur Energieeinsparung und zum Umweltschutz durch, mit denen sie innerhalb von 10 Jahren bei etwas mehr als 2 000 Kunden überwiegend Heizungserneuerungen förderten (Stadtwerke Münster, 1992). Die Programme umfassen z. Zt. die Modernisierung von Erdgas-Heizanlagen, die Energieeinsparung im Mietwohnungsbau und in Einfamilienhäusern sowie den Wärme-Service-Erdgas, ein komplettes Dienstleistungsangebot, das von der Planung über die Vorfinanzierung bis zur Überwachung der Ausführungsarbeiten und dem Service reicht. Darüberhinaus sollen in einem Demonstrationsprojekt Niedrigenergiehäuser und die Warmwasserbereitung aus Sonnenwärme gefördert werden.

Mit den in Tab. 22.4 dargestellten drei Programmen wurden 390 Gebäude mit 934 Wohneinheiten und einer Wohnfläche von durchschnittlich 96 m^2 oder nur etwa 1 % der Gebäude und Wohnungen erfaßt. Bei einer Lebensdauer nach VDI-Norm von 15 Jahren hätten innerhalb des betrachteten Zeitraums von 19 Monaten insgesamt etwa 10 % aller Heizungen erneuert werden müssen. Ein Großteil der Erneuerungen wurde also ohne Inanspruchnahme eines Förderprogramms durchgeführt. Eine detaillierte Analyse der Programme und ihrer Effekte geben S. Lechtenböhmer und W. Bach (1994).

Durch die drei Programme wurden etwa 3 800 MWh/a oder 20 % des Energiebedarfs der sanierten Wohnungen eingespart. Da etwa die Hälfte der Wohnungen von Öl- und Strom-Nachtspeicherheizung auf Gas umgestellt wurde, ergab sich durch den Substitutionseffekt eine zusätzliche Reduktion des CO_2-Ausstoßes um etwa 13 %. Mit einem Investitionsaufwand von etwa 9 Mio. DM wurden insgesamt etwa 1 660 t/a oder fast 33 % des CO_2-Ausstoßes vermieden. Die Anschlußkostenermäßigungen und die Zuschüsse der Stadtwerke machten etwa 10 % aus, so daß jede DM Förderung knapp 9 DM Investitionen durch die Kunden bewirkt hat. Etwa 46 % der Investitionen wurden durch zinsermäßigte Kredite finanziert. Etwa 770 000 DM wurden im Rahmen des WSE von den Stadtwerken direkt investiert. Von den Gesamtinvestitionen sind nach ersten Schätzungen etwa 65 % Instandhaltungsinvestitionen, die der Energieeinsparung und der CO_2-Reduktion nicht zugerechnet werden können. Unter Berücksichtigung dieses Anteils betragen über die Lebensdauer der

Tabelle 22.4: Effizienz- und Effektivitätsvergleich von Förderprogrammen zur Energieeinsparung im Raumwärmebereich der Stadtwerke Münster zwischen November 1989 und Juli 1992

Programm		Energieein-sparung im Miet-wohnb.	Energieein-sp. im EZFH mit Brenn-werttech. 5)	Wärmeser-vice Erdgas mit Brenn-werttech. 6)	Pro-gram-me ges.
Objekte	n	30	339	21	390
Wohneinheiten	n	295	339	300	934
m^2/Wohneinheit	m^2/WE	75	135	73	96
Verbrauch vorher	kWh/m^{2}a	195	243	144	207
Verbrauch nachher	kWh/m^{2}a	150	206	144	177
Energieeinsparung	MWh/a	1.006	2.284	491	3.781
	%	23,2	20,5	15,6	20,3
Emissionsreduktion	t/a	409	919	331	1.659
	%	32,1	32,7	34,5	32,9
Gesamtinvestition	Mio. DM	3,428	4,976	0,767	9,171
der Kunden	DM/m^2	154	109	35	102
Instandhaltungsanteil 1)	%	55	69	87	65
Ant. zinsg. Kredit 2)	%	14	75	0	46
Fördersatz 3)	%	10	11	0	10
spezifische Reduktionskosten 4)					
Energie (Zins 4%)	Pf/kWh	11	6	2	7
CO$_2$ (Zins 4%)	Pf/kg	28	15	3	16
Energie (Zins 8%)	Pf/kWh	16	8	2	9
CO$_2$ (Zins 8%)	Pf/kg	39	20	4	21

1) Anteil d. Investitionssumme, der ohnehin f. Instandhaltungszwecke angefallen wäre, unter Berücksichtigung der Tatsache, daß Investitionen z. T. zeitlich vorgezogen wurden; 2) für 5 Jahre um 2 % gegenüber dem Marktzins ermäßigter Kredit der Stadt-sparkasse; 3) Zuschuß, Anschlußkostenermäßigung u. Anteil der Stadtwerke am Zins-zuschuß (1%); 4) für Energie und CO$_2$, annuitätisch berechnet bei angegebenem realen Zins und einer Lebensdauer von 15 Jahren (Ausnahme Wärmedämmung: 25 J.); 5) Heizungserneuerung ggf. mit Umstellung auf Gas und in Einzelfällen mit Fenster-sanierung; 6) Heizungserneuerung in großen Mehrfamilienhäusern auf Rechnung der Stadtwerke incl. Gasanschluß
Berechnet nach: Stadtwerke Münster (1992)

Maßnahmen die Vermeidungskosten für Energie je nach Zinsniveau ca. 7 bis 9 Pf pro kWh.

Insgesamt liegen diese Kosten etwas über den derzeitigen Energiepreisen. Das hohe Kostenniveau ist vor allem auf die im Mietwohnungsprogramm durchgeführte sehr teure Wärmedämmung und auf die Energiemehrverbräuche durch die Umstellung von Elektroheizungen zurückzuführen. Alle anderen Maßnahmen lagen dagegen mit Preisen von 2 bis 6 Pf pro kWh klar im wirtschaftlichen Bereich.

Die Auswertung der Förderprogramme der Stadtwerke Münster zeigt für fast 1 % des Wohnungsbestandes, daß Maßnahmen zur Heizungssanierung mit moderner Brennwerttechnik sehr wirtschaftlich sind, sofern sie im Rahmen des normalen Erneuerungszyklus durchgeführt werden (S. Lechtenböhmer und W. Bach, 1994). Außerdem hatten die Zuschüsse eine erheblich stärkere Anreizwirkung als die zinsgünstigen Kredite, da fast nur solche Maßnahmen durchgeführt wurden, für die es auch Zuschüsse gab. Der Anteil der zinsermäßigten Kredite an der Gesamtinvestitionssumme lag dagegen nur bei knapp 50 %.

Bei den Programmen traten folgende Problembereiche zutage:

- Die geringe Breitenwirkung der Programme, durch die trotz durchschnittlicher CO_2-Reduktionen von 33 % pro Gebäude insgesamt nur 0,17 % des derzeitigen CO_2-Ausstoßes im Bereich Niedertemperaturwärme vermieden werden konnten,
- die nur geringe Ausnutzung der Programme, die im Mietwohnungsbau-Programm bei nur 6 % der eingeplanten Fördermittel lag,
- die unzureichende Ausrichtung der Zuschüsse an der erreichten Energieeinsparung,
- die fehlenden Anreize für eine sparsame Mittelverwendung wegen der Orientierung der Zuschüsse an den Gesamtkosten,
- die unzureichende energetische Verbesserung der Gebäude, die auch nach der Sanierung kaum die Standards der Wärmeschutzverordnung von 1982/84 erreichte.

22.7 Investitionsbedarf zur Energie- und CO_2-Einsparung im Raumwärmebereich

Die Wohnungsbeheizung erfolgt z. Zt. in Münster zu 88 % durch rd. 35 000 Gas- und Ölzentralheizungen. Allein die Beheizung der 113 000 Wohnungen in den 39 000 Wohngebäuden, die vor 1987 errichtet wurden, verursacht jährlich mit 482 kt etwa 21 % der gesamten CO_2-Emissionen Münsters. Um diese Emissionen zu verringern, sind umfangreiche Investitionen notwendig. Im folgenden werden zwei Programme zur Wärmedämmung aller renovierungsbedürftigen Gebäude und zum Einbau von Brennwertkesseln in allen zu erneuernden Öl- und Gasheizungen Münsters betrachtet (Tab. 22.5, wobei die Daten auf anderen Maßnahmen beruhen als in Tab. 22.1).

Zwischen 1990 und 2005 ist mit der Renovierung von etwa 1 000 Wohngebäuden mit 3 000 Wohnungen pro Jahr zu rechnen, wofür etwa 27 Mio. DM pro Jahr an Instandhaltungsinvestitionen aufzubringen sind (berechnet nach Angaben von T. Gülec u. a., 1994). Werden die Gebäude gleichzeitig wärmetechnisch saniert, so kommen weitere 13 Mio. DM pro Jahr hinzu (S. Lechtenböhmer und W. Bach, 1994; T. Gülec u.a., 1994).

Im Heizungsmodernisierungsprogramm müssen bei einer Lebensdauer von 15 Jahren zwischen 1990 und 2005 alle ca. 35 000 öl- bzw. gasbefeuerten Zentralhei-

Tabelle 22.5: Investitionsbedarf sowie spezifische Energie- und CO_2-Einsparkosten im Raumwärmebereich im Rahmen des Sanierungszyklus im Wohngebäudebestand Münsters, 1990-2005

Programm		MASSNAHMEN		
		Wärme-dämmung 1)	Heizungsmo-dernisierung 2)	Paket 3)
Instandhaltungsinvestitionen				
1990-2005	Mio. DM	405	330	735
pro Jahr	Mio. DM	27	22	49
Zusatzinvestitionen				
1990-2005	Mio. DM	195	150	345
pro Jahr	Mio. DM	13	10	23
Gesamtinvestitionen				
1990-2005	Mio. DM	600	480	1.080
pro Jahr	Mio. DM	40	32	72
Einsparung (1990-2005)				
Nutz-	GWh/a	279	0	279
energie	%	20,5	0,0	20,5
End-	GWh/a	372	340	686
energie	%	20,5	18,8	37,9
CO_2	tsd. t/a	99	80	173
	%	20,5	16,6	35,9
Spezifische Einsparkosten				
NE	Pf/kWh	4,6	—	—
EE	Pf/kWh	3,5	4,0	3,8
CO_2	Pf/kg	13,1	16,9	14,9

1) Preise von 1989 ohne Umsatzst., Lebensd. 25 Jahre, Kostend. n. Gülec u.a.;
2) nur Raumwärme, gleichzeitige Einsparungen im Warmwasserbereich nicht berücksichtigt, Preise von 1989-92 ohne Umsatzsteuer, Lebensdauer 15 Jahre, Kostendaten aus Tabelle 22.4; 3) Einsparung aufgrund von Überschneidungen kleiner als Summe der Einzelmaßnahmen, durchschnittliche Lebensd. 20 Jahre, Kalkulationszinsfuß 4%
Berechnet nach: Stadt Münster (1990, 1991 , 1993a u. b) und Gülec u.a. 1994

zungen mit einem Brennwertkessel ausgestattet werden. Dadurch lassen sich rund 19 % der benötigten Heizenergie zu Kosten von etwa 100 DM/m² Wohnfläche in Ein- und Zweifamilienhäusern bzw. 40 bis 60 DM/m² in Mehrfamilienhäusern einsparen, wobei die Zusatzinvestitionen zur Endenergieeinsparung etwa ein Drittel der Gesamtsumme ausmachen (vgl. Tab. 22.4 sowie Stadtwerke Münster, 1993a; S. Lechtenböhmer und W. Bach, 1994). Für die Erneuerung von etwas mehr als 2 300 Heizkesseln müssen somit zwischen 1990 und 2005 jährlich etwa 22 Mio. DM an Instandhaltungsinvestitionen aufgebracht werden, wobei der Einsatz der Brennwerttechnik Zusatzinvestitionen von 10 Mio. DM pro Jahr, d. h. insgesamt etwa 32 Mio. DM pro Jahr erfordert (Tab. 22.5).

Um das CO_2-Reduktionsziel im Altbaubestand kostengünstig im Rahmen der Sanierungszyklen zu erreichen, müssen Wärmedämmung und Heizungserneuerung kombiniert werden. Dadurch lassen sich ca. 21 % des Heizwärmebedarfs, etwa 38 % des Endenergiebedarfs und rd. 36 % der CO_2-Emissionen im Altbaubestand allein im Raumwärmebereich vermeiden. Das Maßnahmenpaket erfordert ein Investitionsvolumen von rd. einer Milliarde DM bzw. ca. 72 Mio. DM pro Jahr (Tab. 22.5). Im Vergleich dazu betrug das Neubauvolumen in Münster für die Jahre 1990 und 1991 je ca. 300 Mio. DM und stieg 1992 sogar auf ca. 640 Mio. DM (Stadt Münster, 1993a). Etwa zwei Drittel der Summe sind für fällige Instandhaltungsmaßnahmen ohnehin aufzubringen, so daß für die Energieeinsparung und CO_2-Vermeidung nur etwa 350 Mio. DM bzw. ca. 23 Mio. DM pro Jahr an Zusatzinvestitionen benötigt werden, die sich bei durchschnittlichen Einsparkosten von 3,8 Pf/kWh Endenergie allein durch die vermiedenen Energiekosten amortisieren. Diesem Investitionsbedarf für „Negawatt" standen 1992 Investitionen der Stadtwerke von 68 Mio. DM für Energieanlagen gegenüber (Stadtwerke Münster, 1993b).

22.8 Handlungsbedarf

Um das wirtschaftliche Emissionsreduktionspotential zur Erreichung des 30 %igen CO_2-Reduktionsziels zu erschließen, müssen die bisherigen Aktivitäten zur Energieeinsparung sowohl qualitativ als auch quantitativ erheblich verstärkt werden. Die Förderprogramme der Stadtwerke müßten von jährlich ca. 220 erfaßten Objekten unter konsequenter Einbeziehung der Wärmedämmung mindestens auf das Zehnfache Volumen ausgedehnt werden. Hierfür ist eine entsprechende Aufstockung des Energieberatungspersonals und eine grundlegende Verbesserung des Kommunikationskonzeptes notwendig.

Um gezielt alle anstehenden Fassadensanierungen zu erfassen, müßten Bauordnungsamt, Architekten, bauausführende Firmen und insbesondere die Stadtwerke enger kooperieren. Im Bereich der Heizungen müßte das Marktinformationssystem in Zusammenarbeit mit den Schornsteinfegern so ausgebaut werden, daß auch Wohnungsgrößen, Gebäude- und Heizungsalter erfaßt werden, um Besitzer alter und ineffizienter Heizungen direkt ansprechen zu können. Ergänzend müßte der Energiesparanreiz durch direkte Förderung, die Koppelung der Zuschußhöhe an die Energieeinsparquote sowie die Orientierung der Zuschüsse an den Zusatzkosten für die Energieeinsparung verstärkt werden. Bei der Förderung müßte darauf geachtet werden, daß möglichst hohe Energieeinsparungen und CO_2-Vermeidungen erzielt werden und die geförderten Objekte möglichst hohe Standards erreichen. Außerdem bieten sich neuartige Maßnahmen, wie z. B. das Leasing von Energiespartechniken und der Wärmeservice Erdgas an.

Ein Drittel des Reduktionszeitraums bis 2005 ist schon zum großen Teil ungenutzt verstrichen. Eine gezielte Förderung wäre dringend erforderlich. Bei einer durchschnittlichen Förderquote von etwa 10 % der Gesamtinvestitionen bzw. etwa einem Drittel der Zusatzkosten ergäbe sich analog zu den bisherigen Programmen allein für Münster ein jährlicher Zuschußbedarf von mindestens 7,5 Mio. DM. Von

Seiten der Bundes- und Landesregierung sind hierfür die notwendigen Rahmenbedingungen zu schaffen. Durch eine Energiesteuer könnte dem weiteren Auseinan-
derdriften der Energie und Baupreisentwicklung entgegengewirkt werden. Darüberhinaus sollte ein Investitionsförderprogramm für Energiesparmaßnahmen aufgelegt
werden, das die kommunalen Fördermittel ergänzt. Schließlich sollten die energietechnische Aus-, Fort- und Weiterbildung im Baugewerbe sowie die Energiebera-
tung vor Ort forciert werden.

22.9 Einige Leitlinien für eine zukünftige kommunale Klimaschutzpolitik

Das CO_2-Reduktionspotential einer Kommune hängt von der jeweiligen städtischen
Struktur ab. Deshalb sind Detailuntersuchungen erforderlich, welche die Besonderheiten einer Kommune in Betracht ziehen. Maßnahmenbereiche wie Neubau, Altbausanierung, Stromverbrauch und motorisierter Individualverkehr gehören in allen
Kommunen zu den kritischen Ansatzpunkten einer wirksamen Klimaschutzpolitik.

Neubaubereich. Jeder Neubau führt auf Jahrzehnte hinaus zu zusätzlichen Emissionen. Deshalb ist es sehr wichtig, rechtzeitig durch entsprechende Maßnahmen den
potentiellen Emissionsausstoß zu minimieren. Das beginnt schon mit einer energiesparenden Versorgungsstruktur (Nah-/Fernwärme, Gas) und Verkehrsanbindung
(ÖPNV, Schiene, Fahrradwege) bei der Ausweisung im Flächennutzungsplan. Vorausschauend, d. h. im Ausschreibungstext der städtebaulichen Wettbewerbe, sollte
die Stadt ihre energiesparenden und verkehrsvermeidenden Vorgaben festlegen.
Dazu gehört eine kompakte Bauweise mit einem hohen Anteil an mehrgeschossigen
Gebäuden. Dies hat gleich mehrere Vorteile: Es reduziert den Jahreswärmever-
brauch, erleichtert die Nahwärmeversorgung aus Kraft-Wärme-Kopplung (BHKW)
bzw. die Anbindung an ein Fernwärme- oder Gasnetz, verringert den Schadstoffausstoß aus Einzelfeuerungen und dem motorisierten Individualverkehr, begünstigt die
Anbindung an den ÖPNV und das Fahrradwegenetz, und es läßt genügend Frei- und
Grünraum für Erholung und Begegnung bei Spiel, Sport und Unterhaltung.

Auch mit architektonischer Intelligenz lassen sich beträchtliche Energieeinsparungen und CO_2-Vermeidungen erreichen. Darunter ist u. a. die Gewinnung solarer
Wärme im Winter durch die Ausrichtung der Gebäude sowie Windschutz durch
Bepflanzung, die Gewährleistung von Kühlung durch Fensterausrichtung und Be-
schattung im Sommer, und die Ermöglichung solarer Warmwasser- und Stromerzeugung durch Ausrichtung und Neigung der Dachflächen zu verstehen. Darüberhinaus sollten verkehrserzeugende Bauvorhaben wie z. B. Einkaufs- und Vergnü-
gungszentren „auf der grünen Wiese" unterbleiben.

Am 1.1.1995 tritt die novellierte WSV in Kraft, die für Neubauten einen Jahres-
heizwärmebedarf von 54 bzw. 100 kWh/m^{2}a für MFH/RH bzw. EFH vorschreibt.
Neubauten in Schweden und Dänemark erreichen derzeit NEH-Werte von 30 bzw.
70 kWh/m^{2}a. Der Stadtrat kann beschließen, daß bei Verkauf oder Pacht stadteige-
nen Geländes NEH-Standards vertraglich festgelegt werden (siehe z. B. Freiburg).
Förderprogramme sollten an die Einhaltung von NEH-Standards geknüpft werden.

Die städtischen Bauordnungsämter sollten die Einhaltung der festgelegten Normen kontrollieren und zum Nachweis in einen Energiepaß eintragen.

Eine konsequente, dem Stand der Technik entsprechende, energieeffiziente Bauweise wird den Wärmebedarf drastisch verringern. Entsprechend geringer sind die Wärmeerzeugungsanlagen für den Restwärmebedarf zu dimensionieren. Fernwärmeanschluß aus HKW, Nahwärmeanschluß aus BHKW, Gasanschluß und Energiegewinnung aus regenerativen Energien sind sorgfältig aufeinander abzustimmen und durch angemessene Vergütung in die Versorgungsstruktur mit einzubeziehen. Schließlich ist bei der Gesamt-Kosten-Nutzen-Abwägung die gesamte Prozeßkette mit in Betracht zu ziehen. Die ineffizienten und mit hohen Schadstoffausstößen verbundenen Einzelfeuerungen, offenen Kamine und Elektroheizungen sollten im Neubaubereich nicht mehr genehmigt und im Altbestand im Zuge von Sanierungsarbeiten umgewandelt bzw. ausgetauscht werden.

Altbaubereich. Grundlage der Altbestandsanierung (private und öffentliche Gebäude) ist die Erstellung eines Wärmekatasters auf der Basis einer Gebäudetypologie, um eine zielgruppenspezifische Beratung über die Möglichkeit bzw. Notwendigkeit einer Sanierung durchführen zu können. Dabei ist auch hier, soweit technisch möglich, der NEH-Standard anzustreben. Der Anschluß an Nah- und Fernwärme ist zu fördern. In größeren Gebäudekomplexen ist die Kraft-Wärme-Kopplung aus BHKW-Modulen zu prüfen.

Der Strom sollte endgültig aus dem Wärmemarkt, wo sein Einsatz nicht sinnvoll ist, herausgenommen werden. Wegen der begrenzten Mittel sollten sich die Förderprogramme der Stadtwerke und der Kreditinstitute vorrangig auf die Sanierung der Gebäude mit dem höchsten Energieverbrauch konzentrieren. Neu einzurichtende Stellen für Energie- und Verkehrsfragen im städtischen Umweltamt sollten die Abwicklung der Fördermaßnahmen koordinieren (siehe z. B. Detmold).

Zur Durchführung dieser Maßnahmen im Neu- und Altbaubereich stehen u. a. folgende Instrumentenbündel zur Verfügung: Erarbeitung eines Least-Cost-Planning-Modells, das alle Bereiche umfaßt (siehe **Kapitel 23**); Entwicklung von Contracting-Modellen zur Errichtung von energiesparenden Neubauten und zur Altbestandsanierung; Erarbeitung von Nutzwärmekonzepten und Anschlußkostenmodellen für Nah- und Fernwärme; Zusammenarbeit mit Wohnungsbaugesellschaften zur Durchsetzung von energiesparenden Maßnahmen im Raumwärme- und Warmwasserbereich; Förderung erneuerbarer Energienutzung auf der Grundlage von Contracting-Modellen; Kooperation mit dem Handel über energie- und CO_2-mindernde Verbraucherinformation und Erarbeitung von Marketing-Konzepten.

Bereich Kleinverbraucher. Im Bereich öffentliche Gebäude (wie z. B. Verwaltungen, städtische Gebäude, Bildungseinrichtungen) sollten u. a. folgende Maßnahmen- und Instrumentenbündel beispielgebend zur Anwendung kommen: Nutzwärmekonzepte, Stromsparprogramme, Schulung von Hausmeistern und technischem Personal, Contracting (u. a. Vorfinanzierungsmodelle) zur Überwindung der Investor-Nutzer-Problematik und Förderung von erneuerbaren Energieversorgungsanlagen. Im Bereich Krankenhäuser sollten Stadt und Stadtwerke ausloten, welche zusätzlichen BHKW-Potentiale durch das neue Krankenhausfinanzierungsgesetz erschlossen werden können. Weiterhin sollten Beratungs-, Einbau- und Serviceleistungen vereinbart werden. Im Bereich Dienstleistungen (u. a. Handel, Banken, Versicherungen) sollten Einsparprogramme für Wärme, Strom und Nutzlicht sowie Kühlung und Klimatisierung erarbeitet werden. Für größere Betriebe sollte die Wirtschaftlichkeit von BHKW durchgerechnet werden. Im Bereich Gewerbe und Industrie sollten eine effizientere Strom- und eine verstärkte Abwärmenutzung sowie die Kraft-Wärme-Kopplung geprüft werden. Eine intensivere Beratung über Contracting (u. a. Vorfinanzierungsmodelle) in Zusammenarbeit mit Handwerkskammern und Industrieverbänden wäre wichtig.

Bereich Umwandlung. In diesem Bereich geht es um Wärme- und Stromproduktion. Hier gilt es vor allem zu prüfen, wie sich durch die verschiedenen Handlungsmöglichkeiten Wärme- und Strombedarf durch Effizienzsteigerungen minimieren lassen. Der Wärmebedarf wird i. d. R. durch ortsansässige HKW und BHKW gedeckt, während die Stromlieferung meist von außerhalb des unmittelbaren Einflußbereichs der Städte erfolgt. Die Stromlieferverträge mit den EVU sind daraufhin zu prüfen, ob sie noch zeitgemäß sind und den Interessen der einzelnen Kommunen entsprechen. Darüberhinaus ist es dringend notwendig, daß von jetzt ab **vor der Einleitung** von etwaigen Baumaßnahmen u.a. für HKW, BHKW, Fern- und Nahwärmenetze, Wärmepumpen und erneuerbare Energien sowie Dämm- und Sanierungsmaßnahmen, Vergleichsuntersuchungen über die Energiespar- und CO_2-Vermeidungspotentiale und deren Kosten zur Erfassung der Gesamtproblematik durchgeführt werden.

Verkehrsbereich. In vieler Hinsicht ist er der kritischste Sektor, weil er nicht nur zu den größten Verursachern von Gesundheits-, Umwelt- und Klimaschädigungen gehört, sondern weil er insbesondere in den Bereichen motorisierter Personen-, Straßengüter- und Luftverkehr auch noch sehr stark wächst. Die vorhandene Straßenfläche läßt sich nicht grenzenlos ausdehnen, und der Luftraum ist ebenfalls begrenzt. Bei weiterer ungezügelter Verkehrszunahme kommt es früher oder später zum Dauerstau bis hin zum Zusammenbruch des gesamten Wirtschaftssystems, (siehe auch Kapitel 19).

Die lebensnotwendige Mobilität wird durch den zunehmenden motorisierten Personen- und Güterverkehr inner- wie außerorts gefährdet. Dieser Verkehr sollte jetzt durch gezielte Maßnahmen reduziert werden, sonst sind weder eine ausreichende Mobilität für jedermann noch der erforderliche Klima- und Umweltschutz zu gewährleisten. Konkret heißt das, der MIV sollte zurückgedrängt, die nicht mehr erforderlichen Verkehrs- und Parkflächen sollten anderen Zwecken zugeführt werden, und der nichtmotorisierte sowie der öffentliche Bus- und Schienenverkehr sollten ausgebaut werden.

Vor allem sollten die motorisierten Pendlerströme aus dem Umland eingedämmt werden, indem sie möglichst schon am Quellort auf den ÖPNV, spätestens aber an den Umsteige- und Mitfahrparkplätzen am Stadtrand auf 'park and ride' sowie 'park and bike' umgeleitet werden. Weiterhin sollten umgehend auf allen vierspurigen Straßen getrennte Busspuren mit Ampelbevorrechtigung eingerichtet werden. Erfahrungsgemäß erhöht sich die Akzeptanz des ÖV, wenn er pünktlich ist, wenn er häufig fährt, wenn er ohne Umwege möglichst nahe ans Reiseziel heranführt, und wenn für zügige Umsteige- und Anschlußmöglichkeiten gesorgt ist. Auf Grund aller Erfahrungen ist strikt davon abzuraten, die getrennten Busspuren auf Kosten der angrenzenden Bürgersteige sowie Fahrradwege und Grünstreifen und nicht der existierenden Straßen einzurichten.

Alle diese Maßnahmen sind folgerichtig, weil bei stärkerer Bus- und Fahrradnutzung der MIV abnimmt und folglich weniger Straßenfläche für Fahrten und Parken benötigt werden. Im Zuge des zu erwartenden zunehmenden Fahrradverkehrs und wegen des großen Unfall- und Gesundheitsrisikos sind vom übrigen Verkehr getrennte Fahrradwege anzulegen bzw. die viel zu schmalen Fahrradwege als verbreiterte Fahrbahnen umgehend auszubauen. Für überdachte und sichere Abstellplätze ist zu sorgen.

Darüberhinaus sind neben dem MIV auch der Straßengüter- und der Luftverkehr durch gezielte Maßnahmen auf ein erträgliches Maß zu begrenzen. Dauerhaft ist den Verkehrsproblemen nur durch eine kompaktere Bauweise, durch eine bessere Abstimmung zwischen der Siedlungs- und Verkehrsstruktur sowie durch eine an den Bedürfnissen ausgerichtete funktionale Durchmischung des Siedlungsraums beizukommen.

Zusammenfassend ist zu sagen, daß die Kommunen als wichtige Handlungsträger des Umwelt- und Klimaschutzes ein operatives Klimaschutzkonzept bestehend aus einem Energie- und Verkehrskonzept brauchen. Dazu gehören als wichtige Elemente Wärme-, Strom-, Verkehrs- und Schadstoffkataster zur Erfassung des Ist-Zustands für ein bestimmtes Bezugsjahr sowie die Abschätzung von Energieeinspar- und Emissions-Vermeidungspotentialen für bestimmte Zieljahre. Wichtig ist ferner ein Handlungskonzept mit Benennung von konkreten Zielen, der Beteiligung vieler Akteure sowie einem Überwachungs- und Evaluierungskonzept. Least-Cost-Planning-Modelle tragen darüberhinaus zur Optimierung der nachfrage- und angebotsseitigen Optionen bei. Contracting-Modelle erleichtern die zügige Einführung der Konzepte ins Marktsystem. Die Kommunen sollten neben einem ständigen Beirat für Klima und Energie zusätzlich ein permanentes Energie- und Verkehrsreferat in den städtischen Umweltämtern einrichten. Zu den neuen Aufgaben, die in Abstimmung mit den Stadtwerken und einem Bürgerforum durchzuführen wären, sollten u. a. die Koordinierung, Betreuung, Evaluierung und Kontrolle der Klima- und Umweltschutzkonzepte gehören.

402

Literaturauswahl

Bach, W. (1992), Kommunaler integrierter Klimaschutz, Arbeitsvorlage 12/27 der Klima-Enquete-Kommission, 9. 12. 92, Bonn, 30 S.

Bach, W. (1994), Klimaschutzpolitik. Wie kann die Stadt Münster das Ziel der Bundesregierung einer 25 - 30 %igen CO_2-Emissionsreduktion bis zum Jahr 2005 realisieren? Münstersche Geogr. Arb. 36, 3 - 32.

Bach, W. (1995a), Konkrete kommunale Klimaschutzpolitik am Beispiel Münsters. In: Enquete-Kommission „Schutz der Erdatmosphäre" des Deutschen Bundestages (Hrsg.), Mehr Zukunft für die Erde, Anhang 1, 1354 - 1385, Economica, Bonn

Bach, W. (1995b), Coal policy and climate protection. Can the tough German CO_2-reduction target be met by 2005? Energy Policy, 23 (1), 85 - 91

Bach, W. et al. (1993), Entwicklung eines integrierten Energiekonzepts: Erfassung des Emissions-Reduktionspotentials klimawirksamer Spurengase im Bereich rationeller Energienutzung für die alten Bundesländer. Forschungsbericht für das BMFT u. das MWMT NRW, Univ. Münster, 1508 S., Münster.

Beirat für Klima und Energie der Stadt Münster (1993), Zwischenbericht des Beirats für Klima und Energie der Stadt Münster, Werkstattberichte zum Umweltschutz 2, Münster.

Deiters, J. (1993), Mögliche und erreichbare CO_2-Reduktion im Verkehrsbereich, Anhang zum Zwischenbericht des Beirats für Klima und Energie der Stadt Münster (1993).

Eckerle, K. et al. (1991), Die energiewirtschaftliche Entwicklung in der BRD bis zum Jahre 2010 unter Einbeziehung der 5 NBL, Untersuchung im Auftrag des BMWi, Basel.

EKDB (Enquete-Kommission „Vorsorge zum Schutz der Erdatmosphäre" des Deutschen Bundestages) (Hrsg.) (1992), Protokolle der Anhörung zum Thema „Kommunale Energie- und Verkehrskonzepte zum Klimaschutz", 21. 9. 1992, Frankfurt /Main.

Eland, M. et al. (1992), Expertise zur ÖPNV-Strategie im Rahmen des Verkehrskonzeptes der Stadt Münster unter Berücksichtung von CO_2-Minderungszielen, Abschlußbericht im Auftrag der Stadtwerke Münster, Basel.

Fritsche, U. et al. (1992), Gesamt-Emissionsmodell Integrierter Systeme (GEMIS) Version 2.0, Endbericht im Auftrag des Hessischen Ministeriums für Umwelt, Energie und Bundesangelegenheiten, Öko-Institut, Darmstadt.

Gülec, T., S. Kolmetz und L. Rouvel (1994), Energiesparpotential im Gebäudebestand durch Maßnahmen an der Gebäudehülle. IKARUS Teilprojekt 5.22.2 im Auftrag des BMFT, München.

Hoffschulte, H. (1992), 20 Jahre Flughafen Münster/Osnabrück (FMO), zwei Jahrzehnte Entwicklung vom Segelflugplatz zum internationalen Verkehrsflughafen, Wirtschaftsspiegel 5, 8 - 12.

KONTIV'89 (1992), Kontinuierliche Erhebung zum Verkehrsverhalten 1989, Originaldatensatz, BMV, Bonn.

Lechtenböhmer, S. und W. Bach (1994), Förderprogramme zur Energieeinsparung und CO_2-Vermeidung. Effizienz und Kosten, Energiewirtschaftliche Tagesfragen 44 (8), 516 - 523.

Loske, R. und P. Hennicke (1994), Klimaschutz und Kohlepolitik, Energiewirtschaftliche Tagesfragen, 12, 814 - 819.

Meier, R. (1993), Blockheizkraftwerke. Eine ökologische und ökonomische Chance für städtische Energiekonzepte: Vergleich Nienberge und Kinderhaus-West, Diplom-Arbeit, Univ. Münster.

Michaelis, H. (1994), Die heimische Kohleförderung und die Verringerung der CO_2-Emissionen. Diskussionspapier für die Enquete-Kommission, Köln.

Sättler, M. und K. P. Masuhr (1992), Zur Umsetzung des Versorgungskonzepts der Stadtwerke Münster GmbH unter Berücksichtigung von CO_2-Minderungszielen. Expertise im Auftrag der Stadtwerke Münster, Basel.

Stadt Münster (1990), Statistischer Bericht 1/1990, Münster.

Stadt Münster (1991), Ergebnisse der Volkszählung 1987, Beiträge zur Statistik 54, Münster 1991, Münster.

Stadt Münster (1993a), Statistischer Jahresbericht 1992, Münster.

Stadt Münster (1993b), Statistischer Bericht 3/1993, Münster.

Stadtwerke Münster (1987), Energie für Münsters Zukunft. 1. Fortschreibung, Münster.

Stadtwerke Münster (1992), Angaben über Fördermaßnahmen der Stadtwerke Münster GmbH, Münster.

Stadtwerke Münster (1993a), Energie für Münsters Zukunft, 2. Fortschreibung, Münster.

Stadtwerke Münster (1993b), Geschäftsbericht, Münster.

Stadtwerke Münster (o. J.), Blockheizkraftwerk Münster Toppheide, Münster.

Uhlmannsiek; B. (1994), Perspektive für Kohle und Kernenergie. Stromthemen 11 (6), 1 - 2.

Weik, H., R. Blohm und M. Pietzner (1993), Energieverbräuche und CO_2-Emission der statistischen Bezirke in Münster, Arbeitspapier für den Beirat für Klima und Energie, Münster.

23 Nutzen-Kosten-Analyse für den Stromeinsatz im Kleinverbrauch: Least-Cost-Planning als Beitrag zum Klimaschutz.

Dieser Beitrag untersucht für den Stromeinsatz im Kleinverbrauch in Münster die Nutzen-Kosteneffektivität von Stromeinspar- und CO_2-Vermeidungsmaßnahmen für verschiedene Varianten des Least-Cost-Planning (LCP) und für unterschiedliche Rahmenbedingungen. Beim LCP-Konzept werden die Kosten der Energiebereitstellung (MEGA-WATT) mit denen der Energieeinsparung (NEGA-WATT) verglichen, so daß die gesamtwirtschaftlich kostengünstigste Alternative verwirklicht wird. Die Nutzen-Kostenfaktoren werden für drei LCP-Varianten berechnet. In Variante 1 z.B. erzielen die Kunden einen Nutzen-Kostenfaktor von 4,05, die Stadtwerke aber nur einen von 0,48. Verständlicherweise scheuen sie unter diesen Bedingungen die Durchführung umfangreicher LCP-Maßnahmen. Den Stadtwerken muß daher über eine Beteiligung an den Kundengewinnen ein Anreiz gegeben werden. In Variante 3 wird eine 40 %ige Beteiligung der Stadtwerke am Netto-Gewinn der Verbraucher unterstellt, wodurch der Nutzen-Kostenfaktor der Stadtwerke auf 1,09 steigt und der von den Kunden auf 1,15 fällt. Darüberhinaus werden die Netto-Gewinne in Abhängigkeit veränderter Rahmenbedingungen sowie nach Branchen und Verwendungszwecken analysiert. Der Beitrag endet mit der Verlust-Gewinnentwicklung bis 2021.

23.1 Einleitung

Die Weltenergieversorgung wird auch in den nächsten Jahrzehnten noch vorwiegend auf den fossilen Energieträgern Kohle, Öl und Gas beruhen. Bei Fortführung der gegenwärtigen Art des ineffizienten Wirtschaftens und bei wachsender Weltbevölkerung wird auch der Verbrauch der nicht erneuerbaren fossilen Energieressourcen zunehmen. Die dabei vermehrt in die Atmosphäre eingegebenen Mengen an CO_2 und anderen Treibhausgasen können nach dem derzeitigen wissenschaftlichen Kenntnisstand gemessen an menschlichen Zeitvorstellungen zu einer irreversiblen Schädigung des Klimasystems führen [1].

Auf globaler Ebene schien der Klimagipfel von Rio de Janeiro 1992 eine Trendwende herbeizuführen. Doch auf der ersten Folgekonferenz in Berlin 1995 verhinderte die Energie-Vormacht USA konkrete Reduktionsziele. Auf der zweiten Folgekonferenz in Genf 1996 verabschiedeten sich jedoch die Amerikaner von ihrer Bremserrolle und setzten einen Mandatsbeschluß für den Entwurf eines völkerrechtlich verbindlichen Protokolls zur Reduktion der Treibhausgase auf der dritten Folgekonferenz in Kyoto 1997 durch. Grund zur Euphorie gibt es aber nicht, denn

Hardliner aus der Energiewirtschaft Amerikas, Rußlands, Australiens sowie der Ölländer haben schon verstärkten Widerstand angekündigt.

Auf nationaler Ebene hat sich die Bundesregierung auf Empfehlung der Enquete-Kommission „Schutz der Erdatmosphäre" zu einer CO_2-Reduktion von 25 - 30 % zwischen 1990 und 2005 verpflichtet [2]. Die Prognos AG [3] hat jedoch in einer Studie gezeigt, daß dieses Ziel unter den gegebenen Rahmenbedingungen nicht einmal zur Hälfte erreicht wird. Der CO_2-Ausstoß soll danach bis 2005 nur um etwa 8 % und bis 2020 sogar nur um 11 % zurückgehen, wobei der überwiegende Teil der Reduktionen auf den wirtschaftlichen Einbruch in den neuen Bundesländern nach der Wiedervereinigung und nicht auf eine aktive Klimaschutzpolitik zurückzuführen ist. Gefragt ist jetzt das Engagement der Kommunen [4], der Energieversorgungsunternehmen sowie der Industrie-, Handwerks-, und Dienstleistungsbetriebe, die innerhalb des energiewirtschaftlichen Ordnungsrahmens bestehenden Möglichkeiten zur Verminderung der klimawirksamen Spurengasemissionen auszuschöpfen.

Für die Stadt Münster hat zwischen 1992 und 1995 ein Beirat für Klima und Energie eine energiewirtschaftliche Analyse des Ist-Standes, ein Trend-Szenario auf der Grundlage derzeitiger Rahmenbedingungen sowie ein Klimaschutz-Szenario auf der Basis der CO_2-Reduktionsvorgaben der Bundesregierung erarbeitet [5]. Ziel dieser Untersuchung war es, Handlungsschwerpunkte und konkrete Maßnahmen zur Ausschöpfung der Energieeinspar- und CO_2-Vermeidungspotentiale im Wohnungs-, Verkehrs- und Umwandlungsbereich sowie im Strombereich des tertiären Sektors zu ermitteln. Bezogen auf den jeweiligen Sektor zeigte sich, daß im Umwandlungs- und Wohnungsbereich mit etwa 36 bzw. 30 % die höchsten Einsparpotentiale liegen, gefolgt vom Stromverbrauch im tertiären Sektor mit ca. 20 % und dem Verkehrsbereich mit. rd. 6 %. Insgesamt wird bei einem CO_2-Vermeidungspotential von 23,5 % die Bundesvorgabe von 25 - 30 % bis 2005 bezogen auf 1990 nicht ganz erreicht.

Dieser Beitrag untersucht speziell für den Stromeinsatz im Kleinverbrauch die Nutzen-Kosteneffektivität von Stromeinspar- bzw. CO_2-Vermeidungsmaßnahmen für verschiedene Varianten des Least-Cost-Planning (LCP) und für unterschiedliche Rahmenbedingungen. Die erzielbaren Einsparungsgewinne werden nach Branchen und Verwendungszwecken berechnet. Die Verlust- und Gewinnentwicklungen werden im zeitlichen Ablauf dargestellt.

23.2 Stromeinsatz und Einsparpotential

Der Kleinverbrauchssektor - also Gewerbe- und Dienstleistungsunternehmen - umfaßt in Münster rd. 8 000 Stromkunden, die 1990 mit ca. 50 % oder 506 GWh am Stromverbrauch und mit rd. 14 % am CO_2-Ausstoß beteiligt waren. Der größte Verbrauch entfiel mit fast 23 % auf den Groß- und Einzelhandel (ca. 2 000 Betriebe), gefolgt vom Dienstleistungsgewerbe (Gaststätten, Beherbergungsgewerbe, private und öffentliche Dienstleistungen mit 2 261 Betrieben) sowie den Krankenhäusern mit 10 Betrieben und dem Gesundheitswesen (Ärzte und Apotheken, ca. 633 Betriebe) mit jeweils etwa 17 %, den Gebietskörperschaften (Stadtverwaltung, Universität,

Landschaftsverband, Behörden und Gerichte) mit ca. 15 %, den Banken und Versicherungen (229 Betriebe) und den Sonstigen Einrichtungen (Schulen, Schwimmbäder, Kirchliche Einrichtungen, Militär etc.) mit jeweils ca. 11 % sowie dem Gewerbe (Landwirtschaft, Gartenbau, Handwerk, Wäschereien und Baugewerbe, etwa 1 607 Betriebe) mit fast 6 %. Die wichtigsten Verwendungszwecke für Elektrizität im Kleinverbrauch waren Beleuchtung (30 %), Lüftung (21 %), Kraftanwendungen (12 %), Kühlung (11 %) und EDV (7 %).

Unter der Annahme weitgehend unveränderter Rahmenbedingungen muß bis 2005 mit einer Zunahme des Stromverbrauchs von 124 GWh oder fast 25 % gerechnet werden (Trend-Szenario), wobei die größten Zuwächse bei der EDV (52 %), der Kühlung (45 %), den Kraftanwendungen (27 %) sowie der Lüftung und der Beleuchtung (jeweils 20 %) zu erwarten sind. Demgegenüber könnte bei Ausschöpfung vorhandener Stromeinspar- und Stromsubstitutionspotentiale bis 2005 eine Verbrauchsreduktion von 117 GWh oder etwa 23 % bzw. eine CO_2-Reduktion von rd. 66 kt oder 20 % bezogen auf 1990 erzielt werden (Klimaschutz-Szenario). Die größten Einsparpotentiale finden sich bei den Verwendungszwecken Beleuchtung (28 GWh), Lüftung (23 GWh), Raumwärme (21 GWh) sowie EDV (8 GWh).

23.3 Nutzen-Kosteneffektivität

23.3.1 LCP-Methodik

Bei dem in den USA entwickelten Konzept des „Least-Cost-Planning" (LCP) werden die Kosten der Energiebereitstellung (MEGA-WATT) mit denen der Energieeinsparung (NEGA-WATT) verglichen, so daß die gesamtgesellschaftlich kostengünstigste Alternative realisiert wird. In der Bundesrepublik besteht für die Energieversorgungsunternehmen (EVU) keine Verpflichtung zu einem solchen Kostenvergleich, so daß Einsparpotentiale weitgehend ungenutzt bleiben und die Angebotsausweitung (Bau neuer Kraftwerke) einseitig gefördert wird. Darüberhinaus werden die Kosten von LCP-Programmen sowie die entgangenen Erlöse durch den verminderten Stromabsatz (noch) nicht in allen Bundesländern von der Strompreisaufsicht als Betriebsausgaben anerkannt, so daß den EVU kein Anreiz zur Durchführung solcher Maßnahmen geboten wird [6]. Doch nur wenn sich für die EVU der Bau von „Einsparkraftwerken" finanziell lohnt, kann eine Umwandlung von EVU in Energiedienstleistungsunternehmen (EDU) gelingen.

In Anlehnung an die CO_2-Reduktionsvorgabe der Bundesregierung wird bei dem hier durchgeführten LCP-Programm von einer 10jährigen Laufzeit (1996 - 2005) ausgegangen. Der Einsatz von Effizienztechnologien führt während der gesamten Lebensdauer der Geräte zu Stromeinsparungen, so daß auch über die Programmlaufzeit hinaus ein Nutzen erzielt wird. Hier beträgt die über die Einsp025anteile der einzelnen Verwendungszwecke gewichtete Nutzungsdauer zwischen 13 Jahren (Banken und Versicherungen) und 16 Jahren (Gewerbe) (Tabelle 23.1), so daß die durch das LCP-Programm induzierte Einsparung bis zum Jahr 2018 bzw. 2021 (Programmdauer plus Nutzungsdauer) reicht. Ab 2009 bzw. 2011 nimmt das Einsparpotential allmählich ab, da dann die zuerst installierten Anlagen ihre Lebensdauer erreicht haben und ersetzt werden müssen. Die Skepsis oder Unkenntnis potentieller Teilnehmer in der Anfangsphase sowie zunehmende Sättigungstendenzen zum Ende des Programms werden durch einen logistischen Einsparungsverlauf (s-Kurve) berücksichtigt.

Tabelle 23.1: Übersicht der Investitionskosten, Einsparungsanteile, Nutzungsdauern, Stromkosten sowie vermiedenen Grenz- und Umsetzungskosten für den Kleinverbrauch in Münster.

Verwen-dungs-zwecke	Spezif. Investit.[1] Pf/kWh	Einsparungsanteile nach Branchen [2]						
		Banken u. Versich. %	Gebiets-körp. %	Handel %	Sonst. Einricht. %	Kranken-häuser %	Dienst-leist. %	Ge-werbe %
		Einsparung						
Raumwärme	64,0	2,6	4,5	1,8	4,8	2,5	4,5	5,3
Warmwasser	100,0	0,1	1,4	0,8	2,3	1,1	3,4	2,9
Prozeßwärme	80,0	0,0	0,0	0,0	8,0	0,6	0,9	4,5
Kraft	72,0	5,8	8,1	4,8	8,4	16,4	7,8	29,2
Licht	80,0	27,0	25,5	31,3	23,9	24,4	19,7	11,6
Kühlung	53,0	8,5	5,5	25,3	4,6	11,7	8,2	8,0
Lüftung	64,0	20,0	23,5	20,7	21,0	20,1	14,4	8,1
EDV	0,0	30,0	16,2	8,3	11,3	4,9	8,9	1,5
Kochen	60,0	0,5	1,4	0,7	1,5	5,3	7,3	1,0
		Substitution						
Raumwärme	90,0	5,0	9,2	3,7	8,4	4,8	8,3	10,3
Warmwasser	90,0	0,2	3,5	2,0	3,8	2,7	8,6	7,1
Prozeßwärme	100,0	0,0	0,0	0,0	1,2	1,6	2,5	9,9
Kochen	90,0	0,4	1,1	0,5	0,9	4,0	5,4	0,7
Summe		100,0	100,0	100,0	100,0	100,0	100,0	100,0
Nutzungsdauer (a) [1]		12,7	14,7	14,7	14,8	14,8	15,2	16,2
gew. Inv. Kost. (Pf/kWh) [3]		50,1	61,8	63,2	66,7	68,6	69,0	76,4

[1] Thomas (1995) [9]; [2] nach OSD (1995) [5]; [3] Produkt der spezifischen Investitionskosten und der jeweiligen Einsparungsanteile, aufsummiert über alle Verwendungszwecke. Die spezifischen Stromkosten betragen 22,5 Pf/kWh (Mittelwert aus Gewerbe- und Sondervertragskunden nach Gerdesmann (1995)) [7]. Für die vermiedenen Grenzkosten und spezifischen Umsetzungskosten werden nach Hennicke et al. (1995) [6] 13,3 bzw. 10,0 Pf/kWh angenommen.

Abbildung 23.1 zeigt schematisch für 3 Programmvarianten die Berechnung von Nutzen, Kosten und Netto-Gewinnen für die Teilnehmer und die EVU. Die durch eine LCP-Maßnahme erzielbare Stromeinsparung E ist die Ausgangsgröße der Berechnungen, die den beteiligten Kunden einen Nutzen in Form verminderter Strombezugskosten S und den EVU einen Nutzen in Form vermiedener Grenzkosten G (Aufwendungen für den Kraftwerksbau und -betrieb, Brennstoffkosten, Kosten für den Stromtransport, -vertrieb, -verteilung und -reservehaltung etc.) bringt.

Zur Erwirtschaftung des o. g. Nutzens müssen die Kunden in **Variante 1** zunächst Investitionen I in Effizienztechnologien tätigen. Da die zu ersetzenden Anlagen i.d.R. ihre Lebensdauer erreicht oder überschritten haben und eine Neuanschaf-

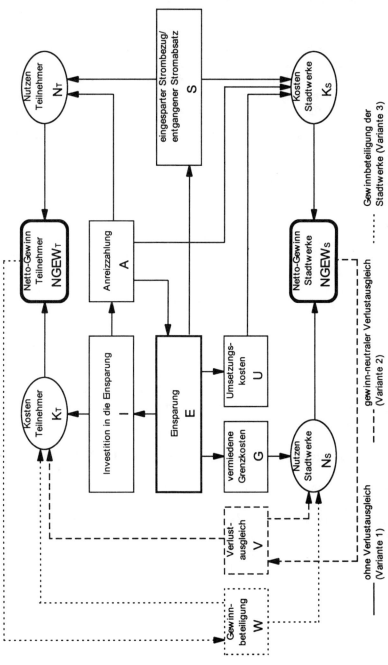

Abbildung 23.1: Schematische Darstellung zur Berechnung der Netto-Gewinne der Programmteilnehmer und der Stadtwerke ohne Verlustausgleich, bei gewinn-neutralem Verlustausgleich und bei einer Gewinnbeteiligung der Stadtwerke am Netto-Gewinn der Teilnehmer.

ohne Verlustausgleich (Variante 1)

gewinn-neutraler Verlustausgleich (Variante 2)

Gewinnbeteiligung der Stadtwerke (Variante 3)

fung ohnehin fällig ist, beinhalten diese Kosten nur den Aufpreis des effizientesten am Markt erhältlichen Geräts gegenüber dem Durchschnitt. Den EVU entstehen Kosten durch die Umsetzung U (z.B. Werbung, Beratung, Verwaltungsaufwand, Verbrauchsinventur, Erarbeitung von Sanierungskonzepten, Wirtschaftlichkeitsrechnung) sowie durch Anreizzahlungen A (Prämien für besonders energiesparende Geräte). Darüberhinaus entgehen dem EVU Erlöse durch den verminderten Stromabsatz in Höhe von S, die als Kosten verbucht werden müssen. Aus der Differenz der Nutzen und Kosten ergeben sich die erzielbaren Netto-Gewinne für die Teilnehmer $NGEW_T$ bzw. für die EVU/Stadtwerke $NGEW_S$ (siehe Kasten im Anhang).

Für die EVU besteht in **Variante 1** kein Anreiz zur Durchführung von LCP-Projekten, da sie bei einem Nutzen in Form vermiedener Grenzkosten von 13,3 Pf/kWh [6] und entgangenen Erlösen durch den verminderten Stromabsatz von 22,5 Pf/kWh [7] auch ohne Zahlung von Prämien oder Umsetzungskosten pro eingesparter kWh einen Verlust von 9,2 Pf/kWh erleiden.

In **Variante 2** wird dieser negative Anreiz durch einen gewinn-neutralen Verlustausgleich V vermieden, indem den Teilnehmern die in der **Variante 1** erwirtschafteten EVU-Verluste als zusätzliche Kosten in Rechnung gestellt werden. Die Stadtwerke können V folglich als Nutzen verbuchen, so daß ihr Netto-Gewinn Null ist. Trotz Zahlung des Verlustausgleichs verbleibt den Teilnehmern ein Netto-Gewinn, so daß sich für sie die Teilnahme an dieser LCP-Programmvariante finanziell lohnt.

In **Variante 3** wird ein Teil der in **Variante 2** erwirtschafteten Teilnehmergewinne als Gewinnbeteiligung W an die EVU gezahlt und bei den Teilnehmern als Kosten und bei den EVU als Nutzen verbucht. Dieses sogenannte „Shared-Savings-Verfahren" bietet den EVU einen positiven Anreiz zur Durchführung von Least-Cost-Planning und ist eine wichtige Voraussetzung für die Ausschöpfung der vorhandenen Einsparpotentiale.

23.3.2 Nutzen-Kostenfaktoren für unterschiedliche LCP-Varianten

Anhand des o.a. Schemas werden im folgenden für die Kleinverbraucher und die Stadtwerke die erzielbaren Netto-Gewinne und die Nutzen-Kosteneffektivität der Stromeinsparmaßnahmen berechnet. Dabei wird von einem Netto-Strompreis von 22,5 Pf/kWh und vermiedenen Grenzkosten von 13,3 Pf/kWh (Tabelle 23.1) ausgegangen, wobei die zukünftige Preisentwicklung in Anlehnung an die Prognos-Studie [3] mit - 1 % p.a. angenommen wird. Die in die Berechnung der Programmkosten einfließenden gewichteten Investitionskosten liegen zwischen 50,1 Pf/kWh (Banken und Versicherungen) und 76,4 Pf/kWh (Gewerbe) und die spezifischen Umsetzungskosten werden mit 10,0 Pf/kWh angenommen [8]. Für die in den Berechnungen benutzten Basisdaten siehe Tabelle 23.1.

Tabelle 23.2 zeigt für die Varianten 1, 2 und 3 die Ergebnisse. Bei einem Realzins von 4 % ergibt sich für die Kleinverbraucher sowie die Stadtwerke ein abdiskontierter Nutzen von 479,58 Mio. DM bzw. 253,97 Mio. DM. Die abgezinsten

Investitions- und Umsetzungskosten betragen 124,60 Mio. DM und 19,38 Mio. DM. Es wird unterstellt, daß die Stadtwerke die Umsetzungskosten tragen und den Kleinverbrauchern Anreizzahlungen in Höhe von 20 % (24,92 Mio. DM) der Investitionskosten zahlen. In **Variante 1** erzielen die Teilnehmer einen Netto-Gewinn von 379,90 Mio. DM bei einem Nutzen-Kostenfaktor von 4,05, während die Stadtwerke Verluste in Höhe von 269,91 Mio. DM bei einem Nutzen-Kostenfaktor von 0,48 erwirtschaften. Sie scheuen verständlicherweise unter diesen Bedingungen die Durchführung umfangreicher LCP-Maßnahmen.

Tabelle 23.2: Netto-Gewinne und Nutzen-Kostenfaktoren bei unterschiedlicher Gewinnbeteiligung der Kleinverbraucher und der Stadtwerke in Münster, 1996-2021.

Nutzen-Kostenfaktor für die Teilnehmer (Kleinverbraucher)			
	Strompreiserhöhung		
	Variante 1	Variante 2	Variante 3
		gewinn-	40 %
	keine	neutral	Gewinn [1]
Nutzen	Mio DM	Mio DM	Mio DM
eingesparte Strombezugskosten	479,58	479,58	479,58
Anreizzahlungen vom EVU [2]	24,92	24,92	24,92
Summe Nutzen	504,50	504,50	504,50
Kosten			
Investition in die Einsparung	124,60	124,60	124,60
Mehrausgaben durch Strompreiserh. [3]	0	269,91	313,91
Summe Kosten	124,60	394,51	438,51
Netto-Gewinn	379,90	109,99	65,99
Nutzen-Kostenfaktor	4,05	1,28	1,15
Nutzen-Kostenfaktor für die Stadtwerke			
Nutzen			
vermiedene Grenzkosten	253,97	253,97	253,97
Mehreinnahmen durch Strompreiserh. [3]	0	269,91	313,91
Summe Nutzen	253,97	523,88	567,88
Kosten			
Anreizzahlungen an die Kunden [2]	24,92	24,92	24,92
Umsetzungskosten der Einsparung	19,38	19,38	19,38
Summe Kosten	44,30	44,30	44,30
Verlust durch entgangenen Stromabsatz	479,58	479,58	479,58
Summe Kosten und Verluste	523,88	523,88	523,88
Netto-Gewinn	-269,91	0,00	44,00
Nutzen-Kostenfaktor	0,48	1,00	1,09

[1] 40 % Gewinnbeteiligung der Stadtwerke am Gewinn der Kleinverbraucher in Höhe von 109,99 Mio DM (Variante 2); [2] diese werden über die Programmlaufzeit von 1996-2005 als Prämien in Höhe von 20 % der Einsparinvestitionen (124,60 Mio. DM) gewährt; [3] das Defizit der Stadtwerke von 269,91 Mio. DM (Variante 1) wird durch einen Verlustausgleich von 269,91 Mio. DM (Variante 2) bzw. 313,91 Mio. DM (Variante 3) ausgeglichen.

In **Variante 2** wird das Defizit der Stadtwerke gewinn-neutral ausgeglichen, indem die Kleinverbraucher den Stadtwerken einen Verlustausgleich (z.B. über Strompreiserhöhungen) zahlen, so daß ihr Netto-Gewinn auf 0 DM und der Nutzen-Kostenfaktor auf 1,0 steigt. Die Kleinverbraucher profitieren mit einem Netto-Gewinn von 109,99 Mio. DM - bei einem Nutzen-Kostenfaktor von 1,28 - vom Einsparprogramm. Um den Stadtwerken ebenfalls einen Anreiz zur Durchführung von Least-Cost-Planning zu bieten, müssen sie an den Teilnehmergewinnen beteiligt werden.

In **Variante 3** wird eine 40 %ige Beteiligung der Stadtwerke am Netto-Gewinn der Kleinverbraucher unterstellt, so daß 44 Mio. DM (40 % von rd. 110 Mio. DM) an die Stadtwerke fließen, deren Nutzen-Kostenfaktor dadurch auf 1,09 steigt. Der Netto-Gewinn und der Nutzen-Kostenfaktor der Teilnehmer sinken auf rd. 66 Mio. DM bzw. 1,15.

23.3.3 Netto-Gewinne in Abhängigkeit veränderter Rahmenbedingungen

Gemäß der Formel $NGEW_{Ges} = G - I - U$ (siehe Kasten im Anhang) werden die durch die Stromeinsparung erzielbaren Netto-Gewinne insbesondere von der Höhe der spezifischen Einsparinvestitionen sowie der Preisentwicklung der vermiedenen Grenz-, Investitions- und Umsetzungskosten beeinflußt. So führen z.B. niedrige spezifische Einsparinvestitionen und eine Steigerung der Grenzkosten bei gleichzeitiger Kostendegression der Investitions- und Umsetzungskosten zu einer Gewinn-Maximierung, dagegen hohe spezifische Einsparinvestitionen und eine Abnahme der Grenzkosten bei gleichzeitiger Verteuerung der Investitions- und Umsetzungskosten zu einer Verringerung des Gewinns.

In Abb. 23.2 ist dieser Zusammenhang für den Kleinverbrauch in Münster dargestellt, wobei die Preisänderungen von G, I und U zwischen - 5 und + 5 % p.a. variiert werden. Da die Preisänderungen der Investitions- und Umsetzungskosten das Ergebnis jeweils in gleicher Weise beeinflussen, werden diese beiden Größen zusammen betrachtet. Die über alle Branchen und Verwendungszwecke gewichteten spezifischen Einsparinvestitionen reichen von 40,84 Pf/kWh (niedrig), über 64,30 Pf/kWh (mittel) bis 87,92 Pf/kWh (hoch); und die mittlere Nutzungsdauer beträgt rd. 15 Jahre. Im ersten Programmjahr (1996) werden die Umsetzungskosten sowie die vermiedenen Grenzkosten mit 10,0 Pf/kWh bzw. 13,3 Pf/kWh angenommen und mit den entsprechenden Teuerungsraten verändert.

Die Höhe der erzielbaren Netto-Gewinne wird in erster Linie durch die Preisentwicklung der vermiedenen Grenzkosten bestimmt. Bei einer angenommenen Preisänderung von + 5 % p.a. liegen die Netto-Gewinne zwischen 432,6 Mio. DM und 276,4 Mio. DM, bei 0 % p.a. zwischen 212,4 Mio. DM und 56,2 Mio. DM und bei - 5 % p.a. zwischen 92,9 Mio. DM und -63,3 Mio. DM. Die relativ flachen Kurvenverläufe sowie die geringen Kurvenabstände belegen, daß die Preisentwicklung der Investitions- und Umsetzungskosten sowie die Höhe der spezifischen Einsparinvestitionen einen erheblich geringeren Einfluß auf die Netto-Gewinne haben als die

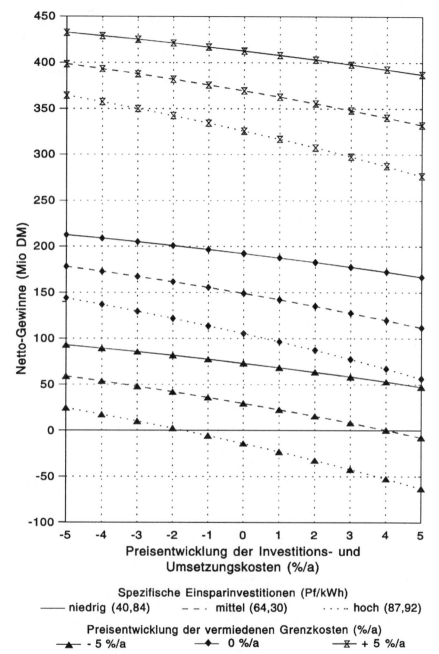

Abb. 23.2: Sensitivitätsstudie zu den Auswirkungen veränderter Rahmenbedingungen auf die Summe der erzielbaren Netto-Gewinne (Gesamtgewinne) für die Kleinverbraucher und für die Stadtwerke in Variante 3 bei unterschiedlichen spezifischen Einsparinvestitionen und einem Realzins von 4 %, Münster 1996-2021

Änderung der vermiedenen Grenzkosten. Abbildung 23.2 zeigt auch, daß sich die Stromeinsparung im Kleinverbrauch in Münster über einen weiten Bereich unterschiedlicher Rahmenbedingungen finanziell lohnt. Netto-Verluste werden nur bei einer Preisänderung der vermiedenen Grenzkosten von - 5 % p.a. und hohen bzw. mittleren spezifischen Einsparinvestitionen bei einer Preisänderung der Investitions- und Umsetzungskosten von etwa - 2 % p.a. bzw. 4 % p.a. erwirtschaftet.

23.3.4 Netto-Gewinne nach Branchen und Verwendungszwecken

Die nach Branchen und Verwendungszwecken differenzierten Einspar-Gewinne in Tabelle 23.3 werden mit Hilfe der Basisdaten in Tabelle 23.1 berechnet. Die wichtigste Größe ist der nach Branchen unterschiedene relative Einsparungsanteil der einzelnen Verwendungszwecke, aus denen die gewichteten Investitionskosten und die mittlere Nutzungsdauer berechnet werden. Die höchsten Gewinne werden danach mit 29,18 Mio. DM im Bereich Handel erwirtschaftet, gefolgt vom Dienstleistungssektor (19,80 Mio. DM) und den Gebietskörperschaften (17,46 Mio. DM), etc. Dabei ist zu beachten, daß sich die Gewinne jeweils auf eine ganz unterschiedliche Zahl von Akteuren verteilen. Die gewinnträchtigsten Verwendungszwecke sind die EDV (26,77 Mio. DM), Lüftung (21,04 Mio. DM), Licht (19,78 Mio. DM), Kühlung (16,30 Mio. DM) und Kraft (8,93 Mio. DM), auf die fast 85 % des Gesamtgewinns von rd. 110 Mio. DM entfallen. In diesen Anwendungsbereichen sollten folglich die Stromeinsparmaßnahmen bevorzugt durchgeführt werden.

Tabelle 23.3: Netto-Gewinne (Gesamtgewinne) nach Branchen und Verwendungszwecken im Kleinverbrauch in Münster, 1996 - 2021.

Verwendungs-zwecke	Netto-Gewinne nach Branchen (Mio. DM)							
	Banken u.Versich.	Gebiets-körp.	Handel	Sonst. Einricht.	Kranken-häuser	Dienst-leist.	Ge-werbe	Summe
Einsparung								
EDV	7,61	5,74	5,02	2,57	1,61	4,04	0,18	26,77
Lüftung	2,11	3,95	5,95	2,29	3,12	3,12	0,51	21,04
Licht	1,85	3,11	6,54	1,89	2,75	3,09	0,55	19,78
Kühlung	1,11	1,09	8,64	0,60	2,17	2,10	0,59	16,30
Kraft	0,51	1,18	1,20	0,79	2,19	1,46	1,60	8,93
Raumwärme	0,27	0,76	0,53	0,52	0,38	0,98	0,33	3,78
Kochen	0,06	0,26	0,22	0,17	0,88	1,69	0,06	3,33
Prozeßwärme	0,00	0,00	0,00	0,63	0,07	0,14	0,21	1,05
Warmwasser	0,00	0,09	0,09	0,10	0,07	0,28	0,08	0,71
Substitution								
Raumwärme	0,23	0,85	0,59	0,51	0,41	1,00	0,38	3,97
Warmwasser	0,01	0,33	0,32	0,23	0,23	1,04	0,26	2,42
Kochen	0,02	0,10	0,09	0,05	0,34	0,65	0,03	1,28
Prozeßwärme	0,00	0,00	0,00	0,05	0,09	0,20	0,27	0,62
Summe	13,78	17,46	29,18	10,40	14,32	19,80	5,06	109,99

Die Netto-Gewinne werden nach der Formel $NGEW_{Ges}$ = G - I - U (s. Anhang) anhand der Einsparungsanteile der Branchen und Verwendungszwecke und der jeweiligen Kosten (Tabelle 23.1) berechnet.

23.3.5 Verlust-/Gewinnentwicklung

Die Saldierung der während der Programmlaufzeit von 1996 bis 2005 anfallenden Kosten mit dem monetären Nutzen, die über einen Zeitraum von 1996 bis 2018 bzw. 2021 erwirtschaftet werden, ergibt die in Tabelle 23.4 dargestellte Verlust-/Gewinnentwicklung. Dabei wird unterstellt, daß der Verlustausgleich für die Stadtwerke (Variante 2) sowie die 40 %ige Gewinnbeteiligung durch Strompreiserhöhungen (Variante 3) von den Kleinverbrauchern gezahlt werden, wobei die Höhe der jährlich zu entrichtenden Beträge aus dem Anteil der jeweils erzielten Einsparung des betreffenden Jahres im Verhältnis zur Gesamteinsparung berechnet wird.

Tabelle 23.4: Verlust-/Gewinnentwicklung und Amortisationsdauer für den Kleinverbrauch in Münster, 1996 - 2021.

| Jahr | Netto-Gewinn nach Branchen (Mio. DM) | | | | | | |
	Banken u. Versich.	Gebiets- körp.	Handel	Sonst. Einricht.	Kranken- häuser	Dienst- leist.	Gewerbe
1996	-0,09	-0,14	-0,25	-0,10	-0,15	-0,20	-0,06
1997	-0,54	-0,86	-1,50	-0,60	-0,89	-1,24	-0,37
1998	-0,91	-1,47	-2,58	-1,04	-1,54	-2,16	-0,64
1999	-1,02	-1,73	-3,05	-1,24	-1,84	-2,58	-0,78
2000	-0,90	-1,64	-2,92	-1,21	-1,80	-2,53	-0,78
2001	-0,58	-1,25	-2,25	-0,96	-1,44	-2,03	-0,65
2002	-0,10	-0,62	-1,16	-0,53	-0,83	-1,19	-0,42
2003	0,47	0,18	0,23	0,01	-0,05	-0,09	-0,11
2004	1,08	1,06	1,75	0,61	0,82	1,13	0,24
2005	1,66	1,92	3,25	1,20	1,69	2,35	0,59
2006	2,19	2,74	4,68	1,77	2,53	3,52	0,93
2007	2,08	2,60	4,46	1,69	2,41	3,36	0,88
2008	1,98	2,48	4,24	1,61	2,29	3,19	0,84
2009	1,88	2,36	4,04	1,53	2,18	3,04	0,80
2010	1,70	2,25	3,84	1,46	2,08	2,89	0,76
2011	1,47	2,12	3,63	1,38	1,96	2,74	0,73
2012	1,19	1,93	3,30	1,25	1,78	2,48	0,69
2013	0,91	1,66	2,84	1,08	1,53	2,14	0,62
2014	0,63	1,35	2,31	0,88	1,25	1,74	0,54
2015	0,39	1,03	1,76	0,67	0,95	1,32	0,44
2016	0,20	0,72	1,23	0,46	0,66	0,92	0,33
2017	0,08	0,45	0,76	0,29	0,41	0,57	0,23
2018	0,01	0,23	0,40	0,15	0,21	0,30	0,14
2019	0,00	0,09	0,15	0,06	0,08	0,11	0,07
2020	0,00	0,01	0,02	0,01	0,01	0,02	0,03
2021	0,00	0,00	0,00	0,00	0,00	0,00	0,00
Summe	13,78	17,46	29,18	10,40	14,32	19,80	5,06
Amortisa- tionszeit (a)	11	12	12	13	13	13	14

Verlust — Verlustausgleich — Netto-Gewinn

Bei den Banken und Versicherungen, den Gebietskörperschaften, dem Handel sowie den Sonstigen Einrichtungen werden bis 2002 Verluste von 3,68 Mio. DM,

7,52 Mio. DM, 13,48 Mio. DM und 5,67 Mio. DM erwirtschaftet, die bis 2005, 2006 und 2007 durch die erzielten Gewinne ausgeglichen werden. In den Bereichen Krankenhäuser, Dienstleistungen und Gewerbe ergeben sich durch das Einsparprogramm von 1996 bis 2003 Gesamtverluste in Höhe von 8,53 Mio. DM, 12,03 Mio. DM und 3,80 Mio. DM, die bis 2008 bzw. 2009 ausgeglichen werden. Die Amortisationsdauer ist mit 11 Jahren für die Banken und Versicherungen am kürzesten und mit 14 Jahren für das Gewerbe am längsten. Die zeitlichen Unterschiede sind im wesentlichen auf die unterschiedlichen Einsparungsanteile der einzelnen Verwendungszwecke sowie deren spezifische Investitionskosten zurückzuführen (siehe Tabelle 23.1).

Als Fazit ergibt sich, daß das hier für den Kleinverbrauch in Münster untersuchte Stromeinsparprogramm für die Teilnehmer sowie die Stadtwerke über einen Zeitraum von 1996 bis 2018 bzw. 2021 Netto-Gewinne von rd. 66 Mio. DM bzw. rd. 44 Mio. DM erwirtschaftet (Tabelle 23.2). Darüberhinaus zeigen unsere Sensitivitätsstudien, daß sich die Stromeinsparung in einem weiten Bereich veränderter Rahmenbedingungen finanziell lohnt, so daß das wirtschaftliche Risiko der Maßnahmen relativ gering ist. Die gewinnträchtigsten Verwendungszwecke sind EDV, Lüftung, Licht, Kühlung und Kraft, die fast 85 % der Netto-Gewinne auf sich vereinen (Tabelle 23.3). Die über die Verwendungszwecke gemittelten Amortisationszeiten betragen 11 bis 14 Jahre (Tabelle 23.4).

Literaturauswahl und Anmerkungen

[1] EK (Enquete-Kommission „Schutz der Erdatmosphäre") (Hrsg.): Mehr Zukunft für die Erde - Nachhaltige Energiepolitik für dauerhaften Klimaschutz. Bonn 1995.

[2] EK (Enquete-Kommission „Schutz der Erdatmosphäre") (Hrsg.): Klimaänderung gefährdet globale Entwicklung. Bonn, Karlsruhe,1992.

[3] BMWi (Bundesministerium für Wirtschaft) (Hrsg.): Die Energiemärkte im zusammenwachsenden Europa - Perspektiven bis zum Jahr 2020 (Kurzfassung der Prognos-Studie). BMWi Dokumentation Nr. 387, Bonn 1996.

[4] Bach, W.: Kommunale Klimaschutzpolitik - Eine Jahrhundertaufgabe dargestellt am Beispiel der Stadt Münster. In: H. G. Brauch (Hrsg.), Klimapolitik, Kap. 22, 279 - 292, Springer Verlag, Berlin 1996.

[5] OSD (Oberstadtdirektor der Stadt Münster) (Hrsg.): Endbericht des Beirates für Klima und Energie der Stadt Münster 1995, Teil I, II und III, Münster 1995.

[6] Hennicke P. et al.: Least-Cost-Planning Fallstudie der Stadtwerke Hannover AG (Endbericht), Öko-Institut, Wuppertal Institut, Freiburg, Darmstadt, Wuppertal 1995.

[7] Gerdesmann, N.: Stadtwerke Münster, persönliche Mitteilung, Dezember 1995.

[8] Die spezifischen Umsetzungskosten wurden wie folgt berechnet: Die pro Kunde erzielbare Einsparung beim Einsatz effizienter Beleuchtungsanlagen wird bei [5] mit 59.050 kWh/a bei Beratungskosten von 5.000 DM angegeben. Daraus ergibt sich ein erforderlicher Beratungs- bzw. Umsetzungsaufwand von 5.000 DM / 59.050 kWh = 8,5 Pf/kWh. Sicherheitshalber wird hier mit 10,0 Pf/kWh gerechnet, da u.U. bei den anderen Verwendungszwecken auch höhere Kosten entstehen können.

[9] Thomas,S.: Wuppertal Institut, persönliche Mitteilung, Jul./Aug. 1995.

418

Anhang

Nutzen-Kosten-Analyse

1. Berechnung des monetären Nutzens

1.1 Summe der eingesp. Stromkosten $S=\Sigma_{r=1}^{R}(E_r \bullet S_{r,\,spez} \bullet a_r)$

1.2 Summe der vermiedenen Grenzkosten $G=\Sigma_{r=1}^{R}(E_r \bullet G_{r,\,spez} \bullet a_r)$

wobei: E_r = Einsparung zum Zeitpunkt r

       r = lfd. Einsparungsjahr

       $S_{r,\,spez}$ = spezifische Stromkosten (Pf/kWh)

       a_r = Annuitätsfaktor = $1/(1+p/100)^r$

       p = Zins in %

       R = Reichweite der Einsparung (Summe aus Programm- und Nutzungsdauer)(a)

       $G_{r,\,spez}$ = spezifische Grenzkosten (Pf/kWh)

2. Berechnung der Programmkosten

2.1 Summe der Investitionskosten $I=\Sigma_{r=1}^{P}(\Delta E_r \bullet I_{r,\,spez} \bullet a_r)$

2.2 Summe der Umsetzungskosten $U=\Sigma_{r=1}^{P}(\Delta E_r \bullet U_{r,\,spez} \bullet a_r)$

2.3 Summe der Anreizzahlungen $A=I \bullet f_A = \Sigma_{r=1}^{P}(\Delta E_r \bullet I_{r,\,spez} \bullet a_r) \bullet f_A$

wobei: ΔE_r = zusätzliche Einsparung = $E_r - E_{r-1}$ (ist am Ende der Programmlaufzeit Null)

       P = Programmdauer (a)

       $I_{r,\,spez}$ = spezifische Investitionskosten (Pf/kWh)

       $U_{r,\,spez}$ = spezifische Umsetzungskosten (Pf/kWh)

       f_A = Faktor für die Anreizzahlung (z.B. 0,1 = 10 %, 0,5 = 50 % etc.)

Eine Zunahme der jährlich erzielbaren Einsparung führt danach zu einer Erhöhung des monetären Nutzens. Die Berücksichtigung der zusätzlichen Einsparung ist erforderlich, da nur für die jeweils hinzukommende Effizienztechnologie die Investitionen und die Umsetzung gezahlt werden müssen.

3. Netto-Gewinne in Variante 1

3.1 Netto-Gewinn der Teilnehmer $NGEW_T=S+A-I$

Dem monetären Nutzen in Form eingesparter Strombezugskosten und Anreizzahlungen stehen die Kosten für die Einsparinvestitionen gegenüber. Da sich die eingesparten Strombezugskosten über die gesamte Programm- und Nutzungsdauer der Geräte und Anlagen aufsummieren, dagegen die Einsparinvestitionen nur während der Programmlaufzeit anfallen, ergeben sich in dieser Variante für die Teilnehmer hohe Gewinne.

3.2 Netto-Gewinn der Stadtwerke $NGEW_S=G-A-U-S$

Den vermiedenen Grenzkosten (13,3 Pf/kWh) stehen entgangene Erlöse für den verminderten Stromabsatz (22,5 Pf/kWh) gegenüber, so daß die Stadtwerke auch ohne Anreizzahlungen und Umsetzungskosten pro eingesparter kWh einen Verlust von 9,2 Pf/kWh erwirtschaften.

Anhang Fortsetzung

---

4. Netto-Gewinne in Variante 2

In dieser Variante werden die in Variante 1 erwirtschafteten Verluste der Stadtwerke über einen Verlustausgleich V gewinn-neutral ausgeglichen, so daß der Netto-Gewinn der Stadtwerke Null wird.

4.1	Verlustausgleich	$V = -(G-A-U-S)$
4.2	Netto-Gewinn der Teilnehmer	$NGEW_T = S+A-I-V$
		$NGEW_T = S+A-I+G-A-U-S = G-I-U$
4.3	Netto-Gewinn der Stadtwerke	$NGEW_S = G-A-U-S+V$
		$NGEW_S = G-A-U-S-(G-A-U-S) = 0$

5. Netto-Gewinne in Variante 3

Die in Variante 2 erwirtschafteten Teilnehmergewinne werden in Variante 3 anhand eines auszuhandelnden Verteilungsschlüssels f_G zwischen Teilnehmern und Stadtwerken aufgeteilt, so daß eine Erhöhung der Gewinnbeteiligung W des einen zu einer Verminderung der Gewinne des anderen führt.

5.1	Gewinnbeteiligung	$W = (G-I-U) \bullet f_G$
5.2	Netto-Gewinn der Teilnehmer	$NGEW_T = (G-I-U) \bullet (1-f_G)$
5.3	Netto-Gewinn der Stadtwerke	$NGEW_S = (G-I-U) \bullet f_G$

wobei: f_G = Faktor für die Gewinnbeteiligung (z.B. 0,2 = 20 %, 0,4 = 40 % etc.)

24 CO_2-Vermeidung durch Solarenergie: Potentiale und Kosten am Beispiel Münsters

Ziel dieses Beitrags ist es, für Münster das Energiesubstitutions- und CO_2-Vermeidungspotential durch Sonnenenergienutzung zu ermitteln. Aus Kostengründen ist in den nächsten Jahren möglicherweise nur die solare Warmwasserbereitung in größerem Umfang realisierbar. Durch die Mobilisierung des technischen Potentials könnte in diesem Sektor je nach Kollektortyp der CO_2-Ausstoß um 32-45 kt bzw. 48-67 % bis 2005 gegenüber 1987 reduziert werden. Vielfältige Hemmnisse verhindern jedoch die vollständige Ausschöpfung dieses Potentials. Dennoch zeigen unsere Analysen, daß die umsetzbaren CO_2-Verminderungen von 21-32 kt bzw. 32-48 % das von der Bundesregierung angestrebte Klimaschutzziel von 25-30 % im Warmwasserbereich übertreffen können. Darüberhinaus werden die Investitions-, Energiegestehungs- sowie Energiesubstitutions- und CO_2-Vermeidungskosten für Flach- und Vakuumkollektoren sowie Photovoltaik berechnet. Abschließend wird empfohlen, auf kommunaler Ebene die Solarenergienutzung verstärkt zu fördern. Insbesondere die Stadtwerke Münster sollten analog zum Wärme-Service-Erdgas auch einen Wärme-Service-Solarenergie einführen.

24.1 Einleitung

Die wichtigsten Grundpfeiler einer CO_2-armen Klimaschutzpolitik sind die effizientere Energienutzung und der zügige Einsatz erneuerbarer Energieträger. Etwa die Hälfte des deutschen Energieverbrauchs kann eingespart werden. Dadurch erhöht sich der relative Beitrag der Erneuerbaren zur Energieversorgung beträchtlich. Effizienz als sicherste Option und Erneuerbare als unerschöpfliche Option erhalten damit einen klimaökologisch eminent wichtigen Stellenwert (EK, 1994).

Mit diesem Artikel untersuchen wir am Beispiel der Stadt Münster, welchen Beitrag die solare Energiegewinnung unter plausiblen Annahmen zur CO_2-Vermeidung leisten kann. Für drei unterschiedlich strukturierte Stadtviertel wird das Installationspotential solarer Energiewandler im Detail erfaßt und dann anhand von Solarstrahlungs- und Strukturdaten auf das gesamte Stadtgebiet hochgerechnet. Wir konzentrieren uns hier auf die solare Warmwasserbereitung, die Anbindung von Sonnenkollektoren an das Fernwärmenetz und die photovoltaische Stromerzeugung. Die Investitions-, Gestehungs-, Energiesubstitutions- und CO_2-Vermeidungskosten werden für Flach- und Vakuumkollektoren sowie die Photovoltaik berechnet und miteinander verglichen.

24.2 Meteorologische und technische Grundlagen

Weil langjährige Globalstrahlungs-Meßreihen für Münster fehlen, werden für die Abschätzung des Sonnenenergiepotentials die Meßwerte von Bocholt, der nächstgelegenen Station des Deutschen Wetterdienstes (DWD), herangezogen (J. Weiß, 1993). Die Systemwirkungsgrade von Flach- und Vakuumkollektoren sowie von Photovoltaikzellen werden mit 22 %, 40 % und 10 % angegeben, wobei die zeitliche Variabilität des solaren Energiedargebots eine Differenzierung nach Monaten erfordert (K. Vanoli u. K. Schreitmüller, 1984; U. Leis, 1992). Tabelle 24.1 zeigt, daß die Jahressumme der Sonneneinstrahlung in Westfalen bei einer optimalen Ausrichtung des Empfängers ca. 1 085 kWh/m² erreichen kann. Davon entfallen etwa zwei Drittel auf den Zeitraum März bis August, während sich der Rest auf die Herbst- und Wintermonate verteilt. An Nutzenergie lassen sich mit Flachkollektoren etwa 287 kWh/m²a, mit Vakuumkollektoren ca. 430 kWh/m²a und mit Photovoltaikzellen rund 105 kWh/m²a erzielen.

Tabelle 24.1: Mittlerer Jahresverlauf der Solarstrahlung im Raum Westfalen (1973-1987) sowie Wirkungsgrade und theoretische Energieerträge unterschiedlicher Solarsysteme.

Mon.	Ein-strahlung[1] (kWh/m²)	Flachkoll.[2] (%)	Flachkoll.[2] (kWh/m²)	Vakuumkoll.[2] (%)	Vakuumkoll.[2] (kWh/m²)	Photovoltaik[3] (%)	Photovoltaik[3] (kWh/m²)
Jan.	29,0	9	2,6	34	9,9	11	3,2
Feb.	52,1	16	8,3	42	21,9	11	5,7
Mrz.	82,3	25	20,6	43	35,4	10	8,2
Apr.	121,2	25	30,3	40	48,5	10	12,1
Mai	146,4	27	39,5	40	58,5	10	14,6
Jun.	146,4	28	41,0	40	58,6	9	13,2
Jul.	145,0	31	44,9	37	53,6	9	13,1
Aug.	138,6	35	48,5	36	49,9	9	12,5
Sep.	99,6	28	27,9	40	39,8	10	10,0
Okt.	68,5	27	18,5	44	30,1	10	6,9
Nov.	34,9	9	3,1	47	16,4	10	3,5
Dez.	21,7	9	1,9	37	8,0	11	2,4
1. Q.	102,7	11	12,9	38	39,7	11	11,3
2. Q.	349,9	26	90,4	41	142,4	10	35,0
3. Q.	430,0	31	134,5	38	162,1	9	38,7
4. Q.	203,0	21	49,5	44	86,4	10	20,3
Ges.	1085,6	22	287,3	40	430,6	10	105,3
1. Q. = Dezember bis Februar, etc.							

[1] Palz (1984), Weiß (1993); [2] Vanoli, Schreitmüller (1984); [3] Leis (1992), eigene Abschätzungen

24.3 Energieversorgungsstruktur und CO_2-Emissionen

24.3.1 Ausgangssituation in 1987

Die Struktur des Solarenergieeinsatzes und des CO_2-Vermeidungspotentials wird für die Niedertemperaturwärme und den Stromverbrauch durch Interpolation aus den vorhandenen Statistiken von 1985 und 1990 für 1987, dem von der Bundesregierung für die CO_2-Reduktion festgelegten Ausgangsjahr, ermittelt (Stadtwerke Münster, 1987, 1993). Danach lag der Endenergieverbrauch für Niedertemperaturwärme (in Klammern jeweils 1990) bei 3 428 GWh (3 343) und verteilte sich wie folgt auf die einzelnen Energieträger: Erdgas 40,7 % (46,3), Heizöl 37,4 % (30,1), Fernwärme 15,8 % (17,6), Strom 5,2 % (5,2), Kohle und Sonstige 0,9 % (0,9).

Die gewonnene Solarenergie kommt vorwiegend bei der Warmwasserbereitung zum Einsatz. Bei einem spezifischen Nutzenergiebedarf für die Wassererwärmung von 743,5 kWh pro Person und Jahr - dies entspricht einem täglichen Warmwasserverbrauch von ca. 50 l bei einer Temperaturdifferenz T_{warm} - T_{kalt} = 35 °C - ergibt sich für die 268 550 (275 150) Einwohner Münsters in 1987 (1990) ein Bedarf von rund 200 GWh (205) pro Jahr. Der Primärenergieeinsatz und die CO_2-Emissionen der Warmwasserbereitung in Höhe von 264 GWh (271) bzw. 66,8 kt (66,5) wurden anhand der jeweiligen Umwandlungswirkungsgrade (Gas 83,0 %, Öl 79,5 %, Fernwärme 60,0 % und Strom 36,5 %), die über die Brennstoffanteile gewichtet wurden, bestimmt (Weik et al., 1993). Von den 1 079 GWh (1 132) Stromverbrauch entfielen 178 GWh (173) auf den Wärmemarkt, so daß für die Bereiche Licht, Kraft und Kommunikation 901 GWh (959) zur Verfügung standen. Daran waren der Dienstleistungssektor mit 32,8 % (33,5), die Haushalte mit 28,2 % (27,8), die Industrie mit 16,1 % (16,5), das Gewerbe mit 14,7 % (14,9) sowie Nachtstrom und Eigenverbrauch mit 6,8 bzw. 1,4 % (5,9 bzw. 1,3) beteiligt.

Die CO_2-Emissionen durch Niedertemperaturwärme betrugen 1 013 kt (962). Die CO_2-Emissionen des Stromverbrauchs in Höhe von 692 kt (610) wurden aus dem Brennstoff-Mix der VEW mit Steinkohle 74 % (59), Kernenergie 13 % (25), Erdgas 12 % (13) und Sonstige 1 % (3) unter der Annahme eines Nettonutzungsgrades von 36,5 % bestimmt, so daß sich ein Gesamtausstoß von 1 705 kt (1 572) ergibt (VEW, 1990). Zwischen 1987 und 1990 sind die CO_2-Emissionen um 133 kt oder 7,8 % zurückgegangen.

24.3.2 Abschätzung für 2005

Als Referenz-Szenario für die Emissionsentwicklung dient die sogenannte „Basis-Prognose" der Stadtwerke Münster (1993). Diese unterstellt eine moderate Energiepreisentwicklung mit entsprechend geringem Anreiz zum Energiesparen, so daß der Heizenergiebedarf für die bis 2005 fertiggestellten 15 000 Wohneinheiten mit 175 kWh/m²a relativ hoch ist. Durch energiesparende Maßnahmen an bestehenden Gebäuden soll dieser Mehrbedarf jedoch nicht nur ausgeglichen, sondern im Bereich Niedertemperaturwärme um 9,1 % auf 3 117 GWh verringert werden. Der Anteil der einzelnen Energieträger soll sich wie folgt verändern: Erdgas und Fernwärme gewinnen an Bedeutung und leisten mit 55,8 bzw. 20,6 % einen höheren Beitrag als 1987. Die Anteile von Heizöl und Strom am Niedertemperaturwärmemarkt verringern sich auf 17,7 % bzw. 5,0 %, während Kohle und Sonstige mit 0,9 % unbedeutend bleiben.

Bei einer prognostizierten Einwohnerzahl von ca. 280 000 steigt der Nutzenergiebedarf der Warmwasserbereitung auf rund 208 GWh (Stadt Münster, 1993). Legt man wiederum die jeweiligen Umwandlungswirkungsgrade sowie die veränderten Brennstoffanteile zugrunde, so ergibt sich ein Primärenergiebedarf von rund 273 GWh und CO_2-Emissionen von 65,3 kt, was einer Reduktion gegenüber 1987 von ca. 2 % entspricht. Beim Stromverbrauch wird von einer Zunahme um 8,3 % auf 1 170 GWh ausgegangen. Abzüglich des erwarteten verminderten Stromverbrauchs im Wärmemarkt von 156 GWh ergibt sich insgesamt eine Verbrauchssteigerung von 12,5 % auf 1 014 GWh.

Die CO_2-Emissionen gehen im Niedertemperaturwärmebereich um 15,8 % auf 853 kt und im Strombereich um 10,7 % auf 618 kt zurück, so daß sich insgesamt eine Verringerung von rund 13,7 % oder 234 kt ergibt. Das Ziel der Bundesregierung einer 25 bis 30 %igen CO_2-Emissionsreduktion ist mit den von den Stadtwerken Münster geplanten Maßnahmen nicht zu erreichen. Es bedarf der Mobilisierung weiterer Reduktionspotentiale. Im folgenden wird das CO_2-Vermeidungspotential durch den Einsatz von Sonnenkollektoren und Solarzellen in Münster untersucht.

24.4 Ermittlung des Solarenergie- und CO_2-Vermeidungspotentials

24.4.1 Methodische Vorgehensweise

Zur Ermittlung der installierbaren Kollektor- bzw. Solarzellenflächen für unterschiedliche Bau- und Nutzungsformen wurden drei strukturell unterschiedliche, aber für Münster typische Gebiete untersucht. Das Kreuzviertel außerhalb des Altstadtrings dient als Beispiel für ein gewachsenes, innerstädtisches Wohngebiet mit hoher Bebauungs- und Bevölkerungsdichte. Ein Großteil der meist 2- bis 3-geschossigen Mehrfamilienhäuser entstand unmittelbar nach der Jahrhundertwende. Der Stadtteil Kinderhaus-Ost im Norden Münsters ist eine typische Stadtrandsiedlung der 70er Jahre mit vorherrschender Einfamilien- und Reihenhausbebauung. Das Gewerbegebiet Loddenheide im Südosten der Stadt ist ein Beispiel für industriell genutzte großflächige Bebauungsstrukturen.

Insgesamt ergeben sich aus unseren Untersuchungen für das Kreuzviertel effektive Sammlerflächen von 38 700 m², was bei 13 540 Einwohnern einem Pro-Kopf-Angebot von 2,9 m² entspricht. Im weniger dicht besiedelten Kinderhaus-Ost steht bei einer Gesamtfläche von 39 100 m² pro Person eine Fläche 8,2 m² zur Verfügung. Das Gewerbegebiet bietet mit 70 900 m² die günstigsten Voraussetzungen für die Installation solarer Energiesysteme.

24.4.2 Theoretisches Potential

Die Hochrechnung der Ergebnisse auf das gesamte Stadtgebiet Münsters erfordert eine bebauungs- bzw. siedlungsspezifische Berechnungsgrundlage. Da in Münster die überbaute Fläche nicht detailliert erfaßt wird, muß auf die Siedlungsfläche zurückgegriffen werden, die im Rahmen einer Digitalisierung des Flächennutzungsplans ermittelt worden ist (Stadt Münster, o. J.). Danach können in Wohngebieten 5,5 % und in Gewerbegebieten 14,5 % der vorhandenen Siedlungsfläche als effektive Empfängerfläche genutzt werden. Auf der Gesamtsiedlungsfläche von 4 774 ha - 677 ha gewerbliche und 4 097 ha sonstige Siedlungsflächen - könnten rund 3,2 Mio. m^2 als effektive Empfängerfläche genutzt werden, was einem Pro-Kopf-Angebot von 11,5 m^2 entspricht. Aus der Flächenberechnung ergeben sich für die einzelnen Quartale die theoretischen Solarenergiepotentiale in Tabelle 24.2. Da sowohl technische als auch wirtschaftliche Restriktionen unberücksichtigt bleiben, handelt es sich um Maximalwerte, die sich allein aus dem Flächenangebot in Münster ableiten. Wie Tabelle 24.2 zeigt, könnte der Endenergiebedarf im Bereich Niedertemperaturwärme theoretisch durch Flachkollektoren zu etwa 27 % und durch Vakuumkollektoren zu rund 40 % gedeckt werden. Das theoretische Stromerzeugungspotential erreicht einen Deckungsanteil am Gesamtstrombedarf von ca. 31 %.

Tabelle 24.2: Berechnetes theoretisches Solarenergiepotential in Münster.

betrachteter Zeitraum	Flach-kollektor	Vakuum-kollektor	Photo-voltaik
1. Quartal GWh	41,3	127,0	36,2
2. Quartal GWh	289,3	455,7	112,0
3. Quartal GWh	430,4	518,7	123,8
4. Quartal GWh	158,4	276,5	65,0
Jahressumme GWh	919,4	1377,9	337,0
Deckungsgrad %	26,8[1)]	40,1[1)]	31,2[2)]
1. Q. = Dezember bis Februar, etc.			

1) bezogen auf den Endenergiebedarf im Bereich Niedertemperaturwärme 1987 (3428 GWh); 2) bezogen auf den Gesamt-Stromverbrauch 1987 (1079 GWh)

In der Anfangsphase wird die gewonnene Sonnenenergie am kostengünstigsten für die Wassererwärmung eingesetzt. Den Nutzenergiebedarf für die Warmwasserbereitung von rund 200 GWh pro Jahr bzw. 50 GWh pro Quartal (s. Kap. 24.3) könnten Flachkollektoren mit Ausnahme des 1. Quartals vollständig decken. Beim Einsatz von Vakuumkollektoren erhöht sich die solare Energieausbeute beträchtlich, so daß der Nutzenergiebedarf mit weniger als der Hälfte der installierbaren Sammlerfläche ganzjährig gedeckt werden könnte.

24.4.3 Technisches Potential und CO_2-Vermeidung

Die Nutzbarmachung der theoretischen Potentiale wird durch vielfältige Restriktionen eingeschränkt. So ist der Einsatz von Solaranlagen nur bei einer zentralen Warmwasserversorgung relativ kostengünstig zu realisieren, da im Falle einer dezentralen Wassererwärmung zunächst im ganzen Gebäude Leitungen verlegt werden müßten. Aus diesem Grund werden kohle- und strombeheizte Gebäude bei der Ermittlung der technischen Potentiale nicht berücksichtigt, weil hier in der Regel die Wassererwärmung dezentral, z.B. mit Durchlauferhitzern erfolgt. Die Anteile der zentralen gas- und ölbetriebenen Heizungsanlagen werden von den Stadtwerken Münster in einem Wärmeatlas erfaßt. Danach hätten 1987 ca. 70 % oder rund 190 000 der Einwohner Münsters mit Solaranlagen ausgestattet werden können.

Legt man für die zwischen 1995 und 2005 fertigzustellenden rund 10 000 Wohneinheiten die Installation zentraler Gasheizungen zugrunde, könnte der Anteil potentieller Solaranlagennutzer auf etwa 72 % der in 2005 erwarteten Einwohnerzahl von ca. 280 000 gesteigert werden. Der Nutzenergiebedarf zur Wassererwärmung für die rund 200 000 Personen beträgt ca. 150 GWh pro Jahr, wovon rund 58 % oder 88 GWh mit Erdgas und 42 % oder 63 GWh mit Heizöl erwärmt werden. Legt man Wirkungsgrade von 85,0 % für Gas- und 79,5 % für Ölheizungen sowie solare Deckungsgrade von 50 % für Flach- bzw. 60 % für Vakuumkollektoren zugrunde, so könnten mit Flachkollektoren ca. 52 GWh Erdgas und 39 GWh Heizöl substituiert werden (Weik et al., 1993; eigene Abschätzungen). Mit Vakuumkollektoren würden sich die Energiesubstitutionen auf etwa 62 GWh für Erdgas und 47 GWh für Heizöl erhöhen.

Bei spezifischen Emissionsfaktoren von 200 und 270 t/GWh für Erdgas bzw. Heizöl (U. Fritsche, 1990) stellt der Einsatz von Flach- bzw. Vakuumkollektoren zur Warmwasserbereitung ein jährliches CO_2-Vermeidungspotential von 20,9 bzw. 25,1 kt dar. Weik et al. haben bei Installationsraten von 10 bis 30 % ein CO_2-Vermeidungspotential von ca. 8 kt/a ermittelt (H. Weik et al., 1993). Rechnet man diesen Wert auf eine 72 %ige Installationsrate sowie die Bevölkerungszahl von 2005 hoch, so ergibt sich in der Größenordnung eine recht gute Übereinstimmung mit den hier abgeschätzten Emissionsminderungen.

Bei fernwärmeversorgten Gebäuden ist eine solare Warmwasserbereitung wenig sinnvoll, da das Fernwärmenetz in Münster im Vorlauf mit Temperaturen von 80 °C im Sommer und 130 °C im Winter betrieben wird. Da zur Nutzung der Sonnenenergie diese Temperaturen im Kollektorkreis überschritten werden müssen, sind hohe Wirkungsgrad-Einbußen die Folge (G. Bergmann et al., 1985), so daß bei fernwärmeversorgten Gebäuden von einer solaren Energieversorgung abgesehen wird. Günstiger ist eine zentrale solare Fernwärmeunterstützung im Rücklauf der Fernwärmeleitung, da die vergleichsweise niedrigen Temperaturen des Wärmeträgers noch ausreichende Kollektorwirkungsgrade ermöglichen. Zusätzlich müssen große Dachflächen in unmittelbarer Nähe zum Fernwärmenetz vorhanden sein, um eine kostengünstige Installation der Sammlerflächen zu gewährleisten.

Diese Voraussetzungen sind in dem untersuchten Gewerbegebiet mit einer Fern-wärmehauptleitung gegeben. Auf den Hallengebäuden könnten 70 900 m² effektive Empfängerfläche mit Solarkollektoren bestückt und an das Fernwärmenetz der Stadtwerke angeschlossen werden. Die Rücklauftemperatur von 60 °C grenzt jedoch den Nutzungszeitraum stark ein. Bei der Berechnung der erzielbaren Energieerträge wird für Flachkollektoren eine Betriebszeit von April bis August und für Vakuum-kollektoren eine solche von März bis Oktober angenommen. Unter Berücksichti-gung der entsprechenden Werte in Tabelle 24.1 erreichen die spezifischen Jahreser-träge 204 kWh/m² für Flach- und 374 kWh/m² für Vakuumkollektoren. Bei einer effektiven Sammlerfläche von 70 900 m² lassen sich ca. 15 bzw. 27 GWh an solarer Wärme im Jahr gewinnen. Der thermische Wirkungsgrad der Fernwärmeerzeugung von 60 % (H. Weik et al., 1993) ermöglicht durch Flach- bzw. Vakuumkollektoren eine jährliche Primärenergieeinsparung von rund 24 bzw. 44 GWh. Bei einem Fernwärme-Emissionsfaktor von 445 t/GWh (W. Bach, 1994) könnten durch diese Maßnahme je nach Kollektortyp pro Jahr zwischen 10,8 und 19,7 kt CO_2 vermieden werden.

Der Einsatz der Photovoltaik wird u.a. durch Netzrestriktionen eingeschränkt, da eine fluktuierende Stromeinspeisung größeren Umfangs ohne Eingriffe ins Versor-gungsnetz zu Problemen führt. Die installierte PV-Leistung soll in der Regel 17 % der gesamten installierten Kraftwerksleistung nicht überschreiten (A. Räuber, 1990). Aus der Brutto-Engpaßleistung des Jahres 1990 in der Bundesrepublik von 125 291 MW (H. Schiffer, 1991) errechnet sich bei 79,5 Mio. Einwohnern eine installierte Pro-Kopf-Leistung von 1,576 kW.

Auf die Einwohnerzahl Münsters hochgerechnet, ergibt sich bei Berücksichti-gung der 17 %-Marke eine installierbare PV-Leistung von 73,7 MWp. Bei einem Bedarf von 8,5 m² Solarzellenfläche pro kWp elektrischer Leistung können maximal 626 500 m² effektive Empfängerfläche installiert werden. Der spezifische Ertrag der photovoltaischen Energieumwandlung in Höhe von 105,3 kWh/m²a ermöglicht dann die Erzeugung und Einspeisung von etwa 66 GWh Photovoltaik-Strom, was bei einem CO_2-Emissionsfaktor von 609 t/GWh (Stadtwerke Münster, 1993) einer Emissionsvermeidung von ca. 40,2 kt entspricht.

Vergleicht man die Energiesubstitutionen und CO_2-Reduktionen durch Solar-thermie und Photovoltaik mit den Werten von 1987, so ergeben sich für 2005 die technischen Minderungspotentiale in Tabelle 24.3. Mit Flach- bzw. Vakuumkollek-toren läßt sich danach gegenüber 1987 ein technisches Minderungspotential von rund 32 kt oder 48 % bzw. von ca. 45 kt oder 67 % erreichen. Durch Photovoltaik ist im Strombereich ein technisches CO_2-Vermeidungspotential von rund 40 kt oder 6 % möglich.

Tabelle 24.3: Berechnete solare Energiesubstitutions- und CO_2-Vermeidungspotentiale in Münster, 2005.

Energiesubstitution		Flach-kollektor[1]	Vakuum-kollektor[1]	Photo-voltaik[2]
technisch[3]	GWh	114,9	152,9	180,8
	%	43,5	57,9	20,1
umsetzbar[4]	GWh	69,5	98,5	2,0
	%	26,3	37,3	0,2
CO_2-Vermeidung				
technisch[3]	kt	31,7	44,8	40,2
	%	47,5	67,1	5,8
umsetzbar[4]	kt	21,3	32,2	0,45
	%	31,9	48,2	< 0,1

1) bezogen auf den Primärenergiebedarf (264,2 GWh) und die CO_2-Emissionen (66,8 kt) für Warmwasserbereitung 1987; 2) bezogen auf den Stromverbrauch für Licht, Kraft und Kommunikation (901 GWh) und diesbezügliche CO_2-Emissionen (692 kt) in 1987; 3) bei einer Installationsrate solarer Warmwasseranlagen von 72 % mit solaren Deckungsgraden von 50 (FK) bzw. 60 % (VK), einer solaren Fernwärmeunterstützung im Gewerbegebiet Loddenheide sowie einer auf 73,7 MWp begrenzten Photovoltaik-Leistung; 4) bei einer Installationsrate solarer Warmwasseranlagen von 36 % mit solaren Deckungsgraden von 50 (FK) bzw. 60 % (VK), einer solaren Fernwärmeunterstützung im Gewerbegebiet Loddenheide sowie einer auf 730 MWh begrenzten Photovoltaik-Einspeisung

24.4.4 Umsetzbares Potential und CO_2-Vermeidung

Die technischen Potentiale werden durch Hemmnisse, wie z.B. fehlende Kenntnisse über die Leistungsfähigkeit von Solaranlagen, die Investor-Nutzer-Problematik im Mietwohnungsbau und die noch nicht erreichte betriebswirtschaftliche Rentabilität nur zum Teil ausgeschöpft. Folgende Annahmen werden bei der Berechnung der umsetzbaren Potentiale gemacht: Die Installation von Solarkollektoren erfolgt nur für die Warmwasserbereitung, da die Heizungsanbindung Zusatzkosten verursacht (P.-M. Nast, 1990). Die Installationsrate der Solaranlagen wird mit 36 % veranschlagt, d.h. das technische Substitutionspotential wird nur zur Hälfte ausgeschöpft (H. Weik et al., 1993). Die erzielbare CO_2-Reduktion beträgt mit Flach- bzw. Vakuumkollektoren 10,5 bzw. 12,5 kt/a. Im Bereich Fernwärme werden die o. g. technischen Potentiale übernommen, so daß die jährliche CO_2-Minderung mit Flachkollektoren 10,8 und mit Vakuumkollektoren 19,7 kt erreicht.

Bei der photovoltaischen Stromeinspeisung wird von einer kostendeckenden Vergütung ausgegangen, wobei die entstehenden Mehrkosten über einen erhöhten Strompreis ausgeglichen werden. Da diese Strompreiserhöhung 0,5 % nicht überschreiten darf (Anon., 1994b), muß der Umfang der solaren Stromeinspeisung begrenzt werden. Aus dem für 2005 prognostizierten Stromabsatz der Stadtwerke Münster in Höhe von 1 170 GWh und dem mittleren Strompreis von 0,25 DM/kWh, ergibt sich ein Erlös von rund 293 Mio. DM. Eine Strompreiserhöhung um 0,5 % führt zu Mehreinnahmen in Höhe von etwa 1,46 Mio. DM, so daß eine auf 2,00 DM/kWh begrenzte Vergütung eine solare Stromeinspeisung von rund 730 MWh ermöglicht. Dies ergibt nach Tabelle 24.3 für Flach- und Vakuumkollektoren zwischen 1987 und 2005 umsetzbare CO_2-Vermeidungspotentiale von etwa 21 kt oder 32 % bzw. 32 kt oder 48 %. Ohne den Abbau der bestehenden Hemmnisse bleibt die durch photovoltaische Stromeinspeisung zu erreichende CO_2-Minderung mit 445 t oder 0,06 % gering.

24.5 Kosten einer solaren Energiebereitstellung

24.5.1 Investitionskosten und Fördergelder

Die Kosten solarthermischer Anlagen variieren je nach Ausstattung und angestrebtem Deckungsgrad stark. Den Investitionsabschätzungen liegen die von P.-M. Nast (1990) genannten Preise solarthermischer Komponenten zugrunde, wobei von folgenden Annahmen ausgegangen wird: Pro Person wird eine Kollektorfläche von 1,3 m^2 Flach- (FK) oder 1,0 m^2 Vakuumkollektoren (VK) benötigt, um einen solaren Deckungsgrad von 50 % (FK) bzw. 60 % (VK) zu erzielen. Als erforderliches Speichervolumen wird der doppelte Tagesbedarf an Warmwasser, pro Person also 100 l, zugrundegelegt (A. Höß et al., 1990). Betrachtet werden vier unterschiedliche Anlagengrößen:

- Ein Einfamilienhaus mit vier Bewohnern (BW): erforderliche Kollektorfläche 5 m^2 (FK) bzw. 4 m^2 (VK) und ein Speichervolumen von 400 l.
- Ein kleines Mehrfamilienhaus mit 6 Wohneinheiten (WE) und 18 BW: erforderliche Kollektorfläche 23 m^2 (FK) bzw. 18 m^2 (VK) und ein Speichervolumen von 1 800 l.
- Ein großes Mehrfamilienhaus mit 20 WE und 60 BW: erforderliche Kollektorfläche 78 m^2 (FK) bzw. 60 m^2 (VK) und ein Speichervolumen von 6 000 l.
- Die Installation einer solaren Fernwärmeunterstützung auf dem Gebäude der Verkehrsbetriebe der Stadtwerke Münster mit einer installierbaren Kollektorfläche von 3 500 m^2 und einer Kurzzeit-Speicherung, die vom Fernwärmenetz übernommen wird.

Die Investitionskosten für die Flachkollektoren der Anlagen 1 bis 3 werden mit jeweils 700, 600 und 510,- DM/m^2 veranschlagt, während beim Einsatz von Vakuumkollektoren ein einheitlicher Preis von 1 130,- DM/m^2 angenommen wird. Die Flachkollektoren der Anlage 4 werden inklusive Installation, Aufständerung und Systemanbindung mit 460,- DM/m^2 (schwedischer LGB-Kollektor) und die Vakuumkollektoren mit 1 000,- DM/m^2 in Rechnung gestellt. Die spezifischen Speicherkosten betragen beim EFH 11 250,- DM/m^3, beim kleinen MFH 3 000,- DM/m^3 und beim großen MFH 2 400,- DM/m^3. Die Installationskosten werden beim EFH mit 445,- DM/m^2, beim kleinen MFH mit 335,- DM/m^2 und beim großen MFH mit 260,-

DM/m² in Rechnung gestellt. Damit ergeben sich für Flach- und Vakuumkollektoranlagen spezifische Systemkosten von 460,- bis 2 045,- DM/m² bzw. 1 000,- bis 2 700,- DM/m².

Zusätzlich werden die Investitions- und Energiegestehungskosten der Solaranlagen des vom Bund der Energieverbraucher initiierten Phönix-Projektes betrachtet. Diese Flachkollektoranlagen sind für 4- bis 5-Personen-Haushalte ausgelegt und kosten als Bausatz zwischen 4 800,- und 5 900,- DM (Anon., 1994d). Die Kosten für die Rohrleitungen und die Montage betragen jeweils 1 400,- und 2 000,- DM (Anon., 1994c), so daß die Komplettbausätze für 6 200,- bis 7 300,- DM und die fertig installierten Anlagen für 8 200,- bis 9 300,- DM zu haben sind.

Bei netzgekoppelten Photovoltaikanlagen sind Investitionen für die Solarmodule und deren Aufständerung, den Wechselrichter und die Installation bzw. Netzanbindung zu tätigen. Die Modulpreise liegen derzeit bei 15 000 DM/kWp. Hinzu kommen rund 2 000 DM/kWp für die Aufständerung und 3 000 DM/kWp für den Wechselrichter, so daß pro kWp eine Investition in Höhe von etwa 20 000 DM erforderlich ist (M. Kaltschmitt und A. Wiese, 1992).

Die Markteinführung regenerativer Technologien wird durch finanzielle Zuschüsse von verschiedenen Institutionen gefördert. In Münster können zur Zeit zwei Förderprogramme für solare Energiesysteme in Anspruch genommen werden: Auf Länderebene gibt es für NRW das REN-Programm (Landesprogramm Rationelle Energieverwendung und Nutzung unerschöpflicher Energiequellen). Im Rahmen der Breitenförderung werden netzgekoppelte Photovoltaikanlagen im Leistungsbereich von 1 bis 5 kWp mit 10 000 DM/kWp und solarthermische Anlagen mit 1 200,- DM je Anlage und zusätzlich 250,- DM pro m² installierter Kollektorfläche gefördert (MWMT, 1994).

Auf kommunaler Ebene ist von den Stadtwerken Münster das Förderprogramm „Sonnenwärme", bei dem Anlagen zur solaren Warmwasserbereitung mit 400,-DM/m² für Vakuumkollektoren und 225,- DM/m² für Flachkollektoren bezuschußt werden, initiiert worden (Stadtwerke Münster GmbH, o. J.). Da die maximal geförderte Kollektorfeldgröße auf 5 m² begrenzt ist, sind vor allem Besitzer von Einfamilienhäusern die Zielgruppe dieses Programms. Auf Bundesebene waren die finanziellen Mittel des vom Wirtschaftsministerium mit Beginn des Jahres 1994 aufgelegten Solarthermieprogramms in Höhe von 10 Mio. DM bereits nach drei Monaten ausgeschöpft (Anon., 1994a). Abschließend zeigt Tabelle 24.4 die Investitionskosten und Fördergelder beispielhaft für die unterschiedlichen Solaranlagen.

Der Kostenvergleich für eine Einfamilienhaus-Anlage zeigt, daß die Phönix-Anlagen zwischen 9 und 20 % günstiger angeboten werden. Dieser Preisunterschied vergrößert sich bei Inanspruchnahme der Fördergelder auf 18 bis 28 %. Ein Kostenvergleich von Flach- und Vakuumkollektoranlagen zeigt, daß die Preisunterschiede mit der Anlagengröße zunehmen, was vor allem an den einheitlichen Vakuumkollektorpreisen liegt. Während diese Anlagen beim EFH etwa 50 % teurer sind, erhöht sich der Preisunterschied auf über 70 % bei der Fernwärmeanbindung. Dies wird

Tabelle 24.4: Investitionen und Fördergelder für Flach- und Vakuumkollektor-Solaranlagen.

Gebäudetyp	Phönix-Anlagen[1]	EFH[2]	kleines MFH[2]	großes MFH[2]	Fern-wärme[2]
Flachkollektor DM	k.a.	3500,-	13800,-	39780,-	1610000,-
Installation DM	k.a.	2225,-	7705,-	20280,-	
Speicher DM	k.a.	4500,-	5400,-	14400,-	
Summe DM	8200,- bis 9300,-	10225,-	26905,-	74460,-	1610000,-
- REN[3] DM	2300,- bis 2700,-	2450,-	6950,-	20700,-	876200,-
- Stadtwerke[4] DM	990,- bis 1225,-	1125,-	1125,-	1125,-	
= Restkosten DM	4814,- bis 5475,-	6650,-	18830,-	52635,-	733800,-
Vakuumkollektor DM	-	4520,-	20340,-	67800,-	3500000,-
Installation DM	-	1780,-	6030,-	15600,-	
Speicher DM	-	4500,-	5400,-	14400,-	
Summe DM	-	10800,-	31770,-	97800,-	3500000,-
- REN[3] DM	-	2200,-	5700,-	16200,-	876200,-
- Stadtwerke[4] DM	-	1600,-	2000,-	2000,-	
= Restkosten DM	-	7000,-	24070,-	79600,-	2623800,-

[1] Anon. (1994c,d); im Rahmen des Phönix-Projektes werden keine Vakuumkollektoren angeboten; [2] Nast (1990), eigene Berechnungen; [3] MWMT (1994); [4] Stadtwerke Münster (o. J.)

durch die Förderung noch verstärkt, da Flach- und Vakuumkollektoren vom MWMT mit einem einheitlichen Betrag bezuschußt werden, während die Stadtwerke Münster die geförderte Kollektorfläche auf 5 m² begrenzen.

24.5.2 Energiegestehungskosten

Tabelle 24.5 gibt eine Übersicht über die im folgenden benutzten Berechnungsgrößen. Die Lebensdauer der Kollektoren und Speicher wird auf 15 bzw. 20 Jahre festgesetzt, wobei der Restwert der Speicher nach Ablauf der Kollektorlebensdauer durch lineare Abschreibung ermittelt und der Investition gutgeschrieben werden. Für die Speicherkosten der Phönix-Anlagen wird ein Neupreis von 3200,- DM angenommen.

Weil die betrachteten Solaranlagen den Energiebedarf nicht vollständig decken können, müssen zusätzlich Kosten für konventionelle Energieträger berücksichtigt werden. Der erforderliche Fremdenergiebedarf soll durch eine Gasheizung bereitgestellt werden, wobei ein Wirkungsgrad von 83 % (H. Weik et al., 1993) und ein Erdgaspreis von 5,5 Pf/kWh bei einer jährlichen Preissteigerung von 3 % unterstellt werden. Die jährlichen Wartungs- und Reparaturkosten werden mit 1,8 % der Gesamtinvestitionen in Rechnung gestellt, wobei hier eine jährliche Teuerungsrate von 1,5 % zugrundegelegt wird.

Tabelle 24.5: Berechnungsgrößen für die Energiegestehungs-, Energiesubstitutions- und CO_2-Vermeidungskosten.

Flachkollektor		Phönix-Anlagen	EFH	kleines MFH	großes MFH	Fern-wärme
Personenzahl		4 bis 5	4	18	60	-
Nutzenergiebedarf	kWh/a	2974 bis 3718	2974	13383	44610	-
sol. Deckungsgrad[1]	%	50	50	50	50	-
Fremdenergiebed.[2]	kWh/a	1792 bis 2240	1792	8062	26874	-
Fremdenergiekosten[3]	DM	1072,- bis 1341,-	1072,-	4826,-	16086,-	-
Wartungskosten[3]	DM	1468,- bis 1664,-	1830,-	4815,-	13326,-	80040,-
bei Eigenmontage[3]	DM	1110,- bis 1306,-	-	-	-	-
Vakuumkollektor						
sol. Deckungsgrad[1]	%	-	60	60	60	-
Fremdenergiebed.[2]	kWh/a	-	1433	6450	21499	-
Fremdenergiekosten[3]	DM	-	858,-	3861,-	12869,-	-
Wartungskosten[3]	DM	-	1933,-	5686,-	17503,-	174000,-
Restwert Speicher[4]	DM	800,-	1125,-	1350,-	3600,-	-
Investition konv.[5]	DM	1200,-	1200,-	4500,-	5500,-	-
Wartung konv.[3),5]	DM	497,-	497,-	805,-	984,-	-

[1] vgl. Abschnitt 24.5.1; [2] Fremdendergiebedarf = Nutzenergiebedarf · (1 - solarem Deckungsgrad): Umwandlungswirkungsgrad der konventionellen Warmwasser-Bereitung (83 %) [3] Summe der Barwerte über die Lebensdauer der Solaranlage (15 Jahre); [4] wird für die Energiegestehungs-, Energiesubstitutions- und CO_2-Vermeidungskosten gutgeschrieben und durch lineare Abschreibung nach Ablauf der Kollektorlebensdauer ermittelt; [5] wird für die Energiesubstitutions- und CO_2-Vermeidungskosten gutgeschrieben

Die Berechnung der Energiegestehungskosten nach der Annuitätenmethode mit einem Zinssatz von 7 % ergibt für die solarthermischen Anlagen die in Tabelle 24.6 gezeigten Wärmepreise. Die Energiegestehungskosten für die Fernwärmeanbindung werden aus dem Kapitaldienst für die Investition, den Wartungs- und Reparaturkosten sowie den solaren Energieerträgen ermittelt. Die Wartungskosten werden mit 0,5 % der Investitionskosten angesetzt, da die begrenzte jährliche Nutzungsdauer und die fehlende Speicherung einen geringeren Wartungsaufwand erwarten lassen.•

Die Kosten der konventionellen Warmwasseranlagen werden inklusive Installation mit 1200,-, 4500,- und 5500,- DM in Rechnung gestellt (Bosch, 1994). Alle übrigen Rahmenbedingungen, wie Energiekosten, Wartung und Zinssatz entsprechen den oben genannten Werten für solare Warmwasseranlagen. Tabelle 24.6 zeigt, daß zur Zeit nur bei Eigenmontage der Phönix-Anlagen mit Energiegestehungskosten von 15,5 bis 18,0 Pf/kWh ein der konventionellen Wassererwärmung vergleichbares Preisniveau erreicht wird. Die Energiegestehungskosten der anderen Anlagen liegen je nach Kollektortyp und Anlagengröße um das zwei- bis dreifache über den Kosten einer konventionellen Warmwasserbereitung. Daran ändert auch die derzeitige Förderpraxis nur wenig.

Tabelle 24.6: Berechnete Wärmegestehungskosten von Flach- und Vakuumkollektoranlagen im Vergleich mit konventionellen Wärmeerzeugungskosten*.

Flachkollektor (Pf/kWh)	Phönix- Anlagen	EFH	kleines MFH	großes MFH	Fern- wärme
ohne Förderung	34,0 bis 38,9	44,3	28,9	24,7	36,0
Eigenmontage	27,0 bis 30,2	-	-	-	-
mit Förderung	22,7 bis 26,7	31,1	22,2	19,3	22,5
Eigenmontage	15,5 bis 18,0	-	-	-	-
Vakuumkollektor (Pf/kWh)					
ohne Förderung	-	46,0	32,8	30,7	42,7
mit Förderung	-	32,0	26,5	26,2	35,3
konv. Anlage	14,0	14,0	12,2	9,8	5,9

*Der Fernwärmepreis ist der Kundentarif der Stadtwerke ohne Grundpreis; Stand: Oktober '94.

Als vergleichsweise kostengünstig erweisen sich solare Großanlagen in Mehrfamilienhäusern, die aufgrund ihres niedrigeren Material- und Installationsaufwandes gegenüber den kleineren Anlagen deutlich geringere solare Wärmepreise ermöglichen. Dies gilt im Prinzip auch für die Fernwärmeanbindung. Daß sich dennoch höhere Wärmekosten ergeben, liegt an der auf die Sommermonate begrenzten Nutzungsdauer.

Untersuchungen zur zukünftigen Preisentwicklung zeigen, daß bei einer Serienfertigung mit deutlichen Kostendegressionen zu rechnen ist (EK, 1994; Fisch et al., 1994). Solarthermische Einzelanlagen sollen danach bei einem Zinssatz von 8 % einen Wärmepreis von 14,1 bis 37,1 Pf/kWh und solare Nahwärmesysteme einen solchen von 8,4 bis 16,0 Pf/kWh erreichen. Insbesondere die solare Nahwärme stellt dann eine wichtige Option dar.

Für die photovoltaische Energiebereitstellung ergibt sich bei einem angenommenen Kapitalmarktzins von 7 %, einer Gesamtinvestition von 20 000 DM/kWp, einer Lebensdauer der Anlage von 20 Jahren und jährlichen Wartungskosten in Höhe von 0,5 % der Investition bei einer Steigerung von 1,5 % pro Jahr, ein Strompreis von 2,39 DM/kWh. Unter Berücksichtigung der Fördergelder aus dem REN-Programm des Landes NRW in Höhe von 10 000 DM/kWp reduziert sich der Strompreis auf 1,26 DM/kWh. Damit liegt Photovoltaik-Strom um das fünf- bis neunfache über dem derzeitigen Strompreis. Ohne eine kostengerechte Vergütung des eingespeisten Solarstroms (in NRW hat Wirtschaftsminister Einert einer Vergütung in Höhe von 2,00 DM/kWh unter der Bedingung zugestimmt, daß die erforderliche Strompreisanhebung für Tarif- und Sonderabnehmer 0,5 % nicht überschreitet) ist auf absehbare Zeit kein energiewirtschaftlich relevanter Beitrag durch diese Technologie zu erwarten.

24.5.3 Energiesubstitutions- und CO$_2$-Vermeidungskosten

Um die Effizienz einer solaren Energiebereitstellung mit anderen Energiesparmaßnahmen vergleichen zu können, müssen die Energiesubstitutions- und CO$_2$-Vermeidungskosten erfaßt werden. Dabei muß zwischen dem Instandhaltungsanteil der Investition und dem finanziellen Mehraufwand für die Anschaffung und den Betrieb der Solaranlage unterschieden werden. Während die Investitions- und Wartungskosten für eine konventionelle Heizungs- bzw. Warmwasseranlage als Instandhaltungsmaßnahme gewertet werden, sind Mehrkosten, die durch eine Solaranlage verursacht werden, der Energieeinsparung bzw. CO$_2$-Vermeidung anzulasten. Eine solche Vorgehensweise ist jedoch bei der Fernwärmeanbindung und der photovoltaischen Stromerzeugung nicht möglich, da der Einsatz dieser Technologien für die Kraftwerksbetreiber zu keiner wesentlichen finanziellen Entlastung führt. Daher müssen bei der solaren Fernwärmeunterstützung und der Photovoltaik sowohl die Investitions- als auch die Wartungskosten voll auf die Substitutions- und Vermeidungskosten angerechnet werden.

Für die Fernwärmeanbindung ergeben sich bei annuitätischer Berechnung unter den bereits genannten Rahmenbedingungen, wie Zinssatz, Lebensdauer der Anlage und solarem Energieertrag, Energiesubstitutionskosten von 21,6 Pf/kWh für Flach- und 25,6 Pf/kWh für Vakuumkollektoren. Die entsprechenden CO$_2$-Vermeidungskosten liegen bei 80,8 bzw. 95,8 Pf/kg. Die Energiesubstitutions- und CO$_2$-Vermeidungskosten der photovoltaischen Stromerzeugung liegen mit 87,3 Pf/kWh bzw. 3,76 DM/kg deutlich über den Kosten der Fernwärmeunterstützung, was in erster Linie auf die hohen Investitionen und die relativ geringen Wirkungsgrade zurückzuführen ist.

Für Warmwasseranlagen muß zusätzlich nach dem substituierten Brennstoff unterschieden werden, um die spezifischen Emissionen von Erdgas und leichtem Heizöl zu berücksichtigen. Tabelle 24.7 zeigt, daß für die unterschiedlichen Anlagen und Nutzungen die berechneten Energiesubstitutionskosten zwischen rund 28 und 57 Pf/kWh und die CO$_2$-Vermeidungskosten zwischen etwa 1,05 und 2,80 DM/kg liegen. Aufgrund der rund 30 % höheren spezifischen CO$_2$-Emissionen des Heizöls ergeben sich gegenüber Erdgas geringere Substitutions- und Vermeidungskosten.

Ein Vergleich mit den von S. Lechtenböhmer und W. Bach (1994) berechneten Kosten für „konventionelle" Energiesparmaßnahmen, u.a. Wärmedämmung und Umstellung der Heizungsanlage auf Brennwerttechnik, zeigt, daß bei einem Zinssatz von 8 % derzeit die Substitutions- und CO$_2$-Vermeidungskosten mit 6 bis 8 Pf/kWh bzw. 15 bis 31 Pf/kg CO$_2$ deutlich geringer sind als dies bei der Nutzung der Solarenergie der Fall ist. Die Ursache liegt vor allem in den höheren Grund- und Wartungskosten solarer Energietechnologien. Denn bei der Wärmedämmung fallen über die gesamte Lebensdauer keine Wartungsarbeiten an. Dies gilt auch für die Erneuerung der Heizungsanlage, deren Kosten als Instandhaltung gewertet werden. Aus volkswirtschaftlicher Sicht und unter dem Aspekt eines effektiven Klimaschutzes sollten deshalb Energiesparmaßnahmen vorrangig durchgeführt werden. Denn je erfolgreicher Energie eingespart wird, desto kleiner ist die konventionelle Energiemenge, die durch regenerative Energiequellen zu decken ist. So gesehen ist Energie-sparen eine Brücke ins Sonnenenergiezeitalter (H. Scheer, 1994).

Tabelle 24.7: Berechnete Energiesubstitutions- und CO_2-Vermeidungskosten von Flach- und Vakuumkollektoranlagen.

Substitution von Gas		Phönix-Anlagen	EFH	kleines MFH	großes MFH
Flachkollektor	Pf/kWh	41,5 bis 47,6	56,6	34,1	31,7
Eigenmontage	Pf/kWh	29,5 bis 33,1	-	-	-
Vakuumkollektor	Pf/kWh	-	50,6	35,0	35,8
Flachkollektor	DM/kg CO_2	2,08 bis 2,38	2,83	1,71	1,59
Eigenmontage	DM/kg CO_2	1,47 bis 1,66	-	-	-
Vakuumkollektor	DM/kg CO_2	-	2,53	1,75	1,79
Substitution von Öl					
Flachkollektor	Pf/kWh	39,8 bis 45,6	54,2	32,7	30,4
Eigenmontage	Pf/kWh	28,2 bis 31,7	-	-	-
Vakuumkollektor	Pf/kWh	-	48,5	33,5	34,3
Flachkollektor	DM/kg CO_2	1,47 bis 1,69	2,01	1,21	1,13
Eigenmontage	DM/kg CO_2	1,05 bis 1,17	-	-	-
Vakuumkollektor	DM/kg CO_2	-	1,80	1,24	1,27

24.6 Schlußfolgerungen und Empfehlungen

Diese Untersuchung über die Möglichkeiten der Sonnenenergienutzung in Münster hat gezeigt, daß in ausreichendem Maße Dachflächen für die Installation solarer Energiewandler zur Verfügung stehen. Aufgrund unrentabler Speichertechnologien und energiewirtschaftlicher Hemmnisse können die vorhandenen Potentiale zur Zeit jedoch nur teilweise genutzt werden. Am kostengünstigsten erweist sich die solare Warmwasserbereitung, da der im Jahresverlauf konstante Warmwasserbedarf im Sommer nahezu vollständig und in den übrigen Monaten zum großen Teil durch Sonnenenergie gedeckt werden kann. Das technische CO_2-Vermeidungspotential der solaren Warmwasserbereitung erreicht in Münster mit Flachkollektoren 32 kt oder 48 % und mit Vakuumkollektoren 45 kt oder 67 %. Dieses Potential wird jedoch aufgrund vielfältiger Hemmnisse nicht vollständig ausgeschöpft, so daß bis 2005 CO_2-Reduktionen von 21 bis 32 kt oder 32 bis 48 % umsetzbar sind.

Dieses Minderungspotential ist jedoch keine unbeeinflußbare Größe, da der Einsatz solarer Warmwasseranlagen durch Beratung und Schulung von Architekten, Installateuren und Verbrauchern sowie durch geeignete Fördermaßnahmen gesteigert werden kann. Die große Resonanz auf Förderprogramme zeigt, daß viele Verbraucher bereit sind, trotz höherer Energiegestehungskosten in eine umweltfreundliche solare Energiebereitstellung zu investieren. Auch der Neubaubereich bietet vielfältige Möglichkeiten zur Integration solarer Energietechnologien, da bereits im Planungsstadium die Möglichkeiten einer Solarenergienutzung berücksichtigt werden können.

Zur Zeit ist die betriebswirtschaftliche Rentabilität solarer Anlagen nur in Ausnahmefällen gegeben. Deshalb sollten Maßnahmen ergriffen werden, die zu einer deutlichen Kostendegression und damit zu einer verstärkten Nutzung der Sonnenenergie führen. Dies erfordert eine längerfristige Förderung, die den Herstellern den Einstieg in eine kostengünstigere Serienfertigung erlaubt. Eine solch zeitlich begrenzte Subventionierung - die Enquete-Kommission „Schutz der Erdatmosphäre" (EK, 1994, Minderheitsvotum, S. 552-553) nennt für die Bundesrepublik eine erforderliche Anschubfinanzierung in Höhe von 7 bis 12,5 Mrd DM zwischen 1995 und 2010 - hat klimaökologisch und beschäftigungspolitisch positive Auswirkungen, da die Herstellung und Installation regenerativer Energietechnologien in der Regel arbeitsintensiver ist als die konventioneller Energiesysteme. Es ist zu prüfen, inwieweit Fördermittel durch eine Energiesteuer und/oder einen „Solarpfennig" bereitgestellt werden können (Anon., 1993).

Auch auf kommunaler Ebene sollte die Förderung der Solarenergie verstärkt werden. Dies kann z.B. in Form von Informationskampagnen und Förderprogrammen der Stadtverwaltung und Energieversorgungsunternehmen geschehen. Darüberhinaus sollte die Solarenergie-Förderung der Stadtwerke Münster zeitlich und finanziell ausgedehnt werden. Analog zum Wärme-Service-Erdgas wäre die Einführung eines Wärme-Service-Solarenergie wünschenswert. Bei der Errichtung solarer Demonstrationsobjekte sollten die Kommunen eine Vorbildfunktion übernehmen.

Literaturauswahl

Anon. (1993): Wo bleibt der Solarpfennig? Das Solarzeitalter, Heft 4, 1993, S. 11

Anon. (1994a): BMWi-Mittel bereits erschöpft. Sonnenenergie und Wärmetechnik, Heft 3, 1994, S. 6

Anon. (1994b): Kostengerechte Vergütung ist in NRW jetzt möglich. Sonnenenergie und Wärmetechnik, Heft 4, 1994, S. 5

Anon. (1994c): Phönix startet. Energiedepesche, Heft 2, 1994, S. 28-31

Anon. (1994d): Projektstand Phönix. Energiedepesche, Heft 4, 1994, S. 24/25

Bach, W. (1994): Klimaschutzpolitik. Wie kann die Stadt Münster das Ziel der Bundesregierung einer 25-30 %igen CO_2-Reduktion bis zum Jahr 2005 realisieren? Münstersche Geographische Arbeiten Nr. 36, S. 3-32

Bergmann, G., Steinmüller, B., Riemer, H., Scholz, F. (1995): Systemstudie zur Nutzung der Sonnenenergie für die zentrale Wärmeversorgung von Gebäudekomplexen. Forschungsbericht T 85-072, hrsg. vom Bundesministerium für Forschung und Technologie. Karlsruhe

Bosch GmbH (1994): Preislisten für direkt und indirekt beheizte Warmwasserspeicher, Stand: April 1994. Wernau

EK (Enquete-Kommission „Schutz der Erdatmosphäre") (Hrsg., 1992): Klimaänderung gefährdet globale Entwicklung, Bonn, Karlsruhe.

EK (Enquete-Kommission „Schutz der Erdatmosphäre") (Hrsg., 1994): Mehr Zukunft für die Erde - Nachhaltige Energiepolitik für dauerhaften Klimaschutz. Bonn

Fisch, N., Kübler, R., Lutz, A., Hahne, E. (1994): Solare Nahwärme - Stand der Projekte. Sonnenenergie und Wärmetechnik, Heft 1, S. 14-18

Fritsche, U. (1990): Emissionsmatrix für klimarelevante Schadstoffe in der BRD. In: Energie und Klima. Bd. 2, Energieeinsparung sowie rationelle Energienutzung und -umwandlung, S. 49-86, hrsg. von der Enquete-Kommission „Vorsorge zum Schutz der Erdatmosphäre" des Deutschen Bundestages. Bonn, Karlsruhe

Höß, A., Kunz, W., Schaube, H. (1990): Ermittlung der Leistungsfähigkeit von Solaranlagen zur Wassererwärmung. In: Sonnenenergie zur Warmwasserbereitung, hrsg. vom Fachinformationszentrum Karlsruhe. Köln

Kaltschmitt, M., Wiese, A. (1992): Potentiale und Kosten regenerativer Energieträger in Baden-Württemberg. Zeitschrift für Energiewirtschaft, Heft 4, S. 263-281

Lechtenböhmer, S., Bach, W. (1994): Förderprogramme zur Energieeinsparung und CO_2-Vermeidung. Effizienz und Kosten. Energiewirtschaftliche Tagesfragen, 44. Jg., Heft 8, S. 516-523

Leis, U. (1992): Einflußfaktoren auf den Wirkungsgrad von Solarmodulen. Energiewirtschaftliche Tagesfragen 42. Jg., Heft 8, S. 543-548

MWMT (Ministerium für Wirtschaft, Mittelstand und Technologie des Landes NRW) (Hrsg., 1994): Merkblatt zum Programm „Rationelle Energieverwendung und Nutzung unerschöpflicher Energiequellen", Programmbereich Breitenförderung, Düsseldorf

Nast, P.-M. (1990): Solarkollektoren und solare Nahwärmesysteme. In: Energie und Klima. Bd. 3, Erneuerbare Energien, S. 519-610, hrsg. von der Enquete-Kommission „Vorsorge zum Schutz der Erdatmosphäre" des Deutschen Bundestages. Bonn, Karlsruhe

Räuber, A. (1990): Photovoltaische Energieerzeugung. In: Energie und Klima. Bd. 3, Erneuerbare Energien, S. 7-39, hrsg. von der Enquete-Kommission „Vorsorge zum Schutz der Erdatmosphäre" des Deutschen Bundestages. Bonn, Karlsruhe

Scheer, H. (1994): Sonnenstrategie. Politik ohne Alternative. 4. Auflage, München

Schiffer, H. W. (1991): Energiemarkt Bundesrepublik Deutschland. 2. Auflage, Köln

Stadt Münster (1993): Bevölkerungsentwicklung und kleinräumige Bevölkerungsprognose 1993. Beiträge zur Statistik Nr. 60, Münster

Stadt Münster (o. J.): Flächenbilanz zum Flächennutzungsplan von 1986 (unveröffentlicht). Münster

Stadtwerke Münster (1987): Energie für Münsters Zukunft, 1. Fortschreibung. Münster

Stadtwerke Münster (1993): Energie für Münsters Zukunft, 2. Fortschreibung. Münster

Stadtwerke Münster (o. J.): Kundeninformation zum Förderprogramm „Sonnenwärme". Münster

Vanoli, K., Schreitmüller, K. (1984): Solarhaus Freiburg. Forschungsbericht T 84-249, hrsg. vom Bundesministerium für Forschung und Technologie. Karlsruhe 1984

VEW (Vereinigte Elektrizitätswerke Westfalen AG) (1990): Bericht über das Geschäftsjahr 1989. Dortmund

Weik, H., Blohm, R., Pietzner, M. (1993): Endenergie-Verbräuche und CO_2-Emissionen der statistischen Bezirke in Münster. Arbeitspapier für den Beirat für Klima und Energie der Stadt Münster. In: Anhang zum Zwischenbericht des Beirates für Klima und Energie, S. 1-101, hrsg. vom Oberstadtdirektor der Stadt Münster. Münster

Weiß, J. (1993): Ausgewählte Ergebnisse der meteorologischen/klimatologischen Messungen (unveröffentlicht). Münster

XII Globale Klimaschutzpolitik

Die klimapolitische Bedeutung des Flugverkehrs wird häufig unterschätzt. Dies hat eine Reihe von Gründen: Die per Flugzeug zurückgelegten Entfernungen werden oft als gering empfunden, obwohl ein einziger Flug häufig die Jahresleistung eines PKW erreichen kann; die üblichen Länderstatistiken berücksichtigen nur die über dem betreffenden Land abgegebenen Emissionen, nicht aber die bis zum Zielort und zurück initiierten Gesamtemissionen; und die in Flughöhe abgegebenen Emissionen sind mindestens doppelt so klimaschädlich wie die in Bodennähe ausgestoßenen Abgase (K.-O. Schallaböck, Gelegenheit macht Flüge, in B. und M. Tillmann (Hrsg.), Über unsere Verhältnisse, 131 - 136, 1998, Lit Verlag, Münster). **Kapitel 25** untersucht die Entwicklung des deutschen Flugtourismus und schätzt anhand von ausgewählten Kurz- und Langstreckenflügen die klimaökologische Bedeutung ab.

Der Flugverkehr hat wegen seiner großen Wachstumsraten und seiner Schadstoffabgaben in hohe Atmosphärenschichten ein klimatisches Gefahrenpotential globalen Ausmaßes. In seinem neuesten Bericht „The IPCC Special Report on Aviation and the Global Atmosphere" (1999), hat sich deshalb das Intergovernmental Panel on Climate Change / Zwischenstaatliche Gremium für Klimaänderungen der Vereinten Nationen mit dieser Problematik auseinandergesetzt (die Summary for Policymakers findet der Leser auf der IPCC web site: http://www.ipcc.ch).

Wie sieht der Bericht die weiteren Entwicklungen? Der Flugverkehr von Passagieren hat weltweit von 1960 - 90 um fast 9 %/a (ausgedrückt in Pkm bzw. Personenkilometern) oder 2,4 mal so stark wie das durchschnittliche Bruttoinlandsprodukt (BIP) zugenommen. Es wird angenommen, daß der Flugpassagierverkehr von 1990 - 2015 auf eine Wachstumsrate von etwa 5 %/a zurückgeht. Der Treibstoffverbrauch läge über die gleiche Zeitperiode bei einer Wachstumsrate von „nur" 3 %/a, was größtenteils auf effizienteres Fluggerät zurückzuführen sei.

Die Klimaauswirkungen des Unterschallflugverkehrs lagen 1992 bei einem Strahlungsantrieb von 0,05 W/m^2 oder ca. 3,5 % des Wertes für die gesamten anthropogenen Aktivitäten. Bis 2050 könnten die Werte um das 2,6 bis 11fache über denen von 1992 liegen. Diese Abschätzungen beruhen auf den Konzentrationsänderungen von CO_2, O_3, CH_4, H_2O, Kondensstreifen und Aerosolen, jedoch nicht den Änderungen der Zirrusbewölkung. Der Nettoeffekt war bei Unterschallflügen von 1970 - 92 bei 45 °N im Juli eine Zunahme in der Ozonsäule und eine Abnahme in der UV-B-Strahlung - letzteres hauptsächlich verursacht durch NO_x-Emissionen. Für die Zukunft ist die Entwicklung von zivilen Überschallflugzeugen nicht auszuschließen, die in einer Flughöhe von etwa 19 km, also etwa 8 km über dem Unterschallverkehr fliegen. Von den Emissionen sind es vor allem NO_x, H_2O und SO_x, die das stratosphärische Ozon beeinflussen. Der Strahlungsantrieb durch zivilen Überschallverkehr wird um einen Faktor 5 höher eingeschätzt als der durch Unterschallverkehr.

Der IPCC-Bericht beschäftigt sich auch mit einer Reihe von Maßnahmen, durch die die Auswirkungen des Flugverkehrs reduziert werden können. So haben die derzeitigen Unterschallflugzeuge eine um 70 % höhere Treibstoffeffizienz pro Personenkilometer als noch vor 40 Jahren. Dies wurde vorwiegend durch Verbesserungen im Bereich der Motoren und der Tragflächen erreicht. Weitere Treibstoffeffizienzverbesserungen von 20 % und 40 - 50 % werden bis 2015 bzw. 2050 erwartet. Verbesserungen der Motoreneffizienz könnten zwar den Treibstoffverbrauch und die meisten Emissionsarten reduzieren, aber die Kondensstreifen und die NO_x-Emissionen könnten zunehmen, wenn die Verbrennungstechnologie nicht verbessert würde. Für die nächsten Jahrzehnte werden keine praktikablen Alternativen zu Treibstoffen auf Kerosinbasis erwartet. Die Verringerung des Schwefelgehalts im Kerosin vermindert auch die SO_2-Emissionen und Sulfataerosolbildung. Insbesondere Langstreckenflüge brauchen hochverdichteten Treibstoff. Langfristig ist der Wasserstoff eine Option, braucht aber ein neues Flugzeugdesign. Wasserstoff würde zwar die CO_2-Emissionen eliminieren, dafür aber vermehrt Wasserdampf erzeugen.

Verbesserungen im Luftverkehrsmanagement könnten innerhalb der nächsten 20 Jahre den Verbrauch von Flugtreibstoff um 8 - 18 % reduzieren. Bei dieser Maßnahme werden nicht nur einzelne, sondern alle Treibstoffemissionen reduziert. Obwohl Verbesserungen im Flugzeugdesign, in der Motortechnologie und in der Effizienz des Flugverkehrssystems auch für die Umwelt von Nutzen sein werden, ist dennoch keine vollständige Kompensation für die zunehmenden Emissionen aus dem anvisierten Wachstum des Flugverkehrs zu erwarten. Weitergehende Maßnahmen sind erforderlich, wie z. B. strengere Abgasgrenzwerte, die Streichung von Subventionen und Anreizen, wie etwa die Mineralölsteuerbefreiung, die Einführung einer Ökosteuer sowie die Verlagerung von kurzen Inlandflügen auf die Bahn.

Die Bundesregierung hat in ihrem im September 1997 beschlossenen „Konzept für Luftverkehr und Umwelt" die Aufhebung der Steuerbefreiung für Flugtreibstoff und die Prüfung emissionsbezogener Landegebühren gefordert (Jahresbericht 1997, Umweltbundesamt, S. 206). Das UBA, das an der Prüfung beteiligt war, kam zu dem Zwischenergebnis, daß nach dem Chicagoer Abkommen für den zivilen Flugverkehr prinzipiell die Besteuerung von Treibstoff sowie emissionsbezogene Abgaben zulässig sind. Im Einzelfall müssen die verschiedenen bilateralen Luftverkehrsabkommen - für Deutschland etwa 100 - geprüft werden. Diese sehen nämlich auf Empfehlung der International Civil Aviation Organization / Internationale Zivilluftfahrtorganisation eine Steuerbefreiung für den Treibstoff vor. In Schweden gab es für den gewerblichen Inlandverkehr 1989 eine Steuer auf NO_x und 1991 eine auf CO_2. Mit dem Beitritt Schwedens zur EU wurde diese Steuer 1997 wieder abgeschafft. In der Schweiz wird seit dem 1.9.97 eine Landgebühr erhoben, deren Höhe sich nach den bei der Zulassung gemessenen NO_x- und HC-Emissionen richtet. Besonders umweltfreundliche Flugzeuge bezahlen unterdurchschnittliche Gebühren (Bonus-Malus als Anreiz).

Kapitel 26 ist in vielerlei Hinsicht ein zentrales Kapitel, weil darin eine wirksame Klimaschutzstrategie zur Unterstützung der internationalen Klimaschutzaktivitäten vorgestellt wird. Aber zunächst betrachten wir erst einmal am CO_2, dem wichtigsten

Treibhausgas, die Emissions- und Konzentrationsentwicklungen; denn sie geben schon einen Vorgeschmack auf die auf uns zukommenden enormen Reduktionsanstrengungen. Die Zahlen des Weltenergierats zeigen für die CO_2-Emissionen von 1990 - 96 folgende Änderungen: Zunahmen von 0,8 % für die EU, 8,2 % für Nordamerika und 7,8 % für OECD-Länder insgesamt sowie 31,8 % für die Entwicklungsländer. Gäbe es nicht die wirtschaftlichen Schwierigkeiten in Rußland und den osteuropäischen Ländern mit einer CO_2-Abnahme von 31,3 %, hätte der globale CO_2-Ausstoß um 13,1 % und nicht, wie tatsächlich, um 6,4 % zugenommen (M. Jefferson, J. World Energy Council 76, Juli 1997). Die neuesten Zahlen für 1990 - 98 zeigen eine leichte Reduktion auf 6,3 % (Global Environmental Change Report [GECR] 15, 1, 13.8.99).

Die CO_2-Konzentration in der Atmosphäre hat gegenüber dem vorindustriellen Wert von 280 ppm um 31 % auf 366,7 ppm in 1998 zugenommen. Gegenüber 1997 war das eine Zunahme von 2,88 ppm (1ppm entspricht etwa 2000 Mt C) - der bisher größten in den 40 Beobachtungsjahren auf dem Mauna Loa, Hawaii (GECR, 15, 2 - 3, 13.8.99). Die CO_2-Konzentrationen spiegeln die Emissionen aus fossilem Brennstoffverbrauch, Zementproduktion und Landnutzungsänderungen sowie durch El Niño-Einflüsse wider. Bei letzteren spielen zwei gegensätzliche Effekte bei der Erhöhung der CO_2-Rate eine Rolle. Der erste, und stärkere, Effekt bezieht sich auf die terrestrische Biosphäre, die bei Ausfall des Monsuns in El-Niño-Jahren zu weniger Regen und Pflanzenwachstum und damit zu einer geringeren CO_2-Aufnahme führt. Der entgegengesetzte Effekt kommt bei El-Niño-Jahren vom Ozean, wenn eine tiefere Thermokline den CO_2-Austausch zwischen Ozean und Atmosphäre herabsetzt. Dies ist ein Beispiel für die komplizierten Wechselwirkungen im Klimasystem, was eine Kontrolle der Treibhausgaseinflüsse erschwert.

Um unerwünschte Entwicklungen schon im Vorfeld zu korrigieren, traf sich die Weltgemeinschaft 1992 in Rio de Janeiro zu einer UN-Konferenz für Umwelt und Entwicklung. Dort wurden die Agenda 21, ein Aktionsprogramm für das 21. Jh., Grundprinzipien der Walderhaltung, eine Konvention zum Schutz der biologischen Vielfalt sowie eine Klimakonvention mit dem Ziel der Stabilisierung von Treibhausgaskonzentrationen in der Atmosphäre auf einem für das Klimasystem ungefährlichen Niveau verabschiedet. Die allgemein gehaltenen Formulierungen ermöglichten eine überwältigende Akzeptanz. Hier konzentrieren wir uns auf die Klimakonvention.

Eine Konvention, die das Klima schützen soll, braucht die Festlegung einzuhaltender Grenz- oder Richtwerte. Abschnitt 26.2 gibt eine Übersicht über die einzelnen Bausteine einer solchen Klimaschutzstrategie. Mit der Definition des erforderlichen Klimaschutzes und der Ableitung von Erwärmungsobergrenzen hat sich die Klima-Enquete-Kommission schon frühzeitig beschäftigt, damit den Entscheidungsträgern die ökologisch und klimatologisch erforderlichen Richtwerte, von denen ja die Größenordnungen der einzuleitenden Reduktionsmaßnahmen abhängen, rechtzeitig zur Verfügung stehen (Deutscher Bundestag [Hrsg.], Schutz der Erdatmosphäre, Zur Sache 5, 448 - 451, 2. Erweiterte Aufl., Bonn, 1989). Siehe auch Enquete-Kommission „Schutz der Erdatmosphäre" des Deutschen Bundestages

(Hrsg.), Mehr Zukunft für die Erde, 96 - 100, Economica, Bonn, 1995, sowie die Abschnitte 21.2 und 26.2.1 in diesem Buch. Von diesen Informationen wurden eine mittlere globale Erwärmungsobergrenze von 2 °C bis 2100 im Vergleich zum vorindustriellen Wert und eine auf 0,1 °C pro Dekade begrenzte Erwärmungsrate abgeleitet. Weitergehende Arbeiten zur Definition des erforderlichen Klimaschutzes wären sehr wichtig.

Das weitere Vorgehen ergibt sich nahtlos aus den Bausteinen der Klimaschutzstrategie. Um die Erwärmungsgrenzen einhalten zu können, müssen die Treibhausgasemissionen entsprechend verringert werden. Die Größenordnung und der zeitliche Verlauf der erforderlichen Reduktionen werden aus Klimamodellrechnungen abgeleitet und für eine faire Lastenteilung vergleichbaren Ländergruppen zugeordnet. Eine Klimaschutzpolitik erhält aber erst den nötigen Biß, wenn bindende Emissionsziele festgelegt werden.

Dies versucht man mit den sog. Nachfolgekonferenzen der Vertragsstaaten oder „Conferences of Parties" (COPs) zu erreichen. Auf der COP-1 von 1995 in Berlin und der COP-2 von 1996 in Genf kam es zu keinen konkreten Abmachungen. Erst auf der COP-3 von 1997 in Kyoto einigte man sich auf ein Protokoll, das völkerrechtlich bindend Verringerungen der weltweiten Treibhausgasemissionen vorschreibt (Stromthemen 1, 2 - 3, 1998). Das Protokoll tritt in Kraft, nachdem es von mindestens 55 Staaten (Parties) ratifiziert worden ist. Darunter müssen so viele Industriestaaten sein, daß ihr Anteil an den CO_2-Emissionen von 1990 insgesamt 55 % erreicht. Die Amerikaner können mit ihrem Anteil von knapp 25 % am globalen CO_2-Ausstoß das Inkrafttreten fast im Alleingang verhindern. Ihre Drohung, dies zu tun, war eine Art Vorwarnung an die Adresse der Entwicklungsländer sich an der CO_2-Reduktion zu beteiligen, was im Protokoll aber erst zu einem späteren Zeitpunkt vorgesehen ist.

Das Protokoll kombiniert 6 verschiedene Treibhausgase (CO_2, CH_4, N_2O, FKW/PFC [perfluorierte Fluorkohlenwasserstoffe], H-FKW/HFC [wasserstoffhaltige Fluorkohlenwasserstoffe] und SF_6 [Schwefelhexafluorid]) zu einem CO_2-Äquivalent (siehe dazu die Erklärungen in BMU, Klimaschutz in Deutschland, Zweiter Bericht der Regierung, S. 75 - 78 und 82 - 88, Bonn, 1997). Für diesen CO_2-Äquivalentwert sind im Protokoll folgende länderspezifische Reduktionen (-) bzw. erlaubte Zunahmen (+) als Durchschnittswerte der Jahre 2008 - 12 vorgesehen: Für die EU, die Schweiz und die meisten (?) Zentral- und Osteuropäischen Länder - 8 %; die USA -7 %; Japan, Kanada, Polen und Ungarn -6 %; Kroatien -5 %; Rußland, Ukraine und Neuseeland 0 %; Norwegen +1 %; Australien +8 %; Island +10 % und im Durchschnitt -5,2 %. Was bedeuten diese Reduktionen für den globalen Klimaschutz? Das läßt sich nicht sagen, weil sich das Protokoll über die Daten, die für die Berechnung erforderlich sind, ausschweigt. Für Deutschland konnte ich es durchrechnen, weil der oben zitierte BMU-Bericht von 1997 an den angegebenen Seiten die erforderlichen Informationen liefert. Die Daten und Ergebnisse sind in den Tabellen 1 und 2 von W. Bach , „Kyoto and Beyond: A Climate Protection Strategy for the 21st Century", World Ressource Review 10 (2), 242 - 63, 1998, dargestellt.

Zur kostengünstigen Erfüllung der Reduktionsverplichtungen des Protokolls von Kyoto werden sog. flexible Mechanismen zugelassen. Danach können Industrieländer untereinander mit Emissionsrechten handeln (Emissions Trading), sich Klimaschutzinvestitionen in anderen Industrie- oder Entwicklungsländern gutschreiben lassen (Joint Implementation), bzw. zu Clean Development Mechanisms greifen, die bilateralen Emissionshandel zwischen Industrie- und Entwicklungsländern zulassen. Insbesondere muß durch Festlegung einer Quote dafür gesorgt werden, daß sich die Industrieländer nicht durch billige Investitionen in klimaschonende Projekte in der Dritten Welt von ihren Reduktionsverpflichtungen im eigenen Land freikaufen können.

Das Kyoto-Protokoll erlaubt auch die Anrechnung von biologischen Quellen und Senken (wie z. B. Maßnahmen im Bereich von Aufforstung, Forstmanagement und Landnutzungsänderungen) zur Reduktionsverpflichtung eines Landes. Der Wissenschaftliche Beirat der Bundesregierung moniert in einem Sondergutachten mit dem Titel „Die Anrechnung biologischer Quellen und Senken im Kyoto-Protokoll: Fortschritt oder Rückschritt für den globalen Umweltschutz?", Bremerhaven, 1998, daß der derzeitige Anrechnungsmodus zu negativen Anreizen für den Schutz von Klima, Böden und Biodiversität führt, daß schon geringfügige Klimaänderungen aus Senken Quellen werden lassen und daß langfristig energiebedingte Emissionen nicht durch die terrestrische Biosphäre kompensiert werden können. Deshalb soll die Anrechnung von Senkenprojekten in Entwicklungsländern auf die Verpflichtungen von Industrieländern so lange ausgeschlossen bleiben, solange die Entwicklungsländer nicht in die Emissionsbegrenzung mit einbezogen worden sind.

Auf der COP-4 wurde 1998 in Buenos Aires ein „Aktionsplan" verabschiedet, der einen verbindlichen Zeitplan für die Klärung der offenen Fragen bis Ende 2000 festlegen soll (Stromthemen 12.1.1998). Als besonderen Erfolg wurden die Verpflichtung des Entwicklungslandes Argentinien zur Emissionsbeschränkung für die Periode 2008 - 12 und die Unterzeichnung des Kyoto-Protokolls durch die USA in New York gewertet. Die allein ausschlaggebende Ratifizierung durch den US Senat läßt weiterhin auf sich warten.

Auf der derzeit (Oktober/November 1999) in Bonn stattfindenden COP-5 geht es um die bislang strittige Ausgestaltung und Umsetzung des Kyoto-Protokolls von 1997. Im Vordergrund steht auch weiterhin, wie die oben schon erwähnten flexiblen Mechanismen (Handel mit Emissionsrechten, Anrechnung von klimaschonenden Projekten und Aufforstung) zur Erreichung der in Kyoto festgelegten Treibhausgasreduktionsquoten eingesetzt werden können. Die EU hatte sich in Kyoto zur Reduktion eines Treibhausgasmixes bestehend aus CO_2 und 5 anderen Treibhausgasen (siehe oben) von 8 % bis 2010 gegenüber 1990 verpflichtet. Die Reduktionen sind aber in der EU nicht einheitlich verteilt, so daß z. B. auf Deutschland für CO_2 eine Reduktionspflicht von 21 % zukommt. Die Kohl-Regierung hatte sich in ihrem Bericht an das UN-Klimaschutzsekretariat in Genf - jetzt Bonn - auf eine Reduktionsverpflichtung von 18 % festgelegt (siehe Deutschland in Tab. 26.3).

Sind diese Reduktionen zu erreichen ? In seiner Begrüßungsansprache zur COP-5 bekräftigte Kanzler Schröder ausdrücklich, die ursprünglich von der Klima-

Enquete-Kommission für den Klimaschutz für notwendig erachtete CO_2-Reduktion von 25 - 30 % bis 2005 gegenüber 1990 einzuhalten. Derzeit betrage die CO_2-Reduktion erst ca. 13 % und die bereits beschlossenen Klimaschutzmaßnahmen wären nur gut für insgesamt 17 %. Deshalb wolle die rot-grüne Regierung bis Mitte 2000 eine nationale Minderungsstrategie mit Schwerpunkten auf Heizenergie, Haushaltsgeräten und Verkehr vorlegen, um die fehlenden Prozentwerte noch zu erreichen. An der Umsetzung des Kanzlers guter Botschaft werden die Bürger ihn und seine Regierung messen.

„Wenn China erwacht, wird die Welt erbeben," prophezeite vor 200 Jahren Napoleon. Es sieht ganz so aus, als ob er im 21. Jahrhundert Recht bekommen könnte. **Kapitel 27** analysiert die sozio-ökonomischen und energiewirtschaftlichen Entwicklungen Chinas sowie die daraus resultierenden Auswirkungen auf das Klima. Dabei zeigt sich, daß sich China am Ende des 20. Jahrhunderts bei einem zeitweisen Wirtschaftswachstum von 10 %/a, bei einer Verfünffachung seines Bruttoinlandsprodukts und einer Vervierzehnfachung seines Außenhandelsvolumens neben den USA, der EU und Japan zum vierten großen *global player* der Weltwirtschaft aufgeschwungen hat. Dies bleibt sicher nicht ohne Bedeutung für den globalen Klimaschutz. Ich will deshalb in einem direkten Vergleich der derzeit größten CO_2-Emittenten, nämlich den USA und China anhand eines Szenarios Klimaschutz und eines Szenarios Business-As-Usual (BAU) aufzeigen, mit welchen Anteilen die beiden Länder in Zukunft an der globalen Klimaänderung beteiligt sein könnten.

Für die folgende Analyse ziehe ich eine Reihe von Vorarbeiten heran: Abschnitt 26.2.1 definiert den erforderlichen Klimaschutz als eine mittlere globale Erwärmungsobergrenze von 2 °C (siehe die fette horizontale Linie), die von 1990 bis 2100 nicht überschritten werden soll (Abb. 26.2c); Tab. 26.1 zeigt die USA mit einer CO_2-Emission von 5230 Mt in 1990 an erster Stelle in der Gruppe der wirtschaftlich starken Industrieländer und China an erster Stelle mit 2460 Mt CO_2 in der Gruppe der Schwellenländer; Tab. 26.2 zeigt für das Szenario Klimaschutz und die unterschiedlichen Ländergruppen die erforderlichen CO_2-Reduktionen bzw. die zulässigen CO_2-Zunahmen; die Annahmen für die Szenarien BAU für China und die USA sind in den Abschnitten 6.1 und 6.2 des Artikels von W. Bach und S. Fiebig, China's Key Role in Climate Protection, Energy, 23 (4), 253 - 70, 1998, beschrieben.

Das Ergebnis von Abb. 6 im Energy Artikel läßt folgende Schlußfolgerungen zu: Sollte die CO_2-Emissionsentwicklung so weitergehen wie bisher (BAU), dann würde der schon sehr hohe Ausgangswert der USA bis 2100 noch einmal um 96 % auf 10 245 Mt zunehmen. China würde in 2076 die USA übertreffen und in 2100 mit 11 576 Mt einen Wert erreichen, der um 370% über dem Ausgangswert läge. Demgegenüber würden im Szenario Klimaschutz die CO_2-Emissionen der USA diejenigen Chinas in 2041 unterschreiten und bis 2100 um 90 % auf 523 Mt abnehmen. Die chinesische CO_2-Emissionskurve hat bei dem niedrigeren Ausgangswert und dem zeitweiligen Nachholbedarf einen sehr viel flacheren Abnahmeverlauf als die US-Kurve und erreicht in 2100 mit einer Gesamtreduktion von 36 % einen um etwa 1000 Mt reduzierten Jahresausstoß. Der relative CO_2-Anteil am globalen CO_2-Ausstoß reduziert sich für die USA im Szenario Klimaschutz von 24 % in 1990 auf

8 % in 2100 und im Szenario BAU auf 14 %, während für China die Anteile in den Szenarien Klimaschutz und BAU von 11% auf 23 % bzw. 16 % ansteigen. Dies gleicht auch die bisher recht ungleichen pro Kopf CO_2-Emissionen der beiden Länder etwas mehr einander an.

Für die USA dürfte es keine Schwierigkeiten bereiten, über die nächsten 100 Jahre die eigenen CO_2-Emissionen um 90 %, also um weniger als 1 %/a, zu reduzieren. Wie steht es aber mit China? In Abschnitt 27.6 wird anhand von 13 konkreten Maßnahmen in großem Detail gezeigt, wie innerhalb von 10 Jahren ca. 4 600 Mt CO_2 zu Kosten von 21,3 Mrd. US$ oder etwa 0,4 % von Chinas BIP in 1994 reduziert werden könnten. Anläßlich einer Energie- und Klimakonferenz von 1998 in Hong Kong nahm ich die Gelegenheit wahr, weitere Details mit einigen Autoren der Studien in persönlichen Gesprächen zu klären. Ich war überrascht, in welchem Umfang und mit welcher Ernsthaftigkeit in China an Umwelt- und Klimaschutzproblemen gearbeitet wird. Was fehlt, sind Investoren. Die vielen deutschen Firmen sollten nicht nur, wie zur Zeit, in Auto- und Chemiefabriken u. ä. investieren, sondern insbesondere auch das Investieren in Schadensvermeidung und - kompensation nicht vernachlässigen. US-Firmen sind schon dabei, die gemäß dem Protokoll von Kyoto zulässige Kooperation wahrzunehmen und in Zehntausende super-wärmegedämmter Häuser zu investieren (GECR 16, 6, Investors wanted for Chinese offset project, 22.8.99).

Kapitel 28 nimmt die Prämissen der folgenden UN-Weltkongresse, nämlich
- das Recht auf eine lebenserhaltende Umwelt und Entwicklung (Klimagipfel von Rio de Janeiro in 1992),
- das Recht auf demographische Selbstbestimmung (Bevölkerungsgipfel von Kairo in 1994) und
- das Recht auf Entwicklung und Gleichverteilung (Sozialgipfel von Kopenhagen in 1995)

zum Anlaß, um folgende Fragen zu beantworten:
- Welche globalen Entwicklungen zeichnen sich ab für die Weltbevölkerung, den fossilen Energieverbrauch sowie die CO_2-Emissionen und Konzentrationen?
- Welche Konsequenzen ergeben sich daraus für Klima und Gesellschaft?
- Lassen sich Bevölkerungs- und Energieverbrauchswachstum mit dem ökologisch notwendigen Klimaschutz noch in Einklang bringen?

Die folgenden Entwicklungen und Erklärungen sollen dem besseren Verständnis der Argumentationsketten im abschließenden **Kapitel 28** dienen.

Das Bevölkerungswachstum wird vor allem von der Fertilitätsrate, also der Kinderzahl je Frau, gesteuert. Seit den 60ger Jahren hat sich die durchschnittliche Kinderzahl von sechs auf drei halbiert. Etwa 97 % des globalen Bevölkerungswachstums finden derzeit in den Entwicklungsländern (EL) statt. Obwohl auch hier die Wachstumsraten rückläufig sind, wird die Bevölkerung in den EL von derzeit 4,7 auf 7,8 Mrd. in 2050 zunehmen. Woran liegt es, daß die Bevölkerung so rasant weiter ansteigt? J. Bongaarts und J. Bruce (Warum das Wachstum der Bevölkerung anhält, DSW newsletter 9, 4 - 5, Nov. 1998) nennen dafür drei Hauptfaktoren. Zum einen, wenn die Geburtenzahl je Frau das Ersatzniveau von Kindern übersteigt, dann ist jede neue Generation größer als die vorangegangene, und die Bevölkerung nimmt weiter zu. Die hohe Fertilität hat zwei Ursachen: Ungewollte Geburten und der Wunsch nach mehr als zwei Kindern. Von fünf Geburten ist derzeit nur eine ungewollt. Viele Eltern in den EL wollen zur Absicherung des Familieneinkommens und zur Altersversorgung mehr als zwei Kinder.

Zum andern haben ein höherer Lebensstandard, eine bessere Ernährung, und ein verbessertes Gesundheitswesen schon in einigen Ländern zu einem Rückgang der Sterberaten und zu einem verstärkten Bevölkerungsanstieg geführt. Aber es bestehen noch große Ungleichheiten zwischen den verschiedenen Regionen. So betrug die Kindersterblichkeit 1998 in Westeuropa 6 Tote pro 1000 Lebendgeburten, dagegen in Afrika südlich der Sahara 92. Die Lebenserwartung betrug 1998 in Westeuropa 78 Jahre und im südlichen Afrika nur 49 Jahre (US Dept. of Commerce, Bureau of the Census, World Population at a Glance: 1998 and Beyond, IB/98-4, Ja. 1999). Eine weitere Angleichung wird das Bevölkerungswachstum verstärken.

Ein dritter wichtiger Faktor ist die Trägheit im Bevölkerungswachstum, die die Bevölkerung auch dann noch weiter steigen läßt, wenn die Fertilität schon auf das Ersatzniveau von zwei Kindern gesunken ist, die Sterblichkeitsrate konstant bleibt und keine Migration stattfindet. Der Hauptgrund dafür ist die größte Jugendgeneration in der Menschheitsgeschichte, die erst noch ins Elternalter kommt. Auch wenn die jungen Eltern nur zwei Kinder bekämen, wird sich das Bevölkerungswachstum noch über Jahrzehnte hinaus fortsetzen. Von allen Faktoren ist die junge Altersstruktur am wichtigsten. Sie allein wird schon 76 % zum erwarteten Bevölkerungszuwachs zwischen 2000 und 2020 in den EL beitragen.

Um das Bevölkerungswachstum noch mittelfristig beeinflussen zu können, müßten jetzt spätestens die erforderlichen Maßnahmen eingeleitet werden. Über die Art und Dringlichkeit der Maßnahmen sind sich eigentlich alle zuständigen Stellen einig. Eine Studie des Alan Guttmacher Instituts „Auf dem Weg in eine neue Welt" faßt die wichtigsten Schritte wie folgt zusammen (Deutsche Stiftung Weltbevölkerung, DSW newsletter Nr. 4, 1 - 2, Mai 1998):

- *Bildung:* In den EL gehen ein bis zwei Drittel aller jungen Frauen weniger als sieben Jahre zur Schule. Frauen mit Schulbildung bekommen später und weniger Kinder. Sie haben ein höheres Einkommen und können besser für die Ausbildung, Ernährung und Gesundheit ihrer Kinder sorgen.
- *Heirat:* Tradition verlangt oft eine Heirat schon im Teenageralter. In Indien und Bangladesch sind 50 bis 70 % der Mädchen mit 18 schon verheiratet, in Deutschland sind es 3 %.
- *Erste Geburt:* In Lateinamerika und der Karibik haben 12 bis 28 % der Frauen mit 18 bereits ein Kind, in Nordafrika und im Mittleren Osten 3 bis 27 %; in Indien sind es 30 % und in Bangladesch 50 %. Bis zu 60 % der Geburten sind bei Jugendlichen ungeplant. Wenn junge Mädchen überall auf der Welt mit dem Kinderkriegen durchschnittlich zweieinhalb Jahre warteten, würde das

. Bevölkerungswachstum bis 2100 um 10 % geringer ausfallen als derzeit prognostiziert.

- *Abtreibung:* Die Abtreibungsrate reicht bei jungen Mädchen im Alter von 15
bis 19 Jahren von 3 pro 1000 in Deutschland, bis 32 in Brasilien und 36 in den
USA.
- *Gesundheitsvorsorge:* Die Hälfte aller Neuinfizierungen mit dem HIV-Virus
entfällt auf junge Menschen unter 25 Jahre. In Botswana, Nigeria und Ruanda
sind mehr als 20 % der jungen Schwangeren HIV-infiziert. Außerdem ist das
Risiko, bei der Geburt zu sterben, bei Müttern im Teenageralter doppelt so
hoch als bei Frauen im Alter von 20 - 29 Jahren.

Die Bevölkerungsentwicklung über die nächsten 30 Jahre läßt sich wie folgt zusammenfassen (US Bureau of the Census, Report WP/98, World Population Profile:
1998, Washington, D.C. 1999): Die Weltbevölkerungszunahme wird sich etwas
verlangsamen. Von der 5 Mrd.-Marke in 1987 bis zur 6. Mrd. in 1999 vergingen nur
12 Jahre. Die 7. Mrd. wird nach 13 Jahren in 2012 und die 8. Mrd. nach 14 Jahren in
2026 erreicht. Nur eine Handvoll Nationen ist für den Großteil des Bevölkerungswachstums verantwortlich. Von den 79 Mill. Menschen, um die 1998 die Weltbevölkerung wuchs, kamen 16 Mill. aus Indien, 11 Mill. aus China, ca. 22 Mill. aus
dem restlichen Asien und Ozeanien, 15 Mill. aus dem südlichen Afrika, 8 Mill. aus
Lateinamerika und der Karibik sowie 7 Mill. aus dem Nahen Osten und Nordafrika.
Das zukünftige Weltbevölkerungswachstum wird in den wirtschaftlich ärmeren
Regionen bestimmt. Etwa 90 % der Weltgeburten und ca. 77 % der Welttodesfälle
fanden 1998 in den EL statt. Ähnliche Relationen werden bis 2025 bestehen bleiben.

Eine alternde Bevölkerung bedeutet eine größere Stabilität in der Kinderzahl,
aber auch eine dramatische Zunahme von Menschen im Alter von 65 Jahren und
darüber. Dies bedeutet eine Zunahme der Alters- und Krankenpflege- sowie -kosten.
In den nächsten 25 Jahren wird sich diese Altersgruppe weltweit mehr als verdoppeln, wobei die relativ größten Zunahmen auf das Konto der weniger entwickelten
Regionen gehen. Wie stehen die Aussichten, die Bevölkerungsprobleme in den Griff
zu bekommen? Nach Frau Sadik, der Direktorin des Bevölkerungsfonds der Vereinten Nationen (UNFPA) nicht gut, denn die Industrieländer halten, abgesehen von
Schweden, Norwegen und den Niederlanden ihre Versprechungen nicht ein, die
vereinbarten 0,7 % ihres BSP für Entwicklungshilfe bereitzustellen (FAZ, Nicht nur
nach Norden schauen, 9. 11. 98).

Die Weltenergie- und CO_2-Entwicklung über die nächsten ca. 25 Jahre läßt sich
wie folgt zusammenfassen (US Energy Information Administration [EIA], International Energy Outlook 1999, http: //www.eia.doe.gov/oiaf/iev 99/home.html): Beim
Weltenergieverbrauch wird ein Anstieg um 65 % von 1996 bis 2020 erwartet. Substantielle Zunahmen werden auch in den sich entwickelnden Ökonomien Asiens und
Südamerikas auftreten. Man geht nicht davon aus, daß die Ressourcenverfügbarkeit
das Wachstum der Energiemärkte einschränkt.

Erdöl ist derzeit mit etwa 40 % der dominierende Energieträger. Seine Schlüsselrolle im Transportsektor sichert ihm auch in der Zeitperiode von 1996 - 2020
einen wichtigen Platz. Im Elektrizitätsbereich wird zwar eine Abnahme erwartet, die

aber durch das Wachstum im Personenverkehr mehr als wettgemacht wird. Erdgas gilt als der am schnellsten wachsende Primärenergieträger. Mit einer jährlichen Wachstumsrate von 3,3 % wächst Erdgas fast zweimal so schnell wie Erdöl mit 1,8 % und Kohle mit 1,7 %. Erdgas wird zunehmend die erste Wahl für neue Elektrizitätskraftwerke, weil die Gasturbinenkraftwerke mit dem kombinierten Zyklus billiger bei der Konstruktion und effizienter als andere Formen der Elektrizitätserzeugung sind. Gasbetriebene Stromkraftwerke reduzieren gegenüber Kohle nicht nur die örtliche Luftverschmutzung, sondern auch die CO_2-Emissionen um mehr als die Hälfte. Weltweit wird von 1996 - 2020 eine Kohleverbrauchszunahme von 2,2 Mrd. t auf 4,7 bis 6,8 Mrd. t erwartet. Das stärkste Wachstum mit 3 %/a wird für die EL prognostiziert. Etwa 90 % des weltweiten Kohleverbrauchswachstums geht auf das Konto von China und Indien. In der industrialisierten Welt beträgt das jährliche Kohlewachstum nur etwa 0,4 %.

Auf der Basis der o. a. Energieverbrauchsraten werden globale C-Emissionen von 8 Mrd. t bis 2010 und 9,8 Mrd. t bis 2020 erwartet. Dies berücksichtigt allerdings nicht die Vorgaben des Protokolls von Kyoto. Gegenüber 1990 werden die C-Emissionen bis 2010 um 39 % und bis 2020 um 70 % ansteigen. Wegen der zukünftig stärkeren Nutzung wird Erdgas mit 1,5 Mrd. t stärker zum C-Ausstoß beitragen als Erdöl mit 1,3 Mrd. t und Kohle mit 1,2 Mrd. t.

Die Informationen zur Ableitung eines ausreichenden Klimaschutzes in **Kapitel 26** und die o. a. Informationen zum Bevölkerungs- und Energiewachstum erlauben es, im abschließenden **Kapitel 28** auf die eingangs gestellte Überlebensfrage, inwieweit sich die unterschiedlichen anthropogenen Einflußfaktoren mit einer zukunftsfähigen Entwicklung der Menschheit vereinbaren lassen, einige ernüchternde Antworten zu geben.

25 Klimaökologische Auswirkungen des Flugverkehrs

Foto: R. Jüngst

Foto 25.1: Auf einem Langstreckenflug von Deutschland nach Südasien und zurück entstehen pro Kopf mehr als 1 t Kohlendioxid

Seit den 80iger Jahren hat sich das Flugzeug nach dem PKW zum beliebtesten Reiseverkehrsmittel entwickelt. 1992 war der westdeutsche Urlaubs- und Freizeitluftverkehr mit einem Anteil von 55 % bereits deutlich höher als der Geschäftsreiseverkehr mit 45 %. Eine weitere Verschiebung zugunsten des Flugtourismus wird erwartet. Seit der Wiedervereinigung passen sich die Ostdeutschen in der Reiseziel- und Verkehrsmittelwahl immer mehr den Westdeutschen an. Auch die absolute Zahl der Flugreisenden nahm sprunghaft von 36 in 1980 auf 69 Mio. in 1992 zu. Den Emissionen des Flugverkehrs kommt je nach Flughöhe eine unterschiedliche klimaökologische Bedeutung zu. Auf einem Langstreckenflug FRA-NY-FRA bzw. FRA-CMB-FRA entstehen pro Kopf 1,27 bzw. 1,2 t CO_2. Bei Berücksichtigung auch von NO_x erhöht sich das Belastungspotential auf ein CO_2-Äquivalent von 2,70-2,84 t. Damit wird allein schon durch einen einzigen Langstreckenflug das deutsche Klimaschutzkontingent pro Person im Verkehrsbereich um mehr als eine Tonne CO_2-Äquivalent oder etwa 40 % pro Passagier überschritten. Setzt der Flugverkehr sein aggressives Wachstum weltweit fort, ist mit schwerwiegenden, möglicherweise irreversiblen, Schäden an Klima und Ökosystem bereits in naher Zukunft zu rechnen.

25.1 Globaler Luftverkehr

Zwischen 1978 und 1988 wuchs der internationale Linienflugverkehr bezogen auf die Personenkilometer (Pkm) mit durchschnittlich 6,1 % pro Jahr auf eine Verkehrsleistung von insgesamt 1 700 Mrd. Pkm an (H. Nüßer und A. Schmitt, 1990). Ein derartiges Wachstum gab es in keinem anderen Verkehrsbereich. Eine Fortsetzung dieses Trends bis zum Ende dieses Jahrzehnts wird erwartet. Die Industrienationen sind am gegenwärtigen Luftverkehr überproportional beteiligt. In 1988 entfielen auf Nordamerika 42 %, auf Europa 30 % und die restlichen Regionen 28 % der international geflogenen Personenkilometer.

25.1.1 Treibstoffverbrauch und Schadstoffe

Der globale Treibstoffverbrauch des Luftverkehrs stieg von 117 Megatonnen (Mt) in 1977 um 50 % auf rund 176 Mt in 1990 an. Zuwachsraten zwischen 2 - 4 % lassen einen Anstieg um weitere 60 - 140 Mt innerhalb der nächsten 15 Jahre erwarten (U. Schumann, 1994). Zu den Schadstoffen des Luftverkehrs zählen vor allem Kohlendioxid (CO_2), Wasserdampf (H_2O), Stickoxide (NO_x), Schwefeldioxid (SO_2), Kohlenwasserstoffe (HC), Kohlenmonoxid (CO) und Ruß (C), aber auch Spurenelemente wie Eisen, Cadmium und Blei (P. Fabian, 1988).

25.1.2 Emissionshöhen

K. Hoinka et al. (1993) kamen nach Analysen der jahreszeitlichen Höhenunterschiede und geographischen Variabilität der Tropopause zu dem Schluß, daß etwa 44 % der Emissionen des Nordatlantik-Flugverkehrs nördlich 45°N oberhalb der Tropopause emittiert werden und dieser Anteil im Winter auf bis zu 75 % ansteigt. Global werden etwa 34 % der Emissionen oberhalb der Tropopause emittiert (B. Berger et al., 1994). Die Tropopause liegt in polaren Regionen zwischen 6 und 8 km, in mittleren Breiten zwischen 10 und 12 km und in den Tropen höher als 16 km.

25.2 Deutscher Flugtourismus

1992 war der deutsche Privatreiseverkehr mit 55 % am gesamten Flugverkehr deutlich stärker beteiligt als der Geschäftsreiseverkehr. Von den 69 Mio. deutschen Passagieren in 1992 wurden 38 Mio. im Reiseverkehr befördert, davon wiederum über 2 Mio. im Freizeitflugverkehr mit einer durchschnittlichen Aufenthaltsdauer am Zielort von weniger als fünf Tagen (BMV, 1994). Ostdeutschland hat fünf Jahre nach der Wiedervereinigung mit insgesamt 3 Mio. beförderter Personen einen noch geringen Anteil am Flugtourismus, wird aber bei Fortsetzung des bisherigen Trends schnell westdeutsches Niveau erreichen.

25.2.1 Reiseziel- und Verkehrsmittelwahl

Der deutsche Tourismus wächst kontinuierlich. War es 1954 nicht einmal jeder vierte Westdeutsche über 14 Jahre, der eine Urlaubsreise von mindestens fünf Tagen Dauer machte, so wuchs dieser Anteil 1993 auf über 75 % der Bevölkerung an. Die Reisezielwahl im In- und Ausland spiegelt das wachsende Interesse an entfernteren Reisezielen wider. Während 1954 noch 85 % der Deutschen ihren Urlaub im eigenen Land verbrachten, erhöhte sich bis 1993 der Anteil der Auslandsreisenden auf 71 % (P. Aderhold und M. Lohmann, 1995). Das große Auslandsinteresse entspricht auch dem ständig wachsenden Anteil des Flugverkehrs am Reiseverkehr. Während 1954 weniger als 1 % der Reisenden das Flugzeug als Verkehrsmittel benutzten, so ist es heute bereits jeder dritte (Abb. 25.1).

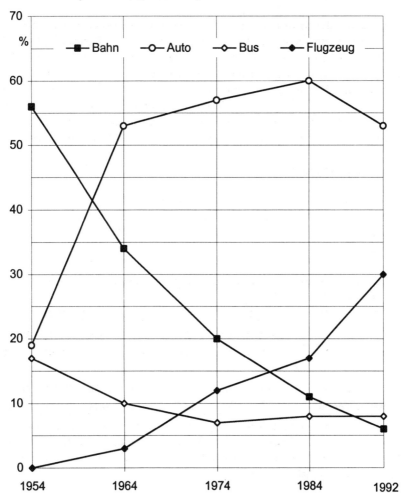

Abb. 25.1: Reiseverkehrsmittelwahl in Westdeutschland zwischen 1954 und 1992.
Quellle: Gilbrich und Müller (1993).

Der Anteil des Busverkehrs sank zu Beginn der 60er Jahre deutlich ab und pendelte sich in den vergangenen Jahren bei etwa 8 % ein. Die Bahn verlor ihren Status als meistbenutztes Verkehrsmittel (56 % in 1954) zugunsten des Pkw und befördert heute ebenfalls etwa 8 % der Urlaubsreisenden. Der Pkw pendelte sich nach explosivem Wachstum Anfang der 60er Jahre als Reiseverkehrsmittel auf hohem Niveau ein (um 58 %). Erst Mitte der 80er Jahre büßte das Auto aufgrund der starken Expansion des Flugtourismus etwas an Bedeutung ein. Seit der Wiedervereinigung passen sich die Ostdeutschen in der Reiseziel- und Verkehrsmittelwahl immer mehr den Westdeutschen an. Der Flug- und Busreiseverkehr stiegen um mehr als das Sechsfache bzw. das Doppelte an.

25.2.2 Energiebilanz- und Nationalitätenprinzip

Zur Berechnung der nationalen Emissionsmengen im Flugverkehr wird häufig das Energiebilanzprinzip verwendet. Es berücksichtigt nur die in Deutschland getankten Flugtreibstoffmengen als von Deutschland verbrauchte Mengen. Nach dem Nationalitätenprinzip werden dagegen die Luftverkehrsleistungen aller Staatsbürger berücksichtigt, unabhängig davon, ob es sich um In- oder Auslandsflüge bzw. Hin- oder Rückflüge handelt (EK, 1994). Zu dem nach dem Energiebilanzprinzip ermittelten Treibstoffverbrauch werden etwa 80 % hinzugerechnet, um den Verbrauch aller Staatsbürger zu erfassen (mündliche Mitteilung K. O. Schallaböck, 1995).

25.2.3 Emissionsmengen

Der globale Verbrauch an Flugtreibstoffen betrug 1990 ca. 176 Mt (R. Egli, 1991). Der deutsche Anteil belief sich auf knapp 4,4 Mt oder 2,5 % nach dem Energiebilanzprinzip und auf knapp 8 Mt oder 4,5 % nach dem Nationalitätenprinzip (Tab. 25.1).

Tabelle 25.1: Treibstoffverbrauch und Emissionen des globalen Luftverkehrs und Anteile Deutschlands in 1990

	Treibstoff- verbrauch (Mt)		Emissionsmengen (Mt)				
			CO_2	H_2O	NO_X	SO_2	Andere[2]
Global[1]	176		554	222	3,2	0,18	0,36
Deutschland[3]							
Energiebilanzprinzip	4,4	(2,5)[4]	13,9	5,5	0,079	0,004	0,009
Nationalitätenprinzip	7,9	(4,5)[4]	24,9	10	0,14	0,008	0,02

1) Schumann 1994, Emissionsfaktoren: CO_2: 3150 g/kg; H_2O: 1260 g/kg; NO_x (als NO_2): 18 g/kg; SO_2: 1g/kg; CO: 1,5 g/kg; HC: 0,6 g/kg; Ruß: 0,015 g/kg; 2) HC, CO und Ruß; 3) Verbrauch nach BMV 1994, Emissionen nach Emissionsfaktoren von Schumann 1994; 4) Prozentanteile am globalen Verbrauch.

Allein zwischen 1990 und 1993 wuchs der Verbrauch um weitere 685 000 t auf knapp 5,1 Mt (Energiebilanzprinzip, BMV, 1994). Insgesamt emittierte Deutschland in 1990 etwa 1 003 Mt Kohlendioxid. Der Verkehr war daran in 1990 mit etwa

18 % oder rund 180 Mt beteiligt (UBA, 1995). Nach dem Nationalitätenprinzip verursacht der Luftverkehr (Personen- und Güterverkehr) davon bereits 25 Mt oder 14 % (Abb. 25.2). Das Ziel der Bundesregierung, den CO_2-Ausstoß bis zum Jahr 2005 um 25 % bzw. 30 % zu senken (Bezugsjahr 1990), erfordert eine Verminderung von 1 003 Mt auf 752 Mt bzw. 702 Mt. Bei gleicher Lastenteilung müßte der CO_2-Ausstoß im Verkehrsbereich von 180 Mt auf 135 bzw. 126 Mt verringert werden.

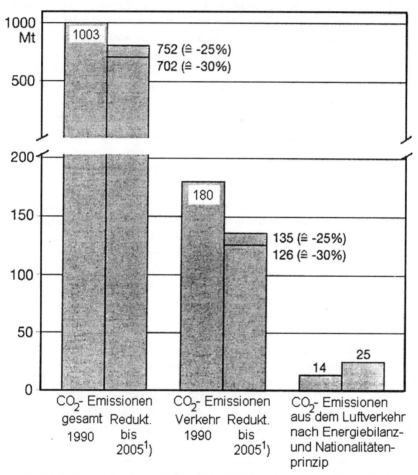

Abb. 25.2: Energiebedingte Kohlendioxid-Emissionen Deutschlands sowie Anteile des Gesamtverkehrs und des Luftverkehrs 1993 und 2005; [1] bezogen auf 1990
Quelle: Berechnet nach BMW 1994, EK 1994 und UBA 1995

25.2.4 Zukünftige Entwicklung

Der Treibstoffverbrauch im deutschen Flugverkehr (Energiebilanzprinzip) zeigt zwischen 1983 und 1990 ein rasantes jährliches Wachstum von etwa 8 %.

- Im Szenario Business-As-Usual wird angenommen, daß sich der Pro-Kopf-Flugtreibstoffverbrauch Ostdeutschlands bis 2005 dem Niveau Westdeutschlands von 1990 (ca. 76 kg Flugtreibstoff pro Kopf und Jahr im Personen- und Güterluftverkehr) angeglichen haben wird. Für Westdeutschland wird eine sehr moderate Entwicklung von 2 % Zuwachs pro Jahr angenommen, die den sinkenden Energieverbrauch pro Sitzplatz durch den Einsatz modernerer Technologien berücksichtigt und weit unter den Erwartungen liegt (EK, 1994; M. Rieland, 1994; K. O. Schallaböck, 1995). Das Ergebnis ist ein erheblicher Zuwachs des Gesamtverbrauchs im Flugverkehr auf über 7,5 Mt im Jahr 2005.
- Das Szenario Klimaschutz orientiert sich an einer wirksamen Klimaschutzpolitik, die u.a. durch den Abbau von Subventionen, die Besteuerung des Flugtreibstoffs und die Verlagerung des Kurzstreckenflugverkehrs auf die Schiene gekennzeichnet ist. Wegen der derzeitigen enormen Wachstumsraten kann bis 2005 maximal nur eine etwa 5 %ige Reduktion erwartet werden. Die Differenz zwischen dem Szenario Klimaschutz und dem Trendszenario könnte nach diesen Annahmen im Zieljahr 2005 aber bereits 3,4 Mt Flugtreibstoff ausmachen.

25.3 Klimaökologische Bedeutung des Flugverkehrs

Den Emissionen des Luftverkehrs kommt eine unterschiedliche klimaökologische Bedeutung zu, je nachdem, ob sie in die unterste Atmosphärenschicht, die Troposphäre (bis in eine Höhe von ca. 10 km), oder in die darüberliegende Stratosphäre abgegeben werden. Im Normalfall nimmt die Temperatur mit der Höhe in der Troposphäre ab, was eine gute Durchmischung bewirkt und zusammen mit den Auswaschprozessen die klimaökologischen Auswirkungen der Flugzeugemissionen verringert. Im Gegensatz dazu führt die Ozonanreicherung in der Stratosphäre und die dadurch bewirkte Absorption der Sonnenstrahlung zu einer Temperaturzunahme. Die Folge davon ist eine stabile Luftschichtung mit geringer Durchmischung (P. Fabian, 1988). Schadstoffe des Flugverkehrs, die im allgemeinen aus der Troposphäre schon innerhalb von Tagen entfernt werden, verweilen in der Stratosphäre bis zu mehreren Jahren, was die klimaökologischen Einflußmöglichkeiten beträchtlich verlängert (K. Hoinka et al., 1993). Diese hohe Verweildauer und die daraus resultierende Anhäufung verstärkt im Zusammenspiel mit den geringen natürlichen Hintergrundkonzentrationen die physikalisch-chemischen Wirkungen der Emissionen (U. Schumann, 1994). Die Ballung auf der Nordhalbkugel, wo beispielsweise ca. 90 % der globalen Stickoxide aus dem Luftverkehr emittiert werden, steigert diesen Effekt zusätzlich (U. Schumann et al., 1994).

25.3.1 Auswirkungen auf das Klimasystem

Kohlendioxid und Wasserdampf gehören mengenmäßig zu den Hauptemissionen des Flugverkehrs. Ein Großteil des Treibhauseffekts geht auf ihr Konto (Tab. 25.2). Da der natürliche Wasserdampfgehalt der Stratosphäre bei nur einem Tausendstel des bodennahen Wertes liegt, kann der Wasserdampfeintrag durch den Flugverkehr zu erheblichen Störungen der stratosphärischen Hintergrundkonzentrationen und

damit des Klimas führen (U. Schumann et al., 1994). In ihrer Studie zeigen C. Brühl
et al. (1991), daß der Luftverkehr schon jetzt eine 5 %ige Zunahme des Wasser-
dampfgehaltes in der unteren Stratosphäre der Nordhemisphäre bewirkt hat. Ihre
Modellrechnungen lassen erkennen, daß die Treibhauswirkung einer Wasserdampfzunahme von etwa 10 % in 10 - 15 km Höhe einem Anstieg des CO_2-Gehalts in der
gesamten Atmosphäre von etwa 18 % entspricht. Modellrechnungen von K.-N. Liou
(1986) zeigen, daß sich bei einer Zunahme der Eiswolken von ca. 2 % die mittlere
globale Temperatur um etwa 1 °C erhöht. Der Anteil der Kondensstreifen wird von
U. Schumann (1994) für Mitteleuropa im Jahresdurchschnitt auf etwa 0,4 % der
Gesamtfläche geschätzt.

Tabelle 25.2: Wichtige Auswirkungen flugverkehrsbedingter Spurengas-
Emissionen auf das Klimasystem

Spuren-gas	Auswirkungen
CO_2	● wichtiger Beitrag zum Treibhauseffekt
H_2O	● über Kondensstreifen- und Cirruswolken-Bildung Beitrag zum Treibhauseffekt ● bildet die polaren Stratosphärenwolken (Eiswolken) ● verändert physikalisch-chemische Prozesse und Kreisläufe sowie die natürlichen Hintergrundkonzentrationen
NO_X	● Ozonaufbau in der oberen Troposphäre ● Ozonabbau in der unteren Stratosphäre ● verändert physikalisch-chemische Prozesse und Kreisläufe sowie die natürlichen Hintergrundkonzentrationen
SO_2	● Schwefelsäure-Tröpfchen aus Schwefeldioxid agieren als Kondensations-kerne oder zusammen mit Ruß als Wolken-Kondensationskerne ● Schwefelsäure-Aerosole ändern die Albedo und damit den Strahlungshaushalt ● verändert physikalisch-chemische Prozesse und Kreisläufe sowie die natürlichen Hintergrundkonzentrationen
HC, CO	● verändern physikalisch-chemische Prozesse und Kreisläufe sowie die natürlichen Hintergrundkonzentrationen
Ruß (C)	● bildet aktive Wolken-Kondensationskerne und Eiskerne ● absorbiert Strahlung ● verändert physikalisch-chemische Prozesse und Kreisläufe sowie die natürlichen Hintergrundkonzentrationen

Quellen: Jäger 1992; Zellner 1993; Lee et al. 1994; Schumann 1994 und Bach et al.1995

Das Intergovernmental Panel on Climate Change (1994) geht für die NO_x-
Emissionen aus dem Luftverkehr von einem ähnlichen Treibhauspotential wie für
die CO_2-Emissionen aus. Kohlenwasserstoffe, Kohlenmonoxid und Schwefeldioxid
tragen vor allem zur Veränderung physikochemischer Prozesse bei. Schwefelsäure-
Tröpfchen an Ruß-Teilchen forcieren als Kondensationskerne die Wolkenbildung.
Ruß absorbiert zusätzlich die Sonnenstrahlung. Schwefelsäureaerosole können da-

gegen die Sonnenstrahlung reflektieren und darüberhinaus zum Ozonabbau in der Stratosphäre beitragen (H. Jäger, 1992).

25.3.2 Auswirkungen auf die Ökosysteme

An den Auswirkungen der Flugzeugemissionen auf die terrestrischen und marinen Ökosysteme sind vor allem die Spurengase NO_x, O_3, CO_2 und SO_2 beteiligt. Die Stickoxide tragen sowohl über die Bildung von Salpetersäure (saurer Regen) als auch den Aufbau von troposphärischem Ozon erheblich zur Schädigung der Biosphäre bei. Wesentlich sind auch die Folgen des stickoxidbedingten Ozonabbaus in der Stratosphäre, der eine Erhöhung der schädlichen UV-B-Strahlungsintensität verursacht (R. Zellner, 1993). Kohlendioxid hat nur ein geringes Versauerungspotential. Dagegen hat sein Treibhauspotential und die daraus resultierende hohe Temperaturänderungsrate erhebliche negative Folgen für die Ökosysteme. Schwefeldioxid ist über die Bildung von Schwefelsäure besonders an der Entstehung des sauren Regens und damit der Schädigung der Biosphäre beteiligt.

25.4 Emissionsbelastung auf ausgewählten Flugstrecken

Die Emissionsbelastungen werden im folgenden sowohl für den gesamten Flug als auch pro Kopf und 100 Personenkilometer dargestellt (Tab. 25.3).

Tabelle 25.3: Treibstoffverbrauch und Schadstoff-Emissionen auf der Flugroute Hamburg-Frankfurt-Hamburg

Treibstoffverbrauch[1] (kg)						
gesamt	pro Kopf			pro Kopf und 100 km		
4168	48,60			5,93		

Schadstoff	CO_2	H_2O	NO_x	SO_2	CO	HC	Ruß
Emissionsfaktoren[2] in g/kg Treibstoff	3150	1240	16,1	1	4,3	0,6	0,02
Schadstoffausstoß (kg) gesamt	13129	5168	67,1	4,2	17,9	2,5	62,5[3]
pro Kopf	153	60,3	0,78	0,049	0,2	0,029	0,73[3]
pro Kopf und 100 km	18,7	7,4	0,095	0,006	0,025	0,004	0,09[3]

1) Bei einem Verbrauch von 4168 kg Treibstoff auf einer Flugstrecke von 820 km (Hin- und Rückflug) und einem Auslastungsgrad von ca. 60 % (86 Passagiere, 144 möglich) mündliche Mitteilung Lufthansa 1995; 2) für CO_2, H_2O, SO_2 und Ruß (Schumann 1994) und für NO_x, CO und HC (mündliche Mitteilung Lufthansa 1995); 3) in g.

25.4.1 Kurzstreckenflug Hamburg-Frankfurt

Gemessen am Passagieraufkommen ist Frankfurt der größte deutsche und der drittgrößte europäische Flughafen (H.-D. Haas, 1994). Etwa 70 % aller Passagiere, die ihren Auslandsflug von hier aus antreten, haben bereits einen Zubringerflug benutzt (mündliche Mitteilung Lufthansa, 1995). Die Flugroute Hamburg-Frankfurt wurde für die Berechnungen als typische Zubringerroute gewählt.

Der durchschnittliche Verbrauch für die 820 km der Flugroute Hamburg-Frankfurt-Hamburg wird von der Lufthansa (1995) mit 4 168 kg Treibstoff beziffert (Tab. 25.3). Der Pro-Kopf-Verbrauch auf 100 km Flugstrecke wird mit 7,5 l angegeben (entspricht nach R. Egli (1991) bei einer Dichte von 0,79 l pro kg Flugbenzin 5,93 kg). Insgesamt werden ca. 13 t CO_2, 67 kg NO_x und rund 25 kg der anderen Schadstoffe emittiert. Die Wasserdampfemissionen sind ebenfalls erheblich, werden aber wegen der Unsicherheiten bezüglich ihres Treibhauspotentials hier nicht weiter berücksichtigt. Aus den o.a. Emissionen ergibt sich ein Pro-Kopf-Ausstoß von 153 kg CO_2 und 0,78 kg NO_x. Pro 100 Pkm beläuft sich der CO_2-Ausstoß auf knapp 19 kg und die NO_x-Emission auf rund 100 g.

25.4.2 Langstreckenflüge Frankfurt-New York und Frankfurt-Colombo

Die Flugrouten Frankfurt-New York und Frankfurt-Colombo wurden für die folgenden Berechnungen ausgewählt, weil sie beliebte Ziele für den deutschen Urlaubsflugverkehr sind. Zudem sind die Flugrouten pol- und äquatorwärts orientiert, so daß auf dem USA-Flug mit einer nördlichen Ausrichtung auf etwa 55°N ein besonders hoher Anteil der Emissionen in die Stratosphäre gelangt, während auf der südlichen Route nach Sri Lanka (6°N) die Hauptmasse der Emissionen in die Troposphäre eingetragen wird.

Der durchschnittliche Verbrauch für die 6 200 km der Flugroute Frankfurt-New York wird von der Lufthansa (1995) mit 55 690 kg Treibstoff angegeben. Neben den Passagieren werden auch 15 t Fracht transportiert, die in der Berechnung des Gesamtpotentials dieses Fluges nicht gesondert berücksichtigt werden. Nach dem Nationalitätenprinzip muß der doppelte Treibstoffverbrauch der einfachen Flugroute zugrunde gelegt werden, weil die Pro-Kopf-Berechnungen für einen Touristen gelten sollten, dessen Treibhauspotential den Rückflug mit einschließt. Danach liegt der Gesamtausstoß für CO_2 bei mehr als 350 t, für NO_x bei ca. 1,6 t. Zusätzlich werden etwa 240 kg an SO_2, CO, HC und Ruß emittiert (vgl. Tab. 25.4).

Der durchschnittliche Verbrauch beträgt für die 8 100 km der Flugroute Frankfurt-Colombo nach Angaben der Condor (1995) 45 030 kg Treibstoff (Tab. 25.4). Für den Hin- und Rückflug ergeben sich mehr als 280 t CO_2, ca. 1,3 t NO_x und etwa 280 kg SO_2, CO, HC und Ruß.

Pro Kopf ergibt sich für die Flugstrecke Frankfurt-New York nach dem Nationalitätenprinzip eine Emissionsmenge von 1,27 t CO_2 und 5,7 kg NO_x. Zusätzlich

Tabelle 25.4: Treibstoffverbrauch und Schadstoff-Emissionen auf den
Flugrouten Frankfurt-New York-Frankfurt und Frankfurt-Colombo-Frankfurt

Flugroute	Treibstoffverbrauch[1] (kg)		
	gesamt	pro Kopf	pro Kopf und 100 km
FRA-NY-FRA[1]	111 380	402	3,24
FRA-CMB-FRA[2]	90 060	385	2,38

Schadstoff	CO_2	H_2O	NO_x	SO_2	CO	HC	Ruß
Emissionsfaktoren in g/kg Treibstoff							
FRA-NY[3]	3150	1240	14,3	1	1,1	0,09	0,015
FRA-CMB[4]	3150	1240	14	1	1,5	0,6	0,015
Schadstoffausstoß (kg) gesamt							
FRA-NY-FRA	350 847	138 111	1593	111	123	10	1,67
FRA-CMB-FRA	283 689	111 674	1261	90,1	135	54	1,35
pro Kopf							
FRA-NY-FRA	1266	498	5,7	0,4	0,44	0,04	6 [5]
FRA-CMB-FRA	1213	477	5,4	0,4	0,58	0,23	6 [5]
pro Kopf auf 100 km							
FRA-NY-FRA	10,2	4,0	0,05	3,2 [5]	3,6 [5]	0,3 [5]	0,05 [5]
FRA-CMB-FRA	7,5	2,95	0,03	2,4 [5]	3,6 [5]	1,4 [5]	0,036 [5]

1) Bei einem Verbrauch von 111 380 kg Treibstoff auf einer Flugstrecke von 12 400 km (Hin- und Rückflug) und einem Auslastungsgrad von 100 % (228 Passagiere) zzgl. 15 t Fracht, mündliche Mitteilung Lufthansa 1995; 2) Bei einem Verbrauch von 90 060 kg Treibstoff auf einer Flugstrecke von 16 200 km (Hin- und Rückflug) und einem Auslastungsgrad von 87 % (234 Passagiere, 269 möglich), mündliche Mitteilung Condor 1995; 3) Für CO_2, H_2O, SO_2 und Ruß (Schumann 1994) und für NO_x, CO und HC (mündliche Mitteilung Lufthansa 1995); 4) Schumann 1994; Schumann et al. 1994; 5) in g.

entsteht etwa 1 kg anderer Spurengase. Die Angaben beziehen sich auf einen Auslastungsgrad von 100 % und eine mitgeführte Frachtmenge von 15 t. Der Pro-Kopf-Verbrauch pro 100 km liegt bei 4,1 l (3,24 kg, bei einer Dichte von 0,79 l pro kg Flugbenzin, R. Egli, 1991; mündliche Mitteilung Lufthansa, 1995). Auf der Flugroute Frankfurt-Colombo werden pro 100 Pkm und bei einem durchschnittlichen Auslastungsgrad von 87 % etwa 3 l (2,38 kg nach R. Egli, 1991) Flugtreibstoff verbraucht (mündliche Mitteilung Condor, 1995). Pro Kopf entstehen auf der gesamten Flugstrecke nach dem Nationalitätenprinzip damit 1,2 t CO_2, 5,4 kg NO_x, und etwa 1 kg andere Emissionen.

25.4.3 Emissionspotentiale und Reduktionsziel

In Deutschland wurden 1990 im Verkehrsbereich pro Kopf etwa 2,3 t CO_2 emittiert (UBA, 1995). Das Ziel der Bundesregierung ist es, als ein Minimum, 25 % aller CO_2-Emissionen bis 2005 zu vermeiden. Bezogen auf den Verkehrsbereich entspricht das einem Pro-Kopf-Ausstoß von ca. 1,7 t (Abb. 25.3). Demgegenüber werden durch einen einzigen Langstreckenflug mit innerdeutschem Zubringer nach dem Nationalitätenprinzip bereits 1,35 t CO_2 (Hamburg-Frankfurt-Colombo) bzw. 1,42 t CO_2 (Hamburg-Frankfurt-New York) emittiert. Wird das Treibhauspotential der Stickoxide ebenfalls berücksichtigt, so ergibt sich insgesamt ein CO_2-Äquivalent von 2,70 t (Hamburg-Frankfurt-Colombo) bzw. 2,84 t (Hamburg-Frankfurt-New York).

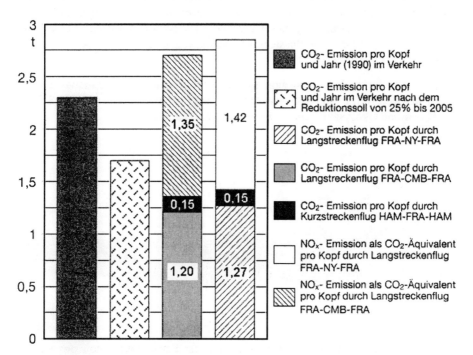

Abb. 25.3: CO_2- und NO_x-Emissionen in t pro Kopf für Kurz- und Langstreckenflüge
Quellen: Berechnet nach EK 1994, IPCC 1994, mündl. Mitteilung Condor 1995, mündl. Mitteilung Lufthansa 1995

25.5 Bedeutung der Ergebnisse

Die Klimaschutzziele der Bundesregierung erfordern eine Pro-Kopf-CO_2-Reduktion von 12,6 t in 1990 auf 8,8 bis 9,5 t in 2005. Bei gleicher Lastenteilung entfallen davon auf den Verkehrsbereich mit 18 % 1,6 - 1,7 t CO_2.

Auf einem Langstreckenflug entstehen pro Kopf 1,2 t CO_2 (FRA-CMB-FRA) bzw. 1,27 t CO_2 (FRA-NY-FRA), bei Nutzung eines Zubringerfluges weitere 150 kg CO_2. Fast 75 % der pro Kopf und Jahr zulässigen Belastung sind damit bereits ausgeschöpft.

Wird die besondere Treibhauswirksamkeit der Stickoxide in Flughöhe ebenfalls berücksichtigt, so erhöht sich das Belastungspotential auf ein CO_2-Äquivalent von

2,70 - 2,84 t. Damit wird allein schon durch einen einzigen Langstreckenflug das Klimaschutzkontingent pro Person im Verkehrsbereich um mehr als eine Tonne CO_2-Äquivalent oder etwa 40 % überschritten.

Das aggressive Wachstum des Flugverkehrs und des Flugtourismus macht Steuerungsmaßnahmen notwendig. Dazu gehören die Optimierung der Triebwerke und die Reduktion der Emissionen, die Vermeidung von Warteschleifen und Stratosphärenflügen, die Verminderung der Fluggeschwindigkeiten, die schrittweise Anhebung der Flugpreise und -tarife sowie der Landegebühren, die Besteuerung des Flugtreibstoffs sowie die Verlagerung des Kurzstreckenflugverkehrs auf die Schiene und damit der Rückbau der überflüssigen Flughafenkapazitäten (EK, 1994; M. Rieland, 1994; K. O. Schallaböck, 1995).

Setzt der Luftverkehr sein aggressives Wachstum nicht nur national, sondern auch weltweit fort, ist mit schwerwiegenden, möglicherweise irreversiblen Schäden an Klima und Ökosystem bereits in naher Zukunft zu rechnen.

Foto 25.2: Trotz verbesserter Triebwerke wird der Schadstoffausstoß des Flugverkehrs weiter zunehmen, da global das Verkehrsaufkommen rapide wächst (hier ein Airbus der innerindischen Fluglinie)

Literaturauswahl

Aderhold, P., und M. Lohmann: Urlaub und Reisen 1994. Hrsg. von der Forschungsgemeinschaft Urlaub und Reisen. Hamburg 1995

Bach, W., H.-W. Georgii und L. Steubing: Schadstoffbelastung und Schutz der Erdatmosphäre. Bonn 1995

Berger, B., U. Schumann and D. Wurzel: Fuel Consumption by Airliners above and below the Tropopause analyzed from operational Flight Plan Data. In: U. Schumann and D. Wurzel (Eds.): Impact of Emissions from Aircraft and Spacecraft upon the Atmosphere, Proceedings of an International Scientific Colloquium, Köln, Germany, April 18 - 20 1994, S. 71 - 75 (DLR Mitteilung 94 - 06)

BMV, Bundesminister für Verkehr (Hrsg.): Verkehr in Zahlen. Bonn 1994

Brühl, C., P. J. Crutzen, E. F. Danielsen, H. Graßl, H.-D. Hollweg und D. Kley: Umweltverträglichkeitsstudie für das Raumtransportsystem SÄNGER, Studie im Auftrag des BMFT. Bonn 1991

Egli, R. A.: Auswirkungen des Flugverkehrs auf das Klima. Ökologie und Landbau 80 (1991), S. 33 - 35

EK, Enquete-Kommission „Schutz der Erdatmosphäre" des Deutschen Bundestages (Hrsg.): Mobilität und Klima. Wege zu einer klimaverträglichen Verkehrspolitik. Bonn 1994

Fabian, P.: Chemie und Austauschvorgänge in der Atmosphäre, Verhalten der Flugzeug-Emissionen in der Luft: Umwandlungsprozesse. In: M. Held (Hrsg.): Ökologische Folgen des Flugverkehrs. Tutzing 1988 (Tutzinger Materialien, Nr. 50)

Gilbrich, M., und S. Müller: Urlaubsreisen 1954-1992. Dokumentation soziologischer Stichprobenerhebungen zum touristischen Verhalten der Bundesdeutschen. Hrsg. von der Forschungsgemeinschaft Urlaub und Reisen. Hamburg 1993

Haas, H.-D.: Europäischer Luftverkehr und der neue Flughafen Münchens. GR 46 (1994) H. 5, S. 274 - 281

Hoinka, K. P., M. E. Reinhardt and W. Metz: North Atlantic Air Traffic within the lower Stratosphere: Cruising Times and Corresponding Emissions. J. Geophys. Res. 98 (1993), S. 23 113 - 23 131

IPCC, Intergovernmental Panel on Climate Change: Summaries for Policymakers and other Summaries. IPCC Special Report. 1994

Jäger, H.: Stratosphärische Aerosole. Bericht für die öffentliche Anhörung der Enquete-Kommission „Schutz der Erdatmosphäre" zum wissenschaftlichen Sachstand. Bonn 1992

Lee, S. H., M. Le Dilosquer, H. M. Pasaribu, M. J. Rycroft and R. Singh: Some considerations of Engine Emissions from Subsonic Aircraft at Cruise Altitude. In: U. Schumann and D. Wurzel (Eds.): Impact of Emissions from Aircraft and Spacecraft upon the Atmosphere, Proceedings of an International Scientific Colloquium, Köln, Germany, April 18 - 20 1994, S. 71 - 75 (DLR Mitteilung 94 - 06)

Liou, K.-N.: Influence of Cirrus Clouds on Weather and Climate Processes: a Global Perspective. Mon. Wea. Rev. 114 (1986), S. 1 167 - 1 199

Nüßer, H. G., and A. Schmitt: The Global Distribution of Air Traffic at High Altitudes, related Fuel Consumption and Trends. In: U. Schumann: Air Traffic and the Environment. Hamburg 1990, S. 1 - 11

Rieland, M.: Abschätzung der Emissionen von klimarelevanten Spurengasen durch den nationalen zivilen Luftverkehr in der Bundesrepublik Deutschland/Einsparpotential durch

Verlagerung des Kurzstreckenverkehrs auf die Schiene. Sekretariat der Enquete-Kommission „Schutz der Erdatmosphäre", Bonn 1994

Schallaböck, K. O.: Luftverkehr und Klima - ein Problemfall. Wuppertal 1995

Schumann, U.: On the Effect of Emissions from Aircraft Engines on the State of the Atmosphere. Ann. Geophys. 12 (1994), S. 365 - 384

Schumann, U., H. B. Weyer und D. Wurzel: Schadstoffe in der Luftfahrt, Wirkungen und Präventionen - Ein Verbundprogramm von Forschung und Industrie. Köln 1994 (DLR-Nachrichten 74)

UBA, Umweltbundesamt und Statistisches Bundesamt (Hrsg.): Umweltdaten Deutschland 1995. Berlin, Wiesbaden 1995

Zellner, R: Ozonabbau in der Stratosphäre. Chemie in unserer Zeit 27 (1993), S. 230 - 236

26 Klimaschutz: Sackgasse und Auswege

Die wichtige UNCED-Konferenz über Umwelt und Entwicklung in Rio de Janeiro in 1992 vermittelte der Welt eine euphorische Aufbruchstimmung für das 21. Jh. Die dort verabschiedete Klimakonvention wurde inzwischen von einer ausreichenden Anzahl von Vertragsstaaten ratifiziert, weil sie keine konkreten Verpflichtungen verlangte. Alle Folgekonferenzen der Vertragsstaaten endeten bislang in einer Sackgasse; denn bisher haben sie es unterlassen, den ökologisch erforderlichen und politisch umsetzbaren Klimaschutz zu definieren, obwohl - und mehr noch - weil alle weiteren Vorgehensweisen und einzuleitenden Maßnahmen davon abhängen. Dieser Beitrag stellt folgende Bausteine einer erfolgversprechenden Klimaschutzstrategie zur Diskussion: Die Definition des von der Klimakonvention geforderten Klimaschutzes; die Ableitung der für den Klimaschutz erforderlichen Emissionsziele mit Hilfe von Klimamodellrechnungen; eine faire Reduktionslastenteilung; eine Einigung auf bindende Emissionsziele; die Vergleichbarkeit nationaler Emissionsinventuren; das Aushandeln nationaler Emissionsquoten; und deren Erreichbarkeit durch ausgewiesene nationale Maßnahmen. Bisher reichen sich vager Aktionismus und routinierter Leerlauf die Hand. Alle Nationen handeln in vermeintlich bestem Eigeninteresse und blockieren sich damit gegenseitig. Auf der Strecke bleibt der globale Klimaschutz. Die ständigen Irritationen müssen jetzt aufhören, und die Nationen müssen im Interesse einer zukunftsfähigen Welt zusammenarbeiten.

26.1 Die derzeitigen internationalen Klimaschutzaktivitäten treten auf der Stelle

Auf der UNCED-Konferenz über Umwelt und Entwicklung in Rio de Janeiro in 1992 wurden die allgemeinen Ziele eines Aktionsprogramms für das ausgehende 20. Jh. und das kommende 21. Jh. festgelegt. Dabei spielt der Klimaschutz, wie er in der Klimakonvention niedergelegt ist, für die Erreichung einer dauerhaften Entwicklung der menschlichen Gesellschaft eine entscheidende Rolle. Auf der ersten Folgekonferenz der Vertragsstaaten (COP-1) 1995 in Berlin kam es zu keiner Konkretisierung der einzuleitenden Maßnahmen. Es wurde eine Ad Hoc Gruppe für das Berliner Mandat (AGBM) eingesetzt, die nach dem Scheitern von COP-2 in Genf 1996 versuchte, durch eine Reihe von Vorbereitungstreffen den erfolgreichen Abschluß bindender CO_2-Emissions-Reduktionsziele auf der COP-3 im Dezember 1997 in Kyoto zu erreichen. Auf einem der AGBM-Treffen im März 1997 in Bonn wurden u.a. folgende Reduktionsvorschläge von verschiedenen Vertragsstaaten (in Klammern angegeben) eingebracht (UN Framework Convention on Climate Change, 19. 2. 1997: 43; Wester, 13. 3. 1997):

- Jeder Annex I Vertragsstaat reduziert die CO_2-Emissionen um 20 % bis 2005 im Vergleich zu 1990 (AOSIS),
- die CO_2-Emissionen werden um 10 % bis 2005 und um 10 - 20 % bis 2010 im Vergleich zu 1990 reduziert (Deutschland und Österreich),
- die gesamten Treibhausgase (THG) werden um 5 - 10 % bis 2010 bezogen auf 1990 reduziert (Vereinigtes Königreich),
- Die Annex I Länder reduzieren en bloc die gesamten THG im Durchschnitt um 1 - 2 %/a (die Niederlande),
- die THG-Emissionen werden auf der Basis des Bruttoinlandprodukts (BIP) reduziert (Japan),
- es werden THG-Emissionspfade vorgeschlagen, die zu ähnlichen pro Kopf oder pro BIP-Emissionen konvergieren und insgesamt zu Emissionsreduktionen innerhalb vorgegebener Zeitabschnitte führen (Frankreich und Spanien),
- die gewichteten Gesamtemissionen von CO_2, CH_4, N_2O, FKW (Fluorierte Kohlenwasserstoffe), PFC (Perfluorierte Kohlenstoffe) und SF_6 (Hexafluorschwefel) werden im Vergleich zu 1990 bis 2005 um 8 % und bis 2010 um 15 % reduziert und zwar auf der Basis des 100jährigen globalen Treibhauspotentials (Europäische Gemeinschaft), und schließlich
- jeder Staat reicht ein Emissionsbudget auf der Grundlage der äquivalenten Nettokohlenstoffemissionen in 1990 und multipliziert mit der Anzahl der Jahre in der Budgetperiode bei der für die nationalen Berichte zuständigen UN Behörde in Genf ein (USA).

Ob sich aus dieser „shopping list" von diversen Reduktionsvorschlägen eine konsensfähige, dem Schutz von Mensch und Natur dienende Klimaschutzstrategie entwickeln läßt, muß wahrlich bezweifelt werden, zumal die Verhandlungspartner beim Entwerfen umsetzbarer Emissionreduktionsstrategien vom Intergovernmental Panel on Climate Change (IPCC) und ihm angegliederten wissenschaftlichen Gremien allein gelassen worden sind. Es reicht nicht, wenn der IPCC - wie jüngst mit den drei Bänden „Climate Change 1995" (J. Houghton et al., 1996; R. Watson et al., 1996; J. Bruce et al., 1996) - wieder ein voluminöses wissenschaftliches „update" abgeliefert hat, ohne gleichzeitig ein umsetzbares und kontrollierbares Verfahren zum Hauptanliegen, nämlich dem eigentlichen Klimaschutz, mitzuliefern.

Zum wiederholten Male hat es der IPCC mit seinen Gremien versäumt, den ökologisch erforderlichen und politisch umsetzbaren Klimaschutz zu definieren, obwohl alle weiteren Vorgehensweisen und Maßnahmen davon abhängen. Auch die bisherige Fixierung auf die sog. Annex I Länder, eine Ansammlung von wirtschaftlich starken und weniger starken OECD-Ländern sowie den wirtschaftlich schwachen Industrieländern der ehemaligen UdSSR, macht wenig Sinn und ist für eine faire und gerechte Lastenteilung bei der Treibhausgasreduktion hinderlich. In vielen Fällen fehlen immer noch vergleichbare und verläßliche nationale Emissionsinventuren. Die in den nationalen Berichten vorgeschlagenen Emissionsreduktionsziele lassen sich in den meisten Fällen nicht auf die Einleitung konkreter Maßnahmen zurückführen. Gefragt ist eine wirksamere Klimaschutzstrategie mit permanenter Erfolgskontrolle.

26.2 Eine andere Klimaschutzstrategie hat größere Erfolgsaussichten

Die Bausteine dieser aussichtsreicheren Klimaschutzstrategie sind:

- Die Definition des von der Klimakonvention geforderten Klimaschutzes,
- die Ableitung der für den Klimaschutz erforderlichen Emissionsziele mit Hilfe von Klimamodellrechnungen,
- eine Zuordnung vergleichbarer Länder als Voraussetzung einer fairen Reduktionslastenteilung,
- eine Einigung auf bindende Emissionsziele für Gruppen vergleichbarer Länder,
- die Vergleichbarkeit nationaler Emissionsinventuren,
- das Aushandeln nationaler Emissionsquoten, und
- die Erreichbarkeit der Emissionsquoten durch ausgewiesene nationale Maßnahmen.

Durch Kombination aller Elemente dieser Klimaschutzstrategie könnte die Umsetzung der Klimakonvention endlich vorangebracht werden.

26.2.1 Definition des von der Klimakonvention geforderten Klimaschutzes

In Artikel 2 der Klimakonvention wird das Hauptziel definiert. Danach verpflichten sich die Unterzeichnerstaaten, die Stabilisierung der Treibhausgaskonzentrationen in der Atmosphäre auf einem Niveau zu erreichen, auf dem eine gefährliche anthropogene Störung des Klimasystems verhindert wird. Dieses Niveau ist innerhalb eines Zeitraumes zu erreichen, der gewährleistet, daß sich die Ökosysteme auf natürliche Weise an die Klimaänderungen anpassen können, und daß die Ernährungssicherung nicht gefährdet und eine dauerhafte wirtschaftliche Entwicklung möglich ist. Die Stabilisierung der Treibhausgaskonzentrationen ist hier an wichtige Bedingungen geknüpft, die aber von der Klimakonvention nicht weiter spezifiziert werden. Dies muß umgehend vom IPCC und den COP nachgeholt werden. Die folgenden Informationen können einige nützliche Hinweise auf die erforderlichen Klimaschutzziele geben (W. Bach, 1995a: 54).

Seit dem Höchststand der letzten Vereisung vor ca. 18 000 Jahren ist die bodennahe Mitteltemperatur der Nordhemisphäre um ca. 4,5 °C angestiegen. Dies entspricht einer mittleren Rate von 0,0003 °C/a, wobei zeitweise auch raschere Temperaturanstiege zu verzeichnen waren. Bei der über die nächsten 100 a möglichen mittleren globalen Erwärmung von etwa 1 bis 5 °C wäre die Erwärmungsrate ca. 30 bis 170 mal größer als die seit der letzten Eiszeit. Die Migrationsraten beliefen sich in der Nacheiszeit für Eiche, Fichte und Pappel auf etwa 200, 250 und 500 m/a. Um mit der erwarteten zukünftigen Erwärmung Schritt halten zu können, müßten die Migrationsgeschwindigkeiten ebenfalls um das 30- bis 170fache zunehmen. Hinzu kommen weitere Streßeinflüsse, wie z.B. Schadstoffbelastungen in der Luft, im Wasser und im Boden, Grundwasserabsenkung, Dürre, Schädlingsbefall, Änderung

des Lokalklimas und vermehrte UV Bestrahlung durch Zerstörung der Ozonschutzschicht, etc.

Aufgrund dieser und anderer Informationen (siehe Kapitel 21) hat die Klima-
Enquete-Kommission des Deutschen Bundestages erste Richtwerte für die Umsetzung des Klimaschutzzieles definiert (W. Bach, 1995b: 96):

- Eine mittlere globale Erwärmungsobergrenze von 2 °C bis 2100 gegenüber
  dem vorindustriellen Wert von 1765, damit die Menschheit nicht unter Klimaeinflüsse gerät, die es seit der großen Eem-Warmzeit vor ca. 125 000 a
  nicht mehr gegeben hat, sowie
- die Nichtüberschreitung einer mittleren globalen Erwärmungsrate von 0,1 °C
  pro Dekade während der nächsten 100 a, die nach heutigem Kenntnisstand von
  den natürlichen Ökosystemen wahrscheinlich noch verkraftet werden kann.

Diese Erwärmungslimits wurden auch von der Klimakonferenz in Villach sowie
von den Deutschen Physikalischen und Meteorologischen Gesellschaften für erforderlich gehalten. In jüngster Zeit haben M. Parry et al. (1996) sowie J. Alcamo und
E. Kreileman (1996) ähnliche Richtwerte abgeleitet. Der IPCC müßte aber noch
klären, ob diese Erwärmungsgrenzen hinreichend abgesichert sind. Es ist durchaus
möglich, daß die natürlichen Schwankungen im Klimasystem zu einer größeren
Erwärmungsrate als die oben postulierten 0,1 °C pro Jahrzehnt führen, mit der Folge, daß sich die Klimazonen schneller verschieben würden, als die Vegetationszonen zu folgen vermögen. Auch die anderen Zielvorstellungen der Konvention, nämlich die Ernährungssicherung und die dauerhafte wirtschaftliche Entwicklung, müssen noch stärker in den Richtwerten zum Ausdruck kommen. Deshalb können die
o.a. Werte nur als Mindestanforderungen für einen ausreichenden Klima- und Ökosystemschutz gelten (W. Bach, 1995b: 97).

Um die oben definierten Erwärmungslimits einhalten zu können, müssen die
Treibhausgasemissionen entsprechend reduziert werden. Die Größenordnung und
der zeitliche Verlauf der erforderlichen Reduktionen lassen sich nur durch Klimamodellrechnungen ermitteln (z.B. W. Bach und A. Jain, 1991; 1992 - 1993; J.
Houghton et al., 1997; W. Bach, 1998).

26.2.2 Ableitung der für den Klimaschutz erforderlichen Emissionsziele mit Hilfe von Klimamodellrechnungen

Die Berechnungen wurden mit Hilfe des für die Klima-Enquete-Kommission des
Deutschen Bundestages entwickelten Münsterschen Klimamodells durchgeführt.
Das Modellsystem besteht aus einem Kohlenstoffkreislauf- und einem photochemi-
schen Modell, aus Massenbilanzmodellen, sowie einem Energiebilanz- und einem
Meeresspiegelmodell. Die Submodelle dienen zur Beschreibung der Stoff- und
Energiekreisläufe sowie der Berechnung sowohl der Treibhausgaskonzentrationen
und Strahlungsantriebe als auch der globalen Temperatur- und Meeresspiegelände-
rungen. Das Meeresspiegelmodell benutzt die berechneten globalen transienten
Temperaturänderungen als Input und berechnet über die vier Prozesse thermische
Expansion des Ozeanwassers, Abschmelzen der Gebirgsgletscher, Ablation des

Grönländischen Eisschildes und Ablation bzw. Akkumulation des Antarktischen Eisschildes den Meeresspiegelanstieg.

Um den neuesten wissenschaftlichen Erkenntnissen Rechnung zu tragen, wurden das Kohlenstoffkreislaufmodell auf den neuesten Stand gebracht und zusätzlich die Abkühlungseffekte durch Sulfataerosole und den stratosphärischen Ozonabbau mit einbezogen (W. Bach, 1998). Die Modellrechnungen erfassen die wichtigsten Treibhausgase, nämlich CO_2 (energie- und biogenbedingt), CH_4, N_2O, die voll halogenierten FCKW 11, 12, 113 114, 115, CH_3CCl_3 und CCl_4, die teilhalogenierten HFCKW 22, 123, 124, 141b, 142 und 225, das Halon 1301, das Schwefelaerosol, Ozon in der Troposphäre sowie Wasserdampf in der Stratosphäre.

Wie zuverlässig sind die Modellrechnungen? Dies läßt sich mit Modellgütetests prüfen, wobei gemessene mit berechneten Werten verglichen werden. Die dicke gezackte Linie in Abb. 26.1 zeigt die beobachteten, global gemittelten Temperaturabweichungen von 1851 bis 1996 bezogen auf 1880. Die drei dünnen Kurven zeigen die für das Münstersche Modell typischen Klimasensitivitäten bei einer CO_2-Verdopplung (und geben so einen Eindruck vom Unsicherheitsbereich zwischen dem mathematischen Modell und der Wirklichkeit). Der Test zeigt deutlich, daß bei alleiniger Berücksichtigung der Treibhausgase eine zu starke Erwärmung berechnet wird (Abb. 26.1a), während bei Einbeziehung des Abkühlungseffekts durch Sulfataerosole die tatsächliche Temperaturänderung recht gut in den berechneten Bereich fällt (Abb. 26.1b).

Ist der Modellgütetest zufriedenstellend ausgefallen, können mit Hilfe von Szenarien zukünftige Entwicklungspfade analysiert werden. Business-as-usual Szenarien mit mehr oder weniger hohen Wachstumsraten gibt es mittlerweile genug (EKDB, 1990b: 385; W. Bach u. A. Jain 1991: 322; J. Houghton et al., 1996; J. Alcamo et al., 1996: 261). Dringend erforderlich sind aber Klimaschutz Szenarien, welche berechnen, um wieviel im zeitlichen Ablauf die unterschiedlichen klimabeeinflussenden Faktoren reduziert werden müssen, damit vorgegebene Klimaschutzrichtwerte nicht überschritten werden.

In Abb. 26.2 a - f sind die Ergebnisse für 1990 - 2100 zusammengestellt. Die Kurven fangen 1990 nicht bei Null an, weil bei der langen Verweildauer einiger Substanzen deren Wirksamkeit aus der Vergangenheit mitberücksichtigt werden muß (nach IPCC-Konvention ab 1765). Abb. 26.2 a zeigt die Änderung der Treibhausgas-Emissionen in CO_2-Äquivalenten (erhalten durch Multiplikation mit den entsprechenden GWP-Werten), womit sich eine einheitliche Basis für den Vergleich der Klimawirksamkeit unterschiedlicher Emissionen ergibt.* Abb. 26.2b zeigt den

---

* Die Klimawirksamkeit eines Stoffes wird mit dem spezifischen Treibhauspotential oder Global Warming Potential Wert ausgedrückt. Der GWP-Wert ist ein Maß für die zeitlich integrierte Strahlungswirkung einer bestimmten Stoffmenge relativ zur Wirkung der gleichen Menge von CO_2. Er hängt daher sowohl von der Verweilzeit einer Substanz in der Atmosphäre als auch von deren Strahlungsantrieb ab. Den Berechnungen liegt aus Vergleichsgründen ein Zeithorizont von 100 Jahren zugrunde.

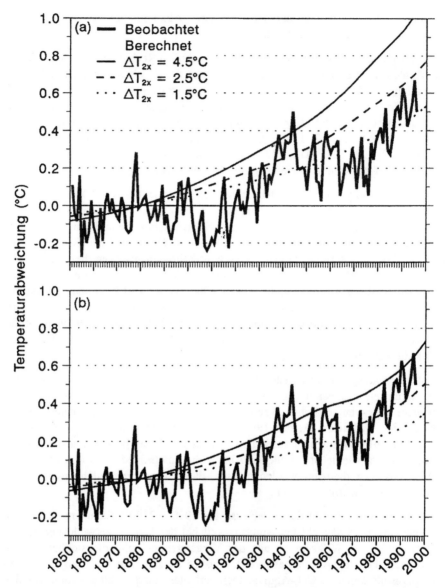

Abb. 26.1a u. b: Vergleich von gemessener und berechneter Temperaturänderung. Die gemessene mittlere globale Temperatur ist von 1851 bis 1996 als Abweichung vom Wert in 1880 dargestellt (die Daten wurden von P. Jones, Univ. of East Anglia, zur Verfügung gestellt). Die mit Hilfe eines Energiebilanzmodells berechneten Temperaturänderungen sind für die üblichen drei Klimasensitivitäten für eine CO_2-Verdopplung angegeben. Dies grenzt den Unsicherheitsbereich ab. Abb. 26.1b zeigt, daß bei Berücksichtigung des Erwärmungseffektes durch Treibhausgase und des Abkühlungseffektes durch Sulfataerosole der beobachtete Temperaturverlauf besser reproduziert wird als bei alleiniger Berücksichtigung der Treibhausgase in Abb.26.1a.

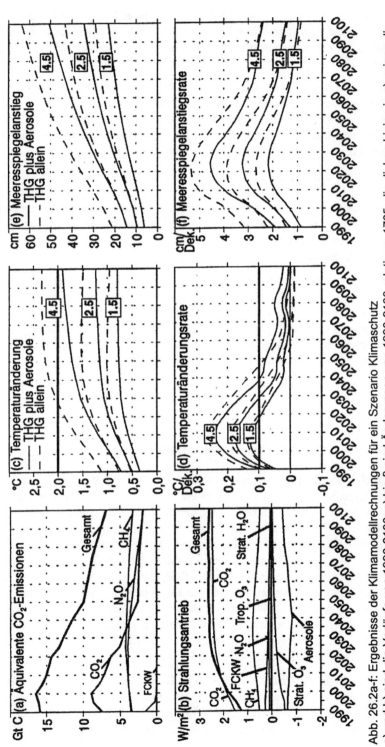

Abb. 26.2a-f: Ergebnisse der Klimamodellrechnungen für ein Szenario Klimaschutz a) und b) sind die Verläufe von 1990-2100; c) bis f) sind Änderungen von 1990-2100 relativ zu 1765; die dicken Linien in c) zeigen die 2 °C und in d) die 0,1 °C/Dekade Klimaschutzrichtwerte; die äquivalenten CO_2-Emissionen beruhen auf dem 100jährigen Treibhauspotential; c) bis f) zeigen die Berechnungen für die üblichen drei Klimasensitivitäten 1,5, 2,5 und 4,5 °C für 2 × CO_2, sowie für Treibhausgase allein und Treibhausgase plus Aerosole.

Strahlungsantrieb, an dessen Verlauf die Auswirkung jeder Konzentrationsänderung eines Gases auf die Strahlungsbilanz abzulesen ist. Auch die abkühlende Wirkung der Sulfataerosole und des stratosphärischen Ozonabbaus unterhalb der Nullinie ist gut zu sehen.

Den Erfolg der Emissionsreduktionen (Abb. 26.2 a) zeigt Abb. 26.2 c. Der als Grenze vorgegebene Erwärmungsrichtwert von 2 °C wird selbst bei der hohen Klimasensitivität von 4,5 °C unterschritten, wenn, realistischerweise, sowohl die Treibhausgase und die Aerosole berücksichtigt werden (siehe die oberste dünne Linie, die übrigens um 2120 mit 1,92 °C ihren höchsten Wert erreicht).

Die ökologisch sehr wichtige Temperaturänderungsrate von 0,1 °C pro Dekade erfährt einen schon in der Vergangenheit angelegten „overshoot" (Abb. 26.2 d). Dieser läßt sich unter realistischen Annahmen des globalen Brennstoffverbrauchs zwar nicht mehr verhindern. Aber eine baldige und gezielte Klimaschutzpolitik könnte die Kurven umkehren und möglichst schnell wieder unter die „Sicherheitslinie" von 0,1 °C drücken.

An den Meeresspiegelanstiegen in Abb. 26.2 e und f wird noch deutlicher, wie dringend eine Emissionsreduktion ist, da es bei der enormen thermischen Trägheit der Ozeane noch schwieriger ist, die Anstiege abzubremsen und umzukehren. Die Umkehr gelingt in diesem Szenario erst in 2215. Klimaschutzrichtwerte liegen für den Meeresspiegelanstieg bisher noch nicht vor. Ein Grund dafür ist, daß sie nicht einfach analog zu den Temperaturrichtwerten festgelegt werden können.

Aus der globalen Klimarechnung ergeben sich jedoch nur zeitlich gestaffelte globale Reduktionsvorgaben. Für eine umsetzbare Klimaschutzpolitik müssen die Lasten der Emissionsminderung vergleichbaren Ländern zugeordnet werden.

26.2.3 Länderzuordnung für eine faire Lastenteilung

Nach Artikel 3 der Klimakonvention sollen sich dabei die Vertragsstaaten vom Prinzip der Gerechtigkeit leiten lassen und entsprechend ihrer gemeinsamen, aber unterschiedlichen Verantwortlichkeiten, und gemäß ihrer jeweiligen Fähigkeiten das Klimasystem zum Wohl heutiger und zukünftiger Generationen schützen. Eine maßgeschneiderte Lastenverteilung auf einzelne Länder ist nicht praktikabel. Eine Gruppenzuordnung vergleichbarer Länder ist für das Leitgas CO_2 auf der Grundlage folgender Kriterien jedoch realisierbar (z.B. EKDB, 1990a: 80; W. Bach u. A. Jain, 1992: 76): CO_2-Emissionen nach Menge, pro Kopf und kumuliert; wirtschaftliche Leistungskraft, Schulden und Welthandel; Ressourcen, Erzeugung und Verbrauch von Energie sowie Energieeffizienz; Bevölkerungsentwicklung und Migrationen; und anderes mehr, wie z.B. Emissionen pro Landfläche, CO_2-Senken und Klimaauswirkungen oder auch Gleichheits- und Fairnessprinzipien.

Die Beschränkung auf einen CO_2-Ausstoß im Basisjahr 1990 auf > 10 Mt erlaubt die Konzentration auf die Hauptverursacher und reduziert zugleich die Länderzahl von 199 auf handhabbare 89, die rd. 98 % der globalen CO_2-Emissionen auf sich vereinen. Tabelle 26.1 zeigt, wie die einzelnen Länder den sechs Gruppen zugeord-

Tabelle 26.1: Zuordnung aller Länder mit CO_2-Emissionen > 10 Mt/a zu 6 Ländergruppen auf der Grundlage der Kriterien der Enquete-Kommission des Deutschen Bundestages (EKDB 1990a) für das Bezugsjahr 1990

Industrieländer wirtschaftlich						Schwellenländer		Arabische Ölproduz. Länder		Entwicklungsländer			
stark	Mt	weniger st.	Mt	schwach	Mt		Mt		Mt		Mt		Mt
USA	5 230	Spanien	233	Rußland	2 221	China	2 460	Saudi Arabien	219	Kasachstan	239	Peru	22
Japan	1 099	Griechenl.	81	Ukraine	661	Indien	627	Iran	208	Nord-Korea	145	Vietnam	21
Deutschland	1 061	Portugal	44	Polen	368	Südafrika	379	Algerien	67	Türkei	137	Armenien	21
G. Britannien	607	Irland	28	Tschech. Rep.	170	Mexiko	320	Ver.Arab.	63	Usbekistan	109	Kirgisien	20
Kanada	437	Neuseeland	26	Rumänien	169	Südkorea	249	Emirate		Ägypten	91	Bangladesch	16
Italien	420			Rest-Jugosl.	112	Brasilien	220	Irak	60	Thailand	91	Ecuador	16
Frankreich	392			Weißrußland	97	Indonesien	138	Libyen	29	Pakistan	62	Zimbabwe	15
Australien	278			Bulgarien	78	Taiwan	114	Kuwait	27	Kolumbien	57	Tunesien	13
Niederlande	194			Ungarn	73	Argentinien	106	Bahrein	16	Aserbaidschan	54	Tadschikistan	12
Belgien	124			Slowak. Rep.	56	Venezuela	102	Quatar	13	Nigeria	49		
Dänemark	59			Estland	33	Singapur	64	Oman	11	Philippinen	42		
Österreich	58			Litauen	32	Malaysia	59			Kuba	36		
Schweden	55			Moldavien	31	Hong Kong	42			Chile	34		
Finnland	52			Lettland	20	Israel	39			Georgien	29		
Schweiz	46			Kroatien	14	Trinidad/Tob.	15			Syrien	26		
Norwegen	31			Mazedonien	10					Marokko	23		
Luxemburg	11									Turkmenistan	23		
Gesamt	10 154		412		4 145		4 934		713		1 403		
Anteile (%)	46,7		1,9		19,0		22,7		3,3		6,4		
Anz. d. Länder	17		5		16		15		10		26		

Summe d. 6 Gruppen (89)	21 761	(98%)
Restl. Länder (110)	431	(2%)
Insgesamt (199)	22 192	(100%)

Alle Daten, ausgenommen die der früheren UdSSR, stammen aus der UBA INENERGY Datenbank. Die CO_2-Emissionen wurden berechnet von den IEA Energy Balances of OECD- and Non-OECD-Countries mit Hilfe folgender Emissionsfaktoren: 1,0, 0,75 und 0,57 Mt CO_2/PJ für Kohle und Kohleprodukte, Rohöl und Ölprodukte sowie Erdgas. Die Daten für die Folgestaaten der ehemaligen UdSSR stammen vom Global Energy Problems Laboratory, Nuclear Safety Institute, Moscow. Die hier dargestellten anthropogenen CO_2-Emissionen schließen die aus Landnutzungs- und Waldänderungen stammenden Emissionen nicht mit ein.

net sind. Den drei Ländergruppen der 1. Welt mit einem CO_2-Anteil von fast 68 % stehen die drei Ländergruppen der 3. Welt mit 32 % gegenüber.

Eine erfolgversprechende Klimaschutzpolitik erfordert auf der Basis einer fairen Lastenteilung auch noch die Festlegung bindender Emissionsziele.

26.2.4 Einigung auf bindende Emissionsziele

Die Werte in Tabelle 26.2 sind als Prozentänderungen bezogen auf das Bezugsjahr 1990 angegeben. Die beobachteten Änderungen für 1991 und 1992 stammen von der INENERGY Datenbank des UBA (verschiedene Jahrgänge). Für die Änderungen bis 2000 wurden vor allem die bisher eingereichten Nationalen Berichte herangezogen (UN, 28. 6. 1996 und 1. 7. 1996). Dies wurde ergänzt u.a. durch folgende Informationen: Struktur und Entwicklung der Ressourcen- und Humanbasis; Verschuldung, Hilfsprogramme und Nachholbedarf; sowie politische, sozioökonomische und technologische Entwicklungen (OECD: Wirtschaftsausblick, verschiedene Halbjahresausgaben; sowie Spezialliteratur für einzelne Länder).

Nach Tabelle 26.2 wird im Jahr 2000 bei den wirtschaftlich starken Industrieländern mit 5 %, den wirtschaftlich weniger starken Industrieländern mit 15 %, den Schwellenländern mit 30 % und den Arabischen Ölländern mit 30 % die größte CO_2-Zunahme erreicht (siehe auch Tabelle 26.1 mit der Länderzuordnung). Wegen des größeren Nachholbedarfs nehmen die Entwicklungsländer und die restlichen, am wenigsten entwickelten Länder, noch bis 2020 zu, und zwar um 65 bzw. 20 % bezogen auf einen allerdings niedrigen Ausgangswert. Eine Ausnahme bilden hier die wirtschaftlich schwachen Industrieländer, die sich wegen des wirtschaftlichen Zusammenbruchs als Folge der Auflösung des ehemaligen Ostblocks in den 90iger Jahren erst nach einer Aufholphase mit zunehmendem CO_2-Ausstoß und einer Zeitverzögerung von 5 bis 10 Jahren an den allgemeinen Reduktionsbemühungen beteiligen werden.

Sollte jedoch der Reduktionsfahrplan in diesem Klimaschutz-Szenario ab 2000 für die Industrieländer noch weiter hinausgezögert werden und der Nachholbedarf der 3. Welt mit noch größeren CO_2-Zunahmen einhergehen, dann ist die Unterschreitung der mittleren globalen Erwärmungsobergrenze von 2 °C bis 2100 nicht mehr zu gewährleisten (siehe Abb. 26.2 c). Noch riskanter wird es bei der ökologisch so wichtigen Temperaturänderungsrate, die dann noch schneller zunimmt und noch länger über der kritischen Marke von 0,1 °C pro Dekade bleibt (siehe Abb. 26.2 d). Am dauerhaftesten ist die Beeinflussung des Meeresspiegelanstiegs.

Auch auf Entlastung durch eine stärkere Reduktion der anderen Treibhausgase sollte man sich nicht verlassen. In diesem Klimaschutz-Szenario sind schon alle Reduktions-Vereinbarungen des Montrealer Protokolls und seiner Verschärfungen für die voll- und teilhalogenierten HFCKW und die Halone berücksichtigt. Darüberhinaus ist die Gefahr groß, daß die Industrie vermehrt die fluorierten Kohlenwasserstoffe einsetzt, weil sie kein Ozonzerstörungspotential haben, dafür aber den Treibhauseffekt stark anheizen.

Tabelle 26.2: Anthropogene CO_2-Emissionsziele[1] für das Szenario Klimaschutz bezogen auf das Basisjahr 1990

Jahr	Industrieländer				Schwellen länder	Arab. Öl prod. Länder	Entw.- lungs- länd.	Restl. Länder	Welt insges.
	stark	wirtschaftlich wenig. st.	schw.	ges.					
Mengen	Mt	Mt	Mt	Mt	Mt	Mt	Mt	Mt	Mt
1990	10154[2]	412[2]	4145[3]	14 711	4934[2]	713[2]	1403[2][3]	431[2]	22 192
Beob. Ändgen.	%	%	%	%	%	%	%	%	%
1991[2]	-1.2	3.2	-1.1	-1.1	7.2	-0.1	4.9	-42	0.38
1992[2]	-1.4	7.8	-11.2	-3.9	12.5	9.1	3.3	- 38	-0.50
Ziele[4]	%	%	%	%	%	%	%	%	%
1995	3	10	-20	-3	20	20	10	-25	4
2000	5	15	-10	1	30	30	23	- 15	10
2005	-1	10	2	0	30	30	32	- 5	10
2010	-7	5	-3	-5	23	24	42	5	5
2020	-20	-10	-14	-18	10	15	65	20	-5
2030	-35	-24	-30	-34	0	5	40	13	-20
2040	-55	-40	-47	-53	-5	0	25	10	-35
2050	-75	-60	-70	-73	-10	-5	10	10	-50
2075	-85	-70	-75	-82	-20	-10	-10	- 10	-60
2100	-90	-80	-85	-89	-36	-25	-25	- 25	-70

1) Für alle Länder mit CO_2-Emissionen > 10 Mt/a, ausgenommen die restlichen Länder mit < 10 Mt/ a. 2) Beobachtete Änderungen von der UBA INENERGY Datenbank. 3) Vom Nuclear Safety Institute in Moscow. 4) Alle Emissionsziele ab 1995 beziehen sich auf das Szenario Klimaschutz, eine Weiterentwicklung des ursprünglich für die Klima-Enquete-Kommission konzipierten Szenarios D.

Das N_2O, das vorwiegend aus der Verbrennung von Biomasse und der künstlichen Düngung stammt, wurde hier um 50 % reduziert. Eine viel größere Reduktion ist kaum denkbar, und bei der langen atmosphärischen Verweilzeit von ca. 120 Jahren ist auch bis 2100 keine höhere Entlastung zu erwarten.

Nur eine stärkere als die hier angenommene 5 %ige CH_4-Reduktion könnte bei der geringen Verweildauer von 10 bis 15 Jahren kurzfristig Entlastung bringen. Dies ist aber bei Berücksichtigung der Hauptmethanquellen wie Massentierhaltung, Reisanbau, Erdgasleckagen und Ausgasen aus Kohlebergwerken sowie als Folge der Tundrenerwärmung eher unwahrscheinlich (A. Jain und W. Bach, 1994).

Wie stehen die Erfolgsaussichten für die Umsetzung dieses Klimaschutz-Szenarios? Eigentlich sollten sie gar nicht schlecht sein, denn von den einzelnen Ländergruppen werden erst ab 2000 bis 2010 zunehmende Reduktionen verlangt. Auch dem Gerechtigkeitsverlangen und dem Nachholbedarf der 3. Welt wird genügegetan, wenn schon nach 2030 deren CO_2-Kontingent das der 1. Welt übertrifft. Es sollte jedoch alles seitens der 1. Welt unternommen werden, damit auch die 3. Welt so schnell wie möglich den Ausstieg aus der gefährlichen Kohlenstoffwirtschaft und den Einstieg in eine kostensparende und zukunftsfähige Effizienz- und Solarwirtschaft schafft.

26.2.5 Vergleichbarkeit nationaler Emissionsinventuren

Für eine gerechte Emissionslastenteilung ist es wichtig, daß die Entwicklungen des CO_2-Ausstoßes und die Reduktionserfolge sorgfältig erfaßt und in einer für alle

Tabelle 26.3: Anthropogene CO_2-Emissionen[a] aus den Inventuren und Projektionen der nationalen Klimaschutzberichte der Vertragsstaaten an die Zentrale der UN-Klimaschutzkonvention in Genf. Die Prozentänderungen sind relativ zu 1990 = 100 angegeben.

Industrieländer (Annex I Staaten)	1990 Mt	Inventuren relativ zu 1990 in					Projektionen relativ zu 1990 in		
		1991 %	1992 %	1993 %	1994 %	1995 %	2000 %	2005 %	2010 %
Wirtschaftlich stark									
1 Australien[c]	273,1	101	102	103	105	109	114	123	134
2 Österreich[b]	59,9	108	100				111		
3 Kanada[b]	462,6	98	101	102	105		113		
4 Dänemark[c]	60,2	102	102	100	99	98	90	84	74
5 Finnland[c]	53,8		97	99	110	104	110		118
6 Frankreich[b]	383,2	106	102	100			108		
7 Deutschland[c)d]	1014,2	96	91	91	89	88	95	97	101
							88	85	84
8 Island[c]	2,1	96	102		105	106	127	131	137
9 Italien[b]	423,8						114		
10 Japan[c]	1124,5	102	103	102	108	108	104		120
11 Liechtenstein[b]	0,2						118		
12 Luxemburg[b]	11,3						67		
13 Monaco[b]	< 0.1								
14 Niederlande[c)d]	172,5	100	101	102	103	107	114	122	129
							97	99	99
15 Norwegen[c]	35,5	95	97	101	106	107	124	132	135
16 Schweden[c]	55,4	100	101	101	106	105	108	112	116
17 Schweiz[c]	45,1	104	101	98	96	98	92	94	97
18 G. Britannien[c]	610,9	101	98	96	96	95	95	101	101
19 USA[c]	4961,2	99	100	103	104	105	113	118	123
Summe 1990	9749,6								
Summe/Mittel % 2000	9749,6						109		
							108		
Summe/Mittel % 2005	7230,5							114	
								112	
Summe/Mittel % 2010	8408,8								119
									116

a) Ohne Landnutzungs- und Waldänderungen; b) berechnet nach UNFCCC (1996); c) berechnet nach UNFCCC (1997); d) Deutschland und die Niederlande, mit hohen und niedrigen Projektionen, die sich in den Gesamtsummen widerspiegeln.

Länder vergleichbaren Form dargestellt werden. Die Klimakonvention verlangt deshalb, daß z.B. jeder Industriestaat sechs Monate nach ihrer Ratifizierung eine gemäß Artikeln 4.2(b) und 12 anzufertigende nationale Treibhausgasinventur abliefert. Zur Gewährleistung der Vergleichbarkeit gibt es dafür genaue IPCC-Instruktionen (IPCC, 1995). Bei der vom IPCC vorgegebenen Referenzmethode werden nur die energiebedingten CO_2-Emissionen berücksichtigt. Anders werden bei der sektoralen Methode, die bisher in Deutschland angewendet wurde, neben den energiebedingten auch die prozeßbedingten und sonstigen Emissionen erfaßt. Die so für Deutschland berechneten CO_2-Emissionen von 986, 640 Mt in 1990 sind nur um 0,3 % höher als die mit der Referenzmethode ermittelten Emissionen von 983, 528 Mt (RBD, 1997a: 134). Dies bedeutet aber keineswegs, daß die Vergleiche von Nation zu Nation zu ähnlich guten Werten führen.

Bisher liegen die Inventuren anthropogener CO_2-Emissionen von 32 Annex I Ländern vor (UNFCCC, 1996, 1997). Anhand dieser Information wurde hier nur für die wirtschaftlich starken Industrieländer Tabelle 26.3 berechnet und in einer den Tabellen 26.1 und 2 vergleichbaren Form zusammengestellt. An den Lücken wird deutlich, daß die Länder noch Schwierigkeiten bei der Anfertigung der Inventuren haben. Das zuständige Sekretariat in Genf (jetzt Bonn) versucht diesen Mangel zu beheben, indem es Expertenteams in die einzelnen Länder schickt.

In Tabelle 26.4 werden die wichtigsten CO_2-Datenserien, nämlich die der UN (IPCC) und der IEA (OECD/UBA), einander gegenübergestellt. Während die Gesamtwerte zwar nur um etwa 4 % differieren, können aber die Werte einzelner Länder, wie z.B. für die USA um mehr als 200 Mt oder für Deutschland um fast 50 Mt auseinanderklaffen. Ein systematischer Trend für eine einfache Korrektur ist nicht erkennbar. Der IPCC sollte die Datenserien umgehend harmonisieren.

Für die Zuordnung der Länder zu den sechs Ländergruppen in Tabelle 26.1 und die Abschätzung der globalen Klimaänderungen mit Hilfe von Klimamodellen in Tabelle 26.2 sind möglichst vollständige globale Datenserien erforderlich, wie etwa die der IEA/UBA Datenbank. Für das Aushandeln von differenzierten CO_2-Emissionsquoten eignen sich dagegen eher die in Tabelle 26.3 auf einen neueren Stand gebrachten UN-Inventur- und Projektionsdaten. Diese Daten stammen aus den nationalen Klimaschutzberichten.

26.2.6 Aushandeln nationaler Emissionsquoten

Zu den Hauptaufgaben der Vertragsstaatenkonferenzen gehört zweifellos die Festlegung konkreter Emissionsziele nach einem bestimmten Zeitplan (M. Cutajar, 1996: 7). Streitpunkte sind u.a., ob international koordiniert oder flexibel, bzw. nach allgemeinen oder differenzierten Reduktionsverpflichtungen vorgegangen werden soll, und ob schon gleich von Beginn an die Entwicklungsländer mit in die Reduktionspflicht genommen werden sollen (die Entwicklungsländer fordern eine Verschnaufpause um ihren Nachholbedarf zu stillen). Bei den jüngsten Vorbereitungstreffen zu den Vertragsstaatenkonfernezen zeigt sich deutlich ein Trend hin zum Aushandeln von differenzierten Emissionsquoten (Tabelle 26.4).

Tabelle 26.4: Beispiel für das Aushandeln von differenzierten Quoten zur CO_2-Emissionsreduktion für die Gruppe wirtschaftlich starker Industrieländer

Land	CO2-Emissionen für 1990 und die Datensets		Differenzierte CO2 Quoten 1990 vorgeschlagen von den Ländern für		
	IEA[a] Mt	UN[b] Mt	2000[c] Mt	2005[c] Mt	2010[c] Mt
USA	5230	4961	645	893	1141
Japan	1099	1125	45	nv	225
Deutschland[d]	1061	1014	-51	-30	10
			-122	-152	-162
G. Britannien	607	611	-31	6	6
Kanada	437	463	60	nv	nv
Italien	420	424	59	nv	nv
Frankreich	392	383	31	nv	nv
Australien	278	273	38	63	93
Niederlande[d]	194	173	24	38	50
			-5	-2	-2
Belgien	124	nv	nv	nv	nv
Dänemark	59	60	-6	-10	-16
Österreich	58	60	7	nv	nv
Schweden	55	55	5	7	9
Finnland	52	54	5	nv	10
Schweiz	46	45	-4	-3	-1
Norwegen	31	36	9	12	13
Luxemburg	11	11	-4	nv	nv
Ges. für IEA u. UN	10154	9748	832 ⎤ 780 ⎦ [d]	976 ⎤ 822 ⎦ [d]	1376 ⎤ 1212 ⎦ [d]
Angepaßt an IEA			857 ⎤ 803 ⎦ [e]	757 ⎤ 638 ⎦ [e]	1230 ⎤ 1083 ⎦ [e]
Zulässig für Klimaschutz			510[f]	-101[f]	-710[f]

(In den Spalten 2000, 2005 und 2010 steht jeweils vertikal: „zu vereinbaren")

a) Nach Tabelle 26.1; b) nach Tabelle 26.3; c) berechnet nach Tabelle 26.3; d) für Deutschland und die Niederlande hohe und niedrige Projektionen; e) die Emissionsquoten angepaßt an den IEA-Datensatz; f) die für die Zieljahre zulässigen Klimaschutzrichtwerte; da sie übertroffen werden, müssen striktere als die vorgeschlagenen Länderquoten ausgehandelt werden.

An den relativ vollständigen Inventurdaten und Projektionen bis zum Jahr 2010 für die wirtschaftlich starken Industrieländer in Tabelle 26.3 läßt sich gut die Vorgehensweise für das Aushandeln differenzierter CO_2-Emissionsquoten für einzelne Länder verdeutlichen. Das Prozedere könnte wie folgt sein: Das Klimamodell berechnet bei vorgegebenem Klimarichtwert für einzelne Zieljahre die zulässigen globalen CO_2-Emissionen. Diese werden nach dem in 26.2.4 beschriebenen differenzierten Verfahren den unterschiedlichen Ländergruppen zugeordnet (Tabelle 26.2). Wird der zulässige CO_2-Ausstoß nicht überschritten, dann können die von den einzelnen Ländern in ihren Klimaschutzberichten vorgeschlagenen Quoten akzeptiert werden. Wenn aber, wie im hier betrachteten Fall der wirtschaftlich starken Industrieländer, die für die Zieljahre 2000, 2005 und 2010 vorgeschlagenen CO_2-Emissionsquoten die zulässigen Richtwerte überschreiten, dann müssen sich die einzelnen Länder innerhalb ihrer Gruppe auf zusätzliche Reduktionen einigen (Tabelle 26.4).

Dieses Quotenverfahren hat wesentliche Vorteile: Es ist flexibel und transparent; es zwingt die Vertragsparteien, die eigenen Inventuren offenzulegen und zukünftige Entwicklungen aufgrund konkreter Maßnahmen abzuschätzen; und, sehr wichtig, es läßt nicht nur den Nationen innerhalb ihrer Gruppe einen relativ großen Handlungsspielraum, sondern es bietet durch die Ankopplung an eine Klimamodellrechnung vor allem auch eine Kontrolle für die Einhaltung der vorgegebenen Klimaschutzrichtwerte.

26.2.7 Erreichbarkeit der Emissionsquoten durch ausgewiesene nationale Maßnahmen

Machen wir die Probe aufs Exempel für die Bundesrepublik Deutschland: In ihrem Jahresbericht 1996 an die EU hält die Bundesregierung an der Konkretisierung ihrer Zielsetzung vom April 1995 fest, den CO_2-Ausstoß bis 2005 gegenüber 1990 um 25 % zu reduzieren (BMUNR, 1996: 13). Im gleichen Bericht steht, daß sich die CO_2-Emissionen von 1990 bis 1995 um 12,7 % vermindert haben, und daß bis 2000 mit einer weiteren Abnahme um 0,3 bis 2,3 % zu rechnen sei. Ungeklärt bleibt, wie bei diesem Reduktionstempo in den verbleibenden fünf Jahren noch eine weitere Reduktion von 10 % zustandekommen soll. Im zweiten nationalen Klimabericht wird nun für 2005 eine hohe und eine niedrige Projektion mit einer Reduktion von 3 % bzw. 15 % angeboten (siehe Tabelle 26.3, berechnet nach Angaben von UNFCCC, 1997).

Mit welchen konkreten Maßnahmen sollen die CO_2-Reduktionen erreicht werden? Der 3. Bericht der Interministeriellen Arbeitsgruppe „CO_2-Reduktion" an die Bundesregierung listet 109 Einzelmaßnahmen auf, gibt aber keine konkreten Werte an (BMUNR, 29. 4. 1994: 86 ff). Im Jahresbericht 1996 der Bundesregierung werden ebenfalls nur Maßnahmen aufgezählt (BMUNR, 1. 7. 1996: 2ff). Eine Ausnahme bilden die Selbstverpflichtungen der Industrie. Danach gibt es umgerechnet auf den Zeitraum 1990 - 2000 CO_2-Minderungszusagen im Produzierenden Gewerbe, der Elektrizitätswirtschaft und im Fernwärmebereich von ca. 80 Mt/a und weitere ca. 33 Mt/a durch die Gas- und Ölwirtschaft in den Sektoren Haushalte und Kleinverbrauch (BMUNR/UBA, 26. 4. 1996: 10). Dies würde insgesamt zu einer CO_2-Reduktion von 113 Mt/a oder 11,1 % bis 2000 beitragen. Das Rheinisch-Westfälische Institut für Wirtschaftsforschung (RWI) ist damit beauftragt, 1997 und 1998 jeweils einen Bericht über den Umsetzungserfolg anzufertigen (M. Ganseforth, 14.1.1997: 19).

In einer Ergänzung zum 1. Bericht der Bundesregierung an die Genfer UN-Zentrale wurden weitere konkrete Maßnahmen und CO_2-Reduktionen aufgezählt

(BMUNR, 26. 4. 1996: 20): Durch die Verschärfung der Wärmeschutz-, Kleinfeuerungsanlagen- und Heizungsanlagenverordnungen im Neubaubereich ca. 10 Mt/a; durch die Novellierung der Kleinfeuerungsanlagenverordnung im Altbaubestand und im Kleinverbrauch ca. 4,6 Mt/a; durch das 250 MW-Windprogramm ca. 1,3 Mt/a; durch zinsvergünstigte Darlehen zur rationellen Energienutzung und zum Einsatz erneuerbarer Energieträger ca. 0,6 Mt/a; durch das Bund-Länder-1000-Dächer-Photovoltaik-Programm ca. 0,03 Mt/a, oder zusammen 16,5 Mt/a bzw. 1,6 % CO_2-Reduktion. Insgesamt wären das mit der Selbstverpflichtung und unter der Annahme, daß keine Doppelzählung stattgefunden hat, ca. 129,5 Mt/a oder 12,7 % von 1990 - 2000. Es verwundert deshalb, wie eingangs erwähnt, daß die Bundesregierung in Genf nur eine CO_2-Reduktion von 9,6% bis 2000 vorgeschlagen hat.

Sehr aufschlußreich sind in diesem Zusammenhang die neuesten Zahlen der Bundesregierung im 2. Klimaschutzbericht (RBD, April 1997: 24). Danach erhöhen sich nicht nur die im BMUNR-Bericht von 1994 aufgelisteten 109 Einzelmaßnahmen auf mehr als 130 Einzelmaßnahmen, sondern zum ersten Mal werden auch konkrete CO_2-Reduktionswerte angegeben, die durch 29 spezifische Politiken und Maßnahmen erwartet werden. Die wichtigsten neuen Aussagen bezogen auf die Zeitperiode 1990 bis 2000 sind: Die ursprünglich abgegebene Selbstverpflichtung der Industrie für eine CO_2-Reduktion von ca. 113 Mt/a oder 11,1 % ist jetzt auf ca. 18,2 Mt/a oder 1,8 % geschrumpft. Die größte CO_2-Reduktion wird nun mit 36,26 Mt/a oder 3,6 % im Bereich der erneuerbaren Energien erwartet. Allerdings beruht dies fast ausschließlich auf Maßnahmen zur Erhaltung bestehender Wälder mit 30 Mt/a und zur Förderung der Erstaufforstung mit 0,6 Mt/a. Nur ein kleiner Rest von weniger als 0,6 % entfällt auf die eigentliche Solar- und Windenergie. Insgesamt hat sich im Vergleich zu 1996 im Klimabericht von 1997 die durch 29 Einzelmaßnahmen erwartete CO_2-Gesamtreduktion von 11,8 % auf 8,4 % für die Periode 1990 - 2000 weiter verringert.

Wo steckt das Reduktionspotential, mit dessen Erschließung das erklärte und offiziell bisher immer noch geltende Ziel einer 25 %igen CO_2-Minderung bis 2005 zu erreichen wäre? Diese Frage hat die Klima-Enquete-Kommission frühzeitig von etwa 50 Energiewirtschaftsinstituten und rd. 150 Wissenschaftlern untersuchen lassen (EKDB Hg., 1990 Bd. 10). Wie die Zusammenfassung der Ergebnisse in Tabelle 26.5 zeigt, beträgt das Reduktionspotential für Westdeutschland insgesamt fast 240 Mt oder rd. 33 % der CO_2-Emissionen. Für Gesamtdeutschland sollte es noch größer sein. Hinzu kommt außerdem ein Reduktionspotential von mindestens 5 % durch Verhaltensänderungen. Zur Ausschöpfung dieses Reduktionspotentials müßte allerdings mit der Umsetzung der vorhandenen Instrumenten- und Maßnahmenbündel endlich ernstgemacht werden.

Tabelle 26.5: CO_2-Reduktionspotential bis 2005 bezogen auf Sektoren und Einzelmaßnahmen für Westdeutschland, Bezugsjahr 1987

Sektor	CO_2-Emission 1987	715 Mt
Einzelmaßnahme	Reduktionspotential	Mt
Haushalte		
Verbrauchsabhängige Heizkostenabrechnung		3,5
Wärmeschutzverordnung		4,9
Heizungsanlagenverordnung		3,3
Einkommensteuer-Durchführungsverordnung		9,2
Teilsumme		20,9
Anteil an der Gesamtemission (%)		2,9
Kleinverbrauch		
Verbrauchsabhängige Heizkostenabrechnung		3,5
Wärmeschutzverordnung		1,6
Heizungsanlagenverordnung		0,6
Einkommensteuer-Durchführungsverordnung		0,6
Investitionszulagengesetz		15,0
Teilsumme		21,3
Anteil an der Gesamtemission (%)		3,0
Industrie		
Wärmeschutzverordnung		0,35
Heizungsanlagenverordnung		0,24
Investitionszulagengesetz		32,0
Teilsumme		32,59
Anteil an der Gesamtemission (%)		4,6
Umwandlungsbereich		
Investitionszulagengesetz		19,9
Wärmenutzungsverordnung		90,0
Teilsumme		109,9
Anteil an der Gesamtemission (%)		15,4
Verkehr		
22 Maßnahmen untersucht von PROGNOS für das BMV		
Teilsumme		53,0
Anteil an der Gesamtemission (%)		7,4
Insgesamt		237,69
Anteil an der Gesamtemission (%)		33,2

Extrahiert aus EKDB (Hg. 1990)

26.3 Aussichten auf eine wirksame globale Klimaschutzpolitik

Zu Beginn dieses Beitrags war als Ergebnis des AGBM-Treffens vom März 1997 in Bonn von einem Stillstand die Rede, weil gegensätzliche Auffassungen der Vertragsstaaten die Verhandlungen blockierten. Ob sich in der nächsten Zeit die Aussichten für eine Einigung auf einen wirksamen globalen Klimaschutz im Dezember 1997 in Kyoto verbessern werden, ist ungewiß. Es wird im folgenden versucht, anhand von Berichten und Analysen derzeitiger Aktivitäten auf mögliche Entwicklungen zu schließen (GECR, 27.6.1997: 1, und 11.7.1997: 1; M. Cutajar, 1997: 1).

Bei ihrer Konferenz vom 19. - 20. 6. 1997 verständigten sich die EU Umweltminister auf eine gemeinsame Verhandlungsposition: Die Industrieländer sollen die Treibhausgase bezogen auf 1990 um 7,5 % bis 2005 und um 15 % bis 2010 reduzieren. Zur Zeit betrifft das nur CO_2, CH_4 und N_2O, doch bis 2000 sollen auch die Fluorkohlenwasserstoffe (HFC/H-FKW) und die perfluorierten Kohlenwasserstoffe (FKW/PFC) hinzukommen. Im Abschlußkommuniqué wurde in Richtung auf die USA und Japan moniert, daß noch nicht alle Industrieländer quantifizierte Emissionsziele vorgeschlagen haben. Handelbare Emissionszertifikate sowie die gemeinsame Umsetzung von Maßnahmen mit ausländischen Investoren sollen als Ergänzung einheimischer Maßnahmen erlaubt sein.

Die Regierungschefs von Deutschland, Frankreich, Großbritannien und Italien legten die EU-Verhandlungsposition dem vom 20. - 22. 6. 1997 in Denver tagenden Weltwirtschaftsgipfel der G-7 Staaten plus Rußland vor, um Emissionsziele und Zeitpunkte für COP-3 in Kyoto zu vereinbaren. Im Abschlußkommuniqué verweigerten jedoch die USA mit Unterstützung von Kanada und Japan eine Festlegung auf spezifische Emissionsbeschränkungen. Sie fanden sich lediglich in einer allgemein gefaßten Absichtserklärung bereit zu „sinnvollen, realistischen und gerechten Emissionszielen, die bis 2010 zur Reduktion von Treibhausgasemissionen führen". Die Erwähnung von 2010 als Zieljahr für eine Reduktion wurde schon als Fortschritt angesehen.

Folgende US-Positionen wurden für Kyoto noch einmal bekräftigt: Erstens sollen die Entwicklungsländer ebenfalls nachweisbare Reduktionsschritte einleiten, wobei ihre Verpflichtungen entsprechend ihrem Wirtschaftswachstum zunehmen. Zweitens muß eine Einigung in Kyoto nicht nur Transparenz und Nachweisbarkeit sicherstellen, sondern den Ländern auch Flexibilität bei der Erreichung der Emissionsziele gewähren. Hierbei geht es darum, ob die Emissionsziele bis zu einem bestimmten Zeitpunkt oder als Budget über eine Periode von mehreren Jahren zu erreichen sind, bzw. ob die geleisteten Reduktionen bei Übererfüllung auf die nächste Zeitperiode angerechnet oder ob sie bei Nichterfüllung auf Kosten der nächsten Periode „geborgt" werden können.

Auf der UN Sondergeneralversammlung vom 23. - 27. 6. 1997 in New York, auch Rio + 5 genannt, wurde für die ersten 5 Jahre nach der UNCED in Rio de Janeiro eine Zwischenbilanz über Fortschritte bei der Umsetzung der Rio-Beschlüsse von 1992 gezogen. Mit seiner Begrüßungsansprache nährte der amerikanische Vizepräsident Gore gleich große Hoffnungen, indem er alle Nationen zum Handeln aufforderte und für Kyoto bindende Emissionsgrenzwerte einforderte, ohne sie jedoch zu spezifizieren. Auch Präsident Clinton gab sich verantwortungsbewußt, wenn er von einer starken Verpflichtung Amerikas sprach, die eigenen Treibhausgasemissionen signifikant zu reduzieren. Allerdings blieb er wiederum konkrete Angaben schuldig, da er erst noch das amerikanische Volk und den Kongreß davon überzeugen müsse, daß das Klimaproblem real und dringend sei. Clintons Umweltberaterin McGinty sagte auf einer Pressekonferenz, daß die von der EU vorgeschlagene Reduktion von 15 % bis 2010 bezogen auf 1990 von den Industrieländern unmöglich erreicht werden könne.

Die gespaltene Meinung des US Kongresses mag die Zurückhaltung Clintons bei der Festlegung auf bindende Reduktionswerte erklären. Eine Resolution von Senator Byrd mit mehr als 60 Befürwortern verlangt, daß die USA nur dann einen Klimavertrag unterschreiben, wenn auch die Entwicklungsländer in die Pflicht genommen werden. Einflußreiche Industrieverbände unterstützen diese Resolution. Dagegen hat die Resolution des Abgeordneten Gilchrest mit nur etwa 11 Befürwortern die US-Regierung aufgefordert, die Führungsrolle bei der Festlegung bindender Emissionsgrenzwerte zu übernehmen und damit spätestens bis 2005 zu beginnen. Allerdings besteht auch das Repräsentantenhaus auf der gleichzeitigen Teilnahme der Entwicklungsländer an den Emissionsreduktionen, die kostengünstig umgesetzt werden sollen. Zeitweise hatte es während der Debatten in New York den Anschein, daß sich die Länder, die eine kritische bis ablehnende Haltung einnahmen, wie vor allem USA, Japan, Kanada und Australien, dem EU-Standpunkt annähern könnten. Diese erhoffte, zerbrechliche Allianz zerfiel aber gleich wieder unter dem Druck ölfördernder Länder, zuvorderst Saudi Arabiens.

Kanadas Premierminister Chretien äußerte dann auch Bedenken, ob sein Land die EU-Vorgaben erreichen könne, und meinte, daß damit enorme negative wirtschaftliche Auswirkungen verbunden seien. Ministerpräsident Howard des Kohleexportlandes Australien zeigte sich erleichtert, daß keine Einigung über spezielle Emissionsreduktionsziele zustandegekommen war. Und ausgerechnet Japan, der nächste Gastgeber von COP-3, lehnte den EU-Vorschlag als zu strikt und als ungerecht ab. Im übrigen sei sich Japan laut Premierminister Hashimoto über den Berechnungsmodus der Emissionsreduktionen noch nicht im klaren.

26.4 Fazit

Im Vorfeld der Konferenz von Kyoto reichen sich vager Aktionismus und routinierter Leerlauf die Hand - ein deprimierendes Bild. Alle Nationen handeln in vermeintlich bestem Eigeninteresse und blockieren sich somit gegenseitig. Auf der Strecke bleibt der globale Klimaschutz. Dabei wissen alle Beteiligten, daß die Klimagefahr weltweite Auswirkungen hat, die bei andauernder Nichtbeachtung für die jetzt lebende Menschheit und mehr noch für zukünftige Generationen irreversibel werden können.

Das Klimaproblem ist ein globales Problem und kann folglich nur unter tatkräftiger Mithilfe aller gelöst werden. Deshalb müssen die ständigen Irritationen aufhören. Es ist doch klar, daß die wirtschaftlich stärkeren Industrienationen, die sowohl in der Vergangenheit als auch jetzt noch die größten Mengen von Treibhausgasen in die Atmosphäre emittieren, auch die größte Reduktionsverpflichtung haben. Warum also die sich entwickelnden Länder der 3. Welt bei ihrem unbestreitbaren Nachholbedarf mit der ständigen Aufforderung zur gleichzeitigen Beteiligung an den Emissionsreduktionen verärgern und damit den Boykott langfristiger Kooperation riskieren? Der Beteiligungsmodus ist ja bereits in der Klimakonvention festgelegt und beginnt zeitlich gestaffelt nach der Ratifikation. So sollen sich gemäß ihrer wirtschaftlichen und technischen Möglichkeiten die Industrieländer nach 6 Monaten, die

Schwellen- und Entwicklungsländer nach 36 Monaten und die am wenigsten entwickelten Länder nach ihrem Gutdünken an der Ausarbeitung konkreter Reduktionsmaßnahmen beteiligen.

Was jetzt im Brennpunkt der Bemühungen um einen wirksamen Klimaschutz zu stehen hat, ist gemeinsames und koordiniertes Handeln. Die Welt zählt dabei auf die Führungsqualitäten der USA. Von COP-3, der Konferenz im Dezember 1997 in Kyoto, erhoffen sich viele Menschen die Verpflichtung der Nationen auf einen bindenden Aktionsplan, der so aussehen könnte:

- Ein Protokoll mit bindenden Vorgaben zur Emissionsreduktion und Kontrollpunkten noch in 1997
- Inkrafttreten in 2000
- 1. Kontrollpunkt in 2005
- 2. Kontrollpunkt in 2010

Dieser Aktionsplan soll den Klimaschutzprozeß in Gang bringen. Für die Ausarbeitung der wesentlichen Details macht die hier skizzierte Klimaschutzstrategie konkrete Vorschläge.

Literaturauswahl

Alcamo, J. and Kreileman, E. (1996), „Emission scenarios and global climate protection". In: Global Env. Change 6 (4) S. 305 - 334

Alcamo, J., Kreileman, E., Bollen, J. C., van den Born, G. J., Gerlagh, R., Krool, M. S., Toet, A.M.C., and de Vries, H. J. M. (1996), „Baseline scenarios of global environmental change". In: Global Env. Change 6 (4) S. 261 - 303

Bach, W. (1995a), „Klimaschutz". In: Naturwissenschaften 82 (2) S. 53 - 67

Bach, W. (1995b), „Grundlagen für eine wirksame Klimaschutzpolitik". In: Enquete-Kommission „Schutz der Erdatmosphäre" des Deutschen Bundestages (Hrsg.), Mehr Zukunft für die Erde - Nachhaltige Energiepolitik für dauerhaften Klimaschutz, S. 96 - 108, Bonn

Bach, W. (1998), „The Climate Protection Strategy Revisited". In: Ambio 27 (7), S. 498 - 505

Bach, W. and Jain, A. K. (1991), „Toward Climate Conventions. Scenario Analysis for a Climate Protection Policy". In: Ambio 20 (7), S. 322 - 329

Bach, W. and Jain, A. K. (1992), „Climate and ecosystem protection requires burden sharing: the specific tasks after Rio (I)". In: Perspectives in Energy 2, S. 67 - 93

Bach, W. and Jain, A. K. (1992 - 1993), „Climate and ecosystem protection requires binding emission targets: The specific tasks after Rio (II)". In: Perspectives in Energy 2, S. 173 - 214

BMUNR (Bundesministerium für Umwelt, Naturschutz und Reaktorsicherheit) (1. 7. 1996), „Jahresbericht für 1996 der Bundesrepublik Deutschland an die Europäische Kommission", Bonn

BMUNR, (o. J.), „Beschluß der Bundesregierung vom 29. 9. 1994 zur Verminderung der CO_2-Emissionen und anderer Treibhausgase in der BR Deutschland", 459 S., Bonn

BMUNR/UBA: (26. 4. 1996), „Projektionen für Treibhausgase." Ergänzung zum Bericht der Regierung der BR Deutschland nach dem UN Rahmenabkommen über Klimaänderungen, Bonn

Bruce, J. P., Lee, H. and Haites, E. F. (Eds.) (1996), „Climate Change 1995. Economic and Social Dimensions of Climate Change", Cambridge

Cutajar, M. Z. (1996), „Berlin Mandate talks enter the negotiating phase". In: Climate Change Bulletin 13, 4th Qtr., S. 7 - 8

Cutajar, M. Z. (1997), „The Road to Kyoto and an agreement that works". In: Climate Change Bulletin 14, 2nd Qtr., S. 1 - 3

EKDB (Enquete-Kommission „Schutz der Erdatmosphäre" des Deutschen Bundestages), „Schutz der Erde", Zur Sache. Themen parlamentarischer Beratung Bd. 1, 19/1990a S. 80 u. S. 402; 19/1990b S. 385

EKDB (Hrsg.) (1990), „Energiepolitische Handlungsmöglichkeiten und Forschungsbedarf". In: Energie und Klima, Bd. 10, Bonn

Ganseforth, M. et al. (14. 1. 1997), Große Anfrage der Abgeordneten M. Ganseforth u.a. und der Fraktion der SPD „Umsetzung der Selbstverpflichtungserklärung deutscher Wirtschafts- und Industrieverbände zum Klimaschutz", BT-Drs. 13/3988, Bonn

GECR (Global Environmental Change Report): Negotiators inch toward Kyoto Protocol, IX (12) S. 1 - 3 (27. 6. 1997)

GECR: US shift advances climate change negotiations, IX (13) S. 1 - 3 (11. 7. 1997)

Hougthon, J. T., Filho, L. G. M., Callander, B. A., Harris, N., Kattenberg, A. and Maskell, K. (Eds.) (1996), „Climate Change 1995. The Science of Climate Change", Cambridge

Hougthon, J. T., Filho, L. G. M., Griggs, D. J. and Maskell, K. (Eds.) (1997), „An Introduction to Simple Climatic Models used in the IPCC Second Assessment Report", Cambridge

IPCC (1995), „Greenhouse Gas Inventory", vol. 1 Reporting Instructions; vol. 2 Workbook; vol. 3 Reference Manual. IPCC Guidelines for National Greenhouse Gas Inventories, Bracknell

Jain, A. K. and Bach, W. (1994), „The effectiveness of measures to reduce the man-made greenhouse effect. The application of a climate-policy model". In: Theor. Appl. Climatol. 49, S. 103 - 118

OECD, „OECD Wirtschaftsausblick", die jeweiligen Halbjahresausgaben, Paris

Parry, M. L., Carter, T. R., and Hulme, M. (1996), „What is a dangerous climate change?" In: Global Env. Change 6 (1), S. 1 - 6

RBR (Regierung der Bundesrepublik Deutschland): Klimaschutz in Deutschland, 2. Bericht, Bonn (1997), insbesondere a) S. 134; b) S. 17; c) S. 24

UBA (Umweltbundesamt in Berlin), INENERGY Datenbank und berechnet nach den IEA (Int. Energy Agency in Paris) Energy Balances von OECD und Nicht-OECD-Ländern, (verschiedene Jahrgänge)

UNFCC, „Second compilation and synthesis of the first national communications from Annex I Parties", FCCC/CP/1996/12/Add. 1 (28 June 1996) and Add. 2 (1 July 1996), Geneva

UNFCC, „Second national communications", 1997, Bonn

UN Framework Convention on Climate Change, Ad Hoc Group on the Berlin Mandate, Sixth Session, 3 - 7 March 1997, Bonn, Proposals from Parties 19. 2. 1997 and 26. 2. 1997

Watson, R. T., Zinyowera, M. C. and Moss, R. H. (Eds.) (1996), „Climate Change 1995. Impacts, Adaptations and Mitigation of Climate Change", Cambridge

Wester, R. (1997), „Community Strategy on Climate Change - Council Conclusions", Dutch Ministry of Environment, Den Haag, 13. 3. 1997

27 Sozio-ökonomische Entwicklung Chinas - Bedeutung für den globalen Klimaschutz

Durch sein rasantes Wirtschafts- und Energiewachstum ist China, neben den USA, der EU und Japan, zum vierten großen „global player" der Weltwirtschaft aufgestiegen. Dies hat weitreichende Auswirkungen auf Umwelt und Klima. China ist derzeit nach den USA mit einem Weltanteil von ca. 13 % der zweitgrößte Emittent des wichtigsten Treibhausgases CO_2. Die Hauptgründe dafür liegen im Energiemix, der mit einem Anteil von ca. 75 % von der Kohle dominiert wird, in der ineffizienten Energienutzung vor allem im Industriebereich und in den zu niedrigen Energiepreisen, die für Unternehmen und Privathaushalte wenig Anreize zu energiesparendem Verhalten geben. Nach Regierungsplänen soll die Energieerzeugung weiterhin überwiegend auf Kohlebasis erfolgen, so daß bei weiter steigender Energienachfrage auch der CO_2-Ausstoß drastisch zunehmen wird. Dies wird zur Änderung des globalen Klimas beitragen und negative regionale ökologische und sozio-ökonomische Auswirkungen haben. Um eine für Mensch und Natur gefährliche Klimaänderung zu vermeiden, wird hier eine ökologisch notwendige und politisch umsetzbare Klimaschutzstrategie vorgestellt, mit der auf der Grundlage von fairen Lastenteilungen und bindenden CO_2-Emissionszielen ein risikoarmer Entwicklungspfad eingeschlagen wird. Es wird gezeigt, wie China die für den Klimaschutz erforderlichen CO_2-Emissionsreduktionen anhand von 13 ausgewiesenen Maßnahmen kostengünstig erreichen kann. Die spezifischen CO_2-Reduktionskosten reichen von 0,09 US $/t CO_2 für kohlesparende Öfen bis 18,55 US $/t CO_2 für Solarkocher. Insgesamt läßt sich über die nächsten 10 Jahre die stattliche Menge von ca. 4 600 Mt CO_2 bei Gesamtkosten von rd. 21 Mrd US $ oder etwa 0,4 % von Chinas BIP in 1994 vermeiden. Die Maßnahmen verursachen aber nicht nur Kosten, sondern auch beträchtlichen monetären und nicht-monetären Nutzen.

27.1 China, ein wichtiger *global player*

Seit Beginn der Wirtschaftsreformen Ende der 70er Jahre befindet sich China im Aufbau einer „sozialistischen Marktwirtschaft". Dank seiner Öffnungspolitik in den vergangenen zwei Jahrzehnten ist es auf dem Weg, neben den USA, der EU und Japan zum vierten großen *global player* der Weltwirtschaft aufzusteigen. Sein Bruttoinlandsprodukt hat sich verfünffacht, das Außenhandelsvolumen ist mit 280 Mrd. US$ auf das Vierzehnfache angestiegen und der Handelsbilanzüberschuß erhöhte sich 1996 auf über 12 Mrd. US$ (R. Machetzki 1997).

Doch die derzeit (1997/98) grassierende Asienkrise gefährdet diesen Aufstieg, denn es erscheint fraglich, ob sich China als Hort der sozialistischen Marktwirtschaft aus dieser Finanz- und Wirtschaftskrise wird heraushalten können. Immerhin gingen bisher rd. 60% der Exporte in die asiatischen Konkurrenzländer – etwa die Hälfte davon allerdings nach Hongkong, von wo aus weitgehend in nicht-asiatische Länder re-exportiert wurde (State Statistical Bureau 1996). Somit besteht die Gefahr, daß bei den massiven Abwertungen in den Nachbarländern auch Chinas Wettbewerbsfähigkeit und Wirtschaftswachstum in Mitleidenschaft gezogen werden.

Neben diesen neuerlichen Problemen bleiben die gewaltigen Herausforderungen der Vergangenheit bestehen. Zwar konnte das Bevölkerungswachstum gebremst werden, aber jedes Jahr kommen zu den 1,2 Mrd. Chinesen noch etwa 13 Millionen hinzu (State Statistical Bureau 1996). Schätzungsweise 350 Mio. neue Arbeitsplätze müssen deshalb in den nächsten 25 Jahren geschaffen werden (siehe Abschnitt 27.3). Steigende Umweltbelastungen, ausgelöst durch die dynamische Wirtschaftsentwicklung, führen zu einer Verschlechterung der Umweltbedingungen und gefährden Gesundheit, natürliche Umwelt und Klima. Schon längst geht weltweit die Angst um, daß sich die ökologischen Folgen des bisherigen Wirtschaftsbooms zu einer untragbaren Last für die gesamte Menschheit ausweiten könnten.

27.2 Demographische Trends

27.2.1 Bevölkerungsentwicklung

Mit einer Bevölkerungszahl von über 1,2 Mrd. bis zur Jahresmitte 1997 – etwa 21% der Weltbevölkerung – ist China derzeit mit Abstand das bevölkerungsreichste Land der Erde (Deutsche Stiftung Weltbevölkerung 1997). Somit hat sich seit 1950 die Bevölkerung mehr als verdoppelt. Dieser enorme Bevölkerungsanstieg, lange Zeit kompatibel mit der sozio-ökonomischen Planung durch die Kommunistische Partei, wurde begleitet von weitreichenden Veränderungen im demographischen Profil. Wie in allen Ländern im demographischen Übergang von der „traditionellen" zur „modernen" Gesellschaft ging auch in China zuerst die hohe Sterblichkeit zurück. Während die durchschnittliche Lebenserwartung zu Beginn der 50er Jahre nur ungefähr 40 Jahre betrug, werden heute 70 Jahre erreicht. Die Fertilität sank dagegen erst nach der Durchsetzung einer intensiven Familienplanung Anfang der 70er Jahre.

Mit der Propagierung der Spätehe, der Vergrößerung des Zeitraums zwischen zwei Geburten und der Limitierung auf eine Familiengröße von nur noch zwei Kindern konnte der Zyklus des Generationswechsels verlangsamt und die Kinderzahl gesenkt werden. Bereits nach wenigen Jahren halbierte sich die totale Fertilitätsrate von 5,4 in 1971 auf 2,7 in 1979 (J. Banister 1987). Aufgrund der Verschärfung der Geburtenkontrollkampagnen mit der Propagierung der „Ein-Kind-Familie" Ende der 70er Jahre hat China mit einer totalen Fertilitätsrate von 1,8 in 1997 einen der niedrigsten Werte unter den Entwicklungsländern erreicht.

Der bisherigen Bevölkerungsentwicklung werden in Abb. 27.1a-c die UN Entwicklungspfade hoch, mittel und niedrig bis 2050 gegenübergestellt (UN 1995a). Während bei der hohen Variante ca. 2 Mrd. Menschen für das Endjahr prognostiziert werden, stabilisiert sich die Bevölkerung bei der mittleren Variante, die als die wahrscheinlichste angesehen wird, aufgrund stark abnehmender Zuwachsraten bis 2050 bei etwa 1,6 Mrd. Menschen. Am günstigsten ist die niedrige Variante, bei der sowohl die absolute als auch die prozentuale Änderung ab 2024 negativ werden, so daß die Bevölkerung bis 2050 wieder auf 1,2 Mrd. zurückgeht.

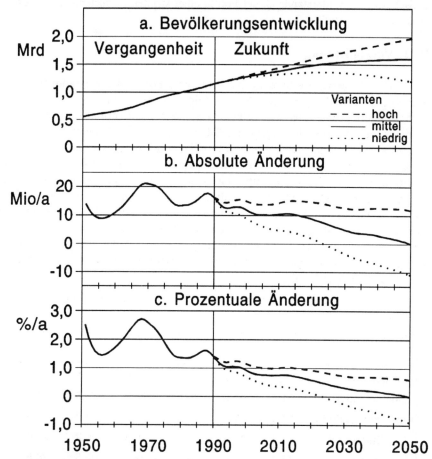

Abb. 27.1a-c: Bevölkerungsentwicklung Chinas in Vergangenheit und Zukunft 1950 - 2050.
Quelle: UN (1995a).

Die Tatsache, daß sich alle drei Varianten nur hinsichtlich der Fertilitätsannahmen unterscheiden, verdeutlicht den Einfluß dieser Variablen. Die bei der Projektion zugrunde gelegten totalen Fertilitätsraten, die ab 2010 mit 1,5, 2,1, bzw. 2,5 als konstant angenommen werden, sind der einzige Grund für die stetig wachsende Differenz bei den Projektionsvarianten, die für das Endjahr fast 800 Mio. beträgt. Dies weist auf die großen Einflußmöglichkeiten geburtenplanerischer Maßnahmen hin. Der demographische Schwung, auch als Eigendynamik der Bevölkerungsentwicklung bezeichnet und in Abb. 27.1b als Echo-Effekt mit zeitlich sich abschwächenden Geburtenwellen deutlich erkennbar, kann nur gebrochen werden, wenn die totale Fertilitätsrate entweder unterhalb des Ersatzniveaus fällt, oder es zumindest nicht überschreitet. Ob und in welchem Maße das Bevölkerungswachstum auch weiterhin eingeschränkt werden kann, hängt größtenteils von der Stabilität des politischen Systems und den Erfolgen der Familienplanung ab. Im März 1997 wurde auf einer nationalen Konferenz zur Geburtenplanung die Notwendigkeit bekräftigt, trotz gesellschaftlicher Widerstände an der Politik einer strikten Geburtenplanung festzuhalten (B. Staiger 1997).

27.2.2 Verstädterung

Obwohl die chinesische Regierung bis heute eine Politik der Migrationskontrolle und Zuzugsbeschränkung in die Städte verfolgt, konnte sie die mit über 350 Mio. Stadtbewohnern größte urbane Bevölkerung der Welt nicht verhindern (UN 1995b). Allerdings ist der Verstädterungsgrad 1994 mit rd. 29% im Vergleich zu anderen Ländern noch verhältnismäßig niedrig (Tab. 27.1). Im Gegensatz zu anderen Entwicklungsländern zeigt Chinas Verstädterungsgrad zwischen 1960 und 1980 eine Stagnation, was auf die strikte anti-urbanistische Politik nach dem Scheitern des „Großen Sprungs nach vorn" zurückzuführen ist. Durch eine strenge Wohnsitzkontrolle basierend auf dem Haushaltsregistrierungssystem („Hukou") und systematisch organisierte Umsiedlungskampagnen von Stadtbewohnern in ländliche Gebiete konnte das Wachstum der Stadtbevölkerung gebremst und die Städte in ihren Beschäftigungs-, Versorgungs- und Infrastrukturproblemen entlastet werden (H. Mallee 1995; T. Scharping 1993).

Tab. 27.1: Verstädterungsgrad ausgewählter asiatischer Entwicklungsländer, 1950 - 1994

Länder	1950 %	1960 %	1970 %	1980 %	1990 %	1994 %
Welt insgesamt	29,3	34,2	36,6	39,4	43,1	44,8
Industrieländer	54,7	61,3	67,5	71,3	73,6	74,7
Entwicklungsländer	17,3	22,5	25,1	29,2	34,7	37,0
China	11,0	19,0	17,4	19,6	26,2	29,4
Indien	17,3	18,0	19,8	23,1	25,5	26,5
Indonesien	12,4	14,6	17,1	22,2	30,6	34,4
Malaysia	20,4	26,6	33,5	42,0	49,8	52,9
Philippinen	27,1	30,3	33,0	37,5	48,8	53,1
Thailand	10,5	12,5	13,3	17,0	18,7	19,7

Quelle: UN (1995b)

Erst mit Beginn der Wirtschaftsreformen und der Freisetzung überschüssiger landwirtschaftlicher Arbeitskräfte sowie der Lockerung des Haushaltsregistrierungssystems haben Binnenmigration und Urbanisierungstempo insbesondere in den Küstenprovinzen wieder deutlich zugenommen. K. Chan (1994) berechnete für den

Zeitraum von 1978 bis 1990 eine rural-urbane Netto-Zuwanderung von jährlich durchschnittlich 8 Mio. Menschen. In diesen Zahlen ist jedoch nicht die Wanderbevölkerung ohne Aufenthaltsgenehmigung, die in einigen Städten bereits 20-25% der Bevölkerung ausmacht, enthalten (C. Leung und A. Yeh 1993).

Dieser außerplanmäßige Zustrom hat die Wohnungsknappheit und die Slumbildung am Rand der Großstädte begünstigt. So lebt heute in Beijing ein Großteil der fast zwei Millionen Migranten in halblegal erbauten Quartieren (M. Schüller 1995). Zur Wohnungsnot kommen vor allem die Probleme des Verkehrs, der Umweltverschmutzung, der Müllentsorgung und der Kriminalität hinzu (W. Taubmann 1994). Die Vereinten Nationen (UN 1995b) gehen davon aus, daß bis 2025 fast 55% der Chinesen in Städten leben werden, was einer Stadtbevölkerung von über 800 Mio. entsprechen würde. Diese riesige Zahl läßt erahnen, welche Aufgaben und Probleme der chinesischen Regierung noch bevorstehen.

27.3 Wirtschaftliche Modernisierung

27.3.1 Erfolge

Chinas Wirtschaft blickt seit der Einleitung einer marktorientierten Reform- und Öffnungspolitik auf eine erfolgreiche Periode mit zeitweise zweistelligen Zuwachsraten zurück. Zwischen 1978 und 1995 lag die reale Wachstumsrate des Bruttoinlandsprodukts bei durchschnittlich 9,6% pro Jahr und damit etwa 7% über den Zuwachsraten der USA und Deutschlands (Abb. 27.2). Die jährlichen Wachstumsraten Chinas übertrafen sogar die der asiatischen Tigerstaaten. Anfang der 80er Jahre wurden von der Parteiführung folgende mittelfristige wirtschaftliche Modernisie-

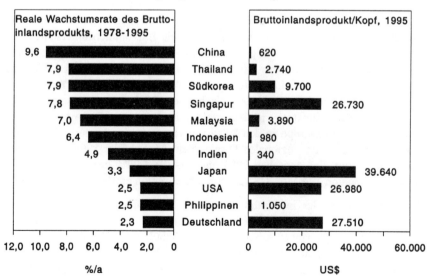

Abb. 27.2: Ausgewählte Wirtschaftsindikatoren Chinas im internationalen Vergleich.
Quellen: IMF (1996); World Bank (1997a).

rungsziele formuliert (T. Li 1995): i) Die Verdoppelung des BIP von 1980 innerhalb der nächsten 10 Jahre, ii) eine weitere Verdoppelung des BIP bis zur Jahrtausendwende und iii) die Anpassung des BIP pro Kopf an das Niveau eines durchschnittlich entwickelten Landes bis zur Mitte des nächsten Jahrhunderts. Das Ziel der ersten Entwicklungsphase wurde bereits 1988 verwirklicht, und auch die Vervierfachung des BIP gegenüber 1980 gelang in 1995 vorfristig. Mit einem Pro-Kopf-BIP von 620 US$ liegt China derzeit allerdings noch weit hinter den ost- und südostasiatischen Entwicklungs- bzw. Tigerländern zurück (Abb. 27.2). Das Ausmaß an Armut hat zwar abgenommen, aber immer noch leben ca. 65 Mio. Menschen in absoluter Armut (M. Schüller 1997a).

Zum hohen Wachstumstempo haben die verschiedenen Wirtschaftssektoren ganz unterschiedlich beigetragen. Wies der Agrarsektor in der ersten Hälfte der 80er Jahre noch die höchsten Wachstumsraten auf, so verlagerten sich diese in den Folgejahren auf den Industrie- und vor allem auf den Dienstleistungssektor (State Statistical Bureau 1996). Die dynamische Wirtschaftsentwicklung seit der Wirtschaftsreform wurde nicht nur durch hohe in- und ausländische Investitionen begünstigt, sondern auch durch eine weitgehende Liberalisierung der Preise, des Währungssystems, des inländischen Handels und des Außenhandels (M. Schüller 1996).

27.3.2 Probleme

Trotz dieser Erfolge ist die chinesische Wirtschaft mit einer Reihe schwerwiegender Probleme konfrontiert. Die hohen Wachstumsraten gehen einher mit konjktureller Überhitzung und Inflationsanstieg, so daß es periodisch zu erheblichen Preissteigerungen und Versorgungsengpässen insbesondere im Energie- und Verkehrsbereich kommt (T. Heberer 1994). Besonders hoch war die Inflation in den Großstädten und führte dort bei den niedrigen Lohngruppen zu sinkenden Realeinkommen (W. Taubmann 1996). Verschärft haben sich zudem die Einkommensunterschiede zwischen Stadt und Land. Außerdem gab es enorme regionale Entwicklungsunterschiede. So betrug 1995 das BIP pro Kopf in Ostchina ca. 6800 Yuan (1 US$ = 8,35 Yuan), während in Zentralchina 3700 und in Westchina nur 2900 Yuan erreicht wurden (State Statistical Bureau 1996). Nach einem Rückgang des Regionalgefälles infolge hoher Wachstumsraten im Agrarsektor in den ersten Reformjahren führte das höhere Wachstumstempo in den Küstenprovinzen in den letzten Jahren wieder zu einer Verstärkung der regionalen Disparitäten (M. Schüller 1997a). Dies wurde dadurch begünstigt, daß zwischen 1983 und 1995 fast 90% der ausländischen Direktinvestitionen von 124 Mrd. US$ auf die Küstenregion entfielen (H. Sun 1997).

Das Kernproblem des im Umbruch befindlichen Wirtschaftssystems ist immer noch die Umgestaltung der unprofitablen staatseigenen in profitable private Unternehmen und der angespannte Arbeitsmarkt (M. Schüller 1997b). Durch hohe Subventionen für die im Laufe der Reformperiode ständig angestiegene Zahl von Verlustbetrieben wird der Staatshaushalt zwar stark belastet, aber es lassen sich dadurch auch soziale Instabilitäten vermeiden. Statt der geschätzten städtischen Unterbeschäftigung von 20-30 Mio. wird die Arbeitslosenzahl offiziell mit rd. 10 Mio. angegeben (M. Schüller 1997c). Werden zudem die 120-140 Mio. überschüssigen ländlichen Arbeitskräfte (World Bank 1997b) und der zukünftige Zuwachs der Erwerbsbevölkerung berücksichtigt, der nach der mittleren Variante der UN Bevölkerungsprojektion bis 2020 bei ca. 200 Mio. liegt (UN 1995a), so müßte die chinesische Regierung in den nächsten 25 Jahren annähernd 350 Mio. neue Arbeitsplätze schaffen. Als Voraussetzung für das Erreichen dieses Ziels ist ein hohes dauerhaftes Wirtschaftswachstum erforderlich. Wie dieses aufrechterhalten werden kann, ohne eine ökologisch-klimatologische Katastrophe auszulösen, ist die größte offene Frage der chinesischen Entwicklung.

Bereits heute haben die Umweltbelastungen Ausmaße erreicht, die zu hohen volkswirtschaftlichen Schäden führen und die Gesundheit der Bevölkerung stark gefährden. An erster Stelle ist die kritische Luft- und Wasserqualität zu nennen. Hauptquellen der Luftverschmutzung sind die vorherrschende Verwendung von Kohle und die rapide Zunahme des Straßenverkehrs (V. Smil 1997). Da in China nur ein geringer Teil der Kohle gewaschen wird und der Energienutzungsgrad deutlich unter dem der Industriestaaten liegt, werden bei der Verbrennung derzeit fast 15 Mio. t Staubpartikel und 19 Mio. t Schwefeldioxid emittiert, so daß in chinesischen Städten weltweit mit die höchsten Konzentrationen gemessen werden (R. Lotspeich und A. Chen 1997). Regelmäßig werden die nationalen Grenzwerte und auch die von der Weltgesundheitsorganisation zur Vermeidung von Gesundheitsschäden empfohlenen Jahresrichtwerte um ein Mehrfaches überschritten. Steigende Emissionsraten seit den 80er Jahren haben dazu geführt, daß die Häufigkeit chronischer Atemwegserkrankungen und die Lungenkrebsrate deutlich zugenommen haben.

Neben der Luftbelastung hat inzwischen auch die Wasserverschmutzung ein kritisches Niveau erreicht (M. Schüller 1997d). Die gestiegenen Abwassermengen aus der Industrie und den privaten Haushalten genügen größtenteils nicht den Einleitungsstandards oder gelangen ungeklärt ins Oberflächen- und Grundwasser, so daß erhebliche Mengen an Schwermetallen und giftigen Chemikalien das Trink- und Nutzwasser belasten. Für mehr als zwei Drittel der Gesamtbevölkerung steht nur Trinkwasser zur Verfügung, das gesundheitlich bedenklich ist. Außerdem liegen die Schadstoffkonzentrationen in Fischen und in den mit verunreinigtem Wasser bewässerten landwirtschaftlichen Produkten oft über den zulässigen Höchstwerten. V. Smil (1997) schätzt die volkswirtschaftlichen Verluste aus der Luft- und Wasserverschmutzung sowie der Müllentsorgung auf insgesamt etwa 30-45 Mrd. Yuan (in Preisen von 1990). In der gleichen Größenordnung liegen auch die Umweltschäden aus der Landnutzung wie Ackerlandverluste, Bodenerosion und Graslandzerstörung, so daß China die Umweltzerstörung jährlich mehr als 5% des Bruttoinlandsprodukts kostet. Als Fazit bleibt festzuhalten, daß eine andauernde hohe Umweltverschmutzung die Kontinuität des Wachstumsprozesses gefährdet.

27.4 Energienutzung und Auswirkung auf CO_2-Emissionen und Klima

Nicht nur die hohen Umweltkosten, sondern auch die unzureichende Energieversorgung behindern die wirtschaftliche Entwicklung. Obwohl die Energiewirtschaft beachtliche Wachstumsraten erzielt, kann das Energieangebot die -nachfrage nicht decken. Während in den 70er Jahren die Stromknappheit saisonal auf wenige Städte im Süden und Osten beschränkt war, treten heute Engpässe ganzjährig und über weite Teile des Landes auf (M. Yang und X. Yu 1996). Schätzungsweise fehlen derzeit 40 GW Erzeugungsleistung bzw. 100 TWh Stromerzeugung oder 10% des Strombedarfs. Dies hat zur Folge, daß in der Industrie 25-30% der Produktionskapazitäten nicht ausgenutzt werden können, was 1994 einen Verlust von 140-470 Mrd. Yuan (in Preisen von 1990) bedeutete (B. Wang 1993; M. Yang und X. Yu 1996). Außerdem werden private Haushalte häufig von Stromausfall heimgesucht. Darüber hinaus werden die 120 Mio. im ländlichen Raum lebenden Menschen, die zur Zeit noch keinen Zugang zu Strom haben, in Zukunft das Energieversorgungssystem zusätzlich belasten.

27.4.1 Energieverbrauch

China ist inzwischen nach den USA zum zweitgrößten Energieverbraucher der Welt aufgestiegen – noch vor der Russischen Föderation. In 1994 lag der kommerzielle Energieverbrauch bei 765 Mtoe oder fast 10% des weltweiten Energieverbrauchs (UN 1996a). Verglichen mit dem durchschnittlichen weltweiten Pro-Kopf-Verbrauch von 1395 kgoe ist der chinesische Wert mit 644 kgoe jedoch eher niedrig. Zusätzlich werden in den ländlichen Gebieten für 3/4 der chinesischen Bevölkerung als Hauptenergiequelle noch über 200 Mtoe Biomasse eingesetzt (M. Ishiguro und T.Akiyama 1995). Abb. 27.3 zeigt, daß der kommerzielle Primärenergieverbrauch zwischen 1953 und 1995 von 38 auf 903 Mtoe um fast das 24fache angestiegen ist, was einer jährlichen Wachstumsrate von durchschnittlich 7,8% entspricht. Einen noch höheren Zuwachs wies der Stromverbrauch auf, der sich im gleichen

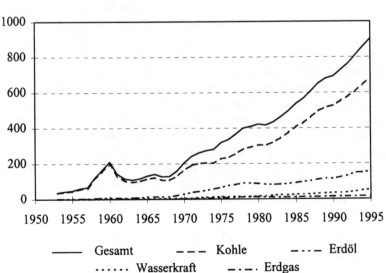

Abb. 27.3: Kommerzieller Primärenergieverbrauch in China, 1953 - 1995.
Mtoe = Millionen Tonnen Öläquivalent.
Quelle: State Statistical Bureau (verschiedene Jahrgänge).

Zeitraum von 9,2 TWh um mehr als das 100fache auf 1007,7 TWh erhöhte (M. Yang und X. Yu 1996; State Statistical Bureau 1996). Chinas Energiemix wird von der Kohle dominiert. Ihr Anteil am Primärenergieverbrauch ist zwar rückläufig, betrug 1995 aber immer noch 75% (Weltdurchschnitt etwa 30%, UN 1996a). Erst mit großem Abstand folgen Öl (17%), Wasserkraft (6%) und Gas (2%). Das Energieverbrauchsmuster unterscheidet sich damit grundlegend von dem der meisten anderen Länder.

27.4.2 Energieintensität

Die Energieintensität einer Volkswirtschaft, d. h. das Verhältnis von Primärenergieverbrauch zu erwirtschaftetem BIP, wird häufig als Indikator für die Effizienz des Energieverbrauchs herangezogen (E. Paga und N. Gürer 1996). Bis in die 70er Jahre galt unumstritten, daß der Energieverbrauch und die gesamtwirtschaftliche Leistung eines Landes eng miteinander korreliert sind. Diese These kann heute nicht mehr aufrecht erhalten werden, da es in den 70er Jahren infolge der Ölpreiskrisen in vielen Ländern zu einem Rückgang des Energieverbrauchs kam, während das BIP weiter wuchs (K. Wiesegart 1987). Allgemein gilt, daß Länder mit einem hohen Anteil energieintensiver Produktionszweige eine höhere Energieintensität aufweisen, als solche mit weniger energieintensiven Branchen. Wie Abb. 27.4 zeigt, hat die Energieintensität in China seit den Wirtschaftsreformen zwar stark abgenommen, aber trotz eines jährlichen Rückgangs von durchschnittlich 5,4% erreicht sie weltweit mit die höchsten Werte. Die starke Entkopplung von Wirtschaftswachstum und Energieverbrauch in China ist jedoch ungewöhnlich, da in den meisten anderen Ländern mit niedrigen Einkommen und vergleichbaren Entwicklungsniveaus, wie z. B. Indien und Thailand, die Energieintensität in den letzten 20 Jahren weiter leicht anstieg.

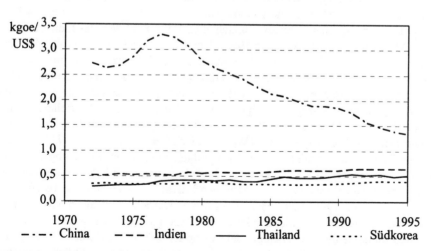

Abb. 27.4: Energieintensität ausgewählter asiatischer Länder, 1972 - 1995.
Quelle: IEA (1997).

Dies trifft auch für das asiatische Tigerland Südkorea zu. J. Sinton und M. Levine (1994) konnten bei ihrer Analyse des chinesischen Industriesektors nachweisen, daß in den 80er Jahren nicht so sehr ein struktureller Wandel, sondern vielmehr energieeinsparende Maßnahmen, wie z. B. Investitionen in energieeffizientere Technologien oder Verbesserungen des betrieblichen Managements, für den Rückgang verantwortlich waren. Danach läßt sich etwa 30% der Energieintensitätsabnahme auf einen intrasektoralen Wandel von der Schwer- zur weniger energieintensiven Leichtindustrie zurückführen.

Ein grundsätzliches methodisches Problem bei internationalen Vergleichen der Energieintensität ist die Umrechnung des Bruttoinlandsprodukts in eine gemeinsame Währung (F. Birol und B. Okogu 1997). Werden die offiziellen Wechselkurse zum US-Dollar verwendet, liegen die Energieintensitäten der Entwicklungsländer, insbesondere Chinas, z. T. beträchtlich über denen der Industrieländer. Die Umrechnung über Kaufkraftparitäten ergibt dagegen bemerkenswerte Verschiebungen, wobei die Energieintensitäten der Entwicklungsländer nun denen der Industrieländer entsprechen und China derzeit sogar eine niedrigere Energieintensität als die USA aufweist (W. Bach und S. Fiebig 1998). Dies bedeutet aber nicht, daß die Energienutzung in China ähnlich effizient wie in den Industrieländern ist. Schwierigkeiten bei der Berechnung der Kaufkraftparitäten und die Tatsache, daß nicht-kommerzielle Energieträger, die in China etwa 20% des gesamten Energieverbrauchs ausmachen, bei der Berechnung nicht berücksichtigt werden, schränken die Aussagekraft der Ergebnisse erheblich ein.

Objektivere Aussagen über die tatsächliche Effizienz der Energienutzung liefert ein Vergleich produktspezifischer Energieverbräuche zwischen verschiedenen Ländern. Im Industriebereich, mit einem Anteil von ca. 70% Chinas bedeutendster energieverbrauchender Sektor in 1990, werden die wichtigsten Produkte mit 30-100% mehr Energieinput als in den Industrieländern erzeugt (Q. Zhang et al. 1994; J. He et al. 1996). Als besonders ineffizient erweist sich die Herstellung von Rohstahl, deren spezifischer Energieverbrauch etwa 150% über dem der Industrieländer liegt (M. Ishiguro und T. Akiyama 1995). Unter Berücksichtigung der in 1990 produzierten Menge ergibt sich allein für Rohstahl ein Einsparpotential von 46 Mtoe oder 6,6% des kommerziellen Energieverbrauchs. Auch die kohlegefeuerten Wärmekraftwerke weisen mit einer durchschnittlichen Effizienz von nur 31,5% eine weitaus schlechtere Energienutzungsrate als Anlagen in den Industrieländern auf, wo ca. 40% erreicht werden (Z. Wu et al. 1994). Dies bedeutet, daß für die 1990 in Kohlekraftwerken erzeugten 442 TWh (N. Li und H. Chen 1994) – 71% der gesamten Elektrizitätserzeugung – bei Verwendung modernerer Technologien ca. 40 Mtoe hätten eingespart werden können. Hinzu kommen noch hohe Verluste bei der Übertragung und Verteilung der elektrischen Energie, die in China mit 16-20% (M. Yang und X. Yu 1996) viel höher als in den Industrieländern mit 6-8% ausfallen (M. Munasinghe 1996). Außerdem könnte viel Energie eingespart werden, wenn die 430.000 Industrieöfen, in denen pro Jahr mehr als 300 Mio. t Kohle verfeuert werden, anstatt von nur 55-60% den westlichen Effizienzgrad von 70-80% erreichen würden (J. He et al. 1996). Die äußerst ineffiziente Energienutzung läßt sich auch für den Haushalts- und den Transportsektor mit einer Vielzahl von Beispielen belegen. Da deren Anteile am kommerziellen Primärenergieverbrauch mit 16 bzw. 6% (noch) relativ gering sind, wird hier darauf nicht weiter eingegangen (vgl. M. Ishiguro und T. Akiyama 1995; J. He et al. 1996).

27.4.3 Energieressourcen und nationale Energiepolitik

Das hohe wirtschaftliche Wachstumstempo der letzten Jahre und die verschwenderische Energienutzung haben dazu geführt, daß Chinas Energieressourcen übermäßig beansprucht werden. Ein Blick auf die bisher als sicher nachgewiesenen Reserven macht deutlich, daß die fossilen Energieträger relativ schnell aufgezehrt sein werden (Tab. 27.2). Die längste Reichweite weist noch Chinas wichtigster Energieträger, die Kohle auf. Ende 1996 galten 114,5 Mrd. t Kohle als aufschlußwürdig, immerhin 11% der gesamten Weltreserven, was bei der gegenwärtigen Fördermenge für die nächsten 85 Jahre ausreichen würde. Weit weniger ergiebig sind die Erdöl- und Erdgasvorkommen. Bei den derzeitigen Fördermengen betragen die Reichweiten nur 21 und 59 Jahre. Werden dagegen die aus den Zuwachsraten der Kohle-, Erdöl- und Erdgasproduktion der letzten Jahre extrapolierten zukünftigen Fördermengen berücksichtigt, reduzieren sich die Reichweiten auf 31, 16 bzw. 35 Jahre. Dies bedeutet, daß eine weiter stark zunehmende Energienachfrage schon mittelfristig nicht mehr auf überwiegend fossiler Energiebasis gedeckt werden könnte – Effizienzsteigerungen und neue Explorationserfolge hätten nur eine aufschiebende Wirkung.

Tab. 27.2: Nachgewiesene abbaubare Reserven fossiler Energieträger und ihre Reichweite für China und die Welt, 1996

Energieträger	Nachgewiesene abbaubare Reserven[1]		Reichweite bei gegenwärtiger Fördermenge[1,2]		Reichweite bei Trendfortschreibung[1,3]
	Welt	China	Welt	China	China
		%	Jahre	Jahre	Jahre
Kohle (Mrd. t)	1031,6	114,5 11,1	224	85	31
Erdöl (Mrd. t)	140,9	3,3 2,3	42	21	16
Erdgas (Trill. m³)	141,3	1,2 0,8	62	59	35

[1] BP (1997); [2] die Reichweite errechnet sich aus dem Verhältnis von nachgewiesenen abbaubaren Reserven zur Fördermenge des Jahres 1996; [3] bei der Trendfortschreibung wird für Kohle und Erdöl die durchschnittliche jährliche Wachstumsrate aus den Jahren 1992-1996 bzw.dfür Erdgas aus den Jahren 1990-1994dzur Berechnung der zukünftigen Fördermengen verwendet (State Statistical Bureau 1996; Schüller 1997b).

Mit Ausnahme der Wasserkraft haben erneuerbare Energiequellen wie Wind-, Sonnen- und Gezeitenenergie sowie Geothermie bei der Energieversorgung des Landes bisher noch keine große Rolle gespielt, obwohl ein riesiges Potential zu ihrer Nutzung vorhanden ist. Wie Tab. 27.3 zeigt, beläuft sich das erschließbare Stromerzeugungspotential erneuerbarer Energieträger auf 2000 GW – das Zehnfache der 1994 landesweit zur Stromerzeugung installierten Leistung. Dieses Potential wurde jedoch erst zu 2,5% ausgeschöpft. Während bisher 13% der Wasserkraftreserven mit ihrem hohen Potential an Umweltrisiken energetisch genutzt werden, sind die anderen umweltfreundlicheren erneuerbaren Energieressourcen nur marginal erschlossen – allen voran das riesige Energiereservoir der Sonne, das bisher nur in entfernten ländlichen Gegenden angezapft wird. Ergänzend zu den bestehenden Photovoltaik-Anlagen und den Solarhäusern wurde dort Ende 1991 Energie u. a. aus 2 Mio. m² Solarkollektoren und 120000 Solarkochern gewonnen (Z. Wu et al. 1994).

Tab. 27.3: Maximal erschließbares Stromerzeugungspotential erneuerbarer Energieträger[1] und geplante Kapazitätsausweitung in China, 1994 - 2010

Energieressource	Stromer-zeugungs-potential	Installierte Leistung			Ausgeschöpftes Potential		
			Plan			Plan	
		1994	2000	2010	1994	2000	2010
	GW	MW	MW	MW	%	%	%
Solarenergie [2,3]	1200	3	69	200	< 0,01	0,01	0,02
Wasserkraft [4]	378	49000	75000	125000	12,96	19,84	33,07
Windkraft [4]	250	31	400 [5]	1100 [5]	0,01	0,16	0,44
Gezeitenkraft [4]	110	13	40 [3]	200 [3]	0,01	0,04	0,18
Geothermie [3]	1 [4]	30	106	200	3,04	10,64	20,00
Gesamt	1939	49077	75616	126700	2,53	3,90	6,53

[1] Außer Biomasse; [2] aus photovoltaischen Zellen und Solarhäusern; [3] Jhirad und Langer (1997); [4] Yang und Yu (1996); [5] Wenqi (1997).

Trotz des begrenzten Ressourcenvorrats und der hohen Umweltbelastung soll die Energieerzeugung nach Plänen der chinesischen Regierung auch in Zukunft zu einem überwiegenden Teil auf Kohlebasis erfolgen. Diese Absicht wurde in Chinas Agenda 21 bekräftigt (C. Wenqi 1997). Daneben ist eine Ausweitung der Erdölkapazitäten und eine Vergrößerung der Erdgasförderung geplant. Zu den wichtigsten Zielen der chinesischen Energiepolitik zählt der Ausbau der Atomkraft. Ungeachtet der hohen Sicherheitsrisiken und Entsorgungsprobleme sollen zu den bereits ans Netz angeschlossenen zwei Atomkraftwerken bis 2010 weitere vier Kraftwerke hinzukommen und die Kapazität von derzeit 2,1 GW auf 20 GW steigern (M. Schüller 1997b). Aufgrund der gegenwärtig noch höheren Investitionskosten sollen die größtenteils schadstofffreien erneuerbaren Energieträger nur lokal und nicht flächendeckend eingesetzt werden.

Der neueste Entwicklungsplan sieht zwar bis 2010 im Bereich der Stromerzeugung eine beträchtliche Kapazitätsausweitung der Erneuerbaren auf ca. 127 GW vor (Tab. 27.3), aber immer noch fast 75% der Kraftwerksleistung sind in Öl-, Gas- und vor allem Kohlekraftwerken installiert (K. Wu und B. Li 1995). Nach Einschätzung der Internationalen Energieagentur wird sich am gesamten Energieverbrauchsmuster in den nächsten Jahren kaum etwas ändern. Bis 2010 wird ein jährlicher Anstieg des Energiebedarfs von 4% und nur ein geringfügiger Rückgang des Kohleanteils am Energiemix auf ca. 70% erwartet (K. Priddle 1996). Da durch Kohleverbrennung u. a. 70% der Staub- und Rauchemissionen sowie 90% der Kohlendioxid-Emissionen verursacht werden, sind hohe Umwelt- und Klimabelastungen vorprogrammiert (S. Zhao 1997).

27.4.4 CO_2-Emissionen

Von 1950 bis 1994 nahm durch die Nutzung fossiler Energieträger der CO_2-Ausstoß Chinas von etwa 80 Mio. t auf mehr als 3000 Mio. t zu (Abb. 27.5). Dieser Trend

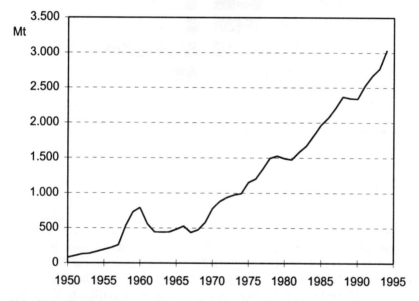

Abb. 27.5: Energiebedingte CO_2-Emissionen in China, 1950 - 1994.
Quelle: CDIAC (1997).

wurde nur kurzfristig in den 60iger Jahren durch den wirtschaftlichen Zusammenbruch als Folge des „Großen Sprungs nach vorn" unterbrochen. Durchschnittliche CO_2-Wachstumsraten von 8,6 %/a haben dazu geführt, daß Chinas Anteile am globalen energiebedingten CO_2-Ausstoß zwischen 1950 und 1994 von 1,3 auf 13,4 % zugenommen haben. Damit ist China, nach den USA mit 22,4 %, zum zweitgrößten CO_2-Emittenten der Welt aufgestiegen. Im pro Kopf CO_2-Ausstoß liegt China mit 2,6 t weit hinter den USA mit 19,5 t (Abb. 27.6) und noch unterhalb des globalen Durchschnitts von rd. 4 t. Allerdings gilt es zu bedenken daß es bei der Beeinflussung des Klimas in erster Linie um die emittierten CO_2-Gesamtmengen und weniger um pro Kopf Anteile geht.

498

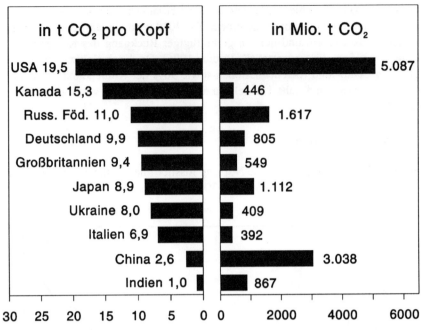

Abb. 27.6: Die 10 größten CO₂-Emittenten der Welt, 1994.
Quelle: CDIAC (1997).

27.4.5 Klimaänderungen und ihre Auswirkungen auf China

Obwohl die natürliche Variabilität des Klimas derzeit noch keinen eindeutigen Nachweis von Klimaänderungen erlaubt, weisen zahlreiche Beobachtungen darauf hin, daß sich die Emissionen von CO_2 und anderen Treibhausgasen bereits auf das globale Klima auswirken. Die Enquete-Kommission „Schutz der Erdatmosphäre" des Deutschen Bundestages und der zwischenstaatliche Ausschuß für Klimaänderungen (IPCC) zählen in ihren Berichten u. a. folgende signifikante Veränderungen auf (EKDB 1995; IPCC 1996a): i) Zunahme der globalen Mitteltemperatur um 0,3-0,6°C seit 1860, ii) Anhäufung überdurchschnittlich warmer Jahre in den letzten Jahren, iii) regionale Veränderungen wie Temperaturanstieg über den Kontinenten der mittleren Breiten im Winter und Frühling, Abkühlung über dem Nordatlantik und Zunahme der Niederschläge während der kalten Jahreszeit über den Kontinenten der hohen Breiten der Nordhalbkugel, iv) Anstieg des Meeresspiegels um 10-25 cm in den letzten 100 Jahren und v) ungewöhnlich lang anhaltende Erwärmungen mit Dürre und Überschwemmungen durch die El Niño Southern Oscillation zwischen 1990 und 1995. Vom IPCC wurde zum ersten Mal eingeräumt, daß die Abwägung aller Erkenntnisse einen erkennbaren menschlichen Einfluß auf das globale Klima nahelegt. Im folgenden werden einige Klimaänderungen und ihre möglichen Auswirkungen auf China beschrieben.

Klimawandel in China

In den letzten 100 Jahren betrug der Temperaturanstieg in China 0,6 bis 0,8°C und war damit ca. 0,2°C höher als im globalen Mittel (Z. Zhao 1994). Dieser Durchschnittswert verdeckt allerdings beträchtliche regionale Unterschiede. Während seit 1950 im Norden des Landes eine Erwärmung von 0,5-1,0°C zu beobachten war, trat im Süden eine Abkühlung von bis zu 1,2°C ein (Z. Zhao 1994; L. Chen et al. 1994). Im Gegensatz zum globalen Trend war der Temperaturanstieg nicht mit höheren Niederschlägen verbunden. Von einem Niederschlagsrückgang waren vor allem der Norden und Nordwesten betroffen. In Beijing z. B. fielen in den 80er Jahren durchschnittlich 270 mm weniger Niederschläge als in den 50er Jahren, was einer Abnahme von 33% entspricht (B. Wang 1996). Als besonders aussagekräftige Klimaindikatoren erweisen sich Gebirgsgletscher und Binnenseen. Von etwa 24.000 untersuchten Gletschern gingen seit 1950 ungefähr 42% zurück (C. Fu 1994). Außerdem sank der Seespiegel des Qinghai-Sees zwischen 1956 und 1986 um 3,35 m oder ca. 11 cm pro Jahr, wobei nur 20% dieses Abfalls durch Entnahme von Bewässerungswasser bedingt war (Y. Shi 1993).

Meeresspiegelanstieg

In den letzten 100 Jahren betrug der Meeresspiegelanstieg entlang der chinesischen Küste durchschnittlich 11,5 cm (M. Han et al. 1995). Die Flachküsten, die etwa 30% der über 18.000 km langen Festlandsküstenlinie ausmachen, gelten in Zukunft als besonders gefährdet, da eine weitere Erwärmung der Erdatmosphäre und der dadurch bedingten thermischen Expansion des Ozeanwassers und des Abschmelzens der Gletscher zu einem Anstieg des Meeresspiegels führen wird. Derzeit werden die chinesischen Küstengebiete 10 bis 15 Mal im Jahr von Taifunen heimgesucht, die zur Überflutung küstennaher Tiefebenen führen, mehrere Millionen Menschen bedrohen und hohe wirtschaftliche Verluste verursachen. Es wird erwartet, daß bei einer weiteren Erwärmung die Taifunhäufigkeit zunehmen und der Meeresspiegelanstieg die bisherigen Überschwemmungsprobleme noch verstärken wird. M. Han et al. (1995) haben die möglichen Auswirkungen eines Meeresspiegelanstiegs von 1 m für die chinesische Küste untersucht. Unter Berücksichtigung eines zusätzlich 3 m höheren Wasserpegels, wie er bei Sturmfluten bereits erreicht worden ist, wäre eine Fläche von 92.000 km² mit über 64 Mio. Menschen bedroht, darunter Großstädte wie Tianjin, Guangzhou und Shanghai. Die Folgen wären eine verstärkte Küstenerosion, das Eindringen von Salzwasser ins Binnenland und die Kontamination des Trink- und Bewässerungswassers. Um die Küstenzonen vor Überschwemmung zu schützen, müßten die bestehenden Deiche erhöht oder neue gebaut werden, was jedoch mit sehr hohen Kosten verbunden ist. Ein in 1990 fertiggestellter Deich im Deltabereich des Huang He kostete ca. 74 Mio US$ oder umgerechnet 690.000 US$ pro km Länge.

Verschiebung der Vegetationsgebiete und Verringerung der Artenvielfalt

Paläoklimatische Daten zeigen, daß die natürlichen Ökosysteme bei zu raschen Klimaänderungen sehr verletzungsanfällig sind. Zahlreichen Pflanzenarten gelang es in

500

der Vergangenheit nicht, sich den veränderten Klimaverhältnissen anzupassen und starben aus. Analysen von Pollenverteilungen im Anschluß an die letzte Eiszeit zeigen, daß die meisten Baumarten eine postglaziale Migrationsrate von 100 bis 300 m pro Jahr aufweisen (A. Solomon und W. Cramer 1993). Das IPCC (1996b) schätzt, daß in den mittleren Breiten in den nächsten 100 Jahren eine Erwärmung von 1,0 bis 3,5°C eintritt. Dies würde unter der Annahme einer polwärtigen Verlagerung der Vegetationszonen von ca. 150 km pro °C Erwärmung in den mittleren Breiten eine Migrationsgeschwindigkeit von 1500 bis 5500 m pro Jahr erfordern. Die postglaziale Änderungsrate wäre also um mehr als das Fünf- bis Fünfzigfache überschritten, was mit Sicherheit zu schweren Störungen der Ökosysteme führen würde. Die Anpassung der Ökosysteme an die klimatischen Veränderungen wird zudem noch erschwert durch andere Streßfaktoren, wie z. B. Schadstoffbelastung, Grundwasserabsenkung, Bodenversauerung, Überweidung, Schädlingsbefall und vermehrte UV-B-Strahlung durch stratosphärischen Ozonabbau (W. Bach 1995). Besonders gefährdet sind die labilen semi-ariden und ariden Ökosysteme, die immerhin 50% der gesamten Landfläche Chinas ausmachen. T. Johnson et al. (1996) erwarten, daß Bodendegradations- und Desertifikationsprobleme bei einem Temperaturanstieg weiter zunehmen. Somit dürfte eine Abnahme der biologischen Vielfalt auch in China sehr wahrscheinlich sein.

Ernährungssicherung

Die Entwicklungsgeschichte der Menschheit wurde begleitet durch zahlreiche Hungerkatastrophen, deren Hauptursachen regionale Klimaverschlechterungen waren (F. Krause, W. Bach und J. Koomey 1992). China macht da keine Ausnahme. Infolge der Abhängigkeit von Temperatur, Niederschlag und Bodenfeuchtigkeit ist die Nahrungsmittelproduktion besonders anfällig gegenüber Wetter- und Klimaeinflüssen. In China kommt erschwerend hinzu, daß 21% der Weltbevölkerung auf nur 7% des Weltackerlandes ernährt werden müssen (WRI 1996). Weil mehr als die Hälfte der chinesischen Bevölkerung noch immer mit der Landwirtschaft ihren Lebensunterhalt verdient, ist eine adäquate landwirtschaftliche Produktion Grundvoraussetzung für eine stabile wirtschaftliche Entwicklung. Mit einer zunehmenden Erwärmung kann eine Verlängerung der Wachstumsperiode und eine polwärtige Verlagerung der Anbauzonen erwartet werden. Für China wird angenommen, daß sich die Anbauzonen bei einer Verdopplung der CO_2-Konzentration bis zu vier Breitengrade nach Norden ausdehnen würden (T. Johnson et al. 1996). Die Verschiebung der Klimazonen könnte zu einem Rückgang der Frostschäden, einer Zunahme des Mehrfachanbaus und infolge des vermehrten CO_2-Eintrags in die Atmosphäre zu einer erhöhten Photosyntheseleistung führen (CO_2-Düngeeffekt). Diese positiven Effekte dürften aber durch eine erhöhte Evapotranspiration, die zur Austrocknung weiter Landesteile beiträgt und den bereits bestehenden Wassermangel weiter verstärkt, überkompensiert werden. Eine zusätzliche Bewässerung wäre erforderlich, wodurch der Salzgehalt der Böden zunähme. Außerdem würde die zu erwartende höhere Anzahl von Taifunen, Dürren und Überschwemmungen die Ernteerträge reduzieren. Die Ertragseinbußen für Reis und Weizen, den beiden wichtigsten Getreidesorten Chinas, werden von Z. Tao (1994) bei einer Temperaturerhöhung von

1°C auf 6 bzw. 8% geschätzt. Besonders betroffen wären die nordchinesische Tief-
ebene und das Lößplateau, während die nordöstlichen und westlichen Landesteile
von einem Temperaturanstieg profitieren könnten. In Südchina werden allerdings
Mindererträge von über 30% erwartet (IPCC 1996b).

Sozio-ökonomische Folgen und internationale Auswirkungen

Fankhauser (1994, zitiert in: Z. Zhang 1996) hat die Gesamtschäden monetär abgeschätzt, die bei einer Verdopplung der CO_2-Konzentration zu erwarten wären. Dazu
teilte er die Welt in sechs Regionen ein und betrachtete zwölf Schadenskategorien,
die von Ernteausfällen bis zu Sturmschäden reichen. Seine Berechnungen ergaben,
daß China mit einem Verlust von 16,7 Mrd. US$ oder 4,7% des Bruttoinlandspro-
dukts die am schlimmsten von der globalen Erwärmung betroffene Region der Welt
wäre. Als wichtigsten betroffenen Sektor identifizierte er die Landwirtschaft. Im
Hinblick auf die große und weiter wachsende Bevölkerung ist es fraglich, ob die
Verluste durch zusätzliche Importe ausgeglichen werden können. Es ist zu erwarten,
daß es aufgrund eines Rückgangs der Überschußproduktion in den Industrieländern
und wachsenden Nahrungsmitteldefiziten in den Entwicklungsländern zu einer
Ausweitung von Nahrungsmittelengpässen kommt. Die Konsequenz ist, daß die
Agrargüter nur von denjenigen gekauft werden können, die in der Lage sind, die
ansteigenden Preise zu zahlen. Die Preisschere würde sich öffnen, so daß Armut und
Hunger weiter zunehmen. Als neue Gruppe kämen die Klima-Flüchtlinge zu den
Flüchtlingen aus politischen, wirtschaftlichen, religiösen, ethnischen oder anderen
Gründen hinzu, wodurch sich die Verteilungskämpfe weiter verschärfen und in
letzter Konsequenz destabilisierend auf den Weltfrieden auswirken müßten (W.
Bach 1995). China selbst ist in höchstem Maße von einer Klimaänderung betroffen
und hat daher ein starkes Interesse an einer internationalen Kooperation zur Abwehr
möglicher negativer Auswirkungen einer Klimaänderung (Anon. 1997).

27.5 Chinas Beitrag zur globalen Klimaschutzpolitik

27.5.1 Einbindung in internationale Klimaschutzaktivitäten

Bisheriger Höhepunkt war die Konferenz der Vereinten Nationen für Umwelt und
Entwicklung in Rio de Janeiro im Juni 1992. Auf diesem UNCED-Gipfel wurden
die allgemeinen Ziele eines Aktionsprogramms für das ausgehende 20. und das
kommende 21. Jahrhundert festgelegt. Als eines der wichtigsten Dokumente stellt
die Klimarahmenkonvention die erste völkerrechtlich verbindliche Grundlage im
Bereich des globalen Klimaschutzes dar. Wesentliche Elemente der Klimarahmenkonvention sind (A. Michaelowa 1997): i) Die Verpflichtung aller Länder zur Erstellung vergleichbarer nationaler Treibhausgasinventare, ii) die Verpflichtung der
Industrieländer (nicht bindend), ihre CO_2-Emissionen bis 2000 auf den Stand von
1990 zurückzuführen, iii) die Möglichkeit, daß mehrere Länder Emissionsverringe-
rungsmaßnahmen gemeinsam durchführen (Joint Implementation) und iv) die Verpflichtung zum Technologietransfer der Industrieländer an die Entwicklungsländer.

Neben der klimapolitischen enthält die Konvention auch eine entwicklungspolitische Komponente. Aufgrund ihres gegenwärtigen Entwicklungsstandes wird den Entwicklungsländern ein Recht auf eigenständige Entwicklung und ein gewisser Nachholbedarf eingeräumt. Da die Industrieländer bislang für den überwiegenden Teil der klimarelevanten Spurengasemissionen verantwortlich sind, sollen sie die Führungsrolle übernehmen und in Zukunft die größte Reduktionslast tragen. Die Entwicklungsländer werden zwar nicht auf Emissionsziele verpflichtet, sollen aber mit technischer und finanzieller Unterstützung aus den Industrieländern selbständig Klimapolitik betreiben können.

Auf der UNCED hat auch China die Bereitschaft zur internationalen Kooperation in der Umweltpolitik bekundet. In seiner Rede machte Ministerpräsident Li Peng allerdings deutlich, daß die chinesische Regierung die Umweltprobleme nur im Rahmen seiner wirtschaftlichen Entwicklung lösen will. Außerdem wird die Bewältigung der lokalen und regionalen Verschmutzungsprobleme wie saurer Regen und die hohe Staubbelastung als dringlicher erachtet als Vorsorgemaßnahmen gegen die globale Klimagefahr oder den Verlust der biologischen Vielfalt. Der Schutz der Umwelt wird zwar als eine gemeinsame Aufgabe der Menschheit angesehen, die Hauptverantwortung und die Pflicht zur Problemlösung liege aber bei den Industriestaaten, da sie bei ihrem Industrialisierungsprozeß übermäßig Naturressourcen verbraucht und dadurch die Umwelt massiv belastet hätten. Wie die nationalen Energiepläne zeigen, betrachtet die chinesische Regierung die intensive Nutzung der eigenen Kohlevorräte und anderer fossiler Energieträger als erforderlich für ein weiteres stabiles Wirtschaftswachstum (W. Fischer 1992). Deshalb ist zu erwarten, daß China nur solche Klimaschutz-Protokolle unterzeichnet, die die nationale Souveränität über die fossilen Rohstoffe unberührt lassen und überwiegend die Industrieländer in die Pflicht nehmen. Da China aufgrund des rasanten Wirtschaftswachstums zukünftig in noch stärkerem Maße zur weltweiten Umwelt- und Klimabelastung beitragen wird, ist seine Einbindung in internationale Klimaschutz-Konzepte von herausragender Bedeutung (M. Schüller 1997e).

27.5.2 Notwendige CO_2-Emissionsänderungen für China im Rahmen einer globalen Klimaschutzpolitik

Um die in der Überschrift implizierte Frage nach den zulässigen Emissionen beantworten zu können, greifen wir auf die in Kapitel 26 eingeführten Bausteine einer wirksamen Klimschutzsstrategie zurück. Tabelle 26.2 zeigt für sieben Ländergruppen die zeitlich gestaffelten CO_2-Emissionsziele, wenn bei entsprechenden Änderungen der anderen Treibhausgase ein definierter Klimaschutz, nämlich die Nichtüberschreitung einer mittleren globalen Erwärmung von 2 °C bis 2100 im Vergleich zum vorindustriellen Wert, eingehalten werden soll. Danach müßten z. B. die wirtschaftlich starken Industrieländer ihre CO_2-Emissionen um ca. 90 % bis 2100 bezogen auf 1990 senken. Für China, das die Gruppe der Schwellenländer anführt, könnten bei Berücksichtigung des Nachholbedarfs gegenüber den Industrieländern die CO_2-Emissionen bis 2005 zunächst noch um 30 % zunehmen. Aber bereits bis 2030 müßte wieder der Stand von 1990 erreicht und bis 2100 um weitere 36 % reduziert werden. Der von China einzuhaltende CO_2-Emissonsreduktionsfahrplan ist in Abb. 27.7 dargestellt.

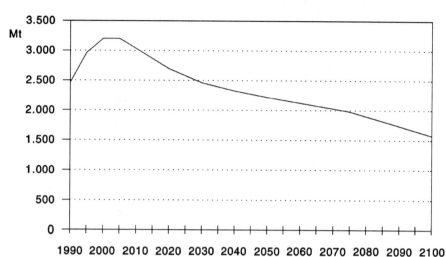

Abb. 27.7: Für den Klima- und Umweltschutz notwendige Änderungen der chinesischen CO_2-Emissionen, 1990 - 2100.
Datenbasis: Tab. 26.2.

27.5.3 Umsetzung der erforderlichen CO_2-Emissionsziele

Determinanten und Analyse der CO_2-Emissionsmengen

Um entscheiden zu können, welche Maßnahmen zur Erreichung der Emissionsziele zu ergreifen sind, müssen die Einflußfaktoren auf die CO_2-Entwicklung analysisert werden. Abbildung 27.8 zeigt die vier determinierenden Faktoren Bevökerungsgröße, Bruttoinlandsprodukt pro Kopf, die Energieintensität der volkswirtschaftlichen Leistung und die Kohlenstoffintensität des Energieverbrauchs, wobei aus methodischen Gründen die CO_2-Emissionen aus Landnutzungsänderungen vernachlässigt wurden.

Ausgangspunkt der weiteren Überlegungen ist folgende tautologische Beziehung:

$$C = \frac{C}{E} \cdot \frac{E}{Y} \cdot \frac{Y}{P} \cdot P. \tag{1}$$

Hierbei steht C für die CO_2-Emissionen eines Jahres (in Mt), E für den Primärenergieverbrauch (in Mtoe), Y für das Bruttoinlandsprodukt (in Mrd. US$ zu konstanten Preisen eines Basisjahres, hier 1990) und P für die Bevölkerung (in Mio).

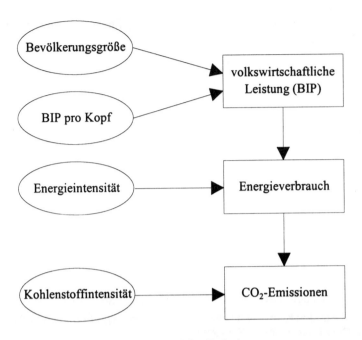

Abb. 27.8: Determinanten der CO_2-Emissionsmengen.

Die CO_2-Emissionen lassen sich also als Produkt mehrerer Variablen darstellen. In der Gleichung bezeichnet C/E das Verhältnis von CO_2-Emissionen zu Primärenergieverbrauch und damit die Kohlenstoffintensität des Energieverbrauchs. Je höher der Anteil der nicht-fossilen Energieträger am gesamten Energieverbrauch ist, desto kleiner wird der Wert dieses Terms. Aber auch die fossilen Energieträger weisen erhebliche Unterschiede in der pro Energieeinheit abgegebenen Kohlenstoffmenge auf. Zur Erzeugung der gleichen Energiemenge gelangen bei der Verbrennung von Steinkohle – neben weiteren Schadstoffen – ca. 20% mehr CO_2 in die Atmosphäre als bei Öl und 60% mehr als bei Gas (M. Faber et al. 1996). Die Variable C/E läßt sich somit als Maß für die Zusammensetzung der Energieträger, als sogenannten Brennstoff-Mix, interpretieren. Die Relation E/Y, die Energieintensität, ist ein Indikator, der häufig zur Charakterisierung der gesamtwirtschaftlichen Energienachfrage verwendet wird (G. Erdmann 1995). Eine Abnahme von E/Y bedeutet, daß die Energienutzung, ceteris paribus, effizienter geworden ist, oder daß in der Volkswirtschaft ein Strukturwandel zu weniger energieintensiven Sektoren stattgefunden hat, was sich als Maß für die Energieeffizienz einer Volkswirtschaft deuten läßt. Schließlich hängt der CO_2-Ausstoß auch noch vom Pro-Kopf-Einkommen Y/P und der Bevölkerungsgröße P ab, wobei eine Zunahme von Y/P bzw. P, ceteris paribus, einen Anstieg der CO_2-Emissionen bedeutet.

Aus der logarithmischen Ableitung von Gleichung (1) läßt sich die zeitliche Veränderungsrate der CO_2-Emissionen als Summe der vier Variablen approximieren (J. Proops et al. 1993):

$$\frac{\Delta C}{C} \approx \frac{\Delta(C/E)}{(C/E)} + \frac{\Delta(E/Y)}{(E/Y)} + \frac{\Delta(Y/P)}{(Y/P)} + \frac{\Delta P}{P}. \qquad (2)$$

Mittels dieser Zerlegung kann untersucht werden, welchen Einfluß jede einzelne Variable in der Vergangenheit auf die Entwicklung der CO_2-Emissionen hatte. Zur besseren Trenddarstellung wurden die Bevölkerungs-, Wirtschafts- und Energiedaten sowie die energiebedingten CO_2-Emissionsdaten einem Glättungsverfahren unterworfen (J. Proops et al. 1993). Abb. 27.9 zeigt die Veränderungsraten der CO_2-Emissionen und ihrer determinierenden Faktoren von 1976 bis 1990. Über diesen Zeitraum haben die CO_2-Emissionen ohne große Schwankungen um ca. 4-6% pro Jahr zugenommen. Dieser Anstieg resultierte in erster Linie aus der hohen Wachstumsrate des Pro-Kopf-Einkommens. Diese lag Ende der 70er Jahre bei etwa 5%, schnellte im Anschluß an die Wirtschaftsreformen auf fast 9% hoch und verzeichnete nach einem leichten Rückgang Ende der 80er Jahre wieder einen Aufwärtstrend. Auch die Bevölkerungsentwicklung trug zum Anstieg der CO_2-Emissionen bei, allerdings mit weitaus niedrigeren Wachstumsraten. Über die gesamte Periode blieb das Bevölkerungswachstum relativ konstant bei 1,4%. Den einzig dämpfenden Effekt auf die Zunahme der CO_2-Emissionen wies die Energieintensität auf, die um durschnittlich ca. 4% pro Jahr abgenommen hat. Dieser Rückgang ging überwiegend auf das Konto energieeinsparender Maßnahmen, wobei die Fortschritte Anfang der 80er Jahre am größten waren. Dagegen gab es kaum Veränderungen im Brennstoff-Mix, was auf die Dominanz der Kohle als Hauptenergieträger zurückzuführen ist.

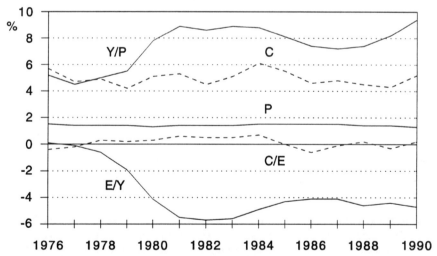

Abb. 27.9: Veränderungsraten der CO_2-Emissionen (C) sowie die Zerlegung in Brennstoff-Mix (C/E), Energieintensität (E/Y), Pro-Kopf-Einkommen (Y/P) und Bevölkerungsgröße (P) in China, 1976 - 1990.
Quellen: Berechnet nach State Statistical Bureau (1996), CDIAC (1997) und IEA (1997).

Berechnung der notwendigen Änderungsraten zur Erreichung der CO_2-Emissionsziele

Anhand zweier Szenarien wird analysiert, welche Maßnahmen notwendig sind, damit China die Emissionsziele erreichen kann. Zunächst werden mit Hilfe von Gleichung (2) die jährlichen Änderungsraten der aggregierten Energieintensität und Kohlenstoffintensität des Energieverbrauchs (E/Y+C/E) abgeschätzt, um die zukünftige Entwicklung der Kohlenstoffintensität der volkswirtschaftlichen Leistung, das Produkt aus E/Y und C/E (=C/Y), zu berechnen. Dieser Indikator liefert wertvolle Informationen zur Umgestaltung des Energiesystems. Zu seiner Berechnung werden die Entwicklungspfade der Bevölkerung, des Bruttoinlandsprodukts und der CO_2-Emissionen für die gesamte Projektionsdauer (1990-2050) exogen vorgegeben (Tab. 27.4). Für das Szenario Klimaschutz werden dabei die in Tab. 26.2 (Kapitel 26) aufgelisteten Emissionsziele der Kolumne *Schwellenländer* in die entsprechenden chinesischen CO_2-Emissionsmengen übertragen, während das Szenario Business-As-Usual (BAU) die aus den gegenwärtig beobachteten Trends und Entwicklungsmustern resultierenden CO_2-Emissionen berücksichtigt (Z. Wu et al. 1994). Für das Klimaschutz-Szenario wird die Berechnung mit einer hohen und einer niedrigen Entwicklung des BIP durchgeführt.

Tab. 27.4: Annahmen zur Abschätzung der jährlichen Änderungsraten der aggregierten Energie- und Kohlenstoffintensität (E/Y+C/E) für die Szenarien Klimaschutz und Business-As-Usual (BAU), 1990-2050

Zeitraum	Exogen vorgegebene Variable						
	CO_2-Emissionen		Bevölkerungsgröße		Bruttoinlandsprodukt		
	Klimaschutz[1]	BAU[2, 3]	Klimaschutz[4]	BAU[2]	Klimaschutz[5]		BAU[2]
					hoch	niedrig	
	%/a	%/a	%/a	%/a	%/a	%/a	%/a
1990-2000	2,7	1,8	1,1	1,1	9,5	8,5	8,0
2000-2010	-0,6	1,8	0,8	0,7	8,0	6,5	5,0
2010-2020	-1,2	1,8	0,7	0,4	6,5	5,0	5,0
2020-2030	-0,9	1,8	0,4	0,2	5,0	3,5	3,0
2030-2040	-0,6	1,8	0,2	0,1	3,5	2,0	3,0
2040-2050	-0,5	1,8	0,1	0,0	2,0	0,5	3,0

[1] Berechnet nach Tab. 27.5 und Bach (1997); [2] Wu et al. (1994); [3] Projektion auf der Grundlage exponentieller Interpolation; [4] berechnet nach der mittleren Variante der Vereinten Nationen (UN 1995a); [5] Prognose nach Johnson et al. (1996) und für den Zeitraum 2020 bis 2050 extrapoliert.

In Abb. 27.10 ist für die beiden Szenarien Klimaschutz und BAU der zukünftige Verlauf der Kohlenstoffintensität der volkswirtschaftlichen Leistung, der sich aus den berechneten aggregierten Änderungsraten der Energieintensität und der Kohlenstoffintensität des Energieverbrauchs ergibt, dargestellt. Alle drei Kurven zeigen einen asymptotischen Verlauf und weisen im Zieljahr 2050 ein Minimum auf, das für die hohe und niedrige Variante des Klimaschutz-Szenarios 0,15 bzw. 0,38 kg CO_2 pro US$ sowie für Szenario BAU 1,13 kg CO_2 pro US$ beträgt. Dies bedeutet einen enormen Rückgang gegenüber dem Ausgangsjahr 1990, als fast 6 kg CO_2 pro US$ emittiert wurden. Diese Ergebnisse haben für sich genommen zwar nur eine begrenzte Aussagekraft, führen aber im Vergleich mit entsprechenden Werten anderer Länder zu wichtigen Aussagen über das Ausmaß der erforderlichen Umstellungen im Energiesystem.

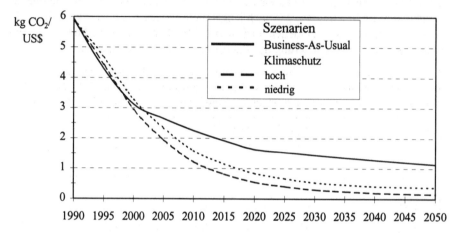

Abb. 27.10: Entwicklung der Kohlenstoffintensität der volkswirtschaftlichen Leistung (C/Y) für ein Szenario Klimaschutz in den Varianten "hohes Wirtschaftswachstum" (hoch) und "niedriges Wirtschaftswachstum" (niedrig) sowie für das Szenario BAU, 1990-2050.
Quellen: Berechnet nach Tab. 27.4 und 27.5.

Die Energie- und Kohlenstoffintensitäten ausgewählter Entwicklungs- und Industrieländer in Tab. 27.5 zeigen für 1990, daß das chinesische Bruttoinlandsprodukt viel zu energie- und kohlenstoffintensiv erwirtschaftet wird. Gegenüber den anderen Entwicklungsländern emittiert China drei- bis fünfmal so viel CO_2 pro US$, was vor allem an der ineffizienten Energienutzung liegt. Die niedrigsten Werte weisen die skandinavischen Länder Norwegen und Schweden auf, wo der Ausstoß nur 0,32 bzw. 0,27 kg CO_2 pro US$ beträgt. Folglich ist die Kohlenstoffintensität der volkswirtschaftlichen Leistung in China um den Faktor 20 höher als in den im Hinblick auf Energieeffizienz und Brennstoff-Mix umweltschonendsten Ländern. Trotz dieser großen Differenz besteht jedoch kein Anlaß zu Pessimismus, da die für das Klimaschutz-Szenario berechneten Werte in einem Bereich liegen, der schon heute in Ländern wie Frankreich, Japan, Norwegen oder Schweden erreicht wird. Ein Blick auf die Energieverbrauchsstruktur dieser Länder zeigt aber auch, daß immense Umstellungen im Energiesystem unvermeidlich sind (Tab. 27.5). Mit Ausnahme von Japan – das ein besonders effizientes Energiesystem aufweist – liegt in den betrachteten Ländern der Anteil der Kohle am Energieverbrauch bei unter 10% und der Anteil nicht-fossiler Energieträger bei über 40%, während in China die Kohle den Brennstoff-Mix mit etwa 80% dominiert und nicht-fossile Energieträger nur etwa 2% ausmachen. Der für das Szenario BAU ermittelte Wert von 1,13 kg CO_2 pro

US\$ macht deutlich, daß es zur Erreichung des erforderlichen Klimaschutzes nicht genügt, wenn China im Jahre 2050 seine Energie ähnlich verschwenderisch und kohlenstoffintensiv nutzt wie gegenwärtig die USA. Neben einer rationelleren und effizienteren Energienutzung ist die Substitution von kohlenstoffreichen durch kohlenstoffärmere bzw. kohlenstofffreie Energieträger ein wichtiger Ansatzpunkt zur Minderung der CO_2-Emissionen. Ohne den zügigen Ausbau der erneuerbaren Energieträger – gleichbedeutend mit dem Eintritt in das Solarzeitalter – läßt sich der ökologisch erforderliche Umbau kaum erreichen. China hat ein riesiges Potential an erneuerbaren Energieträgern, das noch längst nicht ausgeschöpft ist (vgl. Tab. 27.3). Allerdings lassen die rechtlichen und wirtschaftlichen Rahmenbedingungen eine Ausweitung und Diversifizierung des Energieangebots derzeit nicht zu.

Tab. 27.5: Vergleich der Energieintensität (E/Y), der Kohlenstoffintensität des Energieverbrauchs (C/E) und der volkswirtschaftlichen Leistung (C/Y) sowie der Energieverbrauchsmuster ausgewählter Entwicklungs- und Industrieländer, 1990

Land	Energie-/Kohlenstoffintensität			Energieverbrauchsmuster			
	$E/Y^{1)}$	C/E	$C/Y^{1)}$	Kohle	Öl	Gas	Elektr.[2)]
	kgoe/US\$	t CO_2/toe	kg CO_2/US\$	%	%	%	%
Entwicklungsländer							
China	1,50	3,93	5,91	81,4	14,5	2,3	1,8
Indien	0,64	3,33	2,13	66,6	24,3	4,9	4,2
Malaysia	0,45	3,16	1,42	7,6	72,8	17,8	1,8
Indonesien	0,63	2,15	1,36	3,2	47,1	46,8	2,9
Thailand	0,37	3,11	1,15	11,6	68,3	18,5	1,6
Industrieländer							
USA	0,35	2,78	0,96	24,9	39,2	25,9	10,0
Kanada	0,38	2,14	0,81	11,5	37,0	29,7	21,8
Deutschland	0,25	3,02	0,75	38,7	31,8	17,2	12,3
Frankreich	0,19	1,90	0,36	9,7	37,2	13,0	40,1
Japan	0,13	2,78	0,35	20,3	51,7	12,2	15,8
Norwegen	0,21	1,54	0,32	4,3	40,1	10,8	44,8
Schweden	0,20	1,37	0,27	6,3	32,9	1,5	59,3

[1)] Auf der Basis von laufenden Wechselkursen; [2)] aus Atomenergie und erneuerbaren Energieträgern.

Berechnet nach Bach (1997), UN (1995c) und World Bank (1991)

27.6 Mit welchen spezifischen Maßnahmen lassen sich wesentliche Klimaschutzerfolge erzielen ?

Abschließend stellt sich die Schlüsselfrage, mit welchen konkreten Maßnahmen es möglich ist, die Schere zwischen dem zunehmenden CO_2-Ausstoß bei Fortführung des gegenwärtigen Trends und der vom Klimschutz erlaubten CO_2-Emission zu schließen? Dies wird hier für die chinesische Energiewirtschaft untersucht. Tabelle 27.6 zeigt eine Auflistung von 13 Maßnahmen von den niedrigsten bis zu den höchsten spezifischen CO_2-Reduktionskosten und bezogen auf die 10-Jahresperiode von 2000 bis 2010 (Z. Wu und Z. Wei, 1992). Die Verteilung kohlesparender Öfen an 64 Mio ländliche Haushalte ist bei spezifischen CO_2-Reduktionskosten von 0,09 US $/t CO_2 die preiswerteste Maßnahme. Bei einer gleichzeitigen Effizienzverbesserung von 10 - 20 % könnte das über die Lebensdauer der Öfen von 10 Jahren zu einer substantiellen CO_2-Reduktion von 1 118 Mt führen.

Die Industrie-, Kleinverbrauchs- und Haushaltssektoren benutzen etwa 400 000 Kessel, die rd. 1/3 der gesamten chinesischen Kohleproduktion zu ziemlich niedrigen durchschnittlichen Wirkungsgraden zwischen 55 und 60 % verbrennen. Wenn in etwa der Hälfte der Kessel die Wirkungsgrade auf 70 % angehoben würden, könnte eine zusätzliche Menge von 587 Mt CO_2 vermieden werden. 1990 betrug die chinesische Elektrizitätserzeugungskapazität etwa 130 GW, wovon ca. 90 GW aus der Verbrennung von 280 bis 300 Mt Kohle pro Jahr in thermischen Kraftwerken stammten. Durch Aufrüstung und fortgeschrittene Technologien, wie z. B. der Hochdruck-Flüssigbett-Verbrennung bzw. dem integrierten kombinierten Vergasungszyklus, würde sich der CO_2-Ausstoß bei 1,5 GW um 12 Mt bzw. bei 1 GW um 6,4 Mt verringern. Ein weiteres riesiges CO_2-Reduktionspotential liegt ungenutzt in den 140 000 Industriebrennöfen zur Herstellung von Eisen und Stahl sowie Baumaterialien und chemischen Produkten. Wenn die derzeit sehr niedrigen Wirkungsgrade von 20 - 25 % auf 23 - 30 % in nur 46 000 Brennöfen angehoben würden, könnte ein weiterer CO_2-Ausstoß von 422 Mt vermieden werden.

Wasserkraft ist die wichtigste kohlenstofffreie Energiequelle. Die nutzbare Wasserkraft wird auf ca. 380 GW geschätzt, wovon ca. 10 % derzeit eingesetzt werden. Weitere 20 GW befinden sich im Ausbau. Wenn die vorhandene Wasserkraft von fast 40 GW innerhalb der nächsten 10 Jahre auf das Doppelte ausgebaut würde, dann könnten fast 1400 Mt CO_2 oder mehr als die Hälfte von Chinas derzeitigem CO_2-Ausstoß kompensiert werden - dies allerdings unter sehr hohen Umweltkosten und sehr viel Not und Elend durch die Umsiedlung von Millionen von Menschen. Die Atomkraft hat derzeit eine Kapazität von rd. 2 GW, und ein weiterer Ausbau von ca. 6 GW ist innerhalb der nächsten 10 Jahre geplant. Dies könnte den CO_2-Ausstoß um fast 350 Mt entlasten. Auch hier müssen die schwerwiegenden Nebenwirkungen bedacht werden, wie z. B. die zusätzliche radioaktive Strahlenbelastung, die Probleme der Zwischen- und Endlagerung radioaktiven Abfalls sowie die Weiterverbreitung von nuklearem Material zur Herstellung von Atomwaffen.

510

Tab. 27.6: Energieeffizienz- und Substitutions-Maßnahmen sowie die resultierenden CO_2-Emissions-Reduktionskosten für eine 10-Jahresperiode ab dem Jahr 2000

Maßnahmen	Potential (neues hinzu-gefügt)	Lebens-dauer (Jahre)	Spezif. CO_2-Red.-kosten (US\$/t CO_2)	Ges.-Kosten der CO_2-Red. (Mill. US \$)	Ges. CO_2 Red. Pot. (Mt CO_2)[1]
1. Kohle-sparende Öfen für ländliche Haushalte	64 MH[2]	10	0,09	96	1118
2. Nachbesserung von Industriekesseln	200 000	10	1,36	800	587
3. Aufrüstung der Stromerzeugung mit HFBV[3]	1,5 GW	30	3,27	38	12
4. Nachbesserung von Industriebrennöfen	46 000	8	5,21	2197	422
5. Ausbau der Wasserkraft	40 GW	50	5,45	7600	1393
6. Ausbau der Atomkraft	6 GW	30	6,55	2272	347
7. Ausbau der Sonnenenergie	1,9 Mm²	15	6,82	133	20
8. Aufrüstung der Stromerzeugung mit IVKZ[4]	1 GW	30	8,13	52	6,4
9. Aufforstung	34 Mha	-	8,18	2070	253
10. Ausbau der Windenergie	48 MW	20	11,45	32	2,8
11. Ausbau der Photovoltaik	9,3 MW	20	13,38	37	2,8
12 Gasanschluß für städtische Haushalte	49 MH[2]	30	13,64	6000	440
13. Verbreitung der Solarkocher	60 000	10	18,55	3	0,2
Gesamt/Durchschnitt			4,63	21330	4603,4

[1] Normalisiert auf 10 Jahre; [2] Mill. Haushalte; [3] HFBV = Hochdruck-Flüssigbett-Verbrennung; [4] IVKZ = integrierter Vergasungs-Kombinationszyklus. Berechnet nach Wu u. Wei (1992).

Wegen seiner großen Landfläche und seiner günstigen geographischen Lage ist China mit einem Übermaß an Sonnenenergie gesegnet. Diese wird vorwiegend zum Erwärmen von Wasser, zum Trocknen und zur aktiven und passiven Solarheizung genutzt. In ländlichen Haushalten sind mehr als 120 000 Solarkocher in Gebrauch, und in den nächsten 10 Jahren sollen weitere 60 000 hinzukommen. Das CO_2-Vermeidungspotential beläuft sich dann auf mehr als 20 Mt. Auch die Photovoltaik, die mit ihren etwa 1,3 MW derzeit vorwiegend in der Telekommunikation, im Verkehr und an meteorologischen- und Erdbebenbeobachtungsstationen eingesetzt wird, soll in den näcshten 10 Jahren um das Siebenfache ausgebaut werden. China hat auch entlang seiner ausgedehnten Küstenzonen, auf seinen vielen Inseln und im gebirgigen Landinnern eine großes Windkraftpotential. Der beabsichtigte Ausbau um 48 MW hätte einen CO_2-Vermeidungspotential von etwa 3 Mt.

Die beiden verbliebenen Maßnahmen in Tab. 27.6, nämlich die Wiederaufforstung und der Gasanschluß für städtische Haushalte, haben über die nächsten 10 Jahre ein CO_2-Vermeidungspotential von zusammen rd. 700 Mt. China plant, etwa 17 % seiner Landfläche wieder aufzuforsten, was etwa einer Fläche von 34 Mha und einem CO_2-Senkenpotential von ca. 250 Mt entspricht. Etwa 18 % der gesamten kommerziellen Energie werden im Sektor Haushalte eingesetzt, wovon ca. 55 % auf die städtischen Haushalte entfallen. Kochen, Heizung und Strom sind die Hauptendverbräuche, während Rohkohle, Briketts und Gas die Hauptbrennstoffe in den städtischen Haushalten sind. Kohleöfen haben einen Wirkungsgrad von nur 22 %; Gasöfen erreichen dagegen 55 %. Wenn 49 Mio Haushalte innerhalb der nächsten 10 Jahre ihre Kohle- durch Gasherde ersetzten, könnten ca. 440 Mt CO_2 vermieden werden.

Ingsgesamt gesehen summiert sich das CO_2-Vermeidungspotential Chinas über die nächsten 10 Jahre auf die stattliche Menge von rd. 4 600 Mt (Tab. 27.6) Ein anderer Beitrag von W. Bach und S. Fiebig (1998) zeigt, wie viel Klimaschutz und Zeit sich China damit erkaufen kann. Die CO_2-Reduktionskosten belaufen sich insgesamt auf 21,3 Mrd US $ über eine 10-Jahresperiode oder auf etwa 0,4 % von Chinas BIP in 1994. Es ist wichtig festzuhalten, daß die Umsetzung der CO_2-Reduktionsmaßnahmen nicht nur Kosten verursacht, sondern auch beträchtlichen monetären und nicht-monetären Nutzen bringt. Während die makroökonomischen „top down" Studien mit ihrem groben Raster die vielfältigen Einsparmöglichkeiten der Effizienzrevolution schlicht übersehen, machen die mikroökonomischen „bottom up" Analysen gerade diese wichtigen monetären Zusammenhänge sichtbar. Als ein Beispiel für viele erwähne ich hier nur die mikroökonomischen Untersuchungen von F. Krause et al. (1995), die zeigen, daß die Kosten für eine 20 %ige Reduktion der CO_2-Emissionen für fünf westeuropäische Industrieländer vernachlässigbar oder sogar negativ sind. Ihre Analysen lassen ferner erkennen, daß CO_2-Emissionsreduktionen von 50 % und mehr mit abnehmenden Reduktionskosten zu erreichen sind.

Die oben beschriebenen CO_2-Reduktionsmaßnahmen und Nutzen-Kosten-Analysen sind hoffnungsvolle Ergebnisse, die zu einigem Optimismus berechtigen. Die wichtigsten *global actors* im Bereich Klima- und Umweltbelastung, zu denen neben den wirtschaftlich starken Industrieländern zweifellos auch China gehört, sollten sich deshalb im eigenen Interesse ihrer Verantwortung stellen und gemeinsam konkrete Schritte einleiten für eine wirksame Klimaschutzpolitik zur Erhaltung des Lebensraums für die gegenwärtigen Menschen und die nachfolgenden Generationen.

512

Literaturauswahl

ANON (1997): Treibhauseffekt muß gemeinsam bekämpft werden, in: Beijing Rundschau, 45, 7.

BACH, W. (1995): Schutz der Erdatmosphäre, in: Bach, W., H.W. Georgii und L Steubing (Hrsg.): Schadstoffbelastung und Schutz der Erdatmosphäre, Economica, Bonn, 93 - 178.

– (1997): Klimaschutz: Sackgasse und Auswege, in: GAIA, 6 (2), 95 - 104.

–/S. FIEBIG (1998): China's Key Role in Climate Protection, in: Energy 23 (4), 253 - 270.

BANISTER, J. (1987): China's Changing Population, Palo Alto.

BIROL, F. / B.E. OKOGU (1997): Purchasing-Power-Parity (PPP) approach to energy-efficiency measurement: implications for energy and environmental policy, in: Energy, 22 (1), 7 - 16.

BP (British.Petroleum) (1997): Statistical Review of World Energy, London.

CDIAC (Carbon Dioxide Information Analysis Center) (1997): The 1950 - 1994 CO_2 emission estimates from fossil-fuel burning, cement production, and gas flaring, Oak Ridge.

CHAN, K. W. (1994): Urbanization and Rural-Urban Migration in China since 1982, in: Modern China, 20 (3), 243 - 281.

CHEN, L. et al. (1994): Climate change in China during the past 70 years and its relationship to the monsoon variations, in: Zepp, R. G. (ed.): Climate Biosphere Interaction: Biogenic Emissions and Environmental Effects of Climate Change, New York, 31 - 49.

DEUTSCHE STIFTUNG WELTBEVÖLKERUNG (Hrsg.) (1997): Weltbevölkerung 1997, Hannover.

EKDB (Enquête Kommission „Schutz der Erdatmosphäre" des Deutschen Bundestages) (Hrsg.) (1990): Schutz der Erde - eine Bestandsaufnahme mit Vorschlägen zu einer neuen Energiepolitik, Bd. 1, Bonn.

– (Hrsg.) (1995): Mehr Zukunft für die Erde, Bonn.

ERDMANN, G. (1995): Energieökonomik - Theorie und Anwendungen, Zürich/ Stuttgart.

FABER, M. et al. (1996): Wirtschaftliche Aspekte des Kohlendioxid-Problems, in: Spektrum der Wissenschaft, Dossier 5: Klima und Energie, 43 - 51.

FISCHER W. (1992): Klimaschutz und internationale Politik. Die Konferenz von Rio zwischen globaler Verantwortung und nationalen Interessen, Aachen.

FU, C. (1994): An aridity trend in China in association with global warming, in: Zepp, R. G. (ed.): Climate Biosphere Interaction: Biogenic Emissions and Environmental Effects of Climate Change, New York, 1 - 17.

HAN, M. et al. (1995): Potential Impacts of Sea-Level. Rise on China's Coastal Environment and Cities: A National Assessment, in: Journal of Coastal Research, Special Issue No. 14, 79 - 95.

HE, J. et al. (1996): Technology Options for CO_2 Mitigation in China, in: Ambio, 25 (4), 249 - 253.

HEBERER, T. (1994): Volksrepublik China, in: Nohlen, D. und F. Nuscheler (Hrsg.): Handbuch der Dritten Welt, Bd. 8 (Ostasien und Ozeanien), 64 - 138.

IEA (International Energy Agency) (1997): Energy Statistics and Balances of Non-OECD-Countries, 1994 - 1995, Paris.

IMF (International Monetary Fund) (1996): World Economic Outlook, Washington, D. C.

IPCC (Intergovernmental Panel on Climate Change) (1996a): Climate Change 1995. The Science of Climate Change, Cambridge.

– (1996b): Climate Change 1995. Impacts, Adaptations and Mitigation of Climate Change: Scientific-technical Analysis, Cambridge.

ISHIGURO, M. / T. AKIYAMA (1995): Energy Demand in Five Major Asian Developing Countries. Structure and Prospeets, World Bank Discussion Paper No. 277, Washington, D. C.

JHIRAD, D. / K. LANGER (1997): Accelerating China's Renewable Energy Program, in: IEA et al. (eds.): Energy efficiency improvements in China. Policy measures, innovative finance and technology development, Paris, 419 - 430.

JOHNSON, T. M. et al. (1996): China. Issues and Options in Greenhouse Gas Emissions Control, World Bank Discussion Paper No. 330, Washington D.C.

KOJIMA, R. (1995): Urbanization in China, in: The Developing Economies 33 (2),121 - 154.

KRAUSE, F. / W. BACH / J. KOOMEY (1992): Energiepolitik im Treibhauszeitalter, Bonn.

KRAUSE, F. / D. OLIVIER / J. KOOMEY (1995): Negawatt Power, vol. 2 pt. 3B of Energy Policy in the Greenhouse, IPSEP, El Cerito, Cal., USA.

LEUNG, C.-K. / A.G.-O. YEH (1993): Urban Development in the Midst of Urban and Economic Reforms, in: Taubmann, W. (ed.): Urban Problems and Urban Development in China, MIA Nr. 218, Hamburg, 11 - 32.

LI, T. (1995): Wirtschaftspolitik und Wirtschaftsentwicklung in der Volksrepublik China, in : KAS Auslandsinformationen, 12, 3 - 9.

LI, N. / H. CHEN (1994): Umweltschutz in der elektrischen Energieversorgung Chinas, in: Energiewirtschaftliche Tagesfragen, 11, 718 - 725.

LOTSPEICH, R. / A. CHEN (1997): Environmental Protection in the People's Republic of China, in: Journal of Contemporary China, 6 (14), 33 - 59.

MACHETZKI, R.(1997): Der Zwang zum Wachstum, in: Zeitmagazin Zeitpunkte, 3, 30 - 34.

MALLEE, H. (1995): China's Household Registration System under Reform, in: Development and Change, 26 (1), 1 - 29.

MICHAELOWA, A. (1997): Klimapolitik fünf Jahre nach Rio: zwischen Ernüchterung und Konsolidierung, in: NSa, 2, 249 - 260.

MUNASINGHE, M.P.C. (1996): Sustainable Energy Development (SED): Issues and Policy, in: Kleindorfer, P.R. et al. (eds): Energy, Environment and the Economy, Cheltenham / Brookfield, 3 - 42.

PAGA, E. / N. GÜRER (1996): Reassessing energy intensities: a quest for new realism, in: OPEC Review, 20 (1), 47 - 86.

PRIDDLE, K (1996): China`s Long-term Energy Outlook, in: OECD (ed.): China in the 21st century. Long-term global implications, Paris.

PROOPS, J.L.R et al. (1993): Reducing CO_2 Emissions, Heidelberg.

SCHARPING, T. (1993): Rural-Urban Migration in China, in: Taubmann, W. (ed.): Urban Problems and Urban Development in China, MIA Nr. 218, Hamburg, 77 - 93.

SCHÜLLER, M. (1995): Ansturm auf die Städte: Regionalgefälle und Binnenmigration in China, in: China aktuell, 6, 494 - 499.

– (1996): Das chinesische Wirtschaftswunder zwischen Ökonomie und Ökologie, in: Geographische Rundschau, 12, 710 - 715.

– (1997a): Die Schattenseiten des chin. Wirtschaftswunders: Regionales Entwicklungsgefälle u. Armut, in: China aktuell, 2, 128 - 145.

– (1997b): Chinas Wirtschaftsentwicklung im Jahre 1996, in: China aktuell, 4, 339 - 343.

514

– (1997c): „Arbeitslosigkeit wird nicht zu sozialen Unruhen führen", in: China aktuell, 9, 846 - 847.

– (1997d): Chinas Umweltpolitik fünf Jahre nach Rio: Erste Erfolge und drängende Probleme, in: China aktuell, 6, 563 - 570.

– (1997e): Die chinesische Umweltpolitik zw. internat. Kooperationsanstrengungen u. nationalen Handlungszwängen, in: NSa, 2, 301 - 311.

SHI, Y. (1993): Climatic Desiccation and Warming in Central Asia: Indications from Alpine Glacier Retreat and Lake Area Shrinkage, in: Chinese Environment and Development, 4 (1), 75 - 96.

SINTON, J.E. / M.D. LEVINE (1994): Changing energy intensity in Chinese industry, in: Energy Policy, 22 (3), 239 - 255.

SMIL, V. (1997): China Shoulders the Cost of Environmental Change, in: Environment, 6, 6 - 37.

SOLOMON, A.M. / W. CRAMER (1993): Biospheric Implications of Global Environmental Change, in: Solomon and Shugart (eds.): Vegetation Dynamics & Global Change, New York / London 25 - 52.

STAIGER, B. (1997): Geburtenplanung weiter vorrangig, in: China aktuell, 3, 217 - 218.

STATE STATISTICAL BUREAU (1996): China Statistical Yearbook 1996, Beijing.

– (ed.): China Statistical Yearbook (different years), Beijing.

SUN, H. (1997): China's economic growth during 1984 - 1995: a comparision between eastern and western regions, Working Paper Series No. 9713, Deakin University, Victoria.

TAO, Z (1994): Influences of global climate change on the agriculture of China, in: Zepp (ed.): Climate Biosphere Interaction: Biogenic Emissions and Environmental Effects of Climate Change, New York.

TAUBMANN, W. (1994): Shanghai - Chinas Wirtschaftsmetropole, in: Gormsen u. Thimm (Hrsg.): Megastädte in der 3. Welt, Mainz, 45 - 71.

– (1996): China - Wirtschaftsmacht der Zukunft, in: Praxis Geographie, 1, 4 - 11.

UN (United Nations) (1995a): World Population Prospects. The 1994 Revision, New York.

– (1995b): World Urbanization Prospects. The 1994 Revision, N.Y.

– (1995c): Energy Statistics Yearbook 1993, N.Y.

– (1996): Energy Statistics Yearbook 1994, N.Y.

WANG, B. (1993): Die Entwicklungsprobleme der Elektrizitätsversorgung in der VR China, Frankfurt/Main.

– (1996): Implications of climate warming for agricultural production in Eastern China, in: World Resource Review, 8 (1), 61 - 68.

WENQI, C (1997): China's Investment Market for Renewable Energies, in: IEA et al. (eds.): Energy efficiency improvements in China. Policy measures, innovative finance and technology development, Paris, 385 - 391.

WIESEGART, K. (1987): Die Energiewirtschaft der VR China, Hbg.

WORLD BANK (1991): World Bank Atlas 1990, Washington, D. C.

– (1997a): World Bank Atlas 1997, Washington, D. C.

– (1997b): China 2020. Development Challenges in the New Century, Washington, D. C.

WRI (World Resources Institute) (1996): World Resources 1996 - 97, New York.

WU, K. / B. LI (1995): Energy development in China, in: Energy Policy, 3 (2), 167 - 178.

WU, Z. / Z. WEI, in : R.K. PACHAURI / P. BHANDA (eds.): Global Warming, New Delhi, 1992, p. 4.

WU, Z. et al. (1994): A macro-assessment of technology options for CO_2 mitigation in China's energy system, in: Energy Policy, 22 (11), 907 - 913.

YANG, M. / X. YU (1996): China's power mangement, in: Energy Policy, 24 (8), 735 - 757.

ZHANG, Q. et al. (1994): Communication. The present situation and characteristics of China's energy consumption, in: Energy Policy, 22 (12), 1075 - 1077.

ZHANG, Z. (1996): Integrated economy-energy-environment policy analysis: a case study for the People's Republic of China, Wageningen.

ZHAO, S. (1997): Energy, Economy, and Its Environment in China, in: Chinese Economic Studies, 29 (1), 42 - 75.

ZHAO, Z.-C. (1994): Climatic Effects of Global Warming on East Asia and China, in: Bhattacharya, S.C. et al. (eds.): Global Warming Issues in Asia, Bangkok, 31 - 40.

28 Bevölkerungs- und Energieverbrauchswachstum - gerechte Begrenzung unerläßlich für den Klimaschutz

Inwieweit lassen sich Vorsorgemaßnahmen gegen eine globale Überwärmung mit zunehmendem Verbrauch fossiler Energieträger und anhaltendem Bevölkerungswachstum vereinbaren? Dazu werden sechs Szenarien gerechnet, um einige wichtige Bestrebungen der Menschheit und die daraus auf den UN-Gipfeln abgeleiteten Resolutionen auf ihre Kompatibilität hin zu überprüfen. Eine gerechtere pro Kopf Verteilung des fossilen Brennstoffverbrauchs (dargestellt durch das Surrogat CO_2-Emission) würde bei einer Bevölkerungszunahme von 86 % (Szenario 1) bzw. von 125 % (Szenario 2) bis 2050 zu einem globalen Temperaturanstieg von 2,5-3 °C bzw. 3-4 °C führen, womit der Klima- und Umweltschutz nicht mehr gewährleistet wäre. In Szenario 3 würde eine hohe Gleichverteilung von 5 t CO_2 pro Kopf je nach Bevölkerungsvariante zum höchsten Temperaturanstieg von 3-5 °C führen, während in Szenario 4 eine unrealistische Gleichverteilung von 1 t pro Kopf zwar unter dem Klimaschutzziel von 2 °C bliebe, aber wahrscheinlich einen Wirtschaftskollaps zur Folge hätte. Im Gegensatz dazu kann die Klimaschutzvorgabe von 2 °C bei differenzierter pro Kopf Brennstoffverteilung und bei der mittleren Bevölkerungsvariante gewährleistet werden und ist wirtschaftlich zu verkraften (Szenario 5), nicht aber bei der hohen Bevölkerungsvariante (Szenario 6). Das Fazit: Ausreichender Klima- und Umweltschutz ist weder mit hohem pro Kopf fossilen Brennstoffverbrauch noch hohem Bevölkerungswachstum zu vereinbaren. Eine ökologische Umsteuerung ist unumgänglich. Einige Möglichkeiten werden diskutiert.

28.1 Einleitung

Der Weltbevölkerung geht es zum Ende des 20. Jahrhunderts nicht gut. Mangelernährung und Hunger, Krankheiten und Epidemien, unzulängliche Ausbildung und Analphabetentum, Kriege und Flüchtlingselend nehmen zu. Die Kluft zwischen Armen und Reichen vergrößert sich. Den Zustand des Lebensraums, von dem unsere Existenz abhängt, verschlechtern wir zusehends. Die Hauptgründe sind der wachsende Bevölkerungsdruck und die anschwellenden Abfallmengen, welche die Aufnahmefähigkeit der Natur überfordern. Führen wir die gegenwärtige Art des Wirtschaftens fort, so setzen wir möglicherweise die Zukunft der Menschheit aufs Spiel.

Die UN-Konferenz über Umwelt und Entwicklung vom Juni 1992 in Rio de Janeiro machte deutlich, daß fortan Bevölkerungswachstum und zunehmender Ressourcenverbrauch sowie die wirtschaftliche und soziale Entwicklung als eng miteinander verflochten betrachtet werden müssen (Spektrum der Wissenschaft, November 1992, Seite 156). Im speziellen Bereich des Umwelt- und Klimaschutzes wurde zum ersten Mal offiziell festgelegt, daß die Industrieländer, die bisher die weitaus meisten klimabeeinflussenden Emissionen - vor allem von Kohlendioxid (CO_2) - verursachen, auch die größte Verantwortung haben, diese zu reduzieren. Dagegen wurden den Entwicklungsländern ein Nachholbedarf und das Recht auf Entwicklung eingeräumt.

Mit der Unterzeichnung der Klimarahmenkonvention verpflichteten sich mehr als 150 Staaten zu einer Stabilisierung der Treibhausgas-Konzentrationen in der Atmosphäre auf einem Niveau, bei dem eine schwere Störung des Klimasystems vermieden wird. Dies muß innerhalb einer Zeitspanne geschehen, die gewährleistet, daß sich die Ökosysteme ihre natürliche Anpassungsfähigkeit an Klimaänderungen bewahren können, daß die Ernährungssicherung nicht gefährdet wird und eine dauerhafte wirtschaftliche Entwicklung möglich ist. Entsprechende Empfehlungen hat die Klima-Enquete-Kommission des Deutschen Bundestages in ihrem Endbericht „Mehr Zukunft für die Erde" gegeben (EKDB, 1995).

Im Frühjahr 1995 fand in Berlin die erste Nachfolgekonferenz der Vertragsstaaten statt, auf der die Klimakonvention durch Festlegen konkreter Reduktionsziele für Treibhausgas-Emissionen den nötigen Nachdruck erhalten sollte. Durch die Obstruktionspolitik vor allem der USA, Kanadas, Australiens und der OPEC kamen jedoch keine quantitativen Verpflichtungen zustande; man einigte sich in einem Mandatsbeschluß lediglich darauf, daß eine offene Arbeitsgruppe ein Reduktions-Protokoll für die Vertragsstaaten-Konferenz in Kyoto 1997 vorbereitet.

28.2 Entwicklung der Weltbevölkerung

Die globale Bevölkerung hat sich von 1950 bis 1990, also in nur 40 Jahren, von 2,52 auf 5,28 Milliarden mehr als verdoppelt (Abb. 28.1a). In dieser Zeit war jedes Jahr eine größere Anzahl von Menschen hinzugekommen; waren es 1951 rund 45,6 Millionen, so waren es 1989, dem bisherigen Höhepunkt, rund 88,6 Millionen (Abb. 28.1b). Die Änderung von Jahr zu Jahr ist zwar sehr variabel; sie erreichte ihren höchsten Wert mit 2,07 Prozent zwischen 1967 und 1969 und ihren niedrigsten mit 1,69 Prozent 1990 (Abb. 28.1c). Aber wer nur auf die Änderungsraten schaut, bekommt von der realen Entwicklung ein falsches Bild: Selbst wenn sie bis nahe null sinken, erhöht sich mit jedem neuen Jahrgang weiterhin die Gesamtzahl der Menschen.

Die im folgenden verwandte Darstellung der künftigen Entwicklung beruht auf den drei von den Vereinten Nationen angenommenen Varianten niedrig, mittel und hoch. Der mittleren zufolge, die gegenwärtig als die wahrscheinlichste angesehen wird, erreicht das jährliche globale Bevölkerungswachstum möglicherweise bereits 1998 mit 88,7 Millionen den Höchstwert. Die Menschheit nimmt in dieser Variante jedoch auch 2050 immerhin noch um 48,2 Millionen zu. Bezogen auf 1990, das Ausgangsjahr der folgenden Szenarien-Analysen, schwillt sie bis dahin in der hohen Variante auf mehr als das Doppelte (um 125 Prozent) und in der mittleren um 86 Prozent an. Nur in der niedrigen Variante nimmt die Erdbevölkerung von 2043 an nach einem Höchstwert von 7,97 Milliarden ab (Abb. 28.1d); eine solche Entwicklung gilt aber als sehr unwahrscheinlich.

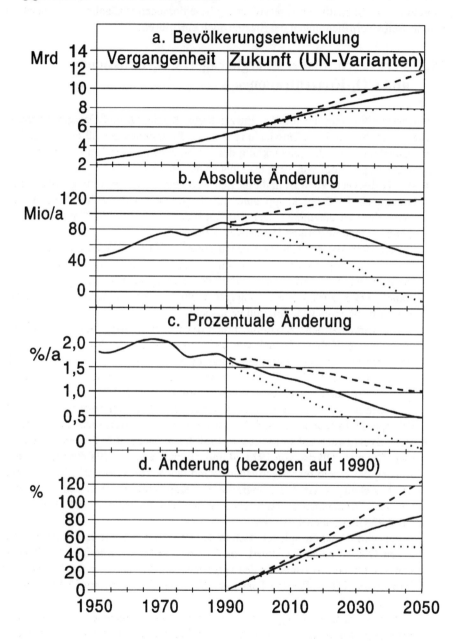

Abb. 28.1a-d: Weltbevölkerungsentwicklung in der Vergangenheit und in der Zukunft für die drei UN-Varianten niedrig, mittel und hoch

Berechnet nach UN (1994)

Welche dieser Varianten kommt wohl der Wirklichkeit am nächsten? Das hängt zu einem guten Teil davon ab, inwieweit es gelingt, die auf den vergangenen UN-Gipfeln zur Problematik der Übervölkerung beschlossenen Maßnahmen umzusetzen und die Selbstverpflichtungen der Staaten auch einzulösen.

28.3 Verbrauch fossiler Energieträger, CO_2-Emissionen und CO_2-Konzentrationen

Die bisherige Nutzung der fossilen Energieträger Kohle, Öl und Gas gibt wichtige Hinweise auf die mögliche Entwicklung der CO_2-Emissionen gemäß den Szenarien. Dazu betrachteten wir die Entwicklung des Verbrauchs und der Emissionen jeweils insgesamt und pro Kopf von 1950 bis 1994 (Abb. 28.2):

- **Der Kohleverbrauch** ist in dieser Zeit weltweit um 136 Prozent gestiegen und beginnt ab 1990 bei knapp unter 2,1 Gigatonnen (Milliarden Tonnen) Öl-Äquivalent zu stagnieren. Der Pro-Kopf-Verbrauch hat 1988 mit 427 Kilogramm seinen bisherigen Höchstwert erreicht.

  Seit 1989 hat der Kohleverbrauch zwar in den USA noch um mehr als 5 Prozent zu-, in der Europäischen Union aber um 18 Prozent abgenommen. In Deutschland wird mit dem Wegfall des Kohlepfennigs der Steinkohleverbrauch weiter zurückgehen, hingegen mehr billigere Braunkohle eingesetzt, was einen höheren CO_2-Ausstoß verursacht.

  Der wirtschaftliche Zusammenbruch der früheren Ostblock-Staaten hat deren gesamten Kohleverbrauch von 1987 bis 1994 um 38 Prozent vermindert. Jener der Dritten Welt steigt allerdings unvermindert stark an - um mehr als das Doppelte seit 1980. So beruhen in China zur Zeit etwa 76 Prozent des Energieverbrauchs im kommerziellen Sektor auf Kohle; deren Einsatz soll sich innerhalb der nächsten zwei Jahrzehnte nach den Regierungsplänen sogar noch verdoppeln. In Indien und Südafrika wächst der Kohleverbrauch ähnlich stark.

- **Der Ölverbrauch** hat weltweit von 1950 bis 1994 um 470 Prozent zugenommen. Die erste Ölkrise von 1973/74 und die zweite von 1979 unterbrachen den Anstieg bei einem bisherigen Höchststand des Verbrauchs von 3,12 Gigatonnen beziehungsweise 713 Kilogramm pro Kopf und Jahr. Seit dem Minimum von 2,62 Gigatonnen im Jahre 1983 ist der Ölverbrauch bis 1994 aber wieder auf 2,93 Gigatonnen gestiegen.

  Zu- und Abnahme spiegeln sich in den Preisen wider. Sie erreichten vor der ersten Ölkrise einen Tiefstwert von 74 und 1983 den bisherigen Höchstwert von 390 Dollar pro Tonne. In den vergangenen zehn Jahren ist der Preis um 70 Prozent auf 118 Dollar pro Tonne gefallen, der Verbrauch um 13 Prozent gestiegen.

  Der Verbrauchsanstieg beruht vor allem auf dem zunehmenden Straßenverkehr in Westeuropa, Nordamerika und insbesondere in den boomenden asiatischen Ländern. Nur in den ehemaligen Ostblock-Staaten ist der Ölverbrauch wegen der wirtschaftlichen Schwierigkeiten gesunken.

- **Der Gasverbrauch** hat von 1950 bis 1994 um etwa das Zwölffache von 0,18 auf 2,13 Gigatonnen erheblich zugenommen. Sollte die Wachstumsrate von

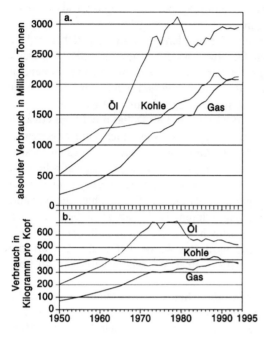

Abb. 28.2a u. b: Globaler Verbrauch fossiler Brennstoffe in Öl-Äquivalenten (a) und Pro-Kopf-Verbrauch (b).
Berechnet nach Flavin (1995), Lenssen (1995)

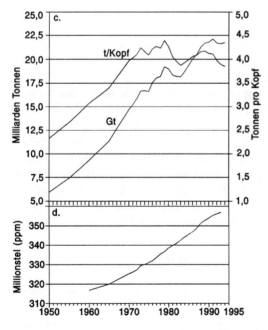

Abb. 28.2c u. d: Globale energiebedingte Kohlendioxid-Emission (c) und atmosphärische Kohlendioxid-Konzentration (d).
Berechnet nach Roodman (1994, 1995), Sachs (1995)

jährlich etwa 4 Prozent anhalten, würde sich der Gasverbrauch innerhalb der nächsten Jahrzehnte noch einmal verdreifachen; Gas würde Öl als meistgenutzten Energieträger verdrängen.

Bei derart gesteigertem Einsatz wäre mit den gegenwärtig gesicherten Vorkommen die Versorgung noch für etwa 145 Jahre gewährleistet. Außerdem sind große unberührte Gaslager in der ehemaligen Sowjetunion vorhanden, und sowohl in den Schelfmeeren der Philippinen und Indonesiens als auch auf dem chinesischen Festland sind riesige Gaslager identifiziert worden.

Der äquivalente Gaspreis, der 1994 mit rund 80 Dollar pro Tonne etwa um ein Drittel niedriger als der Ölpreis lag, trägt wesentlich zum allgemeinen Verbrauchsboom bei. Günstig ist, daß Gas von den vier wichtigsten fossilen Energieträgern die Atmosphäre am wenigsten belastet: Die spezifische CO_2-Emission ist 1,42fach geringer als die von Öl, 1,69fach geringer als die von Steinkohle und sogar 2,04fach geringer als die von Braunkohle. Die Substitution der anderen fossilen Energieträger durch Gas könnte somit bewirken, daß der natürliche Treibhauseffekt erheblich weniger durch anthropogene Belastungen der Atmosphäre verstärkt wird; das würde helfen, die Zeit bis zum Eintritt ins Solarzeitalter auf der Basis einer Wasserstoffwirtschaft zu überbrücken.

- **Die vom Menschen verursachten jährlichen CO_2-Emissionen** haben global von 1950 bis 1994 um 266 Prozent zugenommen. Der Ausstoß pro Kopf erreichte mit 4,39 Tonnen vor der zweiten Ölkrise 1979 sein bisheriges Maximum; er ist in den letzten Jahren bis 1994 auf 3,85 Tonnen gesunken - ein Hinweis darauf, daß gegenwärtig die CO_2-Emissionen etwas langsamer wachsen als die Bevölkerung. Auch nimmt die Menge des freigesetzten Kohlendioxids nicht gleichmäßig zu. In den Boomjahren nach dem Zweiten Weltkrieg zwischen 1950 und der ersten Ölkrise stieg der Ausstoß im Durchschnitt um 4,6 Prozent jährlich; danach hat sich der Zuwachs von 1973 bis 1994 merklich auf 1,3 Prozent jährlich verringert.

- **Ausschlaggebend für die Klimawirksamkeit sind die Gesamtmengen, die in die Atmosphäre eingetragen werden und dort verbleiben.** Im Jahre 1993 wurden weltweit fast 22 000 Megatonnen (Millionen Tonnen) CO_2 durch die Nutzung fossiler Brennstoffe freigesetzt; hinzu kamen zwischen 4 000 und 13 000 Megatonnen durch die Zerstörung von Wäldern und Böden. Von den Kohlenstoffeinträgen fossilen und biogenen Ursprungs verblieb etwa die Hälfte in der Atmosphäre, wodurch sich deren CO_2-Konzentration auf 357 ppm (parts per million) erhöhte. Von 1960 bis 1993 hat der CO_2-Gehalt der Atmosphäre um 12,7 Prozent zugenommen.

28.4 Annahmen und Ergebnisse der Szenarien

Im Jahre 1990 gab es 199 Länder. Um mit einer solch großen Anzahl Szenarien-Analysen durchführen zu können, ist es angebracht, vergleichbare Länder bestimmten Gruppen zuzuordnen. Dafür werden die für die Klima-Enquete-Kommission des Deutschen Bundestages entwickelten Kriterien in etwas abgewandelter Form verwendet. Dies sind unter anderem erstens wirtschaftliche Leistungskraft, Schuldenlast und Welthandel, zweitens Stabilität, Kontinuität und Investitionsaussichten, drittens eigene Ressourcenbasis, Entwicklung des Energieverbrauchs und Effizienzbetrachtungen, viertens CO_2-Emissionen nach Menge, pro Kopf und kumuliert sowie fünftens Bevölkerungsentwicklungen in ausgewählten Ländern und global.

Für die Darstellung erwies sich zusätzlich eine Unterteilung in Länder mit höherem CO_2-Ausstoß als 10 Megatonnen jährlich und solche mit geringerem als nützlich. Die 89 Länder der ersten Kategorie verursachten 1990 allein 98 Prozent der globalen Emissionen. Zu den übrigen 110 Staaten, die zusammen nur 2 Prozent zur Kohlendioxid-Belastung der Atmosphäre beitrugen, gehören die ärmsten der armen Länder (vgl. Tab. 26.1 in Kapitel 26).

Die hier vorgestellten sechs Szenarien beruhen auf unterschiedlichen Kombinationen von Annahmen. Für die Bevölkerungsentwicklung werden vier Szenarien mit der mittleren UN-Variante - die als die wahrscheinlichste gilt - analysiert, mit der hohen hingegen nur zwei, weil deren Eintreffen zwar nicht auszuschließen, aber weniger wahrscheinlich als das der mittleren ist. Die niedrige UN-Variante betrachte ich hier nicht, weil wegen der inhärenten Dynamik des Bevölkerungswachstums die Jahresrate von 1,7 Prozent 1990 sicherlich nicht schon bis 2010 unter 1 Prozent fallen und ab 2044 weltweit sogar einen negativen Wert annehmen wird.

Des weiteren wurden je drei Szenarien mit hohem und geringem Verbrauch fossiler Energieträger (hier dargestellt in Form von CO_2-Emissionen) gerechnet. Welches Szenario der Realität am nächsten kommt, läßt sich unter anderem durch eine entsprechende Wirtschafts- und Energiepolitik beeinflussen. Eine Gleichverteilung pro Kopf bei differenzierten und komplexen Systemen durchsetzen zu wollen wäre für die Gesellschaft insgesamt eher kontraproduktiv; es wurden deshalb nur zwei Szenarien mit und vier Szenarien ohne Gleichverteilung gerechnet, welche die unerwünschten Entwicklungen verdeutlichen können. Schließlich wurden noch je drei Szenarien mit beziehungsweise ohne Klima- und Umweltschutz gerechnet, dargestellt anhand der erforderlichen ländergruppenspezifischen Änderungen der CO_2-Emissionen und anderen Treibhausgasen (siehe Kap. 26) und der sich daraus ergebenden globalen Erwärmung.

Mit den **Szenarien 1 und 2** (Tab. 28.1 und 28.2) soll getestet werden, inwieweit bei unterschiedlich hohen Bevölkerungszunahmen durch eine differenzierte Pro-Kopf-Umverteilung und damit durch eine gerechtere Entwicklung des Verbrauchs fossiler Brennstoffe der Klima- und Umweltschutz zu gewährleisten ist. Betrachten wir zunächst die unterschiedliche Bevölkerungsentwicklung. In **Szenario 1** nimmt die Zahl der Menschen von 1990 bis 2050 um 86 Prozent auf fast 10 Milliarden zu, während sie sich in **Szenario 2** sogar um 125 Prozent auf fast 12 Milliarden mehr als verdoppelt.

Die Änderungen sind in den einzelnen Ländergruppen sehr unterschiedlich. Während die Bevölkerung in einigen Industrieländern der Ersten Welt in **Szenario 1** sogar um 6 oder 12 Prozent abnimmt beziehungsweise in **Szenario 2** nur mäßig um 36 Prozent anwächst, steigt sie in der Dritten Welt - und hier insbesondere in den

Tabelle 28.1: Szenario 1: Mittlere UN Bevölkerungs-Variante, hoher Verbrauch fossiler Energieträger, keine CO$_2$-Gleichverteilung pro Kopf, ohne Klima- und Umweltschutz, 1990-2050

| Länder-gruppen | Bevölkerung[1] | | | | | CO$_2$-Emission aus fossilem Brennstoffverbrauch | | | | | | | |
| | | | | | | Gesamtbetrag | | | | | pro Kopf | | |
	1990 Mio	Ant. %	2050 Mio	Ant. %	90-2050 %	1990[2] Gt	Ant. %	2050[4] Gt	Ant. %	90-2050[4] %	1990[2] t	2050[5] t	90-2050 %
Industrieländer													
1. Wirtschaftlich stark	731,4		820,8		+12	10,15		5,70		-44	13,9	6,95	-50
2. Wirtschaftl. weniger st.	66,2		58,3		-12	0,41		<0,18		-56	6,2	3,1	-50
3. Wirtschaftlich schwach	335,1		315,7		-6	4,15		1,96		-53	12,4	6,2	-50
1. Welt gesamt	1132,7	21	1194,8	12	+5	14,71	66	7,84	22	-47	13,0	6,5	-50
4. Schwellenländer	2606,1		4314,4		+66	4,93		16,39		+232	1,9	3,8	+100
5. Ölprod. Arab. Länder	129,1		375,2		+191	0,71		2,44		+244	5,5	6,5	+18
6. Entwicklungsländer	852,5		1994,9		+134	1,40		6,38		+356	1,6	3,2	+100
7. Restliche Länder[3]	564,4		1953,9		+246	0,43		3,13		+628	0,8	1,6	+100
3. Welt gesamt	4152,1	79	8638,4	88	+108	7,47	34	28,34	78	+274	1,8	3,2	+82
Welt insgesamt	5284,8		9833,2		+86	22,18		36,18		+63	4,2	3,7	-12

Datenquellen: 1) UN (1994). 2) UBA (1994). 3) nur Länder mit einem CO$_2$-Ausstoß > 10 Mt/a. 3) Alle restlichen Länder mit einem CO$_2$-Ausstoß < 10 Mt/a. 4) Der CO$_2$-Ausstoß ergibt sich aus der pro Kopf CO$_2$-Vorgabe in 5), nämlich 0,5 x für Schwellen-, 2 x für Industrieländer, Entwicklungs- und restliche Länder und Anhebung der ölproduzierenden Arabischen Länder auf den Mittelwert der 1. Welt sowie der UN-Bevölkerungsentwicklung. Die Aufrundungen führen in einigen Fällen zu geringen Ungenauigkeiten.

Tabelle 28.2: Szenario 2: Hohe UN Bevölkerungs-Variante, hoher Verbrauch fossiler Energieträger, keine CO$_2$-Gleichverteilung pro Kopf, ohne Klima- und Umweltschutz, 1990-2050

Länder-gruppen	Bevölkerung[1]					CO$_2$-Emission aus fossilem Brennstoffverbrauch							
						Gesamtbetrag					pro Kopf		
	1990	Ant.	2050	Ant.	90-2050	1990[2]	Ant.	2050[4]	Ant.	90-2050[4]	1990[2]	2050[5]	90-2050
	Mio	%	Mio	%	%	Gt	%	Gt	%	%	t	t	%
Industrieländer													
1. Wirtschaftlich stark	731,4		991,7		+36	10,15		6,89		-32	13,9	6,95	-50
2. Wirtschaftl. weniger st.	66,2		68,9		+4	0,41		0,21		-49	6,2	3,1	-50
3. Wirtschaftlich schwach	335,1		379,3		+13	4,15		2,35		-43	12,4	6,2	-50
1. Welt gesamt	1132,7	21	1439,9	12	+27	14,71	66	9,45	21	-36	13,0	6,5	-50
4. Schwellenländer	2606,1		5228,4		+103	4,93		20,10		+308	1,9	3,8	+100
5. Ölprod. Arab. Länder	129,1		452,7		+251	0,71		2,94		+314	5,5	6,5	+18
6. Entwicklungsländer	852,5		2417,3		+184	1,40		7,74		+453	1,6	3,2	+100
7. Restliche Länder[3]	564,4		2314,1		+310	0,43		4,17		+870	0,8	1,6	+100
3. Welt gesamt	4152,1	79	10472,5	88	+152	7,47	34	34,95	79	+362	1,8	3,2	+83
Welt insgesamt	5284,8		11912,4		+125	22,18		44,40		+100	4,2	3,7	-11

Datenquellen: 1) UN (1994). 2) UBA (1994). 3) nur Länder mit einem CO$_2$-Ausstoß > 10 Mt/a. 4) Der CO$_2$-Ausstoß ergibt sich aus der pro Kopf CO$_2$-Vorgabe in 5), nämlich 0,5 x für Industrieländer, 2 x für Schwellen-, Entwicklungs- und restliche Länder und Anhebung der ölproduzierenden Arabischen Länder auf den Mittelwert der 1. Welt sowie der UN-Bevölkerungsentwicklung. Die Aufrundungen führen in einigen Fällen zu geringen Ungenauigkeiten.

ärmsten der restlichen Länder - um mehr als 200 Prozent (**Szenario 1**) beziehungs-weise mehr als 300 Prozent (**Szenario 2**). Im Jahre 1990 betrug der Anteil der Drit-ten Welt an der gesamten Erdbevölkerung immerhin fast 80 Prozent und könnte sich gemäß den beiden UN-Varianten bis 2050 noch weiter auf etwa 88 Prozent erhöhen.

Diese Verteilung zwischen Bewohnern der Dritten und der Ersten Welt spiegelt sich nicht in der des Verbrauchs fossiler Brennstoffe (hier als CO_2-Emission darge-stellt) wider. Im Gegenteil, 1990 nutzte die Erste Welt diese Ressourcen zu 66 Pro-zent; der Pro-Kopf-Verbrauch betrug sogar mehr als das Siebenfache dessen in den Entwicklungsländern.

Wie wäre bis 2050 eine gerechtere Verteilung bei der Nutzung fossiler Energie-träger zu erreichen? Wird der Pro-Kopf-Verbrauch (wieder dargestellt als CO_2-Ausstoß) bis dahin in der Ersten Welt halbiert, in den arabischen Ölländern auf den Mittelwert der Ersten Welt angehoben und in allen anderen Ländergruppen der Dritten Welt verdoppelt, kann das Verhältnis zwischen Erster und Dritter Welt von etwa 7 zu 1 im Jahre 1990 auf etwa 2 zu 1 im Jahre 2050 erheblich verbessert wer-den. Durch das höhere Bevölkerungswachstum in der Dritten Welt ergibt sich eine vollständige Umverteilung: Dort wäre dann die Menge eingesetzter fossiler Brenn-stoffe (beziehungsweise emittierten Kohlendioxids) etwa dreieinhalbmal so hoch wie in der Ersten Welt.

Insgesamt nimmt die Menge der CO_2-Emissionen bei der mittleren UN-Bevölkerungsvariante um 63 Prozent zu (**Szenario 1**) und verdoppelt sich sogar bei der hohen UN-Variante (**Szenario 2**). Mit Klimamodellrechnungen läßt sich ab-schätzen, daß bis zum Jahre 2100 in **Szenario 2** mit einer mittleren globalen Er-wärmung von etwa 3 bis 4 und in **Szenario 1** mit etwa 2,5 bis 3 Celsiusgraden zu rechnen ist. Die zulässige mittlere globale Erwärmungsobergrenze liegt bei etwa 2 Grad. Somit ist in den **Szenarien 1 und 2** zwar der Verbrauch fossiler Brennstoffe gerechter verteilt, aber ein ausreichender Klimaschutz und ein davon abhängiger Umweltschutz wären dann nicht mehr zu gewährleisten.

Mit den **Szenarien 3 und 4** (Tab. 28.3 und 28.4) soll bei gleicher Bevölkerungs-entwicklung wie in **Szenario 1** (mittlere UN-Variante) getestet werden, wie sich eine Pro-Kopf-Gleichverteilung des Verbrauchs fossiler Brennstoffe sowohl auf eine gerechte mengenmäßige Umverteilung als auch auf den Klima- und Umweltschutz auswirkt.

In **Szenario 3** werden zunächst die Wirkungen einer Pro-Kopf-Gleichverteilung auf dem hohen Niveau von 5 Tonnen CO_2 untersucht. Für diesen Fall müssen die Werte der Ersten Welt von 1990 im Durchschnitt um etwa 60 Prozent gesenkt, die der Dritten Welt um fast 180 Prozent angehoben werden. Bei der Betrachtung der klimarelevanten Gesamtmenge fällt die Umverteilung bis 2050 mit knapp 480 Pro-zent Zunahme für die Dritte Welt bei einer fast 60prozentigen Abnahme der Ersten Welt noch drastischer aus. Insbesondere die CO_2-Emissionen der ärmsten Länder aus der Gruppe der restlichen Länder würden bei der geringen Ausgangsmenge und ihrem starken Bevölkerungswachstum mit mehr als 2 000 Prozent besonders stark zunehmen.

Tabelle 28.3: Szenario 3: Mittlere UN Bevölkerungs-Variante, hoher Verbrauch fossiler Energieträger, CO$_2$-Gleichverteilung pro Kopf, ohne Klima- und Umweltschutz, 1990-2050

Länder-gruppen	Bevölkerung[1]					CO$_2$-Emission aus fossilem Brennstoffverbrauch							
						Gesamtbetrag					pro Kopf		
	1990	Ant.	2050	Ant.	90-2050	1990[2]	Ant.	2050[4]	Ant.	90-2050[4]	1990[2]	2050[5]	90-2050
	Mio	%	Mio	%	%	Gt	%	Gt	%	%	t	t	%
Industrieländer													
1. Wirtschaftlich stark	731,4		820,8		+12	10,15		4,10		-60	13,9	5,0	-64
2. Wirtschaftl. weniger st.	66,2		58,3		-12	0,41		0,29		-29	6,2	5,0	-19
3. Wirtschaftlich schwach	335,1		315,7		-6	4,15		1,58		-62	12,4	5,0	-60
1. Welt gesamt	1132,7	21	1194,8	12	+5	14,71	66	5,97	22	-59	13,0	5,0	-62
4. Schwellenländer	2606,1		4314,4		+66	4,93		21,57		+338	1,9	5,0	+163
5. Ölprod. Arab. Länder	129,1		375,2		+191	0,71		1,88		+165	5,5	5,0	-9
6. Entwicklungsländer	852,5		1994,9		+134	1,40		9,97		+612	1,6	5,0	+213
7. Restliche Länder[3]	564,4		1953,9		+246	0,43		9,77		+2172	0,8	5,0	+525
3. Welt gesamt	4152,1	79	8638,4	88	+108	7,47	34	43,19	88	+478	1,8	5,0	+178
Welt insgesamt	5284,8		9833,2		+86	22,18		49,16		+122	4,2	5,0	+19

Datenquellen: 1) UN (1994). 2) UBA (1994); nur Länder mit einem CO$_2$-Ausstoß > 10 Mt/a. 3) Alle restlichen Länder mit einem CO$_2$-Ausstoß < 10 Mt/a. 4) Der CO$_2$-Ausstoß ergibt sich aus der pro Kopf CO$_2$-Vorgabe in 5), sowie der UN-Bevölkerungsentwicklung und entspricht in etwa dem Szenario Business-as-Usual (IS92a) des IPCC (IPCC Special Report, 1994). Die Aufrundungen führen in einigen Fällen zu geringen Ungenauigkeiten.

Tabelle 28.4: Szenario 4: Mittlere UN Bevölkerungs-Variante, geringer Verbrauch fossiler Energieträger, CO₂-Gleichverteilung pro Kopf, mit Klima- und Umweltschutz, 1990-2050

Länder-gruppen	Bevölkerung[1]					CO₂-Emission aus fossilem Brennstoffverbrauch							
						Gesamtbetrag					pro Kopf		
	1990 Mio	Ant. %	2050 Mio	Ant. %	90-2050 %	1990[2] Gt	Ant. %	2050[4] Gt	Ant. %	90-2050[4] %	1990[2] t	2050[5] t	90-2050 %
Industrieländer													
1. Wirtschaftlich stark	731,4		820,8		+12	10,15		0,82		-92	13,9	1,0	-93
2. Wirtschaftl. weniger st.	66,2		58,3		-12	0,41		<0,06		-85	6,2	1,0	-84
3. Wirtschaftlich schwach	335,1		315,7		-6	4,15		0,32		-92	12,4	1,0	-92
1. Welt gesamt	1132,7	21	1194,8	12	+5	14,71	66	1,20	12	-92	13,0	1,0	-92
4. Schwellenländer	2606,1		4314,4		+66	4,93		4,31		-13	1,9	1,0	-47
5. Ölprod. Arab. Länder	129,1		375,2		+191	0,71		0,38		-46	5,5	1,0	-82
6. Entwicklungsländer	852,5		1994,9		+134	1,40		1,99		+42	1,6	1,0	-38
7. Restliche Länder[3]	564,4		1953,9		+246	0,43		1,95		+353	0,8	1,0	+25
3. Welt gesamt	4152,1	79	8638,4	88	+108	7,47	34	8,63	88	+16	1,8	1,0	-44
Welt insgesamt	5284,8		9833,2		+86	22,18		9,83		-56	4,2	1,0	-76

Datenquellen: 1) UN (1994). 2) UBA (1994); nur Länder mit einem CO₂-Ausstoß > 10 Mt/a. 3) Alle restlichen Länder mit einem CO₂-Ausstoß < 10 Mt/a. 4) Der CO₂-Ausstoß ergibt sich aus der pro Kopf CO₂-Vorgabe in 5), sowie der UN-Bevölkerungsentwicklung. Die Aufrundungen führen in einigen Fällen zu geringen Ungenauigkeiten.

Exponentielle Wachstumsraten von etwa 6 Prozent jährlich sind zwar schwer durchzuhalten, bei der zunehmenden Investitionsverlagerung in die Billiglohnländer der Dritten Welt aber keineswegs unmöglich. **Szenario 3** wäre allerdings mit einer CO_2-Menge von 49 Gigatonnen - plus 122 Prozent für die mittlere UN-Variante (bei der ebenfalls nicht gänzlich unwahrscheinlichen hohen UN-Variante sogar 60 Gigatonnen, plus 170 Prozent) - das umweltschädlichste der sechs Szenarien. Denn mit einer mittleren globalen Erwärmung um 3 bis 4 beziehungsweise 3,5 bis 5 Grad gerieten die Ziele des Klima- und Umweltschutzes in größte Gefahr.

Szenario 4 stellt die Auswirkungen einer Pro-Kopf-Gleichverteilung der CO_2-Emissionen auf dem sehr niedrigen Niveau von 1 Tonne pro Jahr dar. Um das zu erreichen, müßten die Werte der Ersten Welt von 1990 im Mittel um mehr als 90 Prozent und selbst die der Dritten Welt im Mittel um 44 Prozent verringert werden. Zwar gelänge auch dabei noch die mengenmäßige Umverteilung von 66 zu 34 Prozent im Jahre 1990 zugunsten der Ersten Welt auf 88 zu 12 Prozent im Jahre 2050 zugunsten der Dritten Welt, und mit 56 Prozent würde sogar die größte CO_2-Mengenreduktion von allen Szenarien erzielt. Aber zum einen würde der Klimaschutz solch drastische Reduktionen - wie sogleich in den **Szenarien 5 und 6** gezeigt - gar nicht erfordern, und zum andern würde eine so immense und undifferenzierte Einschränkung des Energieverbrauchs das Weltwirtschaftssystem mit großer Wahrscheinlichkeit überfordern.

In den **Szenarien 5 und 6** (Tab. 28.5 und 28.6) werden die gleichen für den Klimaschutz erforderlichen Änderungen der CO_2-Emissionsmengen von 1990 bis zum Jahre 2050 für die einzelnen Ländergruppen vorgegeben (vgl. Tab. 26.2 in Kapitel 26). Es soll getestet werden, wie diese Änderungen sich bei der mittleren und der hohen UN-Bevölkerungsvariante sowohl auf den Gesamteinsatz fossiler Brennstoffe als auch auf den Pro-Kopf-Verbrauch in den einzelnen Ländergruppen auswirken. Zugrunde gelegt wurden folgende Richtwerte, welche die Klima-Enquete-Kommission „Schutz der Erdatmosphäre" für notwendig hält (EKDB, 1990, 1995):

- Eine mittlere globale Erwärmung um 2 Grad im Jahre 2100 gegenüber dem vorindustriellen Wert von 1765 darf nicht überschritten werden, damit die Menschheit nicht in Klimabereiche gerät, die sie in ihrer Geschichte noch nicht erlebt hat.
- Eine mittlere globale Erwärmungsrate von 0,1 Grad pro Dekade zwischen 1990 und 2100 muß eingehalten werden, um die Organismengemeinschaften der Erde nicht noch mehr zu gefährden; nach heutigem Wissen können die natürlichen Ökosysteme eine solche Veränderung vielleicht einigermaßen vertragen.

Detaillierte Untersuchungen über die mögliche Anpassung von Mensch, Tier und Pflanze an entsprechende ökologische und klimatische Änderungen gibt es noch nicht. Deshalb sind solche Richtwerte derzeit kaum mehr als Ergebnisse redlichen Ermessens und politischen Konsenses. Ungeklärt ist auch, ob damit die Ziele der Klimakonvention zu erreichen sind. Denn die natürlichen Schwankungen im Klimasystem könnten die anthropogene Erwärmungsrate noch verstärken und die Klimazonen schneller verschieben, als die Vegetationsgürtel zu folgen vermögen. Zum

Tabelle 28.5: Szenario 5: Mittlere UN Bevölkerungs-Variante, geringer Verbrauch fossiler Energieträger, keine CO$_2$-Gleichverteilung pro Kopf, mit Klima- und Umweltschutz, 1990-2050

Länder-gruppen	Bevölkerung[1]					CO$_2$-Emission aus fossilem Brennstoffverbrauch							
						Gesamtbetrag					pro Kopf		
	1990	Ant.	2050	Ant.	90-2050	1990[2]	Ant.	2050[4]	Ant.	90-2050[4]	1990[2]	2050[5]	90-2050
	Mio	%	Mio	%	%	Gt	%	Gt	%	%	t	t	%
Industrieländer													
1. Wirtschaftlich stark	731,4		820,8		+12	10,15		2,54		-75	13,9	3,1	-78
2. Wirtschaftl. weniger st.	66,2		58,3		-12	0,41		0,16		-60	6,2	2,7	-56
3. Wirtschaftlich schwach	335,1		315,7		-6	4,15		1,25		-70	12,4	3,9	-70
1. Welt gesamt	1132,7	21	1194,8	12	+5	14,71	66	3,95	36	-73	13,0	3,3	-75
4. Schwellenländer	2606,1		4314,4		+66	4,93		4,44		-10	1,9	1,0	-47
5. Ölprod. Arab. Länder	129,1		375,2		+191	0,71		0,67		-5	5,5	1,8	-67
6. Entwicklungsländer	852,5		1994,9		+134	1,40		1,54		+10	1,6	0,8	-50
7. Restliche Länder[3]	564,4		1953,9		+246	0,43		0,47		+10	0,8	0,3	-67
3. Welt gesamt	4152,1	79	8638,4	88	+108	7,47	34	7,12	64	-5	1,8	0,8	-56
Welt insgesamt	5284,8		9833,2		+86	22,18		11,07		-50	4,2	1,1	-74

Datenquellen: 1) UN (1994). 2) UBA (1994); nur Länder mit einem CO$_2$-Ausstoß > 10 Mt/a. 3) Alle restlichen Länder mit einem CO$_2$-Ausstoß < 10 Mt/a. 4) Die für das Szenario Klimaschutz erforderlichen CO$_2$-Emissionsänderungen wurden mit Hilfe des Münsterschen Klimamodells berechnet (Bach, 1995). Die Aufrundungen führen in einigen Fällen zu geringen Ungenauigkeiten.

Tabelle 28.6: Szenario 6: Hohe UN Bevölkerungs-Variante, geringer Verbrauch fossiler Energieträger, keine CO₂-Gleichverteilung pro Kopf, mit Klima- und Umweltschutz, 1990-2050

Länder-gruppen	Bevölkerung[1]					CO_2-Emission aus fossilem Brennstoffverbrauch							
						Gesamtbetrag					pro Kopf		
	1990	Ant.	2050	Ant.	90-2050	1990[2]	Ant.	2050[4]	Ant.	90-2050[4]	1990[2]	2050[5]	90-2050
	Mio	%	Mio	%	%	Gt	%	Gt	%	%	t	t	%
Industrieländer													
1. Wirtschaftlich stark	731,4		991,7		+36	10,15		2,54		-75	13,9	2,6	-81
2. Wirtschaftl. weniger st.	66,2		68,9		+4	0,41		0,16		-60	6,2	2,3	-63
3. Wirtschaftlich schwach	335,1		379,3		+13	4,15		1,25		-70	12,4	3,3	-73
1. Welt gesamt	1132,7	21	1439,9	12	+27	14,71	66	3,95	36	-73	13,0	2,7	-79
4. Schwellenländer	2606,1		5288,4		+103	4,93		4,44		-10	1,9	0,8	-58
5. Ölprod. Arab. Länder	129,1		452,7		+251	0,71		0,67		-5	5,5	1,5	-73
6. Entwicklungsländer	852,5		2417,3		+184	1,40		1,54		+10	1,6	0,6	-63
7. Restliche Länder[3]	564,4		2314,1		+310	0,43		0,47		+10	0,8	0,2	-78
3. Welt gesamt	4152,1	79	10472,5	88	+152	7,47	34	7,12	64	-5	1,8	0,7	-61
Welt insgesamt	5284,8		11912,4		+125	22,18		11,07		-50	4,2	0,9	-79

Datenquellen: 1) UN (1994). 2) UBA (1994); nur Länder mit einem CO_2-Ausstoß > 10 Mt/a. 3) Alle restlichen Länder mit einem CO_2-Ausstoß < 10 Mt/a. 4) Die für das Szenario Klimaschutz erforderlichen CO_2-Emissionsänderungen wurden mit Hilfe des Münsterschen Klimamodells berechnet (Bach, 1995). Die Aufrundungen führen in einigen Fällen zu geringen Ungenauigkeiten.

anderen sind die beiden weiteren Bedingungen der Konvention, Nahrungsmittelsicherung und dauerhafte, gerechte wirtschaftliche Entwicklung, noch nicht definiert. Die Richtwerte sind deshalb nur als Mindestanforderungen an den Klima- und Umweltschutz anzusehen.

Wir haben sie als Erwärmungsobergrenze oder Erwärmungsrate vorgegeben und dann mit einem Klimamodell berechnet, um wieviel die Emissionen von 13 Treibhausgasen (außer CO_2 unter anderem voll- und teilhalogenierte Fluorchlorkohlenwasserstoffe, Halone, Methan und Distickstoffoxid) bis 2100 reduziert werden müssen. In den Darstellungen der **Szenarien 5 und 6** sind allerdings nur die erforderlichen Reduktionen des Leitgases CO_2 angeführt.

Die Ergebnisse zeigen, daß die für den Klimaschutz nötigen Änderungen der CO_2-Emissionsmengen unabhängig von der Bevölkerungsentwicklung eine beträchtliche Umschichtung der regionalen Anteile am Brennstoffverbrauch zur Folge haben: Jener der Ersten Welt verringert sich von 66 Prozent im Jahre 1990 auf 36 Prozent im Jahre 2050, wird also fast umgekehrt. Hingegen ist der mögliche Pro-Kopf-Verbrauch fossiler Brennstoffe auch um so geringer, je größer das Bevölkerungswachstum ist. Wirksamer Klimaschutz, starker Bevölkerungszuwachs und große Mengen an emittierten klimabeeinflussenden Gasen schließen nun einmal einander aus.

28.5 Folgerungen

Ohne Zweifel unterliegt der Planet Erde einem schon jetzt zu starken und dennoch weiterhin zunehmenden Streß, der nach menschlichen Zeitvorstellungen irreversible Änderungen bewirken kann. Dieser Streß beruht vor allem auf dem beispiellos hohen Verbrauch fossiler Ressourcen der hochtechnisierten Gesellschaften und auf der enormen Bevölkerungszunahme in der Dritten Welt. Die bis vor kurzem kaum beachteten Abfälle - die klimarelevanten Spurengase - werden in zu großen Mengen und mit zu schnellen Raten abgegeben, als daß die natürlichen Systeme sie noch verkraften könnten.

Mit den hier vorgestellten Szenarien werden einige wichtige Bestrebungen der Menschheit und die daraus auf den UN-Gipfeln abgeleiteten Resolutionen auf ihre Kompatibilität hin untersucht. Dabei zeichnen sich folgende interessante Tendenzen ab:

Szenarien 1 und 2

- Eine gerechtere Entwicklung des Verbrauchs fossiler Brennstoffe durch eine Pro-Kopf-Reduktion von 50 Prozent in der Ersten Welt und eine mittlere Zunahme um 82 Prozent in der Dritten Welt ist möglich;
- daraus resultiert bei der mittleren UN-Variante (Bevölkerungszunahme von 86 Prozent) ein Anstieg der CO_2-Emissionen um 63 Prozent (Szenario 1) und bei

der hohen UN-Variante (Bevölkerungszunahme von 125 Prozent) um 100 Prozent (Szenario 2);

- dies hat wiederum einen mittleren globalen Temperaturanstieg von 2,5 bis 3 beziehungsweise 3 bis 4 Celsiusgraden zur Folge, so daß in beiden Fällen der Klima- und Umweltschutz nicht gewährleistet ist.

Szenarien 3 und 4

- Durch eine Pro-Kopf-Gleichverteilung ergibt sich zwar nicht unbedingt eine gerechtere Entwicklung des Energieverbrauchs, aber wegen der unterschiedlichen Bevölkerungsentwicklung eine Umverteilung der Energieverbrauchsmengen von der Ersten hin zur Dritten Welt;
- bei der hohen Gleichverteilung von 5 Tonnen Kohlendioxid pro Kopf wird die emittierte CO_2-Menge mehr als verdoppelt (plus 122 Prozent), während sie sich bei derselben mittleren UN-Variante, jedoch der niedrigen Gleichverteilung von 1 Tonne pro Kopf um mehr als die Hälfte verringert (nämlich minus 56 Prozent);
- bei der hohen Gleichverteilung von 5 Tonnen Kohlendioxid pro Kopf in Szenario 3 ist je nach Bevölkerungsvariante eine mittlere globale Erwärmung von 3 bis 5 Grad Celsius und damit eine starke Gefährdung des Klima- und Umweltschutzes die Folge, wohingegen bei der niedrigen Pro-Kopf-Gleichverteilung von 1 Tonne Kohlendioxid und der damit verbundenen drastischen Reduktion des Energieverbrauchs in Szenario 4 die Klimaschutzvorgabe von 2 Grad Celsius zwar eingehalten wird, dafür aber das Weltwirtschaftssystem in Gefahr gerät.

Szenarien 5 und 6

- In diesen beiden Szenarien wird umgekehrt verfahren, indem die für den Klimaschutz von 2 Grad Celsius erforderlichen ländergruppenspezifischen Reduktionen der Emissionsmengen von CO_2 und anderen Treibhausgasen vorgegeben werden;
- dies erfordert für die beiden verschiedenen UN-Varianten des Bevölkerungswachstums unterschiedliche und außerdem stark reduzierte Werte des Pro-Kopf-Verbrauchs fossiler Energieträger beziehungsweise der Kohlendioxid-Emissionen;
- das Fazit ist, daß ausreichender Klima- und Umweltschutz weder mit einem hohen Bevölkerungswachstum noch mit einem hohen pro-Kopf-Verbrauch fossiler Energieträger zu vereinbaren ist.

28.6 Möglichkeiten der Umsteuerung globaler Fehlentwicklungen

Es ist nicht leicht einzusehen, warum die Weltbevölkerung trotz der sinkenden Geburtenrate weiter stark wächst. Dies liegt zum einen an der Altersstruktur - die jüngeren Generationen überwiegen - und zum anderen an der zunehmenden Lebenserwartung respektive der abnehmenden Mortalität.

Vor allem die Altersstruktur verleiht dem Bevölkerungswachstum eine Eigendynamik, die Demographen mit Begriffen wie Momentum oder Schwung kennzeichnen. Denn die Menschheit würde sich auch dann noch geraume Zeit vermehren, wenn ab sofort jede Frau im gebärfähigen Alter nur mehr zwei Kinder zur Welt brächte. Selbst wenn die Zahl der lebend geborenen Kinder pro Mutter unter die Reproduktionsrate sinkt, wird dieser Fertilitätsrückgang durch die bis dahin anwachsende Zahl von Mädchen - künftiger Mütter - mehr als ausgeglichen. Der Rückgang der Mortalität erhöht noch die Zahl der jeweils lebenden Menschen.

In vielen Ländern Europas, insbesondere in Deutschland, ist hingegen ein Rückgang der Bevölkerung unvermeidlich: Durch das Schrumpfen der Geburtenrate in der Vergangenheit nimmt die Zahl der künftigen Eltern - ohne kompensierende Zuwanderung junger Menschen - immer mehr ab (Spektrum der Wissenschaft, Januar 1989, Seite 40).

Insgesamt hat das globale Bevölkerungswachstum eine so starke inhärente Eigendynamik, daß sich der Prozeß praktisch nicht beeinflussen läßt (Spektrum der Wissenschaft, September 1994, Seite 38, beziehungsweise Dossier 3: Dritte Welt, Seite 34). Diese Erkenntnis zerstört viele Illusionen über die Steuerbarkeit der demographischen Entwicklung und verschärft alle Folgeprobleme (Spektrum der Wissenschaft, November 1989, Seite 98).

Das verschwenderische Energiewirtschaftssystem der Ersten Welt, wie es sich seit Beginn der Technisierung entwickelt hat, ist nicht zukunftsfähig und darf folglich nicht auf die Dritte Welt übertragen werden. Die Zeit drängt, umgehend die ökologische Umsteuerung sowohl der Industrie- wie der Agrargesellschaften einzuleiten. Nur eine ökologische Marktwirtschaft wird die Stoff- und Energieflüsse auf ein umweltverträgliches Maß einschränken und umweltschädliche Stoff- und Energieumsätze weitgehend vermeiden können. Dieses Konzept, durch Begrenzung des quantitativen Wachstums qualitativen - das heißt nachhaltigen - Wohlstand zu gewinnen, kann prinzipiell durch mehr Suffizienz und höhere Effizienz realisiert werden (M. Müller und P. Hennicke, 1994), also

- durch Genügsamkeit und bewußten Verzicht auf umweltbelastende Prozesse und Produkte beziehungsweise deren Substitution durch ökologisch unbedenklichere sowie
- durch das Anstreben eines Dienstleistungsniveaus mit gleichbleibendem oder gar geringerem Stoff- und Energieeinsatz als gegenwärtig.

Der zügige Ausbau der Nutzung erneuerbarer Energieträger im Rahmen eines politisch gewollten Übergangs in das Solarzeitalter muß diesen Wandel begleiten. Wie sähe die energetische Versorgung der Weltbevölkerung nach einer ökologischen Umsteuerung entsprechend diesen Vorstellungen aus?

Der globale Primärenergieverbrauch belief sich 1990 auf eine Leistung von etwa 13 Terawattjahren pro Jahr (oder kurz Terawatt; 1 TW gleich 10^{12} oder eine Billion Watt). Davon entfielen auf Kohle, Öl und Gas etwa 77 Prozent oder 10,0 TW, auf Biomasse etwa 12 Prozent oder 1,6 TW, auf Wasserkraft etwa 6 Prozent oder 0,8 TW, auf die Atomenergie rund 5 Prozent oder 0,6 TW.

Etwa 8 TW gelten als energetische Grenzbelastung der Ökosphäre (H.-P. Dürr, 1995). Unter der Annahme einer gleichverteilten Nutzung der Ressource Natur durch rund 5,3 Milliarden Menschen, wie sie 1993 lebten, wäre ein Verbrauch fossiler Primärenergie von 1,5 Kilowatt pro Kopf zulässig; dieser mittlere globale Primärenergieverbrauch entspricht 13 140 Kilowattstunden pro Jahr.*

Das ist keineswegs eine geringe Menge, kommt sie doch immerhin einem jährlichen Pro-Kopf-Verbrauch von etwa 1 300 Litern Öl oder etwa 1,6 Tonnen Steinkohle gleich. Andererseits ist der zulässige Pro-Kopf-Energieverbrauch von 1,5 Kilowatt mit dem tatsächlichen in den Hochtechnologie-Gesellschaften zu vergleichen: Der beträgt gegenwärtig zum Beispiel in den USA rund 11 und der Bundesrepublik rund 6 Kilowatt. Daraus ergab sich 1990 für die USA ein CO_2-Ausstoß von 20,9 Tonnen pro Kopf, in Deutschland lag er bei 13,3 Tonnen.

Bei entsprechendem Energiemix mit einem hohen Anteil erneuerbarer Energieträger und der technisch möglichen Erhöhung der Energieproduktivität um den Faktor 4, wie E.-U. von Weizsäcker et al. (1995) sie propagieren, läßt sich über die nächsten 50 Jahre der CO_2-Ausstoß auf 2,5 bis 3,5 Tonnen pro Kopf im Mittel der Industrieländer reduzieren. Detaillierte Untersuchungen zu einer nachhaltigen Energienutzung haben gezeigt, daß in Entwicklungsländern bei einem hohen Anteil von erneuerbaren Energieträgern ein mittlerer Pro-Kopf-Verbrauch von etwa 1 Kilowatt ausreichen würde, um einen Lebensstandard zu erreichen, der dem Westeuropas in den siebziger Jahren vergleichbar wäre. Der mittlere CO_2-Ausstoß wäre mit etwa 1 Tonne pro Kopf entsprechend gering (J. Goldemberg et al., 1988).

Die nach diesen Studien anzustrebenden mittleren CO_2-Emissionen pro Kopf stimmen mit den in den Szenarien 5 und 6 je nach UN-Bevölkerungsvariante abgeleiteten Werten von 2,7 bis 3,3 Tonnen für die Erste beziehungsweise 0,7 bis 0,8 Tonnen für die Dritte Welt recht gut überein. Die Werte dieser Szenarien sind per Definition für die Einhaltung einer Erwärmungsobergrenze von 2 Celsiusgraden erforderlich. Es zeigt sich also, daß mit effizienterer Energienutzung und zügigem Übergang zum Einsatz der Solarenergie der unerläßliche Klima- und Umweltschutz erreichbar ist.

---

* 8 x 10^{12} W/5,3 x 10^9 Köpfe = 1,5 kW/Kopf; dieser mittlere globale Primärenergieverbrauch entspricht per annum 1,5 kWh/h x 24 h/T x 365 T/a = 13 140 kWh/a.

Literaturauswahl

Bach (1995), Grundlagen für eine wirksame Klimaschutzpolitik. In: Enquete-Kommission des Deutschen Bundestages (1995), Mehr Zukunft für die Erde, Economica, Bonn, S. 96 - 108.

Dürr, H.-P. (1995), Die Zukunft ist ein unbetretener Pfad, Herder, Freiburg.

EKDB (Enquete-Kommission des Deutschen Bundestages) (1990), Schutz der Erdatmosphäre, 3. erw. Auflage, Bd. 1 und 2, Economica/C. F. Müller, Bonn/Karlsruhe.

EKDB (1995), Mehr Zukunft für die Erde, Economica, Bonn.

Flavin, C. (1995), Oil production up, and Natural gas production expands. In: Brown, L. R. et al., Vital Signs, S. 46 - 47 and 48 - 49, World Watch Institute, Washington, D.C.

Goldemberg, J. et al. (1988), Energy for a Sustainable World, Wiley Eastern, New Delhi.

IPCC (Intergovernmental Panel on Climate Change) (1994), Summaries for Policymakers and other Summaries, IPCC Special Report, Geneva.

Lenssen, N. (1995), Coal use remains flat. In: Brown, L. R. et al., Vital Signs, S. 50 - 51, World Watch Institute, Washington, D.C.

Müller, M. und P. Hennicke (1994), Wohlstand durch Vermeiden. WBV, Darmstadt.

Roodman, D. M. (1994, 1995), Global temperature rises slightly, and Carbon emissions resume rise. In: Brown, L. R. et al., Vital Signs, S. 66 - 67, World Watch Institute, Washington, D.C.

Sachs, A. (1995), Population growth steady. In: Brown, L. R. et al., Vital Signs, S. 94 - 95, World Watch Institute, Washington, D.C.

UBA (1994/1995), CO_2-Emissionen berechnet nach IEA Energy Balances of OECD- and Non-OECD-Countries, Paris.

UN (1994).World Population Prospects1950 - 2050,the 1994 Revision, NewYork.

Von Weizsäcker, E. U., A. B. Lovins u. L. H. Lovins (1995), Faktor vier, Doppelter Wohlstand - halbierter Naturverbrauch. Droemer Knaur, München.

Sachverzeichnis

Albedo 35

540

Worte – Werke – Utopien
Thesen und Texte Münsterscher Gelehrter

Herbert Mainusch
Spitze Griffelchen für Eidechsen
Essays – Kolumnen – Rezensionen
Bd. 1, 1995, 280 S., 38,80 DM, br., ISBN 3-8258-2442-X

Ernst Helmstädter
Perspektiven der Sozialen Marktwirtschaft
Ordnung und Dynamik des Wettbewerbs
Bd. 2, 1996, 352 S., 48,80 DM, gb., ISBN 3-8258-2540-X

Ruth-Elisabeth Mohrmann (Hrsg.)
Vor 50 Jahren ...
Gedenkveranstaltungen der Westfälischen
Wilhelms-Universität Münster zum 8. Mai
1945.
Mit Beiträgen von Arnold Angenendt,
Michael Beintker, Gustav Dieckheuer, Dirk
Ehlers, Rolf Krumsiek, Rikke Petersson,
Richard Toellner, Ernst Helmut Segschneider,
Rosemarie Tuepker, Hans-Ulrich Thamer,
Hasko Zimmer
Bd. 3, 1996, 179 S., 29,80 DM, br., ISBN 3-8258-2683-x

Dag Moskopp
Bibelbilder im Licht der Neurochirurgie
Kommentierte Illustrationen einer
ungewöhnlichen Querverbindung
Bd. 4, 1996, 139 S., 34,80 DM, br., ISBN 3-8258-2665-1

Hans-Joachim Schneider
Bedrohung durch Kriminalität
Gefährdung, Risiko und Vorsorge in
internationaler kriminologischer Analyse
Bd. 5, Frühjahr 2000, 480 S., 99,80 DM, gb.,
ISBN 3-8258-3867-6

Max Wegner
Hermes
Sein Wesen in Dichtung und Bildwerk
Bd. 6, 1996, 98 S., 38,80 DM, br., ISBN 3-8258-2774-7

Ruth-Elisabeth Mohrmann (Hrsg.)
Argument Natur – was ist natürlich?
Studium Generale Wintersemester 1995/6.
Mit Beiträgen von Heinz Holzhauer, Dieter
Kuhlmann, Herbert Mainusch, Elisabeth
Meyer, Dietrich Palm, Josephus D. M.
Platenkamp, Ludwig Siep
Bd. 7, 1999, 176 S., 29,80 DM, br., ISBN 3-8258-2940-5

Klaus Ostheeren (Hrsg.)
Kanonbildung in der Literatur
Perspektiven eines neuen Fachbereichs
Bd. 8, Frühjahr 2000, 200 S., 34,80 DM, br.,
ISBN 3-8258-3009-8

Sunia Lausberg; Klaus Oekentorp (Hrsg.)
Fenster zur Forschung
Museumsvorträge der Museen der
Westfälischen Wilhelms-Universität Münster
Bd. 9, 1999, 184 S., 29,80 DM, br., ISBN 3-8258-3189-2

Ernst Helmstädter; Ruth-
Elisabeth Mohrmann (Hrsg.)
Lebensraum Stadt
Beiträge zur gesellschaftlichen und
kulturellen Identität der Stadt. Eine
Vortragsreihe der Westfälischen Wilhelms-
Universität zur Ausstellung Skulptur. Projekte
in Münster 1997
Bd. 10, 1999, 240 S., 39,80 DM, br., ISBN 3-8258-3796-3

Münster und die Soziale Marktwirtschaft
Hintergründe und Einblicke für
(Nicht-)Ökonomen. Mit Beiträgen von
Manfred Borchert u. a.
Bd. 11, Frühjahr 2000, 100 S., 24,80 DM, br.,
ISBN 3-8258-3188-4

Walter Schurian
Kunst als Erfahrung
Kunstpsychologische Beiträge zu aktuellen
bildenden Künstlern
Bd. 12, 1998, 264 S., 34,80 DM, br., ISBN 3-8258-3479-4

Ekkehard Grundmann
**Gerhard Domagk – der erste Sieger über
die Infektionskrankheiten**
Bd. 13, Frühjahr 2000, 248 S., 39,80 DM, br.,
ISBN 3-8258-4067-0

LIT Verlag Münster – Hamburg – London
Bestellungen über:
Grevener Str. 179 48159 Münster
Tel.: 0251 – 23 50 91 – Fax: 0251 – 23 19 72
e-Mail: lit@lit-verlag.de – http://www.lit-verlag.de
Preise: unverbindliche Preisempfehlung